春小麦光温生态育种

肖志敏 等　编著

中国农业出版社
北　京

内容简介

本书是《春小麦生态育种》的补充与发展，是以编著者长期研究积累和育种实践为基础，并广泛收集整理了国内外相关研究资料，重点论述如何将春小麦生态育种与小麦光温育种理论等有机结合，并运用到春小麦光温生态育种之中。全书包括绪论和十二章内容，首先论述了春小麦光温生态育种的由来与发展；其次阐明了春小麦光温生态育种思维与策略及其理论基础；最后叙述了春小麦光温生态育种技术和方法等。内容涉及植物生态学、作物遗传学、作物生理学和小麦育种学等领域，可供农作物育种和推广工作者以及农业院校师生参考。

编 委 会

主　编　肖志敏

副主编　辛文利　张春利　宋庆杰

编　委（按姓名拼音排序）

刘东军　宋维富　杨雪峰

张延滨　赵丽娟　郑茂波

前　言

《春小麦光温生态育种》（*Spring wheat ecological breeding for light and temperature*）是《春小麦生态育种》（*Spring wheat ecological breeding*）的补充与发展。《春小麦生态育种》由我国著名小麦育种家肖步阳先生于20世纪50—80年代，将植物生态学观点、作物遗传学理论和小麦育种学方法等有机结合后创建而成，其理论先进、方法实用，曾被广泛应用于指导东北春麦区小麦育种，并取得了显著成效。《春小麦生态育种》一书于1990年由农业出版社出版。该书出版30多年来，黑龙江省农业科学院小麦育种者在春小麦生态育种研究基础上，不断对其进行补充与完善，不但将春小麦生态育种理论和方法与小麦光温育种理论等有机结合，创建了春小麦光温生态育种技术体系，而且将该育种技术体系成功地运用在东北春麦区小麦遗传改良之中，从而使东北春麦区小麦育种，特别是强筋小麦育种研究取得了突破性进展。

本书以黑龙江省农业科学院作物资源研究所（原作物育种研究所）30余年春小麦光温生态育种研究积累和育种实践为基础，并广泛吸取春小麦生态育种理论与方法及国内外相关研究结果编著而成。春小麦光温生态育种，将东北春小麦一生的光温反应划分为春化、光照和感温三大阶段，着重研究了小麦基因型（Genotype）、表现型（Phenotype）、生态类型（Ecotype）和光温反应型（Reaction type for light and temperature）四者之间的内在联系；明确了东北春小麦各生长发育阶段的温光反应特性，是不同生态类型小麦品种生态适应性的实质；揭示了不同生态类型小麦的主要农艺性状变异幅度与其内部生态适应调控机制和外部生态条件变化的关系；发现了光、温、肥、水四因素对小麦不同光温型主要农艺性状表达互相补偿效应和强筋小麦品质类型转换等四条生态遗传变异规律；提出了小麦同苗龄、生态适应调控性状和基因型、表现型、生态类型、光温反应类型四者关系等一些关于春小麦光温生态育种的新概念和新理论。

在不同生态类型强筋小麦新品种选育方面，本书以蛋白质（湿面筋）质量与产量负相关较小、对二次加工品质贡献较大等为依据，以生态适应性为链条，以改进面筋质量为突破口，论述了强筋小麦育种品质与产量同步改良的可行性。同时，将量、质兼用及面包/面条兼用等强筋小麦育种策略与途径，与春小麦生态适应性改良理论与方法等实现了有机结合。与春小麦生态育种相比，春小麦光温生态育种的主动适应性育种程度更高，并加强了小麦新品种在生态适应性、生产适应性和市场适应性等方面的紧密结合。

本书包括绪论和十二章。绪论概述了春小麦光温生态育种的由来及发展与应用。第一章、第二章阐述了春小麦光温生态育种的思维与策略及其生态学和遗传学基础。第三章至第六章论述了东北春麦区春小麦光温生态育种区划和育种目标制定的原则和依据，小麦种质资源的搜集、创造与利用，亲本选配原则与组合配置方式，以及不同生态类型杂种后代选择依据和方法等内容。第七章至第九章阐述了强筋小麦育种策略与途径及各种诱变途径、花药培养和强筋小麦品质标记辅助育种等生物技术在春小麦光温生态育种中的应用。第十章至第十二章论述了不同生态类型强筋小麦品系处理内容与方法；东北春麦区主要强筋小麦品种特征特性及其配套栽培技术，以及东北春麦区小麦生产中的主要病（逆）害抗性鉴定方法等。附录介绍与展示了东北春麦区各时期主导（主栽）强筋小麦品种系谱及其大面积种植和相关面食制品照片等。本书可供从事小麦科学研究和技术推广及农业院校师生等阅读参考。

本书由黑龙江省农业科学院作物资源研究所一些长期从事小麦育种、谷化和麦病研究等方面的专家、学者分别执笔共同撰写。宋庆杰、宋维富、杨雪峰、刘东军和赵丽娟等对本书进行了校对与修订。赵海滨和于海洋等参与了本书所涉及的一些研究工作。另外，在本书编著和修改过程中，还承蒙一些专家学者给予指导。这里，谨代表本书的执笔人一并表示感谢！由于编著者水平和涉猎资料有限，疏漏与不妥之处在所难免，敬请读者批评指正。

肖志敏
2021 年 12 月

作 者 分 工

绪论	肖志敏
第一章	肖志敏
第二章	肖志敏　郑茂波
第三章	宋庆杰
第四章	宋维富
第五章	辛文利
第六章	肖志敏
第七章	
第一节	赵丽娟　张延滨
第二节	赵丽娟　张延滨
第三节	赵丽娟　张延滨
第四节	肖志敏
第五节	肖志敏
第八章	刘东军
第九章	
第一节	杨雪峰
第二节	宋维富　张延滨
第十章	张春利
第十一章	宋庆杰
第十二章	宋庆杰
附录 1　东北春麦区主要优质强筋小麦品种系谱图	杨雪峰
附录 2　“龙麦号”主要强筋小麦品种田间表现及其制品照片	宋庆杰
统稿	肖志敏
审稿	肖志敏　辛文利　宋庆杰　杨雪峰

目　录

绪　论

自1990年《春小麦生态育种》一书出版以来，东北春麦区小麦育种者在春小麦生态育种理论和方法研究基础上，进一步对小麦不同生态类型与小麦温-光-温反应特性的关系、不同生态条件下小麦温-光-温反应特性与不同生态类型小麦品种主要农艺和品质等性状表达程度的关系等进行了深入探索；重点研究了小麦基因型、表现型、生态类型和光温反应类型四者之间的内在联系；提出了光、温、肥、水四因素对不同光温型主要农艺性状表达互相补偿效应等四条生态遗传变异规律、强筋小麦育种策略与途径等一些新的小麦育种理论与方法。通过上述育种理论与方法研究及相关育种实践，逐步将春小麦生态育种发展为春小麦光温生态育种，并成功地运用于东北春麦区小麦品种改良之中。

第一节　春小麦光温生态育种的由来与发展

春小麦光温生态育种是在春小麦生态育种基础上发展而来的一种小麦育种技术新体系。随着东北春麦区小麦生产发展与市场需求变化，春小麦光温生态育种通过对春小麦生态育种理念、理论及方法等方面的不断补充与完善，不仅显著提升了春小麦生态育种效率，而且选育推广的各种生态类型小麦新品种，能够更好地满足东北春麦区小麦产业发展需求。

一、春小麦光温生态育种的由来

（一）春小麦生态育种的创造、发展与应用

春小麦生态育种，是我国著名小麦育种家肖步阳先生创造的一种新的小麦育种理论与方法。它创建于20世纪50年代中期，发展与应用至20世纪90年代初期。春小麦生态育种理念先进，思维方式运用与小麦育种发展规律高度相符。在育种方向和育种目标制定上，它始终将不同生态类型新品种选育、生态条件变化和生产需求等视为一体，进而在不同历史阶段选育推广各种生态类型小麦新品种，可不断满足当地小麦生产发展需求。在小麦基因型、表现型和生态类型三者之间关系研究方面，春小麦生态育种提出了同一基因型在不同生态环境（Ecological environment）下的表现型，或不同基因型在同一生态条件下的表现型，可被称为“生态变式（Ecophene）”；以及不同基因型在最适生态环境下的表现型，即为它们的生态类型等春小麦生态育种新理论，进而为小麦生态适应性改良提供了可靠的理论依据。在各种育种目标性状遗传改良方面，春小麦生态育种始终将生态适应性改良放在首位，并以生态适应性为链条，实现了高产和多抗等育种目标性状的快速整合。在育种理念上，春小麦生态育种遵循“量变到质变”等自交作物育种规律和原则，同步进行不同生态类型小麦新品种选育和种质创新，从20世纪50年代至今，其选育的“克字号”小麦新品种和创造的“克字

号”小麦基因库，为东北春麦区小麦育种和生产作出了重大贡献。

春小麦生态育种理论实用，方法高效。如在小麦新种质创新方面，利用人为生态隔离和目的基因定向累加等手段，可使抗旱和耐湿等对立目标性状在较高基因剂量上实现有机整合。小麦亲本选配以生态类型间杂交为主，可相对扩大亲本间遗传距离和实现双亲主要育种目标性状达到较大程度互补，特别是在一些生态抗性对立性状（如苗期抗旱和后期耐湿）同步改良时，互补性显著增强，目的基因定向集聚效率较高。在杂种世代选择和稳定品系处理过程中，掌握与运用生态变式规律，可相对减少生态条件变化对小麦基因型表达程度的影响和提升目的基因的定向累加与集聚速率。杂种后代选择利用生态系谱法和生态派生系谱法进行处理，不同生态类型杂种后代的选择效率较高。稳定品系通过生态类型分类和异地鉴定等途径，确定其适宜参试生态区域，可使基因型与环境、适应性与产量潜力表达等实现相对统一。

20 世纪 50—90 年代，春小麦生态育种曾被广泛应用于指导东北春麦区小麦育种，育种成效十分显著。它不但使“克字号”小麦育种团队在同一生态条件下，为东北春麦区不同生态区选育不同生态类型的品种成为现实，而且在一定生态适应范围内，将东北春小麦育种从“被动适应性育种”转化成了“主动适应性育种”。

（二）春小麦光温生态育种的由来

春小麦光温生态育种（Spring wheat ecological breeding for light and temperature）源于春小麦生态育种（Spring wheat ecological breeding）。在春小麦光温生态育种创建与发展过程中，一些春小麦生态育种的先进思维理念及育种理论和方法等，始终贯穿于春小麦光温生态育种的各个育种环节构建之中，并被赋予了一些新的研究内容。同春小麦生态育种一样，春小麦光温生态育种的建立也经历了一个不断认识和不断发展的阶段。

追溯至 20 世纪 80 年代，黑龙江省农业科学院“龙麦号”小麦育种者通过不同生态类型品种在黑龙江省“北种南移”和“南种北移”试验时发现，抗旱类型品种垦九 4 号等晚熟品种从黑龙江省北部嫩江市（N48°42′—51°00′）等地移至南部哈尔滨地区（N44°04′—46°40′）种植时，熟期从晚熟变成中晚熟，抽穗期提前 5 d 以上，株高降低 15～20 cm。中早熟旱肥型品种龙麦 12 从黑龙江省南部哈尔滨地区移至黑龙江省北部克山地区（N47°50′—48°33′）等地种植时则变成中晚熟品种，抽穗期推后 4 d 以上，株高增加 10～15 cm，秆强度明显降低；而水肥型品种克丰 1 号和克丰 4 号在两地种植时，熟期和株高等性状几乎未发生变化。在此期间，黑龙江省农业科学院小麦育种者通过多年育种实践还发现，在黑龙江省北部的克山地区利用春小麦生态育种理论与方法选育适应东北春麦区种植的中晚熟和晚熟小麦新品种效率较高，而在该省南部的哈尔滨地区几乎难以做到，只能选育出早熟和中早熟小麦品种。同样的现象，还经常出现在东北春麦区小麦大面积生产及新品种试验示范之中。如在 20 世纪 80 年代，黑龙江省农业科学院克山小麦育种研究所选育推广的晚熟旱肥型小麦品种新克旱 9 号，在黑龙江省北部一些国有农场的千亩[①]以上大面积生产田中，最高亩产可达 500 kg 以上，而被引至哈尔滨地区种植时，却表现为株高变矮，抽穗期提前，无效分蘖和无效小穗明显增多，亩产不足 300 kg。针对上述诸多类似现象乃至相关育种难题，春小麦生态育种理论与方法不能给予合理的解释，也无法使育种难题得到有效解决。

为探讨上述问题发生的原因并寻求解决途径，20 世纪 80 年代末以来，黑龙江省农业科

① 亩，非法定计量单位，1 亩≈667 m^2。——编者注

学院小麦育种者通过不同生态类型小麦品种的控光控温处理、南种北移和北种南移等引种试验，以及春小麦生态育种实践等逐步发现，由于东北春麦区小麦不同品种在春化、光照和感温阶段存在着温-光-温特性的较大差异，导致它们在各生长发育阶段遇到不同光、温、肥、水条件时，常表现为生长与发育进程明显不同，进而使熟期、株高和产量等主要育种目标性状也随之发生改变。这种现象既普遍存在于小麦不同生态类型之间，也存在于小麦同一生态类型品种群之内，并在不同生态条件下，体现在小麦春化、光照和感温三大生长发育阶段的生长/发育比值变化上。它是春小麦光温生态育种由来的主要生态学依据之一。

品种适应环境，环境选择品种。在东北春麦区小麦育种和生产中，小麦品种的适应和选择与生态类型和生态条件变化有关，更与不同生态类型小麦品种在不同生长发育阶段的光温特性等生态适应调控性状存在紧密联系。春小麦光温生态育种是春小麦生态育种与小麦光温育种理论等方面的有机结合。根据生物与其生活条件辩证统一原理，春小麦光温生态育种可为东北春麦区解决上述育种难题，提供有效途径和可靠理论依据。与春小麦生态育种相比，它不但可实现小麦生态适应性的精准改良，而且可进一步提升小麦育种效率。

二、春小麦光温生态育种的发展

（一）发展与完善了春小麦生态育种

春小麦光温生态育种是黑龙江省农业科学院“龙麦号”小麦育种者在东北春小麦育种实践中，通过对春小麦生态育种认识的逐步加深和不断发展，创建的一种新的小麦育种技术体系。它以遗传学为理论基础，将作物育种学、植物生态学、作物生理学、谷物化学和植物病理学等多学科知识，有机地整合在东北春小麦育种过程之中。在春小麦光温生态育种的创建与发展过程中，秉承“扬弃”理念，以小麦育种发展必须满足当地小麦生产和市场需求为前提，调整东北春麦区小麦育种方向、拓宽春小麦生态育种研究领域、汲取春小麦生态育种“精华”和创新小麦育种理论与方法等，是发展与完善春小麦生态育种的主要研究内容，也是保证春小麦光温生态育种完整性、系统性和先进性的关键所在。

其中主要包括：一是将春小麦生态育种采用的系统思维方式和将生态适应性遗传改良放在首位等育种理念，用于春小麦光温生态育种策略和“四位一体”小麦育种规划制定等方面的研究，并将东北春麦区小麦育种方向，从高产育种调整为强筋小麦育种。二是春小麦光温生态育种将春小麦生态育种的主要研究内容，从基因型、表现型和生态类型三者之间关系的研究，拓宽至基因型、表现型、生态类型和光温反应型四者之间关系的研究，揭示出小麦春化、光照和感温各个生长发育阶段的温（低温春化效应）-光（光周期反应）-温（热效应）反应特性是不同生态类型小麦生态适应性的实质。三是春小麦光温生态育种以不同生长发育阶段光温反应特性等生态适应调控性状，作为不同生态类型品种应对外部生态条件变化的内部调控遗传机制，用于指导小麦亲本选配、杂种后代和稳定品系处理，可使小麦生态适应性改良精准程度得到进一步提升。四是春小麦光温生态育种在春化、光照和感温阶段分段选择不同生态类型品种主要生态适应调控性状和其他主要育种目标性状，可显著提高东北春麦区的“它地小麦育种”效率。五是春小麦光温生态育种通过生态变式规律分解与功能分类，发现的光、温、肥、水四因素变化对不同光温型小麦品种主要农艺性状表达相互补偿等四条生态遗传变异规律，可以为东北春麦区小麦生育期间运用生态条件创造原则和“以肥调水”及“以水降温”等措施，创造与小麦主产区相近的生态环境，实现表现型逼近生态类型选择等，提供可靠的生态学依据。六是春小麦光温生态育种将生态类型间亲本杂交和生态派生系谱法等春小麦生态育种方法，与强筋小麦育种理论和方法及分子育种技术等融为一体，建立的强筋小麦高效育种技术体系，可使强筋小麦育种水平获得大幅提升，并实现东北春麦区小麦育种与生产和市场需求变化的同步发展。

综上所述，春小麦生态育种的补充与完善过程，也是春小麦光温生态育种的构建与应用过程。前者是源头和基础，后者则是继承与发展。“龙麦号”强筋小麦育种成功实践表明，春小麦光温生态育种不但是春小麦生态育种的补充与发展，而且使小麦“主动适应性育种”效率更高。

（二）随着小麦生产和市场需求变化而不断发展

从小麦育种发展历程看，高产、优质、多抗（病、虫、逆境）、广适是小麦育种永恒的目标。沿着小麦高产、优质、专用的重点转移，是每个国家都经历过或必将经历的，是社会发展的必然趋势。春小麦生态育种创建并应用于我国尚属计划经济和粮食短缺时代的20世纪50至90年代初。为解决我国人民的温饱问题，高产是当时小麦育种的主要目标。

春小麦光温生态育种发展与应用始于20世纪80年代末沿用至今。在此期间，我国已从计划经济发展到社会主义市场经济，全国小麦生产总量已从供应不足到相对平衡且有余。小麦育种目标从“以产量遗传改良为主”，调整为“量、质兼顾”。在当前我国增强优质专用小麦供给侧能力已被提上育种议程前提下，为充分发挥东北春麦区（特别是大兴安岭沿麓地区）具有适宜生产优质强筋小麦的各种比较优势，缩小我国强筋小麦产需缺口，以“产量是基础、多抗是保证、质量是效益”为育种目标，以不同生态类型品种各生长发育阶段光温反应特性等生态适应调控性状为适应性遗传基础，以改进面筋质量为突破口，建立强筋小麦产量与品质同步改良技术体系，进行不同生态类型优质强筋、高产和多抗专用小麦新品种选育，已成为春小麦光温生态育种研究的主要任务。

从国内外相关研究进展情况看，小麦光温特性研究还多限于春化作用和光周期反应方面，而对于小麦一生的光温反应，尤其在东北春麦区特定生态条件下，各生长发育阶段的光温特性作用机理对不同生态类型品种产量和品质潜力表达的影响程度，以及相关育种理论在当地小麦育种中的应用等方面，更是鲜有研究。春小麦光温生态育种构建的小麦生态适应性遗传改良和强筋小麦品质与产量同步改良两大技术体系，为东北春麦区强筋小麦产业发展提供了技术保障。东北春麦区小麦育种和产业发展过程表明，春小麦光温生态育种技术体系的创建与应用，不仅促进了该区不同生态类型小麦品种在生态适应性、生产适应性和市场适应性方面的三者合一，而且推进了东北春麦区强筋小麦产业的快速发展。

三、春小麦生态育种和光温生态育种成效

（一）春小麦生态育种解决了东北人民“吃上面”的问题

春小麦生态育种和春小麦光温生态育种是东北春麦区小麦育种工作者在不同历史阶段创建的两套小麦育种技术新体系。二者的创建与发展均源于当地小麦生产，立足于解决不同时期当地小麦生产中不断出现的各种问题。它们的育种思维方式和育种理念与自交作物育种发展规律相符，创建的各种小麦育种新理论与新方法，在不同历史阶段均被成功地运用于东北春小麦育种中，并且都取得了显著的育种成效。

其中，在20世纪50—90年代，春小麦生态育种理论与方法不仅高效指导了东北春小麦

育种工作，而且使当地小麦品种更新换代4次。其创建的“克字号”小麦基因库，既为东北春麦区小麦育种提供了苗期抗旱、后期耐湿、丰产和广适等多种有价值的基因源，又进一步拓宽了我国小麦遗传基础。为满足东北春麦区小麦生产发展需求，肖步阳先生带领“克字号”小麦育种团队，在20世纪50年代选育推广的克强和克壮等东北春麦区第一代抗秆锈小麦品种，将当地小麦从“危险作物”变成了稳产庄稼；20世纪60—90年代，选育推广的“克旱”系列、“克涝”系列和“克丰”系列等不同生态类型品种不仅使当地小麦单产[①]大幅度提升，而且较好地解决了东北人民“吃上面”的问题。

在上述推广品种中，旱肥型小麦品种新克旱9号和水肥型小麦品种克丰3号在东北春麦区年种植面积均曾达66.67万hm^2以上。尤其是高产、多抗、广适小麦品种新克旱9号，作为东北春麦区主栽品种在生产中利用时间近20年，累计种植面积约1 333.33万hm^2。从20世纪50年代至90年代初，“克字号”小麦品种在东北地区种植面积占比90%左右，累计推广面积3 400万hm^2，增产小麦179.5亿kg，创造经济效益200多亿元人民币（1991年统计资料）。在此期间，克强和克壮抗秆锈病小麦品种曾获黑龙江省人民政府通报嘉奖；克旱6号和克丰1号小麦品种获全国科技大会奖；克丰2号小麦品种获得国家发明二等奖；克丰3号和新克旱9号小麦品种先后获得黑龙江省科技进步一等奖。

（二）春小麦光温生态育种解决了东北人民“吃好面”的问题

20世纪80年代末以来，东北春麦区小麦育种工作者在对春小麦光温生态育种理论与方法深入研究的基础上，通过系列相关试验和多年小麦育种实践，不仅将春小麦生态育种发展为春小麦光温生态育种，而且实现了当地小麦育种在品质、产量和多抗性等方面的同步改良。通过龙麦26、龙麦30、龙麦33、龙麦35、龙辐麦18和克丰6号等不同生态类型强筋小麦品种选育推广及其产业化推进，结束了黑龙江省不能生产专用粉的历史，还开拓了国内外强筋小麦原粮两大市场。如2002年，龙麦26等优质强筋小麦品种生产的2万t优质强筋小麦原粮首次进入东南亚小麦市场；2012—2017年，龙麦33优质强筋小麦新品种连续6年被确定为东北春麦区小麦主导品种；旱肥型超强筋小麦新品种龙麦35现已成为东北春麦区第一主栽品种等。2015年，龙麦35小麦新品种是黑龙江省嫩江市生产的优质强筋小麦原粮，被广东东莞等地的面粉加工企业誉为建筑中的“钢筋”。

目前，“龙麦号”已成为东北春麦区优质强筋小麦原粮生产与销售的一张“名片”。在此期间，其选育推广的龙麦26、龙麦33和龙麦35等20余个不同生态类型的优质强筋小麦新品种，累计种植面积近666.67万hm^2，并使得东北春麦区小麦品种更新换代两次。同时，其创建的“龙麦号”优质强筋小麦基因库，还为东北春麦区推进强筋小麦产业化进程提供了种质保证。春小麦光温生态育种取得的育种成效，现已得到各方面认可。其中，龙麦26优质强筋小麦新品种选育及其产业化在2004年获国家科技进步二等奖；龙麦29、龙麦30和龙麦33等优质强筋小麦新品种的选育与推广及优质强筋小麦新种质创新等相关研究成果，先后获得黑龙江省科技进步奖等。

目前，东北春麦区小麦主栽品种已实现强筋化，强筋小麦品种种植面积占该区小麦种植面积的60%以上。它们生产的强筋小麦原粮不仅满足了当地面粉加工企业和生产需求，解决了东北人民“吃好面”的问题，而且作为我国强筋小麦生产基地，现已初具规模。

---

① 单产，本书中单产指每公顷产量。

第二节　春小麦光温生态育种研究的内容、范围与任务

根据东北春麦区小麦生产发展和市场需求的变化，春小麦光温生态育种的研究内容，主要是进行小麦生态适应性和强筋小麦品质与产量同步改良两大育种技术体系研究。育种范围，包括狭义和广义春小麦光温生态育种两个方面。育种任务，主要是选育适宜东北春麦区种植的各种生态类型强筋小麦新品种。其中，量、质和面包/面条兼用型强筋小麦新品种选育及其产业化推进是春小麦光温生态育种任务中的重中之重。

一、主要研究内容

（一）春小麦生态适应性遗传改良研究

在春小麦生态育种技术体系研发过程中，为解决东北春麦区不同生态区域小麦品种的生态适应性问题，重点进行了基因型、表现型和生态类型三者之间关系的研究。创建了某一基因型小麦品种在最适条件下的表现型就是它的生态类型；不同生态条件下必然有不同的生态类型小麦品种与其相适应，以及各种生态类型小麦品种的生态变式规律可作为小麦亲本选配、杂种后代选择和稳定品系处理的主要理论依据等春小麦生态适应性遗传改良育种理论与方法。为进一步提升东北春小麦生态适应性遗传改良效率，春小麦光温生态育种在春小麦生态育种研究基础上，着重进行了小麦基因型、表现型、光温反应类型和生态类型四者之间关系的研究。研究结果发现，基因型、表现型、光温反应类型和生态类型四者之间既不可分割，又有区别，但均与环境条件具有密切关联（图0-1）。

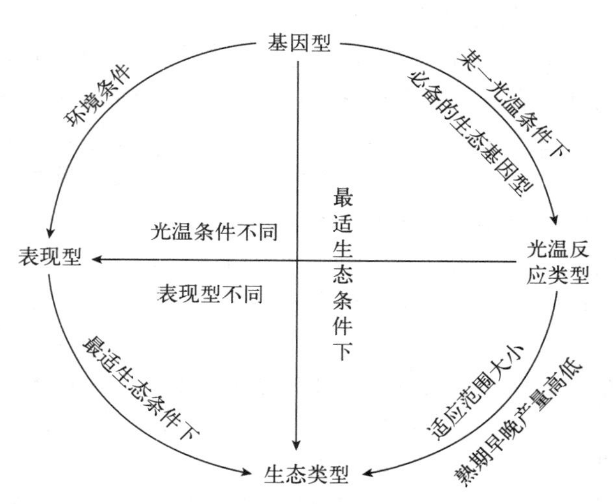

图0-1　基因型、表现型、光温反应类型和生态类型四者之间的内在联系

其中，基因型是小麦品种性状表现的内在遗传基础。表现型是某一基因型小麦品种在不同环境条件下的反应型。如旱肥型小麦品种在高氮肥足水条件下种植时，往往比低氮肥少水条件下的植株偏高一些，熟期要变晚等，它是某一基因型小麦品种对不同环境条件趋于适应和进行选择的结果。如在东北春麦区具有田间灌溉条件的地区，通常是株高80～85 cm的克丰3号和龙麦39等水肥类型小麦品种为当地主导生态类型；而在小麦苗期较为干旱的内蒙古自治区牙克石市和黑龙江省嫩江市等东北雨养农业地区，则是新克旱9号和龙麦33等株高95～100 cm的旱肥型小麦品种常表现出较好的适应性。光温反应类型，可认为是在某一特定光温环境条件下，为提升小麦不同生长发育阶段的抗逆能力，不同生态区域小麦品种必备的生态基因型。如东北春麦区为降低小麦苗期干旱胁迫压力，利用光周期敏感特性使小麦生长/发育速率保持相对稳定、苗期发育较慢、拔节期相对推后，以提升小麦品种“临界敏感期（拔节期）”对“干旱胁迫”的躲避能力等，均属生态基因型利用范畴。

在春小麦光温生态育种应用过程中，明确基因型、表现型、光温反应类型和生态类型四者之间的内在联系，对不同光温反应特性小麦新品种选育及其配套栽培技术研制等具有重要的指导意义（图 0－1）。它可以预测不同生态类型小麦品种在春化阶段、光照阶段和感温阶段遇到不同光、温、肥、水条件时，小麦品种的生态适应性会出现何种变化趋势，与主要农艺性状表达程度有何关联，不同生长发育阶段哪些是主导生态因子，哪些是次要生态因子，哪些是生态适应调控性状，哪些是被调控性状，调控性状与不同生长发育阶段生态条件变化是什么关系等。了解这些后，既可在一定生态适应范围内，为定向选育适宜生态类型小麦品种和集成组装相应配套高效生产技术体系提供重要理论依据，又可使春小麦光温生态育种的主动生态适应性精准程度获得明显提升。

（二）强筋小麦品质与产量同步改良研究

强筋小麦品质与产量同步遗传改良研究，是春小麦光温生态育种的另一重要研究内容。根据强筋小麦品种生态适应性、品质和产量三者之间的内在联系，其所研究的领域主要包括以下三个方面：一是强筋小麦主要品质内涵与二次加工品质关系；二是强筋小麦主要品质内涵与生态条件关系；三是强筋小麦品种主要品质内涵与其产量潜力表达关系。上述各种关系探讨，与东北春小麦生态适应性遗传改良研究一起，构成了强筋小麦品质与产量同步改良技术体系研究的全部内容。

其中，强筋小麦主要品质内涵与二次加工品质关系研究，主要是为了明确蛋白质（湿面筋）含量、蛋白质（湿面筋）质量和淀粉特性三大小麦品质内涵中，何者是决定强筋小麦二次加工品质的主导因子，何者与强筋小麦原粮的二次加工用途密切相关，以及三者之间对强筋小麦品种二次加工品质表现是否存在补偿效应等。开展强筋小麦主要品质内涵与生态条件关系研究，主要是为了揭示出蛋白质（湿面筋）含量、蛋白质（湿面筋）质量和淀粉特性三大小麦品质内涵，哪一个受生态条件变化影响相对较大，哪一个受生态条件变化影响相对较小，以及强筋小麦三大品质内涵是否与光、温、肥、水等主要生态因子存在着对应变化关系等。重点进行强筋小麦品种主要品质内涵与其产量潜力表达关系研究，则是针对我国强筋小麦育种属于量、质兼用型强筋小麦新品种选育范畴，而小麦二次加工品质是前提，产量潜力是基础，多种抗性是保障，又是我国强筋小麦育种必须遵循的基本原则。这点已从东北春麦区强筋小麦产业发展实践中得到证明，如龙麦 33 和龙麦 35 等强筋小麦新品种之所以能作为当地主导小麦品种，就是因为这些强筋小麦品种集优质、高产、多抗和广适等特征于一体。因此，上述三种关系研究的结果，不但为东北春麦区强筋小麦育种提供了可靠的理论依据，而且对我国强筋小麦品质与产量同步遗传改良技术路线确定、有效途径选择，以及小麦生态适应性、强筋小麦二次加工品质及高产潜力选择与集成组装等方面也将具有重要指导意义。

迄今为止，国内外春小麦光温生态育种的一些相关研究结果亦已表明，在强筋小麦品质与产量同步遗传改良过程中，蛋白质（湿面筋）含量、蛋白质（湿面筋）质量和淀粉特性三大小麦品质内涵，是决定强筋小麦二次加工品质好坏的物质基础。其中，蛋白质（湿面筋）质量只有在一定蛋白质（湿面筋）含量基础上，才能发挥强筋小麦二次加工品质的主导因子作用。淀粉特性则与强筋小麦原粮的二次加工用途关系密切，如面包小麦与面包/面条兼用型小麦的根本区别，主要就是二者在支链/直链淀粉比例上的差异。在强筋小麦三大品质内涵与生态条件关系研究方面，赵广才等（2018）研究结果认为，蛋白质（湿面筋）含量受生态条件变化，特别是土壤生态条件变化的影响程度明显大于对蛋白质（湿面筋）质量和淀粉特性的影响。前者环境>品种；后者品种>环境。同时，在春小麦光温生态育种的强筋小麦品质与产量同步改良过程中还发现，产量与蛋白质（湿面筋）含量负相关较大，而与蛋白质（湿面筋）质量和淀粉特性几乎无负相关。强筋小麦品种的二次加工品质与其产量存在负相关的主要原因，是由蛋白质（湿面筋）含量与产量存在着显著负相关所致，而与蛋白质（湿面筋）质量和淀粉特性关系较小。因此，在强筋小麦育种过程中，明确蛋白质（湿面筋）含量、蛋白质（湿面筋）质量、淀粉特性、二次加工品质和产量彼此之间的内在联系，可以为"以改进面筋质量"为突破口，进行强筋小麦二次加工品质与产量同步改良，以及制定强筋小麦保质配套栽培技术等提供重要理论依据。同时，春小麦光温生态育种实践还表明，强筋小麦主要品质内涵与产量关系等研究结果，还是决定小麦品质和产量性状有序组装在生态适应性链条之中的重要依据。在东北春麦区不同生态类型强筋小麦新品种选育时，只有在生态适应性遗传改良基础上，才能真正实现强筋小麦产量与品质的同步改良。

二、春小麦光温生态育种范围

春小麦光温生态育种范围通常可分为以下两个方面：一方面是在小麦同苗龄时，研究同一生态环境（地点），年度间光、温、肥、水等主要生态因素出现变化时，如何选育与育种点生态条件相同或相似地区适合种植的生态类型小麦品种，属于"当地育种"范畴。另一方面是在小麦同苗龄时，研究在一种生态条件下，如何为一定生态适应范围内的不同生态条件地区选育较为适宜的生态类型品种，属于"它地育种"范畴。在春小麦光温生态育种中，当地小麦育种可被称为"狭义小麦光温生态育种"；它地小麦育种可被称为"广义小麦光温生态育种"。

（一）狭义光温生态育种

春小麦生态育种理论认为，狭义小麦生态育种就是指为当地生态条件选育出生态适应性较好的小麦新品种的过程。其中，生态抗性和生态性状，如苗期抗旱性、后期耐湿性、株高和株穗数等是划分抗旱和耐湿生态类型小麦品种的主要依据。从春小麦生态育种范围看，狭义小麦生态育种也属于"当地育种"范畴。一般情况下，在狭义小麦生态育种（当地小麦育种）过程中，小麦主要育种目标性状表达与选择，常常是自然选择和人工选择基本一致，入选的杂种后代因基因型所决定的各种性状表现比较充分，育种难度较小，多年来一直为国内外育种家所沿袭与应用。如黑龙江省农业科学院克山小麦育种研究所位于"十年九春旱"的黑龙江省北部半干旱地区，一般认为该所小麦育种者在20世纪70年代选育推广的克旱6号、克旱7号等抗旱类型小麦品种，以及在20世纪80年代选育推广的克丰2号和新克旱9号等旱肥型小麦品种都属于狭义小麦生态育种范畴。从小麦生态类型划分依据看，尽管旱肥型小麦品种与抗旱型小麦品种相比，表现为植株高度明显降低、田间抗倒能力显著增强、产量潜力大幅提升，但是若依据小麦苗期抗旱性、植株繁茂性及种子根系特征等主要生态性状表现及其与生态条件关系，二者仍属于同一气候生态（节水）类型范畴。

狭义春小麦光温生态育种与狭义春小麦生态育种相比，二者既有共同之处，也有不同之点。共同之处是，二者都是在同一地点年度间以小麦生态类型作为主要遗传背景，来解决不同生态类型小麦新品种的生态适应性问题。不同之处是，当利用狭义春小麦光温生态育种理论与方法进行小麦新品种选育时，不仅要遵循小麦生态类型与生态环境相适原则，而且还要了解不同生态类型小麦品种的温-光-温反应特性等气候生态适应调控性状与生态条件变化的关系。春小麦光温生态育种实践表明，小麦新品种选育不是工厂化生产。在任何地区，小麦育种者都会遇到同一育种点年度间，乃至不同选种地块间，光、温、肥、水等主要生态因素出现变化而导致小麦选种结果出现较大差异等问题。如出苗期早晚变化常使小麦同苗龄时的温-光-温条件发生改变，进而导致不同温-光-温反应特性材料年度间苗期生长与发育速度不同；育种试验区土壤肥力偏低，特别是氮素偏低，可促使光钝性材料拔节期提前，抗旱性下降；小麦拔节后遇到低温多雨天气，常导致温敏型材料的抽穗期、株高和秆强度等性状变化明显大于温钝型材料等。

为此，春小麦狭义光温生态育种认为，在亲本选择和组合配置过程中，以当地最适生态类型材料为骨干亲本和主要遗传背景，不断进行各种目的基因定向输入与累加，可在具有较好适应性和多抗性等遗传基础上，显著提高各种目标性状集聚效率和提高其表达程度。在杂种后代和稳定品系处理过程中，进行适宜生态类型和各生长发育阶段光温特性等生态适应调控性状的同步选择，可进一步提升小麦主动适应性育种水平。以相应生态类型品种为对照，可明确同一地点年度间小麦同苗龄时生态条件变化，特别是光、温、肥、水四因素中的某1～2个因素出现变化时，对不同生态类型小麦品种主要生态性状表达的影响程度。了解小麦不同光温特性等生态适应调控性状的调控作用大小，并依据相应对照品种的生态变式规律，可为确定不同生态类型小麦品种主要农艺性状适宜选择标准和选择压力等提供重要理论依据。否则，若仅以参试材料当年表现作为入选和淘汰的依据，必然会掉入以自然选择为主的小麦育种误区。这样，即便在当地育种条件下也很难培育出适合当地种植的小麦新品种。

（二）广义光温生态育种

春小麦广义光温生态育种是春小麦广义生态育种的进一步发展。春小麦广义生态育种认为，若要在一种生态条件下为东北春麦区不同生态区域选育出适宜种植的各种生态类型小麦新品种，首先，应在确立东北生态区划基础上，深入研究各生态区域所种植的小麦品种的主要生态性状的差异及其与不同生态环境的相互关系。其次，要以基因反应规范及同一生态类型品种主要生态性状遗传基础相似，对变化的生态条件反应程度必然相似等，作为春小麦广义生态育种的遗传学和生态学主要依据。再次，要依据同一生态类型品种在不同生态条件下或不同生态类型品种在同一生态条件下出现的生态变式（表现型）规律，并参照相应生态类型对照品种的同步表现，进行不同生态类型组合配置及杂种后代定向选择和稳定品系处理。只有这样，才有可能在一种生态条件下，为在一定生态范围内的不同生态区域选育出适宜种植不同生态类型的小麦新品种。“克字号”小麦育种成功实践表明，上述育种路线不仅正确可行，而且春小麦广义生态育种成效非常显著。

为进一步提升春小麦生态育种效率，广义光温生态育种则在广义生态育种基础上，从外部生态条件变化和小麦光温特性等内部调控机制两个方面，进行了不同生态类型小麦品种的生态适应性遗传改良研究。其中主要包括，一是高度关注了不同时间与空间范围内，小麦同苗龄时光、温、肥、水等生态条件变化对小麦主要农艺性状生长与发育的影响程度。二是根据不同生态类型品种各个生长发育阶段光温特性对主要农艺性状表达的调控程度，并利用生态条件创造原则及以肥调水和以水降温等措施，创造与小麦主产区小麦同苗龄时的相似生态环境。三是以相应生态类型品种为对照，在春化、光照和感温阶段分段选择主要生态适应调控性状和其他主要育种目标性状。这样，就可在一种生态条件下，为东北春麦区不同生态区域选育出更加适宜种植的各种生态类型小麦新品种。春小麦广义光温生态育种与广义生态育种相比，前者不仅揭示出不同生态类型小麦品种在各生长发育阶段光温反应特性是各生态类型小麦品种适应性的实质等小麦品种内在遗传调控机制，而且进一步明确了小麦品种生态类型与其相应光温特性等生态适应调控性状一起，共同决定了各种生态类型小麦品种的生态遗传变异规律。因此，利用春小麦广义光温生态育种理论与方法进行不同生态类型小麦新品种选育时，可在小麦不同生长发育阶段定向输入与集聚相关目的基因；可在不同生态条件下，协调主要农艺性状自然选择和人工选择的不一致性；可明确不同生态类型小麦品种主要生态性状和农艺性状在不同光、温、肥、水等生态条件下的选择强度，进而使表现型选择效果更加逼近生态类型选择，针对性更强，育种效率要明显高于春小麦广义生态育种。

三、主要育种任务

（一）大力开展强筋小麦育种

东北春麦区曾是我国小麦主要产区之一。20 世纪 80 年代该地区小麦年种植面积曾高达 266.67 万 hm^2 以上。其中，1984 年黑龙江省小麦种植面积就曾达 226.67 万 hm^2。20 世纪 90 年代后期以来，由于种植小麦比较效益明显偏低，小麦种植面积逐年下降。如在 2001—2009 年，黑龙江省种植大豆比较效益为小麦比较效益的 2 倍以上；2011—2014 年，种植玉米比较效益则为小麦的 2.5 倍以上。目前，东北春麦区小麦种植面积仅为 66.67 万 hm^2 左右。小麦种植面积过小，不仅严重破坏了当地主要农作物合理种植结构，而且导致东北春麦区土壤生态环境出现明显恶化。如在黑龙江省北部，由于 1998—2009 年连续 10 余年大豆重茬种植，该区域出现 266.67 万 hm^2 “毒土”，个别地区甚至出现马铃薯和甜菜等作物无地可种现象；2010—2015 年，因玉米面积急剧扩大和大量越区种植，“湿玉米＋烘干”已成为当地玉米生产常态。

东北春麦区属雨养农业地区，“十年九春旱”和小麦生育后期多雨常导致丰产不丰收。特别是随着近些年来全球气候变暖，赤霉病已成为当地主要病害，并开始威胁到东北春麦区小麦的产量和质量。2016 年以来，随着我国主要农作物种植结构的调整，特别是有效积温 1 700～2 100 ℃的“镰刀弯地区”玉米面积的大幅调减及大力发展强筋小麦等相关政策的出台，为东北春麦区小麦生产发展带来了契机。预计未来在现有小麦面积基础上，强筋小麦种植面积将会逐年扩大。

从东北春麦区小麦生产发展方向和定位看，东北春麦区，特别是大兴安岭沿麓地区（包括黑龙江省北部和内蒙古自治区呼伦贝尔市等地）土地肥沃，小麦生育期间光照时间长，昼夜温差大，各种生态条件与世界盛产优质强筋小麦的加拿大非常相似，规模化生产程度高，小麦质量均一性较好，小麦商品率高达 90%以上。2002 年农业部已将大兴安岭沿麓地区确定为我国优质强筋小麦生产优势产业带之一。从国内优质专用小麦生产需求看，据相关部门统计，现我国强筋小麦年产需缺口 600 万 t 以上，并有逐年扩大的趋势。为将东北春麦区适宜强筋小麦生产的各种比较优势转化为市场优势，针对我国强筋小麦产需缺口不断扩大、东北春麦区“镰刀弯”区域（有效积温 1 700～2 100 ℃）玉米面积调减，以及建立大豆-小麦-马铃薯（甜菜）合理轮作体系等需求，发挥生态资源比较优势，大力开展优质强筋小麦新品种选育与推广，扩大强筋小麦种植面积，提高单位面积产量，保证总产量和品质稳定性，现已成为东北春麦区小麦育种近期乃至更长一段时间的主要育种任务。

（二）不断推进强筋小麦产业化进程

国内外强筋小麦产业化发展过程表明，强筋小麦生产离不开适宜生态环境（保障）、强筋小麦品种（源头）和配套栽培技术（纽带）。在强筋小麦生产过程中，只有通过配套栽培技术将强筋小麦品种的科技优势和适宜生产强筋小麦的各种生态资源优势进行有机整合，才能生产出符合市场需求的优质强筋小麦原粮。目前，东北春麦区，特别是大兴安岭沿麓地区，虽然强筋小麦生产生态资源优势突出，但强筋小麦品种种植比例偏低和相应配套栽培技术不到位，已经严重影响了当地强筋小麦生产的发展。据 2018—2019 年黑龙江省农业科学院小麦育种者在大兴安岭沿麓地区小麦生产考察结果，虽然该区小麦主栽品种已经实现了强筋化，但是强筋小麦品种种植比例仅为 60%左右；氮素后移等强筋小麦配套栽培技术还处于生产示范阶段。

为推进东北春麦区强筋小麦产业化进程，特别是为将大兴安岭沿麓地区适宜生产优质强筋小麦的各种比较优势尽快转化为经济优势，春小麦光温生态育种的主要任务包括：一是选育适宜东北春麦区种植的不同生态类型强筋小麦新品种，特别是要加强面包/面条兼用型强筋小麦新品种的选育，以拓宽强筋小麦利用价值和增强市场竞争能力。二是国内强筋小麦产需缺口较大，为满足我国生产面包粉、面条粉和饺子粉等各种专用粉生产的配麦和配粉需求，将重点开展超强筋小麦新品种选育研究，以弥补国内小麦品质结构不足和提升强筋小麦供给能力。三是加强不同生态类型小麦品种的多抗性和广适性能力，以保证其产量和品质潜力得以充分发挥。四是以春小麦光温生态育种理论为指导，以小麦品种为核心技术，以氮素后移等为配套栽培措施，建立东北春麦区不同生态类型强筋小麦新品种高效生产技术体系，提升小麦种植比较效益，保证当地小麦生产持续性发展，促进东北春麦区主要农作物种植结构合理化调整进程，实现“藏粮于地、藏粮于技”。

第三节　春小麦光温生态育种的意义

春小麦光温生态育种源于春小麦生态育种，发展和应用在东北春小麦育种和生产之中。它针对东北春麦区特定的生态环境，依据当地小麦生产发展和国内市场需求，创造的各种小麦育种理论与方法，不仅能提高量、质兼用型强筋小麦育种效率，而且可为品种合理选用、配套栽培技术研制实施及强筋小麦多赢产业化模式构建等提供理论依据。因此，春小麦光温生态育种对东北春麦区小麦育种、生产及产业化发展等均具有重要意义。

一、小麦育种方面的意义

（一）提高了小麦生态适应性改良效率

国内外小麦育种成功实践表明，在任何地区，采用何种育种技术进行小麦育种，都必须将小麦生态适应性遗传改良放在首位。只有以生态适应性为链条，才能将高产、优质和多抗等主要育种目标性状集为一体。各地小麦生产实践还表明，小麦品种对生境特征的适应尤为重要。只有小麦品种与当地生态条件保持最大程度的协调，特别是对不利生态条件的胁迫具有一定的耐受性和抵抗能力，才能使小麦新品种的产量和品质潜力得到稳定发挥。

东北春麦区南北跨度较大，小麦生育期间生态环境复杂，加之南北麦区之间小麦播种和出苗期可差 30 d 以上，导致了小麦同苗龄时各地生态条件差异进一步加大。因此，为提升东北春麦区小麦生态适应能力和解决“它地育种”的生态适应问题，20 世纪 80 年代末以来，“龙麦号”小麦育种者将春小麦生态育种理论和方法与小麦光温育种理论等有机结合，创建了春小麦生态适应性遗传改良高效技术体系。该体系以小麦生态类型作为与生态条件相适主要遗传背景，以小麦同苗龄时光、温、肥、水生态因素变化为时、空相交位点，以小麦光温特性等生态适应调控性状为应对生态条件变化调控机制，以相应生态类型小麦品种为对照，可精确进行小麦“主动适应性育种”和有效解决小麦“它地育种”的生态适应问题。如20世纪90年代末以来，黑龙江农业科学院“龙麦号”小麦育种团队利用该体系不但有效解决了“它地小麦育种”的生态适应问题，而且相继选育推广了龙麦19、龙麦26、龙麦30、龙麦33和龙麦35等多个在东北春麦区大面积种植的主导（栽）小麦新品种。

春小麦光温生态育种属于“主动适应性育种”范畴。它在东北春小麦生态适应性定向遗传改良过程中，以趋同适应生态学原理，基因型、表现型、光温反应类型和生态类型四者关系及光、温、肥、水四因素变化对小麦不同光温型主要农艺性状表达互相补偿规律等春小麦光温生态育种理论为依据，理论先进，依据可靠。在小麦亲本选配、杂种后代选择和稳定品系处理时，进行各种目的基因的定向集聚，并利用分段育种方式在小麦不同生长发育阶段进行各种目的基因的定向累加与选择，小麦生态适应性改良路径清晰、针对性较强。它既可实现各种生态适应调控性状的高效集聚，又可将小麦生态适应性选择逼近为基因型选择，方法高效。分析其中原因，一是它揭示出了小麦光温特性等气候生态适应调控性状是东北春小麦不同生态类型生态适应性的实质。这点与气候生态类型、土壤生态类型和生物生态类型的形成与作用发生过程高度契合。二是可了解各类生态适应调控性状正向调控和生态条件变化反向调控作用对小麦不同生态类型生态适应能力的影响程度。如在东北春麦区，旱肥型小麦品种之所以要求具备光敏特性，是为了苗期发育较慢，以实现抗旱和躲旱机制有机结合；水肥型品种要求具备温钝特性，是为了在高肥足水条件下保持株高、田间抗倒能力和熟期等性状的相对稳定。三是可根据小麦同苗龄时主要生态条件变化，明确小麦不同生态类型必备的生态适应调控性状，并可在小麦各生长发育阶段进行生态适应性定向遗传改良。如在20世纪80—90年代，黑龙江省农业科学院“克字号”小麦育种者选育推广的克丰2号和新克旱9号等旱肥型系列小麦品种在黑龙江省北部和内蒙古自治区呼伦贝尔市等半干旱地区表现为生态适应性较好，大面积种植高产稳产。从表型看，是它们具备了苗期发育较慢和抗旱性较强等重要生态性状；从实质看，则是利用光周期敏感特性调控了它们的苗期发育速率，并实现了抗旱与躲旱机制的有机结合。只不过当时未能揭示出光周期反应是小麦苗期发育进程的遗传调控机制而已。

另外，从生态条件变化对小麦生态适应性表现具有反向调控作用角度看，如果小麦各类生态适应调控性状失去调控能力或调控能力不适时，小麦品种的“主动生态适应能力”必然会有所降低，甚至消失。有研究发现，其经常是小麦生态适应能力在不同生态条件下变化的主要原因。如20世纪80年代末，由黑龙江省农业科学院“龙麦号”小麦育种团队选育出的春化作用较小、光周期反应迟钝且光照阶段通过后对温度反应较为敏感的龙80、生892和龙79-7759-1等旱肥型小麦品系，虽然在黑龙江省南部的哈尔滨育种点表现为生态适应性较好，但在黑龙江省北部的嫩江市等地进行异地鉴定试验时，却由于小麦出苗至抽穗期间光照时间变长，气温变低，土壤肥力增高，表现为拔节早、抽穗晚，株高较哈尔滨地区可增高20 cm左右，倒伏严重，生态适应性明显变差。以上结果进一步说明，在东北春小麦生态适应性遗传改良中，只有定向进行小麦光温特性等各类生态适应调控性状的集聚和选择，才能实现小麦生态适应性的精确遗传改良和提高各种生态类型小麦新品种的“主动生态适应性”能力。

(二)实现了量、质兼用强筋小麦高效遗传改良

我国“地少人多”,小麦又是我国“口粮作物”之一,为保证国家粮食安全和满足人民美好生活需要,开展“量、质兼用”强筋小麦育种与生产已是国情所需。近年来,东北春麦区选育推广的“龙麦号”和“克字号”等系列强筋小麦新品种,品质符合市场需求,产量不低于当地高产品种,育种方向与市场和国家需求相符。一般认为它是近年来东北春麦区强筋小麦产业不断发展的主要原因,也是今后大力开展面包/面条兼用型强筋小麦育种的重要依据。东北春麦区土地肥沃,小麦生育期间光照时间长,昼夜温差大,各种生态条件与世界盛产优质强筋春小麦的加拿大和美国北部等国家和地区相近,强筋小麦生产生态资源优势明显。同时,该区小麦生产多以大型现代化农场和农村合作社为主,土地集中连片,小麦原粮质量均匀性较好。为将该区强筋小麦生产的各种比较优势转化为经济优势,自20世纪80年代末以来,春小麦光温生态育种就将东北春小麦育种方向从“高产”调整为“优质强筋”,育种目标从“量为主”,调整为“质为先”,并重点开展了“量、质兼用型”强筋小麦育种研究。

为解决量、质兼用型强筋小麦育种的“优质”与“高产”矛盾等问题,春小麦光温生态育种在小麦生态适应性改良基础上,创建了量、质兼用强筋小麦育种高效技术体系。该体系以强筋小麦产量与蛋白质(湿面筋)质量负相关较小,蛋白质(湿面筋)质量属于品种遗传特性,且对强筋小麦二次加工品质贡献较大等为理论依据,以改进蛋白质(湿面筋)质量为突破口,以*Glu*-*D1d*(5+10亚基遗传基础)等优质亚基基因为蛋白质(湿面筋)质量改良主要遗传基础,在亲本选配、杂种后代选择和稳定品系处理各育种环节进行高产和优质等育种目标性状的同步集聚与选择,不仅量、质兼用型强筋小麦育种效率较高,而且可为东北春麦区强筋小麦生产配套栽培技术研制与实施等提供理论依据。目前,该体系已被成功运用于东北春小麦育种之中,并选育推广了龙麦33、龙麦35、龙麦60和龙麦67等一批优质、高产、多抗、强筋小麦新品种;筛选创制出多份超强筋、高产强筋、抗病(秆锈、赤霉、根腐)、抗逆(干旱、穗发芽)等各类优异小麦新种质,为该区强筋小麦育种和产业发展等提供了重要科技支撑与物质保障。

量、质兼用型强筋小麦育种高效技术体系,理论先进、方法高效。东北春麦区强筋小麦育种实践表明,利用该体系进行量、质兼用强筋小麦育种优势如下:第一,能实现产量与品质性状的同步遗传改良,以及其他主要育种目标性状的定向集聚与选择,提高了亲本选配、目标性状鉴定、杂种后代选择和稳定品系处理效率。第二,可明确各类主要育种目标性状之间的协调关系,迂回解决强筋小麦育种中高产与优质的矛盾问题。第三,可推动传统“经验育种”向高效“精确育种”转变,促进分子育种技术的推广应用,从源头上提高我国强筋小麦育种创新能力和整体技术水平。

二、小麦生产和产业化方面的意义

(一)可为品种合理选用和配套栽培技术研制等提供理论依据

小麦品种是小麦生产的重要生产资料,在小麦生产中占有十分重要的地位,要想获得小麦生产的好收成,必须选用适宜的优良品种。小麦栽培技术是小麦品种的配套措施,它可根据小麦品种在整个生育过程中的生长发育规律及其对环境条件的要求和反应,采取一些农业技术措施,充分发挥其有利因素的作用,克服或避免其不利因素的影响,协调环境条件与小麦生育的关系,充分发挥小麦品种的产量和品质潜力。因此,在各地小麦生产中,选用适宜

的种植品种，研制与实施相应的配套栽培技术，实现良种良法配套，对于实现小麦丰产优质有着重要意义。

春小麦光温生态育种以“天、地、人、种”四位一体为依据制定育种规划，本着“优质强筋是前提、产量潜力是基础、多种抗性是保障、生态适应是链条”的基本原则，利用小麦生态适应性改良和强筋小麦品质和产量同步改良两大育种技术体系进行不同生态类型小麦新品种选育，主动适应性育种水平较高。因此，它可为东北春麦区小麦品种合理选用提供可靠依据。如该区强筋小麦生产各种比较优势突出，我国强筋小麦产需缺口较大，选用量、质兼用型强筋小麦品种进行大面积推广种植，既符合东北春麦区小麦生产发展方向，又能弥补我国强筋小麦产能不足的缺陷。以各类生态适应调控性状为调控机制，在小麦苗期干旱、后期多雨的大兴安岭沿麓等地区，选用光周期反应敏感、苗期发育较慢、苗期抗旱、后期耐湿、田间抗倒、高抗穗发芽、赤霉病抗性较强的旱肥型强筋小麦品种进行种植，可保证它们在该区生态适应性良好，产量和品质潜力能够得到较大程度发挥。在小麦“掐脖旱”胁迫压力较大的内蒙古自治区呼伦贝尔市等地，选用春化、光照和感温阶段对温光反应均属迟钝类型的拉 2577、龙麦 30 和“津强”系列等小麦品种，耐迟播（5 月 20 日前后播种）性较强，并在该区播种至抽穗期间光照时间 17 h 以上，温度在 15～25 ℃，灌浆至成熟温度逐日降低特定生态条件下表现为适应性较好。而选用低温春化和光周期效应均较大的龙麦 35 等小麦品种进行迟播时，则表现为春化阶段通过时间较长，光照阶段发育进程加快，品种产量潜力基本得不到充分表达，表现为明显的不适应。

在小麦品种配套栽培技术研制与实施方面，春小麦光温生态育种的指导意义主要表现在：一是利用生态适应调控性状正向调控作用原理，可明确小麦品种温-光-温特性不同，在不同生态条件下生长发育进程不同。如在春季多雨不能及时播种或播种至出苗期温度偏高情况下，低温春化累积效应较大品种常出现无效分蘖较多和抽穗期偏晚等表现；温敏型品种在小麦拔节后温度较高条件下发育较快，在温度较低条件下发育较慢等。二是利用生态条件反向调控作用原理，可为光钝温钝型小麦品种制定相应的配套栽培技术。如 2001 年，黑龙江省东部海林农场对光钝温钝密肥型小麦品种克丰 4 号实施高密度（每亩株数 65 万株）种植和高量施氮（每亩施纯氮 8 kg）技术，亩产曾达 500 kg 以上。三是依据压青苗栽培技术具有光周期调控功能，将适当增加压青苗遍数作为光钝温敏型小麦品种的配套栽培技术，可保证其生长发育相对平衡和实现高产稳产。如 1995 年，黑龙江省北部嫩江南空一场（小麦光照阶段光照时间 17 h 以上）对光钝温敏型小麦品种垦九 4 号采用压 3 遍青苗栽培技术，不但降低了苗期发育速度，延长了分蘖和幼穗分化时间，而且将株高控制在 100 cm 左右，提升了田间抗倒伏能力，亩产达到 400 kg 以上。而与南空一场相邻的黑龙江省九三农管局山河农场同年种植的垦九 4 号约 66.67 hm^2 生产田，尽管出苗期、种植密度和施肥方式等均与南空一场相近，可却因仅压 1 遍青苗，株高达到 130 cm 以上，并出现大面积倒伏，亩产不足 200 kg。四是根据强筋小麦的蛋白质（湿面筋）含量、蛋白质（湿面筋）质量、二次加工品质、产量四者之间内在联系及其需肥特点，明确增施钾肥，保证氮素供应和实施氮素后移，是充分发挥强筋小麦品种的二次加工品质潜力和实现其产量与品质潜力动态平衡表达的关键配套栽培技术。

（二）推进了东北春麦区强筋小麦产业化进程

小麦育种由“产量育种”发展到“专用育种”，是人类由“吃饱”向“吃好”发展的具体反映。强筋小麦产业化是将强筋小麦生产中各种比较优势转化为经济优势的必由之路。春小麦光温生态育种针对我国小麦供需矛盾，从产量、品质、生产布局、产业化经营和生产效益角度分析了东北春小麦生产的现状和主要存在的问题。根据东北春麦区的生态特点和生产条件，提出了强筋小麦育种是该区小麦育种的唯一发展方向，明确了优质强筋小麦生产是生态资源优势与科技优势的有机结合，二者不可或缺。如大兴安岭沿麓地区虽为我国强筋小麦优势产业带之一，但若失去优质强筋高效生产技术体系等科技支撑，也难以生产出符合市场需求的优质强筋小麦原粮。这在目前大兴安岭沿麓地区强筋小麦产业取得长足发展过程中，均得到了证明。

为推动东北春麦区强筋小麦产业发展，自20世纪80年代末，春小麦光温生态育种就依据东北春麦区具有强筋小麦生产各种比较优势和国内市场需求，将东北春麦区小麦育种方向从“以产量为主”，调整为“量、质兼用”强筋小麦育种，并大力倡导开展强筋小麦生产，为该区强筋小麦产业发展提供了品种和原粮保障。同步构建的强筋小麦多赢产业化模式，以强筋小麦品种为源头，以面粉和面食制品加工企业为龙头，以配套栽培技术整合强筋小麦品种科技优势和适宜强筋小麦生产的生态资源优势，以大型现代农场和新型经营主体为优质原粮生产基地，内涵合理，模式先进。它不但实现了东北春麦区强筋小麦生产的各种比较优势的有机整合，而且为该区强筋小麦产业发展提供了重要科技支撑和物质保障。东北春麦区强筋小麦产业发展历程表明，该模式既可发挥强筋小麦品种和配套栽培技术的科技支撑作用，又能为面粉加工企业生产出质优量足的强筋小麦原粮，并使面粉和面食制品加工企业的龙头拉动作用得到加强，多赢可行。

2000年以来，通过该模式的大力推广，东北春麦区强筋小麦产业化进程取得了较大进展。其中，克丰6号、龙麦26、龙麦33和龙麦35等优质高产多抗强筋小麦新品种已实现了东北春麦区小麦品种两次更新换代，每次更新换代都推动了该区强筋小麦产业的进一步发展。随着龙麦33和龙麦35等一批优质高产强筋小麦新品种的推广应用，东北春麦区主导（栽）品种现已实现了强筋化，并显著扩大了强筋小麦种植面积。强筋小麦高效生产技术体系集成组装和大面积示范推广，提升了量、质兼用型强筋小麦新品种的高产与优质协调能力，推进了东北春麦区强筋小麦产业化进程，促进了农民增收、企业增效。如2018—2019年，内蒙古呼伦贝尔农垦集团的牙克石农场与特泥河农场两年生产龙麦33优质强筋小麦原粮14 057万kg，新增利润4 663.6万元；黑龙江绿丰生态面业有限公司等面粉加工企业以龙麦33优质原粮为原料，两年加工优质面粉3 640万kg，新增利润4 368万元。

综上所述，春小麦光温生态育种对东北春麦区强筋小麦生产和产业化发展均具有重要指导意义。大力推广强筋小麦多赢产业化模式是东北春麦区乃至我国强筋小麦产业发展的关键。它既可促进东北春麦区小麦新品种在生态适应性、生产适应性和市场适应性三方面的快速整合，又可推进强筋小麦产业化发展进程。这点在河套地区的永良4号和大兴安岭沿麓地区的龙麦35等优质强筋小麦品种的产业开发中均已作出范例。

参考文献

何中虎，1992. 距离分析方法在小麦亲本选配中的应用研究［J］. 作物学报（5）：359-365.

刘宏，1997. 世代材料在克字号小麦亲本选配中的利用［J］. 小麦研究（1）：11-12.

刘旺清，魏亦勤，裘敏，等，2004. 从生态适应性角度谈春小麦高产技术及育种策略［J］. 种子（10）：

58 - 59.

陆成彬，程顺和，张伯桥，等，2002. 加强弱筋小麦的选育与产业化开发 [J]. 安徽农业科学 (2)：188 - 189.

祁适雨，肖志敏，李仁杰，2007. 中国东北强筋春小麦 [M]. 北京：中国农业出版社.

吴兆苏，1990. 小麦育种学 [M]. 北京：农业出版社.

肖步阳，1982. 春小麦生态育种三十年 [J]. 黑龙江农业科学 (3)：1 - 7.

肖步阳，1985. 黑龙江省春小麦生态类型分布及演变 [J]. 北大荒农业：1.

肖步阳，1990. 春小麦生态育种 [M]. 北京：农业出版社.

肖步阳，王继忠，金汉平，等，1987. 黑龙江省春小麦抗旱品种主要性状特点的研究 [J]. 中国农业科学 (6)：28 - 33.

肖步阳，王进先，陶湛，等，1981. 东北春麦区小麦品种系谱及其主要育种经验Ⅰ：Ⅰ品种演变及主要品种系谱 [J]. 黑龙江农业科学 (5)：7 - 13.

肖步阳，王进先，陶湛，等，1982. 东北春麦区小麦品种系谱及其主要育种经验 Ⅰ：主要育种经验 [J]. 黑龙江农业科学 (2)：1 - 6.

肖步阳，姚俊生，王世恩，1979. 春小麦多抗性育种的研究 [J]. 黑龙江农业科学 (1)：7 - 12.

肖志敏，1998. 春小麦生态遗传变异规律与杂种后代及稳定品系处理关系的研究 [J]. 麦类作物学报 (6)：7 - 11.

肖志敏，祁适雨，辛文利，等，1993. "龙麦号"小麦育种亲本选配方面的几点改进 [J]. 黑龙江农业科学 (2)：32 - 34.

行翠平，韩东翠，史民芳，等，2006. 山西省当前小麦品种的育种方向和选育商榷 [J]. 陕西农业科学 (2)：77 - 78，98.

许子斌，廖雨墨，1981. 春麦品种亲缘与杂交育种 [M]. 哈尔滨：黑龙江科学技术出版社.

杨敬军，金春香，马海财，2015. 传统杂交育种亲本选配考虑的因素及现代育种技术的运用 [J]. 甘肃农业科技 (1)：61 - 64.

张爱民，黄铁城，1990. 小麦育种亲本选配研究进展 [J]. 中国农学通报 (3)：25 - 28.

第一章　春小麦光温生态育种思维与策略

思维方式与小麦育种关系非常密切，它对小麦育种者遵循的育种理念和所采取的育种策略等具有决定性作用。思维方式可分为狭义和广义两大类。狭义思维方式通常指心理学意义上的思维，专指逻辑思维。广义思维方式是指人脑对客观现实概括的和间接的反映，它反映的是事物的本质和事物间规律性的联系，主要包括形象思维、逆向思维、抽象思维和系统思维等。

在小麦育种工作中，采用正确的思维方式，既可使小麦育种者的育种格局扩大，又可增强“破局”能力。它与小麦育种策略制定、团队作用发挥乃至育种者水平和育种效率提升等均具有密切联系。

第一节　思维方式与春小麦光温生态育种的关系

思维方式是小麦育种者能力和水平的重要组成部分。采用正确的思维方式，可使小麦育种者不断发现育种中存在的问题；能够使小麦育种者开动脑筋，多去思考问题的实质并找到其正确且高效解决问题的途径；可显著提升小麦育种效率，并能使小麦育种者将小麦育种的成功经验和失败教训，从“艺术”转化为“科学”。

一、春小麦光温生态育种主要采用的思维方式

在春小麦光温生态育种中，经常采用的思维方式主要有以下几种：一是形象思维，二是逆向思维，三是系统思维，四是抽象思维（逻辑思维）。上述思维方式，虽然内涵不同，但彼此之间却存在内在联系，并经常被用于春小麦光温生态育种过程之中。

（一）形象思维

形象思维又称直感思维，是指以具体的形象或图像作为思维内容的思维形态，是人的一种本能思维。形象思维具有形象性和感情性，这是区别于抽象思维的重要标志。形象思维总是与感受、体验关联在一起。如在东北春麦区雨养农业生态条件下，有的小麦育种者喜欢选择高秆大穗抗旱类型材料；有的小麦育种者仅通过供试材料当年的田间表现，即确定某一杂交组合好坏或哪些稳定品系取舍等“先入为主”的做法，均属于形象思维范畴。

形象思维是反映和认识世界的重要思维方式，是小麦育种者不可缺少的思维方式。由于形象思维是运用形象作为思维的活动形式，它的主要方法是联想与想象，因此形象思维是逆向思维、系统思维和抽象思维等思维方式运用的前提与基础，也是春小麦光温生态育种者在育种过程中首先要采用的思维方式，如根据一次、一时、一点等田间调查结果，分析各种供试生态类型材料的田间表现等。如果没有形象思维，就不能发现春小麦光温生态育种各环节

中存在的问题，也无法利用逆向思维等思维方式来找出问题出现的原因和提出解决问题的途径。

形象思维的内在逻辑机制是形象观念间的隶属关系，并具有形象性、非逻辑性、粗略性和想象性等基本特点。因此，在春小麦光温生态育种中，育种者只有将形象思维与逆向思维、系统思维和抽象思维等思维方式紧密结合，才能使春小麦光温生态育种的复杂问题简单化并不断提高小麦育种水平。

（二）逆向思维

逆向思维也称求异思维。逆向思维是一种从目标思维的对应面和目标点，反推出条件和原因的科技创新思维方式。正向思维与逆向思维只是相对而言的。一般认为，正向思维是指沿着人们的习惯性路线去思考，而逆向思维则是指悖逆着人们的习惯路线去思考。正、逆向思维起源于事物的方向性。由于事物有正反向，才使人们产生思维的正反向，两者密切相关。根据逆向思维具有普遍性、批判性和新颖性三大特点，结合小麦育种需求，一般认为逆向思维是小麦育种者必须掌握的重要思维方式之一。

在小麦育种工作中，育种成功与失败总是相伴而生的。各个育种环节都存在成、败两个方面。它们之间存在着密切的联系，会相互转化并相互促进。几乎所有小麦育种成功者都拥有一个共识，那就是："不怕小麦育种失败，就怕不知道为什么失败"。小麦育种失败的教训往往比成功的经验更宝贵。国内外大量小麦育种成功的实践证明，在小麦育种过程中，若小麦育种者逆向思维方式运用得当，不但可破除由经验和习惯造成的僵化认识模式，而且可认识到育种各环节中问题出现的实质原因并找出解决问题的有效途径，进而获得意想不到的育种效果。

反之，如果一个小麦育种者对逆向思维方式不感兴趣，不愿或不敢"反其道而思之"，那他（她）的育种思维能力将难以获得较大提升，导致的结果就是不善于或不采用逆向思维方式去寻找或发现自己在小麦育种工作中的不足之处或失误之点。这样，他（她）将永远停留在原有的育种水平上，小麦育种也很难获得较大成功。

（三）系统思维

系统思维方式不同于形象思维和逆向思维等思维方式。系统思维是对事情进行全面思考，不只是就事论事，而是把想要达到的结果、实现该结果的过程、过程优化以及对未来的影响等一系列问题作为一个系统进行研究的一种思维方式。从春小麦生态育种和光温生态育种的创建过程及主要研究内容和育种效率看，它们都属于系统思维方式应用范畴。

系统思维含有多种整体思维方式。其中，系统-分解-再系统思维方式和时、空、位一体思维方式是春小麦光温生态育种创建与运用过程中主要采用的两种不同的系统思维方式。系统-分解-再系统思维方式属于双向思维方式。该思维方式要求从整体出发，逻辑起点是系统，要把系统贯穿于思维逻辑进程的始终，要在系统理念的指导和统摄下进行分析，然后再通过逐级次综合而达到总体综合。它要求摒弃孤立的、静止的分析习惯，使分析和综合相互渗透，"同步"进行，每一步分析都要顾及综合、映现系统整体。只有这样，才能使小麦育种者站在全局的高度上，系统和综合地考察事物，着眼于全局来认识和处理小麦育种中出现的各种矛盾和问题，达到最佳的总体目标。

时、空、位一体思维方式属于系统思维中的立体开放思维方式。研究系统运动的空间位置时，要考虑其时间关系；而研究系统运动的时间关系时，要考察其空间位置。立体思维就是时空一体思维，是纵横辩证综合思维。在春小麦光温生态育种中，采用的“分段育种方式”和利用“以肥调水”和“以水降温”创造相似生态环境等一些新的小麦育种方法，均源于系统-分解-再系统和时、空、位一体两种思维方式。

（四）抽象思维（逻辑思维）

抽象思维，又称逻辑思维。它是人们在认识活动中运用概念、判断、推理等思维形式，对客观现实进行间接的、概括的反映过程，属于理性认识阶段。与形象思维方法不同的是，抽象思维方法撇开事物的具体形象，抽取其内在本质，因而它具有高度抽象的特征。抽象思维的主要特点：不是从对象作为多种规定性的统一整体出发，而是固执于对象的某个片面、撇开对象的其他方面或离开对象所处时间、地点、条件等具体情况去分析和把握对象。根据抽象思维的内涵与作用，可以说在春小麦光温生态育种中，只有把育种成功的经验和失败的教训不断抽象出一些规律性的东西，才能显著提升当地小麦育种效率。如东北春小麦生态遗传变异规律的发现与应用等就是抽象思维运用的结果。

抽象思维能力是衡量小麦育种者思考质量的重要标准，是授人以渔的“渔”，也是万变不离其宗的“宗”。春小麦光温生态育种实践表明，运用抽象思维的好处是，可“忽略次要矛盾，突出主要矛盾”，可以“以改进面筋质量”为突破口，实现强筋小麦品质和产量同步改良；可通过小麦基因型、表现型、生态类型和光温型四者之间关系的研究，使小麦育种复杂问题简单化。关于这方面，爱因斯坦认为：“同一层面的问题，不可能在同一层面解决，只有在高于它的层面才能解决。”这里说的高于它的层面，其实就是抽象后的层面，通过抽象来提高思考问题的维度，这样才能看清问题的本质，才能更好地解决问题。

需要注意的是，抽象思维是在形象思维的基础上演化而来的。为避免小麦育种工作掉入抽象思维的误区，一是要避免“唯理论”。理论并没有错，但理论是抽象的，是抽象就不完备，就存在迭代的必要。二是忌讳空谈。小麦育种属于科学＋艺术科研范畴。若过分依赖自己抽象出的理论，而忽视田间实践，往往会出现“纸上谈兵”现象。三是依据小麦育种工作特点，只有遵循经验→科学→经验→科学的螺旋式上升理念，才能发挥抽象思维的作用。大道至简，简单源于复杂。抽象思维就是将小麦育种工作化繁为简的最佳答案。而以抽象思维为代表的综合素质，则是小麦育种者育种水平实现跨越的必备能力。

二、各种思维方式在小麦育种中的作用

在小麦育种工作中，育种者的思维方式非常重要。不同的思维方式，常常决定他们具有不同的育种发展格局。思维方式运用正确与否，不但能影响小麦育种者育种水平的提升速度，而且可决定他们未来所取得的育种成就的大小。

（一）形象思维与逆向思维

形象思维是逆向思维方式运用的前提与基础，也是小麦育种者在育种过程中无法越过的思维方式。没有形象思维，育种者在田间调查时，就无法形成对各种生态类型小麦材料的初步认识，也不能发现小麦育种各环节存在的问题。但仅利用形象思维方式，就会很难发现育种问题出现的实质原因及解决问题的有效途径。一般认为，形象思维是小麦育种入门者经常采用的思维方式，如根据当年田间表现，即确定 F_1 代某一杂交组合的优劣或某一稳定品系的应用前景等。从思维方式与小麦育种手段关系看，形象思维属于以自然选择为主的一种思维方式。因为小麦育种属于自然选择与人工选择相结合的科学研究，所以一个小麦育种者仅

用形象思维来指导他（她）的小麦育种工作，那么他（她）的育种水平将永远停留在入门者水平上，很难获得较大提升。

逆向思维是一个小麦育种者从“入门”到“入道”阶段，必然要采取的一种思维方式。小麦新品种选育不是工厂化生产，若仅就目标性状选择而言，当年度间或地点间出现生态条件变化时，各种目标性状的选择效果向不同方向转化是绝对的。因此，如果在小麦育种中不运用逆向思维方式来分析这种“动态变化”出现的原因，不但无法寻找解决育种问题的有效途径，而且还会经常迷失育种方向，如 1953—1954 年，我国著名小麦育种家肖步阳先生在黑龙江省农业科学院克山农业科学研究所的小麦育种工作中就遇到了此类问题。1953 年在小麦苗期降水量较多的情况下，因为他选育的一些杂种各世代材料和稳定品系在田间表现非常突出，所以苏联学者伊万诺夫率领的“拔白旗”小麦育种考察团没有将他主持的“克字号”小麦育种研究项目作为“白旗”拔掉。然而，1954 年在小麦苗期干旱的情况下，上一年表现好的材料，抗旱性却表现极差，各种性状表现全然不符合育种目标需求。他曾百思不解，最终正是逆向思维方式帮他解开了谜团。原因是，1953 年和 1954 年两年的小麦苗期生态条件明显不同，而 1954 年的小麦苗期干旱条件才是克山地区的典型生态条件。也就是说，只有苗期抗旱性较好的小麦材料才适宜在这一地区种植。为验证该结论的真实性与可靠性，1955 年他将抗旱性不同的小麦品种，分别种植在克山农业科学研究所的岗地、平地、洼地上进行观察比较。结果发现，由于小麦出苗后不同地块的土壤水分、地温乃至干旱胁迫压力的不同，品种间和品种内在小麦苗期生长发育进程、繁茂性和苗期抗旱性等均有明显不同的表现，因此他也萌生了“春小麦生态育种”的概念。

以上事例说明，一个小麦育种者若能利用逆向思维方式，从自己的育种经验和错误中领悟并吸取教训，同时借助他人的思想和经验来启发自己，学会“举一反三”，说明已从小麦育种的“入门阶段”跨入“入道阶段”。同时，也意味着他（她）从此开始迈向小麦育种家的历程。反之，若一个小麦育种者不能从自己小麦育种失败的经验教训中，或从书本上或他人那里领悟到新意，还在原来的思路和习惯中打转，尽管在小麦育种工作中付出了巨大的努力，那他（她）还将永远停留在原有育种水平上，他（她）的小麦育种工作也难以获得较大突破。

（二）系统思维

小麦育种是一项复杂的系统工程。对于小麦育种刚刚“入门”或“入道”者而言，常常对小麦育种工作中遇到的诸多“动态变化”，如杂种世代年度间出现的基因型变化、小麦生育期间地点和年度间的各种生态条件变化，以及当地生产发展和国内市场需求变化等，感到无所适从。特别是当上述几种“动态变化”相互交织在一起时，更会感觉小麦育种难度颇大。因此，若要在上述诸多“动态变化”中寻找“切入点”和建立高效小麦育种技术体系，仅仅利用形象思维和逆向思维等相对简单的思维方式是很难奏效的。从各种思维方式内涵和用途看，可认为系统思维是解决上述育种难题的最有效思维方式。

系统思维也被称为系统思考。德国心理学家 Dorner 认为系统思考是一种能力，并把系统思考简化为：系统思考＝系统的复杂境况＋对该境况的充分思考。系统思考强调系统、辩证和发展的观点，系统内各部分之间及系统与外界环境之间相互作用、相互影响变化的关系。因此，在小麦育种中利用系统思维方式可将许多育种复杂问题简单化，可使小麦育种者看见“诸多变化”中的相互关联和动态发展情景以及一再重复发生的复杂现象背后的结构形态关系，它是探寻小麦育种规律的重要思维方式。因此，利用系统思维方式可明显提升小麦育种者思考和解决小麦育种中诸多复杂问题的能力，并使育种效率获得显著提升。如20世纪80年代末以来，黑龙江省农业科学院“龙麦号”小麦育种团队遵循“天、地、种、生产与市场为一体”系统思维理念，将东北春麦区小麦育种方向，从“以高产为主”及时调整为“质为先、量为后”，再到“量、质兼用”，使当地小麦育种工作从被动变为主动。利用系统→分解→再系统的思维方式，在小麦春化、光照和感温阶段分段选择与定向集聚各种目的基因，可使主要目标性状尽快地集聚在某一小麦生态类型新品种之中。根据“时、空、位相互转换”的系统思维理念，利用时、空相交位点（小麦同苗龄）光、温、肥、水等主要生态因素的差异，采用“以肥调水、以水降温”等措施创造相近生态环境，调控了不同生态类型品种在同一生态条件下主要生态性状的变异方向和变异幅度。再比如，21世纪初程顺和院士运用“以时间换空间”系统思维理念，在长江流域里下河农业科学研究所小麦试验区对同一批小麦品系采用早播10 d、正常播种和晚播10 d处理方式，不仅明确了同一生态类型材料在里下河研究所南、北一定区域内的表现型变化规律，而且为拓宽育种范围提供了重要理论依据。

综上所述，系统思维方式是小麦育种者解决复杂育种问题和向更高育种水平迈进时不可或缺的一种思维方式。利用系统思维方式，既可使小麦育种者的思维从“静态性”进入“动态性”，提升解决复杂育种问题的能力，又可把握住诸多小麦育种难题中的“最佳控制项”，找到“突破口”。如在春小麦光温生态育种中，为解决不同生态类型小麦新品种的生态适应性问题，以其不同生长发育阶段的光温反应特性作为主要生态适应调控性状；在强筋小麦育种中，为迂回解决优质与高产的矛盾问题，牢牢抓住蛋白质（湿面筋）质量不放。由此可见，在小麦育种过程中，如果小麦育种者能够熟练与正确运用系统思维方式，不仅可将小麦育种的复杂问题简单化，而且可使小麦育种从无序走向有序。不断提升系统思维能力，既是小麦育种者“修炼”的主要内容，也是提升小麦育种效率的重要前提。

（三）抽象思维（逻辑思维）

抽象思维是小麦育种者在其育种工作中运用的一种高级思维方式。它是小麦育种者头脑中的一种智慧，也是深刻理解小麦育种的一把钥匙。抽象思维与小麦育种科学紧密关联。可以说，没有抽象思维也就没有小麦育种理论的产生与发展。如在春小麦生态育种中，将同一基因型在不同生态条件下的表现型提练为生态变式；在春小麦光温生态育种中，将生态变式规律归结为生态遗传变异规律等，均是运用抽象思维方式创建的一些新的小麦育种理论。抽象思维方式在科学理论方面的创建作用，还可从世界科学发展史中得到进一步证明。如牛顿通过逻辑推理和反复验证，创立了“万有引力定律”；爱因斯坦运用他的“大脑实验室”，通过抽象思维和数学物理学等方法，创造了“相对论”等。

在小麦育种工作中，小麦育种者经常采用的主要是经验思维和理论思维两种抽象思维方式。其中，经验思维就是按照育种前辈或老师的育种经验而进行的育种。在育种经验思维指导下，虽然在一定生态区域可获得育种的成功，但也存在着明显的局限性和狭隘性，只能做到“知其然，而不知其所以然”。在小麦育种工作中如果不把它上升为理论，那么只能停留在最初应用阶段上。如20世纪80年代初，黑龙江省农业科学院作物育种研究所把一些成功的春小麦生态育种经验移至哈尔滨育种点进行小麦育种时，因未掌握其“真谛”，育种效果就非常不理想。抽象思维是根据科学概念和理论进行的思维。这种思维活动往往能抓住事物的关键特征和本质，并可将育种成功经验上升为科学。小麦育种是科学＋艺术的结合体，也有的学者将其称为“艺术＋科学”。从表面看艺术和科学不是同一种东西，其实它们之间的差别根本不在内容，而在处理特定内容时所用的方法。科学与艺术是一对孪生子，他们源自客观世界同一母体，并在主观世界最高殿堂中又合二为一。科学，异中求同，用以解“未知之异”；艺术，同中求异，用以表“永恒之同”。国内外大量小麦育种实践证明，有些小麦育种者，可以通过一些相对简单的研究发现重大问题，并作出重大贡献；还有一些小麦育种者，虽然积累了许多研究结果，但这些结果却堆在他们那里成了一堆“死东西”，不能从理智的发明和观察到的事实中，通过科学抽象出理论概括。大量事实证明，只有那些认真实践而又善于抽象思维的人，才能实现小麦育种从经验→科学→经验→科学的螺旋式上升，才有可能在科学探索中，捷足先登，摘取新的科学之果。

抽象思维就像一根红线，贯串于小麦育种的始终。它使小麦育种者对小麦育种的认识，从外部到内部，从偶然联系到必然联系，从现象到本质，从而揭示出小麦育种的本质和规律。抽象思维不同于荒唐幻想，它必须以育种实践作为基础。没有育种实践的抽象，就没有育种理论的回归，也不可能产生科学抽象的思维过程。抽象思维是与育种实践不同的思维活动，是一个概念、判断、推理、假说等产生和形成的过程。没有抽象思维与育种实践二者的统一，育种者的认识就不能飞跃，实践之树就不能结出理论之果。因此，在小麦育种工作中既不能无限夸大抽象思维的作用，使它脱离实践或凌驾于育种实践之上；也不能否认抽象思维的重要作用，把实践基础和科学抽象对立起来。只有把二者有机结合，才能使抽象思维在小麦育种中发挥巨大作用。

三、思维方式与小麦育种的关系

（一）思维方式是育种能力的核心因素

育种能力一般指小麦育种者在小麦育种过程中，以科学的思维和适当的方法，选育小麦新品种的能力，其中包括思维方式的运用、在田间和试验室对小麦育种各试验环节的处理能力、将信息转换为知识及对外合作能力等多方面能力。育种能力不但综合体现了小麦育种者专业知识的深度和广度，而且也反映了发现问题、认识问题和解决问题的能力。

育种能力是小麦新品种选育的前提与保证。从育种能力构成因素看，思维方式作为育种能力的核心因素，现已得到大多数成功小麦育种者的认同。从二者关系看，其他育种能力都是为思维方式服务，为它提供加工的信息原料，为它提供活动的动力资源。甚至可以说，没有正确的思维方式，小麦育种者的其他育种能力都将难以发挥较大作用。大量小麦育种实践表明，如果一个小麦育种者在小麦育种工作中不善于运用逆向思维方式，将难以发现育种过程中存在的问题和提出解决问题的有效途径。同样，如果一个小麦育种者抽象思维能力不强，尽管他（她）在小麦育种工作中付出了巨大辛苦，积累了许多有用资料，但却很难提炼出一些有价值的科学发现和研究成果。最终，他（她）的研究成果只能相当于“种小麦”，而他（她）种的“小麦”，则可能被别人用于制作“面包”。再如，若一个小麦育种者思维方式非常保守，在小麦育种工作中不采用开放思维方式与他人合作，结果是“封闭别人，就等于封闭了自己”。那么，他（她）就不能真实判定自身的育种状况与水平，很难做到“知己知彼”，也难以遵循“寸有所长，尺有所短”理念来与别人进行有效合作，甚至会成为小麦育种界的“孤家寡人”。

一般情况下，小麦育种者思维方式运用的合理性，常与其育种状态和育种水平存在紧密关联。思维方式运用正确与否，可从本质上反映出他的育种现状和育种水平。正确思维方式是小麦育种者创造力的源泉。创造力是在运用思维方式的基础上，将育种能力因素与良好的非育种能力因素综合起来的表现。大量小麦育种实践表明，拥有正确与高效的思维方式，可以让小麦育种者的育种水平得到不断提升，小麦新品种的选育进程可不断加快。否则，将必然陷入小麦育种传统经验或育种失败的泥潭中难以自拔。

（二）思维方式决定了小麦育种成效

思维方式是小麦育种者育种能力的核心因素，也是决定小麦育种成效的关键所在。在小麦育种中，随着小麦育种者育种水平的不断提高和生产及市场需求的不断变化，各种思维方式的运用具有明显的阶段性和时代性。一般情况下，超时代或一成不变的思维方式是不存在的。每个时代的小麦育种都会在思维方式上留下鲜明的时代烙印，如从思维方式运用角度看，春小麦生态育种技术体系创建过程，实际上也就是各种思维方式的逐步运用过程。其中，形象思维→逆向思维方式的运用，使黑龙江省农业科学院“克字号”小麦育种者发现，在小麦苗期干旱条件下必须种植抗旱类型品种与其相适应。形象思维→逆向思维→系统思维方式的运用，使他们揭示出了基因型、表现型和生态类型三者之间的内在联系，并创造了同一生态类型小麦品种主要生态性状相似，对变化的生态条件反应程度必然相似等春小麦生态育种理论与方法。同时，他们将这些思维方式运用在春小麦生态育种中，不仅做到了“上知天，下知地”，而且还可知不同生态类型小麦品种是如何生长发育的，并在小麦育种方面取得了辉煌成就。如在20世纪50—80年代，他们选育推广的50余个不同生态类型“克字号”小麦新品种，曾使东北春麦区小麦品种更新换代4次，较好地满足了当地小麦生产持续发展的需求。

春小麦光温生态育种的创建与发展，进一步证明了各种思维方式在小麦育种者中的时代性和重要性。如20世纪80年代末以来，黑龙江省农业科学院“龙麦号”小麦育种者根据国内小麦生产发展趋势和市场需求变化及东北春麦区（特别是大兴安岭沿麓地区）具有适宜生产优质强筋小麦的各种比较优势，遵循“天、地、人、种四位一体”系统思维理念，在加强小麦育种团队建设的同时，及时将东北春麦区小麦育种方向从“以高产为主”调整为“量、质兼用”，大力开展优质高产多抗强筋小麦新品种选育，使当地小麦育种从被动转化为主动。利用系统-分解-再系统的思维方式实施春化、光照和感温阶段分段育种方式，“主动适应性育种”水平得到进一步提升。根据时、空、位一体的思维理念，在小麦同苗龄时采取“以肥调水”和“以水降温”等措施，创造出相近的生态环境，调控不同生态类型品种主要生态性状变异方向和变异幅度，使春小麦光温生态育种的“它地育种”效率比春小麦生态育种效率更高。同期选育推广的龙麦26、龙麦30、龙麦33和龙麦35等系列优质、高产、多抗、广适强筋小麦新品种，不但实现了东北春麦区小麦品种的两次更新换代，而且满足了当地强筋小麦产业持续发展的需求。

由此可见，在小麦育种中思维方式运用是否得当，不仅关系到小麦育种效率，甚至可以决定育种成败。可以说，每一个小麦育种者都有潜在的卓越育种能力。当出现育种水平停滞不前或育种效率不高的状况时，其中主要原因，不是育种能力不够，而可能是思维方式运用不得当。只有选择正确的思维方式并加以灵活运用，才能将小麦育种者的各种育种能力转化为新品种选育能力，进而使小麦育种获得成功。

（三）思维能力与小麦育种的关系

所谓思维能力，是指人们采用一定思维方式对思维材料进行分析、整理、鉴别、消化、综合等加工改造，能动地透过各种现象把握事物内在实质联系，形成新思想、获得新发现、制定出新决策的能力。思维方式则是人们在一定的世界观、方法论和知识结构的基础上运用归纳、演绎、分析和综合等思维工具认识事物、研究问题和处理问题的思维模式。从思维方式、思维能力和小麦育种三者关系看，思维方式和思维能力均是小麦育种能力的核心因素。其中，思维方式是思维能力表现的平台，思维能力是思维方式运用的结果。若思维方式选用不当，较强的思维能力只能是“智力资源”的浪费；若思维能力较弱，即便思维方式选择正确，也难以在小麦育种中发挥较大作用。因此，一个小麦育种者只有具备较强的思维能力，并将各种科学思维方式合理和高效地运用于小麦育种工作之中，才能取得较大的育种成绩。

思维能力是考察小麦育种水平高低的一个重要指标。根据相关研究结果，衡量一个人思维能力的基本指标主要包括以下四点：一是思维的广度和深度；二是思维的敏捷度和灵活度；三是思维的批判性和逻辑严密程度；四是思维的创造性和灵感可诱发程度等。爱因斯坦曾说：“发展独立思考和独立判断的能力，应当始终放在首位，而不应当把获得专业知识放在首位。”因为思维能力比知识占有量更重要，所以若要不断提高小麦育种者的思维能力，首先，要求其能够做到思维方式的多元化，能以联系发展的眼光多角度看问题、思考问题和分析问题。其次，要根据事物前进与曲折统一原则，遇到工作挫折时，要坚持自己的信念，不要轻言放弃。再次，可运用《易经》中的“变易”“不易”和“简易”理念来分析与解决育种中出现的各种问题。哲学家康德的墓志铭写道：“重要的不是给予思想，而是给予思维。”小麦育种者的思维能力对于推导小麦育种中各种问题出现的前因后果及发现相关内部规律和不断提升小麦育种水平等至关重要。

科学的思维方式犹如一把钥匙，可为小麦育种者打开认识小麦育种的大门。思维能力则是各种科学思维方式能否在小麦育种工作中得到有效利用的重要保证。在小麦育种工作中，常常是育种者思维能力和思维角度不同，解决问题的方法和结果也各不相同。例如在东北春麦区小麦品种秆强度提升方面，若从表面现象看，应该是小麦品种茎秆强度越强，抗倒能力越好。然而，在当地小麦花期遇到暴风骤雨天气时却发现，穗下茎弹性在抗倒能力上远比茎秆基部强度更重要。因为前者经常出现根倒情况，后者则可随风摆动，“风阻”相对较小，所以进行茎秆基部强度与穗下茎弹性同步遗传改良，可明显提高东北春麦区小麦品种的田间抗倒伏能力。这也是“克字号”小麦育种者运用系统思维获得的宝贵育种经验，并被编入中国农业大学的教科书之中。通常情况下，小麦育种成功与失败的思维方式往往截然相反。成功的育种思维方式是正向思维——积极开放的建设性的思维方式；失败者的育种思维方式是负向思维——消极、封闭和破坏性的思维方式。负向思维常导致小麦育种者陷入以下两种思维误区：其一就是把手段当成了目标；其二就是目标发生了偏移。

国内外小麦育种实践证明，一个育种者成功的背后，必然有较强的思维能力和先进的思维方式。只有将较强思维能力与科学思维方式实现有机结合的人，才是拥有小麦育种主动权的人。例如，主要利用形象思维方式进行小麦育种者，仅处于小麦育种的初级阶段，也就是小麦育种的入门阶段。若能将形象思维＋逆向思维方式熟练地运用于小麦育种之中，他（她）处于小麦育种的中级阶段，也就是小麦新品种选育的开始。若将形象思维＋逆向思维方式＋系统思维方式三者紧密结合，自如地运用于小麦育种工作中，那么他（她）必定掌握了小麦育种的主动权，将源源不断地选育出小麦新品种，并由此可能成为小麦育种家。在此基础上，若再利用抽象思维方式和创造性思维能力，将他（她）的育种成功经验和艺术上升为科学，结果是，他（她）创造的小麦育种新理论和新方法不但可指导别人小麦育种获得成功，而且将成为小麦育种科学财富流传于世，如肖步阳先生创立的“春小麦生态育种”就是其中一例。

第二节　春小麦光温生态育种策略

小麦育种策略是指在某一生态区域和某一时段，依据当地自然生态条件、小麦生产发展需求及市场变化等，对小麦新品种选育工作的总体安排。小麦育种策略具有地域性和时效性，主要包括育种规划、育种方向、育种目标、育种关键技术环节确立及小麦育种团队建设等多方面内容。从小麦育种战略与战术层面分析，小麦育种策略属于战略性研究范畴。因此，小麦育种策略正确与否，将直接关系到一个小麦育种团队的育种成败。

一、“四位一体”制定小麦育种规划

（一）“四位一体”的概念与内涵

小麦育种是一项周期性较长的科学研究。制定近、中、远期小麦育种规划是小麦育种者对其育种工作的未来整体性、长期性、基本性问题的总体设计。小麦育种规划是小麦育种策略的主要组成部分。育种规划制定的全面性、系统性、先进性和有效性，不仅关系到一个小麦育种团队的育种方向和育种目标是否正确，采用的小麦育种理论和方法是否先进、高效与实用，而且决定了某一小麦育种团队的育种效率以及选育推广的小麦新品种在生产上的利用价值。

“四位一体”系统思维理念是春小麦光温生态育种规划制定的主要依据。所谓“四位一体”，就是指在小麦整个育种工作中将天、地、人、种四者有机合一。这里，“天”是指天时，“地”是指地利，“人”是指人和，“种”则是指小麦品种。

小麦育种中的“天时”，除包括天气和气候的变化外，还包括当地小麦生产发展需求、国内外不同品质类型商品小麦市场需求变化及国家各级政府对小麦育种和生产制定的相关政策等。小麦育种中的“地利”主要是指某一小麦生产区域的土壤种类、肥力、雨养农业特点和有无田间灌溉条件等。关于“人和”的内涵，在小麦育种工作中，即形成较强团队合力。“种”就是指小麦育种者在“顺天时、应地利”前提条件下，选育推广的不同生态类型小麦新品种。

（二）“四位一体”制定小麦育种规划

将“天时、地利、人和”理念用于制定“四位一体”小麦育种规划时，可使春小麦光温生态育种的全局性、整体性、系统性和先进性得到明显加强，可为育种方向和育种目标准确定位及育种团队建设等提供可靠依据，进而使小麦育种效率和小麦新品种在生产中的利用价

值等获得显著提升。从“天时、地利、人和、种”与春小麦光温生态育种规划制定关系看，“天时”可分为两类。一类为“自然天时”，它主要指决定小麦不同生态类型和品质类型种植区域的光、温及降水（雪）总量与分布等气候条件；另一类为“非自然天时”，它主要包括当地小麦生产发展需求、国内外小麦市场变化及我国各级政府制定的相关政策等，具有较大波动性和不可预见性。“非自然天时”因素决定了小麦育种规划的先进性与时效性。在“地利”因素范畴内，土地是各种天时因素发挥作用和小麦品种生长发育的载体。土壤肥力变化和田间灌溉条件改善等地利因素变化，将直接影响到小麦品种生态类型的演变进程及其产量与品质潜力等主要育种目标性状的表达程度。在“人和”因素范畴内，一个小麦育种团队是否团结、育种能力与水平高低及对外开放与合作程度等因素，是决定“顺天时、应地利”的小麦育种规划能否得到顺利实施的人力保证。小麦新品种的选育推广，则是小麦育种规划实施过程中“天时、地利与人和”三者之合力的结果。

从“天时、地利、人和、种”四个要素与制定小麦育种规划关系看，天时应处首位，人和次之，地利第三，品种末之。主要原因在于，一是某一生态区域小麦生育期间的各种生态条件及其变化，人为无法左右。二是小麦生产发展和市场变化的时代性和波动性，常导致小麦育种方向和育种目标出现颠覆性变化。三是各级政府制定的各种相关政策阶段性变化较大，小麦育种者经常难以判知。有时“非自然天时因素”的特殊属性，常使小麦育种者感到无所适从，甚至可决定某一生态区域小麦育种研究工作的生存与发展。如 21 世纪初以来，国家收购价格和大豆、玉米种植补贴等政策导向，导致东北春麦区小麦比较效益明显低于大豆和玉米，致使当地小麦生产分别在 1996—2009 年和 2010—2015 年两次受到大豆和玉米面积急剧扩大的巨大冲击，并将东北春小麦推到了“非主要农作物”的范畴。当地小麦种植面积过小，不但使龙麦 33 和龙麦 35 等优质、高产、多抗、强筋小麦新品种在东北春麦区生产发展中的利用价值受到严重限制，而且还导致当地小麦育种者的科技创新能力难以得到充分发挥。

因此，利用“四位一体”思维理念制定春小麦生态育种规划时，明确各因素的主、次位置与作用至关重要。以“天时”因素作为小麦育种规划制定的主要依据，既可抓住小麦育种过程中存在的主要问题和矛盾，又可根据“天时”因素的特殊性采取相应对策。其中，对“自然天时”因素（不利生态条件或生态条件变化等）引发的小麦育种和生产等问题，必须遵循“顺天时”理念，发挥“地利”与“人和”作用，来减轻或调整“天时”中不利因素对小麦育种的胁迫压力。如在东北春麦区雨养农业生产条件下，以“气候滑行相似距”理论为依据，采取“以肥调水”和“以水降温”等措施，创造相似生态环境，重点进行旱肥型小麦品种选育与推广等。对“非自然天时”引发的小麦育种和生产等问题，只能在“人和”前提下，耐得住清贫与寂寞，做好新品种储备，等待有利“非自然天时”的到来。

二、准确定位小麦育种方向，科学制定小麦育种目标

（一）以生态适应及生产和市场需求为依据，定位育种方向

小麦育种的宗旨，是满足小麦生产发展和市场需求。选育与推广小麦优良品种是小麦生产稳定持续和增产增效的前提与基础，而正确的育种方向是选育出符合市场需求和适应生态环境小麦新品种的关键。小麦育种方向正确与否直接关系到育种成败。小麦育种周期较长，

且生态区域性明显。小麦育种既要考虑小麦品种的生态适应性、生产适应性和市场适应性三者的有机结合，又要依据当地生态资源优势，小麦生产发展和市场需求变化等及时调整小麦育种方向。

春小麦光温生态育种以不同生态区域对小麦品种的要求为基础，首先要求小麦品种对生态条件的适应性，其次才是对高产和优质等目标性状的具体要求。如2000年以来，东北春麦区小麦育种者曾在优质专用小麦新品种选育过程中，既选育出了龙麦26和龙麦35等强筋小麦新品种，也选育出了克丰9号和龙麦21等弱筋小麦新品种。前者在东北春麦区小麦生育期间日照较长、昼夜温差大和土地肥沃生态条件下大面积种植时，其产量和品质潜力均可得到较为充分表达。而后者在当地生态条件下大面积种植时虽然产量较高，但蛋白质和湿面筋含量却出现了明显提升，各项主要品质指标多不符合弱筋小麦加工品质指标需求。这一结果说明，不同品质类型小麦品种的品质潜力表达程度与各种生态条件的相互作用，关系非常密切。因此，只有使小麦品种的品质基因型与生态环境相适应，才能发挥不同品质类型小麦品种的品质潜力。它是确立春小麦光温生态育种方向的重要依据之一。

小麦育种方向具有时代性、地域性和超前性等特点，小麦育种要不断满足小麦生产发展和市场变化的需求，因此准确定位和及时调整小麦育种方向至关重要。准确定位和调整小麦育种方向，可使育种者掌握育种的主动权。如20世纪90年代以前，我国小麦生产以产量为主，保证人们“吃上面”是当时国内小麦生产和市场的最大需求，小麦育种方向是“高产、多抗、广适”。21世纪以来，随着我国人民生活水平的不断提高，人们对“吃好面”的需求不断提升，因此专用化小麦育种就被提上了日程。我国小麦育种方向从“以高产为主”，及时向“量、质兼用”方向调整，进而使我国强筋和弱筋小麦育种都取得了很大进展。再如20世纪末以来，东北春麦区小麦育种者为将该区强筋小麦生产的各种比较优势转化为经济优势，将当地小麦育种方向从“高产育种”调整为“强筋小麦育种”，再从“强筋小麦育种”调整为“量、质兼用”强筋小麦育种，同时根据我国强筋小麦市场特定需求，又将“量、质兼用”强筋小麦育种向“面包/面条兼用”强筋小麦育种方向过渡，使东北春麦区强筋小麦产业在不同时期均取得了较大进展。如21世纪初，克丰6号和龙麦26等优质强筋小麦新品种的选育与推广，不仅解决了地产小麦积压问题，而且使当地农民种麦效益获得了较大提升。2010年以来，龙麦33和龙麦35等面包/面条兼用强筋小麦新品种的推广，使东北春麦区主导（栽）小麦品种实现了强筋化，并建立了强筋小麦多赢产业化模式。

反之，若对小麦育种方向的超前性和时代性认识不足，小麦育种方向调整滞后于小麦生产发展和市场需求的变化，小麦育种和生产必将陷入被动状态，且难以得到各级政府相关政策的支持。如20世纪90年代中期，由于当时东北春小麦质量较差，不能满足国内市场需求，在对东北春小麦实施了退出“保护价收购”政策后，造成了地产小麦大量积压。同时，在市场与相关政策双重影响下，不仅瞬间致使东北春麦区数量型小麦育种和生产陷入“休克”状态，而且还将东北春小麦逼至“当地非主要农作物”的边缘。

由此可见，以生态适应为前提，以生态资源优势及生产发展和市场需求变化等为依据，准确定位和及时调整小麦育种方向，可使小麦育种“化被动为主动”；可使选育推广的小麦新品种满足当地小麦生产发展和市场需求变化，并可将各类优质专用小麦生产的各种比较优势转化为经济优势。否则，必将制约当地小麦产业的发展。

（二）因地制宜，科学制定育种目标

小麦育种目标是小麦育种工作的依据和指南，是选育新品种的设计蓝图，贯穿于小麦育种工作的全过程，是决定小麦育种成败与效率的关键。只有小麦育种目标明确而具体，小麦育种工作才能科学合理地制定品种改良的对象和目标；才能有目的地搜集种质资源；才能有计划地选择亲本和配置组合，进行有益基因的重组和聚合，确定选择标准、鉴定方法和培育条件等。如果小麦育种目标不科学合理或者不够明确具体，即便小麦育种方向正确，育种工作也是盲目进行，育种的人力、物力、财力和新途径、新技术也很难发挥应有的作用。最终，小麦育种也难以取得成功与突破。小麦育种目标是指在一定的自然、栽培和经济条件下，对计划选育的小麦新品种提出应具备的优良特征特性，因此各地常因生态条件、生产水平和主要病（逆）害种类等不同，小麦育种目标也不尽相同。因此，因地制宜，科学制定小麦育种目标，是小麦育种工作的重中之重。依据东北春麦区生态环境、生产发展和市场需求变化等，春小麦光温生态育种的育种目标可分解为小麦生态适应性、产量性状、品质性状和抗病（逆）性等具体的小麦育种目标。

东北春麦区土地肥沃，土壤有机质含量为3%～7%，小麦生育期间各种生态条件与加拿大非常相似，昼夜温差大，日最长光照时间可达17 h以上，强筋小麦生产生态资源优势明显，因此非常适宜开展强筋小麦育种。该区小麦生产主要以大型国有农场或农业合作社为主，单块小麦种植面积多在66.67 hm^2 以上。小麦原粮品质均匀性较好，商品率可达90%以上，标准化种植和规模化生产程度高。同时，东北春麦区为雨养农业生产地区，小麦苗期干旱和后期多雨为当地主要不利生态条件。赤霉病、根腐病和穗发芽为该区主要病（逆）害种类。为充分发挥东北春麦区强筋小麦生产的各种比较优势，降低不利生态条件和主要病（逆）害影响，以小麦生态类型作为应对各种不利生态条件的主要遗传背景，将生态适应性改良作为首要育种目标，重点进行苗期抗旱、后期耐湿、抗赤霉病和根腐病、高抗穗发芽及田间抗倒等育种目标性状改良，可为不同生态类型小麦品种的产量和品质潜力表达保驾护航。

在小麦产量性状育种目标制定上，因生态类型不同，产量育种目标性状也有所不同。旱肥型因受苗期干旱胁迫压力较大，产量潜力应低于水肥和密肥型小麦品种。产量因素构成，旱肥型以穗重型为主，水肥和密肥型以穗数型为主。在品质性状育种目标制定方面，针对东北春麦区强筋小麦生产生态资源优势明显，各小麦生态类型均要求为强筋小麦品质类型。为解决我国强筋小麦品种的蛋白质（湿面筋）质量偏差问题，以超强筋麦为主、强筋麦为辅，重点改进蛋白质（湿面筋）质量，是东北春麦区强筋小麦品质改良的主要育种目标。为满足我国国内市场对强筋小麦数量和质量的双重需求，产量不低于当地高产品种，品质达到国家强筋小麦品质标准，是量、质兼用强筋小麦育种的两项关键育种目标。面包/面条兼用型强筋小麦育种目标，则需在量、质兼用强筋小麦育种目标基础上，重点进行淀粉特性的遗传改良，特别是 *Glu-D1d* 优质亚基基因与 *Wx-B1* 缺失效应的定向集聚，是面包/面条兼用型强筋小麦品质改良的关键。

春小麦光温生态育种实践表明，充分发挥强筋小麦品种的生产能力，实现品质、产量和多抗三者之间的平衡与协调，是制定东北春麦区小麦育种目标时需要重点考虑的问题之一。关于这方面，本书作者认为，只有以生态适应性为链条，才能实现品质、产量和多抗等育种目标性状的有机整合。如2000年以来，黑龙江省农业科学院“龙麦号”小麦育种者将生态适应性选择放在首位，利用品质、产量和多抗性同步改良方法，选育推广的龙麦33和龙麦35等系列优质高产多抗强筋小麦新品种，使东北春麦区优质强筋小麦新品种在品质、产量和抗性三者之间达到了一个新的平衡，并继高产多抗小麦品种新克旱9号和优质多抗强筋小麦品种龙麦26选育推广后，实现了东北春小麦育种的又一次重大突破。

小麦育种目标并非一成不变。依据生态环境因素和主要病害种类变化，对各地小麦育种方向和育种目标不断进行调整，是科学合理地制定育种目标的主要内容之一。现代生态学告诉我们：生态环境各要素在联系、变化、推移和循环过程中，将会对小麦品种的各种性状不断提出新的要求。小麦育种目标必须根据主要生态要素的变化不断进行调整，才能使选育推广的小麦新品种不断满足当地小麦生产发展和市场变化的需求。如20世纪80年代末以前，在大兴安岭沿麓地区（黑龙江省北部和内蒙古自治区呼伦贝尔市等地）小麦生产中，小麦抽穗后虽常遇多雨条件，但温度偏低，赤霉病几乎很少发生。21世纪以来，随着全球气候变暖，大兴安岭沿麓地区小麦抽穗后气温明显上升，与20世纪80年代相比，小麦生育期间有效积温可增加至200℃以上。气候变暖，加上小麦生育后期多雨的特定生态条件，使该区具备了赤霉病流行的典型生态环境。随着赤霉病发生逐年加重及赤霉病菌源孢子田间积累量的不断增加，赤霉病现已成为当地小麦生产中的第一病害。为此，提高小麦品种的赤霉病抗性水平，已成为当地小麦育种的主要育种目标之一。

三、将小麦生态适应性遗传改良放在首位

（一）小麦生态适应性的概念与内涵

小麦生态适应性，是指小麦对生态条件的要求和与当地实际外界环境相适应（吻合）的程度。它是小麦对环境条件的一种反应能力，是长期以来自然和人工选择的结果。生态适应性好的小麦品种能充分利用当地的自然及栽培中的有利因素，抵抗不利因素，健壮地生长发育，从而获得高而稳的经济效益。小麦生态适应性虽受多种生态因素综合影响，但在一定时间和空间内针对特定对象，常常只有一两个生态因子起主导作用。例如在小麦光照阶段，光照时间就是决定小麦前期发育速率的主导因子。生态适应性是物种生存的前提条件，如果没有生态适应性，也不会有物种的进化与生物多样性的形成。环境变化会引起小麦生态适应性的改变，生态适应性是小麦品种区划和布局的基础。小麦生态适应性既可决定小麦不同生态类型的形成，也可决定不同生态类型小麦品种的产量和品质等性状在不同生态条件下的表达程度。

研究认为，生态适应指生物对某种环境条件的适应组合，也指生物个体在与变化的环境因子相互作用下，获得对该物种有益的结果。小麦品种具有生态区域性和时代性等鲜明特点。一个生态适应性较好的小麦品种不仅要求它与当地气候、土壤生态条件协调性较好，而且要求对当地主要病虫害等抗性水平较高，只有这样才能保障该品种的产量和品质潜力能够得到充分发挥。根据小麦生态适应性形成与发生机理，小麦生态适应性由气候、土壤和生物三种生态适应性组成。从三种生态适应性与小麦生态适应能力的关系来看，气候生态适应性是前提，土壤生态适应性是基础，生物生态适应性是保障。气候和土壤生态适应性对小麦品种生态适应能力的作用是间接的，且是多种因素的综合结果。小麦品种对病虫害的抗性能力，特别是抗病能力对小麦品种生态适应性的作用常常是直接的。如条锈病、白粉病、赤霉

病和病毒病等病害的抗性水平，甚至对小麦品种生态适应能力具有“一票否决权”。

小麦生态适应性是气候、土壤和生物三种生态适应性的综合结果。比较它们对小麦生态适应能力的贡献，尽管气候生态适应性>土壤生态适应性>生物生态适应性，可是若任何一方出现“短板”效应，都会影响到小麦品种的生态适应能力及其产量和品质表现，这种现象在东北春麦区小麦生产中时有发生。有的小麦品种甚至仅因为穗发芽抗性不强就被生产所淘汰。如2005年，由黑龙江省农业科学院“龙麦号”小麦育种团队选育推广的优质高产强筋小麦新品种龙麦29，就是其中一例。另外，从小麦品种生态适应性与环境的关系来看，适应是绝对的，不适应是相对的。任何一个小麦品种均有它的相对最佳生态适应范围，只不过小麦育种者没有认识到，或没有将该品种种植在其所适应的生态环境中而已。春小麦光温生态育种认为，一个小麦新品种的生态适应能力大小，首先取决于该品种的生态类型是否与其种植的生态环境相匹配。其次是各种生态适应调控性状的调控力度，特别是在不利生态条件下，对其他主要农艺性状表达的调控力度是否得当。最后是它对当地主要病（逆）害的综合抗性能力能否满足小麦生产要求。

（二）将小麦生态适应性遗传改良放在首位

赵明莲（2002）研究认为，适应（Adaptation）是生物界普遍存在的核心现象，生物的生态适应性是一条生物学公理。所有的生物必须适应其生态环境，否则就不可能生存。然而，从进化角度看，繁殖上的成功，才是衡量生物生态适应性的主要标准，生存是第二位的。小麦的生长发育及产量和品质形成对生态环境有一定的要求，这是小麦在自身与自然协同演化的过程中形成的，是系统发育的结果。小麦生态适应性有一定的限度和最适范围。一个地区总有最适或较适生长的小麦品种。当环境因素限制小麦生长发育时，产量和品质形成时期往往是关键期。所以说，小麦新品种的选育过程，也是小麦生态适应性的改良过程。不同生态类型小麦品种只有在较好的生态适应能力基础上，才能充分发挥它们的产量和品质潜力。因此，将小麦生态适应性遗传改良放在首位，也是小麦育种的一条“公理”，它是春小麦光温生态育种的主要育种策略之一。

有研究认为，植物的生态适应性可分为遗传适应性和生理生化与形态发育变化的适应性两种。在环境偶变的情况下形成的适应性，只能在某个阶段或当世代表现，不会有适应性的遗传，但不管是哪种适应性的形成，都必须在环境给予一定刺激，特别是不利生态条件胁迫较大时，才会形成新的适应性跃变。春小麦光温生态育种研究认为，小麦生态适应性好坏是由品种内部遗传和外部环境变化两种调控机制所决定的。小麦品种内的遗传调控机制，主要指各类生态适应调控性状对小麦生态适应性的正向调控；外部环境变化调控机制主要指光、温、肥、水等生态条件变化对小麦生态适应性的反向调控。前者属于“主动适应性育种”范畴，后者属于“被动适应性育种”领域。在春小麦光温生态育种中，生态适应调控性状是指其本身既属于小麦的某一农艺性状、病（逆）抗性或生理特性等某类性状或特性，又能在变化的生态条件下决定产量、品质、株高和秆强度等主要育种目标性状的表达程度。一般情况下，小麦生育期间所遇不利生态条件不同，主要生态适应调控性状种类亦不同。如在东北春麦区“十年九春旱”特定生态条件下，利用光周期敏感特性使小麦苗期发育速度较慢，既可实现抗旱或旱肥型小麦品种抗旱和躲旱机制的有机结合，降低苗期干旱对株穗数和小穗数等主要产量性状表达的胁迫作用，又可相对延长抗旱或旱肥型小麦品种的有效分蘖和幼穗分化时间，使其稳产性能获得显著提升。在高肥足水条件下，利用温钝特性，既可使水肥型小麦品种的株高和田间抗倒能力保持相对稳定，又能提升其产量并使其品质潜力得到发挥等。

因此，在春小麦光温生态育种工作中，明确了不同生态条件下各种生态类型小麦品种的生态适应调控性状种类和调控力度，基本就抓住了小麦生态适应性遗传改良的实质。特别是小麦光温反应特性等气候生态适应调控性状对小麦生态适应性的主导作用，必须引起高度重视。春小麦光温生态育种认为，各种生态适应调控性状不仅与外部环境条件变化协调性关系密切，而且可通过小麦品种内部遗传调控机制，使小麦品种在某一生长发育阶段的主要农艺性状生长发育进程保持“相对合理与稳定”，以达到健身防病和降低各种逆境对小麦品种的胁迫压力等目的。另外，利用小麦生态适应调控性状的正向调控机理，还可精准评估小麦品种的生态适应能力和确定其生态适应范围等。

四、开展面包/面条兼用型小麦育种，推进强筋小麦产业化进程

（一）量、质兼用，大力开展面包/面条兼用型强筋小麦育种

随着我国人民生活水平的不断提高和食品加工业的快速发展，小麦专用育种和生产已被提上日程。东北春麦区强筋小麦生产各种比较优势突出，是我国强筋小麦主要生产基地之一。针对我国地少人多及人民要吃饱也要吃好的特定国情，为满足我国对强筋小麦数量和质量的双重需求，在生态适应性改良基础上，进行小麦产量与品质同步改良，开展量、质兼用强筋小麦育种是我国国情所需，也是东北春麦区强筋小麦育种策略之一。东北春麦区强筋小麦育种实践表明，为实现产量不低于当地高产品种，品质达到国家强筋小麦品质标准等量、质兼用强筋小麦育种目标，深入了解强筋小麦蛋白质（湿面筋）含量和质量与二次加工品质关系、二次加工品质与产量关系，以及蛋白质（湿面筋）含量和质量与环境条件变化等各方面关系，可为实现强筋小麦产量与品质同步改良和提高量、质兼用强筋小麦育种效率等，提供可靠的理论依据和有效的育种途径。

在强筋小麦二次加工品质改良时，以蛋白质（湿面筋）质量对强筋小麦二次加工品质贡献率明显大于蛋白质（湿面筋）含量，优异蛋白质（湿面筋）质量在一定蛋白质（湿面筋）含量基础上，对偏低面筋含量在二次加工品质上具有一定正向补偿效应等为依据，抓住优异蛋白质（湿面筋）质量不放，兼顾蛋白质（湿面筋）含量改良，可使强筋小麦二次加工品质改良效率得到明显提升。在强筋小麦产量和二次加工品质同步改良时，以强筋小麦育种的优质与高产矛盾问题，主要是蛋白质（湿面筋）含量与产量的矛盾问题（籽粒产量和湿面筋含量遗传相关系数可高达－0.90），而与蛋白质（湿面筋）质量关系不大等为依据，以改进面筋质量为突破口，以 *Glu－D1d* 等优质亚基基因为蛋白质（湿面筋）质量改良主要遗传基础，在各育种环节进行高产和优质等育种目标性状的同步集聚与选择，不仅可使产量与品质同步改良效率提高，而且能够平衡或迂回解决强筋小麦育种中优质与高产矛盾等问题。根据小麦蛋白质（湿面筋）含量属于数量遗传，蛋白质（湿面筋）质量属于品种遗传特性，前者受生态条件变化影响较大，后者受环境变化影响相对较小等国内外相关研究结果，在小麦各育种环节中定向集聚与选择 *Glu－D1d* 等优异面筋质量基因，并消除 1B/1R 等负向效应遗传基础影响，可为量、质兼用强筋小麦育种提供可靠的品质遗传基础。“龙麦号”强筋小麦育种成功实践表明，上述量、质兼用强筋小麦育种策略正确，技术路线可行。

在量、质兼用强筋小麦育种基础上，开展面包/面条兼用型强筋小麦新品种选育，是我国强筋小麦育种领域的进一步拓展，也是东北春麦区强筋小麦育种的发展策略。有资料报

道，现在我国常年进口强筋小麦400万t左右。强筋小麦在我国面粉加工中的主要用途是生产面包粉和利用配麦配粉工艺生产用于加工面食蒸煮食品的面条粉和饺子粉等各种专用粉。针对我国强筋小麦消费特点，为满足面包烘焙和面食蒸煮食品制作品质的双重需求，大力开展面包/面条兼用型强筋小麦新品种选育，对于拓宽强筋小麦二次加工用途和提升东北春麦区强筋小麦商品价值等方面均具有重要意义。

分析其中原因，第一，依据面筋含量和质量与环境关系，面包/面条兼用型小麦品种的品质稳定性要明显优于面条小麦品种（湿面筋26.0%～32.0%；稳定时间≥6.0 min；能量≥80 cm^2）。第二，面包/面条兼用型小麦品种的优异面筋质量对其偏低面筋含量，在面包和面条制品品质上具有一定的补偿效应。第三，当生产条件适宜时，面包/面条兼用型小麦品种生产的小麦原粮既可制作各类高档面包粉，也可利用配麦和配粉工艺生产面条粉和饺子粉。第四，在各种不利生态条件下，尽管面包/面条兼用型小麦原粮的蛋白质和湿面筋含量出现了大幅下降，但是将其作为配麦和配粉原料时，仍可发挥其改进面筋质量和降低直链淀粉含量的双重作用，并可显著提升面条粉和饺子粉的二次加工品质。

在面包/面条兼用型强筋小麦蛋白质（湿面筋）质量和淀粉特性改良方面，杨雪峰等（2020）研究认为，重点进行蛋白质（湿面筋）质量和淀粉特性遗传改良，特别是高度关注*Glu-D1d*和*Glu-B1al*等优异面筋质量主效基因及淀粉特性主效基因*Wx-B1*位点缺失效应的定向集聚与选择，基本可实现蛋白质（湿面筋）质量和淀粉的同步改良。另外，“龙麦号”强筋小麦育种实践还表明，根据强筋小麦的蛋白质（湿面筋）含量、蛋白质（湿面筋）质量和二次加工品质三者之间的关系，重点进行面包/面条兼用超强筋小麦新品种的选育与推广，有助于提升东北春麦区强筋小麦原粮的商品价值。

（二）建立与推广强筋小麦多赢产业化模式

东北春麦区强筋小麦产业发展历程表明：建立与推广强筋小麦多赢产业化模式，是推进东北春麦区强筋小麦产业化进程的重要举措。该模式以强筋小麦品种为源头，以面粉等加工企业为龙头，以配套栽培技术整合品种科技优势和适宜生产强筋小麦的生态资源优势，以大型现代农场和农村合作社等作为强筋小麦良种和原粮生产基地，既可实现东北春麦区小麦科研、生产和加工等领域的联动，也能快速高效地整合强筋小麦产业发展的各类优势资源（图1-1）。强筋小麦多赢产业化模式，是在东北春小麦退出国家保护价收购，国内市场需求和面粉加工企业拉动等成为东北春麦区强筋小麦从产品转化为商品的唯一出路情况下，逐步建立与发展完善的。多年运行结果表明，该模式对于加快东北春麦区强筋小麦品种等科研成果转化效率，扩大强筋小麦种植面积，提升强筋小麦商品价值，乃至农民增收和企业增效等均具有重要意义。

从图1-1看出，该模式由小麦科研部门（育种、栽培、植保和谷化等）、种子生产基地、强筋小麦原粮生产基地、面粉加工企业及深加工企业等五部分组成。其中，小麦科研部门可为相关企业源源不断地提供优质、高产、多抗、广适等各种生态类型强筋小麦新品种、配套栽培技术及配麦配粉工艺等科技保证。种子生产基地可保持种性稳定和保障种子供应。强筋小麦原粮生产基地可生产出质优量足的强筋小麦原粮，且商品流较大。面粉加工和深加工企业生产出面包粉、面条粉和饺子粉等各种专用粉及相关面食制品，可较好地满足东北春麦区的小麦市场需求等。东北春麦区强筋小麦产业发展历程表明，若要获得上述结果，关键在于组成该模式的各部门要相互联动和共同进行强筋小麦产业开发；要加速科研成果创新与

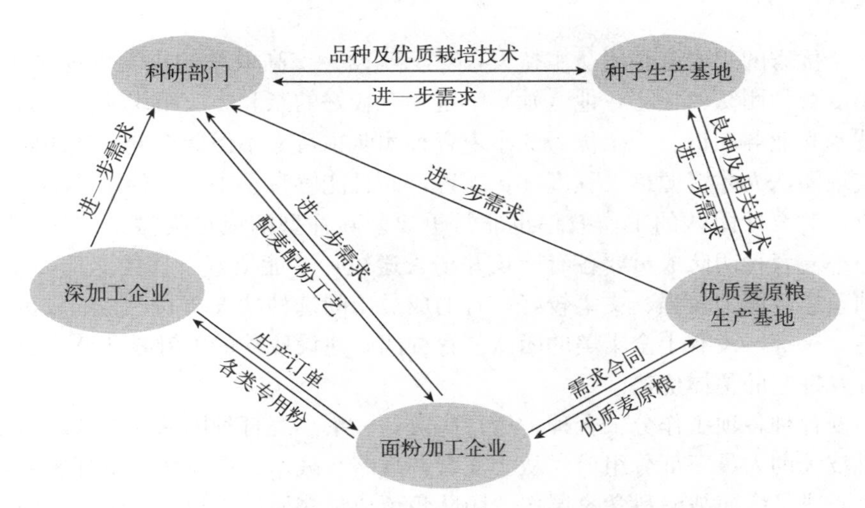

图 1-1　东北春麦区优质强筋小麦多赢产业化模式示意

转化和促进强筋小麦产业持续发展；要发挥各部门的作用，最终实现多赢。它们是保证东北春麦区强筋小麦多赢产业化模式的整体性、先进性、可行性和持续性的关键所在。

该模式在东北春麦区的大兴安岭沿麓地区已运行多年，并在"龙麦号"强筋小麦产业开发过程中取得了较好效果。另外，根据东北春麦区强筋小麦产业发展需求，有必要将蛋白质含量（近红外法）、全粉面筋、微量 SDS 沉淀值等小麦品质快速检测方法应用于强筋小麦原粮品质评价之中。也需要按照国际惯例建立大面积生产品质监测体系，实行强筋小麦"配麦销售"和"以质论价"等举措，来进一步完善该模式。建立与推广强筋小麦多赢产业化模式，对于东北春麦区强筋小麦产业发展至关重要。它是春小麦光温生态育种的育种策略之一，也是将该区强筋小麦产业发展各种比较优势，迅速转化为经济优势的重要途径。

第三节　小麦育种团队建设与人员作用

育种以人为本。一个小麦育种团队能否源源不断选育推广小麦新品种，关键在于有没有育成小麦新品种的人。因此，加强小麦育种团队建设，构建一支人员结构合理并能充分发挥团队人员作用的小麦育种团队，是小麦育种工作的重中之重。

一、小麦育种团队建设的主要内容

（一）人才队伍构建

人才是构建小麦育种团队的第一要素和最宝贵的资源。小麦育种团队需要人来组成。没有合适的人选，随意搭配组建，整个团队的战斗力就不会强。为此，要从性格、专业、学历、能力、资历等方面综合考虑，尽量选用专业互补和理念相同的人员组成小麦育种团队。当然，有时小麦育种团队人员组成会受多方因素影响，人员结构不可能尽善尽美。一般情况下，一流的小麦育种团队总能聚集一群才华出众的能人。团队组建完成后，必须确立共同目标和开展具体工作。小麦育种团队的共同目标就是小麦新品种选育与推广。所有团队成员都必须围绕团队共同目标而开展工作。离开共同目标，各做各的事情，就不会有小麦育种团队的合力。

选择一个优秀的小麦育种团队主持人，对于建设一支高效率的小麦育种团队至关重要。主持人是小麦育种团队的核心，他（她）一定要有较好的亲和力、组织能力、管理能力及出色的专业技术和业务知识。一个优秀的小麦育种团队主持人不但能充分发挥团队中每个成员的优势，实现团队人才资源最大程度优化配置，而且能够带领小麦育种团队不断前行。团队成员的组成，对育种团队的工作效率也非常重要。互补型的成员类型是"黏合"团队的基础。优秀的小麦育种团队成员要各有所长并扬长避短，才能更好发挥团队的力量。比如说，有的成员抽象思维能力较强、文笔较好，有的成员田间选种功夫较高，有的成员分子检测技术比较精湛，等等。没有十全十美的团队。育种团队建设成功的关键是团队成员专长的合理配置和充分发挥它的整体优势。

为使小麦育种各项工作分工合理、运行高效，一个小麦育种团队应由战略科学家、战术科学家和科技辅助人员三部分组成。从小麦育种战略与战术关系及承担责任来看，主持人和育种团队核心成员多属战略科学家层次、团队角色成员多属战术科学家范畴，而技工和实验员等保障小麦育种工作顺利实施的有关人员，可归属于科技辅助人员范畴。在团队人员规模上，随着小麦育种研究领域的拓宽和育种手段的多样化，如在利用常规育种与分子育种相结合等手段进行专用小麦育种等研究时，经常是人员太少，难以完成小麦育种任务，人员太多，又会遇到管理、交流与合作等许多障碍。为此，根据小麦育种现状及发展需求，确定适宜的人员规模，也是一个小麦育种团队人才队伍建设的主要内容。另外，针对小麦育种工作特点，加大青年科技人员培养力度，育种育人同步进行，对于一个小麦育种团队的人才梯队建设，同样不可或缺。

（二）团队文化打造

团队文化（信念、目标、信心、奋斗、激励等）建设，是小麦育种团队建设的重要组成部分。打造团队文化的目的，是为实现团队工作目标服务。团队文化绝不是口号，而应是团队的行动指南。由于团队文化是一种思维模式的抽象总结，因此团队文化能够使团队成员的头脑发生改变，建立稳固的思维模式，并能产生一种类似于"承诺"的力量。团队文化应"知行合一"。打造团队文化的主要意义在于其对实践的指导性及提供一项明确的价值判断标准。因此，团队文化建设不仅在"知"，更应在"行"，要做到"知之真切笃实，行之明觉精察"。一个明确、牢固而又符合小麦育种实际的团队文化形成后，能够形成强大的精神力量和提升小麦育种团队的执行能力。

小麦育种属于团队科研，倡导团队精神是小麦育种团队文化建设的重要内容之一。团队精神的核心是协同合作，反映的是个体利益和整体利益的统一，作用是保证一个小麦育种团队的高效率运转。目前，随着小麦生产和市场需求的不断发展，紧靠单一育种学科进行小麦新品种选育的时代已经过去。在一个小麦育种团队内，将育种、栽培、植保、谷化和现代生物技术等各专业团队成员集合在一起，联合进行小麦育种攻关已成为必然。各学科联合进行小麦育种攻关，并不意味着放弃育种学科在小麦育种中的主导地位，而是利用"他山之石可以攻玉"及"两个旧东西合在一起，就是一个新东西"等思维理念，吸取其他学科可用精华来弥补育种学科的不足，进而达到不断拓宽小麦育种领域和提高育种水平的目的。"独行快、众行远"，只有团队人员紧密合作，团队才能长期保持活力，不然，就像船离开大海无法乘风破浪一样，小麦育种团队的科研合力也会受损。

团结是小麦育种团队文化建设的主要内容，成员是否团结决定了小麦育种成效。若每个团队成员都认为团队育种工作对自己无关紧要或个人英雄主义太强，那么就不会有团队内、外的合作与协作，也很难选育出小麦大品种。不树立团队科研和育种、育人同步进行的理念，小麦育种团队的人才梯队建设将无从谈起。美国职业篮球联赛（NBA）有一句名言："无团结，无篮球。"小麦育种也同样，没有育种团队成员之间的紧密团结，也就没有小麦新品种的选育与推广。小麦育种团队不仅仅是人的集合，更是能量的结合。团队精神的实质不是要团队成员牺牲自我去完成一项工作，而是要充分利用和发挥团队所有成员的个体优势去做好这项工作。如果团队成员只有团结、没有竞争，其实是一种披上团队外衣的"大锅饭"。只有通过引入竞争机制，赏罚分明，团队成员的主动性、创造性才会得到充分的发挥，并可实现团队成员之间真正意义上的团结。

秉承"扬弃"理念，正确认识和使用传承下来的一些育种财富，也是一个小麦育种团队文化建设的主要内容之一。这些育种财富，如思维方式与思维理念、育种理论与育种方法、亲本材料与小麦新品种等，都是一个小麦育种团队几代人的科研结晶，十分宝贵。如何正确认识和使用这些育种财富，常关系到一个小麦育种团队的兴衰。特别是当一个小麦育种"新头人"带领一个老的成功育种团队继续前行时，若以这些育种财富的"不变"，来应对小麦生产发展和市场需求的"万变"，其结果必然是"似我者死"。若独树一帜，将这些育种财富视作"育种垃圾"而抛弃，那么就背离了小麦育种发展规律，必然会出现人才断层，育种效率大幅下降。若秉承"扬弃"理念，"师其心而不师其迹"，则可使继承者认识到，只有育种思维理念的传承，才是小麦育种最重要的传承。也就是说，继承的小麦新品种、亲本材料，乃至育种理论和方法等育种财富价值，都是随着时代而快速变化的。只有秉承正确思维方式和先进思维理念，才能高效利用继承的育种财富，并使小麦育种团队长久受益。原因在于，小麦育种的价值不仅在于选育推广小麦新品种，而且在于提出和发现更多的问题并大胆探索，不停地提问，以构建更全面的认知。

（三）规章制度制定

"没有规矩，不成方圆"，一个小麦育种团队建立一套科学的规章管理制度非常重要。规章制度就像一根线贯穿着一个团队，这根线牢固，团队能够承载的东西就多，线的任意一处断了，整个团队就会跟着崩溃。因此，一个小麦育种团队必须建立健全的规章制度，保障团队的正常运行，让团队每个成员的主动性、积极性和创造性发挥出来，逐渐形成良好的行为习惯。久而久之，即可成为一个团队的文化。

规章制度应根据小麦育种团队特点和工作需求而制定，要点是公正公平和奖惩分明，目的是各尽其责和推动团队成员高效合作。如黑龙江省农业科学院"克字号"和"龙麦号"小麦育种团队在杂种后代选择时采用 F_1～F_6 代"跟代走"制度，以及在谁负责的杂种世代中选育出小麦新品种，谁就排名第三位的做法，既调动了年轻科技人员的积极性，又加速了他们的培养进程。反之，如果在一个小麦育种团队中，出现"能者多劳而不多得"现象，就会使成员产生不公平感，在这种情况下也很难开展合作。所以说，公平公正的规章制度，可使团队成员在共同目标和长远利益上建立团结协作关系，按规矩办事，进而形成团队文化。

严明的纪律不仅是维护团队整体利益的需要，而且在保护团队成员的根本利益方面也有着积极意义。小成功靠个人、大成功靠团队，这是大家公认的事实。制度需求无处不在，也就是说在任何地方做任何事都能够找到评判的依据。大团队有大制度，小团队也要有自己的制度。制度的科学性与适用性，将直接体现团队的管理水平。任何制度都不能一成不变，现实变了，制度也要跟着更新和修订。氛围是一个小麦育种团队的风气，体现着一个小麦育种团队的合作能力、做人做事风格。氛围是大家营造的，也要靠大家维持，每个人不能因为一己私利破坏了团队的和谐。纪律是胜利的保证，只有做到令行禁止，团队才会战无不胜。

二、团队主持人的作用与责任

（一）主持人的作用

对于一支小麦育种团队整体而言，主持人的作用至关重要。根据小麦育种工作性质，主持人除作为小麦育种团队的核心外，还要承担起“教练员”的责任。从小麦育种成效看，一个小麦育种团队取得育种成就大小，与主持人在小麦育种过程中的主导作用以及是否具备战略科学家的能力与水平等关系非常密切。有学者认为，小麦育种主持人作为战略科学家的能力与水平，主要取决于他（她）的育种格局（胸怀、眼界、思维、能力）大小、领导育种团队能力和对外合作能力水平高低等。

从小麦育种过程看，各个育种环节均存在“战略失误影响全局而战术失误影响局部”的普遍现象。同时，针对小麦育种工作具有团队科研及育种周期较长等工作特点，对小麦育种团队主持人而言，能否将“协同合作，无团结无品种”及“思路决定出路，态度决定一切，细节关系成败”等先进思维理念，作为团队科研文化的重要组成部分，将直接关系到一支小麦育种团队的育种成效好坏。

在小麦育种作用发挥上，主持人作为一个小麦育种团队的战略科学家，首先，应根据本团队小麦育种的“天时”与“地利”，明确育种方向，制定育种策略。其次，由于一个小麦育种团队主持人的作用与足球、篮球和排球等团队运动的“教练”角色相当，所以要求主持人不但在小麦新品种选育时要做到知己知彼、百战不殆，而且在调动团队成员积极性时，还应做到知人善任，以充分发挥团队科研的“合力”作用。

（二）主持人的责任

“在其位、谋其政”，主持人作为小麦育种团队的战略科学家，必须承担岗位赋予的各种责任。其中主要包括：一是制定本团队近、中、远期的育种方向。小麦育种方向属战略范畴，根据育种方向确定不同时期的育种目标，团队主持人责无旁贷，其他团队成员无法取代。二是建立一支人员梯队合理，专业互补，育种协同创新能力相对较强的小麦育种团队。三是要秉承“扬弃”理念，正确认识和利用老一辈育种家传承下来的各类育种财富，带领小麦育种团队发扬“不断下田间与小麦对话”精神，并建立“团队利益为第一位”和“无团结无品种”等团队文化。四是主持人要身先士卒，要求团队成员做到的工作，自己首先应该做到。特别是亲本选配、杂种世代和稳定品系田间决选及田间入选材料室内决选三大环节，主持人必须把关。否则，均可认为是主持人的失职。这点也是国内外每一代小麦育种家成功经验的总结。

主持人的履职程度，在一定程度上决定了一个小麦育种团队的育种效率、人员培养乃至小麦育种持续能力等多方面的最终结果。作为主持人，应带领小麦育种团队去应该到达的，却从未去过的地方。如果主持人不具备战略科学家能力或工作不到位，所属育种团队常会遇到育种目标混乱或丧失、群龙无首和育种效率低下等问题，并可能导致整个小麦育种团队出现“一代兴、二代衰、三代败”的局面。

三、团队其他成员的作用与责任

（一）团队其他成员的作用

一个团队如同一张网，每个团队成员都是小麦育种团队的重要组成部分。他们的作用大小，均可影响小麦育种团队的科研合力形成和育种效率高低。其中，除主持人（作用前已论述）外，团队其他核心成员的作用也非常重要。在小麦育种团队中，他们应具备某一研究领域主持人的基本素质和能力，不仅要知道团队发展的规划，还要参与团队目标的制定与实施，使团队其他成员既了解团队发展的方向，又能在行动上与团队发展方向保持一致。团队成员作用发挥好，整个团队凝聚力就强，并能产生“劲往一处使、力向一处发”的效果，育种效率事半功倍。否则，育种效率事倍功半，团队执行力就会变差。因此，小麦育种团队的育种能力高低，既与团队主持人的能力有关，也受到团队其他核心成员的影响。

每个成功的小麦育种团队都是由担任不同角色的成员构成，成员之间各有所长。同时，在相同角色内能做到知识分享，在不同角色间能做到知识互补。因此，若要建设一支优秀的小麦育种团队，除主持人等团队核心成员要发挥重要作用外，其他团队成员也必须作出他们的贡献。其中，对团队主要角色成员，特别是加入小麦育种团队时间相对较短的一些年轻科技人员而言，他们既是团队核心成员的助手，也是团队的后备力量。为充分发挥他们的作用：首先，团队核心成员应加强对他们的培养力度，并帮助他们做好定位。其次，要引导他们善于捕捉机遇和创造机会，来表现自我能力和展现自身优势。对于科技辅助人员而言，他们的作用相当于一个小麦育种团队的服务保障人员。这些人员的作用大小，常常决定了整个育种工作效率的高低。

要提高小麦育种团队效率，每个团队成员都必须要人尽其责。通常是小麦育种团队成员间互补优势越强，团队的竞争力也就越强，成功的希望也越大。如山东农业大学孔令让教授曾认为：“人各有所长，各有所短。在团队中可以取长补短，弥补个人能力不足。因此，没有完美的个人，但可以有完美的团队！个人只有在团队中才能充分发挥自己的潜能。”俗语说，一只绵羊领导一群狮子不是强大的，一头狮子领导一群绵羊也不是强大的，一头狮子领导一群狮子才是一支强大的团队。这说明，一个小麦育种团队的主持人很重要，团队其他成员也同样重要。

（二）团队其他成员的责任

任何一个小麦育种团队若要形成科研合力，每个团队成员均需要承担起各自的责任。其中，除主持人外，团队其他核心成员应扮演好战术科学家和团队主持人助手两个“角色”。作为战术科学家，他（她）应具备“不谋全局者，不足谋一域”的思维理念和“布局成事”的能力；能从小麦育种团队的大局出发，具有独到见解和做法；承担的工作，团队其他成员难以取代，并是小麦育种团队某一研究领域的决策者。

作为主持人助手，要发挥“承上启下”的作用。主要包括：第一，对上要善于理解主持人的精神，执行力要强，并能按时完成团队主持人交办的各项工作任务。第二，对下要尊重团队角色成员，善于合作，并需承担“老师”的责任。第三，能将自己的工作与其他团队成员的工作有机融合为一体，并对本人取得的研究进展和科研成果进行准确定位。同时，还要遵循“尺有所短，寸有所长”理念，了解和尊重其他团队成员的工作。

对于团队角色成员（主要指年轻科技人员）而言，他们的责任就是小麦育种团队核心成员的助手和学生。作为助手，首先，要求他们对角色边界和团队责任具有清晰的理解，不仅要清楚自己的角色，而且要知道团队其他成员的角色。这样才可能在角色重叠之间，最大限度地减少一些潜在的冲突。其次，要深刻认识到团队核心成员就是本人的环境。若要体现自身价值，首先要争取较好的工作环境，获得他们的支持。再次，要有自知之明。主持人和团队其他核心成员交代某项工作时，让你干一，你干到一，想到二，你是一个称职的助手；让你干一，你干不到一，你是一个不合格助手；让你干一，你干到二，想到三，你才是一个好助手。作为学生，尊重老师是一种天职，尊重同事是一种本分，尊重科技辅助人员是一种美德。要记住有实力才有位置。要遵循“学门而入，破门而出”的学习理念，练就小麦育种团队所需的1～2门“独门功夫”。这里所谓的“独门功夫”，主要指在田间选种、实验室技术、项目申报、论文写作及对外合作交流等方面的“过人之处”，并在育种团队需要时，别人无法代替。

“好医生离不开好护士”，科技辅助人员的责任，就是协助小麦育种团队其他成员在田间或实验室完成各项小麦育种工作。大量小麦育种实践表明，如果科技辅助人员能将承担的各项工作做到位，不出错或少出错，小麦育种工作将会顺利进行。否则，必然会影响到小麦育种工作效率，甚至会出现科研成果丢失现象。总之，小麦育种属于团队科研项目，团队成员的“人才价值”只能在优异的团队内才能得到充分体现。每个团队成员只有履职到位，并将自己有机融于一个成功的小麦育种团队之中，做到“我在队中，队难离我”，才能充分发挥每个团队成员的作用。

四、育种情商在小麦育种中的作用

（一）育种情商及其衡量标准

情商不等于智商。育种情商就是指育种者对小麦育种工作的热爱程度。国内外小麦育种实践证明，任何一个成功的小麦育种家，无一不是育种情商较高者。如世界著名小麦育种家诺贝尔奖获得者 Norman Borlaug 先生曾深有体会地说：“你怎样才能成为一个成功的小麦育种家？你只有去田间，再去田间，直到小麦开始与你对话，你才能获得成功。”由此可见，一个小麦育种者只有将小麦育种作为事业，而不是为了工作而工作，做到将小麦试验材料视为自己的亲人，一天不见会想它，像爱护自己的孩子一样呵护它们，并随时了解它们的需求及生长发育状况等，才是一个小麦育种情商较高者。也只有这样，小麦新品种才有可能“爱上他（她）”。

由于小麦育种属于实践性较强的科学研究工作，因此育种田和生产田就是小麦育种者的重点实验室。因此，衡量一个小麦育种者育种情商高低的首要标准，就是看他（她）是否愿意下田间。无一例外，在小麦育种工作中，育种者只有不断下田间，特别是在小麦育种和生产的关键时期经常下田间，才能深入了解育种及生产中存在的问题，才能够不断接“地气”，才能使选育与推广的小麦新品种更好地符合当地小麦生产发展和市场变化的需求。衡量一个小麦育种者育种情商高低的另一重要标准，就是看他（她）的亲身实践能力。国内外大量小麦育种成功实践表明，任何一个小麦育种家几乎都是亲力亲为类型。作为一个小麦育种者，如果任何育种工作都要科技辅助人员去做，那么他（她）的育种情商还远远不够。原因是，

有些田间育种工作只有你亲自动手后，才能获得感觉与灵感。如小麦花期秆强度、后期根系活性及熟相等重点育种目标性状选择时，只有深入田间眼看、手摸和选拔单株后，才能发现供试材料间的差别。一般情况下，在小麦育种工作中，谁在田间实践越深入，谁就越熟悉育种材料。谁熟悉育种材料多，谁就是这个小麦育种团队的“权威”。

创造始于问题。小麦育种情商较高者，经常是“育种眼光”独到者，而且善于发现问题和解决问题。如我国著名小麦育种家肖步阳先生为解决东北春麦区小麦品种的花期秆强度问题，就是在暴风骤雨天气条件下，别人都在室内躲雨时，他却去田间观察小麦品种秆强度的变化。观察发现，同为茎秆较强的小麦材料，穗下茎弹性较好者，在暴风骤雨条件下，表现为穗动根不动，风阻较小，田间抗倒能力较强。而穗下茎弹性较差者，则表现为穗动根也动，风阻较大，且随着雨水从麦穗和茎秆不断流下后，根部水坑越来越大，最后出现了根部倒伏现象。观察还发现，一些秆强度中等，而穗下茎弹性较好的小麦材料，在暴风骤雨天气条件下也可表现出较强的田间抗倒能力。根据上述观察结果，他认为：在小麦扬花期常遇暴风骤雨不利生态条件情况下，东北春麦区小麦品种的田间抗倒能力，既取决于茎秆基部的强度，也与穗下茎的弹性有关，甚至穗下茎弹性比基部秆强度更重要。因此，为提高当地小麦品种的田间抗倒能力，必须进行穗下茎弹性与基部秆强度的同步选择。这一理论后来得到了国内小麦育种者的广泛认可，并被用于各地小麦的秆强度改良工作之中。

（二）育种情商与小麦育种的关系

育种情商与小麦育种关系十分密切。它既决定了一个小麦育种者对小麦育种的工作态度、研究深度，也关系到其小麦育种效率高低及取得的育种成就大小。入境研究是对小麦育种者育种情商提出的更高要求。“不入境，难入定，五行不定，输得干干净净”，这是我国著名军事家刘伯承元帅的一句名言。小麦育种也不例外。能否做到入境研究，直接关系到小麦育种效率。只有入境进行小麦育种，才能使小麦育种者想他人所想不到，看他人所看不到，干他人所干不到的相关科学研究。只有入境进行小麦田间调查，才能使育种者“从动转静”，小麦植株“从静转动”，从而实现育种者与小麦的“田间对话”。另外，能否做到入境研究，还是衡量一个小麦育种者是否将小麦育种作为事业的重要标准之一。

国内外任何一个科学领域都已证明，凡是成功的科学家几乎都是在自己的研究领域情商极高的类型。他们大多淡泊名利、不怕失败，属于勇于坚持的群体。小麦育种同其他作物育种一样，也经常会面临生产发展、市场和政府需求等诸多压力。作为一个小麦育种情商较高者，一旦正确育种方向确定后，只要有生产和市场需求，就不能因一时的潮起潮落而放弃小麦育种。国内外大量科学成功实践证明，机会是留给有准备的人的。尽管一些小麦育种情商较高者，可能会在某一时空范围内遇到某些育种困境，但他们会随时在小麦育种领域寻找到突破口，并占领制高点，最终必然会在小麦育种领域占有一席之地。反之，若定性不足，朝三暮四，随意改动育种方向甚至“改行”，那么获得小麦育种成功的机会必然会越来越少。

这里需要注意的是，小麦育种情商高与一味蛮干是两回事。在小麦育种工作中，常常是不怕失败，就怕不知道为什么失败。小麦育种虽属实践性较强的科学研究，但小麦育种不是一成不变的育种，一定要不断总结与完善。就小麦育种工作总结而言，将育种成功经验上升为科学理论和发现失败教训根源的能力，常与他们的育种水平高低和取得育种成就大小等关系密切。

参考文献

稻盛和夫，2018. 思维方式［M］. 北京：东方出版社 .

韩庆祥，2018. 哲学思维方式与领导工作方法［M］. 北京：红旗出版社 .

华彬，2015. 华彬讲透孙子兵法［M］. 南京：江苏凤凰文艺出版社 .

姬昌，2010. 白话周易［M］. 昆明：云南教育出版社 .

李琴，2010. 易经—越简单越实用［M］. 北京：中国物资出版社 .

李青茎，2011. 如何掌握正确的思维方法［J］. 大连教育学院学报，27（1）：85 - 86.

刘修铁，2002. 孙子兵法与三国精髓［M］. 乌鲁木齐：新疆人民出版社 .

唐颐，2009. 图解易经的智慧：传部［M］. 西安：陕西师范大学出版社 .

王立信，1994. 论领导者的思维方式与思维能力［J］. 江苏社会科学（3）：135 - 138.

魏纶，2008. 衡量思维能力的基本标志［J］. 湖北教育（教学版）（6）：4 - 6.

肖步阳，1982. 春小麦生态育种三十年［J］. 黑龙江农业科学（3）：1 - 7.

肖步阳，1985. 黑龙江省春小麦生态类型分布及演变［J］. 北大荒农业：1.

肖步阳，1990. 春小麦生态育种［M］. 北京：农业出版社 .

肖步阳，姚俊生，王世恩，1979. 春小麦多抗性育种的研究［J］. 黑龙江农业科学（1）：7 - 12.

肖志敏，1998. 春小麦生态遗传变异规律与杂种后代及稳定品系处理关系的研究［J］. 麦类作物学报（6）：7 - 11.

肖志敏，祁适雨，辛文利，等，1993. “龙麦号”小麦育种亲本选配方面的几点改进［J］. 黑龙江农业科学（2）：32 - 34.

杨春婷，2007. 丰富思维方式 发展思维能力［J］. 语文教学与研究（32）：14 - 15.

姚旦墅，2000. 思维能力的培养是大学英语教学的重要理念［J］. 西安外国语学院学报（4）：83 - 86.

曾仕强，2010. 易经的智慧［M］. 西安：陕西师范大学出版社 .

赵家祥，2000. 掌握正确的思维方式，全面理解马克思主义的哲学思想［J］. 湘潭师范学院学报（社会科学版）（2）：1 - 4.

赵明莲，2002. 生态适应与生存策略分析［J］. 吉首大学学报（自然科学版）（3）：40 - 43.

周苏，褚赟，2017. 创新创业思维、方法与能力［M］. 北京：清华大学出版社 .

朱玉坤，1985. 试论新技术革命与人类思维的变革［J］. 合肥工业大学学报（社会科学版）（2）：43 - 50.

第二章　春小麦光温生态育种的理论基础

关于作物育种学，各国作物育种家具有不同的认识与看法。有的认为是科学＋艺术，有的认为是艺术＋科学。但无论如何评价与认识作物育种学，均离不开科学与艺术两大范畴。当将一些成功作物育种艺术上升为科学后，必然还有一些新的艺术会产生。因此，春小麦光温生态育种的创建与发展，同样也经历了艺术＋科学→科学＋艺术→艺术＋科学这样一个循环过程。

第一节　春小麦光温生态育种的理论依据

春小麦光温生态育种是春小麦生态育种的进一步发展，它的一些小麦育种理论与方法，既有植物生态学理论为指导，又有植物生理学和作物遗传学等为依据。为此，明确春小麦光温生态育种的理论依据，对于丰富小麦育种理论与方法和提高小麦育种效率等均具有重要意义。

一、生态学依据

（一）不同生态条件下有不同温-光-温特性小麦品种与其相适应

不同小麦品种在春化、光照和感温各个生长发育阶段的温（低温春化效应）-光（光周期反应）-温（热效应）反应特性是其对原产地环境条件长期适应过程中形成的遗传特性之一。它是不同生态类型小麦品种在不同环境条件下生育状况差异的内因。如1988—1990年，季书勤等将河南省的过渡型小麦品种在北京、郑州和贵阳三个试点播种，结果表明，依北、中、南的顺序，参试品种的全生育期天数逐渐减少，地点间差异极显著。2000年，尹钧等通过对来自英国、美国、澳大利亚和中国的几个代表性小麦品种的温光效应研究结果表明，原产地形成的小麦温光发育特性是异地种植生育期较长的主要原因，并从苗穗期与穗分化两个侧面反映出了地区间小麦品种温光特性的不同。2007年，曹广才等通过“中国小麦的光温特性研究”发现，来自我国不同麦产区的61个小麦品种在全国42个纬度、经度和海拔不同的试验点长达6年的试验中，不同麦产区品种间在主茎叶数及播种至生理拔节的“光温积”（日均气温乘以日长）差异明显，并参考其他相关指标，建立了二层次、九等级的中国小麦品种温光生态类型分类体系。还有一些研究结果认为，我国小麦品种生育期的地理差异，主要是由纬度和海拔引起的温光变化造成的。以上研究结果表明，小麦温光特性不但是各种生态类型小麦品种应对气候条件变化的必然需求，而且是决定不同生态类型小麦品种在不同生态条件下生长发育进程及一些器官形成的内部调控机制。因此，不同生态条件下有不同温-光-温特性的各种生态类型小麦品种与其相适应，是春小麦光温生态育种的重要生态学依据之一。

一些研究结果表明，在不同生态条件下，通常是小麦品种温光特性不同，其发育特性也不同。春化作用、光周期反应及温光互作效应在小麦品种间的发育进程调控力度差异，决定了不同生态类型小麦品种的生态生理适应性的具体表现。如我国冬小麦品种自北向南，春化作用逐渐减弱，光周期反应逐渐由敏感过渡到不敏感。小麦品种温光特性的分布，呈“冬性中心式”向“春性扩散过渡”现象等。在小麦温光特性与小麦生态类型关系研究方面，1990年，苗果园和王士英通过南北方17个小麦品种温光互作反应的作用力和回归分析认为，春性和强春性小麦品种主要属于光敏感类群；冬性和强冬性小麦品种多属于温敏感类群；半冬性小麦品种主要为温光兼敏感类群。同时发现，在具有不同程度春化效应的品种中，温光作用的先后也有三种类型，即半冬性多属春化光照并进型，冬性和强冬性多属春化半提前型，超强冬性（春化时间要求60 d以上的晚熟品种）属于春化提前型。

春小麦光温生态育种等研究发现，不同生态条件下有不同温-光-温特性小麦品种与其相适应，常与小麦生态适应性的调控机制存在着紧密关联。主要表现在，一是当生态环境不能满足小麦各生长发育阶段的温-光-温特性需求时，春化低温和光周期累积效应及感温阶段的热效应，常是左右小麦生长发育进程、器官形成和生态适应性表现等方面的主要调控机制。如冬性小麦品种引至春麦地区种植，高纬度地区小麦品种引至低纬度地区种植时，大多表现为拔节期拖后和熟期变晚等。二是当生态环境能够满足小麦春化、光照和感温三大小麦生长发育阶段中的1～2个阶段的温-光-温特性需求时，将出现小麦温-光-温特性和外部生态条件共同调控小麦生长发育进程模式，并可明确小麦温-光-温特性在春化、光照和感温阶段的分段调控作用。如曹卫星和江海东（1996）研究结果认为，小麦品种的发育速率首先取决于春化进程和光周期效应的互作，春化完成后主要受光周期的调节。温度的影响按每日热效应来计算，与发育速率互作形成每日生理效应。生理效应的积累获得发育生理时间或发育天数，满足一定的生理时间即可到达某个发育阶段。三是当小麦各生长发育阶段对光温条件变化均反应迟钝，或光温条件满足了小麦各生长发育阶段的温-光-温特性需求时，小麦温-光-温特性对小麦生长发育进程将失去调控作用或调控作用较小。这种情况下，外部生态条件，特别是肥水条件变化将成为小麦生长发育进程、生态适应性表现和产量潜力表达等方面的主要调控机制。如在东北春麦区20世纪80—90年代小麦生产中，克丰1号和克丰4号等产量潜力较高，对肥水条件要求严格的水肥或密肥型小麦品种，几乎均属于光钝温钝型。

小麦温-光-温特性和生态环境共同调控小麦生态适应性的现象，普遍存在于各地小麦育种和生产之中。明确小麦温-光-温特性、生态条件变化和小麦生态适应性三者之间的内在联系，对于不同生态类型小麦品种的生态适应性遗传改良、配套栽培技术研制及确定它们在当地生产中的利用价值等具有重要指导意义。从小麦生态适应性改良角度看，小麦温-光-温特性虽然不能改变外部生态条件，但可利用小麦温-光-温特性效应来降低外部生态条件变化的影响，特别是不利生态条件的胁迫作用。如东北春麦区为降低小麦苗期干旱胁迫，旱肥型小麦品种常利用光周期敏感特性，促使小麦苗期发育较慢，来实现躲旱与抗旱机制的有机结合；水肥型小麦品种为降低田间的多水和多氮的短日与低温生态效应，在小麦光照阶段通过后必须具备温度反应迟钝特性等。还有研究认为，外部生态条件变化对小麦生态适应性的调控作用大小，主要取决于它们对小麦各生长发育阶段温-光-温特性的满足程度，以及小麦品种自身的多抗性水平和受其外部生态条件变化的影响大小。如乔文臣等（2010）通过衡观

35 小麦品种光温特性研究发现，虽然衡观 35 是半冬性品种，但由于该品种对光温反应迟钝，再加上抗寒性突出，矮秆抗倒、抗病性较强，节水明显和早熟性等特点，综合决定了该品种对黄淮麦区南北两片、长江中下游地区和北方冬麦区均具有较好的适应性。

肖志敏等依据春小麦光温生态育种实践和小麦生态适应性调控作用与发生机理等认为，小麦光温特性（光周期反应和热效应）→生态条件匹配→生态适应性改良，属于小麦生态适应性的正向调控机制；生态条件→降低或消除小麦光温特性作用→生态适应性改良，则属于小麦生态适应性的反向调控机制。以上两种调控机制在东北春麦区小麦育种和生产中的利用价值，已先后被春小麦生态育种和光温生态育种及当地小麦生产实践所证实。如该麦产区不同历史时期推广的克丰 2 号、新克旱 9 号、龙麦 33 和龙麦 35 等多个主导或主栽小麦品种，无一不是将旱肥生态类型与光周期敏感特性融为一体。小麦生态适应性的反向调控机制，则被用于克丰 4 号和龙麦 35 等不同光温特性小麦品种的配套栽培技术研制之中。

（二）小麦温-光-温特性是不同生态类型小麦品种的基本特征

小麦生态类型是自然和人工共同选择的产物。它能更全面、更深刻地反映小麦品种对自然生态条件，特别是对气候条件和各种自然病、虫、草害的适应能力。有研究认为，不同生态类型小麦品种在一定地区生态环境中所形成的遗传适应性，首先应是在一定地区的气候因素作用下所形成的对温光条件的适应性，其次是在此基础上形成的对土壤因素和耕作条件的适应性。因此，人们在不同生态类型小麦品种选育时，不管是有意识还是无意识，都会间接进行小麦品种温-光-温特性的选择。许多研究结果表明，小麦温-光-温特性与小麦品种生态类型之间联系非常紧密。如苗果园等（1993）根据“中国小麦品种光温生态区划”研究结果发现，我国不同麦产区出现强冬性、冬性、半冬性和春性等不同生态类型小麦品种分布种植的最主要原因，就是不同小麦品种间在春化作用和光周期反应方面的不同。1996 年，曹卫星等通过小麦春化过程的生理生化机理研究也发现，冬小麦在高温条件下可以通过春化发育而最终达到抽穗，但苗穗期延长；春性品种表现为简单的长日促进发育；半冬性品种为长日与低温同时促进发育。冬、春小麦品种间除存在小麦温光反应特性差异，还集中表现在发育速度、主茎叶片数、单株分蘖、株高、穗长及小穗数上。同时期，米国华和尹钧等通过相关研究也都得到了相似的研究结果。另外，春小麦生态育种和光温生态多年育种实践亦已表明，在东北春麦区不同历史时期种植的主导或主栽抗旱和旱肥型小麦品种，无论是“克字号”还是“龙麦号”系列，几乎均为光周期敏感类型。由此可见，小麦温-光-温特性不但是决定小麦品种生态适应范围的主导因子，而且还是不同生态类型小麦品种的基本特征。前者是后者的调控机制，后者是前者的载体。二者关系是春小麦光温生态育种的重要生态学依据。

小麦温-光-温特性的最主要生物学意义就是控制小麦发育节奏，并常在不同生态类型小麦品种间表现为调控机制的不同。如苗果园、尹钧和曹广才等研究结果认为，我国强冬性小麦品种皆有较强的春化负积温特性，长光效应要求具有一定的春化提前量。半冬性品种主要表现为低温和长日共同促进性。米国华等研究结果认为，春性小麦品种表现为光照长度是决定穗分化进程的主导因素，不论怎样的温光组合，长日照对缩短各小麦品种的穗分化期均起主要作用。肖志敏等通过春小麦光温生态育种研究也发现，在东北春麦区高肥足水条件下种植的水肥型小麦品种，均属光照阶段通过后对温度反应迟钝类型；在苗期干旱条件下种植的抗旱和旱肥型小麦品种大都为光周期反应敏感类型（表 2-1）。

表 2-1　黑龙江省不同生态类型品种与其光温特性的关系

生态类型	光温反应型	代表品种
抗旱型	光敏温敏、光钝温敏	克旱 6 号、龙麦 12、垦九 4 号
耐湿型	光敏温钝、光钝温钝	克钢、克涝 1 号、克涝 2 号
旱肥型	光敏温敏、光敏温钝	新克旱 9 号、龙麦 33、龙麦 35
水肥型	光敏温钝、光钝温钝	克丰 1 号、克丰 3 号、克丰 4 号

注：表中光温反应型是指春化阶段通过后，光照阶段的光周期反应和光照阶段通过后对温度的反应程度。

根据小麦生态类型形成原理，小麦温-光-温特性与小麦品种生态类型划分及其生态适应性等关系非常紧密。如冬、春麦两大生态类型划分的主要依据，就是二者之间低温春化作用的大小。可以说，没有低温春化作用的差异，也就不存在冬、春小麦品种之分。对于强冬性小麦品种而言，低温春化作用是决定小麦品种进入光照阶段早晚的主导因子，并与小麦苗期抗寒性等存在紧密关联。对于光周期敏感类型的春性小麦品种而言，当光照阶段未通过时，尽管此时可能遇到高温、低温、干旱和多雨等诸多不利生态条件，可是在光周期效应调控下，小麦苗期发育速度相对较慢，株穗数和小穗数等形成时间可保持相对稳定，进而可使小麦拔节期（临界敏感期）受各种不利生态条件的胁迫压力明显降低。另外，肖志敏等通过春小麦光温生态育种实践还发现，东北春小麦品种在光照阶段通过后，品种间的感温特性具有明显差异。这种差异主要体现在小麦拔节后对温度、土壤肥力和水分等生态因素变化的反应程度上。如新克旱 9 号和龙麦 26 等具有温敏特性的旱肥型小麦品种在高温、干旱和土壤肥力偏低条件下，通常表现为后期发育较快；在低温、多雨和土壤肥力偏高条件下表现为后期发育较慢，而具有温钝特性的密肥和水肥型小麦品种，如克丰 4 号和龙麦 39 等的发育进程，则受其变化影响相对较小。

从植物生态学角度看，小麦温-光-温特性与生态环境相互适应关系主要表现在：一是不同光温条件下有不同温-光-温特性小麦品种与其相适应。二是对光温条件变化反应迟钝的小麦品种生态适应范围相对较广。三是小麦温-光-温特性具有阶段性调控特点，当温光条件满足某一生长发育阶段温光特性需求时，它的调控作用经常难以体现。如目前在东北春麦区种植的龙麦 33 和龙麦 35 两大主栽品种，二者虽均属光周期反应敏感的旱肥型晚熟品种，但在春化作用上，前者较小、后者较大。在当地小麦出苗前基本可自然通过春化阶段条件下种植时，两品种苗穗期均为 52～55 d。可是若将它们同时种植在哈尔滨温室二季或云南元谋冬季（播种至出苗期间 20 ℃左右）条件下时，龙麦 35 的苗穗期则比龙麦 33 多达 35 d（表 2-2）。这一现象，同样也出现在地理纬度和海拔双高的内蒙古牙克石地区。只不过是由于该区小麦苗期光照时间较长（日最高可达 18 h 以上），表现为光周期调控作用大幅下降。上述现象提示育种者，尽管小麦温-光-温特性是不同生态类型小麦品种的基本特征，可是当温光条件满足或基本满足小麦品种的某一生长发育阶段温-光-温特性需求时，此阶段小麦温-光-温特性对小麦品种发育速率的调控力度将会大幅降低甚至难以显现。因此，在春小麦光温生态育种中只有明确生态类型、配套温-光-温特性和所处生态环境三者之间的“相生相克”关系，才能揭示出不同生态类型小麦品种在不同生态条件下的生态变式规律。

表 2-2　春化阶段低温效应对小麦品种抽穗期的影响（哈尔滨温室二季，2015 年）

品种	春化作用	光周期反应	出苗至抽穗天数（d）
龙麦 33	弱	敏感	65
龙麦 35	强	敏感	100
龙麦 36	强	敏感	105
克旱 16	强	敏感	102

（三）小麦品种光温特性不同，生态变式不同

植物生态学认为，环境条件的差异和变化，必然影响生存于其中的植物，而植物为了适应其变化了的环境也要发生变异，并通过它们的形态构造和生理特性反映出来，这就是基因型与环境的关系。基因型＋环境＝表现型。同一基因型在不同环境下的表现型，在植物生态学中被称为“生态变式”。“生态变式”是小麦育种中普遍存在的一种现象，它是小麦基因型与环境互作的结果。如小麦稳定品系在产量鉴定试验中出现的“边际效应”，就是生态变式中的一种。小麦光温特性（光周期反应和热效应）是决定小麦发育进程和一些小麦器官形成时间的内部调控机制。不同生态类型小麦品种在不同生态条件下种植时出现的生态变式，主要是其光温特性与外部生态条件变化相互作用的结果。如东北春小麦品种垦九 4 号属于光周期反应迟钝且光照阶段通过后热效应较大的晚熟高秆大穗抗旱类型品种。该品种在黑龙江省北部嫩江市光照时间较长和温度较低条件下种植时，表现为拔节期较早、抽穗期较晚，在当地属于晚熟类型小麦品种。而当垦九 4 号被移到小麦同苗龄时光照时间偏短和温度较高的黑龙江省南部哈尔滨地区种植时，却表现为苗期发育速度明显加快，苗穗期较嫩江地区减少 5 d 以上，并变成了中晚熟品种。不同的是，克旱 16 和龙麦 33 等光周期反应敏感及在光照阶段通过后对温度变化反应迟钝的一些小麦品种在该区域南北地区种植时，小麦苗期发育速率和苗穗期等变化却明显相对较小。

小麦品种光温特性不同在不同生态条件下生态变式也不同，是春小麦光温生态育种的主要生态学依据之一。因为小麦光温特性与外部生态条件在小麦发育进程上具有相互适应和相互调控的关系，所以小麦光温特性在小麦不同生长发育阶段的调控力度常与小麦品种生态变式的变异范围密切相关。例如在 20 世纪 90 年代，克丰 3 号和克丰 4 号作为东北春麦区肥水较好条件下种植的两大主导（栽）小麦品种，在当地低温春化作用不是限制因子的特定生态条件下，前者在光照阶段和光照阶段通过后的光温组合为光敏温钝型，后者为光钝温钝型。克丰 3 号在苗期干旱和高肥足水两种生态条件下，表现为苗期发育较慢，躲旱能力强，苗穗期比较稳定，生态适应范围广，年种植面积曾达 66.67 万 hm^2 以上，为当时东北春麦区第二大主栽品种。而克丰 4 号在干旱条件下，表现为苗期发育较快，植株较矮，抗旱能力不强，熟期大幅提前，产量较低；而在高肥足水条件下，则表现为苗期发育较慢，植株增高，熟期变晚，适应性较好，是当时东北春麦区小麦产量潜力唯一能达到每亩 500 kg 以上的密肥型高产小麦品种。

针对上述现象，春小麦生态育种根据小麦基因型、表现型和生态类型三者关系等研究结果认为，在最适生态条件下，基因型＋环境所出现的表现型，就是不同生态类型小麦品种的典型生态变式或生态类型。在最大或最小生态适应范围内，基因型＋环境所出现的表现型就

是它的生态变式（图2-1）。春小麦光温生态育种根据小麦光温特性作用与发生机理认为，小麦品种光温特性不同，生态变式也不同，主要是小麦生态适应调控机制与生态环境互作的结果。

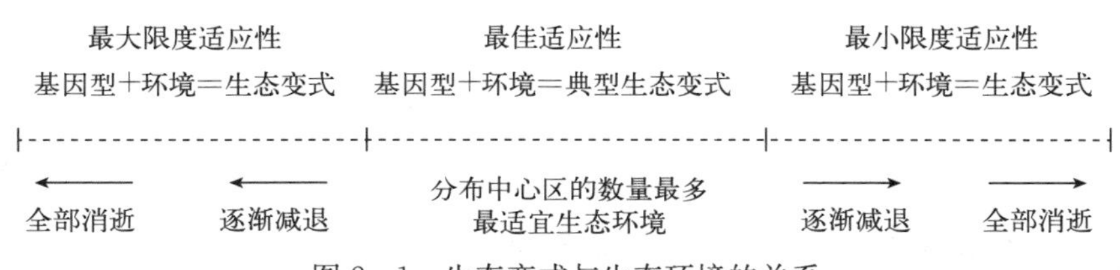

图2-1　生态变式与生态环境的关系

一般情况下，小麦生态变式在最大到最小限度适应性范围内的分布区间，也是春小麦广义光温生态育种的育种范围。在春小麦光温生态育种中，不同生态类型小麦品种的温-光-温特性与生态环境相统一，既是小麦生态适应性改良需要遵循的基本准则，也是协调自然选择与人工选择结果的重要依据。如在东北春麦区不同生态类型小麦品种生态适应性遗传改良时，针对当地小麦生育前期温度和雨量分布变化多大于光照条件变化等主要生态因子变化规律，以光周期反应替代低温春化作用调控小麦苗期发育速率，可使旱肥型小麦品种的生态适应性保持相对稳定等。因此，为提高春小麦光温生态育种效率，育种者在生态类型背景基础上，明确小麦品种在不同生长发育阶段的真实温-光-温反应特性很有必要。

（四）小麦同苗龄时的生态条件差异

在春小麦光温生态育种中，小麦同苗龄时生态条件差异，主要指同一地点年度间或同一年度地点间，在播种至出苗、出苗至拔节、拔节至抽穗、抽穗至成熟各生长发育阶段中的光、温、肥、水条件差别。这一概念的提出，主要以东北春麦区不同时空间气候条件和土壤基础肥力等生态因素差异较大及小麦物候期所处时间和生态条件有所不同等为主要依据。如黑龙江省从南到北地理纬度（北纬43°25′—53°33′）南北相差10°之多；土壤有机质含量可从3%升至5%及以上。从小麦播种和出苗期来看，黑龙江省南部哈尔滨地区小麦播种期为4月1日前后，出苗期为4月20日左右；内蒙古自治区呼伦贝尔市牙克石地区，小麦播种期为5月1日前后，出苗期为5月10日左右。两地小麦同苗龄期可差20～30 d。小麦同苗龄时所处时间和生态条件的不同，致使东北春麦区各地小麦品种的熟期和光温特性表现不同。如辽宁和吉林等省种植的辽春1号、辽春6号和小冰33等多属早熟或超早熟（出苗至成熟天数不足75 d）光钝型小麦品种，而在大兴安岭沿麓地区种植的新克旱9号、龙麦33和龙麦35等晚熟或极晚熟（出苗至成熟天数95 d以上）小麦品种多属光敏类型等。小麦同苗龄时的时间差，加上地理纬度和海拔高度差及土壤基础肥力不同等各种因素影响，致使东北春麦区的不同麦产区在小麦同苗龄时所处生态条件明显不同，尤其是光照时间差异最大。如哈尔滨与内蒙古牙克石地区相比，两地同在小麦出苗至拔节期光照时间可差2 h以上。

小麦同苗龄生态条件差异是小麦生育期间不同时空生态条件差异的标准化，也是不同温-光-温特性小麦品种在不同生态条件下发育速率不同的主要外因。因此，根据小麦温-光-温特性对小麦发育速率具有分段调控特点，以小麦同苗龄时生态条件差异为依据，分析不同生态类型小麦品种的春化和光周期发育特性、反应规律、温光互作效应和热效应等，不但可对不同生态类型小麦品种的温-光-温特性组合进行准确定位，而且还可明确小麦不同生长时期温光条件变化对小麦发育进程的影响程度。如东北春麦区多年小麦育种和生产实践表明，在当地小麦“种在冰上”及出苗至抽穗期光照时间逐日变长特定生态条件下，播种至出苗期，大部分品种基本可自然通过春化阶段；出苗至拔节期，长日为小麦发育进程主导因子；拔节至抽穗期，温度和肥水条件变化为小麦生长发育的主导因子。

迄今为止，科学界对小麦温光特性与生态适应性关系研究和报道甚多。如金善宝在中国小麦生态研究中指出，低温不是唯一的春化条件。曹广才等在中国小麦生态研究中发现，短日春化是一种普遍现象，并且认为普通小麦物种中没有固定的日长反应。尹钧等在2000年通过英国、美国、澳大利亚、中国小麦品种温光发育特性比较研究发现，从苗穗期与穗分化两个侧面，可反映出生态条件与小麦品种温光特性具有一定的对应关系。还有一些研究结果认为，不同生态类型小麦品种在不同生态条件下苗穗期差异较大，与它们在小麦同苗龄时春化作用和光周期反应的累积效应大小密切相关。主要表现在，在不同温光组合处理条件下，如果某一小麦品种低温春化作用和光周期反应累积效应较小，意味着它与小麦最短苗穗期距离较近，熟期将会变早，一些器官形成时间和产量潜力表达也将会受限。反之，若其春化作用和光周期反应累积效应较大，意味着它与小麦最长苗穗期距离较近，一些器官形成时间相对较长，虽利于产量潜力表达，但熟期将会明显变晚，常会受到物候期和轮作等方面的多重限制。由此可见，明确小麦同苗龄时生态条件差异，对于了解小麦温光特性与外部生态条件的相适和相控程度非常重要。

小麦同苗龄是小麦某一生长发育阶段时空的交点，也是各种生态条件与小麦温-光-温特性对应时期的标准化。它既能准确反映出小麦温-光-温特性对生态条件变化的调控力度，也能真实反映出光、温、肥、水条件变化对不同生态类型小麦品种生长发育的影响程度，并可为判断小麦低温春化作用和光周期反应累积效应大小及不同生态类型小麦品种温-光-温特性组合匹配是否合理等提供重要的生态学依据。有研究结果认为，不同环境下的春化作用、光周期反应和热效应的相互作用决定了小麦生长发育进程。春化和光周期效应决定了小麦生长发育速率，继而与热效应互作影响发育生理时间的积累，并体现在小麦生育前期对温光反应最敏感。因此，根据小麦温-光-温特性、生态类型和小麦同苗龄时生态条件差异三者之间的内在联系，可以认为没有小麦同苗龄时生态条件差异，就不存在小麦温-光-温特性不同。没有小麦温-光-温特性不同，也就没有小麦生态类型之别。如冬、春小麦生态类型的形成就是由小麦生育前期低温春化作用不同所导致的。另外，针对小麦发育速率和一些器官形成既受光温生态时空效应所左右，也受肥水条件变化所影响等小麦生物学特性，在小麦品种光温生态类型形成和个体发育过程中，了解小麦同苗龄时生态条件差异，还可为利用肥水条件补偿光温生态时空效应，创造相似生态环境及提升它地育种效率等提供了可靠的生态学依据。

二、遗传学基础

（一）共同的遗传学基础

春小麦光温生态育种与小麦常规育种有着共同的遗传学基础，它们都以作物遗传学的基本规律为指导，来进行小麦新品种的选育。其中主要包括：一是利用合理亲本组配方式综合双亲目标性状，实现基因重组，进而把不同亲本的优良目的基因尽量集聚到一个小麦新品种之中，使新品种目标性状遗传改良获得较大进展。二是基因互作产生新的性状。普通小麦为异源六倍体作物。一般情况下，有些新性状的表现可能是在亲本杂交后，在新的遗传背景条件下，一些封闭基因与显性基因或隐性基因互作，或显性基因与隐性基因互作及互补等产生的结果。这种基因互作常使后代材料出现不同于双亲的一些新性状。三是基因累加产生超亲性状。这点无论是对于小麦常规育种还是春小麦光温生态育种都很重要。小麦为自交作物，在新品种选育过程中，目的基因不断定向累加，特别是对于一些属于数量遗传的目标性状，如产量性状、蛋白质和湿面筋含量及赤霉病抗性等，通过各种杂交方式等实现目标性状的基因剂量，从量变到质变，即可产生超亲目标性状。它是小麦新品种选育最主要的遗传学基础。

（二）生态遗传学基础

各种生态类型小麦品种的基因型，只有在适宜生态条件下才能得到充分表达，是春小麦光温生态育种的主要生态遗传学基础之一。生态遗传学（Ecological genetics）是群体遗传学与生态学相结合的遗传学分支。它主要研究生物群体对生存环境以及对环境改变作出反应的遗传机理。如果环境改变只引起生物表型上的变化，那是生态学研究的内容；只有当环境的改变造成生物遗传上的变化并在群体中保留下来，才是生态遗传学研究的范畴。

从小麦品种与生态环境变化关系看，各种生态类型小麦品种的任何性状，尤其是生态性状，都是亲代通过遗传物质传递给后代的。从春小麦光温生态育种角度看，基因型是不同小麦生态类型品种主要农艺性状表达的内在遗传基础，环境则是左右主要农艺性状表达的外部条件。对某一小麦生态类型品种而言，它的任何性状，尤其是生态性状在其分化与形成过程中，都与环境中的光、温、肥、水等主要生态因素的变化存在着相互适应关系。在其适宜生态条件下，某种生态类型的必备性状（生态性状）会得到充分表现，其他性状也会随之得到协调发展，产量和品质潜力会得到充分表达。如果生态条件不适宜，某一生态类型的生态性状将得不到充分表现，生态性状与其他性状的协调性也会遭到破坏，小麦品种的产量和品质潜力均难以得到表现。如在黑龙江省北部地区苗期干旱年份，抗旱类型品种克旱 6 号一般可比耐湿类型品种克涝 2 号增产 10%以上；而在苗期干旱胁迫较小和后期多雨年份，耐湿类型品种克涝 2 号则可比克旱 6 号增产 10%以上。这说明，不同生态条件下必须有不同的生态类型品种与其相适应的生态学依据，主要是来自它的生态遗传学基础。

同一生态类型小麦品种的主要生态性状遗传基础大体相似，是春小麦光温生态育种的另一重要生态遗传学基础。从植物生态学角度看，不同生态类型小麦品种在其分化形成时的遗传变化，是与分化形成中的环境紧密相连的。凡属同一生态类型的不同个体群（品种）都具有必备和相似的生态性状。这些性状在特定环境的长期作用下，通过个体的遗传变异和连续不断的自然和人工选择，使不同生态类型小麦品种形成了适应某一生态环境的形态。它具有特定的形态结构、生理机能和新陈代谢等特征特性，属于不同遗传基础的生态分化。不同生态类型小麦品种主要生态性状及其表现程度，是其内部遗传基础与外部环境共同作用的结果。在生态遗传学中，把一种基因型对不同环境条件的反应幅度，称为“基因反应规范”。它是某一生态类型小麦品种在内部遗传基础控制和外部生态条件变化共同作用下，以代谢为基础，在形态上表现出的差异，并决定了不同生态类型小麦品种生态变式的变异方向与幅度。

生态遗传学基础为春小麦不同生态类型品种生态适应性遗传改良提供了重要遗传学依据。由于不同生态类型小麦品种只有在其适合的生态条件下，各种生态性状和主要目标性状才能得到充分表达，因此，环境条件变化不仅影响到各类型主要性状表达的方向与幅度，也直接关系到不同生态类型品种的选育效果。只有根据不同生态类型品种所需的生态环境，在

相似生态环境或创造相近生态环境下进行某一生态类型小麦新品种选育，才能使某一生态类型品种的表型效应得到充分表达，并取得较好育种效果。然而，基因型与最适生态环境的关系是相对的，并存在着动态变化关系。为此，只有以同一生态类型小麦品种的主要生态性状遗传基础大体相似，对变化的生态条件反应大致相似等生态学和生态遗传学理论为依据，并在不同生态类型杂种后代和稳定品系选择与处理过程中，根据相应生态类型对照品种主要育种目标性状的变异方向与幅度，选择正确的处理方法，确立适宜的选择强度，才能取得较好的育种效果。关于这点，无论是在春小麦生态育种还是光温生态育种实践中均已得到证明。

（三）温-光-温特性遗传学基础

小麦温-光-温反应特性属于小麦品种遗传特性，并分别在春化阶段、光照阶段和感温阶段由不同遗传基础所控制。许多研究发现，小麦春化阶段低温效应大小与5个春化主效基因有关，分别定名为：*Vrn1*、*Vrn2*、*Vrn3*、*Vrn4* 和 *Vrn5*。其中，*Vrn1* 对春化敏感性影响最大，并对其他春化基因具有上位性效应；*Vrn5* 影响最小。*Vrn1*、*Vrn2*、*Vrn3* 基因分别定位到小麦的5A、5B和5D染色体长臂上；*Vrn5* 定位在7B染色体短臂上；*Vrn4* 基因的准确定位目前尚存争议。一些研究结果认为，*Vrn1*、*Vrn2*、*Vrn3* 三个基因中的任何一个基因为显性时，小麦发育特性为春性；3个基因全为隐性时，小麦发育特性为冬性。有些研究认为，*Vrn1* 和 *Vrn3* 两个基因均具有促进开花的功能。其中，*Vrn1* 基因表达受低温诱导，而 *Vrn3* 受低温和长日条件共同诱导。目前，在 *Vrn2* 基因的作用研究方面，有的学者认为 *Vrn2* 是开花抑制因子。它通过抑制 *Vrn1* 基因的表达来抑制开花，并常受到低温和短日的抑制。也有学者认为 *Vrn2* 是一个光周期基因。从目前研究结果来看，*Vrn2* 是决定小麦前期发育特性的一个非常重要的基因。2000年，Lwkai等进一步研究了生态地理差异对 *Vrn* 基因型的影响，发现在不同国家和不同地区其分布存在明显差异。

在小麦光照阶段遗传基础研究方面，Welsh等研究认为控制光周期反应有3个主效基因，并分别定名为 *Ppd-D1*、*Ppd-B1* 和 *Ppd-A1*。其中，前两者对光周期作用较强，并把 *Ppd1* 定位在染色体2D上，把 *Ppd2* 定位在染色体2B上。后来Scarth等进一步把 *Ppd1* 定位在染色体2DL上；把 *Ppd2* 定位在染色体2BS上；*Ppd3* 被定位在染色体2A上。大量研究结果表明，上述3个基因中任何一个为显性时，小麦品种就表现为光钝型。当3个基因全为隐性时，小麦品种则表现为光敏型。同时，一些研究还发现，与控制日长反应的基因有关的染色体还有1A、3B、4A、6B、7D、3D、6D等。

关于小麦品种感温特性的遗传基础，目前国内外研究结果不尽相同。有的学者认为，当小麦春化阶段的低温效应和光照阶段的长日效应（包括光强和光长）都被完全满足后，小麦品种间的抽穗期差异与温度有关，是温度和基因型互作的结果。也有部分学者把这一阶段的差异归结为由早熟基因决定的小麦本身所固有的早熟性，并发现小麦的早熟性基因位于2B、3A、4A、4B、6B、6D、7B染色体上。东北春小麦多年光温生态育种实践证明，当小麦品种通过春化和光照阶段后，品种间确实存在感温特性的差异。这种差异主要表现在：小麦品种感温特性不同，拔节后在不同温度、土壤肥力和土壤水分条件下，它们的株高、无效小穗数、抽穗期和熟期等主要感温性状的表达程度也明显不同。关于小麦品种感温特性的遗传基础还有待进行深入研究。

（四）温-光-温特性为品种内遗传调控机制

小麦在长期进化中，为适应环境条件变化，应对外界生存胁迫，在不同的气候条件和地理环境下形成了不同的生育特性。从小麦品种各种生育特性与其各生长发育阶段温-光-温特性关系看，前者是表象，后者是实质。从小麦各生长发育阶段温-光-温特性、外界生态条件变化和主要农艺性状表达程度三者关系看，温-光-温特性属小麦品种内部遗传调控机制。它对外可调控外部不利生态条件（倒春寒和苗期干旱等）对小麦品种的胁迫压力，对内可调控小麦品种在不同生态条件下的生长与发育进程及主要农艺性状的表达程度。

在调控机制上，温-光-温特性对小麦品种的生长发育进程及主要农艺性状表达具有分段调控功能，而且在不同生长发育阶段调控的主导因子不同。其中，调控顺序是按春化阶段→光照阶段→感温阶段进行分段调控。在调控主导因子上，春化阶段以低温效应调控为主，光照阶段以光周期效应调控为主，感温阶段只有在春化和光照阶段通过后，才能表现出温度变化对小麦品种生长发育进程的调控作用。在调控特点上，温-光-温特性对小麦品种生长发育进程和主要农艺性状的调控具有顺序性、相似性和互补性等特点，如低温春化效应较大和光周期敏感，均可使小麦苗期发育较慢等。

温-光-温特性作为品种内部遗传调控机制，除具有分段调控、相似性和互补性等特点外，还有调控效应大小之分。如根据低温春化作用大小，国内外一些学者将全球小麦品种大体上划分为冬性、半冬性和春性 3 种主要类型。胡成霖等则根据春化阶段通过的形态指标等相关研究结果，将我国小麦品种划分为春性、偏春性、弱冬性、冬性和强冬性五种类型。春化阶段通过后，小麦品种间在光照阶段同样也存在着光周期反应特性的差异。如在东北春麦区小麦生产中，龙麦 35 属光周期反应高度敏感类型；克春 4 号属光周期反应中度敏感类型，克旱 19 则属光周期反应迟钝类型等。此外，在利用小麦温-光-温特性进行生态适应性调控时，还需注意利用它们彼此之间的互补调控关系。如曹广才认为，作为生态因子，温、光不能相互代替，但其生态效应却可彼此代换与补充。他认为，在春化过程中，短日光周期效应就是其中一种生态效应。一般情况下，这种互补调控主要发生在春化→光照阶段和光照阶段→感温阶段的交替阶段。在此期间，常因温光条件变化而出现短日春化和高温长日等互补调控效应。如在春化→光照阶段可利用低温春化效应和光周期效应，互补调控拔节期早晚和间接调控分蘖和幼穗分化时间的长短。在光照→感温阶段，可利用光周期效应调控拔节时间，使拔节期处于一种较好的生态环境之中，进而提高了小麦品种的稳产能力等。

第二节　小麦温-光-温反应特性与小麦生态适应性的关系

自 20 世纪 20—30 年代，俄罗斯李森科提出小麦阶段发育理论以来，国内外许多学者对小麦温光特性与小麦品种生态适应性关系等方面进行了广泛研究，并取得了较大进展。然而，目前这些研究多集中在小麦春化和光照阶段，而对于光照阶段通过后，温度变化与小麦生长发育进程和生态适应性等方面关系研究较少。春小麦光温生态育种研究发现，东北春麦区各种生态类型小麦品种无论是在春化阶段、光照阶段，乃至光照阶段通过后，均存在温-光-温反应特性的差异，并且这种差异，与不同生态类型小麦品种的生态适应性关系非常密切。

一、春小麦温-光-温阶段划分及其主要光温性状确定

（一）春小麦温-光-温阶段划分

这里提出的“春小麦温-光-温阶段划分”，主要是根据东北春小麦在不同生长发育阶段

受温光条件变化的影响程度，将当地小麦品种一生的温光反应划分为不同温-光-温反应阶段的过程。国内外相关研究结果表明：在小麦春化阶段，小麦品种的发育进程主要以低温效应响应为主。其中，小麦低温春化作用大小是划分冬、春麦品种及其分布区域等方面的主要依据。在小麦光照阶段，虽然光照长度是决定小麦发育进程的主导因子，但光照时间变化对不同光周期反应特性品种的影响程度常表现出不同。在小麦光照阶段通过后对温度反应的研究方面，尽管国内外相关报道较少，可是在此阶段，小麦品种间存在感温特性差异却是一种普遍现象。如 20 世纪 90 年代以来，肖志敏等根据不同生态类型小麦品种控光控温试验结果和春小麦光温生态育种实践发现，东北春小麦品种在光照阶段通过后的不同温度条件下，生态类型间感温特性差异明显，并具体表现在株高、秆强度、无效小穗数和苗穗期等主要农艺性状变异幅度上。在此期间，肖志敏等还根据上述相关研究结果及多年春小麦光温生态育种实践，将东北春小麦一生的温-光-温反应，划分为春化、光照和感温三大阶段（图 2－2）。

春化阶段	光照阶段	感温阶段
低温春化特性	光周期反应特性	感温特性
低温条件	光照时间	温度变化
低温春化效应	光周期反应	热效应

图 2－2　东北春小麦品种温-光-温阶段划分

从图 2－2 看出，东北春小麦品种的低温春化效应、光周期反应和热效应大小，主要取决于小麦各生长发育阶段所处温-光-温条件对不同温-光-温特性小麦品种需求的满足程度。其中，低温春化和光周期反应特性，属于在小麦春化和光照阶段的不同温光条件下，对不同生态类型小麦品种发育速率的调控机制，而低温和光照时间可认为是决定不同温光特性小麦品种通过春化和光照阶段时间长短的主要生态因子。感温特性主要是指在小麦感温阶段，也就是在小麦拔节至成熟期间，东北春麦区不同生态类型小麦品种生长发育进程对温度变化的反应程度。这里需要说明的是，从小麦发育角度看，尽管小麦拔节时尚未完全通过光照阶段，可随着东北春麦区每日光照时间的逐渐变长，光照长度已不再是限制小麦发育快慢的主导因子，而温度和肥水条件，特别是温度变化成了影响不同感温特性小麦品种的拔节至抽穗天数、株高、秆强度及无效小穗数等主要农艺性状生态变异幅度的主要生态因素。因此，在春小麦光温生态育种中，它是将东北春小麦品种的拔节至成熟期，划分为小麦感温阶段的主要依据之一。

东北春麦区多年小麦育种与生产实践表明，在当地正常播种条件下，从小麦种子萌动至出苗一般需要 10～15 d。在此期间，当地麦田土壤多次冻融交替的典型生态条件，相当于给予了东北春小麦品种一个特定的“土壤低温春化处理”生态环境。在这种“土壤低温春化处理”特定生态条件下，基本可使当地绝大多数小麦品种在出苗时就已通过春化阶段。根据小麦温光特性、温光条件、低温春化和光周期累积效应及在小麦发育过程中四者之间的内在联系，可以认为在这种特定生态条件下，东北春麦区不同生态类型小麦品种的整个生长周期发育进程变化，已与小麦低温春化累积效应关系不大，而应主要取决于光周期累积效应和热效应的调控力度及其对肥水条件变化的反应程度。正是基于此点，肖志敏等根据多年春小麦光温生态育种实践和相关试验结果，并在忽略低温春化作用的前提下，将东北春麦区小麦品种划分为光钝温钝、光钝温敏、光敏温钝和光敏温敏四种光温反应类型。从该区小麦光温反应类型与生态类型及小麦品种熟期关系看，光钝温钝型多为当地密肥型和早熟小麦品种；光钝温敏型多为当地旱肥（抗旱）型和中熟或中晚熟品种；光敏温钝可具有水肥和旱肥两种生态类型，熟期多为中晚和晚熟品种；光敏温敏型几乎均为旱肥（抗旱）型和晚熟品种。

这里需要注意的是，尽管在东北春麦区小麦正常播种条件下，绝大多数小麦品种在出苗前可自然通过春化阶段，可是对于少数低温春化累积效应较大的小麦品种（系）及杂种后代材料，如龙麦 36 和龙 94－4081 等，亦不能忽视出苗后剩余低温春化累积效应对其发育进程的影响。特别是在该区因春季雪（雨）偏大，土壤黏重不能适时播种，或为躲避苗期干旱进行小麦迟播时，这些低温春化累积效应较大的小麦品种（系）经常会表现出小麦苗期发育过慢，苗穗期大幅延长，熟期明显变晚等现象。这点也是东北大兴安岭沿麓麦产区进行耐迟播小麦品种选择时，要求必须具备强春特性的主要依据之一。

（二）春小麦的主要光、温性状

在春小麦光温生态育种中，小麦“光、温性状”，主要指东北春小麦品种在当地“土壤低温春化处理”特定生态条件下，受小麦光温特性重点调控或受光温条件变化影响较大的一些农艺性状。其中，小麦感光性状主要指它们在建成和发育过程中受光周期累积效应和光照条件，特别是受光照时间变化影响较大的一些小麦农艺性状。如分蘖数和小穗数形成时间虽位于小麦春化阶段和光照阶段，但因东北春麦区绝大多数小麦品种在出苗前基本可自然通过春化阶段，所以不同生态类型小麦品种的分蘖数和小穗数等农艺性状的发育速率和变异幅度，主要取决于它们的光周期反应特性及其在小麦光照阶段每日光照长度的变化，而与其低温春化效应关系不大。这点是将分蘖数和小穗数等农艺性状归结为东北春小麦品种感光性状的主要依据。

在东北春麦区小麦育种和生产中，小麦感温性状主要指在小麦感温阶段受温度及肥水条件变化影响较大的一些农艺性状，如无效小穗数、植株高度、拔节至开花天数及穗下茎长度等。其中，对温度变化的反应程度，是将小麦农艺性状划分为小麦感温性状的最重要依据。从小麦光周期累积效应作用机制看，尽管小麦拔节后有一小段时间仍属于光照阶段范畴，可是随着东北春麦区小麦拔节至开花期光照时间逐日变长，小麦拔节后，光周期累积效应已不再是左右当地不同生态类型小麦品种发育进程的主导因子。在此期间，小麦感温性状的发育速率和变异幅度，应主要取决于温度变化和肥水条件的影响，而与小麦光周期反应特性及外部光照条件变化关系不大，这点已从春小麦光温生态育种和东北春小麦生产实践中得到证实。

小麦光温性状变异幅度是东北春小麦品种光温反应型划分的重要依据，它既体现了小麦光周期累积效应和热效应对不同光温特性小麦品种发育进程的调控力度，也说明在小麦光照阶段和感温阶段，变化的生态条件对不同光温特性小麦品种生长与发育协调性的影响程度。其中，小麦主要光、温性状归类与确定是研究小麦光温性状变异幅度的前提与基础。小麦光温性状变异幅度是春小麦光温生态育种的重要理论依据之一。为此，20 世纪 90 年代初，肖志敏等根据东北春麦区不同生态类型小麦品种控光控温试验结果及多年春小麦光温生态育种实践，并结合李文雄先生等在小麦各生长发育阶段与相关性状建成关系等研究结果，在低温春化作用忽略不计前提下，将分蘖数、株穗数、小穗数和出苗拔节天数等小麦农艺性状确定为东北春小麦品种的主要感光性状；将无效小穗数、拔节至开花天数、株高和穗下茎长度等小麦农艺性状确定为东北春麦区小麦品种的主要感温性状。在春小麦光温生态育种中，上述小麦光温性状现已作为小麦光温型的标记性状，被用于衡量不同生态类型小麦品种与生态环境相适性等研究之中。

东北春麦区小麦育种和生产实践表明，小麦品种光温反应特性不同，在不同生态条件下发育进程和光温性状变异幅度表现也不同。如光敏温钝型小麦品种龙麦 33 与光钝温敏型小麦品种克旱 19 相比，二者同在长日高温条件下种植时，前者表现为前慢后慢型，后者表现为前快后快型；在长日低温条件下种植时，前者表现为前慢后快型，后者表现为前快后慢型。在上述两种不同生态条件下，龙麦 33 的小穗数、株高及拔节至抽穗天数等小麦光温性状变异幅度均相对较小，而克旱 19 的各种光温性状变化相对较大，特别是在长日低温条件下，拔节至抽穗天数和植株高度等感温性状变化最大，具体表现在：苗穗期明显拖后、株高增幅较大及田间抗倒能力显著下降等。小麦光温特性是不同光温型小麦品种的内在属性。小麦光温型是不同生态类型小麦品种应对生态条件变化的一种表现形式。因此，通过对小麦生态类型、光温特性、生态条件和小麦光温性状变异幅度四者之间关系进行系统分析，不但可为春小麦光温生态育种等提供重要理论依据，而且对于东北春麦区不同生态类型品种配套栽培技术研制等也具有一定的指导意义。

二、低温春化反应特性与小麦生态适应性的关系

（一）低温春化反应特性的概念与作用

低温春化反应特性是指小麦在春化阶段，对低温（通常为 0～2 ℃）条件诱导或促进发育的需求，是普通小麦本身固有的生长发育特性。小麦低温春化反应特性与小麦品种种植区域分布、引种、用种和栽培生产等各方面均具有密切联系，它既是划分冬、春小麦品种的主要理论依据，也是决定不同低温春化反应特性小麦品种生态适应范围的遗传调控机制。小麦是低温长日作物，其低温春化反应特性对小麦苗期发育进程具有重要调控作用。因此，通过小麦低温春化反应特性和春化阶段所处低温条件对小麦苗期发育速率的影响程度分析，可为确认低温与长日哪一种生态因子是促进当地小麦品种苗期发育进程的主导因子提供可靠的理论依据。如东北春小麦品种低温春化作用较小，加之在小麦种子萌动至出苗过程中的土壤低温处理，可认为是简单的长日促进发育，光周期反应特性是调控小麦苗期发育进程的主导因子；而冬性和半冬性小麦品种在其适宜种植区，则可认为是低温与长日条件共同促进它们的苗期发育进程。

由于小麦低温春化反应特性受多个等位基因控制及其他微效基因或修饰因子影响，因此不同低温春化反应特性小麦品种，通过春化阶段所需求的低温环境也明显不同。关于小麦春化效应机理研究至今尚未获得满意结果。一些学者认为，小麦品种在春化阶段对低温的处理需求是属于“量的”需求，并存在强冬性、冬性、半冬性、弱冬性和春性等遗传变异。也有的学者认为，细胞分裂素可缩短春化时间。还有一些学者认为，是低温阻抑了一些特定脱氧核糖核酸（DNA）的表达等。关于小麦春化阶段通过的标志，因地域不同，研究材料差异，导致确定通过的标志也不尽相同。大多数学者将二棱期作为春化阶段通过的标志。米国华等把护颖分化期作为小麦通过春化作用阶段的标志。也有学者认为，小穗分化开始后，低温春化作用就开始消失。小麦春化时间长短与主茎叶数和分蘖数联系密切，可将低温敏感性消失作为小麦品种春化阶段通过的标志。

小麦低温春化反应特性不同，低温春化效应表现也不同。低温春化效应是指在小麦春化阶段，环境对不同生态类型小麦品种低温需求的满足程度和小麦低温春化反应特性对环境调

控力度的总体反应。为此，当小麦春化阶段的田间低温环境能够满足不同小麦品种的低温春化反应特性需求时，品种间的春化阶段低温效应差异一般将难以体现出来。如在冬小麦种植区，因小麦苗期低温条件可使绝大多数小麦品种正常通过春化阶段，所以品种间低温春化效应差异对当地小麦苗期发育进程影响不大，在田间也难以得到准确判断。反之，如果将强冬性小麦品种作为亲本材料引至春性小麦适应区种植时，若不进行春化处理，苗穗期将会明显延长，甚至不能抽穗，根本无法加以利用。所以说，小麦低温春化累积效应是小麦不同低温春化反应特性与环境条件互作的结果，而小麦低温春化反应特性则是明确不同生态类型小麦品种生态适应范围的重要依据之一。

（二）低温春化反应特性与小麦生态适应性的关系

春化要求是小麦对低温的响应，是影响小麦物候期和地理分布的重要因素。不同低温春化反应特性小麦品种通过春化阶段所需时间和温度不同。如有研究结果指出，春性小麦品种在 5～20 ℃温度条件下经过 5～15 d，就可以通过春化阶段。冬性小麦品种在 0～7 ℃的温度条件下经过 35～60 d，才能通过春化阶段。半冬性品种通过春化阶段所需低温条件和时间，则介于春性和冬性小麦品种之间。还有研究结果指出，强冬性小麦品种只有在幼苗阶段通过一定的低温时期才能进入幼穗分化阶段。否则，麦苗只能停留在分蘖状态，而不能正常抽穗结实。小麦低温春化反应特性与不同生态类型小麦品种分布范围关系非常密切。如在我国南方长江中下游麦产区因冬季气温较高，以栽培春性小麦为主；而在北方冬麦区因冬季气温偏低，则以栽培强冬性或冬性小麦品种为主。若长江中下游麦产区盲目引入强冬性小麦品种进行种植，则无法通过春化阶段；而春性小麦品种在我国北方冬麦区栽培时，则易遭受冻害。

2004 年，刘旺清等研究结果认为，作物品种的生态适应性是指作物品种的生物学特性与环境的吻合程度，它是作物品种与不同生态环境相互作用下系统发育的结果。春化阶段是小麦品种对不同气候条件适应性具有决定性的重要发育阶段。低温春化特性既是普通小麦品种的重要生理生化特性，也是决定不同生态类型小麦品种对某种气候条件的生态适应能力和分布范围的主要因素之一。李卫东等研究认为，春化作用是小麦在低温逆境中形成的一种自我保护机制，一定的低温可调控小麦品种在春化阶段的发育进程。因为低温春化作用具有累加效应的特点，所以当低温条件不足时，延长春化时间来弥补小麦低温春化累加效应不足，是小麦育种和生产中普遍存在的一种现象。由于小麦低温春化反应特性对小麦品种，特别是对冬性小麦品种的麦苗期发育进程具有调控作用，因此在小麦苗期温度波动较大地区进行具有适宜低温春化特性品种的选育与推广非常重要。这样，利用低温春化作用，既可调节小麦品种某一发育时期乃至整个生命周期过程避开恶劣环境的危害，提高对不利生态条件的生态抗性水平，又可达到调控产量结构等目的。如在我国各冬麦产区，冬小麦品种适宜播种期等栽培措施的制定，都与合理运用小麦低温春化累积效应具有一定关系。

小麦低温春化累积效应，是小麦品种低温春化特性与小麦苗期温度条件相互作用的结果。小麦品种低温春化特性不同，在小麦苗期温度变化条件下，发育进程通常会明显不同。如在东北春小麦品种中，龙麦 36 低温春化累积效应较大，龙麦 33 低温春化累积效应较小；两品种在哈尔滨小麦苗期常年温度条件下，出苗至拔节期和苗穗期虽略有差异，但差异仅为 2～3 d。然而，在 2018 年 5 月中旬（小麦出苗至拔节期），哈尔滨地区遇到多年不遇的小麦苗期极端高温干旱天气（气温比常年同时期高出 5 ℃以上）时，龙麦 33 等偏春性品种的抽穗期比常年提前了 7 d 左右，而龙麦 36 等低温春化累积效应较大品种的抽穗期与常年相比几乎没有变化。2014—2016年，"龙麦号"小麦育种项目组在哈尔滨温室二季温度较高（小麦播种至抽穗温室内温度为15～25℃，每天自然光照＋补充光照时间为14～15 h）条件下，进行的小麦赤霉病抗性鉴定试验中还发现，在对供试材料的萌动种子进行春化处理（冰箱内2～4℃处理14 d）后播种时，龙麦33和龙麦36的苗穗期差异与田间基本相似。反之，二者之间的低温春化累积效应差异非常明显。其中，龙麦33虽表现为苗穗期延后4～5 d，但生长与发育关系表现基本正常；而龙麦36则出现生长与发育关系的严重失调，苗穗期比龙麦33多达35 d以上，表现出小麦苗期对高温条件的明显不适应。由此可见，在小麦生态适应性改良时，对小麦低温春化反应特性、小麦苗期低温条件和低温春化累积效应三者之间的关系，必须给予高度关注。

三、光周期反应特性与小麦生态适应性的关系

（一）光周期反应特性的概念与作用

随着季节变化，自然界在昼夜周期中出现的光照期与暗期长短交替变化，即一天中昼与夜的相对长度被称为"光周期"（Photoperiod）。植物对昼夜长短的规律性变化反应，被称为"光周期反应"（Photoperiodical reaction）。小麦光周期反应特性的概念，是指小麦在光照阶段对光照条件，特别是对每天光照时间诱导或促进发育的需求。在这方面，许多研究结果认为，小麦光照阶段通过时间长短，主要取决于光照阶段的光照条件是否满足小麦品种对光周期反应的需求。其中，光照长度的作用要明显大于光照度。有研究结果表明，小麦在长日条件下可出现最短苗穗期，其中，20 h光周期是小麦发育的临界日长。短日抑制小麦发育的程度，随着小麦品种的光周期敏感程度而发生改变。还有研究结果发现，引起小麦光周期反应的光强是非常弱的，在日出前或日落后，即太阳在地平面以下6°处于曙、暮光条件下，小麦就能进行光周期反应。在小麦光周期反应特性对光照条件需求上，一些学者认为，这种需求与小麦春化处理一样，属于小麦品种对所需光源"总量"的需求，并按照小麦品种在不同光照条件下的光周期反应程度，将全球小麦品种大致划分为光反应迟钝、中等和敏感三种类型。

小麦光周期反应特性是不同生态类型小麦品种的基本特征之一。从小麦整个生长周期看，小麦光周期反应特性调控小麦发育进程的关键作用，是将不同生态类型小麦品种的光照阶段限定在一个适宜的时期，以确保它们能够顺利地生长和发育。它的调控力度大小，主要取决于在小麦光照阶段，不同生态类型小麦品种的光周期反应特性与光照时间的相适程度，也就是光周期累积效应的大小。其中主要表现在，一是当光照长度不能满足小麦光周期反应特性需求时，小麦光周期累积效应经常独自或与低温春化累积效应互作来调控不同生态类型小麦品种的发育进程。如1993年，侯跃生在人为控制不同温光组合条件下，小麦不同生态类型品种发育特性研究结果表明，低温和光长二者之一成为限制发育的因子时，都表现为累积效应；二者同时作用于发育时，表现为互作效应。各地小麦育种实践也表明，这种光温生态时空效应的叠加，普遍存在于小麦光温生态类型形成、小麦个体发育及小麦品种异地或异季引种等过程中。如在东北春麦区小麦育种和生产中，克春9号和龙94－4081等极晚熟小麦品种或亲本材料就属于低温春化累积效应与光周期累积效应叠加类型。二是当光照时间逐步或基本满足不同光周期反应特性小麦品种的需求时，小麦光周期累积效应对小麦品种发育进程的调控作用将会不断下降，甚至会消失。这种现象既可体现出光钝型小麦品种对较短光

照时间的需求特性，也可发现每天不同光照时间对不同光周期反应特性小麦品种的满足程度。其中，前者是早熟或超早熟小麦品种均属光钝类型，以及光周期不敏感特性小麦品种生态适应范围相对较广的重要依据。后者是高纬度地区一些光周期敏感类型小麦品种引种至低纬度地区种植时，出现光周期累积效应较高、苗穗期延长、植株增高和熟期变晚等现象的主要原因。三是在小麦物候期允许范围内，适宜的小麦光周期累积效应，有助于不同生态类型小麦品种的生长发育进程保持相对稳定。同时，在小麦抗逆育种中，合理利用小麦光周期累积效应，还可使小麦品种内部发育周期节律与外部适宜环境尽量保持一致，来降低外界不利生态条件胁迫压力和提升不同生态类型小麦品种与生态环境相适性及稳产性能等。如在东北春麦区小麦生产中，为减轻小麦苗期干旱胁迫压力，推广种植光周期敏感的抗旱和旱肥型小麦品种，就属于合理利用小麦光周期累积效应范畴。

小麦光周期反应特性是普通小麦本身固有的生长发育特性，也是决定不同生态类型小麦品种光周期累积效应大小的遗传调控机制。大量研究结果表明，在未达到小麦最短苗穗期光照时间条件下，小麦品种光周期反应特性不同，在不同光照条件下光周期累积效应表现也不同。这种不同既与小麦品种的区域性分布、生态类型分类及小麦品种熟期划分等关系密切，也与小麦品种在不同生态条件下的抗逆能力（抗倒春寒和苗期抗旱等）及株穗数和每穗小穗数等育种目标性状表达程度紧密关联。如在东北春麦区南繁（云南元谋冬季）、北育（哈尔滨）等各种相关试验中，新克旱 9 号等光敏型小麦品种在短日条件（云南元谋冬季）下，光周期效应明显大于克可育 14 等光钝型小麦品种（系），并在株穗数和小穗数等感光性状生态变异幅度上得以充分体现。1984 年，阎润涛等研究结果也认为，在某一生态区域影响小麦的生态因子中，温度和光周期都有规律性的变化。这种规律性变化是调节小麦内部生理生化反应的外部信号，从而使小麦的生活周期能够较为适应面临的环境，或充分利用生长季节或保证在不利因子到来时，使小麦处于某一发育阶段（能抵御不利生态因子的阶段）等待较好环境的来临。由此可见，在小麦育种和生产过程中，能否合理运用小麦光周期累积效应，将直接关系到小麦生态适应性遗传改良效率及不同生态类型小麦品种生产能力的发挥。

（二）光周期反应特性与小麦生态适应性的关系

小麦光周期反应特性是决定小麦品种从营养生长向生殖生长转变的遗传调控机制之一，它与小麦品种的生态适应性关系非常密切。从光周期反应特性与小麦品种产量性状表达关系看，一些学者认为，光周期对小麦产量的影响主要表现在：一是通过影响穗分化前营养生长期的长短，来影响叶数、分蘖数和单株穗数的多少。二是在穗分化前后通过对小穗数的影响来左右每穗粒数的多少。三是通过对小麦光照阶段通过时间长短的调控，影响到小麦生育后期籽粒灌浆时所处的生态条件，进而影响到粒重等产量因子的表达。还有学者研究了 *Ppd1*、*Ppd2* 光周期基因与小麦产量性状表达的关系，发现光周期不敏感基因，在某些地域与每穗小穗数性状表达存在一定程度的负相关。小麦光周期反应敏感期，一般从幼穗分化开始到雌、雄蕊分化为止。这一阶段如果延长光照时间，会使小麦苗穗期明显缩短。从我国大量小麦育种和生产实践看，小麦品种苗穗期的不稳定性经常与其受不利生态条件胁迫性大小关系密切。如在我国黄淮麦区出现的“倒春寒”等对小麦品种生态适应性的胁迫压力，常表现为小麦品种光周期反应特性不同，或同一小麦品种播种期不同，受“倒春寒”危害程度也不同，其中光周期相对敏感类型小麦品种躲避倒春寒能力较强。分析其中原因，除与小麦品种耐寒性不同有关外，还应与利用光周期累积效应调控小麦品种的适宜拔节时间具有一定联系。

光周期反应特性是小麦品种为适应某一特定生态环境而必备的发育特性。它不但可决定小麦苗期生长发育进程，而且与外界环境因子协调能力等关系密切。如在东北春麦区利用光周期敏感特性调控小麦苗期发育速度，可使新克旱9号和龙麦35等旱肥型小麦品种生育前期发育速度较慢，进而使其苗期躲旱能力得到明显增强。在高肥足水条件下，利用光周期迟钝特性，可相对降低克丰4号等密肥型小麦品种对高氮和多水条件的短日效应影响。20世纪70年代，Blorlaug和同事在墨西哥国际玉米小麦改良中心为非洲和亚洲（印度、巴基斯坦）育成适合当地种植的小麦品种，在某种程度上也考虑到了光周期反应特性是否适合当地生态条件。以色列小麦学者为防止小麦苗期发育过快，以应对以色列小麦生长期内低温对小麦幼穗分化和后期干热风对晚熟品种的两种不利气候条件危害，曾根据小麦品种温光反应特性特点，对以色列本地和引进的品种制定了合适播期时间表，从而使小麦品种稳产能力获得大幅提升。以上研究结果进一步说明，在春小麦光温生态育种中，注意不同光周期反应特性与不同生态条件相匹配，对于提升不同生态类型小麦品种的生态适应能力非常重要。

春小麦光温生态育种认为，光周期累积效应是不同光周期反应特性小麦品种在光照阶段与环境条件，特别是与光照条件相互作用的结果。它是评定小麦光周期反应特性是否与当地不同生态条件相匹配的重要依据。光周期累积效应大小既取决于不同光周期反应特性小麦品种对光照条件，特别是光照时间的需求程度，也体现了光照条件对不同光周期反应特性小麦品种的满足程度。当光照条件满足各种光周期反应特性品种需求时，光敏和光钝型小麦品种的光周期累积效应差异将难以得到表现。反之，光周期累积效应将对小麦生长发育速率产生不同程度的调控作用，如在短光照条件下，光敏型品种的光周期累积效应必然要大于光钝型品种，进而使分蘖增多和抽穗期变晚等。所以说，在春小麦光温生态育种的生态适应性遗传改良过程中，不仅要考虑不同生态类型小麦品种的光周期反应特性是否与当地生态条件匹配，也要关注光周期累积效应对小麦品种抗逆能力和主要育种目标性状表达的调控程度。

对小麦品种光周期反应特性与其适应性关系而言，虽然从理论上讲，应该是光钝型品种（系）生态适应较广，但是利用光周期敏感特性对小麦品种某一发育时期乃至整个生命周期过程进行合理调控，使之避开恶劣环境危害和提高其抗逆性水平，是小麦抗逆育种中行之有效的育种途径之一。如为降低小麦“卡脖旱”胁迫压力，从20世纪60年代至今，东北春麦区各时期推广种植的克强、克壮、克丰2号、新克旱9号、龙麦33和龙麦35等抗旱或旱肥型主导（栽）品种，无一不是苗期发育较慢的光周期敏感类型品种。2013年，刘文林等通过对黑龙江省不同历史时期种植的126个春小麦品种的光周期反应特性遗传基础分析结果也进一步证明，在所有供试品种中，有50个小麦品种携带*Ppd-D1a*基因型，光钝型小麦占39.7%；76个品种携带*Ppd-D1b*基因型，光敏型品种占60.3%，且当地不同历史时期种植的主栽品种几乎均属于光周期敏感类群。由此可见，在东北春麦区“十年九春旱”特定生态条件下，合理运用光周期反应的正向调控机制，对于当地小麦品种，特别是抗旱和旱肥型小麦品种生态适应性遗传改良非常重要。

四、感温特性与小麦生态适应性的关系

（一）感温特性的概念与作用

小麦感温特性是指小麦品种春化与光照阶段通过后，对温度变化的反应程度。一些研究

结果表明，温度是影响小麦地理分布、生长发育和产量等方面的重要生态因素之一。在小麦整个生命周期中，当小麦品种春化阶段和光照阶段通过后，温度变化将成为影响小麦后期生长发育进程的主导因子。如 1996 年李存东等研究结果认为，小麦抽穗前的发育速率受多种因素影响，抽穗后则以温度效应为主。有资料显示，小麦的生物学零度为 5 ℃，小麦茎秆 10 ℃以上开始伸长，12～16 ℃可形成短矮粗壮茎秆，20 ℃以上时，常出现节间徒长，机械组织发育不良，缺乏韧性易倒伏等现象。小麦灌浆期的适宜温度为 20～22 ℃。小麦发育的最高温度可能是 35 ℃左右。上述研究结果表明，光照阶段通过后，也就是从小麦拔节（在光照条件满足光周期反应特性需求前提条件下）至成熟期间，小麦生长发育受温度的影响范围大致为 10～35 ℃，在此期间，小麦各类性状在最适温度范围内，生长最快、发育最好。低于最适温度，生长速率＞发育速率；高于最适温度，发育速率＞生长速率，甚至导致小麦品种难以生存或大幅减产。如 2010 年，房世波等利用冬小麦超优- 626 在小麦拔节后进行夜间温度升高试验，当小麦冠层温度升高 2.5 ℃时，可使小麦成熟期提前 5 d，孕穗期提前 4 d，灌浆期缩短 5 d，无效小穗增加，每穗粒数和千粒重均显著降低。

春小麦光温生态育种认为，小麦感温特性属小麦品种内部遗传特性，尽管目前机制尚不清晰，但可能与小麦的基本早熟性有关。有研究认为，基本早熟性也称作“基本发育速率”，决定了作物从出苗到开花的最短时间。基本发育速率可用来表明小麦在不受春化作用和光周期反应影响下的小麦品种最快发育速率。从小麦各生长发育阶段主要影响生态因子看，在消除春化作用和光周期反应影响后，对小麦生长发育影响最大的生态因子应该就是温度的变化。因为小麦在春化和光照阶段的生长发育进程主要由其低温春化反应和光周期反应特性所调控，所以在感温阶段的不同温度条件下，小麦品种感温特性不同，发育速率和感温性状表达程度也不同。如李光正等在 1987—1990 年通过温度条件对小麦穗花发育及其与结实率影响的研究结果表明，小麦幼穗分化及持续时期均表现出积温效应，但品种类型间不同时期的起点温度与有效积温不同；春性小麦对温度敏感，结实率变化较大；半冬性小麦较为迟钝，结实率变化较小；同是春性小麦“川渝”系列要比“绵阳”系列对低温适应性好，结实率较高。20 世纪 90 年代以来，黑龙江省农业科学院小麦育种者肖志敏等通过系列控光控温试验，南种北移、北种南移及不同播期试验等研究结果也发现，东北春小麦不同生态类型小麦品种在春化和光照阶段通过后的长日条件下，拔节至成熟期品种间存在明显的感温特性差异。这种差异与小麦品种生态类型划分、产量与品质潜力表达，株高和秆强度变化及适应范围大小等均存在着明显的内在联系。

在此期间，肖志敏等还根据上述研究结果及春小麦光温生态育种实践等，将东北春麦区不同时期主栽的一些小麦品种划分为温敏和温钝两种类型。其中，温敏代表品种有新克旱 9 号、龙麦 12、龙麦 26 和龙麦 35 等；温钝代表品种有克丰 4 号、克丰 6 号、克旱 16 和龙麦 33 等。同时发现，在东北春麦区小麦生产中，小麦品种感温特性不同，在感温阶段遇到不同温度条件（同一地点年度间或同一年度地点间）时，生长发育进程表现也明显不同。其中，龙麦 26 等温敏类型品种（系）在高温干旱条件下，表现为后期发育较快，拔节至开花天数减少，株高降低，穗下部无效小穗增多；在低温多雨条件下，表现为后期较慢，熟期变晚，株高增高，各种感温性状表现与高温干旱条件下基本相反。与温敏类型小麦品种相比，克旱 16 等温钝类型品种（系）在此阶段遇高温干旱条件时，表现为发育进程相对较慢；遇低温多雨条件时，表现为发育进程相对较快。与温敏型小麦品种相比，温钝型小麦品种无论在高温或低温条件下，各感温性状变幅均相对较小。

（二）感温特性与小麦生态适应性的关系

小麦感温特性与低温春化和光周期反应特性一样，也与小麦品种的生态适应性具有紧密联系。其中，小麦感温特性和低温春化特性均可视为小麦在不同生长发育阶段对温度变化的反应程度。二者区别在于，感温特性是指小麦品种光照阶段通过后对温度变化的反应程度；低温春化特性是指小麦品种在春化阶段对低温总量的需求。从小麦感温特性与其生态适应性关系看，在小麦拔节（在光照长度满足小麦光周期反应特性需求前提条件下）至成熟期的不同温度条件下，品种间感温性差异不仅决定了它们的生长发育进程和主要育种目标性状的生态遗传变异幅度，而且与生态类型分类关系密切。如在东北春麦区小麦生产中，密肥和水肥型品种多为温钝型，而抗旱和旱肥型品种多属温敏型。

分析其中原因，虽然温度、土壤肥力和水分三者与小麦品种感温特性关系不同，对小麦生育后期的生长发育进程作用机制也不尽相同，但它们彼此产生的生态效应却非常相似，并在一定范围内可相互替代与补偿。如低温具有多氮和多水生态效应；多氮具有低温和多水生态效应等。东北春麦区小麦生产实践也表明，上述温、肥、水间耦合效应与当地不同生态类型小麦品种感温特性高度相关。主要表现在：一是该麦产区不同历史时期种植的克丰 3 号、克丰 4 号、龙麦 37 和龙麦 39 等水肥和密肥型品种，几乎均属温钝类型。二是将垦九 4 号和龙麦 26 等具备光钝温敏特性的抗旱或旱肥型小麦品种种植在高肥足水条件下时，都表现为拔节至开花天数延长、植株增高，田间抗倒能力下降和熟期变晚。三是克旱 16 和龙麦 33 等具备光敏温钝特性的旱肥型小麦品种，在不同生态条件下则表现为生长发育速率相对稳定，且生态适应范围较广。为此，在春小麦光温生态育种中，将感温特性、温度变化、肥水间耦合效应及有效积温利用范围等融为一体，综合考虑环境条件变化对不同生态类型品种生育后期主要性状表达的影响程度，对于提高小麦生态适应性遗传改良效率非常重要。

有研究表明，温光条件对于小麦生长发育的作用，就是指“质”与“量”效应的统一。春化作用、光周期反应和感温阶段温度热效应的相互作用，共同影响了小麦发育生理时间的累积。越来越多的证据表明，春化作用、光周期反应、热效应、基本早熟性，共同构成了调控小麦发育进程的基本成分。四者之间相互联系，相辅相成，体现了温光符合因子的同步性、协调性和不可代替性。可以认为，小麦各生长发育阶段温-光-温反应特性揭示了小麦品种一生对温、光因子变化的响应程度。温-光-温特性和温光条件互作效应大小，决定了小麦不同生长发育阶段的生长速度与发育进程。基本早熟性则与小麦感温性具有密切联系。如果把小麦品种整个生长发育过程视为一个系统，那么每一个发育阶段就是这个系统中的一部分。任一部分发生变化，都会对整个系统产生影响。如小麦低温春化效应大小会影响小麦品种进入光照阶段时间的早晚。光照阶段通过时间长短，会决定小麦品种在感温阶段所处的生态环境乃至其抵御外界不利生态条件的能力和主要育种目标性状的表达程度。因此，在春小麦光温生态育种中，只有将不同生态类型小麦品种各生长发育阶段温-光-温特性与其所处生态条件匹配合理，才能保证它们具有较好的生态适应能力。

第三节　小麦生态适应调控性状的类别与作用

小麦品种适应性，包括生态适应性、生产适应性和市场适应性。其中，生态适应性是小麦品种生产适应性和市场适应性的前提与基础，也是小麦育种中需要优先解决的问题。小麦生态适应调控性状是不同生态类型小麦品种对环境变化的应答机制，也是小麦生态适应性的可度量特征。因此，明确小麦生态适应调控性状的类别与作用，对于提高春小麦光温生态育种效率非常重要。

一、小麦生态适应调控性状的概念与类别

（一）小麦生态适应调控性状的概念

小麦生态适应能力，是指不同生态类型小麦品种在不同生态条件下，协调自身生长发育与环境之间关系的能力。在小麦与环境的相互关系中，一方面，环境对小麦具有生态作用，能影响和改变不同生态类型小麦品种的形态结构和生理生化特性。另一方面，小麦自身通过变异来适应外界环境的变化，同时促进了不同生态类型小麦品种的形成。小麦生态适应调控性状是不同生态类型小麦品种随着环境生态因子变化而改变的自身形态、结构和生理生化特性，是小麦品种生态适应性的外在表观和具体体现。在小麦生长发育与环境变化关系上，小麦生态适应调控性状既具有协调二者关系之功能，又是评价不同生态类型小麦品种生态适应能力的可度量特征。因此，在春小麦光温生态育种中，小麦生态适应调控性状（Wheat regulatory traits for ecological adaptability）的概念，就是指那些能够反映不同生态类型小麦品种对生长环境的响应和适应，并将环境、小麦个体和生态系统结构、过程与功能联系起来的一些性态和性状，如小麦光温特性、生态抗性、抗病性、秆强度、株穗数和茎叶夹角等。从其属性与特点看，它们的作用与植物的功能性状基本相当。

春小麦光温生态育种实践表明，小麦生态适应能力之所以与各类生态适应调控性状存在紧密关联，主要是因为后者可在不同生态条件下，对不同生态类型小麦品种的生长发育进程及被调控性状的建成与表达程度具有调控功能。从小麦生态适应调控性状与被调控性状关系上看，两者主要区别在于：一是当生态环境发生变化时，前者或具有调控小麦品种生长与发育进程之功能，或具有促进产量和品质潜力发挥等作用，而后者多属于被调控者。二是在当地典型不利生态条件下，生态适应调控性状常属于主要抗病（逆）性状范畴，而被调控性状则多属被胁迫对象。三是在变化的生态条件下，小麦生态适应调控性状对其关联性状表达程度具有一定的调控能力。上述观点，在东北春麦区多年春小麦光温生态育种实践中已经得到证实。如在不同光照条件下，光周期反应特性对该区小麦品种的出苗至拔节天数、分蘖数和小穗数等性状表达程度，具有调控功能。在不同温、肥、水条件下，感温特性与该区小麦品种的拔节至抽穗天数、株高、田间抗倒能力和熟期等性状的变异幅度关联度较高。抗旱性较好的小麦品种在当地小麦苗期干旱条件下，表现为无效小穗数相对较少，株穗数较多和茎叶夹角较小的小麦品种，在稀植选种和密植生产两种生态条件下，表现为株高、小穗数和千粒重等性状变异幅度相对较小，且稳产性较好等。

越来越多的研究证据表明，小麦生态适应调控性状、被调控性状和生态环境三者之间关系非常密切。其中，小麦生态适应调控性状属于能够指示和响应生存环境的变化，并对生态系统功能和小麦被调控性状具有一定影响的小麦性态或性状。如小麦各生长发育阶段温-光-温反应特性、苗期抗旱性、秆强度、株穗数及赤霉病抗性等。小麦被调控性状则反映了不同生态类型小麦品种对生长环境的响应和适应，是指易于观测或者度量的小麦特征，并能够客观表达不同生态类型小麦品种对外部环境的生态适应性表现，如熟相、熟期、丰产性和品质

等。所以说，小麦生态适应调控性状的多样性是小麦生态类型的重要组成部分，比生态类型的多样性更能准确地预测生态环境的功能或过程变化，是不同生态类型小麦品种生态适应能力的主要决定者。

（二）小麦生态适应调控性状的类别

小麦生态适应调控性状是不同生态类型小麦品种的表象与特征。根据生态类型与生态环境相适原理，小麦品种生态类型不同，适宜种植的生态环境也不同。从小麦生态类型与生态环境关系看，小麦品种主要可分为气候、土壤和生物三种生态类型。因此，小麦生态适应调控性状与小麦生态类型一样，同样也可分为气候、土壤和生物三个类别。其中，气候生态适应调控性状，主要指不同生态类型小麦品种在整个生长周期中，为适应某一生态区域光照、温度及降雨等气候条件，需要具备的一些特性或性状。土壤生态适应调控性状主要指不同生态类型小麦品种为适应某一生态区域的不同土壤水分和肥力条件所需的一些特性或性状。生物生态适应调控性状主要指小麦品种长期在同一病害或同一病害不同生理小种侵扰下，通过自然选择和人工选择后，对其表现出的各种抗病性。

小麦生态适应调控性状，是不同生态类型小麦品种与环境相互作用的协调机制，它反映的是不同生态类型小麦品种对生长环境的响应和适应程度。因此，在不同生态条件下，小麦生态适应调控性状的内涵也必然表现出不同。春小麦光温生态育种实践表明，在东北春麦区小麦生育期间的前旱后涝特定生态条件下，为保证小麦品种的产量和品质潜力能够得到充分发挥，各小麦生态类型伴随的气候型生态适应调控性状主要为低温春化反应特性、光周期反应特性、感温特性及穗发芽抗性等；主要土壤生态适应调控性状为小麦苗期抗旱性、生育后期耐湿性、株穗数和秆强度等；生物生态适应调控性状主要为小麦秆锈病抗性、根腐病抗性和赤霉病抗性等。同时，根据小麦生态类型、生态环境、小麦生态适应调控性状三者之间内在联系，东北春麦区的旱肥、水肥和密肥三种小麦生态类型所伴随的小麦生态适应调控性状种类及其调控力度有所不同，特别是在调控力度方面差异较大。关于这点，下面将进行详述，这里不再赘述。

综上所述，小麦生态适应调控性状的基本行为和功能，是不同生态类型小麦品种适应生态环境变化的生存基础。各类生态适应调控性状的调控力度，是不同生态类型小麦品种对当地自然条件的综合反映。小麦生态适应调控性状与生态环境变化的关系，是小麦生态适应遗传改良的重要依据。因此，深入探讨小麦各类生态适应调控性状的功能和作用机制，对小麦新品种选育、品种合理利用及配套栽培技术研制等都具有一定意义。

二、各类小麦生态适应调控性状的作用

（一）气候生态适应调控性状的作用

有研究结果认为，气候因素决定了作物（品种）的分布范围，土壤因素决定了作物（品种）在这一范围的分布密度。从生态学角度去研究和了解气候生态适应调控性状的作用，可使小麦生态适应性遗传改良更具有预见性。根据气候适应→土壤适应→生物适应顺序发生的小麦生态适应性机理，气候生态适应调控性状，可认为是以上三类生态适应调控性状中的核心与基础调控性状。从小麦生态类型与生态环境相适原理可知，小麦气候生态适应调控性状对生态环境的协调作用主要表现为：首先，它反映了不同生态类型小麦品种对气候条件的规律性适应性变化，并且是决定不同生态类型小麦品种地理分布的主导因素。如我国小麦品种

的光周期反应特性，从南到北呈逐渐敏感变化；小麦低温春化反应特性，决定了冬春小麦品种的种植区域等。其次，气候生态适应调控性状是连接小麦与气候的桥梁，可反映出不同生态类型小麦品种对各种气候条件的生态适应能力，特别是在小麦整个生长周期中年度间气候条件变化相对较大的一些麦产区，经常是特定小麦气候生态适应调控性状与各种不利气候条件"相伴而生"。如在我国黄淮麦产区生育后期常遇高温干旱胁迫条件下，当地小麦品种必须具备较好的抗干热风能力；东北春麦区在"十年九春旱"特定生态条件下，利用光周期敏感特性增强旱肥型小麦品种的躲旱能力等。再次，从气候生态适应调控性状与小麦生态适应性关系看，前者是后者的基础与保障，后者是前者与不同生态环境协调作用的结果。最后，从气候条件变化与小麦生态适应性关系看，尽管温度、降水和光照等气候条件变化均可影响小麦所有性状的表达程度，但是各种气候生态适应调控性状的作用，则能左右被调控性状受气候条件变化的影响程度。如在东北春麦区小麦苗期干旱气候条件下，龙麦 35 等光周期反应敏感的旱肥型小麦品种，因苗期发育较慢，受苗期干旱的胁迫压力明显要小于光周期反应迟钝、苗期发育较快的克旱 19 等旱肥型小麦品种。

各种气候生态适应调控性状属于小麦遗传性状，它们对小麦生态适应性的调控作用既取决于自身遗传基础，也与气候条件变化关系密切。主要表现在，一是不同气候生态适应调控性状对气候变化响应结果的差异，指示了不同的生态学含义。如东北春麦区不同生态类型小麦品种的"前期抗旱和后期耐湿性"等。二是小麦生态类型对气候条件变化的适应能力及其在复杂生境下的自我调整能力，与各种气候生态适应调控性状的调控作用存在紧密关联。三是各种气候生态适应调控性状的调控作用大小，既取决于它们与当地气候条件匹配的合理性，也决定于它们的调控力度。因此，开展小麦气候生态适应调控性状调控作用与气候条件关系研究，不仅有助于小麦育种者在气候条件变化情况下进行小麦生态适应性的精准改良，而且能稳定提升不同生态类型小麦品种的生态适应能力。

小麦的品种响应和适应气候变化的能力，是衡量气候生态适应调控性状作用的主要标准，也是验证各种气候生态适应调控性状与当地气候条件匹配是否合理，以及调控力度是否得当的重要依据。主要体现在：一是能否高效利用当地光、温、肥、水等各类生态资源，使小麦品种的产量和品质潜力得到充分发挥。如在我国长江中下游和东北麦产区等小麦收获期前后常年多雨地区，穗发芽抗性是当地小麦品种必备气候生态适应调控性状，而抗性水平达到高抗以上，应是该性状的适宜调控力度。二是能否利用它们的抵御逆境保护机制，并通过调控生长发育进程等途径，尽量避开当地不利气候条件的胁迫，或使该胁迫压力尽量降低，进而使小麦品种的产量和品质能够保持相对稳定。如在东北春麦区特定生态条件下，光周期反应中等的旱肥型小麦品种具备较好的苗期躲旱能力，且生态适应范围要明显大于同一生态类型光敏特性品种。三是取决于它们在不同气候条件下对其他性状表达程度的调控能力大小。必须指出，各种气候生态适应调控性状调控力度的确定，要因时因地而异，并要考虑主要不利气候条件在小麦生育时期的分布时间与空间，以及对小麦品种产量和品质潜力表达的影响程度。例如在我国各冬麦产区解决不同生态类型小麦品种的生态适应性问题时，科学运用小麦低温春化累积效应和小麦品种低温春化作用从北到南逐渐变弱规律非常重要。

另外，为进一步提升气候生态适应调控性状的调控作用，亦不可忽视各种气候生态适应调控性状的调控机理及其互作效应。据小麦春性对冬性、光钝对光敏具有显性遗传原理，自 2000 年以来，黑龙江省农业科学院"龙麦号"小麦育种团队在利用冬小麦基因库时，采用

“1冬3春”杂交模式，不但显著降低了小麦杂种后代群体中春性和光钝互作效应对株穗数、小穗数、株高和熟期等性状表达的负向影响，而且育种效果要明显优于“1冬1春”和“1冬2春”杂交模式。选用光敏型×光敏型或光敏型×光钝型进行杂交组合配置，可为小麦后代选择苗期发育较慢、根冠比较大、躲旱能力较强等特性或性状提供可靠遗传基础。同时发现，在东北春麦区小麦生育期间前旱后涝的不利生态条件下，具有不同光温特性的旱肥型小麦品种的生态适应范围和稳产性能明显不同，具体表现为龙麦33等光敏温钝型品种>龙麦35等光敏温敏型品种>垦九4号等光钝温敏型品种。

（二）土壤生态适应调控性状的作用

在春小麦光温生态育种中，土壤生态适应调控性状是不同生态类型小麦品种应对外界生态环境变化的三类生态适应调控性状之一，也是决定小麦品种生态适应性能的重要组成部分。在小麦生态适应性遗传改良时，土壤生态适应调控性状的最主要作用，就是能够准确地反映小麦生态类型演化与土壤条件变化的关系。如20世纪70年代以来，东北春麦区小麦生产随着化肥量投入的不断增加，小麦抗旱型向旱肥型演化，耐湿型向水肥型演化，使该地区小麦生态类型与土壤条件变化的相适度获得显著提升。另外，土壤生态适应调控性状的多样性与调控作用，还可在不同时空范围内反映出小麦生态类型与土壤生态环境的关系。如东北春麦区旱肥型小麦品种具备的苗期抗旱、后期耐湿等土壤生态适应调控性状，就是为了应对该地区春季少雨、土壤缺水及夏季多雨、土壤多水等特定生态条件。春小麦光温生态育种实践表明，随着对小麦生态适应调控性状理解的加深，许多小麦生态适应性问题都能够从不同类别小麦生态适应调控性状的调控作用中得到较好的回答。如气候生态适应调控性状，可决定不同生态类型小麦品种整个生长周期对某种气候条件的生态适应能力。土壤生态适应调控性状，可决定不同土壤生态条件下的小麦最优响应性状集群和不同土壤生态类型的形成等。它们在东北春麦区小麦育种和生产中主要表现为：在小麦苗期干旱条件下，利于高秆、大穗和大粒等性状的建成与表达；在高肥足水条件下，密肥型小麦品种表现为生态适应性最好等。

从小麦各类生态适应调控性状调控作用看，尽管气候生态适应调控性状是决定小麦生态适应能力的核心性状，但也不能忽视土壤生态适应调控性状对小麦与生态环境，特别是与不利生态条件的协调与平衡作用。我国著名水稻育种家杨守仁先生曾认为，“水稻育种，根是根本，根多则穗多。”穗数相同时，根多则穗大，而且根量大者其产量必高。小麦根部性状属于土壤重要生态适应调控性状之一。明确不同生态类型小麦品种的根部特征，对于小麦生态适应改良非常重要。如在东北春麦区小麦生育期间的前旱后涝特定生态条件下，种子根高度发达，是抗旱与旱肥型品种必备的土壤生态适应调控性状；次生根较多，则是耐湿和水肥型小麦品种必备的土壤生态适应调控性状。与气候生态适应调控性状一样，在明确各种土壤生态适应调控性状的调控作用与调控力度前提下，亦不能忽视各种土壤生态适应调控性状间的互作效应。如在东北春麦区抗旱小麦育种中，苗期抗旱性不能低于2级；稀植选种条件下，株穗数4个以上及秆强度不能低于2级等各种土壤生态适应调控性状的组合是旱肥型小麦品种应对该区当前土壤生态环境的最低标准。再如，东北春麦区小麦品种的前期抗旱、后期耐湿和株穗数等土壤生态适应调控性状，尽管在调控机制上可能有所不同，但在调控效应上却均与小麦抗逆性有关。如小麦品种苗期抗旱性突出，在东北春麦区小麦苗期干旱条件下，可相对减少土壤缺肥（特别是氮素不足）对小麦苗期生长总量的影响程度；在该区小麦生育后期多雨不利生态条件下，株穗数多和后期耐湿性强与次生根多和根浅性状为高度正相关，并表现为利用土壤上层氧气能力较强、熟相较好。如东北春麦区不同历史时期选育推广的克丰2号、新克旱9号、龙麦26、龙麦33和龙麦35等主导（栽）小麦品种，无一不具备上述各种土壤生态适应调控性状。

气候生态适应调控性状是小麦品种生态适应性的基础，土壤生态适应调控性状是小麦品种生态适应性的保障。在小麦生态适应性遗传改良过程中，将二者进行合理集成组装，可大幅提升不同生态类型小麦品种的生态适应能力。如在20世纪70—80年代，“克字号”小麦育种者在春小麦生态育种中，将“前慢（光敏）后快（温敏）”小麦生长发育模式构建与苗期抗旱、后期耐湿、株穗数、秆强度和熟相等特性或性状选择相结合，不仅使选育推广的克丰2号和新克旱9号等旱肥型小麦品种，对黑龙江省小麦苗期干旱、生育后期多雨等不利生态条件生态适应能力增强，而且生长发育速率相对稳定，稳产性能较好。究其实质，它是实现气候和土壤两类生态适应调控性状选择有机结合的经典范例。

这里需要注意的是，在小麦生态适应性遗传改良过程中，虽然气候生态适应调控性状是土壤生态适应调控性状调控作用发挥的基础与保障，但有时前者也不能完全代替后者。如在东北春麦区小麦苗期干旱条件下，尽管光周期反应敏感类型小麦品种均表现为苗期发育较慢和躲旱能力较强，可是光周期敏感类型品种并非抗旱性能都好，光周期反应相对迟钝品种也并非抗旱性能都差。以东北春麦区同为旱肥型小麦品种新克旱9号和龙麦26为例，前者属于光周期敏感反应类型，后者属于光周期反应中等类型。然而，在苗期抗旱性上，龙麦26却明显优于新克旱9号。这说明，虽然光周期敏感特性可提升旱肥型小麦品种的躲旱能力，但它只是小麦苗情抗旱性的一部分，并不能反映出小麦苗期的全部抗旱性能。因此，在各地进行小麦生态适应遗传改良时，只有将气候与土壤两类生态适应调控性状和调控力度进行科学集成与组装，才能明显提升小麦新品种的抗逆水平和稳产能力。

（三）生物生态适应调控性状的作用

对小麦不同生态适应调控性状进行权衡，通过表型可塑性达到对异质生境的适应，是小麦生态适应性遗传改良中的一种生态对策。其中，小麦生物生态适应调控性状属于小麦品种阻止外来有害生物危害的抗性机制。它的调控力度，也就是对当地主要病害的抗性水平，常因小麦生育期间的气候条件、病害种类和危害程度不同而表现不同。根据病原物、寄主和环境三者之间关系，小麦生物生态适应调控性状调控力度既受小麦品种的抗病遗传基础所控制，也受生态环境因子，特别是气候因子和栽培措施等影响，同时还与小麦气候和土壤生态适应调控性状调控力度具有较大关联。因此，深入了解上述几者之间的内在联系，对于确定不同生物生态适应调控性状调控力度非常重要。其中，不同生态类型小麦品种与气候条件之间的关系，是当地小麦主要病害发生种类和演变的重要依据。如随着全球气候变暖，赤霉病现已成为东北春麦区的第一病害，即已说明此点。小麦生物生态适应调控性状调控力度与某一生态区域小麦主要病害的关系，揭示了小麦品种对当地主要病害的响应程度和小麦抗病育种策略。小麦气候和土壤生态适应调控性状的适宜调控力度是小麦生物生态适应调控性状作用发挥的前提与保障，而且对于了解小麦生态类型演化及预测在未来气候变化条件下的小麦生物生态适应调控性状的演变具有重要意义。

小麦生物生态适应调控性状调控力度确定，对于能否发挥其调控作用非常重要。其中主要依据为：一是在当地气候条件下，该病害对当地小麦生产的危害程度，并需明确它是否为当地主要病害或常发病害。二是该病害的抗性遗传基础及其生物生态适应调控性状的调控机制。三是小麦生物生态适应调控性状调控力度与相关性状表达程度的关系。例如小麦秆锈病在20世纪50年代为东北春麦区毁灭性病害，因该病害抗性机制属垂直抗性或寡基因控制，所以该病害的调控力度多在免疫—高抗之间。目前，通过这种调控力度的选择与应用，小麦秆锈病流行在东北春麦区小麦生产中得到了较好的控制。再如，小麦赤霉病为典型气候型病害，在我国任何小麦产区只要小麦抽穗后温度与雨量适宜均可发病，而且在抗病机制上又属多基因控制，因此对于此类病害，生物生态适应调控性状的调控力度一般为中感—中抗之间，并以水平抗性作为主要抗病机制，往往抗病育种效果较好。这里需要注意的是，在小麦抗病育种中，不同麦产区小麦各种病害的抗性水平或生物生态适应调控性状的调控力度，主要取决于寄主、病原物和气候条件三者之间的平衡关系及各种病害对当地小麦生产的危害程度。若病原物或不利气候条件压力过大，寄主（小麦）的生物生态适应调控性状调控力度必须适当加大，否则当地小麦生产必然要受到较大危害。

从小麦生态适应性改良角度看，尽管小麦生物生态适应调控性状对小麦品种生态适应能力的调控作用，不如气候和土壤生态适应调控性状作用大，可有时它们却对小麦品种能否在当地生产中利用具有“一票否决权”。如东北春麦区20世纪50年代小麦秆锈病大发生时，经常出现田间绝产地块。当抗锈小麦品种克强和克壮等推广后，“合作号”等抗秆锈病水平较差品种很快就被当地小麦生产所淘汰。另外，对一些由多基因决定抗性的小麦病害，一定要根据抗性遗传基础、抗病机制、病菌生理、发生规律和防治方法等确定适宜调控力度。如为降低赤霉病对当地小麦生产的危害，墨西哥国际玉米小麦改良中心（CIMMYT）的科学家认为，生产上采用中抗品种并辅以药剂防治，可能是目前降低赤霉病危害程度比较理想的办法。此外，江苏里下河小麦育种者运用“综合性状协调”的观点进行赤霉病适宜抗性水平和其他主要育种目标性状的同步选择，抗赤育种成效显著。“龙麦号”小麦育种团队在赤霉病抗性遗传改良工作中，将其抗性水平定位在中感以上，既能结合化学防治措施将赤霉病危害程度控制在允许范围之内，又能使其抗赤特性与其他类型生态适应调控性状集合概率获得大幅提升。当然，从气候条件与小麦生物生态适应调控性状二者关系看，尽管气候条件变化是左右赤霉病危害程度的主导因子，但是改进小麦品种自身抗性和加强相关抗源利用，仍是小麦赤霉病抗性遗传改良的最有效途径。

三、东北春麦区小麦生态类型与生态适应调控性状的关系

（一）各小麦生态类型共需的小麦生态适应调控性状

从小麦生态类型与小麦生态适应调控性状关系看，前者是后者的载体，后者是前者的可度量特征。小麦生态类型是指经过长时间的自然选择和人工选择，使其在外部形态、内部结构和生物学特性上能够适应一定的外界环境条件的小麦品种群。而小麦生态适应调控性状则是不同小麦生态类型品种应对生态环境条件变化的内在调控机制。在小麦生态适应性形成过程中，小麦生态适应调控性状首先反映的是小麦生态类型对气候条件的响应和适应，然后才是对土壤和生物环境的响应与适应。也就是说，虽然小麦品种存在着生态区域分布和生态类型之别，但是如果在小麦同苗龄期处于相似气候、土壤和生物生态环境，特别是受相似不利生态条件或同一种病害胁迫时，它们所需的小麦生态适应调控性状种类常存在基本趋同现象。如在我国长江中下游地区和东北春麦区，因两地小麦抽穗后均面临高温多雨不利气候条

件，所以赤霉病抗性和抗穗发芽能力是两地小麦品种共需的小麦生态适应调控性状。这种现象，同样发生在东北春麦区不同土壤肥水条件下种植的旱肥、水肥和密肥三种小麦生态类型之中。

小麦在生长和发育过程中所需要的能量和物质取自其周围环境，环境的差异与变化必然会影响到小麦的生长与发育。小麦适应了变化的环境，那么在它的形态结构和生理特性上就会反映出来，并通过小麦生态适应调控性状类别和调控力度来得以体现，进而影响到同一生态区域不同小麦生态类型的共存。如东北春麦区多年小麦育种和生产实践表明，该区常年降水总量60%以上集中在小麦抽穗至收获期，且雨热同步的这种特定高温高湿不利生态条件，使小麦生育后期的耐高温与高湿性及抗穗发芽能力等气候生态适应调控性状；秆强度、株穗数和株型结构等土壤生态适应调控性状；抗赤霉病、根腐病和秆锈病等生物生态适应调控性状，成为该区旱肥、水肥和密肥三种生态类型小麦品种实现高产稳产和保质增效的共同需求。这里需要注意的是，虽然各小麦生态类型伴随的一些小麦生态适应调控性状种类相同，但在其调控力度上常表现出不同。如密肥型品种要求茎秆抗倒能力最强、株穗数最多及茎叶夹角最小；旱肥型品种要求茎秆抗倒能力相对较弱、株穗数相对较少及茎叶夹角相对较大；水肥型品种则位于二者之间。

在小麦生态适应性遗传改良时，除需明确不同小麦生态类型共同伴随的小麦生态适应调控性状外，还要了解不同类别小麦生态适应调控性状之间的内在联系与互作效应。如在东北春麦区雨养农业和小麦苗期干旱条件下，利用光周期敏感特性可使旱肥型小麦品种苗期发育速度变慢，根冠比较大，进而可实现小麦苗期抗旱性与躲旱机制的有机结合。在小麦拔节后将温钝特性与小麦秆强度选择相结合，可使密肥型小麦品种在高肥足水条件下，拔节至开花时间保持相对稳定，株高和秆强度变化相对较小。另外，明确各类小麦生态适应调控性状与被调控农艺性状之间的关系，也是东北春小麦生态适应性遗传改良的研究内容之一。如在东北春麦区小麦育种和生产过程中，小麦不同光温特性既可决定不同生态类型小麦品种在不同光、温、肥、水条件下的出苗至拔节天数，也可间接调控分蘖数、株穗数、株高和秆强度等相关性状的变异幅度。小麦品种株穗数较多常与根量较大和土壤养分竞争能力较强等关系密切，且多表现为稳产性较好等。

此外，春小麦光温生态育种实践还发现，尽管小麦生态类型与其伴随的小麦生态适应调控性状联系非常紧密，但也并非一成不变。有时为提高某一小麦生态类型品种的抗逆能力，对不同小麦生态类型伴随的典型小麦生态适应调控性状进行有机整合，常可取得较好育种效果。如在20世纪70年代，我国著名小麦育种家肖步阳先生将旱肥型小麦品种光周期敏感和苗期发育较慢特性集聚到水肥型小麦品种克丰3号之中，不但使该品种抗旱能力得到明显提升，而且在20世纪80年代使之成为东北春麦区的小麦主导品种之一。

（二）旱肥型小麦品种伴随的主要生态适应调控性状

小麦生态适应调控性状的调控作用既决定于小麦品种的遗传基础，也受环境因子所影响，两者存在对立统一的关系。不同生态类型小麦品种对环境的生态适应能力及其在复杂生境下的自我调控能力，与各类小麦生态适应调控性状的调控力度紧密关联。在应对外部生态环境变化和有害生物胁迫时，各小麦生态适应调控性状的调控作用，既彼此独立，又相互关联，并常表现为小麦生态类型不同，它们的调控力度也有所不同。

目前，旱肥型小麦是东北春麦区雨养农业条件下种植面积最大的一种小麦生态类型。为适应该区小麦生育期间的前旱后涝特定生态条件，旱肥型小麦品种伴随的主要气候生态适应调控性状及其调控力度为：低温春化特性为春性→弱春性；光周期反应为中等→敏感；感温特性为迟钝→敏感；穗发芽抗性为高抗。伴随的主要土壤生态适应调控性状及其调控力度为：苗期抗旱、后期耐湿、种子根发达；秆强度 2 级以上（支撑小麦亩产量 400 kg 以上）；稀植选种条件下，株穗数 4 个以上；苗期发育较慢，茎叶夹角适中。伴随的主要生物生态适应调控性状及其调控力度为：秆锈病免疫或高抗，根腐病和赤霉病抗性水平要求达到中感以上。

另外，在东北春麦区小麦旱肥型生态适应性遗传改良时，除需高度关注光周期反应和苗期抗旱性等重点生态适应调控性状的调控作用外，还要注意随着生态条件，特别是气候条件变化导致的小麦生态适应调控性状种类及其调控力度的变化。如 21 世纪以来，随着东北大兴安岭沿麓麦产区小麦抽穗后“雨热同步效应”的不断加强，赤霉病从该区的小麦偶发病害已上升为流行病害。为此，加快进行抗赤小麦新品种的选育与推广，现已成为该区小麦育种工作的重中之重。

（三）水肥和密肥型小麦品种伴随的主要生态适应调控性状

在东北春麦区小麦生产中，水肥型和密肥型小麦品种主要种植在高肥足水或苗期干旱胁迫较小的生态环境之中。根据气候适应→土壤适应→生物适应小麦生态适应性发生机理和小麦生态类型、生态适应调控性状与生态环境三者之间关系，水肥型小麦品种伴随的小麦生态适应调控性状种类及其调控力度，与旱肥型小麦品种相比有所不同。其中，伴随的主要小麦气候生态适应调控性状及其调控力度为：低温春化效应较小，并以春性或偏春性为佳；光周期反应迟钝→中等。感温阶段对温度条件变化反应迟钝；高抗穗发芽。这里需要关注的是，感温阶段对温度和土壤肥力（主要是氮肥）变化反应迟钝，是水肥型小麦品种必备的气候和土壤生态适应调控性状。另外，针对水肥型品种在东北春麦区雨养小麦生产条件下种植时，也常会面临一定程度的干旱胁迫压力，故选择苗期发育速度适中、光周期反应中等者，常可提升该类型小麦品种的躲旱能力。伴随的主要土壤生态适应调控性状及其调控力度为：苗期抗旱性适中，后期耐湿性突出，次生根较为发达，熟相要好于旱肥型。秆强抗倒，秆强度为 1 级（具有支撑亩产量 500 kg 以上的能力）；茎叶夹角小、稀植选种条件下，株穗数 5 个以上。伴随的主要生物生态适应调控性状（抗病性）及其调控力度为：除要求对白粉病具有一定抗性外，其他方面与旱肥型小麦品种基本相同。

在东北春麦区小麦育种和生产中，密肥型小麦品种是由水肥型品种演化而来的，并主要种植在高肥足水生态环境之中。因此，密肥型与水肥型小麦品种相比，两者伴随的小麦生态适应调控性状类别及其调控力度有同有异。相同之处为：二者在感温阶段均属对温度和土壤肥力（主要是氮肥）变化反应迟钝类型，次生根系发达，后期耐湿性突出，熟相好及高抗穗发芽；伴随的生物生态适应调控性状种类及其调控力度基本相当。不同之处是：密肥型小麦品种的低温春化反应特性，是以春性为佳；光周期反应必须为光钝类型；茎叶夹角为东北春麦区三种喜肥生态类型中最小；秆最强（支撑能力亩产量 600 kg 以上）；稀植选种条件下株穗数最多，一般为 6 个左右，属多穗型。

总之，就小麦品种生态适应性而言，世界上不存在适应各种生态环境的“万能”品种，也不存在对任何生态环境均不适应的“无能”品种。从基因型与环境关系看，只要小麦生态适应调控性状种类及其调控力度匹配合理，任何一个小麦品种在其种植区域都应具有较好的生态适应性。如在冬季寒冷的我国北方冬麦区，小麦品种低温春化作用较强，可以保证麦苗能够安全越冬；东北春麦区旱肥型小麦品种为躲避苗期干旱，利用光敏特性调控小麦苗期发育较慢，可使小麦拔节期处于较好的生态环境，来降低干旱胁迫压力；水肥型品种利用温钝特性可使该类型品种在高肥足水条件下，保持株高和熟期等相对稳定。因此，在小麦生态适应性改良工作中，能否针对特定生态环境，明确不同生态类型小麦品种伴随的小麦生态适应调控性状及其适宜调控力度，并进行各类生态适应调控性状的合理集成，将直接关系到小麦生态适应性改良效率。

第四节　小麦生态遗传变异规律的发掘与运用

遗传、变异与选择是小麦育种的主要理论依据，没有遗传就没有变异，没有变异也就无从选择。变异可分为遗传变异，基因型与环境互作变异和环境引起的不可遗传变异。其中，基因型与环境互作变异，也就是生态遗传变异，是小麦生物学特性和环境共同作用的结果，并与小麦表现型动态变化关系密切，它是发掘与运用各条小麦生态遗传变异规律的重要依据，也是春小麦光温生态育种研究的主要内容。

一、小麦生态遗传变异规律的概念和依据

（一）小麦生态遗传变异规律的概念

根据小麦遗传、变异与环境关系，以及生态类型与生态环境相适原理，同一基因型小麦品种在不同生态条件下会产生不同的表现型，那么同样，在不同生态条件下必然要有不同生态类型小麦品种与其相适应。大量小麦育种实践表明，小麦新品种选育不是工厂化生产。常常是生态环境条件变化越复杂，同一基因型小麦品种出现的表现型种类越多，基因型与环境互作效应越大。因此，如何降低生态环境（主要指年度和地点间）条件变化对小麦不同生态类型杂种后代选择和稳定品系处理工作效率的影响，是春小麦光温生态育种研究的重要内容之一。从基因型与环境关系看，基因型与环境互作是一个复杂的生物学现象。同一基因型在不同环境下的表现型，在植物生态学中被称为“生态变式”。生态变式是小麦育种中普遍存在的一种现象，也是小麦基因型与环境互作的结果。春小麦光温生态育种认为，各种生态类型小麦品种在不同生态条件下的表型变化，除受各类生态适应调控性状调控外，还与生态环境变化大小等关系密切，并具有规律可循。在春小麦光温生态育种中，这种在基因反应规范内的小麦生态变式（表现型）变化规律，可被称为“生态遗传变异规律”。

根据数量遗传学理论，性状的表现型（P）主要取决于它的基因型（G）和环境（E），即：P=G+E。该模式中，基因型和环境各自独立，不相互作用。然而，小麦育种现实并非如此，基因型和环境的互作效应（G×E）时常发生。当小麦品种遇到环境变化后，就有可能发生G×E效应。其结果是，同一小麦品种在不同环境中表现出不同的生产性能。G×E效应的大小和方向直接影响小麦生产和育种方案的制定。同时环境差异越大，研究G×E的效应就越重要。有学者认为，基因型×环境互作效应是基因型效应在不同环境条件下偏离其遗传主效应的表现，并对不同生态类型小麦品种的各农艺性状在不同生态条件下的表达程度，具有一定的可塑性。如在20世纪80年代，水肥型小麦品种克丰3号在黑龙江省克山地区小麦拔节后温度较高和土壤肥力偏低（土壤有机质含量4%左右）条件下，株高仅为90 cm

左右；而被引入内蒙古牙克石地区温度偏低和土壤肥力较高（土壤有机质含量6%左右）条件下种植时，株高可达100 cm以上。光敏温敏旱肥型品种龙麦35在黑龙江省哈尔滨地区小麦生育前期光照时间相对较短，生育后期温度较高条件下，表现为前慢后快；而在内蒙古自治区牙克石地区小麦生育前期光照时间相对较长，生育后期温度较低条件下种植时，则表现为前期加快、后期变慢。密肥型品种克丰4号在高肥足水条件下，株高可达90 cm左右，亩产量可达500 kg以上；而在苗期干旱条件下，株高仅为60 cm左右，亩产量仅为200 kg左右。抗旱品种克旱6号在高肥足水条件下，株高可达120 cm以上，但常发生严重倒伏现象等。

由此可见，在春小麦光温生态育种中，发掘与合理运用小麦各种生态遗传变异规律非常重要。它既有助于了解不同生态条件下小麦基因型与表现型、基因型与生态类型，以及表现型与生态类型之间的距离大小，又能在不同生态类型杂种后代选择和稳定品系处理过程中，降低环境影响，明确主要育种目标性状的真正遗传变异，进而可为确定不同生态类型和光温型小麦后代的田间选择压力提供可靠依据。如龙麦26等温敏型小麦品种在黑龙江省哈尔滨等地区小麦拔节后温度较高条件下，表现为后期发育较快；而在内蒙古牙克石等地区温度较低条件下则表现为后期发育较慢。龙麦33等温钝型品种则正好与之相反。另外，肖志敏等通过春小麦光温生态育种实践和相关试验研究还发现，在东北春麦区不同生态条件下，不同生态类型小麦的可遗传变异具有方向性和变异幅度大小等特点。特别是在小麦同苗龄时的不同光、温、肥、水条件下，不同生态类型或具备不同光温反应特性的同一生态类型小麦供试材料，在小麦生态适应调控机制作用下，主要育种目标性状的变异方向和变异幅度在小麦不同生长发育阶段均呈现出规律性的变化。

（二）小麦生态遗传变异规律的存在与发生机理

众所周知，遗传、变异和选择是小麦育种的主要理论依据。在小麦育种工作中，育种者经常会面临不同时空的基因型、生态条件和表现型等多种变化。如何从复杂多变的表现型中，寻找出真正的遗传变异和明确其变异幅度，将直接关系到春小麦光温生态育种效率。从遗传学角度看，小麦杂种后代和稳定品系在不同时空的变异幅度，与其相关遗传基础和质量与数量性状遗传规律等紧密关联。它们是小麦供试材料在不同生态条件下，产生可遗传变异的内因。从变异角度看，无论采用何种小麦育种方法，在小麦杂种后代选择和稳定品系处理过程中，育种者都会面临有效遗传变异和无效环境变异区分等问题。从选择角度看，各种育种目标性状的遗传变异和环境变异的相互交织，常使育种者难以确定不同生态类型小麦后代的田间选择压力，并导致他们在年度和地点间的田间选择结果有所不同。

"龙麦号"强筋小麦成功实践表明，春小麦光温生态育种发现的四条小麦生态遗传变异规律，可为解决上述育种问题提供重要的理论依据。它们存在于东北春小麦的不同生长发育阶段，并在不同生态条件下，可反映出不同生态类型小麦的各类育种目标性状的规律性变异。这种规律性变异发生在小麦基因反应规范之内，集中在因环境改变而引起的可遗传变异领域，并运行于不同生态类型小麦新品种选育过程之中。换言之，在春小麦光温生态育种中，只有在一定生态适应范围内，当生态环境改变造成小麦遗传上的变化能在群体中保留下来，并具有规律性变化，才能作为小麦生态遗传变异规律加以利用。如利用"稀植选种与密植生产条件下，各种育种目标性状对应变化规律"，可明确株高、小穗数和千粒重等育种目标性状在稀植选种条件下的选择标准；以"不同光温型主要光温性状年度及地点间变化规律"为依据，可确定不同光温特性小麦后代在不同光温条件下的适宜选择压力等。春小麦光温生态育种进一步研究发现，各条小麦生态遗传变异规律存在的理论依据是：基因型与环境的关系。发生机理是：遗传学基础决定了不同生态类型小麦后代主要育种目标性状的变异方向；生态学基础决定了不同生态类型小麦后代主要育种目标性状的变异幅度（图 2－3）。

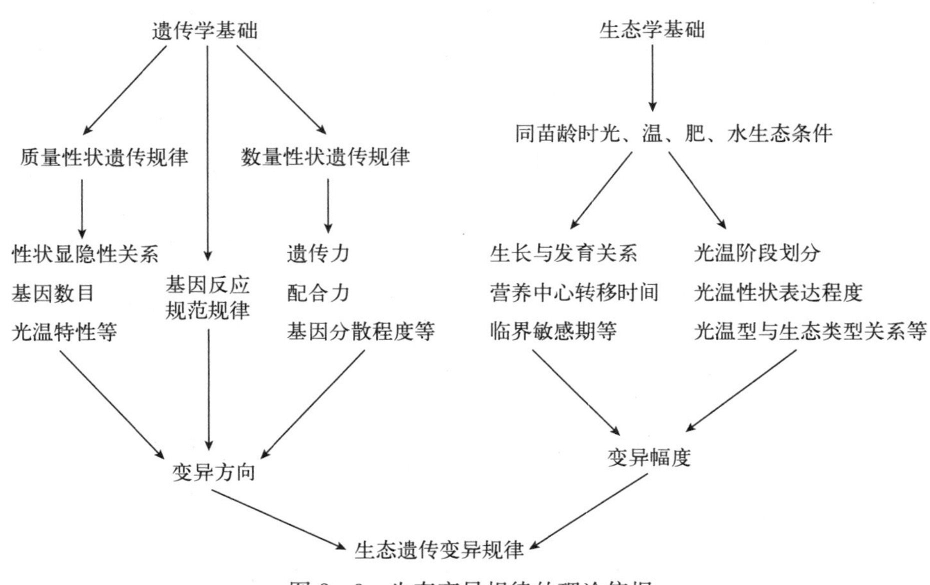

图 2－3　生态变异规律的理论依据

从图 2－3 还可看出，为提高小麦目标性状遗传变异和基因型与环境互作变异的选择效率，明确小麦生态类型、生态适应性调控机制、育种目标性状表现和生态环境四者之间的关系，对提升遗传变异的选择效率非常重要。根据春小麦生态遗传变异规律存在与发生机理，一般认为小麦同苗龄时生态条件和生态适应性调控机制不同，必然会导致同一生态环境中，不同生态类型小麦品种或后代的主要育种目标性状变异幅度出现不同。也会导致不同生态环境中，同一生态类型小麦品种或后代的主要育种目标性状变异幅度出现不同。如在黑龙江省小麦苗期干旱条件下，龙麦 35 等旱肥型品种减产幅度相对较小，而克丰 4 号等密肥型品种减产幅度相对较大。在黑龙江省春（夏）季长日和云南元谋冬季短日两种生态条件下，新克旱 9 号等光敏型小麦品种（系）的苗穗期和小穗数等育种目标性状变异幅度，要显著大于龙麦 15 等光钝型小麦品种（系）的变异幅度等。以上结果进一步说明，小麦表型变化规律，不仅与生态类型有关，也与生态条件变化和生态适应性调控机制等关系密切。它们是发掘与利用小麦生态变异规律的重要依据。

（三）小麦生态遗传变异规律的发掘与运用

发掘与运用小麦生态遗传变异规律，是春小麦光温生态育种研究的主要内容之一。为提高春小麦光温生态育种，特别是提高“主动生态适应性育种”和“它地育种”效率，准确发掘与合理运用相关小麦生态遗传变异规律至关重要。在这方面，春小麦光温生态育种认为，判断某条小麦生态遗传变异规律的存在与发生，并对东北春麦区小麦育种和生产具有重要指导价值的主要依据是：第一，在不同生态类型小麦生态适应范围（目的基因反应规范）内的不同生态条件下，一些小麦育种目标性状的表达程度，能够呈现出规律性的变异。第二，利用该规律，可明确基因型与环境关系对小麦各类育种目标性状变异幅度的影响，并能实现可

遗传变异的有效选择。第三，可用于一些小麦育种目标性状表达程度的定向调控，提高“主动选择”效率和指导配套栽培技术研制与应用等。

以上依据，既是本书作者发掘小麦生态遗传变异规律经验的总结，也说明了各条小麦生态遗传变异规律在春小麦光温生态育种中的利用价值。如利用光、温、肥、水四因素对不同光温型小麦主要农艺性状表达互相补偿规律，可创造小麦主产区相似生态环境和提高“它地育种”效率等。以强筋小麦品质类型转换规律为指导，可以蛋白质（湿面筋）质量的相对“不变”，来应对蛋白质（湿面筋）含量的相对“多变”，使强筋小麦品种的二次加工品质保持相对稳定等。

生态遗传学是小麦生态遗传变异规律存在与发生的主要理论依据。根据基因型与环境关系，各条小麦生态遗传变异规律在东北春麦区小麦育种和生产中存在与发生的时间、空间、种类及内涵等，常因基因型和生态条件不同而不同。因此，在小麦生态遗传变异规律发掘与应用时，还需注意以下几点：一是在小麦最佳生态适应范围内，由于各类育种目标性状的基因型遗传效应表现比较充分，可基本实现基因型、表现型和生态类型的同步选择，因此一些相关生态遗传变异规律的利用价值经常难以体现。如在小麦田间氮素供应充足条件下，强筋小麦品质类型转换规律就基本消失等。二是在最佳生态适应范围外的最大或最小生态适应范围区间内，随着育种目标性状基因型遗传效应的逐步降低和基因型与环境互作效应的不断增强，利用相关生态遗传变异规律，可明显提升不同生态类型小麦杂种后代选择和稳定品系处理效率。如在黑龙江省小麦异地鉴定试验中，依据不同光温型主要光温性状年度和地点间变化规律进行温钝特性选择，可使水肥和密肥型小麦供试材料的株高、田间抗倒能力和熟期等性状表达保持相对稳定等。此范围也是发掘和运用小麦生态遗传变异规律的最佳区间。三是在小麦生态适应范围外，尽管利用相关小麦生态遗传变异规律能够预测一些小麦主要育种目标性状的变异方向，可是由于环境影响过大，小麦生态遗传变异规律对表型选择的指导价值将会大幅下降。如将强冬性小麦品种种植在春麦区或将高纬度地区的光敏型小麦品种种植在光照时间较短的低纬度地区时，均难以进行各类育种目标性状的有效选择，即可说明此点。

此外，春小麦光温生态育种在各条生态遗传变异规律发掘和利用过程中还发现，小麦生态类型不同，在不同生态条件下，基因型与环境互作效应也不同。尽管不同生态类型小麦品种在不同环境条件下的表现型常是杂乱无章的，可是若将多个小麦品种按照生态类型种植在不同环境条件下时，一些育种目标性状的变异幅度就会出现规律性差异。这种差异既属“生态适应性之差”，也是小麦生态遗传变异规律发掘与利用的重要依据。如在20世纪70—80年代，肖步阳先生为实现在黑龙江省克山半干旱地区一种生态条件下，同时选育出抗旱和耐湿两种生态类型小麦品种的育种目标，在小麦产量鉴定试验时，宁可在干旱年份淘汰增产5%的抗旱类型材料，也要将减产10%的耐湿材料留下来，并取得了成功，就是利用这种生态适应性之差的典型范例。

根据同一生态类型小麦品种的主要生态性状相似，在一定生态适应范围内必然对变化的生态条件反应也相似等春小麦生态育种理论，在小麦杂种后代选择和稳定品系处理过程中，设置相应生态类型对照品种，可认为是评价各条生态遗传变异规律在当地小麦育种中利用价值的重要标尺。原因是，在小麦育种过程中，各地小麦育种者都要面临杂种世代间基因型，以及同一地点年度间或同一年度地点间等各种生态条件的变化，而基因型不变的对照品种，在不同生态条件下出现的表现型变化，主要是基因型与环境互作的结果。

二、小麦生态遗传变异规律的种类与内涵

（一）稀植选种与密植生产条件下各种性状对应变化规律

在东北春麦区小麦育种中，育种者为扩大主要育种目标性状遗传变异的表现程度和提高小麦杂种后代选择效果，大都采用稀植条件下进行杂种后代选择，而在密植生产条件下进行稳定品系处理的育种途径。如多年来，该区各育种单位在小麦杂种后代选择和稳定品系处理时，一般都在平播条件下，采取区长3～6 m、株距2.5～5.0 cm、行距35 cm、种植密度每平方米300株左右的稀植条件下进行选种；而小麦稳定品系处理，几乎均在种植密度每平方米650～700株密植生产条件下进行。上述两种小麦选种条件尽管地点（地块）相同，可是由于小麦种植密度的差异，常导致两种选种条件下的小麦同苗龄时间（物候期）和光、温、肥、水四因素均出现一定差异。如稀植选种与密植生产条件相比，同一对照品种在小麦抽穗期上，前者比后者一般晚3 d以上；在主要生态因素变化上，光照度强→弱、地温低→高、土壤肥力高→低、土壤水分高→低等。小麦同苗龄时间和主要生态因素的差异，常常造成同一生态类型杂种后代（品系）的主要育种目标性状，在以上两种试验条件下出现一些规律性的对应变化（表2-3）。在春小麦光温生态育种中，这种规律性的变化，被称为“稀植选种与密植生产条件下各种性状对应变化规律”。

表2-3　稀植选种和密植生产条件下小麦主要性状对应变化趋势（哈尔滨，2010—2012年）

性状	小穗数（个）	每穗粒数（粒）	千粒重（g）	株穗数（个）	株高（cm）	秆强度	赤霉病	白粉病	蛋白质含量（%）	湿面筋含量（%）
稀植选种	19～21	50～60	37～45	4～6	85～95	强	重	轻	高	高
密植生产	15～18	32～40	35～40	0～1	90～105	弱	轻	重	低	低
差异	3～4	18～20	2～5	4～5	5～10	强→弱	重→轻	重→轻	高→低	高→低

从表2-3看出，在哈尔滨同一小麦育种点两种试验条件下，主要育种目标性状对应变化的总体趋势是：从稀至密，小穗数减少3～4个；穗粒数降低18～20粒；千粒重降低2～5 g；株高可增加5～10 cm；秆强度由强变弱；赤霉病从重到轻；白粉病从轻到重；强筋小麦主要品质指标下降，特别是蛋白质和湿面筋含量变化较大，而蛋白质和湿面筋质量变化相对较小。另外，春小麦光温生态育种实践还表明，小麦供试材料生态类型和各类生态适应调控性状调控力度的不同，还常导致其主要农艺性状在哈尔滨两种选种条件下的变化程度有所不同。主要表现为：旱肥型＞水肥型＞密肥型；光钝温敏型＞光敏温敏型＞光敏温钝型＞光钝温钝型，并以光钝温敏材料的主要农艺性状变化为最大。

综上所述，该规律的存在与发生机理可归结为：一是主要存在与发生在东北春麦区小麦杂种后代选择的稀植选种和稳定品系处理的密植生产条件下。存在与发生原因主要是两种选种条件下小麦种植密度的变化，导致光、温、肥、水四因素和一些育种目标性状表达程度也发生了相应变化。二是小麦育种目标性状遗传基础不同，在两种选种条件下变化程度不同。如蛋白质（湿面筋）含量和千粒重等性状受生态环境条件变化影响相对较大，蛋白质（湿面筋）质量和光周期反应特性等性状受生态环境条件变化影响相对较小等。三是在两种选种条件下，小麦生态适应性调控力度不同，致使小麦育种目标性状的变异幅度也表现不同。如株

穗数多和株型结构较好的材料，在两种选种条件下，通常在株高、田间抗倒能力、无效小穗数及千粒重等育种目标性状上变化相对较小等。根据该规律存在与发生机理，以及反映出的诸多信息，一般认为它对东北春麦区小麦杂种后代选择、稳定品系处理、稀植繁种及合理密植等均具有重要指导意义。

（二）不同光温型小麦主要光温性状变化规律

在春小麦光温生态育种中，不同光温型小麦主要光温性状变化规律，就是指各种光温型小麦的主要光温性状在东北春麦区不同光温条件下的变异方向和变异幅度。根据小麦基因型、光温型和生态类型三者之间的内在联系，不同光温型小麦主要光温性状变化规律的存在与发生机理主要为：一是小麦光温型，是小麦不同生态类型在某一光温条件下必备的生态适应性遗传基础。二是各生长发育阶段光温反应特性，是不同生态类型小麦品种主要光温性状建成与表达的调控机制。三是小麦同苗龄时光、温条件不同，对不同光温型小麦品种影响程度不同。从该规律存在与发生时空范围看，它主要涉及不同小麦生态类型主要光温性状同一地点年度间和同一年度地点间变化规律两方面的研究内容。前者属狭义小麦光温生态育种范畴，后者属广义小麦光温生态育种领域。从小麦生态遗传变异规律存在与发生机理可知，不同光温型主要光温性状变化规律普遍存在于各地小麦育种过程之中，并与小麦生态适应性遗传改良关系密切。

由于同一地点年度间不同光温型主要光温性状变化规律主要用于指导当地小麦育种与生产工作，因此在不同生态区域内，常常因小麦同苗龄时所处光温条件不同，导致不同生态类型小麦品种的感光或感温性状的变异幅度也表现不同。如东北春麦区属于大陆性气候，在当地绝大多数小麦供试材料在出苗前就已基本通过春化阶段的特定生态条件下，同一地点年度间，经常是温度变化要明显大于光照条件变化，进而使拔节至抽穗天数、株高和穗下茎长度等感温性状的变化，要明显大于分蘖数、出苗至拔节天数和小穗数等感光性状的变化。因此，在狭义春小麦光温生态育种（当地小麦育种）中，只有先抓住适宜感光特性不放，再进行相应感温特性选择，才能保障不同生态类型小麦品种的生长发育进程相对稳定。同时注意，若育种点遇到冬（春）雪或雨量较大，小麦播期大幅后移情况时，要针对东北春麦区小麦迟播时出现的气温升高和光照时间变长等变化，关注小麦春化作用、光周期反应和感温特性等对不同光温型小麦光温性状表达程度的影响。在小麦育种地块肥水条件差异较大，特别是土壤速效氮含量不同时，要注意肥水条件变化对小麦感温性状表达程度的影响。

同一年度地点间小麦不同光温型主要光温性状变化规律，属于广义春小麦光温生态育种理论范畴。在广义春小麦光温生态育种中，由时、空变化引发的小麦同苗龄时光、温、肥、水等主要生态因素差异，常导致不同光温型感光性状的变异幅度大于感温性状，并表现为光温特性组合不同，小麦主要光温性状变异幅度不同。具体表现为：光钝温敏＞光敏温敏＞光敏温钝＞光钝温钝。如在20世纪90年代中期，“龙麦号”小麦育种者在黑龙江省小麦品种南种北移和北种南移试验结果中发现，光钝温敏型中早熟品种龙麦12南种北移（从黑龙江省南部哈尔滨地区移至该省北部嫩江地区）种植时，株高可增加10～15 cm，出苗至抽穗天数可增加4 d以上，熟期由中早熟变成了中晚熟；光钝温敏型晚熟品种垦九4号北种南移（从嫩江移至哈尔滨）种植时，株高降低了10～15 cm，出苗至抽穗天数缩短5 d以上，熟期由晚熟变为了中熟。其中，龙麦12南种北移时，表现为生长＞发育；垦九4号北种南移时，表现为发育>生长（表 2-4）。

表 2-4　不同光温型主要光温性状在不同光温条件下生长/发育关系的比值

光温条件	主要感光性状	主要感温性状
	出苗至拔节天数、分蘖数、小穗数	拔节至抽穗天数、株高、秆强度
长日低温	光钝型≤1；光敏型<1	温钝型≥1；温敏型>1
长日高温	光钝型≤1；光敏型<1	温钝型≤1；温敏型<1
短日高温	光钝型≥1；光敏型>1	温钝型≤1；温敏型<1
短日低温	光钝型≥1；光敏型>1	温钝型≥1；温敏型>1

注：表中数字代表同苗龄肥水条件相似时，不同光温型主要光温性状在其各个生长发育阶段生长与发育关系的比值。

东北春麦区小麦光温生态育种实践表明，在不同光温条件下，小麦品种光温特性不同，主要光温性状变异幅度和生长发育进程表现不同。如新克旱 9 号和龙麦 35 等光敏温敏类型小麦品种，在短日高温条件下属前慢后快类型。龙麦 12 等光钝温敏型小麦品种，在长日低温条件下属前快后慢类型。光钝温钝型小麦品种则无论在东北春麦区哪一种光温条件下，生长发育进程均比较稳定，但对肥水要求极为严格，且多属早熟和中早熟小麦品种，如龙麦 15（表 2-5）、龙麦 30 和克丰 4 号等。

表 2-5　春小麦生育日数南北比较

品种（系）名称	光温反应类型	南（云南元谋）				北（哈尔滨）			
		出苗—拔节（d）	拔节—抽穗（d）	抽穗—成熟（d）	生育日数（d）	出苗—拔节（d）	拔节—抽穗（d）	抽穗—成熟（d）	生育日数（d）
龙麦 15	光钝温钝	28	27	51	106	24	17	37	78
东农 120	光钝温钝	31	34	54	119	26	17	39	82
克可育 14	光钝温钝	26	27	52	105	24	16	37	77
龙 94-4665	光钝温敏	34	39	56	129	31	15	38	84
龙 94-4681	光钝温敏	31	39	56	126	39	15	38	82
龙麦 12	光钝温敏	34	50	59	143	29	19	37	85
克丰 3 号	光敏温钝	56	59	42	157	37	14	37	88
克旱 10 号	光敏温钝	49	58	43	150	36	15	35	86
龙 90-05744	光敏温钝	45	35	49	147	35	14	37	86
新克旱 9 号	光敏温敏	47	80	47	176	36	15	39	90
龙 91-1178	光敏温敏	57	72	49	178	36	14	43	93
龙 90-06388	光敏温敏	45	74	43	162	35	16	41	92

从表 2-5 和表 2-6 还可看出，在小麦同苗龄时光温条件差距较大（超出小麦品种生态适应范围）条件下，春化阶段低温效应和光周期反应对不同光温型小麦品种主要光温性状表达的调控作用要明显大于感温特性。如在哈尔滨夏季田间和云南元谋冬季两地，克丰 3 号等春化阶段低温效应较大，且光周期敏感类型小麦品种苗穗期可差 60～70 d；小穗数可差 6～8 个。

表 2-6　春小麦外部形态南北差异

品种（系）	光温反应类型	株高（cm）		穗长（cm）		小穗数（个）		株穗数（个）	
		北	南	北	南	北	南	北	南
龙麦 15	光钝温钝	81.3	83.9	7.5	10.6	15	18	4.7	5.6
东农 120	光钝温钝	87.3	94.3	8.4	12.1	17	20	5.0	6.7
克可育 14	光钝温钝	79.4	83.8	6.7	8.2	14	17	4.0	4.7
龙 94-4665	光钝温敏	92.5	100.7	10.3	13.8	19	21	5.0	7.0
龙 94-4681	光钝温敏	87.6	90.3	9.6	12.5	18	18	5.5	7.0
龙麦 12	光钝温敏	93.2	99.5	9.3	13.3	17	21	5.0	7.2
克丰 3 号	光敏温钝	85.6	113.1	11.1	16.3	19	25	6.7	11.5
克旱 10 号	光敏温钝	91.0	108.2	11.7	16.9	20	27	7.0	10.2
龙 90-05744	光敏温钝	94.3	108.4	11.6	16.4	18	27	5.2	11.0
新克旱 9 号	光敏温敏	93.6	112.3	7.2	14.2	19	27	6.0	10.5
龙 91-1178	光敏温敏	88.4	103.2	8.6	13.2	20	27	7.5	12.5
龙 90-06388	光敏温敏	94.1	112.8	11.8	14.8	19	25	6.5	9.6

小麦不同光温型主要光温性状变化规律是不同生态类型小麦品种在一定生态适应范围内，对各种生态条件，尤其是对各种光、温条件变化生态适应能力的具体反应。它是育种者研究小麦育种目标性状与品种光温特性和生态环境变化三者之间相互协调程度，以及不同生态类型小麦品种的生态适应性与环境条件关系的重要依据。因此，充分了解该规律的存在与发生机理，并将其合理运用于春小麦光温生态育种之中，可显著提升小麦育种目标性状→个体→群体在不同生态条件下的生态适应能力。

（三）光、温、肥、水四因素对不同光温型主要农艺性状表达的互相补偿规律

这里提出的“光、温、肥、水四因素对不同光温型主要农艺性状表达的互相补偿规律”，是指在东北春小麦一定生态适应范围内，当光、温、肥、水四种生态因素中任一因素，在小麦同苗龄期间出现变化时，四种生态因素间对小麦不同光温型主要农艺性状的表达程度具有一定的互相补偿效应。这种补偿效应具有隐形生态效应特点，普遍存在于东北春麦区各地小麦育种和生产之中，并常对不同生态类型小麦品种的产量和品质潜力表达产生一定影响。春小麦光温生态育种实践和相关研究结果表明，该规律的存在与发生机理主要为：一是存在与发生时间，主要位于小麦的光照阶段和感温阶段。二是在此阶段，当光、温、肥、水四种生态因素中任一因素出现变化时，彼此之间的相互补偿效应可对小麦不同光温型的主要农艺性状表达程度产生一定影响。三是四因素间相互补偿效应的种类，与光、温、肥、水条件的变化具有紧密联系。主要包括：①长日具有低氮肥、高温和少水效应。②短日具有高氮肥、低温和多水效应。③高温具有长日、低氮肥和少水效应。④低温具有高氮肥、短日和多水效应。⑤高氮肥具有低温、短日和多水效应。⑥低氮肥具有长日、高温和少水效应。⑦多水具有低温、短日和高氮肥效应。⑧少水具有低氮肥、高温和长日效应等（图 2-4）。四是小麦供试材料光温特性不同，各种相互补偿效应对其主要农艺性状表达的影响程度不同。如长日、高温、少氮和少水间的相互补偿效应，对光钝温敏型小麦材料影响，要大于光敏温敏型

小麦材料。短日、低温、多氮和多水间的相互补偿效应，对光敏温敏型小麦材料影响，要大于光钝温钝型小麦材料等。

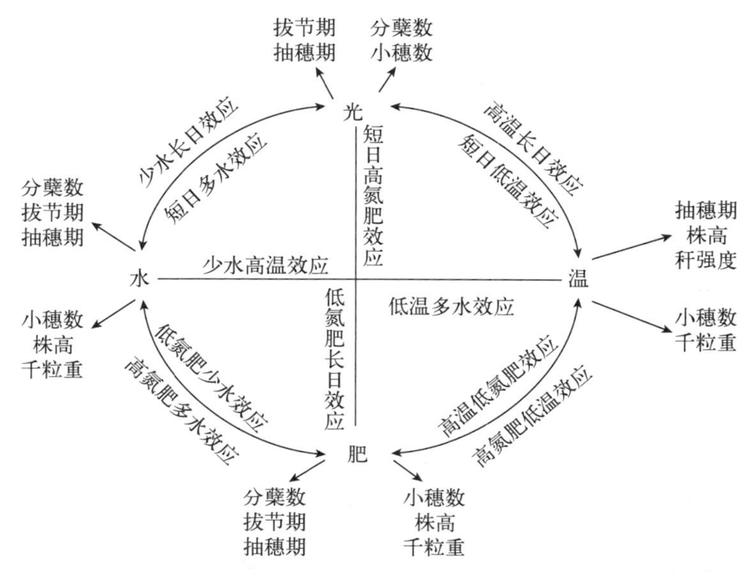

图 2-4　光、温、肥、水四因素对小麦光温性状表达的互相补偿规律

从图 2-4 还可进一步看出，在调控小麦生长发育进程和主要农艺性状表达方面，低氮肥与多水之间具有相克作用；而高氮肥与多水之间则具有相生作用等。长日与高温之间具有相生作用；而高氮肥与少水之间则具有相克作用等。这里需要注意的是，若要准确评价光、温、肥、水四因素对小麦主要农艺性状表达程度的互相补偿效应，还要高度关注四种生态因素在小麦生育期间的时空分布及小麦光温特性等生态适应调控性状的调控力度。如龙麦 33 和龙麦 35 等光周期敏感类型品种，即便在小麦出苗至拔节期遇到高温和干旱条件，但在小麦光周期累积效应调控下，它们的苗期发育速率虽会加快，然而出苗至拔节天数仍会被限制在允许范围之内；而在高肥足水条件下，它们的光周期累积效应将会得到进一步增强。所以说，尽管肥、水条件变化不能改变小麦品种的光温特性，但它们能改变小麦光温特性对其主要农艺性状表达的调控力度。这点无论是在东北春麦区小麦品种的“北种南移”或“南种北移”等各种试验中，还是在利用“以肥调水”和“以水降温”措施创造相似生态环境，以及在不同光温特性小麦品种配套栽培技术研制过程中均已得到证明。

从小麦育种与生态环境的关系来看，任一小麦育种地点年度间的光、温、肥、水四因素变化是绝对的，不变是相对的。因此，在光、温、肥、水四因素变化条件下，依据光、温、肥、水对不同光温型主要农艺性状表达程度的互相补偿规律，来确定不同生态类型品种的生态适应能力和主要农艺性状的选择强度，是该规律研究的主要内容之一。根据光温型与生态环境协调关系，在东北春麦区小麦苗期干旱和后期多雨特定生态条件下，各光温型小麦品种的生态适应范围为：光敏温钝＞光敏温敏＞光钝温敏＞光钝温钝。

（四）强筋小麦品质类型转换规律

强筋小麦品质类型转换规律，是本书作者在东北春麦区强筋小麦育种和生产过程中发现的另一条小麦生态遗传变异规律。该规律对强筋小麦育种、生产，乃至产业化均具有重要指导意义。关于它的概念、主要内涵及其应用价值等，将在下面逐一进行介绍。

其中，“强筋小麦品质类型转换规律”的概念，主要指在东北春麦区强筋小麦育种和生产过程中，以质补量、量质兼用和以量促质三种小麦品质类型，与超强筋、强筋和中强筋三种强筋麦类型存在的对应关系。这种对应关系具体表现在：以质补量型多为超强筋小麦品种，量质兼用型主要为强筋小麦品种，以量促质型几乎均为中强筋小麦品种等。这里需要说明的是，小麦以质补量、量质兼用和以量促质三种小麦品质类型中的“质”，是指强筋小麦品种的湿面筋质量。“量”是指强筋小麦品种的湿面筋含量（表 2－7）。其中，以质补量型小麦品种通常表现为湿面筋质量十分突出，面团能量可达 160 cm^2 以上，面筋指数在 98%以上，湿面筋含量偏低，最适生态条件下多在 35%以下，如龙麦 30、龙麦 35 和拉 145（由加拿大超强筋小麦品种 GLEALEN 太空诱变而来）等。量质兼用型小麦品种虽湿面筋质量优异，但在面筋强度上要弱于以质补量型，面团能量一般为 120～160 cm^2，面筋指数为 90%以上，最适生态条件下湿面筋含量最高可达 40%以上，代表品种有龙麦 26、龙麦 33 和克旱 19 等。中强筋小麦品种品质内涵的最大特点是：面筋质量中等，面团能量一般在 90 cm^2 左右，面筋指数为 70%～90%。与其他两种小麦品质类型相比，籽粒蛋白质和湿面筋含量表现最高，在相对最适生态条件下，湿面筋含量多在 40%以上，如龙辐麦 10 号湿面筋含量最高可达 44%，代表品种有克旱 13、克丰 6 号和龙辐麦 10 号等。

表 2－7　强筋小麦品种品质类型及其主要品质指标变化范围

强筋类型	品质类型	籽粒蛋白含量（%）	湿面筋含量（%）	稳定时间（min）	面筋指数（%）	能量（cm^2）	主要 HMW－GS 组合
超强筋	以质保量	≥14	≤35	≥20	>98	≥160	2*，7+8，5+10 2*，7^{OE}+8，5+10
强筋	量质兼用	≥15	≥35	10～20	>90	120～160	2*，7+9，5+10 1，7+8，5+10 1，7+9，5+10
中强筋	以量促质	≥17	>40	7～10	70～90	90～120	2*，7+8，2+12 1，7+8，2+12

在强筋小麦二次加工品质类型转换研究方面，春小麦光温生态育种通过相关试验和大量品质分析结果发现，在不同生态条件，特别是在不同土壤肥力条件下，以质补量等三种品质类型小麦品种生产的强筋小麦原粮，在品质类型转换路径与转换结果上，均表现不同（图 2－5）。其中，以质补量型，在最适生态条件下二次加工品质可达超强筋小麦品质标准；在不利生态条件下，随着湿面筋含量的降低，它的二次加工品质将转化为强筋或中强筋小麦品质类型。量质兼用型，在最适生态条件下二次加工品质可达强筋小麦品质标准，甚至接近超强筋小麦品质标准；在不利生态条件下，随着湿面筋含量的降低，二次加工品质将转化为中强筋小麦品质类型。以量促质型，在最适生态条件下二次加工品质可达中强筋小麦品质标准；在不利生态条件下，由于湿面筋含量的降低，二次加工品质将转化为中筋甚至中弱筋小麦品质类型。如在 2008—2018 年，“龙麦号”小麦育种者通过龙麦 33、龙麦 35 和龙麦 39 等强筋或超强筋小麦品种的优质高效生产技术体系组装与示范结果发现，在适宜生态环境条件下，上述小麦品种均表现为湿面筋含量较高、质量较好，二次加工品质可分别达到强筋或

超强筋小麦品质标准。反之，当田间氮肥供给不足，导致其湿面筋含量降至 24%～26%时，它们的二次加工品质表现仅能达到中强筋或中筋小麦品质标准。再如，在 2014 年全国小麦品种品质鉴评中，中强筋小麦品种垦九 10 号就是因湿面筋含量偏低，其二次加工品质表现降至弱筋小麦水平。

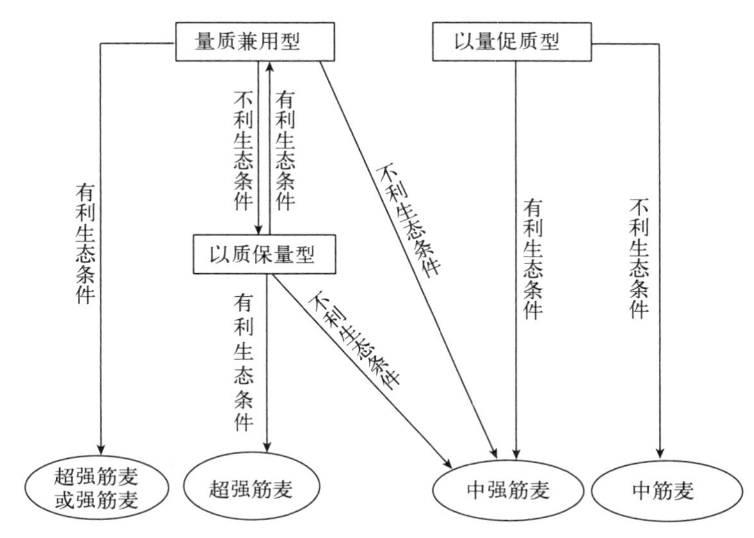

图 2-5　不同生态条件下强筋小麦品质类型转换规律

另外，东北春麦区强筋小麦育种和生产实践还进一步证明，因湿面筋质量属小麦品种遗传特性，受环境变化影响相对较小，湿面筋含量受环境变化影响相对较大，所以小麦品种品质类型不同，在不同生态条件下种植时，转换的品质类型也常表现为不同。通常为超强筋→中强筋→中筋、强筋→中强筋→中筋、中强筋→中筋→中弱筋及中筋→中弱筋→弱筋等，很难发生逆转现象。如克丰 6 号等中强筋小麦品种在最适生态条件下种植时，尽管蛋白质含量达到 19.6%，湿面筋含量达到 40%以上，可面团稳定时间也仅为 7～10 min。再如，龙麦 19 属以量保质类型中筋小麦品种，20 世纪 90 年代，该品种在黑龙江省北部进行大面积生产示范时，虽然湿面筋含量最高可达 41%，但面团稳定时间也仅为 3 min 左右。再如，2000 年以来，张延滨等通过克丰 6 号等近等基因系品质研究结果也证明，超强筋、强筋和中强筋三种强筋小麦品种品质内涵的最大差别主要体现为湿面筋（蛋白质）质量的不同。这进一步说明，东北春麦区在不同生态条件下，各强筋小麦品质类型品种的二次加工品质转换路径与表现主要取决于它们的湿面筋含量变化。当然，这里既不排除量质兼用品质类型中存在着超强筋小麦品种，也不排除湿面筋含量变化将对湿面筋质量产生一定的影响。关于后者还有待进行深入研究。

总结分析国内外大量相关研究结果，强筋小麦品质类型转换规律存在与发生机理可归结为以下几点：一是气候条件，特别是小麦抽穗后光照条件、温度变化和雨量分布决定了强筋、中筋和弱筋三种品质类型小麦品种的分布区域。二是在同一生态区域或相似生态区域内，面筋含量受环境影响明显大于面筋质量，且与产量存在显著负相关。三是土壤肥力，特别是土壤速效氮素含量对各类强筋小麦湿面筋质量影响相对较小，而对湿面筋含量影响相对较大。四是在土壤速效氮敏感程度与二次加工品质关系上，多表现为中强筋>强筋>超强筋。在二次加工品质利用范围上，常表现为超强筋>强筋>中强筋。五是面筋含量与面筋质量二者虽相对独立，但却均与强筋小麦品种二次加工品质表现具有密切联系。在不同生态条件下，强筋小麦品质类型的转换主要取决于面筋含量的变化，而与面筋质量关系相对较小。六是湿面筋质量属强筋小麦品种遗传特性，受环境变化影响相对较小，且优异面筋质量对其偏低面筋含量在二次加工品质表现上具有一定补偿效应。它是强筋小麦品种二次加工品质表现的主导因素，并表现为与产量几乎无负相关。另外，东北春麦区强筋小麦生产实践还发现，尽管超强筋和强筋小麦品种在不利生态条件下生产的小麦原粮未能达到强筋小麦品质标准，但是该类小麦原粮的优异面筋质量，在利用配麦配粉工艺生产面条粉和饺子粉时，仍具有较大商品价值（表 2-8）。

表 2-8　不同地点、不同肥密条件下龙麦 39 品质及产量表现（2015 年）

地点	处理	籽粒蛋白含量（%）	湿面筋含量（%）	沉降值（mL）	稳定时间（min）	拉伸参数			亩产量（kg）
						最大拉伸阻力（EU）	延伸性（mm）	能量（cm^2）	
哈尔滨	A1B2C2	13.5	29.0	60.5	11.1	645	183	153	534
	A2B1C1	14.3	30.3	60.5	10.3	633	189	167	534
九三所（嫩江市）	A1B2C2	11.4	21.4	47.5	2.5	615	146	122	438
	A2B1C1	11.6	20.7	51.5	1.9	625	172	138	441

注：A1 为亩施纯 N 5.0 kg，A2 为亩施纯 N 6.0 kg；B1 为亩保苗数 47 万株，B2 为亩保苗数 53 万株；C1 为不喷矮壮素，C2 为喷施 1 遍矮壮素。

三、各条小麦生态遗传变异规律的应用

（一）稀植选种与密植生产条件下各种性状对应变化规律的应用

从稀植选种与密植生产条件下各种性状对应变化规律的存在与发生机理可知，两种选种条件下，小麦种植密度和同苗龄时间不同，光、温、肥、水四因素生态效应和小麦供试材料的主要农艺性状表现不同。这种不同，既可呈现出规律性对应性变化，又属于可遗传变异范畴，并普遍存在于东北春麦区小麦杂种后代选择和稳定品系处理过程之中。因此，在春小麦光温生态育种中，明确稀植选种与密植生产条件下各种性状对应变化规律的应用范围，了解其指导价值，对于提高东北春小麦育种效率非常重要。根据该规律存在与发生机理，它在春小麦光温生态育种中的应用范围主要为：不同生态类型小麦杂种后代选择、稳定品系处理和新品种合理密植等育种领域。指导价值主要体现在：稀植和密植两种选种条件下，可为确定供试材料各类育种目标性状的选择标准、选择压力及其生态适应范围等提供可靠依据。

其中，该规律在小麦杂种后代选择中的指导价值主要包括：一是在稀植选种条件下，可作为确定不同生态类型小麦杂种后代主要育种目标性状选择标准的重要依据。如在黑龙江省密植生产（产量鉴定和品系比较试验等）条件下，为实现株高 100 cm 左右、千粒重 38 g 以上等旱肥型小麦育种目标，只有在稀植选种条件下，选择株高小于 95 cm、千粒重大于 40 g 的材料，才能较好地满足旱肥型小麦品系在密植选种条件下的育种目标需求。二是根据小麦数量遗传性状在稀植选种条件下表达较为充分，质量遗传性状在两种选种条件下表达程度较为稳定等特点，在稀植选种条件下，适当加大小麦杂种后代的单株粒重、蛋白质含量和赤霉

病抗性等一些数量目标性状的选择压力；在两种选种条件下，持续进行蛋白质（湿面筋质量）和光周期反应等受生态环境条件变化影响相对较小的性状的跟踪选择，常可取得较好的育种效果。三是考虑到稀植选种条件下，同一地点年度间经常出现生态条件、杂种世代间基因型和基因型与环境互作效应等诸多变化，以及受育种目标性状遗传基础不同等因素影响，根据相应对照品种各种育种目标性状的对应变化，灵活机动地确定不同生态类型小麦杂种后代的选择压力也很重要。

小麦稳定品系处理是小麦杂种后代选择工作的继续。稀植和密植两种不同选种条件下各育种目标性状的对应变化规律，同样对小麦稳定品系处理工作具有重要指导价值。主要表现在：第一，可为确定参试品系的生态适应范围提供参考。据小麦生态适应性与环境关系，两种不同选种条件下，参试品系的各育种目标性状变异幅度越小，说明其对环境条件变化反应越迟钝，生态适应范围也相对越广。第二，育种目标性状遗传基础不同，选择压力也不同。如在两种选种条件下，光周期反应和蛋白质（湿面筋）质量等性状受生态环境条件变化影响相对较小，而小穗数、千粒重和蛋白质（湿面筋）含量等性状受生态环境条件变化影响相对较大。因此，在密植生产条件下，对于前者，可根据育种目标严加选择。对于后者，选择压力则不宜过大，特别是对初次参加产量鉴定试验的新品系，最好参照上一年稀植选种条件下的对应表现进行选择，才能避免误淘。第三，尽管在两种选种条件下，小麦各种育种目标性状存在对应变化是一定的，可是由于供试材料生态适应性调控机制和力度不同，常导致其各种育种目标性状的变异幅度表现相同。如在东北春麦区两种选种条件下，光周期敏感、热效应较小、株穗数较多和株型结构较好的小麦品系，常表现为各种育种目标性状的对应变化相对较小。这点对于提升小麦杂种后代选择和稳定品系处理效率，具有重要指导意义。另外，株穗数、小穗数、千粒重和秆强度等性状在两种选种条件下的对应变化，还可为供试材料合理密植和种子繁育、确定适宜播量等提供可靠依据。

（二）不同光温型主要光温性状变化规律的应用

不同光温型主要光温性状变化规律，是不同生态类型小麦品种在不同光温条件下生态适应能力的具体反映，也是小麦光温特性和光温条件变化相互作用的结果。根据该规律存在与发生机理，它在春小麦光温生态育种中的应用范围主要包括：①小麦品种光温反应特性确定和光温类型划分。②不同小麦光温型杂种后代选择与稳定品系处理。③小麦品系参试区域（异地鉴定和区域试验）确定和不同光温型小麦品种配套栽培技术研制等。如对光钝温敏型品种龙麦 26 和克旱 19 等采取压两遍青苗调整光反应周期，既可降秆，又可相对延长分蘖和幼穗分化时间；选择光钝温钝型品种龙麦 30 等作为内蒙古呼伦贝尔长日低温地区的迟播躲旱品种，常可获得较为理想的产量等。由于该规律包含同一地点年度间和同一年度地点间主要光温性状变化规律两方面研究内容，因此，它对狭义和广义春小麦光温生态育种均具有重要的指导意义。

在狭义春小麦光温生态育种中，由于同一地点年度间的温度变化多明显大于光照条件的变化，因此，同一地点年度间主要光温性状变化规律，主要是用于评价东北春麦区小麦不同生态类型的光周期反应和感温特性，并以感温特性研究为主。其中，利用该规律指导小麦光温反应型划分时，除依据年度间供试材料的光温性状变异幅度外，还需参照相应对照品种的主要光温性状表现。利用该规律研判小麦供试材料苗期发育速率调控机制时，可在播种至拔节期温度和光照时间变化较大年度间，确认小麦低温春化效应和光周期反应，何者为小麦苗期发育速率的主导因子。另外，若在小麦不同生长发育阶段遇到特异生态条件，该规律还可为确定不同光温型小麦杂种后代和稳定品系的适宜选择强度等提供可靠依据。如遇冬（春）雪（雨）较大，导致小麦迟播年份，可根据小麦同苗龄时光照时间变长和温度升高等生态条件变化，对光敏型材料的选择压力不宜过大；在小麦感温阶段，遇到高温干旱或低温多雨年份，对温钝型材料的选择压力应大于温敏型等。上述举措运用得当与否，常关系到狭义春小麦光温生态育种效率。

在广义春小麦光温生态育种中，同一年度地点间不同光温型小麦主要光温性状变化规律的应用范围和指导价值主要为：第一，由于同一年度地点间与同一地点年度间相比，东北春小麦同苗龄时的光照时间变化，要明显大于温度变化，因此利用该规律可以比较准确地评价小麦供试材料的感光特性差异和进行同一地点年度间小麦光反应类型划分结果的验证。第二，根据小麦光温特性不同，在不同光温条件下，对小麦生长调控时间和力度不同。利用该规律可为分析与判断不同光温型小麦品种的生长发育进程、光温性状变异幅度及其配套栽培技术研制等提供可靠依据。如在黑龙江省南部哈尔滨地区（短日高温）和北部黑河地区（长日低温）两地，龙麦 86 等光钝温敏型小麦品种与龙麦 35 等光敏温敏型小麦品种相比，无论是小麦苗期发育速率，还是光温性状变异幅度，前者均明显快于或大于后者。对于前者，采用增加压青苗次数和喷施矮壮素等配套栽培措施来调整光反应周期，既可降（壮）秆，又可增产，否则常会出现田间大面积倒伏现象。第三，由于低温春化作用和光周期反应均对小麦苗期发育速率具有调控功能，因此，利用该规律进行小麦苗期发育速率和感光特性选择，以及光温反应类型划分时，还要注意低温春化效应的影响。原因是与小麦光周期调控作用相比，在东北春麦区各育种点（麦产区）小麦苗期温度变化均大于光照时间变化条件下，若以低温春化效应来调控小麦苗期发育进程，无论是小麦苗期发育速率，还是各类育种目标性状变化均明显加大。这点常影响该规律在春小麦光温生态育种中的应用价值，必须引起该区小麦育种者的注意。

综上所述，在春小麦光温生态育种中，该规律对各种光温型小麦杂种后代选择和稳定品系处理，以及不同光温型小麦品种的配套栽培技术研制与实施等，均具有重要指导意义。在东北春麦区小麦土壤低温春化处理时间较长的特定生态条件下，利用该规律，不仅有助于确认供试材料苗期发育速率的主要调控机制，而且可为建立与当地生态条件高度吻合的小麦温-光-温特性组合等，提供可靠依据。

（三）光、温、肥、水四因素，对不同光温型小麦主要农艺性状表达互相补偿规律的应用

目前，在世界各地小麦杂种后代选择和稳定品系处理过程中，以表现型间接选择基因型，仍是最重要的小麦育种手段。因此，如何降低环境影响和提升遗传变异选择效率是小麦育种经常面临的难题，也是光、温、肥、水四因素对不同光温型主要农艺性状表达互相补偿规律在春小麦光温生态育种中的利用价值。东北春麦区地域辽阔，生态条件复杂。小麦同苗龄时，既存在着同一地点年度间温度和雨量等生态条件的变化，也存在着同一年度地点间光照时间和土壤基础肥力等生态条件的差异。这种变化与差异是产生光、温、肥、水四因素相互补偿效应的主要原因，也是导致不同光温型（生态类型）小麦表型发生变化的隐形生态效应。因此，利用该规律指导春小麦光温生态育种，不但可降低环境影响和提高可遗传变异选择效率，而且在小麦它地育种中，可为利用肥水可控因素，来调控光、温不可控因素，创造育种点和主产区相似生态环境等提供可靠依据。目前，该规律在春小麦光温生态育种中的应

用范围主要包括：一是在同一地点年度间，用来确定不同光温型（生态类型）小麦后代的田间选择压力。二是在同一年度地点间，指导不同光温型（生态类型）小麦杂种后代选择和稳定品系处理。三是在小麦它地育种中，将该规律与“气候滑行相似距”和“生态条件创造相近原则”等理论相结合，创造小麦育种点与主产地区的相似生态环境，以提高广义春小麦光温生态育种效率等。

其中，在同一地点年度间，利用该规律指导不同光温型（生态类型）小麦后代处理时，首先需要关注的是，小麦同苗龄时，当年光、温、肥、水条件与常年相比，哪些或哪一条件发生了较大变化，并以何种相互补偿效应为主。它们是研判不同光温型（生态类型）小麦后代表型变化原因和确定其田间选择压力的重要依据。如 2018 年，哈尔滨小麦育种点在小麦出苗至拔节期，遇到气温比常年同期高出 5 ℃以上的极端高温干旱条件时，高温与干旱的长日效应，导致龙麦 26 和龙麦 33 等低温春化作用较小，光周期反应中等至敏感的品种（系），苗穗期缩短达 7 d 以上，而对于龙麦 36 等低温春化作用较大，同样是光周期反应中等至敏感的品种（系），苗穗期几乎未产生变化。其次，要确认小麦同苗龄时间是否发生位移。依据时空转换原理，同一地点年度间小麦同苗龄时间的改变，必然会导致小麦供试材料面临的光、温、肥、水条件也发生变化，并表现为相互补偿效应种类不同，对不同光温型小麦表型变化影响程度不同。如 2013 年，黑龙江省农业科学院哈尔滨小麦育种点因冬雪过大，小麦播期和出苗期与常年小麦同苗龄时间相比，均延后 10 d 左右。在这种光照时间变长和温度升高条件下，光钝温钝型材料长势基本正常，而光敏温敏材料则出现出苗至拔节时间缩短，分蘖数、小穗数变少，株高降低和无效小穗数增多等现象。再次，要明确各种隐形生态效应出现时期不同，对各类育种目标性状表达影响程度也不同。如在小麦出苗至拔节期，高温长日和少水少氮等隐形生态效应，对株穗数和小穗数等性状表达影响较大。在拔节至开花期，低温短日和多水多氮等隐形生态效应，对株高和田间抗倒能力等性状影响较大等。最后，要清楚小麦光温特性不同，在不同光、温、肥、水条件下，对不同光温型（生态类型）小麦后代的生长发育进程调控力度也不同。如光敏型小麦材料，即便在出苗至拔节阶段遇到高温、干旱年份，仍表现为苗期发育较慢，躲旱能力较强。温敏型小麦材料在拔节至抽穗阶段遇到温、水条件变化，其株高和熟期等性状变化必然要大于温钝型等。以上各点，是研判小麦同苗龄时，光、温、肥、水条件变化，对不同光温型小麦发育进程和主要农艺性状表达影响程度的重要依据，也是利用该规律在同一地点年度间，指导不同光温型（生态类型）小麦后代处理的技术要点。另外，在此基础上，参照相应对照品种表现，进行不同光温型（生态类型）小麦后代处理，还可进一步提高小麦可遗传变异和环境变异的分辨率，进而避免同一地点年度间，田间选择结果出现“过山车式”的变化。

与同一地点年度间不同的是，在同一年度地点间，利用该规律指导不同光温型（生态类型）小麦后代处理时，要特别注意小麦同苗龄时间不同和光、温、肥、水条件差异，对供试材料表型变化的影响。如黑龙江省南部哈尔滨小麦育种点与该省北部嫩江小麦主产区相比，在小麦拔节期方面，前者为 5 月 20 日前后，后者为 5 月 30 日左右；在地理纬度方面，哈尔滨为北纬 44°04′—46°40′，嫩江市为北纬 48°42′—51°00′。小麦拔节期时间差和纬度差共同导致后者比前者光照时间长 1.5 h 以上。在土壤肥力方面，哈尔滨育种点土壤有机质含量仅为 3%左右，而嫩江小麦产区土壤有机质含量多为 4%以上，甚至更高。春小麦光温生态育种实践表明，同一年度地点间，小麦同苗龄时光、温、肥、水条件差异较大，不仅导致供试材料表型变化要明显大于同一地点年度间，而且还使小麦光温特性等生态适应性调控性状的调控作用得以凸显。因此，利用该规律指导同一年度地点间不同光温型（生态类型）小麦后代处理时，只有将小麦同苗龄时间不同，光温特性等生态适应性调控性状的调控作用，光、温、肥、水条件差异和光、温、肥、水四因素间的互相补偿效应一并考虑，综合研判，并参照相应对照品种表现，才能确定供试材料的选择方向、重点选择性状和适宜田间选择压力等，并可取得较好的育种效果。如在小麦同苗龄时光、温、肥、水条件差异较大的地点间，对供试材料进行低温春化效应确认和光温型（生态类型）分类，可为小麦生态适应性改良提供可靠遗传基础。在长日与低温和多氮具有相克作用的大兴安岭沿麓地区，将小麦光周期反应选择标准，从敏感拓宽至中等，既可使这类材料（如克旱 16 和克春 4 号等小麦品种）在当地小麦苗期温度较低、土壤有机质含量较高条件下，表现为苗期发育较慢、躲旱能力较强、生态适应性较好，又扩大了小麦生态适应性的选择范围。以小麦同苗龄时光、温、肥、水条件差异和产生的隐形生态效应为依据，以小麦光温特性等生态适应调控性状调控为保障，以相应对照品种为标尺，在光照时间差异较大地点间，重点选择光周期反应特性，在温、肥、水差异较大地点间，重点选择热效应、株高、秆强度和产量潜力等育种目标性状，可明显提高同一年度地点间的不同光温型（生态类型）小麦后代田间选择效果和保证广义春小麦光温生态育种顺利进行。

指导创建小麦育种点与小麦主产区相似生态环境，提高小麦它地育种效率，是该规律在春小麦光温生态育种中应用的另一领域。根据不同生态条件下，小麦表型与生态类型越接近，各种生态类型小麦杂种后代选择和稳定品系处理效率越高等春小麦生态育种理论，该规律在小麦它地育种中的指导价值和主要技术要点可归结为：①明确两地小麦同苗龄时光、温、肥、水条件差异是前提。②利用“生态条件创造相近”原则，“气候滑行相似距”理论和光、温、肥、水四因素对主要农艺性状表达互相补偿机制是依据。③利用肥水可控因素调控光、温不可控因素，进行“以肥调水”和“以水降温”是手段。④创造两地相似生态环境是保障。⑤促使供试材料在两地表型相近是目的。⑥实现“它地选择，同地育种”是结果。另外，利用肥水可控因素创造相近生态环境时，亦不可忽视其调控力度对小麦生态适应性改良效果的影响，原因是如果田间土壤肥力过高，或灌水次数过多，将会使入选材料过于喜肥水，生态适应范围会大幅降低。如 2001 年，“龙麦号”小麦育种者在高肥足水条件下选育出的高产多抗旱肥型新品系龙 01－1178，就是由于对肥力反应太敏感，而在中等肥力条件下的黑龙江省区域试验中表现不适被淘汰。

综上所述，在春小麦光温生态育种中，利用该规律既可揭示出小麦同苗龄时光、温、肥、水条件变化，对不同光温型（生态类型）小麦发育进程和主要农艺性状表达的影响程度，又可明确小麦光温特性等各种生态适应调控性状对不同光温型（生态类型）小麦表型变化的调控作用。在东北春麦区同一地点年度间和同一年度地点间，该规律不但可为不同光温型（生态类型）小麦后代选择与处理提供可靠依据，而且对创建小麦育种点与小麦主产区相似生态环境和提高广义春小麦生态育种效率等，具有重要指导价值。

（四）强筋小麦品质类型转换规律的应用

我国强筋小麦育种研究和产业化开发起步相对较晚，与国内其他强筋小麦优势产区一样，东北春麦区（特别是大兴安岭沿麓地区）虽然具有小麦生育期间光照时间较长、土地肥沃、昼夜温差大和规模化生产程度高等各种强筋小麦产业发展比较优势，但在该区强筋小麦育种和产业发展过程中，也先后遇到了诸多发展难题。如强筋小麦品种种植比例偏低，主要品质内涵不清，区域化、规模化和标准化生产程度不高，二次加工品质不稳定及配套栽培技术不到位等。为探讨上述问题的解决途径，“龙麦号”小麦育种者通过多年强筋小麦育种、生产和产业化实践，并结合大量相关试验和品质分析结果，发现了强筋小麦品质类型转换规律及其存在与发生机理。目前，该规律已经被广泛用于指导东北春麦区强筋小麦育种、生产及其产业化等各项工作之中，并取得显著成效。如通过东北春麦区小麦育种者多年的努力，强筋小麦品种种植面积现已占该区小麦种植面积的60%以上，结束了黑龙江省不能生产专用粉的历史。

东北春麦区强筋小麦产业化模式构建过程表明，依据强筋小麦品质类型转换规律存在与发生机理，不但可精准分析与评价不同生态条件下生产的强筋小麦原粮二次加工品质利用价值，而且可为强筋小麦产业发展指明前进方向。如在东北春麦区强筋小麦育种及其产业化过程中，任何一个强筋小麦品种生产的小麦原粮在湿面筋含量和质量等方面都很难达到理想的平衡状态，生产的面粉也很难制作出达到专用化品质标准的面包等面食制品。我国为蒸煮面食品消费大国，超强筋和强筋小麦在我国小麦产业化中的主要用途，就是利用配麦和配粉工艺生产面条粉和饺子粉等各种专用粉。为此，以该规律为依据，选用面筋质量优异、湿面筋含量较高，并具有相对较好淀粉特性基础的面包/面条兼用型超强筋或强筋小麦品种推广种植，可在我国强筋小麦产业化中具有较高的利用价值。如近些年在东北春麦区大面积种植的超强筋小麦新品种龙麦 35，就已证明此点。

目前，强筋小麦品质类型转换规律在东北春麦区强筋小麦育种和生产中的应用范围主要包括：一是为东北春麦区强筋小麦育种与生产及产业化发展指明了方向。如 20 世纪 80 年代中期至今，黑龙江省农业科学院小麦育种者为将优异面筋质量基因型与适宜生态环境相融合，在东北春麦区 30 余年强筋小麦育种历程中，曾将小麦品质育种目标从中筋麦→中强筋麦→强筋麦→超强筋麦，总计进行了三次调整。每次调整都使当地强筋小麦品种的面筋质量得到进一步提升，并先后选育推广了克丰 6 号、龙麦 26 和龙麦 35 等系列中强筋、强筋和超强筋新小麦品种。二是为东北春麦区强筋小麦高效育种技术体系创建提供了理论依据。如在强筋小麦育种中，以改进湿面筋质量为突破口，同时兼顾产量和各类生态适应调控性状的选择，既实现了品质与产量的同步改良和迂回解决了强筋小麦育种中优质与高产的矛盾问题，又使强筋小麦品种二次加工品质的稳定性得到进一步提升。三是根据不同生态条件下各种品质类型强筋小麦品种的二次加工品质转换路径与结果，明确了不同强筋小麦品质类型品种的关键配套栽培技术。如利用以质补量型（超强筋）或以量促质型（中强筋）小麦品种进行强筋小麦原粮生产时，若要实现既优质又高产，确立土壤速效氮含量与优质和高产三者之间的平衡点至关重要。四是为超强筋小麦原粮商品价值和二次加工品质利用范围评价提供了重要依据。如 2015 年，拉 145 超强筋小麦新品种在内蒙古海拉尔农垦集团拉布大林农场大面积生产的小麦原粮，尽管湿面筋含量仅为 24%，面团稳定时间不足 3 min，却因拉 145 面筋质量突出，仍被河北鹏泰集团以较高价位收购，用于配麦或配粉生产面条粉和饺子粉等。

参考文献

曹广才，1987. 存在于冬型小麦品种春化过程中的短日光周期效应 [J]. 中国农业科学 (5)：41 - 47.
曹广才，吴东兵，李希达，等，2007. 中国小麦的光温特性研究 [J]. 中国农业科学，40 (增刊 1)：141 - 146.

柴建方，马民强，谢小亮，等，2000. 外源激素对冬小麦春化作用的影响 [J]. 华北农学报 (1)：22-26.
邓志刚，毛洪捷，单华金，2009. 春化作用的研究进展 [J]. 通化师范学院学报，30 (12)：50-51，74.
樊明，张双喜，李红霞，等，2014. 宁夏不同基因型小麦春化特异性研究 [J]. 宁夏农林科技，55 (10)：1-3.
房世波，谭凯炎，任三学，2010. 夜间增温对冬小麦生长和产量影响的实验研究 [J]. 中国农业科学，43 (15)：3251-3258.
侯跃生，1992. 小麦不同生态型品种温光发育的互作效应 [J]. 山西农业大学学报 (3)：198-204，276-277.
胡承霖，罗春梅，1988. 小麦通过春化的形态指标及温、光组合效应 [J]. 北京农学院学报 (2)：1-7.
胡巍，侯喜林，史公军，2004. 植物春化特性及春化作用机理 [J]. 植物学通报 (1)：26-36.
李春喜，蒋嘉泉，杨秀英，等，1996. 麦田灌溉对土壤温度及小麦的影响 [J]. 青海农林科技 (1)：4-8.
李存东，曹卫星，1997. 小麦阶段发育的生理生态特征评述 [J]. 南京农业大学学报 (2)：21-25.
李光正，侯远玉，杨文钰，1993. 温度与小麦穗花发育及结实的关系 [J]. 四川农业大学学报 (1)：46-55.
李巧丹，胡征德，陈建国，2012. 不同类型水稻群体持绿性的基因型×环境互作分析 [J]. 湖北大学学报 (自然科学版)，34 (2)：198-201.
刘东军，张宏纪，郭长虹，等，2014. 黑龙江春小麦春化和光周期基因等位变异对农艺性状的影响 [J]. 核农学报，28 (9)：1559-1566.
刘旺清，魏亦勤，裘敏，等，2004. 从生态适应性角度谈春小麦高产技术及育种策略 [J]. 种子 (10)：58-59.
孟婷婷，倪健，王国宏，2007. 植物功能性状与环境和生态系统功能 [J]. 植物生态学报 (1)：150-165.
苗果园，张云亭，侯跃生，等，1993. 中国小麦品种温光生态区划 [J]. 华北农学报 (2)：33-39.
乔文臣，陈秀敏，魏建伟，等，2010. 小麦新品种衡观 35 温光特性研究 [J]. 河北农业科学，14 (9)：1-3.
石磊，傅佑丽，2005. 植物春化作用研究进展 [J]. 聊城大学学报 (自然科学版) (2)：39-42.
史永晖，王爱丽，王芙蓉，等，2011. 不同时期播种判别小麦冬春性可行性研究 [J]. 山东农业科学 (5)：25-28.
宋维富，肖志敏，2013. 小麦阶段发育理论研究与应用 [J]. 黑龙江农业科学 (2)：1-5.
孙果忠，李海霞，雷秀玉，等，2013. 小麦品种耐寒性与春化 VRN-1 等位基因的关系研究 [J]. 植物遗传资源学报，14 (2)：270-277.
唐永金，1996. 作物及品种的适应性分析 [J]. 作物研究 (4)：2-5.
王金陵，1981. 大豆的生态性状与品种资源问题 [J]. 中国油料 (1)：3-11.
王圆荣，尹钧，1997. 小麦温光生态研究进展 [J]. 麦类作物学报 (3)：51-56.
肖步阳，1982. 春小麦生态育种三十年 [J]. 黑龙江农业科学 (3)：1-7.
肖步阳，1985. 黑龙江省春小麦生态类型分布及演变 [J]. 北大荒农业：1.
肖步阳，1990. 春小麦生态育种 [M]. 北京：农业出版社.
肖步阳，王继忠，金汉平，等，1987. 黑龙江省春小麦抗旱品种主要性状特点的研究 [J]. 中国农业科学 (6)：28-33.
肖步阳，王进先，陶湛，等，1981. 东北春麦区小麦品种系谱及其主要育种经验Ⅰ：品种演变及主要品种系谱 [J]. 黑龙江农业科学 (5)：7-13.
肖步阳，王进先，陶湛，等，1982. 东北春麦区小麦品种系谱及其主要育种经验Ⅰ：主要育种经验 [J]. 黑龙江农业科学 (2)：1-6.
肖步阳，姚俊生，王世恩，1979. 春小麦多抗性育种的研究 [J]. 黑龙江农业科学 (1)：7-12.
肖志敏，1998. 春小麦生态遗传变异规律与杂种后代及稳定品系处理关系的研究 [J]. 麦类作物学报 (6)：7-11.
肖志敏，祁适雨，辛文利，等，1993. "龙麦号"小麦育种亲本选配方面的几点改进 [J]. 黑龙江农业科学 (2)：32-34.
肖志敏，辛文利，张春利，等，1998. 春小麦不同光温反应型生育特性与育种关系 [J]. 黑龙江农业科学

（6）：2－6.
阎润涛，张锦熙，1984. 关于小麦对温、光反应特性的综述（二）[J]. 麦类作物学报（6）：27－29.
阎润涛，张锦熙，1984. 关于小麦对温、光反应特性的综述（一）[J]. 麦类作物学报（5）：21－23.
杨宗渠，2007. 黄淮麦区小麦品种春化发育特性及冬前积温的调控效应研究 [D]. 郑州：河南农业大学.
杨宗渠，尹钧，任江萍，等，2009. 春化处理对小麦生育期及幼穗分化效应的基因型差异 [J]. 西北农业学报，18（3）：84－89.
尹钧，2016. 小麦温光发育研究进展Ⅰ：春化和光周期发育规律 [J]. 麦类作物学报，36（6）：681－688.
尹钧，曹卫星，2000. 英、美、澳、中小麦品种光温发育特性的比较研究 [J]. 麦类作物学报（1）：34－38.
郑少萌，许为钢，方宇辉，等，2019. 河南省小麦品种春化特性和光周期特性的研究 [J]. 麦类作物学报，39（3）：291－298.

第三章 东北春麦区小麦品质区划与育种目标

在专用小麦育种和生产中，小麦品质区划是充分利用自然资源优势和品种遗传潜力的重要依据。育种目标制定是专用小麦新品种选育设计的蓝图。为充分发挥东北春麦区适宜强筋小麦生产的生态资源优势、优化小麦品种品质布局、因地制宜发展优质专用小麦育种与生产，在分析各地气象、土壤和小麦品质表现等基础上，借鉴已有成果和经验，本章对该区小麦品质区划和育种目标进行了补充与完善，以期为东北春麦区强筋小麦育种和生产提供理论依据。

第一节 东北春麦区生态环境与小麦生产概况

东北春麦区地域广阔，不同地区间生态环境差异较大。这种差异既与气候、土壤、耕作制度、栽培措施等因素不同有关，也与小麦同苗龄时所处的时间和空间不同具有紧密关联。因此，了解东北春麦区的各麦产区间生态环境差异，对于该区小麦品质区划划分、育种目标制定，以及强筋小麦育种与生产等具有重要意义。

一、地理概况、气候特点及土壤条件

（一）地理概况

东北春麦区位于我国的东北端，行政区划包括黑龙江、吉林两省全部、辽宁省除南部沿海地区外的绝大部分，以及内蒙古自治区的东北部，即赤峰市、通辽市、兴安盟、呼伦贝尔市及加格达奇区。本麦区南至辽河下游和鸭绿江北岸（北纬 40°），北及黑龙江上游的呼玛县北端（北纬 53°29′，与俄罗斯隔江相望）；东起乌苏里江和黑龙江的汇合点（东经 135°），西达内蒙古自治区的林西和满洲里附近（东经 118°），这一广阔疆域都有小麦种植。目前东北春麦区小麦种植面积主要分布在黑龙江省北部和内蒙古大兴安岭地区。

其中，黑龙江省位于东经 121°11′—135°05′，北纬 43°26′—53°33′之间，是中国位置最北、纬度最高的省份。北部和东部隔黑龙江、乌苏里江与俄罗斯相望，西部与内蒙古自治区毗邻，南部与吉林省接壤，西北部为东北至西南走向的大兴安岭山地，北部为西北至东南走向的小兴安岭山地，东南部为东北至西南走向的张广才岭、老爷岭、完达山脉，东北部的三江平原、西部的松嫩平原，是中国最大的东北平原的一部分。平原占全省总面积的 37.0%，一般海拔为 50～400 m。

内蒙古大兴安岭地区北部与南部被大兴安岭南北直贯境内。东部为大兴安岭东麓，东北平原—嫩江平原边缘。地形总体特点：西高东低。地势分布呈由西到东地势缓慢过渡。小麦主要种植范围在北纬 49°—53°、东经 120°—124°的海拉尔和牙克石等地。该麦产区地势较

高，一般海拔为600～800 m。

（二）气候类型及特点

受西伯利亚和蒙古高原气候影响，黑龙江属中温带到寒温带的大陆性季风气候。其特点是：四季分明，冬季严寒而漫长，结冻期长达5个月以上，夏季短促，无霜期90～165 d，大体上由北向南递增，个别地区只有70 d左右。年平均气温为－3～7 ℃，7月最高，平均气温为18～24 ℃，日气温最高时可在35 ℃以上；1月最低，平均气温为－35～－28 ℃，日气温最低时可达－40 ℃，一年四季昼夜温差较大。夏季日照时间长，小麦生育期间每天光照时数都在15 h以上。年降水量为450～600 mm，小麦生育期间降水量为200～300 mm。从播种到分蘖期的降水量，一般占全生育期的15%左右，分蘖期到抽穗期为30%左右，而抽穗到成熟则约占55%。这种春旱夏涝的生态条件对小麦生长发育及产量的影响很大。

内蒙古大兴安岭地区气候分布特点以大兴安岭为分界线，气候类型明显不同。岭东地带为半湿润性气候，年降水量为500～800 mm；岭西地带为半干旱性气候，年降水量为300～500 mm。该区年气候总特征为冬季寒冷干燥，夏季炎热多雨。年际和昼夜之间温差较大。小麦生育期间每天光照时数都在15 h以上。

（三）土壤条件

黑龙江省现有耕地面积1 600万 hm^2 左右。土地肥沃，有机质含量高，宜农土壤占全省土壤总面积的40%，黑土、黑钙土、草甸土面积占全省耕地总面积的67.6%，是世界上有名的三大黑土带之一。盛产大豆、小麦、玉米、马铃薯、水稻等粮食作物以及甜菜、亚麻、烤烟等经济作物。

内蒙古大兴安岭地区耕地面积400万 hm^2 左右。土壤类型主要为黑土、暗棕壤和草甸土。据内蒙古自治区呼伦贝尔市扎兰屯市、阿荣旗和莫力达瓦达斡尔自治旗3个旗市土壤普查结果：有机质含量为4.2～4.7 g/kg，全氮含量为2.1～2.4 g/kg，有效磷含量为21.2～23.2 mg/kg，速效钾含量为149.6～192.5 mg/kg。土壤肥沃，非常适宜生产优质强筋小麦。

二、种植制度与轮作体系

（一）种植制度

黑龙江省和内蒙古大兴安岭地区种植制度均为一年一熟制。小麦从出苗至成熟75～100 d，小麦生育期间有效积温一般在1 800～2 200 ℃，为我国小麦生育期最短的生态区。

（二）轮作体系

随着黑龙江省和内蒙古大兴安岭地区主要农作物种植结构调整和气候条件的变化，现两地主要农作物轮作体系有异有同。其中，黑龙江省北部地区的小麦轮作体系主要为大豆—小麦—玉米或小麦—大豆—马铃薯（甜菜）等；内蒙古大兴安岭岭西麦产区小麦轮作体系为小麦—油菜—小麦或小麦—休闲地—小麦等；内蒙古大兴安岭岭东麦产区的小麦轮作体系与黑龙江省北部地区基本相同。

该种植制度与小麦合理轮作体系可充分利用当地水、土、光、热等自然资源，提高光能利用率；可充分利用土地，提高土地的产出率；可实现用地与养地相结合，进而使土壤结构得到改善，土壤肥力不断提高。然而，近年来黑龙江省北纬47°以北原豆麦产区大豆和玉米面积交替急剧增加，小麦面积不断下降。

三、小麦产业发展概况

（一）小麦生产现状

东北春麦区曾是我国小麦商品粮重要生产基地，小麦商品率可达70%以上。20世纪80年代中期当地小麦种植面积达270万 hm^2 以上。其中，仅黑龙江省小麦种植面积就为230万 hm^2 左右。1996年以来，由于东北春麦区小麦在全国率先退出保护价，加之当时新克旱9号等小麦主栽品种品质较差，不能满足市场需求；当地百余家国有面粉加工企业因退出计划经济较晚，相继倒闭，面粉加工明显不足，无法拉动地产小麦生产发展和大豆种植比例过高等原因，导致东北春麦区，尤其是黑龙江省北纬47°以北的大豆种植面积急剧扩大，小麦种植面积迅速下降。“十五”初期，黑龙江省和内蒙古大兴安岭地区小麦面积滑至谷底，小麦种植面积仅为40万 hm^2 左右。

2001年以来，随着克丰6号（2002年获国家科技进步二等奖）、龙麦26（2004年获国家科技进步二等奖）、龙麦30、龙麦33、龙麦35、龙麦36和克丰10号等一批优质强筋小麦品种的先后推广，并在国家农业科技跨越计划等项目大力推动下，使当地小麦品质基本满足了市场需求，优质强筋小麦面积开始逐年增加。据初步统计，该区2017年小麦面积已达到70万 hm^2 左右。截至2004年，在北大荒丰缘麦业集团等当地面粉加工企业拉动下，该区结束了当地不能生产优质专用粉的历史，并开拓了东北优质强筋小麦原粮国内外两大市场。如2002年，黑龙江省生产的4万t龙麦26优质强筋小麦原粮以165美元/t，每吨高于国内其他省份同类小麦30美元的价格，首次挺进东南亚国际小麦市场。目前，黑龙江省和内蒙古大兴安岭地区每年有30万t以上优质强筋小麦原粮被河北鹏泰和广东东莞等一些面粉加工企业代替“加麦”或“美麦”调入，直接用于生产面包粉或作为配麦原粮来生产面条粉和饺子粉等。

目前，东北春麦区小麦种植面积主要分布在黑龙江省北部和内蒙古大兴安岭地区等地。该区域属雨养农业地区。小麦苗期干旱和收获期多雨等不利生态条件，常影响小麦品种产量和品质潜力的表达。现当地小麦主栽品种有龙麦33、龙麦35、龙麦36、克春4号和垦九10号等。常年该区大面积小麦产量为4 500～5 000 kg/hm^2；苗期雨水充足年份大面积小麦产量可达6 000 kg/hm^2 以上。

（二）强筋小麦生产各种优势突出

黑龙江省和内蒙古大兴安岭地区各种生态条件与世界盛产优质强筋小麦的主要国家加拿大和美国北部非常相似，生产优质强筋小麦生态资源优势突出。适宜种植强筋麦面积可达120万 hm^2 以上。该地区冬季冰雪覆盖时间长，环境污染程度低，具备了我国其他麦产区无法比拟的发展绿色“硬红春”强筋小麦生产的生态资源优势，是建设我国优质强筋麦生产基地和出口基地的理想地区。2002年农业部已将黑龙江省西北部和内蒙古自治区东北部地区范围内的大兴安岭沿麓地区，确定为我国优质强筋小麦生产的优势产业带之一。

同时，该地区小麦科技优势明显。其中，黑龙江省农业科学院作为国家小麦改良中心哈尔滨分中心和克山小麦区域创新中心等依托单位，多年来一直是东北春麦区最重要的小麦育种基地。目前由该院育成并在东北春麦区大面积推广种植的龙麦33、龙麦35和龙麦36等优质强筋小麦品种品质潜力已达到国际先进水平，产量潜力达到6 000 kg/hm^2 以上，多抗性较好，且均属面包/面条兼用型品种。其中，龙麦35和龙麦39小麦新品种，分别在2014

年和2015年农业部举办的全国优质强筋小麦新品种烘焙品质鉴评中，超过品质对照美麦DNS（世界公认强筋小麦品牌）和香港金像粉（全球名牌高档面包粉），获得第1名和第2名。

黑龙江省和内蒙古大兴安岭地区与国内其他地区相比，具有明显的优质强筋小麦规模化生产和质量相对均匀优势。该地区有北大荒农垦集团和呼伦贝尔农垦集团等所属农场50余个；有牙克石、扎兰屯、嫩江、北安和五大连池等种植小麦市（县）10余个；可保证同类品质小麦品种连片种植和实施先进的各种优质高效配套技术，生产的商品小麦质量相对均匀，市场竞争能力较强。

该地区面粉加工龙头企业规模较大，北大荒丰缘麦业集团等专用制粉加工企业年加工能力已达100万t以上。科研单位、优质强筋小麦原粮生产基地与面粉加工龙头企业为一体的“多赢小麦产业化模式”已初步形成，可为推动当地优质强筋小麦产业化进程提供重要保证。

（三）强筋小麦生产存在的问题

受国家相关政策导向和种植小麦比较效益偏低等因素影响，目前东北春麦区强筋小麦生产存在的主要问题如下：

一是小麦种植面积过小，现仅为70万hm^2左右。小麦种植面积过小，不仅难以满足当地合理轮作和市场需求，而且严重限制了当地小麦产业化和经济的发展。据黑龙江省农业农村厅统计，2017年在黑龙江省北纬48°—53°原豆麦产区小麦种植面积不足30万hm^2。随着该区域玉米面积不断减少和大豆面积的逐年增加，现小麦种植规模已根本无法满足当地恢复与建立大豆—小麦—玉米或小麦—大豆—马铃薯（甜菜）等合理轮作体系需求。

二是东北春麦区属于雨养农业地区，并存在小麦生育期间雨量分配严重不均及小麦生产农田基础设施薄弱等问题。在此特定生态条件下，春季小麦苗期“卡脖旱”和收获期多雨等生态逆境胁迫压力，常影响当地小麦品种产量和品质潜力的发挥。

三是优质强筋小麦配套保优、节本高效栽培技术到位率不高。优质强筋小麦生产实践证明，强筋小麦品种不等于强筋小麦原粮。强筋小麦品种虽对其原粮蛋白质（湿面筋）质量贡献率较大，但平衡施肥、氮素后移、增施钾肥和健身防病等小麦保优、节本高效配套栽培技术对其原粮蛋白质（湿面筋）含量影响亦不可忽视。如2002年黑龙江省向东南亚出口的强筋小麦原粮品质检测结果表明，龙麦26和克丰6号等优质强筋小麦品种在大兴安岭沿麓地区不同地点种植时，由于土壤肥力和采用的栽培技术不同，蛋白质含量变化范围为14%～17%，湿面筋含量变化范围为28%～37%。保优、节本高效栽培技术的不配套，已严重限制了当地优质强筋小麦新品种生产能力的发挥。

四是在市场经济条件下，产品不等于商品。作为商品必须有规格、有标准，强筋小麦原粮也不例外。东北春麦区作为我国强筋小麦商品原粮生产基地，当地小麦种植者有权知道自家生产强筋小麦原粮商品价值的高低。同样，作为强筋小麦原粮的利用者，面粉加工企业更需了解收购的强筋小麦原粮在各种专用粉加工中的利用价值大小。为此，在小麦收获期前后，对强筋小麦生产原粮进行大面积品质监测和快速鉴定尤为重要。然而，目前现有小麦品质检测方法价格较贵，所需时间长，很难被当地小麦种植者所接受。为提高东北春麦区优质强筋小麦商品价值，需尽快完善小麦品质快速检测方法和建立大面积品质监测体系。

四、小麦消费与市场需求

（一）小麦消费总量

东北春麦区（包括辽宁、吉林、黑龙江和内蒙古东四盟地区）现居住人口为1.2亿人左右。按每人年需面包粉、饺子粉、面条粉、馒头粉和方便面粉等各种专用粉50 kg计算，所需小麦原粮60亿kg以上。随着国内其他地区强筋小麦市场的开拓，小麦消费总量还会进一步增加。

目前，东北春麦区小麦种植面积仅为70万hm^2左右，小麦总产量在30亿kg左右，小麦总产量不仅难以满足当地市场需求，且随着全国人民生活水平的不断提高和当地食品加工业的不断发展，小麦产需缺口，特别是强筋小麦消费总量还有不断扩大的趋势。

（二）强筋小麦市场广阔

强筋小麦原粮不同于工厂化产品。它是通过生态资源优势与强筋小麦品种和配套栽培技术等科技优势有机结合，共同生产的一种农产品。受生态资源比较优势和农作物种植结构等因素所限，我国适宜生产强筋小麦的区域主要分布在黄淮麦区北部，内蒙古与宁夏河套地区及新疆和东北春麦区等地。其中，东北春麦区，特别是大兴安岭沿麓地区与其他地区相比，生态资源优势与盛产强筋小麦国家加拿大相当，且规模化生产程度高，质量均匀性明显优于其他麦产区，商品率高达90%以上。随着我国强筋小麦需求量的逐年加大，该区域生产的强筋小麦市场将会越来越广阔。

另外，东北春麦区强筋小麦品质相对稳定，且比较适宜生产超强筋小麦。据相关机构对大兴安岭沿麓地区小麦大面积品质监测结果，在小麦生育期间总氮量需求基本满足的条件下，该地区优质强筋商品小麦主要品质指标（未遇特殊不利生态条件）常年为：湿面筋含量为32%～35%；稳定时间为7～15 min；面团延伸性为160～200 mm；最大拉伸阻力为450～700 EU。基本可满足当地及国内其他地区直接加工或作为“配麦”加工成面包粉、饺子粉、面条粉和方便面粉等需求。若进一步提高小麦品种二次加工品质和实施优质栽培等各项配套技术，该地区的商品小麦品质完全可与加拿大和美国的强筋小麦品质相抗衡，是我国强筋小麦商品原粮生产基地建设的最佳区域。

第二节　东北春麦区小麦品质区划与强筋小麦产业发展

国内外优质专用小麦生产实践表明，不同地区间小麦品质存在较大的差异，不仅由品种本身的遗传特性所决定，而且受气候、土壤、耕作制度、栽培措施等环境条件以及品种与环境的相互作用影响较大。因此，制定小麦品质区划，对于实现品种科技优势与生态资源优势有机整合和推进专用小麦产业发展等非常重要。

一、小麦品质区划

根据当前小麦生育期间各种生态条件和小麦品质类型分布状况，东北春麦区可进一步被划分为大兴安岭沿麓强筋麦区、东部三江平原中强筋与强筋麦区和中、南部中强筋与强筋麦区三个不同小麦生态区。其中，种植小麦面积最大的区域为大兴安岭沿麓麦产区。

（一）大兴安岭沿麓强筋麦区

本区位于东北春麦区的西北部，包括黑龙江省北部的黑河市和加格达奇区及内蒙古呼伦贝尔市和兴安盟等地。2002年该区域已被农业部确定为我国优质强筋优势小麦产业带。本区小麦种植面积占东北春麦区小麦种植面积60%以上，机械化生产程度和产量水平较高，一般单产为3 750～4 500 kg/hm^2，小麦商品率高达90%以上。根据本区生态条件及耕作栽培特点，又可将其划分为北部冷凉和岭西高寒强筋麦亚区。

1. 北部冷凉强筋麦亚区

本区包括大兴安岭东侧，内蒙古自治区呼伦贝尔市的阿荣旗、莫力达瓦达斡尔自治旗和加格达奇区及黑龙江省北部的逊克、孙吴、德都、北安和嫩江等市县，区内有黑龙江省北安农管局、九三农管局及内蒙古自治区呼伦贝尔市农垦集团所属国有农场30余个。地处草原黑土地带，黑土层30～50 cm，土质肥沃，小麦生育期间日照时数为15 h以上，昼夜温差大，利于干物质积累，小麦单产水平较高，正常年份为3 750～4 500 kg/hm^2；丰产年份常出现大面积单产超过6 000 kg/hm^{2}的地块，而且品质好。一般海拔高度为200～500 m，地形多为起伏岗地和低平河谷台阶地。土质肥沃，有机质含量4%～6%，气候冷凉，无霜期为90～110 d，个别地区不足70 d。年平均气温－1～3 ℃，7月平均气温为19～22 ℃，年降水量为400～500 mm，7—8月降水较多，春旱夏涝现象明显。常年小麦于4月初播种，5月初出苗，8月初成熟，出苗至成熟天数为85～95 d，所需有效积温为1 600～1 850 ℃。

近年来，受玉米和大豆种植面积交替增加与变化等因素影响，当地主要轮作体系有所改变，由小麦—小麦—大豆改为玉米—大豆—小麦、大豆—大豆—小麦或大豆—小麦—马铃薯（甜菜）等轮作方式。小麦苗期“掐脖旱”和生育后期多雨不利的生态条件是影响该亚区强筋小麦品种产量和品质潜力表达的主要胁迫因素。本亚区小麦品种生态类型以旱肥型为主，品质类型为优质强筋，产量潜力要求6 000 kg/hm^{2}以上，同时需具备前期抗旱和后期耐湿生态抗性，中抗（感）赤霉与根腐，高抗穗发芽，耐肥水，抗倒伏，不早衰和适于机械化收割。

2. 大兴安岭西侧高寒强筋麦亚区

大兴安岭西侧高寒强筋麦亚区，主要指内蒙古大兴安岭腹地和西北麓的森林草原过渡带地区，区内有海拉尔农垦集团农牧场和家庭农场近百个。该区气候冷凉，无霜期较短。小麦是该区种植面积最大的农作物，年种植面积33.33万hm^{2}左右，其次是油菜和马铃薯。20世纪末以来，随着油菜种植面积的逐年扩大，小麦—油菜（马铃薯）轮作已成为当地农作物的主要轮作体系。

该区气候冬季在极地大陆气团控制之下，严寒、干燥；夏季受副热带海洋气团的影响，降水集中，年降水量为350～400 mm。其中，小麦生育期间5月上旬至8月中旬，降水量在200～250 mm，一般3—5月降水量为45 mm左右。6月正值小麦分蘖、拔节、幼穗分化的关键期，降水量仅为50 mm左右，7—9月的降水量为240 mm左右，经常形成春旱连夏旱和秋涝的局面。年平均气温为－3.5～－2.5 ℃，无霜期80～90 d，≥10 ℃的积温为1 600～1 800 ℃，7月气温平均为18 ℃，小麦越夏成熟，8月下旬最高气温可达35 ℃左右；雨热同季，土质肥沃，有机质含量多在5%以上；小麦生育期间光照长达16 h以上，昼夜温差大，有利于小麦干物质的积累。小麦单产水平较高，一般为4 000～5 000 kg/hm^2。近些年来，随着全球气候变暖，该区小麦生育时间逐年加长，赤霉病已上升为当地主要病害。品种生态类型以旱肥型为主；品质类型为优质强筋，同时要求秆强、多抗，尤其需对赤霉病具有较强抗性、籽粒灌浆快和高抗穗发芽。

耕作制度以少耕或免耕、深松、耙茬为主。夏季休闲耕整地，翌年春季播种的耕种制是该区一种独特的小麦耕作方式。利用夏季休闲地压绿肥，彻底灭草、热化土壤。一般产量比春、秋翻地提高20%以上，且可实现种养地结合。在栽培上，该区小麦生产全部实行了机械化作业和规模经营，劳动生产率高，强筋小麦原粮质量均匀性较好。

（二）东部山地丘陵和低湿中强筋和强筋麦区

该区包括黑龙江省三江平原和牡丹江一带的半山区。小麦生育后期时有内涝现象。赤霉病、根腐病及叶枯性病害经常发生，对产量及品质影响较大。

20 世纪 80—90 年代，该地区曾是东北春小麦主要麦产区之一。近些年来，随着水稻和玉米面积的逐年扩大，小麦种植面积越来越少。近期，因玉米种植面积开始递减，出于建立玉米—大豆—小麦合理轮作体系需求，小麦种植面积开始有所恢复。该麦产区年降水量为 550～650 mm，积温为 2 200～2 400 ℃，一般单产为 4 000 kg/hm^2 左右。

小麦田耕作的主要任务：秋耕散墒，争取农时，保证春种，抗伏秋涝。小麦品种生态类型以旱肥型为主、水肥型为辅。品种产量潜力为 5 000 kg/hm^2 以上；品质类型为中强筋至强筋。小麦品种多抗性要求为前期抗旱、后期耐湿，中抗赤霉、高抗根腐和穗发芽等病（逆）害。品种熟期主要为中熟至中晚熟。

（三）中、南部早熟干旱中强筋和强筋麦区

该区包括内蒙古自治区呼伦贝尔市南部、通辽市全部、兴安盟和赤峰市等山地及黑龙江省南部哈尔滨市和西部齐齐哈尔市一带地区。从降水看，该麦产区由东往西逐渐递减，最低约为 350 mm。从气温看，小麦灌浆期常出现 30 ℃以上的极端高温天气，使得许多品种后期早衰“死熟”，籽粒瘪瘦，产量品质下降。

近期，随着东北春麦区主要农作物种植结构调整力度的不断加大，该麦产区小麦种植面积开始出现恢复性增长。与东北其他麦产区一样，小麦苗期干旱和生育后期多雨是影响该区小麦品种产量和品质潜力表达的主要不利生态条件。小麦品种生态类型以旱肥型为主；品质类型为中强筋至强筋；产量潜力为 6 000 kg/hm^2 以上；同时需具备前期抗旱、后期耐湿、抗多种病害、耐肥水并抗倒伏，尤其要求小麦生育后期对温度反应迟钝，抗干热风和不早衰，以保证小麦高产稳产。

二、强筋小麦产业发展策略与途径

（一）扩麦保豆，实现双赢

黑龙江省北部和内蒙古自治区呼伦贝尔市岭东地区为我国强筋小麦和优质食用大豆优势产区。2016 年以来，随着我国镰刀弯地区玉米面积逐年递减，大豆面积开始恢复增加。豆麦轮作为当地多年合理轮作体系，但是在 1996—2010 年期间曾遭到过严重破坏。为避免大豆重茬生态灾难再次发生，发展优质强筋小麦生产，扩大小麦种植面积，特别是扩大强筋小麦种植面积，恢复当地原有豆麦合理轮作体系已成当务之急。它既是“藏粮于地”和“保护东北黑土地”的重要举措，也是实现该区域优质强筋小麦和食用大豆双赢的唯一途径。

目前，“扩麦保豆”对于实现黑龙江省北部和内蒙古自治区呼伦贝尔市岭东地区大豆安全性生产的重要性，已获得当地大豆和小麦种植者的共识，并得到了当地各级政府的支持与

响应。若国家豆麦轮作补贴相关优惠政策支持到位，该区域强筋小麦种植面积将会迅速扩大，进而可为建立国家优质食用大豆和强筋小麦生产基地提供土壤生态环境保障。

（二）强筋小麦产业发展策略与途径

东北春麦区现有小麦种植面积 70 万 hm^2 左右。从该区小麦总产量与国家粮食安全关系分析，虽然现年产 200 余万吨春小麦产量对我国“口粮”安全影响可谓无足轻重，但若从保证全国人民吃上“好面”的需求角度看，则可用全国小麦总产量的 2%撬动国内 30%的强筋小麦市场。为此，以超强筋麦为主、强筋麦为辅，大力发展强筋小麦生产，将使东北春麦区，特别是将大兴安岭沿麓地区适宜生产强筋小麦的各种比较优势转化为市场优势，是该区域强筋小麦产业发展的重要策略。

在强筋小麦产业发展途径上，针对我国小麦消费主要是以蒸煮面食为主，加大面包/面条兼用型，特别是超强筋面包/面条兼用型品种的选育和推广力度，对于拓宽强筋小麦加工领域和提升我国大宗食用面条粉和饺子粉的加工品质尤为重要。东北春麦区多年强筋小麦生产实践证明，尽快实现当地小麦品种种植强筋化，是推进东北春麦区强筋小麦产业发展的重中之重。以强筋小麦品种，特别是以龙麦 35 等面包/面条兼用型强筋小麦品种为核心技术，以建立土壤水库、氮素后移、增施硫钾肥和壮秆防倒等为配套措施，集成与大力推广亩产 350 kg 以上强筋小麦高效生产技术体系，是保证强筋小麦原粮质量的关键举措。同时，关注磷肥平衡施用，慎用 2,4 -滴丁酯除草剂，加强赤霉病等病害防治，也是一些保证强筋小麦原粮品质和食用安全的重要措施。

企业是市场经济发展的主体，强筋小麦产业也不例外。为此，建立强筋小麦全产业链模式是东北春麦区强筋小麦产业发展的重要途径。所谓强筋小麦全产业链模式，是指以强筋小麦品种为源头，以面粉加工企业为龙头，以配套栽培技术整合生态资源的全产业链模式。其中主要包括：一是采用品种＋配套栽培技术＋订单生产（自产）形式，建立强筋小麦主导品种原、良种生产基地和强筋原粮生产基地。二是建立强筋小麦商品标准和创建“硬红春”小麦品牌，将优质强筋麦原粮从产品转化为商品。三是因强筋小麦原粮质量受环境影响因素较多，为将强筋小麦原粮转化为面包小麦和面条小麦等各类商品，按照国际惯例建立大面积生产品质监测体系，实行“配麦销售”和“以质论价”，可显著提升当地优质强筋小麦原粮商品价值。四是农民增收，企业增效，面粉加工企业龙头拉动是关键。以强筋小麦为原料生产的面包粉和面条粉等各种专用粉市场越大，商品价值越高，强筋小麦原粮市场价位必然会“水涨船高”。这点已从内蒙古和宁夏地区的“雪花粉”生产模式得到证明。

（三）强筋小麦产业发展前景

从强筋小麦生产各种比较优势和国内市场需求看，东北春麦区强筋小麦产业发展前景非常广阔。主要表现在：

一是东北春麦区具有我国其他麦产区无法比拟的各种比较优势。小麦生育期间虽然苗期干旱和后期多雨不利生态条件对强筋小麦生产胁迫压力较大，但以强筋小麦新品种为核心技术，以伏秋翻、深松蓄水等措施建立土壤水库、氮素后移和增施硫、钾肥等为优质强筋小麦生产配套措施，集成组装与大力推广 4 500 kg/hm^2 以上优质强筋小麦高效生产技术体系，可充分发挥强筋小麦新品种产量与品质潜力。

二是国内市场强筋小麦产需缺口较大。根据有关资料分析，目前我国优质强筋小麦市场缺口为 60 亿 kg 左右。随着我国人民生活水平的提高和食品加工业的不断发展，强筋小麦产

需缺口还会逐年加大。东北春麦区大力发展强筋小麦生产，既可弥补我国小麦品质结构不足，又可为面粉加工企业生产面包粉和面条粉等各种专用粉提供一定数量高质量优质强筋小麦原粮，意义十分重大。

三是创建与推广强筋小麦全产业链模式，生产的强筋小麦原粮可使农民增收，加工的面包粉和面条粉等各种专用粉可使企业增效。它既能推进当地强筋小麦产业的快速融合，又能充分发挥科技的支撑作用。若有各级政府的相关政策扶持，近期在东北春麦区的大兴安岭沿麓地区建立 70 万～100 万 hm^2 国家“硬红春”强筋小麦生产基地和出口基地，不但可进一步提升我国强筋小麦供给侧能力，而且可推进当地优质强筋小麦产业快速发展，形成经济、生态与社会三大效益的良性互动。

第三节　东北春麦区小麦育种目标

小麦育种是一项经济活动，育种目标制定属于产品设计。育种目标制定是小麦育种研究的首要任务，也是决定小麦育种技术路线和具体育种措施的重要依据。因此，小麦育种目标制定正确与否，将直接关系到小麦育种成败。

一、小麦育种目标制定的原则与依据

（一）将解决生态适应问题放在首位

小麦品种是小麦生产的重要生产资料。任何一个小麦品种都是在一定的生态和经济条件下，经过人工选择和自然选择培育而成的，其性状表现是基因型与环境条件相互综合作用的结果。作为小麦新品种，只有能够适应当地生态环境，充分利用当地有利的生态条件，争取高产、优质，同时克服不利的生态条件而争取稳产，才能在当地小麦生产中具有较大推广价值。东北春麦区地貌多样，生态条件复杂，小麦播期南北之间相差一个月以上，并存在苗期干旱和小麦生育后期多雨等不利生态条件。因此，如何解决当地小麦新品种的生态适应性问题是东北春麦区小麦育种目标中的重中之重。

春小麦光温生态育种属于主动适应性育种范畴。小麦品种对生态环境的适应，是通过品种生态类型来实现的。对春小麦光温生态育种而言，不仅要解决当地小麦育种的生态适应性问题，而且还要在东北春麦区范围内，解决小麦新品种在其他生态区的生态适应性问题。要做到此点，小麦育种者除需抓住其服务生态区的主导生态限制因素外，还应了解不同生态区种植的不同生态类型小麦品种的主要生态适应特征与特性。如在东北春麦区北部冷凉强筋麦亚区，光周期敏感、苗期发育较慢、生育后期耐湿性较强，以及熟相较好等，是该区主栽旱肥型小麦新品种必备的生态适应特性。而在东北春麦区的东部山地丘陵和低湿中强筋和强筋麦产区，根多、根短及光照阶段通过后对温度反应迟钝，则是该区种植的水肥型小麦品种必备的生态适应特性。

小麦品种是农业生态系统的重要组成部分。各种生态适应调控性状的调控力度，是不同生态类型小麦对某一生态环境生态适应能力的具体体现。不同生态类型小麦品种的“型”，产生于当地多种生态因子构成的环境复合体，其内涵是遗传基础决定了形态、解剖、生理生化等系列性状的综合。它对于某种环境因子的特定反应，只有在一定的遗传背景和环境背景中才能得到表现。因此，在制定春小麦光温生态育种目标时，必须从品种生态类型整体出

发，并在利用其整体性状的基础上，在春化、光照和感温三大生长发育阶段，抓住不同生态类型小麦品种主要生态适应调控性状，才能较好地解决小麦育种中的生态适应性问题。

（二）以小麦生产和市场发展需求为导向

小麦品种是小麦产业化的源头。考虑经济效益和社会效益是对小麦品种的具体要求，小麦育种目标制定必须以小麦生产和市场发展需求为导向。如20世纪50—90年代，为解决我国人民“吃饱问题”，高产为各粮食作物的最主要育种目标。现在随着从解决“吃饱”向“吃好”转变，小麦育种和生产从“数量型”向“质量效益型”育种方向转移，已成为我国现行小麦育种的主要育种目标。

小麦质量效益型育种属于小麦专用育种范畴。在这方面，美国、加拿大和澳大利亚等小麦育种先进国家已进行了多年研究，并取得了显著效果。在小麦专用育种方面，我国还属于起步阶段。国内外小麦专用化生产实践表明，各类专用小麦生产具有明显的生态区域性，即适合强筋小麦生产地区，则不宜生产弱筋小麦，同样，适宜生产弱筋小麦地区，亦不适宜生产强筋小麦。从市场经济和各类专用粉开发角度看，专用小麦育种，既可明显提升小麦原粮的商品价值，又可不断满足我国人民美好生活的需要，同时也是推进东北春麦区强筋小麦产业化进程的重要科技支撑。

小麦育种目标是小麦育种方向的指南与依据。每一小麦生态区育种目标的制定与调整，必须依据各个生态区适宜生产的优质专用小麦的各种比较优势，特别是要根据生态资源比较优势和市场需求来制定。如东北春麦区具有适宜生产强筋小麦的各种比较优势，强筋小麦在我国又属于刚性需求。20世纪80年代末以来，黑龙江省农业科学院小麦育种者将东北春麦区小麦育种目标从“以高产为主”，调整为“质为先、量为后”，重点开展优质强筋小麦育种，现已取得了较好的育种效果。如20世纪90年代以来，先后选育推广的龙麦26、龙麦33和龙麦35等系列优质强筋小麦新品种，不仅满足了当地小麦生产发展和国内市场需求，而且使“龙麦号”小麦原粮成为东北春麦区优质强筋小麦原粮的一张“名片”，深受国内面粉加工企业的欢迎。

（三）近远结合，富有预见性

小麦育种属于周期性较长的科学研究范畴。一般情况下，小麦育种目标制定要先于新品种育成10年以上甚至更长。育种目标的制定是小麦育种工作的首要环节，它直接关系到今后亲本选配、杂种后代选择和稳定品系处理等各育种环节所应采取的策略与途径，乃至育种成效。为避免育种落后于生产，在制订小麦育种目标时，必须立足当前，展望未来，制定近期和长远两个阶段的育种目标。

在近期育种目标制定上，首先，要适应国情需求。我国耕地较少，人口众多，小麦又是我国主要口粮作物之一，为保证我国口粮安全和满足人民吃上“好面”的需求，进行品质与产量同步遗传改良，将是东北春麦区近期强筋小麦育种目标的主要内容。其次，要根据东北春麦区目前小麦品种种植区划、生产与市场发展要求等，研究当地主导或主栽品种的优缺点，因地制宜，制定小麦近期具体育种目标。如黑龙江省农业科学院小麦育种者在优质强筋小麦新品种龙麦26大面积推广过程中发现，该品种虽然质优多抗，但田间抗倒能力不强，其产量潜力常难以得到充分发挥。通过秆强度育种目标的及时修订，近期选育推广的龙麦33和龙麦35等系列优质强筋小麦新品种在秆强度上基本满足了当地小麦生产需求。最后，要根据当地气候条件变化和主要病（逆）种类变化，及时调整近期育种目标。如随着全球气候逐年变暖，针对大兴安岭沿麓地区的赤霉病由偶发病害转变为流行病害，快速提升小麦新品种抗赤霉病能力，现已成为该区近期小麦育种的重要研究任务之一。

在长远育种目标制定上，主要以自然环境、生产条件、经济发展和市场需求等未来可能出现的变化为依据，确定下一阶段的主要育种方向。如我国小麦消费以蒸煮面食为主，为满足我国人民美好生活和制作安全（零添加剂）的优质蒸煮面食需求，选育超强筋面包/面条兼用型小麦新品种，将是东北春麦区下一步强筋小麦育种的主要育种目标。同时，根据长远育种目标的主要需求，还应为下一阶段育种准备一些半成品材料。长远育种目标制定正确与否，乃至在下一阶段小麦育种工作中指导价值大小，其预见性准确程度至关重要。如我国著名小麦育种家肖步阳先生在20世纪60年代初，曾成功预见东北春麦区小麦生产随着化肥投入量的逐年增加，小麦单产必然会大幅提升，他将春小麦生态育种目标从“以抗旱和耐湿型品种选育为主”，及时调整为“加大旱肥和水肥型小麦新品种的选育力度”，并在10余年后相继选育推广了旱肥型品种克丰2号、新克旱9号和水肥型品种克丰3号等系列著名高产多抗小麦新品种，满足了当时东北春麦区小麦“数量型”生产发展需求。同样，黑龙江省农业科学院“龙麦号”小麦育种团队从20世纪80年代以来，针对我国小麦生产与市场需求的变化趋势，制定了中筋→中强筋→强筋→超强筋，近期、中期、远期不同阶段小麦品质改良目标，不仅选育推广了龙麦26和龙麦35等系列优质强筋和超强筋小麦新品种，掌握了育种的主动权，而且创建了“龙麦号”强筋小麦品质基因库。

（四）抓住主要矛盾，明确关键性状

抓住主要矛盾虽然是一个哲学话题，但是与制定小麦育种目标关系密切。小麦育种目标的制定经常会面临诸多矛盾，如优质与高产、高产与不利生态条件、稳产与病（逆）害等。如何解决或平衡上述诸多矛盾，既是小麦育种目标的主要内容，也是小麦育种中的难题。抓住主要矛盾，等于抓住育种目标制定的“牛鼻子”，可使小麦育种者保持清醒头脑，把握育种方向和提供清晰的解决育种问题的思路，进而明确小麦育种目标中要重视和着重需要解决的育种问题。同时，在小麦育种目标制定过程中，亦不能忽视次要矛盾的作用。因为次要矛盾虽然不能对小麦育种发展起决定性作用，但却能影响小麦育种的进程。

现阶段乃至今后更长一段时间，东北春麦区小麦育种均会以强筋小麦育种为主。在强筋小麦育种目标制定过程中，面临的最大矛盾就是优质与高产的负相关问题。同时，小麦苗期干旱，生育后期多雨，赤霉病、根腐病及穗发芽等病（逆）害对强筋小麦新品种品质与产量潜力表达的胁迫压力，现已成为当地强筋小麦育种所面临的一些次要矛盾。小麦籽粒是小麦生产过程的终极产品，同时也是直接与小麦加工相连接的“纽带”产品。在某种程度上，小麦籽粒性状的表现决定了这个“终极产品”和“纽带”的被认可程度。因此，如何解决强筋小麦育种中的优质与高产的矛盾问题，现已成为东北春麦区小麦育种目标的重中之重。“抓主带次”、明确关键性状，是制定东北春麦区强筋小麦育种目标的主要理论依据。

所谓关键性状，是指那些能够解决、平衡或缓解东北春麦区强筋小麦育种中各种矛盾的性状。在东北春麦区强筋小麦育种中，这些性状主要包括：一是小麦籽粒（面粉）的蛋白质（湿面筋）质量。它是解决强筋小麦育种中优质与高产主要矛盾的关键性状。主要依据是，该类性状与产量几乎无负相关，属于小麦品种遗传特性，同时又是强筋小麦品种二次加工品质表现的主导性状，并在二次加工品质上对偏低蛋白质（湿面筋）含量具有补偿效应。在强筋小麦育种中，以改进面筋质量为突破口，进行二次加工品质与产量同步改良，可迂回解决

优质与高产的矛盾问题。这点已从黑龙江省农业科学院“龙麦号”强筋小麦成功育种实践得到证明。二是光周期反应和光照阶段通过后的感温特性。该类性状属于气候生态适应调控性状范畴，并与各生态类型小麦品种生态适应能力密切相关。三是生态抗性和赤霉病抗性。在东北春麦区，生态抗性主要指小麦品种苗期抗旱和后期耐湿性。它们与小麦品种稳产性能关系密切。赤霉病抗性则是保证东北春麦区强筋小麦原粮绿色安全的重要保证。四是株穗数和秆强度。二者均与不同生态类型强筋小麦品种的产量和品质潜力表达具有密切联系。其中，株穗数属于土壤生态适应调控和高产稳产性状，秆强度是不同生态类型强筋小麦品种产量和品质潜力表达的保障性状。

二、东北春麦区小麦育种目标

（一）小麦育种总体目标

小麦育种总体目标是指在某一生态区小麦育种过程中，对新品种选育的总体需求，它包括当前和长远两个阶段的育种目标。东北春麦区属于雨养农业地区，它有适宜优质强筋小麦生产的各种比较优势，但同时也存在严重影响小麦品种产量和品质潜力发挥的苗期干旱和后期多雨等不利生态条件，以及赤霉病、根腐病和穗发芽等病（逆）害的胁迫压力。因此，根据小麦育种目标制定原则与依据，无论是在当前或长远小麦育种阶段，生态适应是前提、产量潜力是基础、多种抗性是保障、优质强筋是效益，这些都是东北春麦区的总体育种目标。

在当前总体小麦育种目标制定上，考虑到东北春麦区现正处于从“数量型”向“质量效益型”育种的转型阶段，尽快实现当地小麦品种种植全部“强筋化”，将是目前东北春麦区小麦品质改良的最主要任务。在产量性状遗传改良上，除要求强筋小麦新品种产量潜力决不能低于当地高产品种外，同时还要抓住蛋白质（湿面筋）质量关键性状不放，同步进行 *Glu-D1d*、*Glu-B1al* 和 *Glu-A3d* 等高、低分子量麦谷蛋白优质亚基基因的定向集聚和主要产量目标性状的遗传改良，以保证强筋小麦新品种二次加工品质与产量潜力均能获得稳步提升。在多抗性遗传改良上，以品种生态类型作为应对东北春麦区各种生态环境主要的遗传背景，以生态适应调控性状作为不同生态类型强筋小麦新品种生态适应能力的遗传基础，不断提升对赤霉病、根腐病和穗发芽等当地主要病（逆）害的抗性水平，可使小麦新品种多抗性集聚进程明显加快。上述强筋小麦育种目标制定策略与途径，可为近期东北春麦区优质、高产、多抗强筋小麦新品种选育提供重要的理论依据。

在长远总体育种目标制定上，针对东北春麦区小麦生产发展和国内市场需求，以超强筋麦为主、强筋麦为辅，通过高、低麦谷蛋白优质亚基与 *Wx-B1* 基因缺失遗传效应进行定向集聚等途径，重点开展小麦籽粒（面粉）蛋白质（湿面筋）质量和淀粉特性同步遗传改良，是该区下一步小麦品质改良的主要育种目标。利用各种育种手段，进行面包/面条兼用型强筋小麦新品种选育，将是东北春麦区小麦长远总体育种目标的主要研究内容。同时，随着东北春麦区田间灌溉设施的不断完善和小麦生产水平的进一步提高，产量潜力较高的水肥型和密肥型强筋小麦品种在当地种植面积必然会越来越大。为顺应该区小麦品种主导生态类型从旱肥型→水肥型→密肥型演变趋势，开展水肥型和密肥型强筋小麦（面包/面条兼用型）品种选育，亦将是东北春麦区长远育种目标的主要内容之一。另外，在长远育种目标制定时，除对东北春麦区主要病害（如赤霉病）要加大改良力度外，还应对一些因生态条件变化可能上升为新的主要病害的抗性遗传改良要给予高度关注，如白粉病和根腐病等。

（二）旱肥型小麦品种育种目标

在东北春麦区雨养农业条件下，旱肥型主要指苗期抗旱性突出，且对土壤肥力较高生态条件适应能力较强的一种生态类型小麦品种。20 世纪 80 年代以来，该生态类型小麦品种一直作为小麦主导品种，被种植在东北春麦区的不同区域。其中，各阶段的代表品种有克丰 2 号、新（老）克旱 9 号、龙麦 26、龙麦 33 和龙麦 35 等。从东北春麦区小麦生产发展趋势和国内市场需求看，虽然在近期乃至更长一段时间，旱肥型小麦品种仍然是当地小麦生产的主导生态类型品种，但随着我国小麦育种方向的不断调整，它的主要育种目标从“以高产和多抗为主”，调整为“优质强筋、高产、多抗、专用”等已成必然。其主要育种目标如下：

产量性状：亩产量 400 kg 以上；千粒重 37～40 g；容重 780 g/L 以上；多穗型，亩收获穗数为 45 万～47 万穗。品质性状：强筋小麦品种籽粒蛋白含量 15%（干基）以上，湿面筋含量 35%以上，面团稳定时间 12 min 以上，能量 120～160 cm^2；超强筋小麦籽粒蛋白含量 14%（干基）以上，湿面筋含量 32%以上，稳定时间 20 min 以上，能量>160 cm^2。多抗性：在小麦光照和感温阶段，光温反应类型为光敏温敏或光敏温钝；苗期抗旱、后期耐湿；株高 100 cm 左右，秆强度 2 级（可支撑亩产量 400 kg 以上产量），茎秆弹性较好；秆锈病免疫或高抗、赤霉病中感至中抗、高抗根腐与穗发芽，生育后期熟相较好。熟期分为早、中、晚熟期三种类型。其中，早熟品种从出苗至成熟天数为75～80 d；中熟品种为 81～89 d；晚熟品种为 90～95 d。

另外，为提升不同熟期旱肥型强筋小麦新品种的二次加工品质，亦不能忽视对其籽粒（面粉）蛋白质（湿面筋）含量的遗传改良。为提升强筋小麦新品种的蛋白质（湿面筋）质量和二次加工品质稳定性，重点进行 *Glu-D1d*、*Glu-B1al* 和 *Glu-A3d* 等高、低分子量麦谷蛋白优质亚基基因定向集聚非常关键。这里需要注意的是，对于面包/面条兼用型小麦新品种，除应具备旱肥型强筋小麦品种优质、高产、多抗和广适等各种目标性状外，还需具备支链淀粉含量偏高淀粉特性和 *Wx-B1* 基因缺失等相关遗传基础。

（三）水肥型和密肥型小麦品种育种目标

20 世纪 80—90 年代，水肥型和密肥型品种曾是黑龙江省东部三江平原低洼区域和肥水条件较好区域，种植面积较大的两种生态类型品种。其中，水肥型小麦品种是指较为喜肥水，产量潜力较高，植株偏矮、秆强抗倒，但苗期抗旱性要弱于旱肥型小麦品种的一种生态类型小麦品种。代表品种有克丰 3 号和克丰 5 号等。密肥型品种是指以高密获高产、对肥水条件要求较严、株型结构较好、秆强耐密、收获指数较高的一种生态类型小麦品种，代表品种有克丰 4 号等。随着东北春麦区小麦种植面积的逐步恢复和田间灌溉条件的不断改善，水肥型和密肥型小麦品种在当地小麦生产中的利用价值必然会越来越大。为满足东北春麦区强筋小麦产业发展需求，制定水肥型和密肥型强筋小麦育种目标，加强这两种生态类型新品种选育，现已成为当地下一育种阶段的重要育种任务。

其中，水肥型小麦品种的主要育种目标有：产量性状要求为亩产量潜力 500 kg 以上、千粒重 35～40 g、容重 780 g/L 以上、多穗型、亩收获穗数为 47 万～50 万穗；品质性状要求为强筋和超强筋两种品质类型，其各项主要品质指标与旱肥型小麦品种相同；多抗性要求为苗期具有一定的抗旱和躲旱能力、光周期较为敏感、感温阶段对温度反应温钝，后期耐湿性较强。株高 85～90 cm，秆强度 1 级（可支撑亩产量 500 kg 以上产量），茎秆弹性较好；秆锈病免疫或高抗、赤霉病中感至中抗、高抗根腐与穗发芽、生育后期熟相较好。熟期分为早、中、晚熟期三种类型。其中，早熟品种从出苗至成熟天数为75～80 d，中熟品种为81～89 d，晚熟品种为90～95 d。

密肥型小麦品种的主要育种目标有：产量性状要求为亩产量潜力600 kg以上、千粒重35 g以上、容重780 g/L以上、株型结构好、多穗型、亩收获穗数为54万～60万穗；品质性状要求为强筋和超强筋两种品质类型，各项主要品质指标与旱肥型小麦品种相同；多抗性要求为光照和感温阶段对光温反应均属迟钝类型、后期耐湿性强。株高80～85 cm，秆强度要强于水肥型（可支撑亩产量600 kg以上），茎秆弹性较好，秆锈病免疫或高抗、赤霉病中感至中抗、高抗根腐与穗发芽、生育后期熟相较好。熟期主要为早熟和中熟两种类型。其中，早熟品种从出苗至成熟天数为75～80 d，中熟品种为81～89 d。

三、相关注意事项

（一）任何时期都不能忽视产量性状的遗传改良

国内外小麦育种实践表明，任一地区的小麦育种目标制定不外乎包括以下四方面内容，即丰产性、稳产性、品质及生产成本（或投入产出比）。在不同历史阶段，常因小麦生产水平和市场需求不同等因素影响，各地小麦育种目标的侧重点有所不同。如20世纪80年代前，为解决东北人民“吃上面”问题，高产、多抗与广适是当时东北春麦区的主要育种目标。20世纪80年代后，随着我国人民生活水平的不断提高，为满足东北人民“吃上好面”，优质强筋、高产、多抗则成为该区近期小麦育种的主要育种目标。目前，虽然东北春麦区小麦育种目标发生了“量质互换”，但“量”是“质”的载体，“质”是“量”的价值表现。特别是由于我国耕地较少，人口众多，小麦又是我国主要口粮作物之一，为保证我国口粮安全，不断加强小麦产量遗传改良和提高新品种产量潜力，在任何时期都将是我国小麦育种目标的主要内容。

从世界小麦育种发展历程看，小麦育种目标总体上看是恒定的，那就是高产、稳产和优质。其他小麦育种目标，譬如说抗病、抗旱和矮秆抗倒等都是围绕高产、稳产和优质这3个根本育种目标来展开的。东北春麦区小麦育种实践还表明，恒定的育种目标并非一成不变，它要求当地小麦育种者必须根据当时当地的生态环境、社会发展的需要，特别是市场需求变化，有针对性地进行一些适当的调整。如为缓解我国目前小麦产能相对过剩和品质结构不合理等小麦生产压力，现将东北春麦区小麦育种目标从“量为主”调整为“质为先”，是当地小麦生产所需、国内小麦市场所求。遵循小麦品质改良优先原则，按照“产量是基础、多抗是保证、质量是效益”等育种理念，实现品质与产量遗传改良同步，优质强筋与高产和多抗有机整合，是制定东北春麦区强筋小麦育种目标的主要内容。它既可将该区适宜强筋小麦生产的各种比较优势迅速转化为市场优势，又能不断满足当地小麦生产发展和国内市场需求。

（二）必须紧紧抓住主导生态因素与生态适应调控性状

如前所述，小麦品种的适应性主要包括自然条件、生产水平和市场需求，三者缺一不可。小麦品种与生态环境适应是通过品种生态类型来实现的。无论育种者采取哪种育种手段，小麦新品种适应当地生态环境均是首要问题。小麦品种的生态适应能力，主要取决于对当地主要生态因子的适应。其中，雨量分布、光照时间、光照度和温度等属于不可控制的气候因素，而病害、倒伏和干旱等属于威胁小麦品种产量和品质潜力表达的潜在危险因素，并可通过育种手段和农业措施来加以克服。前者属于某一生态区的主导生态因素，并与该区小麦品种生态类型和品质类型分布等具有密切联系。

在春小麦光温生态育种中，主导生态因素又可分为以下两大类：一类为有利主导生态因素。如东北春麦区小麦抽穗后，大部地区每天光照时间都在 16 h 以上，且光照度较强、昼夜温差大、土地肥沃，非常适宜强筋小麦生产。另一类为不利主导生态因素。如东北春麦区小麦苗期干旱和后期多雨条件经常影响强筋小麦品种产量和品质潜力的表达等。在春小麦光温生态育种目标制定过程中，必须抓住有利主导生态因素，克服不利主导生态因素，才能提升小麦育种效率和充分发挥不同生态类型小麦品种的生产能力。如东北春麦区黑龙江省农业科学院小麦育种者为发挥当地适宜生产强筋小麦的各种生态资源优势，以超强筋为主、强筋为辅，大力开展强筋小麦育种，不但强筋小麦育种效率较高，而且选育推广的龙麦 35 等系列优质强筋小麦新品种在其适宜地区适应性较好，品质与产量潜力均可得到较为充分的发挥。反之，他们选育推广的龙麦 21 和克丰 9 号等弱筋小麦新品种在当地种植时，尽管生态适应性较好、产量较高，但是因蛋白质和湿面筋含量偏高，难以满足育种目标要求。再如，20 世纪 80 年代末至 90 年代初，虽然克丰 3 号等水肥型小麦品种，在小麦苗期雨量偏多或地势低洼的黑龙江省东部三江平原等地区表现为产量较高，但在黑龙江省北部的齐齐哈尔和黑河等苗期干旱地区，却表现为株高明显降低，产量潜力难以得到充分表达。

各地小麦育种实践表明，不利主导生态因素经常是影响某一小麦生态区小麦品种稳产能力的主要原因之一。在春小麦光温生态育种中，为降低不利主导生态因素对当地小麦品种稳产能力的影响，采用的有效育种手段就是发挥各类生态适应调控性状的主动调控作用。如黑龙江省农业科学院克山小麦育种者为降低东北春麦区小麦苗期干旱胁迫，以光周期敏感作为生态适应调控性状，可使小麦品种苗期发育较慢和躲旱能力获得明显提升；以后期耐湿生态抗性作为生态适应调控性状，可使不同生态类型小麦品种田间熟相较好。以高成穗率作为小麦生态适应调控性状，不但可弥补小麦缺苗断条现象对产量的影响，而且还可间接使小麦品种稳产能力得到进一步提升。因此，明确某一小麦生态区各主导不利生态因素与其对应生态适应调控性状的关系，对于提升小麦新品种的稳产能力和小麦育种目标的制定均具有重要的指导意义。

（三）对伴随性状要明确具体

小麦育种目标性状很多，除品质和产量等主要目标性状外，还有一些主要伴随性状对小麦新品种的品质和产量潜力表达也能产生较大影响。如何在众多小麦育种目标性状当中选择主要伴随性状，这主要取决于近期和未来当地小麦生产和市场的需求，以及主要育种目标性状与伴随性状的关系。根据东北春麦区小麦生产和市场发展需求，该区小麦育种目标中需要高度关注的伴随性状主要有田间抗倒伏能力、光合能力和抗病能力等性状。

“麦子倒伏一把糠”，是东北春麦区多年小麦生产总结出的宝贵经验。分析其中原因，该区在小麦抽穗至灌浆初期经常遇暴风骤雨天气，若出现大面积严重倒伏，会很难恢复，几乎处于准绝产状态。因此，在该区小麦抽穗后风雨同至不利生态条件下，小麦品种只有具备基部秆强和穗下茎弹性好的双重特性，才能表现为抗倒伏能力较强，并在某种程度上，穗下茎的弹性甚至比基部秆强度更重要。具体表现在：基部颈节短、木质化快、茎秆较粗、坚韧，穗下茎相对较细，弹性要好。另外，由于在东北春麦区不同区域间，小麦同苗龄时光温条件差异较大，因此，要特别注意由光周期反应和感温特性引起的生态秆强度变化。在光合作用能力上，除要求叶片光合强度大、净光合生产率高、灌浆速度快外，还要求能高效利用东北春麦区日照较长和昼夜温差较大的自然条件，具有较高的同化能力、生物产量和经济系数。

小麦抗病性是指小麦品种避免、中止或阻滞病原物侵入与扩展，减轻发病和损失程度的一类特性。小麦杂交育种已实施多年，无论在任何小麦产区的任何历史时期，小麦育种所行之路，无一不是抗病育种之路。随着小麦生产的发展和单产水平的不断提高，常常是旧病未少，新病又添，一个地区某一主要病害被控制住了，而其他病害又上升为新的主要病害。如东北春麦区 20 世纪 50 年代秆锈病曾是毁灭性病害，秆锈病通过育种手段解决后，根腐病和赤霉病又上升为主要病害。特别是近些年随着全球气候变暖，赤霉病已上升为东北春麦区第一病害，现已严重威胁到当地小麦生产安全。因此，在东北春麦区小麦育种目标制定过程中，对小麦品种抗病性必须给予高度重视，既要关注老病复发的危险性，又要洞悉新病的发展趋势。在具体抗病育种目标制定时，既要明确手中掌握的抗病种质多寡和各种主要病害的抗性遗传基础，还要了解其抗性机理。同时，针对各种病害对产量和品质性状表达及食品安全的影响程度，要采取相应对策和确定各种抗性遗传改良路径。

（四）要考虑到熟期与生态类型合理搭配

东北春麦区地域宽广，小麦同苗龄时的时、空差异，造成各地区间主要生态条件差异较大。同时，东北春麦区小麦属于集约化生产，规模化种植程度较高。迫于晾晒压力，小麦收获方式多以先割晒、后脱粒为主，小麦成熟后直接联合收获比例较低。为此，在东北春麦区小麦育种目标制定时，必须考虑到熟期与生态类型的合理搭配。

东北春麦区地处我国最北端，小麦最长生育日数不足 100 d，是我国小麦生育日数最短的生态区。在早、中、晚熟小麦品种应用范围上，早熟品种主要用于满足东北春麦区南部地区一年二熟或麦菜复种需求。生育日数以 75～80 d 为宜。这样，既可保证小麦具有一定产量，又能满足当地农业生产复种等需求。如 2017 年，在黑龙江省南部哈尔滨市双城区、西部安达市等地以早熟优质强筋小麦品种龙麦 30 和龙辐麦 1 号作为麦菜复种前茬品种，不但小麦亩产量达到 350 kg 以上，而且白菜亩产量也达到 6 000 kg 以上，每亩获纯收益 1 200 元人民币以上。中熟品种生育日数应以 85 d 左右为宜。它主要被用于大兴安岭沿麓强筋麦区大面积小麦生产中熟与晚熟品种进行合理搭配，以减轻当地小麦收获压力。晚熟小麦品种主要种植在东北春麦区的大兴安岭沿麓强筋小麦主产区。该熟期小麦品种生育日数要求在 95 d 左右，以充分发挥它们的产量和品质潜力。

春小麦光温生态育种实践表明，为满足东北春麦区不同生态条件和生产水平发展需求，进行不同生态类型小麦新品种合理搭配种植非常有必要。如目前虽然东北春麦区主栽生态类型小麦品种以旱肥型为主，但仍有部分地势低洼或有田间灌溉条件的地块，比较适宜水肥型或密肥型小麦品种的种植。特别是随着东北春麦区小麦单产水平的不断提高和田间灌溉设施的逐步完善，水肥型和密肥型小麦品种在东北春麦区种植面积将会越来越大。因此，在小麦育种目标制定时，考虑到不同生态类型小麦新品种的选育，无论是对当前还是对未来的东北春麦区小麦生产均具有重要意义。

参考文献

陈魁卿，1985. 土壤肥料学（肥料学部分）[M]. 哈尔滨：黑龙江朝鲜民族出版社.

崔文华，于彩娴，毛国伟，2006. 呼伦贝尔市岭东黑土区耕地土壤肥力的演化 [J]. 植物营养与肥料学报 (1)：25-31.

东北农业大学农学院，1997. 九十年代黑龙江省小麦栽培技术变化与发展趋势 [J]. 黑龙江农业科学 (3): 48-50.

何元龙，2008. 黑龙江省小麦生产的影响因素及对策 [J]. 黑龙江八一农垦大学学报 (4): 91-98.

何中虎，林作楫，王龙俊，等，2002. 中国小麦品质区划的研究 [J]. 中国农业科学 (4): 359-364.

霍云鹏，1985. 土壤肥料学 [M]. 哈尔滨：黑龙江朝鲜民族出版社.

吉林省农业科学院，1963. 东北春小麦 [M]. 长春：吉林人民出版社.

金善宝，1983. 中国小麦品种及其系谱 [M]. 北京：农业出版社.

金善宝，1996. 中国小麦学 [M]. 北京：中国农业出版社.

兰静，王乐凯，赵乃新，等，2007. 黑龙江省小麦品质现状及改良建议 [J]. 黑龙江农业科学 (6): 82-85.

李家民，2007. 中国优质小麦在专用粉中的应用 [J]. 面粉通讯 (3): 42-48.

李仁杰，耿玉莉，1992. 大兴安岭高寒地区小麦生产情况和增产的基本措施 [J]. 内蒙古农业科技 (6): 33-36.

李文雄，冯喜和，于龙生，1994. 黑龙江省小麦生产发展的几个问题和高产栽培技术关键 [R]. 哈尔滨：黑龙江省农学会.

李晓晨，黄峰华，毕洪文，等，2020. 2019 年黑龙江省嫩江市小麦产业发展分析与展望 [J]. 大麦与谷类科学，37 (5): 57-59.

李筱静，韩利强，张广德，等，2008. 黑龙江省优质小麦生产状况调查 [J]. 黑龙江农业科学 (6): 44-45.

林素兰，1997. 环境条件及栽培技术对小麦品质的影响 [J]. 辽宁农业科学 (2): 30-31.

林作楫，雷振生，杨攀，等，2007. 中国小麦品质育种进展与问题 [J]. 河南农业科学 (2): 5-8.

刘海军，徐宗学，2011. 黑龙江黑河市小麦和大豆的灌溉计划 [J]. 南水北调与水利科技，9 (4): 113-116.

齐明，2018. 黑龙江省小麦品质区划及优质高效生产技术的研究 [J]. 农业与技术，38 (2): 56.

祁适雨，肖志敏，李仁杰，2007. 中国东北强筋春小麦 [M]. 北京：中国农业出版社.

尚勋武，魏湜，侯立白，2005. 中国北方春小麦 [M]. 北京：中国农业出版社.

邵立刚，2006. 黑龙江省小麦的生产现状及发展策略 [J]. 黑龙江农业科学 (2): 18-20.

宋庆杰，肖志敏，辛文利，等，2009. 黑龙江省小麦品质区划及优质高效生产技术 [J]. 黑龙江农业科学 (1): 21-24.

宋维富，杨雪峰，宋庆杰，等，2017. 强筋小麦主要品质内涵与二次加工品质关系 [J]. 黑龙江农业科学 (1): 150-154.

孙宝启，郭天财，曹广才，2004. 中国北方专用小麦 [M]. 北京：气象出版社.

王浩，李增嘉，马艳明，等，2005. 优质专用小麦品质区划现状及研究进展 [J]. 麦类作物学报 (3): 112-114.

魏湜，2004. 春小麦优质高效实用生产技术 [M]. 哈尔滨：黑龙江科学技术出版社.

肖步阳，1990. 春小麦生态育种 [M]. 北京：农业出版社.

于振文，2003. 作物栽培学各论（北方本）[M]. 北京：中国农业出版社.

庄巧生，2003. 中国小麦品种改良及系谱分析 [M]. 北京：中国农业出版社.

第四章　春小麦种质资源的搜集、创造与利用

小麦种质资源是小麦育种工作的物质基础。没有小麦种质资源，小麦亲本选配和新品种选育将无法进行，小麦育种也会变成“无米之炊”。因此，广泛搜集小麦种质资源和不断创造小麦新种质，并在小麦育种中加以评价与利用，对于拓宽东北春麦区小麦遗传基础和提高春小麦光温生态育种效率等具有重要意义。

第一节　春小麦种质资源的搜集、整理与鉴定

种质资源搜集是小麦种质资源来源的重要组成部分。针对东北春麦区小麦育种目标，从全国乃至全球大量小麦遗传资源中搜集所需各类小麦新种质，并进行整理与鉴定，是春小麦光温生态育种的主要研究内容之一。

一、春小麦种质资源搜集的原则与注意事项

（一）根据育种目标进行定向搜集

小麦（*Triticum aestivum* L.）是世界范围内广泛种植的主要粮食作物之一。小麦种质资源分布于世界各地，经过长期的自然选择和人工选择，小麦种质资源已经形成大量的物种。在小麦种质资源认识上可分为两个层次，一是指小麦的所有种质资源，二是指用于小麦育种的小麦种质资源。对于前者，除需全面了解它们的地理分布、群体结构及其相互关系外，还需了解同一个基因在不同种质资源中的不同形式及其遗传效应等内容。对于后者，根据各地小麦育种需求，有必要从以下 5 个方面进行了解：①这份资源是什么？②这份资源的特性是什么？③控制这些特性的基因或等位基因是什么？④这份资源有什么利用价值？⑤通过什么途径可高效利用这份资源？

我国著名小麦育种家吴兆苏先生认为，小麦育种实际上是小麦种质资源的人为加工，也就是 N. I. Vavilov 所指明的“根据人类意志的进化”。如何从浩如烟海的小麦种质资源中搜集小麦育种所需的基因源是小麦种质资源搜集工作中需要解决的主要问题之一。小麦育种目标是小麦种质资源搜集方向的指南。只有依据小麦育种目标，育种者才能清楚了解自己手中基因库中缺什么、需要补充什么，才能定向搜集育种目标所需的关键基因源，进而不断提高小麦种质资源的搜集质量。否则，即便搜集了大量的小麦种质资源，其中大部分也会成为无用之材。当然，随着各地小麦育种和生产的不断发展，乃至气候条件和主要病（逆）害种类发生变化时小麦育种目标的动态变化，必然也会导致小麦种质资源的搜集类型不断发生改变。

从小麦种质资源搜集与育种目标关系看，每一个育种家在开展小麦育种工作时，都要提

出自己的育种目标，作为育种后代材料选择鉴定和预期育种结果。小麦种质资源是小麦育种的物质基础，丰富的小麦种质资源是必需的。可是在小麦实际育种工作中，每一个育种单位都必然会受到人员、财力和条件的限制，育种家总是根据经验和理论分析结果，按照育种价值来搜集各类小麦种质资源。从竞争的现状出发，育种家在搜集各类小麦种质资源时，必然要优先考虑小麦育种的进展与效益。首先要考虑的是近期（3～5 年）育种目标所需基因源，其次考虑的是中长期（8～10 年）育种目标的可能进展。它们是小麦种质资源搜集的主要依据。如东北春麦区为尽快解决当地小麦生产赤霉病危害问题，扩大当地小麦赤霉病抗性遗传基础已成当务之急；考虑 10 年后当地小麦生产发展需求，进行优质高产密肥型强筋小麦新品种选育所需的矮源、丰产源和优质源等小麦种质资源的定向搜集，已纳入当地小麦育种日程。

在小麦种质资源搜集过程中，高产和优质总是育种家追求的主要性状目标。在小麦生产和加工过程中，常因产品和用途不同，或受经济发展水平的限制，对高产和优质的要求不等同。如 20 世纪 80 年代前，为解决中国人的吃饱问题，高产是小麦育种的首要目标。目前，为解决我国人民既吃饱又吃好问题，在进行优质专用小麦育种时，必须坚持量、质兼用。为提升小麦种质资源在优质专用小麦育种中的利用效率，明确高产和优质两大性状与其他性状的关系非常重要。其中，高产和优质可认为是小麦种质资源的核心性状，而其他许多性状则可认为是它们的从属性状。在从属性状中，有些性状是属于获得高产和优质的条件，如生态适应性好、秆强抗倒和高抗穗发芽等。有些性状则为它们的限制因素，如苗期抗旱性较差、高感赤霉病和不抗干热风等。有学者认为，可把限制农作物产量和品质表达的性状，统称为“稳产或稳质性状”。小麦育种实践表明，小麦种质资源的稳产和稳质性状好坏，常影响到它们在小麦育种中的利用价值。因此，在小麦种质资源搜集时，除依据育种目标重点对高产和优质基因源搜集外，也要关注稳产和稳质基因源的搜集。

（二）依据“气候相似论”进行小麦种质资源搜集

“气候相似论”是小麦种质资源搜集的主要理论依据之一。所谓“气候相似论”，是指地区之间在影响作物生产的气候特点上，相似到足以保证作物品种从一个地区成功地引种到其他地区种植的可能性。小麦种质资源搜集与小麦引种一样，只有在小麦整个生育期内气候条件相似地区内进行小麦各类资源搜集，才能使搜集的各类基因源在当地条件下表现相似，才能尽快明确它们在当地小麦育种中的利用价值。在海拔高度对主要气候条件变化影响不大的前提下，由于光、温等影响小麦生长发育的主要生态因素变化，主要取决于其所处的地理纬度，因此通常地理纬度相近、经度不同的地区间，光温条件等主要气候因素也基本相似。它是在纬度相近、经度不同地区间搜集的小麦种质资源，一般在小麦育种中利用价值较高的主要理论依据。因此，充分了解小麦种质资源搜集地区与育种点气候条件的相似程度，对提升小麦种质资源利用价值非常重要。

目前，在小麦种质资源搜集工作中，“气候滑行相似距”理论已被小麦育种者所接受。所谓气候滑行相似距，是指小麦生长发育的时间与空间可能不同，但在小麦同苗龄的某一时段内，两地可能面临相似的气候条件，特别是不利气候条件。这样，在此时段内，两地小麦品种彼此具备的抗病（逆）性可能非常相似，甚至趋同。它是两地之间进行相应小麦种质资源交换与搜集的主要依据之一。如长江中下游地区的小麦为中国南方冬小麦，东北春麦区的小麦为东北春小麦，两地小麦品种的生长发育时间与空间均存在明显不同，进而导致两地小麦种质资源间在春化作用大小和光周期反应上均存在着较大差异。其中，长江中下游地区小麦品种春化阶段低温效应相对较大，并以光钝型为主；东北春小麦品种春化阶段低温效应相对较小，以光敏型为主。可是随着全球气候变暖，两地在小麦抽穗后均面临着同样的高温和多雨不利气候条件。因此，抗赤霉病与穗发芽和耐高温与高湿等，就成为两地小麦品种生育后期共同具备的抗病（逆）性。这样，也就使两地相互进行小麦种质资源搜集和利用变成了可能。如在小麦赤霉病抗源搜集时，针对长江中下游地区赤霉病抗源储备丰富而东北春麦区赤霉病抗源较为匮乏，近些年来，黑龙江省农业科学院小麦育种者已将长江中下游地区作为抗赤霉病资源搜集的重点区域，并将扬麦 157 等抗赤霉病基因源导入东北春小麦遗传背景之中。

小麦育种者都知道，占有且能认知优异小麦种质资源是小麦育种获得成功的前提。谁占有的小麦种质资源数量越多，对材料认识越深刻，谁成功的把握就越大。在小麦种质资源占有和认知程度上，不仅要体现在占有数量的多少，而且还要看小麦种质资源甚至某一个目的基因的利用效果。根据“气候滑行相似距”理论，不同生态区域间经常存在一些小麦育种目标趋同现象。这种趋同性，不仅说明这些地区间的气候条件，在趋同育种目标性状的形成与表达过程中具有相似性，也说明这些地区间可以进行携有趋同育种目标性状的小麦种质资源相互搜集。如据我国小麦品质生态区划，黄淮麦区和东北大兴安岭沿麓地区均为我国优质强筋小麦优势产业带。前者为冬麦产区，后者为春麦产区，可是在强筋小麦品质资源搜集上，两地之间则不存在冬、春小麦之分，只有超强筋、强筋、中强筋和中筋等小麦种质之别。

（三）要关注亲缘关系远近和生态类型的差异

从小麦育种角度看，小麦种质资源搜集的主要目的可分为以下两方面：一方面是作为种质资源，用于小麦亲本创制；另一方面是作为杂交亲本，进行新品种选育。大家知道，小麦是自交作物。小麦育种是以加性效应为主的作物育种。针对目前同一生态区域小麦育种所用亲本趋同化趋势不断加大，小麦品种间遗传基础日益狭窄和多样性程度逐步降低等现象，在小麦种质资源搜集时，明确其亲缘关系非常重要。特别是在当地进行小麦种质资源搜集时更要注意此点，因为它将直接涉及一些等位基因变异和新的目的基因位点在小麦育种中的利用价值。同时，为提升小麦各类抗性种质资源利用的可靠性，在小麦种质资源搜集时，进行特性鉴定与观察，并在力所能及的条件下，弄清它们的原产地和配合力等信息也很重要。

从植物生态学角度看，小麦生态类型的形成过程，也是一个生态隔离过程。在这种生态隔离作用下，通常是不同生态类型间的小麦种质资源遗传距离相对越大，目的基因位点的重合率相对越低，等位基因变异也越大，它们是按照不同生态类型进行小麦种质资源搜集的主要理论依据。为此，在小麦种质资源搜集时，一定要保持生态类型的多样化，切忌单一化，特别是在当地小麦种质资源搜集时，更要注意此点。

总之，在小麦种质资源搜集工作中，按照育种目标进行定向搜集，可减少大量无效劳动，也可为不同小麦育种阶段储备必要的物质基础。以“气候相似论”和“气候滑行相似距”等理论为依据，进行小麦种质资源搜集时，可有意识地到与本地生态条件相似或与本地部分育种目标相同（相似）的地区（国家）进行小麦种质资源搜集，更易于成功。依据亲缘关系和生态类型分类进行当地小麦种质资源搜集，可显著提升小麦种质资源的利用效率。

（四）切忌搜集新资源伴随的负效应

小麦种质资源搜集的主要目的就是在当地小麦育种中加以利用。为此，在小麦种质资源搜集时，除关注搜集的小麦种质资源是否携有育种目标性状或目的基因外，还要密切注意该资源是否伴随对当地小麦育种目标具有负向效应的性状或遗传基础。如长江中下游地区为我国弱筋小麦优势产区，东北大兴安岭沿麓地区为我国优质强筋小麦优势产业带。若后者从前者搜集抗赤弱筋小麦种质为亲本，虽然可提升大兴安岭沿麓地区小麦育种的抗赤霉病水平，但这类资源通常蛋白质（湿面筋）含量较低，对该区强筋小麦品质改良的负效应较大，抗赤资源的利用价值也会大打折扣。反之，若从长江中下游地区引进抗赤霉病中筋或中强筋材料为亲本，不但可提高东北春麦区小麦品种的抗赤霉病水平，而且还有可能在蛋白质（湿面筋）含量上，实现两地小麦种质资源的互补。

再如，目前东北春麦区小麦育种目标以超强筋小麦育种为主、强筋小麦育种为辅。虽然牛朱特（Neuzucnt）等 1B/1R 代换系小麦种质资源曾为我国高产和多抗性育种作出了重要贡献，但其黑麦染色体产生的黑麦碱将使面团变黏，面筋质量大幅下降。为此，在东北春麦区小麦种质资源搜集时，一定要防止携有 1B/1R 遗传基础。否则，将会严重制约该区的强筋小麦品质改良进程。为避免该现象的发生，在该区小麦种质资源搜集时，对可能具有 1B/1R 遗传基础的材料，最好利用分子标记检测等手段进行鉴定与筛选。

此外，在小麦种质资源搜集时，还要特别注意不要将检疫病害引入当地小麦育种和生产之中。尤其是对一些从国外搜集的小麦种质资源必须通过国家检疫部门检疫后，方可在小麦育种中加以利用。为避免从国外引入新的小麦病害，要严格把关并加强引种检疫工作，要制度化，否则后患无穷。

二、小麦种质资源的搜集范围

（一）小麦近缘属（种）

小麦近缘属（种）泛指小麦族中小麦属以外的植物，其遗传多样性广泛，蕴藏着许多普通小麦所不具备的优良特性，如抗病、抗虫、抗逆和高产等各类优异基因源，该类植物是改良普通小麦的重要基因库。相关研究资料显示，小麦族有 350～450 个种，按基因组的差异可分为 20 多个属。从基因组遗传多样性上来看，小麦族植物共包含 23 个基因组，而分布于我国的小麦族植物就包含了其中 19 个基因组（李立会，2000）。其中，山羊草属在我国只有粗山羊草一个种，主要分布在新疆西部伊犁河谷等地。鹅观草属植物遍布于全国各地，现已发现长江流域的纤毛鹅观草和鹅观草携有赤霉病抗源。冰草属分布在以内蒙古为主的北方各地沙土地上，抗寒、抗旱力极强。赖草属的有些种在我国北方分布较广，并对盐碱和沙性土壤适应性较好。新麦草和旱麦草的各个种主要分布在新疆，抗旱性较好。大麦属的野生种在我国北方各地的低湿、盐碱地上有零星分布，并发现携有小麦黄矮病和白粉病抗源。

小麦各个近缘属（种）是普通小麦的三级基因源库，它们蕴藏丰富的遗传多样性，现已为普通小麦基因库提供了诸多宝贵基因源。如孙善澄等利用中间偃麦草创造的远中 5 号等八倍体小偃麦，现已成为全球的大麦黄矮病重要抗源。簇毛麦 6VS 携带的 *Pm21* 抗白粉病基因，现已被用于世界各地小麦抗白粉病育种之中。粗山羊草中的 *Sr33* 基因被引入小麦中，发现可以增强对 Ug99 秆锈病生理小种的抗性。李立会等（1998）通过远缘杂交等手段，不但成功地将来自冰草 Z559 的黑色籽粒基因、抗白粉病和黄矮病基因导入普通小麦遗传背景之中，而且证明了上述基因均为显性。

为拓宽小麦遗传基础，大力开发小麦近缘属基因库是小麦种质资源搜集工作的内容之一。小麦族内常见属的名称，大约种数和染色体符号等详见表 4-1。

表 4-1　小麦族的属

生长习性	属　名	大约种数	染色体组	染色体倍数	授粉习性
一年生	山羊草属 *Aegilops*	27	SCUMD	2X～6X	自花或异化
	旱麦草属 *Eremopyrun*	5	F	2X～4X	自花
	无芒草属 *Henrardia*	2	Q	2X	自花
	异形花属 *Heteranthelium*	1	Q	2X	自花
	棱轴草属 *Taeniatherum* 类大麦属 *Crithopsis*	2	Ta K	2X	自花
	小麦属 *Triticum*	5	ABGD	2X～6X	自花
一年生 + 多年生	大麦属 *Hordeum*	30	HI	2X～6X	自花或异花
	黑麦属 *Secale*	5	R	2X	异花
	簇毛麦属 *Haynaldia*	2	V	2X～4X	异花
多年生	冰草属 *Agpopyrom*	11	P	2X～6X	异花
	披碱草属 *Elymus*	150	StYHPW	4X～8X	自花或异花
	偃麦草属 *Elytrigia*	50	StStH	2X～10X	自花
	猬草属 *Hystrix*	10	StH (?)	4X	异花
	赖草属 *Leymus*	32	NsXm	4X～12X	异花
	新麦草属 *Psathyrostachys*	10	Ns	2X	异花
	鹅观草属 *Roegneria*	130	StYH	4X～6X	异花
	澳麦草属 *Australopyrum*	2	W	2X	自花或异花
	拟羊茅草属 *Festucopsis*		L		
	披碱大麦草属 *Hordelymus*		XoXr		
	牧冰草属 *Pascopurum*	1	StHNsXm	8X	异花
	假鹅观草属 *Pseudoroegneria*		St	8X	自花

资料来源：董玉琛和郑殿升（2000）。

小麦属内各个种（亚种）是普通小麦的二级基因库。据相关研究结果显示，全世界小麦属共发现 27 个种（亚种），且广泛分布于世界各地。其中，中国小麦有 9 个种，主要包括普通小麦、密穗小麦、圆锥小麦、硬粒小麦、波兰小麦、东方小麦、云南小麦、新疆小麦和西藏半野生小麦（郑殿升，1989）。小麦属内的各个种有二倍体、四倍体和六倍体三种类型。染色体组有 A、B、D、G 四个类型。其中，二倍体种均为 A 染色体组类型；四倍体种有 AB 和 AG 两大类；六倍体种有 ABD 染色体组和 AAG 染色体组两大类。我国学者董玉琛和郑殿升（2000）根据形态分类与染色体组分类结果，将小麦属分为 5 个系和 23 个种，并将中国特有的云南小麦、新疆小麦和西藏半野生小麦划分为普通小麦的 3 个亚种。小麦属内各个种（亚种）遗传多样性广泛，各类优异基因源储备丰富。如野生二粒小麦（*Triticum dicoccoides*

Schweinf，AABB）是现代栽培六倍体小麦和四倍体小麦的直接祖先，具有粒大、蛋白质含量高、贮藏蛋白遗传多样性丰富，抗锈病、白粉病以及散黑穗病等各种优良性状，蕴藏着现代小麦育种所需要的各类基因资源，是小麦遗传改良极其珍贵的种质资源库。东方小麦（*Triticum turanicum* Jakubz，AABB）具有粒大、穗大、耐热和烘烤品质好等特性。硬粒小麦（*Triticum durum* L.，AABB）携带丰富的改良小麦产量和品质优异基因，可为普通小麦产量和品质改良提供丰富的基因源等。

小麦属内各个种（亚种）的名称、类型和染色体倍性等见表 4-2。

表 4-2　小麦属分类

系	染色体	类型	种	
			学　名	中文名
一粒系 Einkorn	A	野生	*T. urartu* Thum.	乌拉尔图小麦
		野生	*T. boeoticum* Boiss.	野生一粒小麦
		带皮	*T. monococcum* L.	栽培一粒小麦
二粒系	AB	野生	*T. dicoccoides* Koern.	野生二粒小麦
		带皮	*T. dicoccum* Schuebl.	栽培二粒小麦
		带皮	*T. paleocolchicum* Men.	科尔希二粒小麦
		带皮	*T. ispahanium* Heslot	伊斯帕汗二粒小麦
		裸粒	*T. carthlicum* Nevski	波斯小麦
		裸粒	*T. turgidum* L.	圆锥小麦
		裸粒	*T. durum* Desf.	硬粒小麦
		裸粒	*T. turanicum* Jakubz.	东方小麦
		裸粒	*T. polonicum* L.	波兰小麦
		裸粒	*T. aethiopicum* Jakubz.	埃塞俄比亚小麦
普通系 Dinkel	ABD	带皮	*T. spelta* L.	斯皮尔脱小麦
		带皮	*T. macha* Dek. et men.	马卡小麦
		带皮	*T. vavilovi* Jakubz.	瓦维洛夫小麦
			T. spbacrococcum Perc.	印度圆粒小麦
		裸粒	*T. compactum* Host.	密穗小麦
		裸粒	*T. spbacrococcum* Perc.	印度圆粒小麦
		裸粒	*T. aesticum* L.	普通小麦
提莫菲维系 Timopheevii	AG	野生	*T. araraticum* Jakubz.	阿拉拉特小麦
		带皮	*T. Timopheevii* Zhuk.	提莫菲维小麦
茹科夫斯基系 Zhkovskyi	AAG	带皮	*T. Zhkovskyi* Men. ct Er.	茹科夫斯基小麦

资料来源：董玉琛和郑殿升（2000）。

应该指出，全面了解小麦近缘属（种）的遗传多样性是发掘小麦新基因的重要前提。它可为小麦种质资源的搜集提供重要的理论依据。尽管从近缘属（种）搜集的小麦种质资源还难以在小麦育种中直接作为亲本加以利用，但是若要大幅拓宽当地小麦遗传基础，小麦近缘属（种）基因库的开发与利用将是小麦各类优异新基因的重要来源之一。

（二）当地农家品种

当地农家品种又称“小麦地方品种”。据考古发现和历史记载，我国在史前已经开始种植小麦，是世界小麦的起源中心之一。我国各地土壤、气候和耕作制度多种多样，经过长期自然选择和人工选择，创造了大量适应不同地区、不同耕作制度和不同栽培条件下种植的农家小麦品种，形成了具有高度适应性和丰富遗传多样性的地方小麦品种基因库。目前，我国国家种质库中保存的各种地方品种有 13 930 份。我国小麦地方品种与世界其他国家相比，具有早熟性、多粒性、较强的适应性和亲和性等优点，同时也表现出丰产性较差、植株偏高、茎秆较弱、易落粒、不适宜机械收获和蛋白质（湿面筋）质量较差等缺点。尽管如此，小麦育种都是从农家品种起步的，古今中外概莫能外。任何地区的农家品种都是当地小麦种质资源搜集的重点领域之一。

小麦农家品种土生土长，久经考验，具备了对当地自然环境和生产条件的最佳适应以及与其相对应的生产潜力，而且还具备了某种特定生态条件下的“抗病源”和“抗灾源”。如东北大青芒等地方品种中携有的苗期抗旱和高抗穗发芽等特性，是东北春小麦育种中不可或缺的宝贵基因源。从分类学上，它们属于普通小麦（*T. arestivim* L.）的 3 个变种：

T. ares. erythrospermum Korn，如大青芒，主要性状为长芒、白壳、颖无毛、籽粒红皮，主要分布于东北的中北部，形成数量众多、特性不同的地方品种。此种包含的多数品种为抗旱类型。

T. ares. ferrugineum Kornt，如火麦子，主要性状为长芒、红壳、颖无毛、籽粒红皮，种植面积仅次于前者，主要分布于东北西部和南部地区。

T. ares. lutescens AL，如尖头，主要性状为无芒、白壳、颖无毛、籽粒红皮，分布于东北松花江下游和齐齐哈尔地区。

上述三类地方小麦品种由于在东北春麦区分布区域自然条件的差异，具有不同的光周期反应特性。如大青芒属于光敏类型，火麦子属于光钝类型，尖头麦属于中间类型。虽然上述小麦品种均存在植株偏高（100 cm 以上）、茎秆较弱、籽粒较小（千粒重为 25～28 g）等缺点，但其中大部分品种都具有苗期抗旱性较强、耐瘠薄、植株繁茂、籽粒硬质、籽粒蛋白质含量较高（20%左右）及高抗穗发芽等优异特性。这些优异特性，至今仍在东北春麦区小麦育种中具有较大利用价值。

（三）地理远缘或生态远缘普通小麦品种（系）

世界小麦育种发展历程表明，地理远缘和生态远缘小麦种质资源，一直在各地小麦遗传改良中发挥着重要作用。如在 20 世纪 40—50 年代，日本农林 10 号矮源的引用，引发了全球“绿色革命”；洛夫林 10 号等罗马尼亚小麦种质资源的引用，使我国黄淮等麦区小麦品种的条锈病和白粉病抗性水平获得明显提升；Thatcher 等美国小麦种质资源的引用，控制了东北春麦区小麦秆锈病的流行。尽管近代全球各地小麦相互引种频繁，尤其是许多共享小麦种质资源经过多次改良后，造成地域间小麦品种的遗传距离越来越小，可是彼此之间仍属地理远缘种质资源，并在当地小麦育种中利用价值较大。如在 20 世纪 70 年代，黑龙江省农业科学院克山小麦育种研究所以当地春小麦种质克 $71F_4370-7$ 与搜集的墨西哥小麦品种那达多列斯杂交后，选育推广的克丰 3 号，在 20 世纪 80—90 年代作为东北春麦区主栽品种，年种植面积最高曾达 66.67 万 hm^2 以上。小麦品种永良 4 号（宁春 4 号），不仅是中国的优良春小麦品种，也是优异的种质资源。它含有来自美洲、欧洲、亚洲和澳大利亚优良小麦品种的遗传物质，携有*Rht2*基因及1、17+18、5+10和*Glu-A3b*等优异高、低分子量麦谷蛋白亚基，并属于非1BL/1RS易位系，现已作为重要亲本被用于我国各地春小麦品质改良之中。

冬麦和春麦属于相互分隔的两大生态类型群。因两者之间相互沟通和交流相对较少，所以冬小麦基因库现已被认为是春小麦生态远缘种质资源搜集的最重要来源。世界各地小麦育种实践表明，春性小麦与冬性小麦、半冬性小麦3种生态类型之间进行生态远缘杂交，是春小麦种质创新和新品种选育的一条行之有效的途径。如冬小麦品种多具有不同程度的耐寒、多穗、抗干热风和根腐病、落黄好等优良特性；春小麦则具有不同程度的抗秆锈、大穗、生育期较短和面筋质量优异等优良性状。两者杂交后，杂交后代分离幅度大、变异范围广，而且杂交可育性也很高。它对于拓宽春小麦遗传基础，增加遗传变异多样性、扩大亲本选择范围，乃至提升春小麦育种效率等均具有重要意义。如20世纪80年代，墨西哥国际玉米小麦改良中心（CIMMYT）利用冬春杂交创造的Verry和Bobwhite等小麦新种质的利用价值，已在世界范围许多国家的试验中得到肯定。2000年以来，黑龙江省农业科学院小麦育种者肖志敏等利用1冬2春和1冬3春等杂交模式，不仅成功地将"藁优"等系列冬小麦优质基因导入东北春小麦遗传背景之中，而且还将冬小麦品种石4185的抗旱性和丰产性，与当地小麦种质资源的生态适应性和优异面筋质量等特性实现了有机整合，并选育推广了龙麦86等优质强筋小麦新品种并创造了许多优质强筋、高产和多抗小麦新种质。

此外，从春小麦光温生态育种角度看，按照不同生态类型进行小麦种质资源搜集也属于生态远缘种质资源搜集范畴。根据小麦生态类型的形成机理，按照不同生态类型进行小麦种质资源搜集，既可扩大小麦种质资源间的遗传距离，又可拓宽当地小麦亲本的选择范围。另外，在当地进行小麦种质资源搜集时，还需依据自家育种目标和主要育种目标性状互补原理进行定向搜集。其中，他家育种单位和自家材料中的小麦苗头品种（系）应是搜集的重点。

三、东北春小麦育种所需各类资源的分布

（一）各种抗源的分布

在全球范围内，小麦病（逆）害是导致小麦生产中产量损失和品质恶化的重要因素。虽然有很多防治小麦病（逆）害的方法和措施，但是最简单、经济和安全的方法是采用抗病（逆）小麦新品种。东北春麦区小麦苗期干旱、后期多雨，秆锈病、赤霉病和根腐病为当地小麦生产中的主要病害。苗期抗旱、后期耐湿和高抗穗发芽为当地小麦品种主要抗逆特性。因此，为提升该区小麦种质资源搜集效率，了解上述抗源的地理分布非常重要。

根据相关研究结果，小麦抗秆锈病的遗传中心主要分布在肯尼亚、俄罗斯、土耳其、加拿大和德国等地。我国东北春麦区经过多年小麦秆锈病抗性遗传改良，现已创建了21C3CTH、21C3CFH和34MKG等当地主要小麦秆锈病生理小种的抗源基因库。如据李伟华等（2006—2010年）对来自辽宁、吉林、黑龙江和内蒙古的68份小麦品种和947份后备品系的苗期和成株期抗秆锈病鉴定结果，在所有供试材料中，有48份小麦生产品种和877份后备品系对秆锈病表现出抗性，占供试材料的70.56%和92.61%。

抗旱遗传资源多集中在印度、澳大利亚、中国、巴基斯坦和乌兹别克斯坦等地。后期耐湿基因源主要分布于小麦收获前后多降雨的地区，如北欧和西欧的沿海地区、阿根廷和巴西

等地和我国的长江中下游地区及东北春麦区等地。抗寒性强的基因源主要分布在俄罗斯、美国和瑞典等地。抗黑穗病遗传资源主要集中在北美地区，以及俄罗斯、土耳其和澳大利亚等地。

小麦赤霉病抗源的地理分布与气候和农业生态条件关系密切。大量相关研究结果表明，世界各地抗赤霉病小麦品种较少，亚洲的日本和中国、欧洲的英国和法国、美洲的美国有些品种发病较轻。由于我国长江中下游地区是世界上赤霉病流行较频繁的地区之一，因而抗赤霉病的小麦品种资源极为丰富。有研究发现，我国70%以上的赤霉病抗源集中分布在长江中下游地区和福建省。

小麦根腐病是严重危害小麦产量的世界性病害之一，并在我国东北、西北和华北等麦区经常发生。从世界范围看，它的抗源主要分布在英国、法国、加拿大、美国和我国东北等根腐病发病较重地区。

穗发芽是一种世界性的气候灾害，主要发生在小麦收获前后降水量较多的地区。据报道，穗发芽抗源主要分布在北欧和西欧的沿海地区、巴西、南非、加拿大的安大略省、澳大利亚种植白粒小麦的东部小麦产业带、美国的西太平洋州和东部的纽约州，以及我国的长江中下游地区和东北春麦区等地。与赤霉病抗源分布规律相似，穗发芽最严重的地区也是穗发芽抗源分布相对最丰富的地区。如东北春麦区大面积推广品种龙麦 33，经过多年抗穗发芽鉴定试验和大面积生产考验，被认为是高抗穗发芽的重要抗源之一。

（二）早熟和矮源等基因源的分布

早熟基因源主要分布于中国、日本、印度和巴西等国家的一些麦产区。其中，早熟性是中国普通小麦种质资源的最突出特点，无论是地方品种还是育成品种都明显比国外小麦品种早熟。如长江中下游麦产区多数小麦品种比西欧小麦品种早熟 1～2 周，比美国品种早熟 10 d 左右。中国著名早熟小麦品种江东门和临浦早等，是中国小麦早熟育种的基础。前苏联利用中国早熟品种取得了显著成效，并育成适应无霜期很短的西伯利亚春小麦早熟品种群。我国小麦早熟基因源主要分布在四川盆地、云贵高原、华南山丘和东北平原等地。肖志敏等根据相关研究结果认为，小麦种质资源的熟期早晚，与其各生长发育阶段温光特性存在着密切的联系。如龙辐麦 1 号、小冰 32、龙麦 15 和龙麦 30 等东北春麦区早熟和中早熟小麦品种，几乎均为春化作用较小和光周期反应迟钝类型。

小麦矮秆源中心为日本和中国。随着全球小麦矮化育种的兴起，小麦矮秆资源的分布研究，现已越来越受到各国小麦育种家的高度重视。根据现有研究结果，小麦矮源大致可分为 4 类：①地方矮秆品种和自然突变类型，如达摩小麦、赤小麦、大拇指矮、山西矮变 1 号和 Burt。②主栽品种或原始栽培类型的衍生品种，如达摩小麦的衍生系农林 10 号、赤小麦的衍生系阿夫、阿勃和欧柔等。③野生近缘种，主要指现代栽培小麦的野生近缘种，或野生和栽培类型之间的过渡类型。④人工创制的矮秆资源，如硬粒小麦 Edemore 的 EMS 突变体 EdemoreM1 等。目前，我国小麦育种中应用最多的矮秆基因主要来源于农林 10 号的 *Rht1* 和 *Rht2* 及来自赤小麦的 *Rht8* 和 *Rht9*。另外，来自矮变 1 号的 *Rht10* 显性基因，在 20 世纪 80 年代还被刘秉华先生用于创建矮败小麦种质创新平台。一些研究结果显示，小麦株高既受矮化基因和遗传背景控制，也受环境条件变化影响，并与其各生长发育阶段的光温特性具有一定的内在联系。

小麦大粒资源主要分布在俄罗斯、意大利和阿富汗等地。在小麦大粒源千粒重划分标准上，李月华等（1993）根据对 1 666 份种质资源千粒重的研究结果，将小麦大粒种质资源的千粒重标准确定为 50 g 以上。我国小麦大粒源分布既与生态环境有关，但又不完全受生态环境控制，主要分布于青藏高原、闽、桂、云、川等地区。多花多实性是小麦高产育种的主要改良内容，我国地方小麦品种以多花多实性而著称全球，特别是我国南方小麦中的合川光头、铜柱头和大红芒等地方品种，每小穗可结实 5 粒左右，中部小穗最高可达 7～8 粒。每穗结实最多可达 100 粒左右，可谓是我国小麦产量改良极为宝贵的基因源。

（三）优异面筋质量和淀粉特性资源分布

在面包小麦育种中，优异面筋质量是小麦品质改良的核心性状。一般情况下，凡是进行面包小麦育种的国家或地区，面筋质量优异的小麦品质资源分布比例相对较高。其中，加拿大、美国和澳大利亚等国家强筋小麦育种开展较早，专用化育种水平较高，优异面筋质量基因源储备相对较为丰富，特别是超强筋小麦基因源以加拿大小麦品种居多。另外，在保加利亚、俄罗斯和墨西哥等国家小麦种质资源中，也蕴藏着许多优异面筋质量基因源。近些年来，我国强筋小麦育种进展较快，目前，在我国河北“藁优”系列、山东“济麦”系列、河南“郑麦”系列、陕西“西农”系列、北京“中麦”系列、天津“津强”系列、辽宁“辽春”系列和黑龙江“龙麦”系列等品种中均蕴藏了大量的优异面筋质量基因源。

在面包/面条兼用型强筋小麦育种中，优异淀粉特性是不可或缺的品质性状。澳大利亚以盛产面条小麦闻名世界，优异小麦淀粉特性基因源现仍以“澳麦”居多。近些年来，我国面包/面条兼用型强筋小麦育种已经取得了较大进展，并创造了一些具有优异淀粉特性的强筋小麦品质基因源。如河南省推广的郑麦 366，东北春麦区推广的龙麦 26、龙麦 33、龙麦 35 和龙麦 36 等均属面包/面条兼用型品种。其中，龙麦 36 还被克明面业有限公司确定为适合加工日本面条的国内小麦品种之一。有研究结果认为，优异淀粉特性的遗传基础主要取决于 *Wx* 基因位点的缺失。其中，*Wx - B1* 位点的缺失对淀粉改良作用最大，其作用甚至相当于 *Glu - D1d*（5+10）基因对强筋小麦面筋质量的贡献率。

国内外相关研究结果表明，蛋白质含量是面包和面包/面条兼用型强筋小麦品种的优异面筋质量和淀粉特性在二次加工品质中得到充分表达的前提与基础。因此，在强筋小麦品质资源搜集时，了解小麦高蛋白基因源的分布亦不可忽视。有资料显示，美国、加拿大和澳大利亚等国家小麦高蛋白基因源的储备较为丰富；保加利亚和俄罗斯等国家曾利用人工诱变和远缘杂交也创造了一些高蛋白小麦种质资源。另外，我国东北一些小麦地方品种中也存在一些蛋白质含量较高的基因源。

四、小麦种质资源的鉴定与分类

（一）田间鉴定

小麦种质资源搜集的最主要目的是在育种中加以利用。为将搜集的各类资源更好地运用于春小麦光温生态育种之中，就必须对它们进行各种目标性状鉴定和生态类型分类。在小麦种质资源各类性状鉴定过程中，田间鉴定是必不可少的。田间鉴定不但可容纳大量鉴定材料和减少人力、物力的浪费，而且能更好地了解小麦种质资源在不同环境因素作用下的性状变化动态。在春小麦光温生态育种中，为保证田间鉴定效果，通常会对新搜集的小麦种质资源进行两次田间鉴定。

第一次田间鉴定主要指把数量众多的小麦种质资源放在同一环境条件下的鉴定，以用于观察其形态及特性的表现。鉴定所用的种植方法和调查项目等，与一般小麦种质资源的鉴定基本相同。不同的是，一是在小麦种质资源种植圃中，需设置不同生态类型品种为对照；二是在田间调查和鉴定过程中，要将新搜集的小麦种质资源按照形态和相应生态类型对照品种进行生态类型分类，如抗旱、耐湿、旱肥和水肥生态类型划分；三是根据不同生态类型小麦种质资源的田间表现，选择出在当地小麦育种中具有一定利用价值的小麦种质资源，供第二次田间鉴定所用。

第二次田间鉴定主要是根据第一次田间鉴定结果，将划分为不同生态类型的小麦种质资源，分别放在各自较为适宜的环境中再次进行田间鉴定。鉴定方法和调查项目与第一次田间鉴定基本相同，但必须设置相应的对照品种。两次田间鉴定均以表型鉴定结果为主。因表型鉴定的主要依据是肉眼可观察的外部特征、特性和多种形态的综合体现，所以根据表型多样性，可初步明确入选小麦种质资源的遗传多样性与生态环境的关系，进而为亲本选用提供一定依据。

（二）病（逆）害鉴定

小麦抗病（逆）性鉴定包括田间自然鉴定、温室或田间接种鉴定和离体鉴定等多种途径与方法。其中，自然条件下的田间鉴定是鉴定小麦种质资源抗病（逆）性的最基本方法，尤其在小麦各种病（逆）害常发区，可对小麦种质资源的病（逆）害抗性进行最全面和最严格的考验。为保证田间鉴定结果的准确性，一定要针对当地主要病（逆）害种类和危害机制，选择适宜的田间鉴定方法。如东北春麦区小麦育种实践表明，在当地小麦苗期干旱和生育后期多雨的特定生态条件下，赤霉病和根腐病抗性鉴定采用田间喷雾和散“病粒”方法；秆锈病抗性鉴定采用田间种植感染行和人工接种相结合方式；苗期抗旱性鉴定在小麦拔节期以自然选择为主；耐湿性鉴定以小麦生育后期熟相表现为依据等田间鉴定方法，均可取得较好的田间鉴定效果。

温室或大棚等保温控湿条件下进行小麦病（逆）害鉴定，是小麦种质资源田间鉴定的完善与补充。这种方法适用于所有作物的抗病（逆）性鉴定，并可相对真实地反映出被鉴定材料的抗病（逆）性水平。如在东北春麦区小麦种质资源赤霉病抗性鉴定上，虽然利用田间喷雾表型鉴定方法可对供试材料的赤霉病抗性给出初步评价，但却常因受制于田间空气湿度变化，往往对其抗赤霉病水平很难给出准确评价。而在温室或大棚人工控湿和温度基本得到满足的条件下，利用人工单花滴注接种与喷雾接种相结合进行赤霉病抗性鉴定，既可明确小麦种质资源间的抗侵染能力差别，又能发现材料间在抗扩展水平方面的差异。同时，利用这种方法还可同步进行赤霉病、根腐病和小麦穗发芽等多种病（逆）害抗性鉴定。此鉴定方法在黑龙江省农业科学院“龙麦号”育种团队实施多年，并被证明行之有效（表 4－3）。

表 4－3　“龙麦号”抗病（逆）材料筛选（哈尔滨，2018 年）

材料名称	赤霉病抗性	根腐病抗性	穗发芽抗性
龙 04－4230	中抗	中感	中抗
龙 06－7767	中感	中抗	高抗
龙 10－0870	中抗	中感	高抗
龙 12－2812	中抗	中感	中抗

（续）

材料名称	赤霉病抗性	根腐病抗性	穗发芽抗性
龙 12－2972	中抗	中抗	中抗
龙 12－2289	中感	中感	中抗
龙 13－3550	中感	中抗	中抗
龙 14－4080	中抗	中抗	中抗
龙 14－5050	中感	中感	高抗
龙 $14F_5$－7158－2	中抗	中抗	高抗

注：病害抗性为鉴定棚内人工喷雾接种鉴定结果，穗发芽抗性为人工模拟条件下鉴定结果。

离体接种鉴定是小麦种质资源病害鉴定常用的方法之一，该方法具有操作简便、结果可靠及鉴定材料容纳较多等诸多优点，特别适合一些小麦叶部病害鉴定。如 21 世纪初，黑龙江省农业科学院“龙麦号”育种团队通过与全俄植保研究所合作，利用小麦根腐病离体鉴定方法对数百份小麦种质资源的叶片进行小麦根腐病离体鉴定，鉴定效果明显优于田间喷雾接种。

在小麦育种中，小麦种质资源的抗病（逆）性鉴定属稳产和稳质性状鉴定范畴。若要为当地育成综合性状较好的小麦新品种，对搜集的小麦种质资源进行抗病（逆）性鉴定至关重要。只有充分了解各类小麦种质资源的抗病（逆）性水平，才能在小麦亲本选配中做到“量材使用”，并通过多抗与广适小麦新品种的选育与推广，将当地小麦生产的病（逆）害的危害程度控制在经济阈值以内。

（三）遗传基础和品质分析

现代小麦育种已进入常规育种与分子育种结合时代。有学者认为，常规育种和分子育种是相辅相成、互相促进的。两者好似枝干和树叶的关系，前者需要茂密的枝叶不断地提供营养，后者则需依托在枝干上才能枝繁叶茂、经久不衰。尽管目前小麦育种仍以常规育种手段为主，可是分子标记辅助技术现已成为小麦遗传基础分析的重要手段之一。分子标记是直接针对遗传物质的研究，不受时间和空间的限制，也不受环境条件的影响和其基因表达与否的限制，能够快速有效地鉴定和评价小麦种质资源的遗传多样性，被普遍认为是研究生物遗传差异最理想的手段。特别是在亲本选择、产量预测、品种鉴定、遗传多样性、育种监测等方面可发挥重要作用。因此，在田间鉴定和主要病（逆）害鉴定基础上，利用分子标记和生化标记辅助技术对搜集的各类小麦种质资源进行相关遗传基础分析，可为小麦亲本选配提供重要依据。

小麦种质资源中的各种遗传变异是小麦育种的物质基础，对资源的合理分类与准确评价是小麦资源高效利用的前提。在利用分子标记进行小麦种质资源遗传基础研究时，第一，可利用简单重复序列标记（Simlie sequence repeats，SSR）等分子标记对小麦种质资源进行遗传多样性分析；第二，根据小麦种质资源所包含的遗传变异进行血缘分类；第三，对一些有主效基因控制的性状，并属当地主要育种目标性状的遗传基础分析，可采用诊断性标记或生化标记等进行相关遗传基础分析。如东北春麦区小麦抗赤霉病育种所需的 *Fhb1* 基因；超强筋小麦育种所需的 *Glu－D1d* 和 *Glu－B1al* 等优质基因；面包/面条兼用型强筋小麦育种优异淀粉特性所需的 *Wx－B1* 基因缺失，以及是否具有 1B/1R 遗传基础等。因分子标记辅助选择技术可直接对控制目标性状的基因进行定向跟踪与鉴定，所以将分子标记辅助选择技术与田间鉴定等手段相结合，可实现小麦种质资源的目标性状表现型和基因型的同步选择。

高产和优质是小麦种质资源的两大核心性状。虽然通过上述各种鉴定手段或途径，对搜集的小麦种质资源的产量潜力、主要抗病（逆）性，乃至相关遗传基础等均有所了解，但对其在小麦品质育种中的利用价值，尚停留在相关遗传基础分析上。在小麦专用化育种，特别是强筋和弱筋小麦育种中，对小麦种质资源进行品质分析，以明确其品质潜力至关重要。如“龙麦号”强筋小麦育种实践表明，强筋小麦品种大多具有 *Glu-D1d* 基因，但有 *Glu-D1d* 基因不一定是强筋小麦种质。根据小麦主要品质内涵，小麦种质资源品质分析内容主要包括：蛋白质（湿面筋）含量、蛋白质（湿面筋）质量和淀粉特性 3 个方面。其中，蛋白质（湿面筋）质量和淀粉特性更重要，因为它们直接关系到小麦种质资源在面包小麦和面包/面条兼用型强筋小麦育种中的利用价值。

（四）用途分类

小麦种质资源用途分类，是小麦种质资源在小麦育种中能否得到合理与高效利用的前提。在田间鉴定、病（逆）害鉴定、主要遗传基础和品质分析基础上，对最终入选的小麦种质资源按照“偏生全、全无用”等小麦亲本选配原则，运用用途分类原理，采用逻辑方法，依据当地育种目标需求，以及主要育种内容层次等进行逐级划分，可精准获取其有用的遗传信息。

在春小麦光温生态育种中，小麦种质资源用途逐级分类主要过程如下：一是根据气候和土壤生态适应调控性状表现，需先将其划分为抗旱、旱肥、耐湿和水肥四个生态类型。二是根据每一生态类型群内的“高产”和“优质”两大类核心性状表现，再将它们划分为高产和优质两大类。三是在划分的每一大类中，根据产量和品质性状主要内涵，再进一步划分为小类，如旱肥、高产、多小穗型；旱肥、高产、每小穗多粒型；水肥、高产、大粒型及水肥、高产、超强筋型等。四是在此基础上，还需将主要抗病（逆）性，如花期秆强度、赤霉病及根腐病和穗发芽等抗性水平纳入小类划分之中，如旱肥、高产、多小穗、壮秆型；旱肥、高产、每小穗多粒、抗穗发芽型；水肥、高产、大粒、中抗赤霉病型及水肥高产、超强筋、抗根腐病型等。

另外，在小麦种质资源用途分类时，还需将其主要育种目标性状的相关遗传基础考虑在内。如在赤霉病抗源分类时，明确是否携有 *Fhb1* 主效基因，可实现表型鉴定与基因型鉴定的有机结合。在超强筋小麦种质资源分类时，明确是否携有 *Glu-D1d* 和 *Glu-B1al* 等主效优质基因，可为强筋小麦蛋白质（湿面筋）质量遗传改良提供重要理论依据。选用面包/面条兼用型小麦种质资源为亲本时，只有在强筋高产多抗基础上携有 *Wx-B1* 缺失位点的亲本材料，才能在面包/面条兼用型强筋小麦育种中利用价值较大。因此，在小麦种质资源用途分类时，依据表型鉴定、基因型鉴定和品质分析等结果，按照育种目标和育种内容层次，对小麦种质资源逐级划分，既可充分挖掘出小麦育种所需的各类基因源，又可避免有用基因源的大量丢失。

第二节　小麦种质资源的创造与保存

小麦种质资源创造是丰富小麦遗传基础，增加小麦亲本储备，提高小麦育种水平的重要途径；小麦种质资源保存，是防止小麦资源流失、资源储备、研究和开发利用小麦新种质的基础和前提。二者都是小麦基因库创建的主要内容。

一、小麦种质资源的创造

（一）必要性分析

小麦种质资源既是小麦育种的核心战略资源，也是小麦育种可持续发展不可替代的物质基础。如果说小麦种业是小麦产业的“芯片”，那么小麦种质资源就是小麦种业的“芯片”。现代小麦育种已经进入常规育种与分子育种结合时代，新一轮小麦育种研究的竞争已经开启。任何一个小麦育种机构若不加大新种质创新力度，不能勇敢地参与竞争，就必然会被“边缘化”，甚至被彻底淘汰。

世界小麦育种发展历程表明，每次突破性品种的育成，都源于新的遗传资源的发现、创新和利用。如日本矮秆资源农林 10 号的发现与利用，引发了“世界绿色革命”。我国四川农业大学小麦研究所应用多种目的基因聚合法育成的小麦新种质“繁六”和山东农业大学农学系应用大群体类型优选法育成的小麦新种质“矮孟牛”，均在我国小麦新品种选育中作出了突出贡献，并先后获得国家发明一等奖。黑龙江省农业科学院小麦育种者创造的丰产多抗小麦新种质克丰 2 号和优质强筋多抗小麦新种质龙麦 26，也曾先后获得国家发明奖和国家科技进步二等奖，并分别在东北春麦区产量育种阶段（20 世纪 80—90 年代）和量、质兼用强筋小麦育种阶段（21 世纪初至今）作为核心亲本，先后选育推广了新克旱 9 号、龙麦 33 和龙麦 35 等多个东北春麦区小麦主导品种。以上事例再次说明，在现代小麦育种工作中，没有亲本搜集，就不能做到知己知彼、百战不殆。没有亲本创新，就没有育种的持续。它是拓宽小麦遗传基础和选育突破小麦新品种的重要环节之一。

小麦种质创新力度直接影响到小麦育种效率和发展进程。可以说，对任何一个小麦育种团队而言，谁的小麦种质资源创新力度大，谁就掌握了小麦育种的主动权。这是因为核心亲本是很难从其他地区搜集到的，必须以自身创造为主。另外，各育种团队在小麦种质的自主创新时，明确所用亲本存在的“短板性状”，进行多种育种目标性状的定向集成创新，常可提升小麦新种质在小麦育种中的利用价值。如黑龙江省农业科学院“龙麦号”小麦育种团队创造的一些集多种育种目标性状为一体的小麦新种质，现均已成为当地小麦育种的骨干亲本（表 4-4）。当然，不同小麦育种团队因育种方向、手段和眼光不同，所需目的基因源种类、要求和标准会明显不同。创造出的种质资源利用价值大与小，关键在于小麦育种者对它的识别与利用。

表 4-4 “龙麦号”小麦育种部分骨干亲本的主要特征特性表

亲本类型	材料名称	主要特性	
		优点	缺点
优质强筋	龙麦 39	秆强、丰产性好、超强筋	感赤霉病
	龙麦 86	丰产性好、熟相突出、超强筋、*Wx* 基因缺失	秆偏弱
	龙 15-5233	丰产性好、大粒、超强筋	感赤霉病
优质丰产	龙麦 33	丰产性突出、大粒、多花、强筋	感赤霉病
	龙 11-1017	丰产性突出、多花、秆强、强筋	感赤霉病
	龙 13-3298	优质丰产、强筋、*Wx* 基因缺失	感赤霉病

（续）

亲本类型	材料名称	主要特性	
		优点	缺点
优质抗病	龙 04－4230	强筋、抗赤霉病	秆偏弱
	龙 10－0870	强筋、抗赤霉病、多花	籽粒偏小
	龙 12－2972	强筋、抗赤霉病、多小穗	籽粒偏小
优质抗倒	龙 12－2210	强筋、秆强、丰产性中等	抗旱性差

（二）利用小麦近缘属（种）创造小麦新种质

目前，在世界范围内利用小麦近缘属（种）创造小麦新种质已取得重大进展。有资料显示，现已有 5 个属 15 个种（包括小麦属的 5 个种）向普通小麦转移了抗病基因。如孙善澄先生创造的远中 5 等八倍体小偃麦新种质现已成为世界性大麦黄矮病抗源。中国小麦远缘杂交育种奠基人李振声先生带领他的课题组，经过 20 年的努力，成功地将偃麦草的抗病和抗逆基因转移到小麦当中，并在我国农业育种史上被称为“牧草和小麦的婚配”。簇毛麦 6VS 携带的 *Pm21* 基因现已成为全球重要的小麦白粉病抗源。1B/1R 携有的黑麦丰产和多抗源为全球小麦高产和多抗性育种作出了突出贡献。黑龙江省农业科学院克山小麦育种研究所小麦育种者成功地将八倍体小黑麦 AD20 中的耐低温性和抗旱性导入东北春小麦遗传背景之中，创造出了克珍等丰产和耐低温小麦新种质。

21 世纪已进入信息时代，小麦种质资源创造与生物技术和生物信息学相结合，可为深入研究小麦近缘属（种）的遗传多样性及其分布规律和创造各类小麦新种质提供可靠的科学依据。如安调过等（2011）通过远缘杂交和染色体工程等方法创制了一大批不同类型的材料，经基因组原位杂交 GISH、多色 FISH 和特异分子标记鉴定，共选育出 10 类可被育种家利用的抗病、优质、富含微量营养元素、氮高效和丰产等性状优良的小麦远缘杂交新种质；开发了 414 对黑麦基因组专化的 EST 引物，31 个黑麦染色体（臂）专化的 EST 分子标记，可应用于分子标记辅助育种。*Sr33* 基因从近缘物种粗山羊草引入普通小麦之中，被发现可以增强小麦对 Ug99（一种新的强毒性秆锈病生理小种）的抗性，以及普通小麦面粉适合制作馒头和面包的基因是来自粗山羊草等。

从普通小麦演化进程看，小麦的进化历史就是一部近缘属（种）杂交史。如今，普通小麦已成了小麦属作物中的集大成者。通过对小麦远缘杂交技术的总结认为，普通小麦由于本身的多倍性，对导入的外源基因具有较强的调节能力，是适宜外源有益基因导入的良好受体。有学者认为，在现有对普通小麦的改良系统中，有一个系统贡献较大，那就是通过近缘属（种）间杂交可有效地把外源有益遗传物质转移到普通小麦中，并创造大量小麦新种质。在分子生物学技术广泛发展的今天，利用近缘属（种）间杂交创造小麦新种质仍有它的重要现实意义。这是因为一方面，远缘杂交是分子生物技术的基础；另一方面，它也是分子生物学技术不能替代的。当然，在利用近缘属（种）间杂交创造小麦新种质时，经常会面临杂交不亲和、杂种不育、后代“疯狂分离”及创造新种质时间较长等诸多技术难题。为解决上述难题，只有依靠独特的种质资源、丰富的小麦育种经验和锲而不舍的科学精神，才能从小麦近缘属（种）中源源不断地挖掘出新的小麦基因源。

（三）利用地理或生态远缘种内杂交等手段创造小麦新种质

地理或生态远缘的种内杂交，主要是指生态特性差异较大的普通小麦品种类型之间的杂交。多年来，国内外小麦育种者利用上述途径创造小麦新种质时，所采用的杂交方式主要包括：冬春杂交，冬麦或春麦的地理远缘杂交，以及同一生态区域内的不同生态类型品种间杂交等。上述各种杂交方式在全球范围内，都为小麦种质创新作出了重要贡献。如为使冬麦和春麦两大分隔基因库的有利基因源得到充分互补，早在20世纪80年代初期，墨西哥国际玉米小麦改良中心（CIMMYT）就与美国俄勒冈大学合作，开展了大规模的系统冬春麦杂交工作。从中选择出的Veery等国际著名面包小麦新种质曾被许多国家小麦育种者作为亲本材料用于当地小麦育种之中。21世纪以来，黑龙江省农业科学院“龙麦号”育种团队利用冬春杂交手段，将来自河南、河北、山东和陕西的郑麦9023、藁城8901、济麦20和西农979等冬小麦品种的强筋基因源导入东北春小麦遗传背景之中，创造的龙15-5559和龙16-6105等强筋小麦新种质，现已作为核心或骨干亲本被用于东北春麦区强筋小麦育种之中。

在利用地理生态远缘和生态类型间杂交创造小麦新种质方面，早在20世纪50年代初，东北春麦区小麦育种者就利用当地农家品种兰寿与美国小麦品种Thatcher杂交，创造出合作6号等抗旱和抗秆锈病21号生理小种的小麦新种质。20世纪60—90年代，黑龙江省农业科学院克山小麦育种者利用生态类型间杂交与单梯式和双梯式杂交相结合的方式，不但实现了抗旱和耐湿这一对立性状主要目的基因的定向集聚，而且创造了富含广适、丰产和多抗等多种优异基因源的“克字号”小麦基因库。20世纪90年代至今，黑龙江省农业科学院“龙麦号”小麦育种团队利用地理生态远缘和生态类型间杂交与滚动式回交、品质分析、表型鉴定和分子标记相结合等途径，成功地将“美麦”“加麦”和“澳麦”等优异面筋质量和淀粉特性基因源及我国长江中下游地区小麦的赤霉病抗源导入东北春小麦遗传背景之中，同时还创造了“龙麦号”优质强筋小麦基因库（表4-5）。

表4-5　“龙麦号”优质强筋骨干亲本主要品质指标表现（哈尔滨，2018年）

样品名称	湿面筋（%）	面筋指数（%）	干面筋（%）	沉降值（mL）	100 g吸水量（mL）	面团形成时间（min）	稳定时间（min）	断裂时间（min）	弱化度（FU）	能量（cm²）	延伸性（mm）	最大拉伸阻力（EU）
15-5552	32.7	99.7	11.5	30.0	60.2	19.9	24.3	29.0	34	199	176	882
14-4433	30.2	99.3	10.8	33.5	59.1	20.0	22.8	31.1	33	198	167	944
15-5233	28.7	99.7	10.4	37.0	56.8	20.7	28.4	29.7	40	225	189	937
14H4062	29.2	96.6	10.4	40.0	57.2	14.5	28.7	30.5	24	205	189	845
14-4403	29.7	99.0	10.4	33.0	58.6	15.0	32.8	33.1	15	179	151	960
15-5575	25.6	98.8	11.7	47.0	59.1	23.2	26.0	37.5	25	190	196	756
15-5703	33.5	99.1	11.9	41.0	58.2	12.0	19.7	26.9	21	188	204	704

另外，随着小麦育种技术的快速发展，矮败轮回群体选择、分子标记辅助回交选择和转基因技术等现已被广泛用于小麦种质创新工作之中。其中，矮败小麦兼有自花授粉和异花授粉特性，是构建动态基因库，拓建各具特色的轮回选择群体，聚合有益基因，打破不利连锁，有效解决高产与多抗、高产与广适、优质与高产等诸多矛盾的小麦新种质创新高效平台。分子标记辅助回交选择技术则主要用于小麦等位基因功能性检测，及携有抗病（逆）和优异面筋质量主效基因的小麦新种质创造等方面。如2018年，黑龙江省农业科学院“龙麦号”小麦育种团队利用该方法，将*Glu-B1al*基因定向导入龙麦26和龙麦35强筋小麦遗传

背景中后，获得的 BC_5F_1 群体品质分析结果表明，2 个强筋小麦品种的品质水平均得到进一步提高（表 4－6）。

表 4－6　龙麦 26 和龙麦 35 转 *Glu－B1al* 基因的 BC_5F_1 品质遗传效应（哈尔滨，2018 年）

基因型	籽粒蛋白（%）	湿面筋（%）	面筋指数（%）	稳定时间（min）	断裂时间（min）	能量（cm^2）	延伸性（mm）	最大拉伸阻力（EU）
龙麦 26（7＋9）	17.46	41.5	87.5	11.8	11.8	162	211	589
龙麦 26（7^{OE}＋8^*）	16.99	41.4	90.3	18.0	18.0	185	218	648
龙麦 35（7＋9）	17.03	40.9	94.1	10.9	10.9	144	227	480
龙麦 35（7^{OE}＋8^*）	17.34	37.9	96.8	16.7	16.7	168	229	559

（四）诱发变异创造各类小麦新种质

目前，诱发变异创造小麦新种质所采用的技术主要有物理诱变、化学诱变、离体诱变、空间诱变以及物理诱变或化学诱变与离体诱变相结合等。其中，物理诱变主要指利用 X、γ、α、β 射线和中子、紫外光等辐射处理生物体，进行小麦新种质创造的一种方法。化学诱变是指用烷化剂等化学诱变剂处理小麦种子、组织、器官或植株等，进行小麦新种质创造的一种方法。离体诱变是指对小麦组织培养中的外植体，如花药、游离小孢子、幼胚或离体培养物等进行物理、化学、空间或生物等因素诱变处理，进行小麦种质创造的一种方法。空间诱变是指利用返回式卫星等所能到达的空间环境或人工地面模拟太空环境对植物（种子）的诱变产生有益变异，在地面进行小麦新种质创新的一种方法。

在过去的几十年里，世界各国小麦育种者利用上述诱变技术，创造了大量在小麦育种中具有较大利用价值的新种质。如 20 世纪 90 年代，阎文义等以春小麦纯系 K202 的幼穗为外植体，用 γ 射线进行离体诱变，经过根腐病菌粗毒素筛选，创造的高抗小麦抗根腐病新种质龙辐 83199，现已成为东北春麦区小麦抗根腐病育种的骨干亲本。李兰真等（2001）利用离子注入诱导小麦品种豫麦 39，M_2 代中筛选到了株高变矮、叶片上举、株型好、小穗排列紧密等小麦新种质。沈银柱等（1997）以盐胁迫为选择压力，利用甲基磺酸乙酯（EMS）诱发小麦花药愈伤组织获得耐盐再生植株，后代中有 52.9%的品系达到一级耐盐，表现了一定的遗传稳定性。孙岩等（2007）通过小麦幼胚体细胞无性系变异方法获得后代植株，筛选到了抗秆锈病突变体龙辐 03D51。“十五”规划以来，中国农业科学院作物科学所航天育种中心等单位利用空间诱变途径获得了极早熟、抗病、强筋小麦新种质“SP8581”和“SP801”等，现已在我国各地小麦育种中得到了广泛应用。

随着自然科学技术的不断发展，一些新的技术如基因编辑和转基因等正在被用于小麦种质创新工作之中，特别是基因组编辑技术在小麦种质创新领域中的作用将会越来越重要。因为基因编辑和转基因技术现仍然面临政策法规和技术优化两方面的挑战，所以在利用上述新技术进行小麦种质创新时，加强小麦新种质的安全性监管非常重要。

二、小麦资源的保存

（一）小麦种质资源保存的意义

小麦种质资源保存是保证小麦育种可持续发展的重要举措。小麦种子是有生命的个体。小麦种质资源保存就是保存种质原有的遗传性、生活力和一定的数量。利用自然和人工创造

的适宜环境使生物个体的遗传物质具有完整性、减少繁殖过程中的漂变和丢失，是小麦种质资源保存工作的主要内容。从小麦种质资源保存目的看，入库（圃）保存只能暂时避免人为或自然灾害对小麦种质资源的破坏，而不能保证其种子生活力不会下降和出现遗传变化。曾有报道指出，一些小麦种质在低温库贮藏不到15年，其发芽率就下降至10%以下。还有报道认为，原贮存样品更新后，有多达50%的原种质样品特性已丧失。因此，在强调种质保存的基础上，种质库安全保存技术和超低温长期保存技术等已成为当今的研究热点。

随着我国小麦种质贮存时间的延长和数量的剧增，种质保存的安全性越来越受到重视。建设小麦种质资源库、加强其生活力和遗传变化的监测技术、种质更新标准和繁种方法等方面的研究，已成为确保小麦种质资源长期安全保存的重要工作内容。近20年来，作为拓宽小麦育种遗传基础的源头，种质资源的搜集、保存及研究一直受到有关部门的高度重视，并取得令人瞩目的成就。如我国现已建立了现代化的国家作物种质库，实现了长期保存和备份保存。目前，我国国家种质资源库已搜集保存小麦种质资源达4.5万份，居世界第二位，加上各地的中期库和种质圃，全国已初步形成了小麦种质资源保存网。

小麦种质资源保存工作是一项系统性的基础工作。哪一环节出了问题，都有可能导致种质资源得而复失的危险。尽管如今我国小麦种质资源保存利用体系已初步建立，但应该看到，小麦种质保存工作与国外先进国家相比，仍存在很大差距。因此，有计划地建立起我国小麦种质资源各级保存体系非常重要。这里需要指出的是，任何小麦育种机构都要高度重视小麦种质资源的保存，特别是不同历史时期小麦地方品种和骨干亲本材料的保存。这是因为随着农业机械化和小麦良种的大面积推广种植，势必会导致大量地方品种被淘汰和杂交亲本的更新换代。为防患于未然和下一步育种需求，保存好不同时期所用的各类小麦种质资源和建立相应的信息档案必须引起小麦育种者的重视。

（二）小麦种质资源保存常采用的方法

目前，世界各国在小麦种质长期贮藏上常采用的方法有：①利用低温干燥的自然条件保存。如新疆农业科学院的贮藏试验结果，水稻可保存11年，小麦可保存18～19年。②利用干燥环境保存小麦种子。如1972年，黑龙江省农业科学院作物育种研究所采用高领坛＋石灰干燥密封贮藏法保存小麦种子，1980年进行小麦生活力检测，小麦发芽率仍平均可达94.5%。这种方法由于坛内的大量生石灰可以充分吸湿、可使小麦种子含水量降低至7%左右，在无现代化种子库条件下可视为一种实用方法。③利用低温干燥种质库保存种子。利用这种方法保存种质资源在小麦种子选择时，要特别注意选择发育健全、在达到生理成熟阶段立即收获的种子，过早或过迟收获的种子，其生活力都比较低。同时虫伤、喷洒过药剂或进行熏蒸过的种子都不宜利用这种方式贮藏。利用低温干燥种质库保存小麦种质资源，除贮藏温度和湿度要求较低外，还需对其种子进行生活力检测、干燥脱水、密封包装等一系列入库保存前处理。因这种贮藏条件可迫使小麦种子处于代谢作用的最低限度，所以现已被各国广泛用于小麦种质资源的长期贮藏。

小麦种子保存寿命是种质库管理评价的重要指标。种子保存寿命研究的经典方法是通过发芽试验，确定其种子活力和繁殖更新时间。随着生物技术的快速发展，分子标记等技术现已逐步用于小麦种质资源保存的遗传完整性监测和繁殖更新临界值确定等方面的研究。有研究表明，不同作物的种子寿命是受遗传控制的。近年来，在小麦等作物中已鉴定出与种子寿命相关的数量性状QTL（Quantitative trait locus）位点。其中，与小麦种子寿命相关的

QTL现已被定位在2AS染色体上。如果克隆了那些在低温条件下（如长期库－18℃下）种子保存寿命相关的QTL，并对不同种质资源中的等位基因进行系统分析，将有助于了解不同材料种子保存寿命的自然遗传变异，并通过检测等位基因或利用功能标记就可预测繁殖更新时间。

目前，我国小麦种质资源保存技术研究已进入一个新的历史阶段，加强种质资源立法和相关政策制定，既能使种质资源得到充分利用，又能保证具有战略性的资源不流失国外。提倡自愿把搜集或创造的小麦优异资源送一份复份到国家和地方中、长期库中保存，现已逐步成为有关单位的共识。加强小麦种质资源保存中心、遗传育种机构、生物技术研究单位、种子公司及生产部门等紧密合作，建立全国性小麦种质信息网络系统和提高小麦种质信息利用效率等，现已成为我国下一步小麦种质资源保存和利用研究的主要内容之一。

第三节　小麦种质资源的利用

小麦种质资源搜集、鉴定和分类的最终目的就是为了应用。在小麦常规育种和春小麦光温生态育种中，小麦种质资源利用范畴主要可分为以下两方面：一是直接利用，即从外地引入优良品种，试种成功后直接用于生产。二是间接利用，即把搜集来的小麦种质资源作为杂交亲本，进行小麦新品种选育或新种质创造。

一、小麦种质资源的直接利用

（一）国外引种方面

引种是小麦种质资源的主要用途之一。引种包括广义引种和狭义引种两个方面。广义引种，是指把外地或国外的新作物、新品种或品系，以及研究用的遗传材料引入当地种植。狭义引种，主要是指生产性引种，即引入能供生产上推广栽培的优良品种。无论是广义引种还是狭义引种，它们的理论依据均为“气候相似论”或“气候滑行相似距”理论。特别是在狭义引种方面，只有两地在小麦同苗龄时的各种气候条件非常相似，才易获得成功。如早期引入的南大2419在我国南部最大推广面积曾达466.67万hm^2。20世纪50年代从美国引入的早洋麦（Early piemium）和钱交麦（Ceres）等冬性品种，曾在河北、山西和陕西等地种植，其中早洋麦种植面积最大。从意大利引入的矮立多（Ardito）曾是我国南方冬麦区的主推品种之一；20世纪60年代，从意大利引入的阿夫（Funo）和阿勃（Abbondonza）等品种曾在长江中下游冬麦区和黄淮冬麦区种植，年种植面积达到200万hm^2。

中国小麦品种改良及系谱分析结果发现，我国小麦育种和生产发展的过程也就是国内外小麦种质资源引入和利用的过程。如20世纪50年代，东北春麦区从美国引入的Thatcher等一批抗秆锈病品种在当地推广后，不仅有效地缓解了秆锈病对当地小麦生产的危害问题，而且为当地小麦抗秆锈病育种提供了材料。20世纪70年代初，我国从墨西哥引入的Cajeme 71、Cerros和Tanori等半矮秆品种，不但在一些地区得到了直接利用，而且为我国小麦矮化育种提供了宝贵基因源。在国外小麦种质资源直接利用过程中，除依据“气候相似论”或“气候滑行相似距”理论外，更需明确引入的小麦种质资源中是否具有当地小麦育种和生产中所需的遗传变异基因。目前虽然小麦育种已进入到现代育种阶段，但引种工作还需继续进行，因为它是小麦种质资源利用的重要组成部分。

为提升国外小麦种质资源的直接利用效率，以下几点还需给予关注：一是要注意引用小麦种质资源的一般适应性和特殊适应性需求。前者指适应广阔的生态条件，后者主要指特殊生态环境，如赤霉病抗性和光周期反应等。二是要尽量携有较多的有利遗传变异，不能因引进个别或少数品种产量的失败就轻易否定从该地区或国家引种成功的可能性。三是要求引进的每份小麦种质资源的种子数量要保证初步试验所需，并要先通过检疫程序，以免传进新的病、虫、草害。四是对引入材料的评价，应在本地区具有代表性生态环境和耕作制度条件下进行，并需以当地品种为对照并进行多年多点试验。

（二）国内引种方面

国内引种，是丰富当地小麦种质资源的重要途径，也是扩大小麦种质资源利用的一项经济且有效的措施。在国内引种工作中，只要引种目标明确，方向对路，就可以收到良好的效果。与国外引种一样，国内引种能否成功，主要取决于引种地区与原产地区的生态条件差异程度，也就是说，两地小麦同苗龄时，生态条件差异越小，引种越容易成功。国内引种需要考虑的主要因素包括：气温、日照、纬度、海拔、土壤、植被、降水分布及栽培技术水平等。其中，气温和日照长度是决定性因素，而纬度和海拔则与气温和日照长度变化密切相关。在小麦引种时，两地小麦同苗龄时的气候相似性，或气候滑行相似性至关重要。在诸多因素中，决定两地气候条件差异的主要因素是地理纬度和海拔高度。国内多年小麦引种实践表明，纬度相近、不同经度地区之间引种成功率，通常要明显高于经度相近、纬度不同地区之间的引种成功率。为提升小麦种质资源利用效率，各地小麦育种机构应坚持“育种为主、引种为辅”育种路线，并要尽量减少对它地小麦育种技术体系的依赖性，更不要进入引种→维持→退化→再引种的恶性循环。

新中国成立以来，我国各小麦产区通过相互引种试验评选出一批优良品种，并在不同历史时期满足了各地小麦生产对良种的迫切需要。如20世纪50年代初，东北春麦区通过合作号抗秆锈病品种的相互引种，使这些小麦品种在黑龙江、吉林、辽宁北部及内蒙古等地年种植面积曾达266.67万hm^2以上。20世纪60年代，黄淮平原麦区引种推广的碧蚂1号第一次控制了小麦条锈病的危害，其种植面积不推自广，年推广面积曾达600万hm^2，是我国历史上种植面积最大的小麦品种。2000年以来，河南农业科学院选育推广的郑麦9023、山东农业科学院选育推广的济麦22和西北农业科技大学选育推广的西农979等小麦品种，通过引种试验与示范后，均先后在湖北、安徽与河北等省它地小麦生产中发挥了重要作用。

从小麦种质资源利用角度看，通过国内外引种能直接用于生产的小麦种质资源毕竟是极少数，而其中绝大多数都是为了小麦育种的需要。世界小麦育种和生产发展历程表明，品种选育的突破性进展，往往都是找到了关键性的种质资源。小麦种质资源的遗传多样性，可以增加小麦生产的稳定性，也是小麦生产持续发展的基础。如创造小麦高产纪录的美国品种Gaines的育成及小麦绿色革命的兴起，与利用日本矮源农林10号关系非常密切。世界上适应性广、种植面积最大的前苏联品种无芒1号，其原始亲本则包括美国小麦种质Kanerd Fulcaster 266287、阿根廷小麦种质Klein和匈牙利小麦种质Banatka。因此，在小麦种质资源评价与利用时，能否挖掘出一些有价值的基因源，决定了它们在小麦育种中的间接利用价值。

二、小麦种质资源的间接利用

（一）小麦新品种选育

为解决小麦生产中存在的问题，从大量的小麦种质资源中，经认真鉴定筛选，选择出少量小麦种质资源作为杂交亲本，直接用于新品种选育，这是国内外小麦育种者的共同经验，也是小麦种质资源间接利用的最重要领域。如20世纪50年代，我国著名小麦育种家肖步阳先生带领“克字号”小麦育种团队，以北美引入的抗秆锈小麦种质资源Minn2759为父本与当地材料杂交，选育推广的东北春麦区第一代抗秆锈病小麦新品种克强与克壮，率先解决了秆锈病在当地小麦生产中的危害问题。多年来，虽然该区域秆锈病生理小种消长多变，但利用各种秆锈病抗源育成的一批批“克字号”小麦品种，一直控制着秆锈病在当地小麦生产中的流行与危害。20世纪70年代，该团队又以从墨西哥引进的半矮秆资源那达多列斯小麦品种为亲本，选育推广了水肥型小麦品种克丰3号，年推广面积曾达66.67万hm^2以上，并使东北春麦区小麦单产水平获得显著提升。20世纪60年代以来，为解决黄淮等麦区的条锈病危害问题，当地小麦育种者利用南大2419、阿夫和洛夫林10等小麦种质资源，育成了大量抗（耐）条锈病品种，对抑制当地条锈病的流行起到了重要的作用。为提高南方冬麦区小麦品种对赤霉病菌的抗（耐）水平，江苏省苏州地区农业科学研究所利用阿夫×台湾小麦杂交创造的苏麦3号高抗赤霉病新种质，不但为全球抗赤霉病育种提供了重要抗源，而且作为杂交亲本，已为该区选育出一批抗赤霉病小麦新品种。

世界小麦育种发展史表明，一个关键小麦种质资源在小麦育种中是否被利用，不仅关系到一个小麦育种团队的育种效率，甚至会影响到全球小麦育种发展进程。如在20世纪70—90年代，“克字号”小麦育种团队利用克71F_4-370-7小麦种质为核心亲本，选育推广的克丰2号、新克旱9号和克丰3号等多个高产、多抗、广适大品种，曾使东北春麦区小麦品种更新换代两次。2000年以来，“龙麦号”小麦育种团队围绕龙麦26强筋小麦新种质进行品质与产量同步改良，选育推广的龙麦33和龙麦35等系列优质高产强筋小麦新品种，已使东北春麦区强筋小麦育种取得了重大突破。利用日本的农林10号在美国育成了创造世界小麦高产纪录的品种Gaines，也为墨西哥小麦产量革命打下了基础；利用土耳其小麦种质PI178383，为美国西北部育成了抗条锈病及其他多种病害的系列品种，也为世界其他地区提供了大量的抗病基因源等。

小麦种质资源种类和性质不同，利用途径也不同。小麦种质资源能否作为杂交亲本直接用于新品种选育，主要取决于以下几点：一是必须具备当地小麦育种目标所需的遗传变异，特别是关键性状基因源；二是这种关键性状基因源能否在当地生态条件下得到充分表达；三是缺点较少，需要互补的主要育种目标性状最多不能超过2个；四是主要育种目标性状配合力较好，特别是一般配合力要突出。上述四点中任何一点不能满足需求，均不宜作为杂交亲本直接进行新品种选育，而只能用于小麦新种质创新。如在东北春麦区强筋小麦育种中，虽然通过一次杂交，即可将“簋优系列”“济麦系列”和“西农系列”等冬小麦中的优质源和丰产源等目的基因源导入东北春小麦遗传背景之中，但因春性对冬性和光钝对光敏的显性效应，F_1代表型常难以体现这些种质资源与当地亲本的杂交效果。因此，只有将其作为新的种质资源，并利用当地小麦亲本材料进行回交或滚动式回交后，才能达到预期的育种目标。

从评价小麦种质资源的间接利用价值角度看，在全球丰富的小麦种质资源中，为什么只有少数资源能被作为杂交亲本直接用于小麦新品种选育，其原因是多方面的。其中主要包括：一是它们不具备当地小麦育种目标所需的遗传变异。二是它们所具有的可用性状没有得到鉴定，其利用价值一时还没有被认识到。三是对许多具有潜在利用价值的小麦种质资源，由于鉴定研究不够深入和采用的育种方法不合适而未能发挥应有的成效。四是有些小麦种质资源虽然具备当地小麦育种目标所需的各种遗传变异，但缺点较多，特别是生态适应性较差。几乎没有例外，无论在哪一种农作物育种中，优异亲本和突出品种出现的概率都很低。任何一个成功的小麦育种家或育种团队若要在小麦育种中获得较大突破，都必须要根据育种目标从大量的小麦种质资源中找到自己所需的小麦杂交亲本。从中筛选出的杂交亲本，虽然经过田间鉴定、抗病（逆）性鉴定和品质分析等途径，但还不能完全证明它们在小麦新品种选育中的利用价值。最可靠的评价，还需配置大量的杂交组合，并通过 F_1 代和 F_2 代等世代在田间主要育种目标性状的一般配合力和特殊配合力表现来加以综合评定。指望从少量的小麦种质资源中，筛选出优异小麦亲本进行小麦新品种选育是不现实的。

（二）小麦新种质创造

小麦新种质是优良基因的载体，是小麦育种与生产赖以生存和发展的重要物质基础。纵观世界小麦育种发展史，不外乎是小麦种质资源利用→创造→再利用的过程。如在抗病（逆）小麦新种质创造方面，我国小麦育种者利用小麦染色体工程和种内杂交等途径，将长穗偃麦草［*Elytrigia elongata*（Host）Nevski］抗条锈病、抗高温，中间偃麦草（*Elytrigia intermedia*）抗黄矮病，簇毛麦（*Dasypyrum villosum* L. Candargy）中的抗白粉病及地方品种中的赤霉病抗源、抗旱源等导入现代小麦遗传背景之中，创造了小偃 6 号等诸多抗各种病（逆）害新种质。在矮源小麦新种质创造方面，利用赤小麦和农林 10 号等矮源进行小麦矮化育种和半矮秆小麦新种质创造，不仅使我国小麦品种株高从 120 cm 左右降到 90 cm 以下，而且还创造了大量的半矮秆小麦新种质。在强筋小麦优质源创造方面，利用波兰小麦、美麦、加麦、澳麦和墨麦等小麦优质源，创造了藁城 8901、新麦 26 和龙麦 26 等大量强筋小麦新种质。由此可见，应用常规育种与现代生物技术相结合等手段，把禁锢在小麦种质资源中的有用基因发掘出来并加以利用，现已成为小麦新种质创造的主要途径。

小麦新种质创造属于小麦种质资源的间接利用范畴。这里，被进一步改造的小麦种质资源通常指，或因存在生态适应性等问题，不能作为引入品种直接用于当地生产；或因缺点较多，难以作为新品种选育的杂交亲本，但却在某些育种目标性状上表现特别优异的一些小麦种质资源。在春小麦光温生态育种中，它们主要包括：一是含有小麦近缘属血缘的小麦种质资源，如携有抗旱、对三锈免疫和高抗大麦黄矮病的远中 5 八倍体小偃麦等材料。二是生态远缘和地理远缘的小麦种质资源，如携有 *Fhb1* 赤霉病抗源的苏麦 3 号、扬麦 157 等冬小麦种质资源，以及 Glenlea 等携有 *Glu - B1al* 和 *Glu - D1d* 基因源的加拿大超强筋小麦种质等。三是东北春麦区各育种单位利用各种育种途径创制的矮秆、丰产、超强筋、抗赤霉病及高抗穗发芽等特色基因源，如龙 08H2050、龙 04 - 4230 和克 14 - 1014 等。当然，这里也不排除新品种选育所用的杂交亲本，乃至近期推广的小麦新品种等小麦种质资源的进一步改造，如东北春麦区主导（栽）小麦品种龙麦 33 的赤霉病抗性遗传改良和克春 9 号的品质遗传改良等。

在小麦新种质创造方面，常常是所用小麦种质资源种类和性质不同，采用的途径也不相同。如在春小麦光温生态育种中，对于那些具有近缘种属（种）血缘较多的小麦种质资源，利用染色体工程和各种诱变技术等手段，创造携有目的基因的易位系材料往往效果较好。对于冬小麦和地理远缘春小麦种质资源，一般通过与当地材料进行多次杂交或滚动式回交，并结合多次选择等途径，基本可实现小麦种质创新预期目标。其中，对那些在小麦育种中具有较大利用价值的目的基因，如主要控制蛋白质（湿面筋）质量的 *Glu - D1d* 和 *Glu - B1al*，以及 *Fhb1* 和 *Fhb7* 等抗小麦赤霉病性主效基因，采取分子标记与选择性回交相结合、表型鉴定与分子标记相结合及生化标记和品质分析相结合等途径，可将上述目的基因快速导入当地小麦遗传背景之中。而对于那些受多基因控制的性状，如东北春麦区小麦品种的前期抗旱和后期耐湿性，则可采取单、双梯式杂交方式或利用矮败小麦平台等途径进行定向轮回选择。如在20世纪60年代，黑龙江省农业科学院克山小麦育种研究所利用单梯式杂交方式创造耐湿性极强的小麦新种质“克69-701”；利用双梯式杂交方式创造了“克丰2号”等苗期抗旱后期耐湿小麦新种质。单、双梯式杂交方式之所以在小麦种质创新方面效率较高，主要是因为这种杂交方法可以把分散在各个亲本上的目的基因集合在一个小麦新种质之中。

随着气候环境不断变化，小麦生产上新的病、虫、逆境等灾害频繁发生，以及超高产和专用育种等新时期小麦育种目标的提出，为了不断满足我国小麦育种和生产需求，利用现有小麦种质资源创造小麦新种质，已成为现代小麦育种工作的主要内容之一。如果说我国小麦种质资源工作的重点，过去主要是搜集和保存，今后必将转向创新和利用。小麦种质创新，对于提高小麦育种效率具有至关重要的作用。可以说，没有小麦种质的不断创新就没有小麦育种的持续发展，也很难持续育成优良小麦新品种。对于任何一个小麦育种团队而言，若不坚持小麦新品种选育与小麦种质创新同步进行，小麦育种都将难以为继。只有围绕当地小麦育种中长期育种目标、生产需求及育种者手中掌握的小麦基因库现状，有目的性和预见性地利用小麦种质资源开展小麦种质创新工作，才能不断提升小麦种质创新和新品种选育的效率。

参考文献

安调过，许红星，许云峰，2011. 小麦远缘杂交种质资源创新 [J]. 中国生态农业学报，19 (5)：1011-1019.

陈钢，高景慧，张庆勤，1998. 中间偃麦草和硬粒小麦在小麦远缘杂交育种中的利用 [J]. 麦类作物学报 (5)：17-19.

程顺和，郭文善，王龙俊，2012. 中国南方小麦 [M]. 南京：江苏科学技术出版社.

崔艳华，邱丽娟，常汝镇，等，2003. 利用SSR分子标记检测黄淮夏大豆（*Glycine max*）初选核心样本的代表性 [J]. 植物遗传资源学报 (1)：9-15.

贾继增，张启发，2001. 为第二次“绿色革命”发掘基因资源：国家重点基础研究发展规划项目“农作物核心种质构建、重要新基因发掘与有效利用研究”总体设计及研究进展 [J]. 中国基础科学 (7)：6-10.

亢玲，袁汉民，陈东升，等，2010. 小麦种质资源宁春4号及其亲本农艺性状品质性状及相关背景基因的研究（英文）[J]. Agricultural Science & Technology，11 (Z1)：188-192.

李冬梅，田纪春，齐世军，等，2007. 国内小麦核心种质籽粒蛋白质含量的分析研究初报 [J]. 德州学院学报 (2)：19-22.

李洪杰，王晓鸣，陈怀谷，等，2013. 小麦-偃麦草杂种后代及小麦种质资源对纹枯病的抗性 [J]. 作物学报，39 (6)：999-1012.

李军辉，李思敏，樊路，2002. 远缘杂交在转移有益基因创造小麦新种质中的潜力 [J]. 植物遗传资源科学 (1)：61-64.

李兰真，秦广雍，霍裕平，等，2001. 离子注入在小麦诱变育种上的应用研究初报 [J]. 河南农业大学学报 (1)：9-12.

李伟华，朱桂清，韩建东，等，2011. 东北春麦区小麦生产品种和后备品系抗秆锈性分析 [J]. 麦类作物学报，31 (5)：974-977.

李月华，丁寿康，贾继增，等，1993. 我国小麦大粒种质的研究 [J]. 作物品种资源 (4)：1-4.

刘纪麟，2004. 玉米育种学 [M]. 北京：中国农业出版社.

刘宗镇，汪志远，赵文俊，等，1992. 我国改良小麦品种抗赤霉病性的来源与抗赤霉病性改良中的问题［J］. 中国农业科学（4）：47－52.
尚勋武，魏湜，侯立白，2005. 中国北方春小麦［M］. 北京：中国农业出版社.
沈银柱，刘植义，何聪芬，等，1997. 诱发小麦花药愈伤组织及其再生植株抗盐性变异的研究［J］. 遗传（6）：7－11.
孙光祖，陈义纯，刘新春，等，1981. 应用辐射与杂交相结合的方法选育春小麦新品种的体会［J］. 核农学报（4）：15－21.
孙慧生，2003. 马铃薯育种学［M］. 北京：中国农业出版社.
孙岩，尹静，王广金，等，2007. 小麦抗秆锈突变系龙辐03D51的筛选及其抗病性的遗传分析与RAPD标记［J］. 核农学报（2）：120－123.
王成俊，张兆清，罗昌蓉，1990. 冬、春性小麦生态型远缘杂交途径的遗传学研究与展望（一）［J］. 麦类作物学报（6）：46－48.
翁益群，刘大钧，1989. 鹅观草（*Roegneria* C. Koch）与普通小麦（*Triticum aestivum* L.）属间杂种 F_1 的形态、赤霉病抗性和细胞遗传学研究［J］. 中国农业科学（5）：1－7，95.
吴昆仑，2006. 小麦矮秆基因研究和利用简述［J］. 青海农林科技（3）：24－25.
吴兆苏，1990. 小麦育种学［M］. 北京：农业出版社.
肖步阳，1982. 春小麦生态育种三十年［J］. 黑龙江农业科学（3）：1－7.
肖步阳，1985. 黑龙江省春小麦生态类型分布及演变［J］. 北大荒农业：1.
肖步阳，1990. 春小麦生态育种［M］. 北京：农业出版社.
肖步阳，王继忠，金汉平，等，1987. 黑龙江省春小麦抗旱品种主要性状特点的研究［J］. 中国农业科学（6）：28－33.
肖步阳，王进先，陶湛，等，1981. 东北春麦区小麦品种系谱及其主要育种经验Ⅰ：品种演变及主要品种系谱［J］. 黑龙江农业科学（5）：7－13.
肖步阳，王进先，陶湛，等，1982. 东北春麦区小麦品种系谱及其主要育种经验Ⅰ：主要育种经验［J］. 黑龙江农业科学（2）：1－6.
肖步阳，姚俊生，王世恩，1979. 春小麦多抗性育种的研究［J］. 黑龙江农业科学（1）：7－12.
肖世和，2004. 小麦穗发芽研究［M］. 北京：中国农业科学技术出版社.
肖志敏，1998. 春小麦生态遗传变异规律与杂种后代及稳定品系处理关系的研究［J］. 麦类作物学报（6）：7－11.
肖志敏，祁适雨，章文利，等，1993. 春小麦杂种后代及稳定品系处理方法的改进［J］. 麦类作物学报（6）：33－36.
许为钢，胡琳，张磊，等，2012. 小麦种质资源研究、创新与利用［M］. 北京：科学出版社.
杨立国，石太渊，林凤，等，2000. 生物技术在玉米育种中的应用［J］. 辽宁农业科学（4）：28－29.
于沐，周秋峰，2017. 小麦诱发突变技术育种研究进展［J］. 生物技术通报，33（3）：45－51.
郑红艳，王磊，2018. CRISPR/Cas基因编辑技术及其在作物育种中的应用［J］. 生物技术进展，8（3）：185－190.
庄巧生，2003. 中国小麦品种改良及系谱分析［M］. 北京：中国农业出版社.

第五章　小麦亲本选择与组合配置

小麦亲本选择与组合配置，以下简称“小麦亲本选配”，是春小麦光温生态育种的重要工作内容之一。它们的目的是将亲本中符合育种目标的各种优异性状和目的基因集聚于后代之中，以进行各种生态类型小麦新品种选育和种质创新。因此，小麦亲本选配得当可以获得符合育种目标的大量变异类型，从而提高春小麦光温生态育种效率；小麦亲本选配不当，即使配置了大量杂交组合，也不一定能获得符合选育目标的变异类型，还会造成土地、时间和人力等方面的浪费，并使春小麦光温生态育种效率大幅下降。

第一节　小麦亲本选择与创制

小麦亲本选择与创制是小麦亲本选配工作的重要组成部分。其中，小麦亲本材料搜集、整理与评价是选择合适亲本的主要来源和依据。小麦亲本创制是获得新的有用遗传变异和提高亲本利用价值的可靠途径。二者均与小麦亲本组合配置效率存在紧密关联。

一、小麦亲本选择与创制的主要依据

（一）小麦亲本是各种育种目标性状和目的基因的载体

在春小麦光温生态育种工作中，亲本选择是指根据育种目标进行遗传资源的搜集、筛选和评价，选择出合适的亲本，并通过人工杂交，把分散于不同亲本上的优良性状组合到杂种中，并对其后代进行多代选育，从而获得新品种和新种质的过程。亲本创制是在亲本选择基础上，根据入选亲本对育种目标的满足程度，利用各种育种手段，引入一些新的遗传变异，并创造出携有较多育种目标性状和目的基因的亲本材料，以便为下一步小麦育种工作的开展做好储备。小麦亲本材料相当于各自独立存在的小基因库，也是各种育种目标性状和目的基因的载体。通过亲本选配，可将各个独立的小基因库进行重新组合，并在杂种分离世代中通过育种目标性状选择和目的基因集聚，组成新的基因库。它们是不同生态类型小麦新品种选育和各类小麦新种质创造的物质基础。因此，为提高春小麦光温生态育种效率，亲本选择和创制都必须围绕各种育种目标性状和目的基因的选择和集聚来进行。它们是春小麦光温生态育种亲本选择和创制的主要依据。

为从大量小麦种质中选择出合适亲本，以下几点需要注意：①携有育种目标性状和目的基因是亲本材料入选的前提。如果育种目标为数量性状时，要求亲本的性状要突出。如我国长江流域一些育种单位在小麦抗赤霉病育种的亲本选配中发现，中感/中感亲本杂交，后代可能出现中抗以上类型材料；而中感/高感亲本杂交，后代却很难出现中抗材料。②将生态适应性选择放在首位，可为产量和品质等主要育种目标性状表达提供保障。对于其他育种目

标性状和目的基因，可按重要性和获得的难易程度进行权衡。③以产量和品质等遗传方式较复杂的多基因控制的综合性状选择为主。应选择性状育种值较大而不良性状传递力较弱的材料为亲本，尽可能避免把数量性状低劣，且传递力较强的材料作为亲本。④要考虑特殊的珍贵类型。如东北春麦区小麦赤霉病抗源和超强筋源很少，能具备这些性状的小麦种质资源应尽量选作亲本。另外，为提高小麦亲本选配效率，减少盲目性，亲本材料的遗传多样性、群体结构及好品种非好亲本等，也是小麦亲本材料选择时需要注意的一些问题。如黑龙江省农业科学院克山小麦育种所选育的高产多抗小麦新品种新克旱 9 号，虽作为东北春麦区小麦主导品种近 20 年，但作为亲本材料，至今尚未选育出相当于或超过该亲本的小麦新品种。

小麦亲本创制，是有计划地通过杂交创造中间产品，作为“未来”亲本的重要途径，也是逐步实现预定育种目标和品种升级换代的关键举措。因此，在小麦亲本创制过程中，不仅要不断引进新的遗传变异，抓住育种目标性状和目的基因不放，而且还要着重进行各种育种目标性状和目的基因定向集聚与累加，特别是骨干和核心亲本的创制尤为重要。在小麦亲本创制过程中，尽管各地区因生态环境、育种目标和育种手段等不同，对创制亲本的要求和标准不尽相同，但是在亲本创制思路和途径上基本是相似的。其中包括：一是要求创制的亲本首先要适应当地生态环境。不然，它们很难作为核心或骨干亲本在当地小麦育种中加以利用。如在我国东北春麦区“十年九春旱”特定生态条件下，苗期抗旱和躲旱能力是当地小麦抗旱亲本创制时需要优先解决的问题；在我国长江中下游赤霉病流行地区，提高赤霉病抗性水平是亲本创制的首选育种目标性状等。二是要尽量集聚较多育种目标性状和目的基因为一体。根据亲本分类标准，核心亲本通常指仅需 1～2 个目标性状需要改良的亲本材料，骨干亲本需要改良的性状不能超过 3 个，修饰亲本主要指在核心亲本和骨干亲本遗传改良过程中，通常被用来作为各种目标性状基因来源的各类小麦种质资源。因此，在小麦亲本创制时，只有按照骨干和核心亲本标准，进行高产、优质、多抗育种目标性状和目的基因的定向集聚与累加，才能使“未来亲本”在当地小麦育种中具有较大的利用价值。三是对当地小麦育种急需的各类多价基因源，要重点和优先创制。如目前东北春麦区强筋小麦育种中急需的抗赤/优质/丰产三价源；面包/面条兼用小麦新品种选育急需的 *Glu-D1d/Wx-B1* 基因缺失二价源等。四是按“先易后难”的原则，进行各种育种目标性状和目的基因集聚。即先进行非矛盾性状的集聚，如高产和优异面筋质量、优质与抗赤等，在此基础上再进行高产与高蛋白（面筋）含量等矛盾性状的集聚，一般效果较好。

（二）育种目标和小麦生产发展与市场需求

在小麦育种中，育种目标是方向，亲本材料是基础。小麦亲本选择与创制必须围绕小麦育种目标来进行。若亲本选择与创制脱离育种目标，那么入选的各类亲本大部分可能是“废材”，育种目标也将难以实现。小麦育种目标包括当前和长远育种两个阶段。在小麦亲本选择与创制时，既要考虑当前小麦育种急需的目的基因源，也要为下一步育种工作创造出半成品材料，它们是小麦亲本选择和创制的主要依据。例如，在当前东北春麦区强筋小麦育种工作中，优异蛋白质（湿面筋）质量和高抗赤霉病材料是当地急需的目的基因源，在小麦亲本选择和创制时，必须优先考虑二者的选择与整合。而针对该区未来小麦产量和品质改良的同步需求，选择与创制亩产分别为 500 kg 和 600 kg 以上，并为面包/面条兼用的旱肥和水肥（密肥）型强筋小麦亲本，将是东北春麦区下一步育种计划亲本储备的重要内容之一。

小麦生产发展和市场需求是春小麦光温生态育种亲本选择与创制的另一重要依据。从我国专用小麦供给侧改革需求看，只有根据当地小麦生产具有的各种生态资源比较优势和市场需求，来进行各类专用小麦育种的亲本选择和创制，才可能避免出现育种偏差。如在21世纪初，黑龙江省农业科学院小麦育种者曾尝试弱筋小麦种质创新和新品种选育研究，并先后选育推广了龙麦21和克丰9号等系列弱筋小麦新品种。虽然上述品种推广时的各项主要品质指标，均达到弱筋小麦品质标准，但在东北春麦区长日照和土壤肥力较高条件下种植时，却表现为蛋白质和湿面筋含量偏高，二次加工品质明显变差，无法满足弱筋小麦产业需求。反之，同期开展的强筋小麦新种质选择与创制，不但实现了龙麦26和龙麦35等强筋小麦新品种科技优势与东北春麦区适宜生产强筋小麦生态资源优势的有机结合，而且满足了当地小麦生产发展和国内市场需求。

小麦亲本选择与创制除考虑当地小麦生产发展需求外，还要根据市场和主要气候因素变化等及时进行修正与调整。不然，也会使当地小麦育种和生产陷入被动状态。如在20世纪80年代初，由于东北春麦区小麦育种目标及亲本选择与创制，从数量型向质量效益型育种调整步伐较慢，未能跟上市场变化的需求，因此，1996年在将东北春小麦退出国家保护价收购时，当地数量型小麦生产瞬间就陷入了“休克”状态，并使小麦育种与生产出现了脱节现象。尽管黑龙江省农业科学院小麦育种者很快选育推广了克丰6号和龙麦26等系列优质强筋小麦新品种，但却丧失了当地强筋小麦生产发展的最佳时机。同时，由于缺乏强筋小麦生产相关政策的支持，以及受到当地面粉加工企业拉力不足等诸多因素影响，东北春麦区小麦种植面积出现了大幅度下降，小麦育种也随之陷入了困境。再如，随着全球气候变暖，赤霉病在东北春麦区的大兴安岭沿麓地区小麦生产中，从偶发病害转变为流行病害，而当地抗赤霉病小麦亲本和品种却极端匮乏。同样说明，小麦亲本选择与创制若不能及时应对气候变化，小麦育种也难以满足当地小麦生产需求。

小麦育种周期较长。一般情况下，采用常规育种手段时，小麦育种周期为10～12年。即便采用花培育种等生物技术手段，大约也需8年时间。因此，亲本选择与创制是否具有超前意识，将直接关系到亲本材料储备及未来小麦新品种在当地小麦生产发展中的利用价值。如在20世纪60—70年代，黑龙江省农业科学院“克字号”小麦育种团队根据东北春麦区小麦生产发展趋势，通过克71F_4-370-7和克74F_3-249-3等产量潜力较高的旱肥和水肥型“半成品”亲本材料的大量储备，不但掌握了小麦高产育种的主动权，而且选育推广了旱肥型品种克丰2号、新克旱9号及水肥型品种克丰3号等不同生态类型高产小麦新品种，满足了该区十年后小麦单产大幅提升的需求。

二、小麦亲本创制与选择

（一）小麦亲本创制

大量研究结果表明，小麦亲本创制主要有以下几种途径：一是利用近缘属种间杂交获取新的目的基因源。如郭德翁利用小麦与偃麦草属间杂交，获得了小麦条纹花叶病的抗源。孙善澄等利用普通小麦与中间偃麦草有性杂交，创造出对三锈免疫，高抗丛矮、黄矮的远中1～5号中间类型小麦新种质。德国小麦育种者利用普通小麦与黑麦杂交，获得的牛朱特（Neuzuent）1B/1R代换系等小麦新种质。CIMMYT利用山羊草与硬粒小麦杂交获得了人工合成六倍体。藁城小麦育种研究所利用普通小麦与波兰小麦杂交获得了强筋小麦新种质藁优8901等。上述各类新种质不仅显著扩大了普通小麦的遗传基础，而且作为亲本材料，为

世界乃至我国小麦抗病、高产和品质育种等作出了巨大贡献。

二是利用种内杂交进行小麦亲本创制。创制手段主要包括地理远源和生态远源品种间杂交，以及利用矮败小麦种质创新平台进行各种目的基因定向集聚等。目前，小麦种内杂交已成为全球小麦亲本创制最重要的途径，并创制出了大量具有较大育种利用价值的亲本材料。如20世纪80年代初，CIMMYT与美国俄勒冈大学合作，利用冬、春麦杂交获得新种质，最高增产幅度为282%；利用冬春杂交创造的VERRY等高产强筋小麦亲本材料在一些国家小麦育种中得到了广泛应用。我国创造的太谷核不育和矮败小麦种质创新平台，使小麦亲本轮回选择创新变成了现实。20世纪60—80年代，黑龙江省农业科学院克山小麦育种研究所利用多个抗旱和耐湿生态类型亲本进行双梯式杂交，成功实现了抗旱与耐湿对立性状的定向集聚，并创造出克丰2号、克$71F_4$-370-7等一批苗期抗旱性突出、后期耐湿性较强的宝贵基因源，为东北春麦区春小麦生态育种发展提供了物质保障。

三是利用各种诱变手段进行亲本创造。它主要包括物理诱变、化学诱变和航天诱变等途径。诱变手段具有打破性状连锁和实现目的基因重组等效用，现已被广泛用于亲本创造之中。据不完全统计，现全球利用辐射诱变已获得小麦突变体数万份。2000年以来，黑龙江省农业科学院作物育种研究所利用航天诱变等手段，先后创造出龙辐麦18和龙辐麦20等多份强筋小麦新种质，并发现将各种诱变手段与花药培养技术相结合，可取得较好的亲本创新效果。

四是利用常规育种与分子（生化）标记等生物技术相结合进行亲本创制。由于该途径可定向跟踪和高效集聚各种目的基因，所以亲本创制效率较高，特别是对一些属于质量遗传的目标性状改良效果极为明显，现已得到了小麦育种者的高度重视，并取得了较好的亲本创制效果。如2000年以来，张延滨等利用生化标记与选择性回交相结合及品质分析等手段，不但将*Glu-D1d*等优异蛋白质（湿面筋）质量基因成功地导入东北春小麦遗传背景之中，而且创造出龙麦20、龙辐麦3号、克丰3号和克丰6号的*Glu-D1d*和*Glu-D1a*等多份近等基因系，为进一步研究*Glu-D1d*等基因品质遗传效应提供了一批精准试材。另外，转基因和基因编辑等现代生物技术现已成为小麦亲本创制的新途径，并创制了一些小麦新种质。如中国农业科学院马有志等不仅将抗旱等目的基因成功转移到济麦22等小麦品种遗传背景之中，而且还得到了充分表达。

总之，亲本创制途径多种多样。小麦育种者只有根据育种实际需求、育种力量和亲本创新平台等来选择适宜的亲本创制途径，才能达到预期目的。各地小麦育种成功实践表明，没有高水平的亲本创制，就没有高水平的新品种选育。任何小麦育种团队，若仅靠搜集与引进亲本进行组合配置，是很难在小麦新品种选育方面取得重大突破的。

（二）小麦亲本选择

小麦亲本选择由田间选择和室内选择两部分工作组成。田间选择的首要任务是确定入选亲本中是否具有当地小麦育种目标所需的目的性状。田间选择包括当地选择和它地选择两种途径。当地选择，主要指小麦育种者在当地或与当地生态环境相似的试验区、展示田及生产田等进行的亲本选择。它地选择，主要指小麦育种者在与当地生态条件差异较大地区小麦田间进行的亲本选择。如东北春麦区小麦育种者在我国宁夏、新疆等春麦区选择春麦亲本，以及在黄淮冬麦区选择冬麦亲本等，均属它地田间选择亲本范畴。

为提高小麦田间亲本选择效率，在当地田间亲本选择时，首先，要对入选亲本进行血缘和生态类型分类。一方面要挑选双亲之间遗传物质差异大的。另一方面，要求选用的父母本双方的优良性状能够互相弥补和互相促进。此外，还要注意年度和地点间光、温、肥、水条件，特别是小麦同苗龄光温条件变化对主要育种目标性状的影响。如1988年前，哈尔滨小麦出苗期为5月1日前后，收获期为7月30日左右。1988年至今，随着全球气候变暖，小麦出苗期为4月20日前后，收获期仍为7月30日前后。小麦出苗期变化导致小麦同苗龄时光温条件和不同光温反应类型小麦亲本的主要农艺性状表达程度等均出现了不同程度的变化。如在哈尔滨地区，小麦出苗至拔节期的光照时间从长→短和温度从高→低等变化，导致了新克旱9号等光敏温敏型小麦亲本出现了苗期发育速度从快→慢、成穗数从少→多、无效小穗数由多→少等变化；龙麦12等光钝温敏型小麦亲本出现了拔节至抽穗天数相对延长，株高较1988年前可增加5 cm以上，以及秆强度由强→弱的生态秆强度变化等。其次，还需对入选亲本各个生长发育阶段的温-光-温反应特性、主要产量性状、抗病灾力等特性进行详细调查与记载。再次，对于一些在分离世代中选择的亲本材料，必须进行单株选择和记载其携有的重点育种目标性状。最后，在它地田间进行小麦亲本选择时，除需进行各种性状调查、记载和选择外，还要了解入选亲本系谱和进行生态类型分类，并需明确两地小麦同苗龄时主要生态条件差异对各种育种目标性状表达的影响程度。其中，利用它地小麦亲本来弥补当地亲本携有的主要育种目标性状不足是它地田间小麦亲本选择的主要目的。另外，在两地田间进行小麦亲本选择时，还需根据田间选择结果，对入选亲本的用途和功能等进行初步分类，如丰产源、壮秆源、骨干亲本或修饰亲本等，为小麦亲本的室内选择提供参考依据。

小麦亲本室内选择是田间选择的补充与完善。主要目的是，在田间亲本选择基础上，再结合室内考种、品质分析、人工抗病（逆）性鉴定及主要育种目标性状遗传基础分析等结果，对田间入选亲本进一步进行田间无法准确评价的一些育种目标性状选择。室内选择内容主要有：一是对田间入选亲本进行主穗粒数、小穗数、每小穗粒数、粒大小、粒形和粒质等产量和籽粒性状选择。二是进行品质性状选择。选择主要依据为：籽粒（面粉）的蛋白质（湿面筋）含量与质量，以及淀粉特性等主要品质性状的品质分析和相关遗传基础分析结果等。其中，在面包/面条兼用型强筋小麦亲本品质性状选择时，除要求具备蛋白质（湿面筋）含量较高、蛋白质（湿面筋）质量优异及支链淀粉含量偏高特性外，还要求携有5+10等优异高、低分子量麦谷蛋白优质亚基及微糯淀粉特性等相关遗传基础。三是主要抗病（逆）性选择。主要是在田间自然发病（发生）结果基础上，再结合人工接种鉴定结果及相关抗性遗传基础等，综合分析与评价入选亲本的抗病（逆）害能力。最终，根据田间与室内两种选择结果，决选出小麦育种者所需的各类亲本，用于组合配置。

（三）注意事项

目的基因定向集聚与累加是小麦亲本选配的主要依据。为提高入选亲本在小麦育种中的利用价值，小麦亲本选择还需注意以下几点：

一是育种者必须清晰了解入选或创制亲本的系谱与来源。否则在利用这些亲本进行组合配置时，常会因亲本间血缘关系过近和一些目的基因位点出现高度重合，导致后代很难分离出超亲材料。对于一些血缘关系相对较近，却是利用生态类型间杂交获得的后代亲本材料，亦可选择表现型差异较大的不同生态类型材料作为亲本。原因是按照不同生态类型进行小麦亲本选择，相当于人为的生态隔离过程。

二是要注意小麦亲本的“异因同效”作用与功能。如低温春化和光周期敏感基因虽均可使小麦亲本苗期发育速率变慢，但是在不同温光条件下，两者的累积效应常表现不同。前者表现为变化相对较大，后者表现为变化相对较小。此外，在亲本选择与创制过程中，还要注意主要育种目标性状之间的"负效"影响。如1B/1R代换系或1BL/LRS易位系亲本材料，虽然在丰产和多抗性小麦育种中具有很大的利用价值，但黑麦染色体产生的黑麦碱可导致强筋小麦蛋白质（湿面筋）质量和二次加工品质大幅下降。因此，在强筋小麦育种亲本选择和创制中，剔除黑麦碱对强筋小麦二次加工品质的影响非常重要。

三是要注意亲本类型不同，亲本更新速率也不同。如核心亲本多为当地主导（主栽）品种或苗头品系，并具有较好的适应性、多抗性及产量和品质潜力较高等遗传背景。为避免新品种选育出现"颠覆性"波动和保证某一育种阶段小麦育种的连续性，核心亲本应在一定时间内保持相对稳定，不宜更新过快。骨干亲本是育种目标所需各种目的基因的主要载体，它的更新速率必须跟上或快于当地小麦生产发展和市场变化需求。否则，育种必将落后于生产。修饰亲本是各种新目的基因的主要来源，每年应进行不断补充与更新。

四是要注意小麦亲本与小麦品种一样，具有一定的时效性。随着育种目标调整及生产和市场需求的不断变化，小麦亲本的功能类型必然也要随之发生改变。如骨干亲本可能被提升为核心亲本；而核心亲本则可能逐步被调整为骨干亲本甚至修饰亲本等。同时，为保持组合配置所用亲本的先进性和超前性，小麦育种者还应根据育种目标需求，每年对各类亲本材料进行一定比例的更新，更新比例以30%左右为宜。更新亲本的来源主要为小麦育种者利用各种育种手段创造或搜集引入的各类优异小麦新种质。

三、小麦亲本分类与评价

（一）亲本分类

亲本分类是小麦亲本选配中的重要工作，也是小麦亲本选择的重要依据。大量相关研究结果表明，在小麦亲本选配工作中，亲本类型划分越细，对亲本了解程度越深入，组合配置的成功率也越高。因此，小麦亲本分类正确与否，不仅会关系到亲本选择的准确性和亲本利用的价值，而且会直接影响到组合配置效果。在春小麦光温生态育种中，小麦亲本分类主要包括用途分类、血缘分类、生态类型分类和功能型分类等。这种分类方式对于快速与准确进行小麦亲本选择，掌握不同类型亲本育种特点和利用价值，以及指导杂交组合配置等均具有重要意义。

小麦亲本用途分类，主要是为了明确亲本的利用范围。在小麦亲本用途分类时，"偏生全、全无用"理念是亲本分类和评价入选亲本利用价值大小的主要理论依据。这里的"偏"，主要是指入选亲本在某一育种目标性状表现上要相对突出。如在小麦产量遗传改良时，除要求高产亲本产量潜力较高外，还应是小穗数、每小穗粒数或千粒重等某一产量性状的"偏材"。在强筋小麦品质遗传改良时，除要求优质亲本达到强筋小麦品质标准外，还要通过主要品质指标的比较，明确各亲本在蛋白质（湿面筋）含量、蛋白质（湿面筋）质量及淀粉特性等改良中的具体应用价值。血缘分类，是指对入选亲本在亲缘关系上的划分。血缘分类主要指是否具有普通小麦的近缘属种血缘；或来自地理远缘和生态远缘；或是否为不同历史时期的某一核心亲本的后代材料等。如通过东北春麦区小麦亲本分类结果发现，"克字号"丰产亲本多具有意大利品种阿夫血缘；当地赤霉病抗源主要来自我国长江中下游地区的地理远缘和生态远缘材料，以及大部分优质强筋源都具有龙麦26的遗传背景等。生态类型分类，是指将入选亲本划分为适宜当地不同生态条件下的各种生态类型，如旱肥型和水肥型等。功能型分类，就是在前三类亲本类型划分基础上，根据携有育种目标性状多寡、用途及其相关遗传背景等，进一步将入选亲本划分为核心亲本、骨干亲本和修饰亲本三大类。

这里需要注意的是，在小麦育种工作中，新品种选育不同于种质创新。在小麦新品种选育时，亲本类型划分除考虑到各类亲本必备的育种目标性状外，还要注意亲本需要改良的育种目标性状的多少。如世界著名小麦育种家拉杰拉姆曾经认为，在小麦新品种选育过程中，同时改造 3 个主要育种目标性状的成功率几乎为零。分析其中原因，可能是同步改造的育种目标性状越多，各种优异性状集聚一起的概率越小，分离世代所需群体和选择目标单株的难度也越大。因此，在亲本类型划分时，对不同用途类型亲本，要求携带不良性状的标准应有所不同。原则上，核心亲本最好只有 1 个重点育种目标性状需要改造，并要求其他主要育种目标性状能基本满足当地小麦近期生产发展需求。如据东北春麦区近期小麦育种目标要求，强筋小麦育种核心亲本龙麦 35 主要表现为千粒重偏低；龙麦 33 只是在赤霉病抗性上表现较差，而龙麦 60 则需重点进行二次加工品质改良等。骨干亲本要求携带主要不良性状不能超过 2 个；修饰亲本要求携带不良性状不能超过 3 个。若各类亲本携带不良性状过多，只能用于各类新种质创新，而不适用于不同生态类型小麦新品种选育。

（二）亲本评价

亲本评价是亲本选择工作的重要内容之一。好品种不等于好亲本。如我国小麦育种和生产实践证明，碧蚂 1 号虽对我国小麦生产发展贡献较大，但作为亲本在小麦育种中的利用价值，却远小于碧蚂 4 号。目前，小麦亲本评价手段仍以田间表型精准鉴定为主，主要包括亲本自身和其后代田间表型精准鉴定两个方面。表型鉴定是指在田间各类性状调查中，明确小麦亲本及其子代是否具备育种目标所需的各类性状，如各类产量性状表现情况，田间自然抗倒伏能力和当地主要病（逆）抗性表现等。在此基础上，还需对亲本进行主要抗病（逆）性鉴定、品质分析及主要目标性状的遗传基础分析，以进一步评价其作为亲本的利用价值。

小麦亲本间遗传距离和亲本配合力分析等研究结果，也是评价小麦亲本利用价值的主要依据。小麦遗传改良以目的基因累加效应为主。若双亲遗传距离过远，常导致目的基因在其子代染色体上的分布相对较为分散，后代难以出现超亲材料。反之，若双亲遗传距离过近，子代的目的性状基因重合概率将会明显升高，后代同样也很难出现超亲材料。因此，只有双亲遗传距离适中，且主要育种目标性状互补性较强的亲本间杂交，才能在小麦新品种选育中有较大的利用价值。在小麦亲本选择过程中，尽管亲本表型精准鉴定和各种遗传分析等可作为小麦亲本评价的重要手段，但是深入了解其后代表现，特别是 F_1 代和 F_2 代在田间的各种目标性状的表现，才是评价小麦亲本间遗传距离、亲本配合力和利用价值等最有效和最直接的途径。

例如，通过观察“一母多父”和“一父多母”围攻杂交方式获得的 F_1 代单交组合田间表现，既可了解各亲本主要育种目标性状的一般配合力和特殊配合力高低，也可明晰它们作为父本、母本的利用价值。通过单交组合 F_2 代田间表现，可研判春性对冬性和光钝对光敏等显性遗传机制，对分蘖数和小穗数等农艺性状表达的遮盖效应大小；也可通过超亲遗传优良单株出现比例的高低，来分析与评价双亲主要育种目标性状的相关遗传基础和遗传特点等。一般情况下，如果 F_2 代出现超亲遗传优良单株比例较高，说明双亲育种目标性状与不利性状连锁程度较低，目的基因剂量较高，并在其染色体上分散程度适中。如果 F_2 代出现超亲单株比例过低，甚至不存在超亲单株时，说明有可能是因双亲之间血缘过近，导致目的基因位点重合率较高；也有可能是双亲目的基因在染色体上分散程度较大所致。这点可能也是好品种不是好亲本的原因之一。

第二节　小麦亲本选配原则

小麦亲本选配原则是小麦杂交组合配置的主要理论依据。掌握与合理运用正确的小麦亲本选配原则，不但可提高小麦杂交组合配置的成功率，而且可在很大程度上减少育种的盲目性和提高亲本的利用价值。春小麦光温生态育种的亲本选配原则与常规小麦育种相比，既有共同之处，也在某些方面进行了补充与发展。它是春小麦光温生态育种理论的重要组成部分。

一、共同原则

（一）双亲主要优点多且能互补

该项原则要求双亲间可以拥有共同的优点，但绝不允许具有共同的缺点，且主要优缺点间能够实现互补。它是春小麦光温生态育种与小麦常规育种小麦亲本选配均需遵照的主要原则之一。

在小麦亲本选配时，双亲优、缺点互补，主要是指亲本一方的优点，应该在很大程度上克服对方的缺点。这样，对于小麦后代而言，在数量遗传性状上，可加大目的基因的累加剂量；在质量遗传性状上，可保证携有来自亲本一方的育种目标性状。例如龙麦 33 小麦新品种的母本为龙麦 26，父本为九三 3U92。龙麦 26 表现为产量潜力不高、秆强度偏弱、品质强筋，而九三 3U92 表现为丰产性突出、秆强度较强、品质中筋。双亲对于龙麦 33 强筋小麦新品种，在产量、秆强度和品质等方面均实现了互补。一般来说，选用亲本优点较多，并遵循双亲优、缺点互补原则进行组合配置，其后代性状表现总体趋势较好，出现优良类型的比例也较高。

（二）选用当地推广品种作为亲本之一

由于当地推广小麦品种，除对本地自然和栽培条件具有较高的生态适应性外，还对一些主要病逆危害具有较高的抗性水平，因此，以当地推广小麦品种作为亲本之一进行组合配置，可为小麦生态适应性和主要病（逆）害抗性遗传改良等，提供可靠的遗传基础。为避免小麦新品种在主要病（逆）害抗性和稳产能力等方面出现较大的波动性变化，选用近期或当前大面积推广的主导（栽）小麦品种作为亲本之一，往往效果较好。如克丰 2 号为新克旱 9 号亲本之一，龙麦 26 为龙麦 33 和龙麦 35 亲本之一。上述小麦品种，从 20 世纪 70 年代末至今，无一不是东北春麦区不同历史时期的主导品种。

分析其中原因，一是这类亲本多具有当地未来小麦新品种所需的生态适应性、主要抗病（逆）性、产量和品质等主要育种目标性状的遗传基础。二是育种者对它们需要进一步重点改良的育种目标性状比较清晰明了，可作为核心亲本或骨干亲本加以利用。三是选用该类品种作为亲本之一，针对性较强，组合配置效率较高，容易满足当地近期小麦育种目标的需求。只是需对“好品种不是好亲本”现象给予一定关注。

（三）选用生态类型差异较大、亲缘关系较远的品种作为亲本

春小麦光温生态育种实践表明，以不同生态类型、不同地理起源或亲缘关系较远的小麦品种为亲本，其杂种后代容易出现更多的变异类型和超过双亲的有利性状，也有利于选出适应性较好的小麦新品种。如现东北春麦区种植面积最大的优质、高产、多抗、广适、强筋小麦新品种龙麦 35，就是由旱肥型亲本龙麦 26 与水肥型亲本克 90－513 杂交后选育而成的。究其原因，主要是与小麦双亲遗传距离较大、主要优缺点互补范围较宽和双亲分别适应不同生态条件等有关。利用这种亲本选配方式，在一定程度上有助于实现小麦双亲主要优、缺点的互补，也可增加数量遗传育种目标性状的新基因位点。

这里需要注意的是，小麦新品种选育不同于种质创新。小麦新品种选育是以加性效应为主的育种目标性状遗传改良过程。若双亲血缘关系过远，常存在 F_1 代表现杂种优势较大，而在 F_2 代及以后各杂种世代疯狂分离概率较高，综合双亲的中间类型单株出现比例偏低，进而导致选择难度加大。张爱民等也认为，双亲遗传距离与目标性状加性效应为抛物线关系，绝非遗传距离越远，加性效应越大。双亲遗传距离过远，往往存在等位基因重合概率降低和复等位显性基因的减值效应。因此，利用这种亲本选配方式进行小麦新品种选育时，双亲的遗传距离大小非常重要。

（四）主要育种目标性状一般配合力要高

在作物育种学上，一般配合力是指某一亲本材料和其他若干亲本材料杂交后，杂交后代在某个数量性状上表现的平均值。它是衡量小麦亲本某一育种目标性状加性效应大小的一项标准。小麦亲本的主要育种目标性状一般配合力高，说明这些性状携带的目的基因数目较多，是较为理想的亲本材料。只有育种目标性状加性效应大，杂种后代出现超亲遗传的机会才会多。用一般配合力好的材料作为亲本，杂种后代往往田间表现较好，并容易选出好品种。

在小麦育种实践中，往往杂种后代的主要育种目标性状并不完全表现为双亲的平均值。受非加性效应和小麦不同生长发育阶段的生态适应调控性状影响，杂种后代出现目标单株的比例常会与预期结果出现较大的偏差。亲本一般配合力好坏，需要杂交以后才能测知。春小麦光温生态育种实践发现，采用“一母多父”或“一父多母”围攻杂交方式，并根据其 F_1 代和 F_2 代主要目标性状的田间表现，可较为准确地评估亲本一般配合力的高低。

二、补充原则

（一）要以相同生态类型材料为基础亲本

春小麦光温生态育种同春小麦生态育种一样，均是针对不同生态环境进行不同生态类型小麦新品种的定向选育。为提升小麦定向育种效率，选育什么生态类型品种，就以什么生态类型材料为基础亲本，是春小麦生态育种和光温生态育种亲本选配的重要原则之一。

从小麦生态适应性与其他育种目标性状同步遗传改良角度看，选用相同生态类型材料为基础亲本，一是可使同一生态类型后代材料对其特定生态条件具有较强的适应能力。二是容易抓住不同生态类型小麦品种重点改良的目标性状和相关伴随性状。如东北春麦区抗旱生态育种，苗期抗旱性就是其主要目标性状；根系较长和苗期发育较慢则为主要伴随性状；耐湿生态育种，小麦生育后期耐湿性较强，就是其主要目标性状；次生根数和株穗数较多，则为主要伴随性状。旱肥型强筋小麦生态育种，苗期抗旱、喜肥高产和蛋白质（湿面筋）质量优

异是其主要目标性状；地上部较为繁茂和秆强抗倒等，则为其主要伴随性状。三是可保证该类组合能够分离出一定比例与基础亲本生态类型相同的后代材料，进而使某一生态类型小麦品种的遗传改良能够持续进行。

（二）要紧紧抓住生态适应调控性状进行亲本选配

春小麦光温生态育种认为，在小麦亲本选配过程中，只有紧紧抓住不同生态类型小麦的生态适应调控性状不放，再进行其他目标性状遗传改良，才能使不同生态类型小麦新品种的产量和品质潜力得到稳定发挥。如在东北春麦区雨养农业条件下，对旱肥型小麦品种进行强筋小麦品质遗传改良时，双亲只有具备苗期抗旱、后期耐湿、光周期敏感、株穗数较多以及高抗穗发芽等生态适应调控性状时，其后代才有可能具备上述生态适应调控性状。只有具备上述各种生态适应调控性状，才能使选育出的旱肥型后代材料能够较好地适应当地苗期干旱和后期多雨等不利生态条件，并通过生态适应性的链条作用，使其高产和优质等主要育种目标性状得到较为充分的表达。这点在春小麦生态和光温生态育种实践中均得到了验证。

此外，在抓住小麦生态适应调控性状进行组合配置的同时，了解各种生态适应调控性状的调控机制和被调控目标性状的表达程度也非常重要。如在2010年前后，黑龙江省农业科学院小麦育种者对引自黄淮麦区的强筋冬小麦品种济麦20、新春26和西农979进行春化处理后，在哈尔滨长日条件下田间种植时，因其光周期反应迟钝，表现为出苗至抽穗时间明显变短，株高降低，分蘖能力下降，小穗间距变小。将它们作为亲本与当地材料杂交后，由于春性对冬性春性为显性，光钝对光敏光钝为显性，因此，导致其 F_1 代均表现为熟期超早，小穗数密集且数量降低。在上述杂交组合的 F_1 代群体中，无论是冬小麦亲本的丰产性，还是当地春小麦亲本的抗旱和躲旱能力等育种目标性状的表达程度均严重受限。若要明确这类组合的利用价值，只有通过 F_2 或 F_3 代的进一步分离，或通过滚动式回交等方式与当地亲本材料再进行杂交后，才能有所了解。

（三）组合配置要考虑双亲育种目标性状间的补偿效应

双亲育种目标性状间的补偿效应与双亲互补效应有所不同。双亲互补效应通常指某一主要育种目标性状间的互补。如粒大对粒小的互补、蛋白质含量高对蛋白质含量低的互补等。而双亲育种目标性状间的补偿效应，主要是指某一小麦育种目标性状，通过对另一育种目标性状补偿作用，决定了与二者有关的第三性状的表现。如通过高容重对千粒重偏低的补偿效应，可使小麦产量潜力获得一定提升；通过秆弹性对秆强度的补偿效应，可增强在东北春麦区暴风骤雨条件下的小麦品种抗倒伏能力；以优异蛋白质（湿面筋）质量弥补蛋白质（湿面筋）含量不足，可使强筋小麦品种二次加工品质保持相对稳定等。在各类组合配置过程中，了解与利用双亲主要育种目标性状间的补偿效应，不但可相对拓宽育种者的基因库，而且还能提升亲本利用价值。如在产量性状遗传改良中，选育容重高的亲本可弥补大粒亲本源的不足等。所以说，考虑双亲育种目标性状间的补偿效应是春小麦光温生态育种亲本选配的重要补充原则之一。

在小麦杂交育种组合配置工作中，利用双亲主要目标性状间的补偿效应，还可“迂回”减少一些主要育种目标对立性状的集聚难度。例如在强筋小麦育种中，为解决优质与高产的矛盾问题，根据面筋质量与产量负相关较小，且优异面筋质量对偏低面筋含量在面粉制品品质上具有正向补偿效应，在小麦亲本选配过程中，采用优异面筋质量亲本×高产亲本或高产亲本×优异面筋质量亲本选配方式，既可避开蛋白质（湿面筋）含量与产量的矛盾，又可实现强筋小麦品种二次加工品质与产量潜力的同步改良。这一点，从黑龙江省农业科学院作物育种所成功选育出龙麦 33、龙麦 35 和龙麦 39 等系列优质高产多抗强筋小麦新品种的育种过程中已得到验证。

春小麦光温生态育种实践表明，尽管该项小麦亲本选配原则对组合配置具有重要指导价值，但在小麦亲本选配时还需注意以下几点：一是要区分双亲主要育种目标性状的互补效应与补偿效应的不同。二是要明确双亲补偿性状之间的内在联系。三是要了解双亲主要育种目标性状补偿效应对其相关性状的影响程度。四是最好能将双亲主要育种目标性状的互补效应与补偿效应实现有机结合。

（四）依据用途和生态类型分类进行组合配置

依据用途和生态类型分类进行组合配置是春小麦光温生态育种亲本选配的另一重要原则。所谓分类进行组合配置，就是根据育种目标和育种者手中掌握的各类小麦种质资源，依据用途和生态类型对小麦杂交组合进行分类配置。首先，需将所有拟配置的杂交组合划分为新品种选育和各类新种质创造两大类。其次，要根据育种目标的具体要求，对上述每一类组合进行进一步划分。如将新品种选育组合划分为旱肥型、水肥型和密肥型新品种选育组合；将种质创新组合划分为抗赤霉病和超强筋种质创新组合等。再次，在上述分类基础上，还可根据用途和熟期等再对其进行详细分类。如选育旱肥型品种组合，可进一步划分为面条小麦或面包/面条兼用型小麦及早、中、晚熟期新品种选育组合等。

春小麦光温生态育种实践表明，分类进行亲本组合配置，可明显提升小麦育种效率。其中，按照新品种选育和种质创新进行组合分类配置，是当前和长远育种目标所需，也可使育种者对各类组合的主、次用途能够做到心中有数。如对选育品种组合，虽然以新品种选育为主、创制各类新种质为辅，但实现某一麦产区当前或近期育种目标则是配置该类组合的最主要目的。种质创新组合，尽管以创造各类亲本材料为主、选育新品种为辅，但是实现当地长远育种目标，则是配置该类组合的最终目的。它们是小麦育种者合理选用各类亲本和采取适宜杂交方式进行组合配置的重要依据。另外，随着组合配置类型的逐步细化和所需亲本的不断增加，有些种质资源相对短缺的问题也会被及时发现。

总之，在小麦亲本选配过程中，亲本组合配置分类越细、针对性越强，亲本利用价值就越高。小麦杂交组合分类配置，不但可将小麦育种目标落在实处，而且对于育种者了解手中掌握可用基因源的多寡、杂交组合定向配置及搜集、创造与合理高效利用各类小麦亲本材料等均具有重要的指导意义。

三、利用亲本选配原则时的注意事项

（一）因地制宜

春小麦光温生态育种认为，在运用小麦亲本选配原则进行组合配置过程中，因地制宜非常重要。主要表现在，首先应根据育种方向和育种目标的调整，进行亲本适宜组配。例如 20 世纪 80 年代前，东北春麦区是“以产量育种”为主，各种亲本选配选择原则是紧紧围绕如何提高产量来制定的。目前，随着东北春麦区小麦生产发展和国内市场需求，当地小麦育种已“从产量育种”调整为“量、质兼用”强筋小麦育种。因此，以“产量是基础、多抗是保证、质量是效益”为育种目标，重点进行优质高产多抗强筋小麦新品种选育，现已成为东北春麦区小麦亲本选配的主要依据。

其次，小麦育种者要根据自己掌握的基因库容量和所需目的基因多寡采取适当的亲本选配方式。如20世纪60—80年代，“克字号”小麦育种者在东北春麦区进行旱肥型小麦新品种选育时，为提升该类小麦品种的前期抗旱和后期耐湿能力，采用双梯式杂交方式进行苗期抗旱和后期耐湿基因的定向累加与集聚，不仅大幅拓宽了“克字号小麦”多抗基因库，而且使克丰2号和新克旱9号等旱肥型小麦新品种的苗期抗旱和后期耐湿能力获得显著提升。

再次，因为小麦原粮商品价值是生态资源优势与科技优势和市场需求的综合体现，所以因地制宜地运用小麦亲本选配原则进行不同品质类型组合配置，可使小麦专用育种针对性更强。例如，在适宜生产弱筋小麦的长江流域地区，选用弱筋小麦亲本进行组合配置，重点进行弱筋小麦新品种选育，可将该区适宜生产弱筋小麦的生态资源优势与弱筋小麦品种的科技优势实现有机整合。而在适宜生产强筋小麦的大兴安岭沿麓地区，只有选用强筋小麦亲本进行组合配置，重点进行强筋小麦新品种选育，才能不断满足当地小麦生产发展的需求。不然，小麦亲本组合配置效率将会大幅降低，甚至会“无果而终”。如20世纪90年代，尽管黑龙江省农业科学院小麦育种者利用“生态条件创造相近”原则，选育推广了克丰9号和龙麦21等系列弱筋小麦新品种，可是在当地小麦生产中几乎未产生任何利用价值。

（二）灵活运用

小麦亲本选配原则一定要灵活运用，切忌僵化执行。小麦育种周期较长，即便在同一地点也经常面临年度间气候条件变化、试验地块变化乃至亲本材料变化等诸多不确定因素。针对上述各种变化，只有以小麦主要目标性状遗传规律和生态遗传变异规律等为理论依据，明确亲本目标性状内在遗传基础及与生态环境互作关系，灵活运用春小麦光温生态育种亲本选配原则，才能保证小麦杂交组合配置工作效率不断提高。

小麦亲本选配是小麦育种的前期工作。根据市场和生产需求变化，小麦亲本选配需具有超前性和预判性。随着小麦育种目标调整和育种者基因库的改变，小麦亲本选配原则也应随之有所改变，不能一成不变。例如在东北强筋小麦育种中，黑龙江省农业科学院小麦育种者为解决优质与高产的矛盾，将面筋质量对面筋含量等补偿效应，纳入强筋小麦育种亲本选配原则之中，现已取得较好的小麦育种效果。

另外，随着现代生物育种等先进育种技术与传统常规育种的不断结合和育种新理念、新方法及新材料等的广泛应用，亲本选配原则不断发展与完善亦在情理之中。只有不断补充与发展亲本选配原则，育种途径才会拓宽，小麦育种效率才会逐步提高。

第三节　亲本组合的配置方式

小麦亲本组合组配方式，一般可分为简单杂交和复合杂交两大类。在春小麦光温生态育种中，究竟采用哪种亲本组合组配方式合适，主要根据育种目标要求、所用亲本优缺点多少、生态环境变化，以及生产和市场需求等而定。一般来说，能用简单杂交方式满足育种目标要求，应尽量采用简单杂交方式，而无须采用耗时较长和用工量较大的复合杂交方式。复合杂交与简单杂交方式相比，尽管所用亲本相对较多，花费时间较长，但是遗传基础相对丰富，对克服亲本缺点、增加亲本优点等常具有一定的优越性。因此，为提升小麦亲本组合组配效率，各种杂交方式需灵活运用。

一、简单杂交及其利用

（一）单交与利用的依据

单交就是利用两个亲本成对进行杂交，是各种杂交方式中最简单和最直接的一种小麦杂交方式。单交方式主要优点为：时间短且用工量较少。在各地小麦育种工作中，单交通常是小麦育种者首选的杂交方式。

在春小麦光温生态育种的亲本选配过程中，是否采用单交方式，首先，取决于双亲育种目标性状的互补程度能否达到预期的育种目标。其次，要明确双亲哪些主要目标性状间存在着补偿效应，以及这种补偿效应与具体育种目标的关系。再次，要考虑双亲生态适应调控性状，特别是温-光-温特性对相关育种目标性状的调控力度。最后，双亲遗传距离不能过近，要尽量避免选用同一生态类型亲本进行单交。

在利用单交方式进行亲本组合组配时，根据“选育什么生态类型品种，就应以什么生态类型亲本为母本”等春小麦光温育种亲本选配原则，其后代往往生态适应性较好。如2005年，“龙麦号”小麦育种者以旱肥型优质强筋小麦新品种龙麦26为母本，以水肥型、丰产、多抗、高蛋白含量（最高可达19.3%）中筋小麦新品种克涝6号为父本，采用单交方式选育推广的旱肥型强筋小麦品种龙麦60，不但实现了双亲优、缺点互补，而且通过蛋白质（湿面筋）质量与产量性状同步集聚与选择等手段，还迂回解决了强筋小麦育种中优质与高产的矛盾，并使龙麦60强筋小麦新品种集优质、高产和多抗为一体。

（二）单交方式的利用范围

在小麦育种过程中，单交方式主要用于新品种选育、种质创新和亲本选择三大用途。利用单交方式进行新品种选育，虽然用工量较少、简单直接，但成功的关键是双亲选择是否正确。“偏生全、全无用”亲本选择理念是小麦单交组合配置的重要依据。为提高单交组合配置效率，首先，要求双亲互补育种目标性状明确，遗传基础清晰。其次，要求双亲间应仅有1～2个性状实现互补，且不全是数量遗传性状。再次，要求双亲主要育种目标性状间应具有较大的补偿效应。最后，要求双亲遗传距离要适中，并应选择生态类型不同或血缘关系相对较远的材料为亲本。例如，在优质、高产、多抗、强筋小麦新品种龙麦35的选育过程中，以优质、高产、多抗、旱肥型强筋小麦新品种龙麦26为母本，以优质、多抗、水肥型中强筋新品系克90-513为父本进行杂交，双亲属生态类型间杂交，在产量和秆强度等主要性状间互补关系明晰，同时又存在着龙麦26的优异面筋质量间接补偿了克90-513的二次加工品质效应，进而实现了优质、高产和多抗各种目的基因的同步集聚，选育推广了小麦新品种龙麦35。

单交方式在小麦种质创新方面的主要利用价值，是为了导入育种者所需的各种目的基因。其中包括：普通小麦与近缘种、属间材料杂交、冬春杂交、地理生态远缘间杂交等。这里需要关注的是，配置这类单交组合的主要目的，是为了创建新的育种目标性状或目的基因的导入平台，以便为下一步利用回交、三交或滚动式回交等杂交方式来提升它们在当地小麦育种中的利用价值，这项工作与当地小麦育种能否得到持续发展关系非常密切。关键是，育种者要清楚配置这类单交组合的主要目的是为了拓宽当地小麦遗传基础和获取新的目的基因，决不能按照新品种的选育标准来进行后代处理。

在各类亲本选择方面，单交方式主要被用于亲本配合力测定和亲本利用价值评价等领域。如利用“一母多父”和“一父多母”围攻杂交方法，可初步明确被围攻亲本主要育种目标性状的一般配合力和特殊配合力的表现。利用正、反交单交方式，可初步评价各亲本作为父、母本的利用价值。根据杂种的世代表现，可进一步了解各杂交亲本，特别是最新创造或刚刚引入亲本材料的主要育种目标性状遗传基础及其应用前景等，进而可为小麦杂交亲本用途分类和更新等提供一定依据。

二、复合杂交及其利用

（一）三交及其利用

三交就是在单交基础上，再选择另一个亲本与单交组合的 F_1 代植株进行杂交，如（A/B）F_1/C，其中 A、B、C，分别代表 3 个杂交亲本，即为“三交”。三交与单交相比，由于其中一个亲本为杂合状态，所以 F_1 代即出现分离。与单交组合相比，其杂种后代遗传基础较为丰富。有些育种单位为提升三交效果，还经常采取先将单交组合后代选择至 F_3～F_5 代，然后针对其 1～2 个育种目标性状，再利用第三个亲本进行定向改良，育种效果较好。目前，三交方式已成为各地小麦育种者在亲本选配工作中经常采用的主要杂交方式之一。

在小麦亲本选配工作中，三交方式主要被用在血缘关系较远或地理远缘和生态远缘亲本材料改造与利用上。例如小麦与小黑麦杂交、冬春杂交及东北春小麦与 CIMMYT 春麦材料杂交等。对于三交组合，通常是第一次杂交，多是用于导入目的性状或目的基因。第二次杂交，则是侧重解决对当地生态条件的适应问题，或弥补第一次杂交在某些方面的不足。另外，对一些优良性状突出，缺点也很突出的亲本材料，若利用单交很难将其缺点克服，选用三交方式常可取得较好的育种效果。如在 20 世纪 60 年代，黑龙江省农业科学院作物育种研究所选育推广的早熟高产小麦品种新曙光 3 号就是其中一例。新曙光 3 号亲本组合为辽春 2 号/小鹅 186//早红。其中，辽春 2 号早熟、丰产性差、口松易落粒；小鹅 186 为冬性、秆强抗倒、丰产性突出，但熟期偏晚。通过单交，使杂种 F_1 代的丰产性和综合性状得到明显改良，再和早熟、抗锈、适应性较好，秆偏弱的早红杂交，即将三个亲本的主要优点均集聚在新曙光 3 号小麦品种之中。有时，为改造某个小麦品种的缺点，手中又缺少该缺点改造的亲本时，也可采用三交方式。如 20 世纪 50 年代初，“克字号”小麦育种者为了将耐湿和抗秆锈的目的性状集聚在一起，就利用三交方式选育推广了抗秆锈、耐湿型春小麦品种克刚。

根据小麦亲本选配原则，三交主要是利用三个亲本目标性状之间的互补关系，进行亲本选配的一种杂交方式。由于在三交中最后一个亲本可占其后代遗传基础的 50%，所以在三交方式组配中，既要考虑 3 个亲本间育种目标性状的互补，更要关注最后一个亲本的选择。为提高三交组合配置的成功率，对第三个亲本的选用标准主要为：一是该亲本应属于核心亲本或骨干亲本范畴，以优先解决生态适应性和主要病（逆）抗性等问题。二是要求该亲本需对被改造单交组合的主要育种目标性状具有较强的互补性或较大的补偿效应。三是要求该亲本，最好不存在明显的育种目标短板性状。若存在这种短板性状，原则上不能超过 1 个。同时，根据三交组合属于 F_1 代单交组合与相对纯合亲本杂交模式，为满足三交组合的 F_1 代田间选择和 F_2 代群体量需求，要求三交组合获得的杂交粒数，至少应为单交组合的 3 倍，才能取得预期的育种效果。

（二）回交和滚动式回交及其利用

回交是指两个品种杂交后，子一代再和双亲之一进行重复杂交的一种杂交方式。回交方式在小麦育种工作中用途广泛，并经常被用于以下几方面小麦遗传改良：一是用于只有个别缺点的大面积推广品种改造。如抗病性、早熟性和品质等，特别是近期一些学者提出的回交标记辅助育种方法，在这方面利用价值更大。尽管如此，当利用这种杂交方式进行小麦遗传改良时，一定要关注被回交的品种在当地小麦生产中的应用前景。否则，即便该品种通过回交改良后达到预期结果，可能在当地小麦生产中已无用武之地。二是用于抗病多系品种和小麦各类近等基因系的创造等。如 2000 年以来，张延滨等曾利用选择性回交与生化标记相结合等手段，创造了克丰 6 号（5＋10）和小冰 33 号（5＋10）等多个强筋或超强筋小麦近等基因系。三是在远缘杂交工作中，利用回交方式用于恢复孕性和改良某些农艺性状时，往往效果较好。四是在小麦杂种优势利用中，常被作为转育不育系和恢复系的一种重要手段。

滚动式回交是回交方式的进一步发展。它与回交方式的主要区别在于，它不是利用双亲之一进行回交，而是选择与单交组合双亲之一（通常为母本）同一生态类型或血缘相近的亲本进行回交。例如（A/B）F_1//A_1、A_2……或 B_1、B_2……，即为滚动式回交。该杂交方式常用于小麦新品种选育，或地理远缘和生态远缘杂交组合后代材料改造等方面。如在东北春麦区，这种杂交方式主要用于东北春小麦与长江流域春性小麦，或东北春小麦与黄淮地区冬麦杂交组合后代材料的生态适应性改良等方面。滚动式回交与回交相比，虽然两者轮回亲本有所不同，但仍属回交方式利用范畴。利用滚动式回交方式可使其后代材料遗传基础相对变宽，进而避免因连续回交出现遗传基础过分同质化等问题。

无论是采用回交还是滚动式回交方式，均需注意以下几点：一是轮回亲本必须是综合性状优良，且只有个别缺点需要改造的品种或品系。二是经过一定次数的回交或滚动式回交后，所要改造的目标性状，如抗病性、秆强度或品质等性状，至少要保持或强于轮回亲本水平。三是回交或滚动式回交次数要根据育种目标和育种目标性状改良程度而定。四是最后一次回交或滚动式回交结束后，最好自交 1～2 次，以保证非轮回亲本所需目的基因能更好地趋于纯合状态。

（三）双交、双单结合杂交及四交方式与利用

双交是指用 3 个或 4 个亲本分别配置 2 个单交组合后，再用其子一代相互进行杂交的一种杂交方式。例如（A/B）F_1//(B/C）F_1 或（A/B）F_1//(C/D）F_1。从亲本利用途径看，双交还有其他多种演变方式。如利用两个单交组合的 F_3 代或 F_4 代材料相互进行杂交，也可属于双交范畴。需要注意的是，在利用该演变方式进行双交时，因所用亲本均处于杂合状态，所以必须根据育种目标和单交组合当代田间表现，先进行挂牌选株后，再进行杂交往往效果会较好。双交组合除了亲本缺点容易得到克服外，亲本中的共同优点还可以通过互补作用得到进一步加强，并可产生一些超亲的优良性状。

双单结合杂交就是从双交组合选出来的杂种后代单株再与一个品种进行杂交的一种杂交方式，即（A/B）杂种后代单株//(C/D）杂种后代单株/3/E（品种）。该杂交方式通常是用于集聚 2～3 个目的性状而采用的一种杂交方式。如在 20 世纪 50 年代初，“克字号”小麦育种者为将抗旱性、抗秆锈和秆强三个目标性状集聚在一起，利用抗秆锈品种松花江 3 号与不抗秆锈的抗旱类型品种满沟 335A－531 和苏联火麦子进行双交后，选株再与水肥壮秆型亲本麦粒多品种进行一次单交，成功选育出抗秆锈、秆强抗旱类型品种克健，并在当地大面积推广。

四交（A/B//C/3/D），是与滚动式回交相近的一种亲本组配方式。四交方式能起到单交和三交所起不到的作用。在春小麦生态育种中，想利用某一亲本的突出优良性状，而又必须改造稍多的缺点性状时，采用四交方式常比单交和三交更容易收到目标育种效果。如20世纪70年代，“克字号”小麦育种者为提升东北春麦区小麦品种的产量潜力，曾以中国赤粒、瑞兰斯、满沟335A－531、C. I. 12268四个小麦品种为亲本，利用四交方式选育推广了喜肥丰产小麦新品种克坚。2000年以来，黑龙江省农业科学院“龙麦号”小麦育种者为降低春、冬小麦亲本杂交时，春性对冬性、光钝对光敏等显性效应对其后代主要农艺性状表达的遮盖作用，利用“1冬3春”四交方式，也取得了明显优于“1冬2春”和“1冬1春”杂交方式的育种效果。

总之，无论采用上述哪种复合杂交方式，杂种F_1代均会出现分离现象，只不过由于亲本杂合状态不同，F_1代分离幅度表现不同而已。如从“克字号”和“龙麦号”小麦杂种后代选择过程发现，利用F_3代以上材料进行双交，杂种F_1代分离幅度明显要小于以F_1代为亲本的双交组合，且选择效果较好。另外，由于利用上述杂交方式获得的F_1代都要进行单株选择，所以该类组合的F_1代群体，也需保证一定的种植规模。

（四）阶梯式杂交方式及其利用

阶梯式杂交，是使用较多亲本，一步比一步更高地进行多次杂交和多次选择的一种杂交方式。利用这种杂交方式的最终目的，是将诸多亲本优点逐步加以综合、缺点逐步加以克服，最后育成综合性状更好的不同生态类型小麦新品种。阶梯式杂交可分为单梯式杂交和双梯式杂交两种。

单梯式杂交就是一个复交梯组进行的多次杂交。在春小麦生态和光温生态育种中，单梯式杂交主要用于某一生态类型品种各种目的基因的定向集聚。如水肥型小麦品种的耐湿性增强，旱肥型强筋小麦品种的抗旱性增强及品质和产量改良等。采用单梯式杂交方式的关键，是每加入一个新亲本之前，一定要围绕目标性状，对原单梯式杂交的后代材料进行定向选择后，才能继续进行下一步单梯式杂交。利用单梯式杂交方式既可丰富其杂种后代的遗传基础，也可使一些优良性状，特别是目标数量遗传性状能够得到逐步增强。例如，采用单梯式杂交方式，在不断进行抗赤霉病基因积累的同时，对其后代材料其他各种目的性状集聚效果也可进行同步选择。

双梯式杂交，是首先要搞两列平行的单梯式复合杂交，然后再把两列单梯式杂交组合中选出的不同生态类型杂种后代材料，再进行杂交的一种亲本组配方式。该杂交方式虽然用工量较大，花费时间长，但组合配置成功率较高。它在春小麦生态育种和光温生态育种中的最大利用价值，就是将亲本创新和新品种选育实现了高度结合，特别是对一些育种目标对立性状，如抗旱与耐湿等性状，定向集聚效果较好。同时，从“克字号”小麦育种成功经验总结发现，为实现双梯式杂交的利用价值，还要注意以下几点：一是要根据育种目标和手中掌握的种质资源状况，每一单梯式内杂交所用亲本5个以上，且彼此血缘关系要清，目标性状改良侧重点应有所不同。二是每一单梯内所有杂交亲本最好为同一生态类型。这样既可定向创造亲本，又可实现两单梯之间亲本材料的人为生态隔离。三是对双梯式杂交每个梯组中继续作为复交亲本的不同生态类型杂种后代材料，要按预期育种目标进行重点选择。四是对每一单梯组内所用亲本及其先后顺序，既要有计划性，也要随着每次杂交后选出的杂种后代表现，而有所变化。

三、杂交方式选用的注意事项

（一）各种杂交方式要灵活运用

国内外小麦育种实践证明，采用任何一种杂交方式都不能保证亲本选配一定获得成功，并且通常是失败概率要高于成功概率。因此，在小麦亲本选配过程中，各种杂交方式要灵活运用。重要的是，育种者要坚持“将复杂问题简单化”理念，要根据育种目标需求和手中掌握的各类种质资源现状，明确只要能够实现目的基因高效集聚，就是当前最有效的杂交方式。如能用单交方式达到育种目标，就没有必要再利用三交乃至阶梯式杂交等复杂亲本选配方式。

在小麦育种中，亲本杂交方式的采用常具有阶段性特点。一般情况下，在育种初级阶段，小麦育种者受基因库和育种经验所限，单交常是最有效和最直接的亲本组配方式。例如20世纪50年代初黑龙江省农业科学院克山小麦育种研究所为解决当地小麦品种的秆锈病抗性问题，利用Minn2759/合作4号单交方式选育推广了克强和克壮等系列抗秆锈病小麦新品种。在育种高级阶段，因为小麦育种者育种目标明确，各类优异种质储备丰富，核心亲本优缺点清晰，所以常常是各种杂交方式同时运用。尽管如此，小麦育种者在任何育种阶段，都不要忽视单交方式的利用价值。如黑龙江省农业科学院作物育种研究所近期选育推广的优质高产多抗强筋小麦新品种龙麦33和龙麦35，均是采用单交方式选育而成的。

另外，各种杂交方式运用不能一成不变，要随着育种目标、亲本材料、生态环境和生产及市场需求等变化而变化。例如21世纪以来，黑龙江省农业科学院小麦育种者为拓宽东北春麦区强筋小麦基因库，在利用黄淮地区强筋冬小麦材料为亲本时，采用“1冬3春”的复交方式，既降低了春性对冬性和光钝对光敏显性遗传效应对其他农艺性状表达程度的影响，又成功将藁城8901、济麦20、新春26和西农979等冬小麦优质源导入东北春小麦遗传背景之中。在小麦赤霉病抗性改良上，江苏省农业科学院小麦育种者针对其数量遗传特点，利用复交方式进行抗赤霉病小麦新品种选育，育种效果明显优于利用单交方式。

（二）根据亲本创新目的，确定适宜的杂交方式

杂交亲本是小麦新品种选育的物质基础。只有小麦亲本水平的不断提高，才能保证小麦育种水平的持续上升。一般情况下，在育种初期阶段多以引进材料为主进行亲本选配。当育种水平达到一定高度后，必须以自主创制亲本为主、引进为辅。从新品种水平与亲本关系看，前者是后者的结果，后者是前者的基础。由于新品种选育时间常滞后于亲本创制，所以只有各类亲本材料贮备在先，新品种选育在后，才能使选育推广的各种生态类型小麦新品种能够不断满足当地小麦生产发展和市场需求。

在春小麦光温生态育种中，亲本创制是小麦亲本选配的主要工作内容之一。利用各种杂交方式，特别是利用复合杂交方式，边创造半成品育种材料，边进行小麦新品种选育，不但可保证各类新亲本源源不断产生，而且可使育种者在亲本选配时能够得心应手、运用自如。另外，由于育种者对自身创造的亲本材料十分熟悉，清楚其优缺点，至于采用哪种杂交方式利用这些亲本材料，只是如何发挥它们的亲本利用价值的问题。然而，当其他育种单位引进这些半成品材料，特别是分离世代材料为亲本时，却由于杂种世代的变化，既存在着亲本同质化水平提升和遗传基础变窄等问题，又需要1～2年时间对这些材料进行熟悉，因此亲本的利用价值将会大幅度降低。

在各类小麦种质创新工作中，常因创新目的不同，采用的杂交方式也有所不同。通常情况下，利用三交和四交方式集聚1～2个目标性状效果较好，采用标记辅助回交方式创造各类小麦近等基因系效率较高。运用单梯或双梯式杂交方式，虽然比较容易将分散在国内外不同类型小麦品种中的丰产、抗病（逆）性、优质强筋及广适性等各种目标性状集聚在一起，但所需时间较长。总之，在小麦亲本选配过程中，利用各种杂交方式进行亲本创制，是小麦亲本选配的重要工作内容之一。若忽视此项工作，亲本遗传基础必然会越来越窄，可用亲本会越来越少，新品种选育效率和育种水平也必然会逐年下降。

（三）要依据育种目标性状遗传特点，选用适宜的杂交方式

在小麦亲本选配工作中，小麦亲本的主要育种目标性状遗传特点与各种杂交方式选用关系非常密切。如在小麦秆锈病抗性和淀粉特性等一些质量性状改良上，如果利用单交或三交方式能够满足育种目标需求，就没必要采用多交方式。在小麦产量和赤霉病抗性等数量性状遗传改良上，无论是亲本创新还是新品种选育，则需考虑利用各种杂交方式不断进行目的基因的定向累加，才能在亲本创新和新品种选育中获得较大突破。

在各种杂交方式选用上，除需考虑育种目标性状质量和数量性状遗传特点外，还需关注它们的显隐性关系。一般情况下，对显性育种目标性状进行改良时，利用单交和三交等相对简单的杂交方式，基本可满足育种目标需求。对隐性基因控制的育种目标性状进行改良时，则需要考虑各种杂交方式的交替运用。如 F_1 代秆强对秆弱为显性，利用单交方式常会取得较好的育种效果；在强筋小麦面筋质量改良上，因主要决定面筋质量的 *Glu-A1b*、*Glu-B1b* 和 *Glu-D1d* 等优质亚基的目的基因与其等位基因存在共显性关系，所以利用单交和三交等相对简单的杂交方式，育种效果常优于多交方式。在一些由隐性基因控制的目标性状改良上，如矮秆对高秆，矮秆为隐性。在降低小麦株高遗传改良工作中，除利用矮×高或高×矮单交方式外，还需利用另一矮秆亲本对该类单交组合进行滚动式回交或三交，同时还要扩大 F_2 代分离群体，才能增加目标单株分离比例和达到预期的育种效果。

另外，在各类杂交方式选用时，亦不能忽视一些生态适应调控性状与被调控性状的关系。例如在冬春杂交中，利用滚动式回交和四交方式，增加冬性和光敏单株分离比例，可相对降低春性和光钝等显性基因对冬×春或春×冬组合杂种后代产量性状表达的调控力度，进而使冬春杂交育种效率获得明显提升。

参考文献

蔡旭，刘中宣，张树榛，等，1962. 小麦杂交育种工作中品种特性遗传传递规律和亲本选配问题 [J]. 作物学报（2）：1-12.

何中虎，1992. 距离分析方法在小麦亲本选配中的应用研究 [J]. 作物学报（5）：359-365.

李兰真，杨会武，杨会民，1996. 冬小麦杂交育种亲本选配的若干问题探讨 [J]. 河南农业大学学报（4）：30-34.

林作楫，揭声慧，1997. 小麦育种工作40年回顾Ⅱ：杂交育种的亲本选配和后代处理 [J]. 河南农业科学（4）：3-6.

刘宏，1997. 世代材料在克字号小麦亲本选配中的利用 [J]. 小麦研究（1）：11-12.

陆成彬，程顺和，张伯桥，等，2002. 加强弱筋小麦的选育与产业化开发 [J]. 安徽农业科学（2）：188-189.

吕文河，1997. 马铃薯杂交育种中的亲本选配 [J]. 中国马铃薯（2）：57-61.

祁适雨，肖志敏，李仁杰，2007. 中国东北强筋春小麦 [M]. 北京：中国农业出版社.

吴兆苏，1990. 小麦育种学［M］. 北京：农业出版社.
肖步阳，1982. 春小麦生态育种三十年［J］. 黑龙江农业科学（3）：1－7.
肖步阳，1985. 黑龙江省春小麦生态类型分布及演变［J］. 北大荒农业：1.
肖步阳，1990. 春小麦生态育种［M］. 北京：农业出版社.
肖步阳，王继忠，金汉平，等，1987. 黑龙江省春小麦抗旱品种主要性状特点的研究［J］. 中国农业科学（6）：28－33.
肖步阳，王进先，陶湛，等，1981. 东北春麦区小麦品种系谱及其主要育种经验Ⅰ：品种演变及主要品种系谱［J］. 黑龙江农业科学（5）：7－13.
肖步阳，王进先，陶湛，等，1982. 东北春麦区小麦品种系谱及其主要育种经验Ⅰ：主要育种经验［J］. 黑龙江农业科学（2）：1－6.
肖步阳，姚俊生，王世恩，1979. 春小麦多抗性育种的研究［J］. 黑龙江农业科学（1）：7－12.
肖志敏，1998. 春小麦生态遗传变异规律与杂种后代及稳定品系处理关系的研究［J］. 麦类作物学报（6）：7－11.
肖志敏，祁适雨，辛文利，等，1993. “龙麦号”小麦育种亲本选配方面的几点改进［J］. 黑龙江农业科学（2）：32－34.
肖志敏，辛文利，张春利，等，1998. 春小麦不同光温反应型生育特性与育种关系［J］. 黑龙江农业科学（6）：2－6.
行翠平，韩东翠，史民芳，等，2006. 山西省当前小麦品种的育种方向和选育商榷［J］. 陕西农业科学（2）：77－78，98.
许子斌，廖雨墨，1981. 春麦品种亲缘与杂交育种［M］. 哈尔滨：黑龙江科学技术出版社.
杨敬军，金春香，马海财，2015. 传统杂交育种亲本选配考虑的因素及现代育种技术的运用［J］. 甘肃农业科技（1）：61－64.
张爱民，黄铁城，1990. 小麦育种亲本选配研究进展［J］. 中国农学通报（3）：25－28.
张爱民，张树榛，黄铁城，1991. 小麦育种中杂交亲本选配理论与方法的研究Ⅱ：亲本选配最小二乘法的应用研究［J］. 北京农业大学学报（1）：7－13.
张宏生，宋晓霞，吴春西，等，2009. 漯麦 9 号亲本选配与后代选育方法［J］. 作物杂志（2）：100－101，123.
张清海，王志和，刘华山，等，2000. 河南主要推广小麦品种系谱追溯及其亲本组配技术分析［J］. 中国农学通报（3）：3－6.
张延滨，1999. 小麦高分子量麦谷蛋白亚基近等基因系及其应用研究进展［J］. 麦类作物学报（5）：13－16.
张增艳，辛志勇，2005. 抗黄矮病小麦生物技术育种研究进展［J］. 作物杂志（5）：4－7.
庄巧生，1973. 谈杂交育种中亲本选配和后代选拔的一些问题［J］. 甘肃农业科技（5）：28－32.
庄巧生，王恒立，曾启明，等，1963. 冬小麦亲本选配的研究Ⅰ：杂种第一代优势和配合力的分析［J］. 作物学报（2）：117－130.

第六章　春小麦光温生态育种的杂种后代选择

随着小麦育种学的不断发展，小麦杂种后代处理依据和选择方法也在不断地改进与完善。春小麦光温生态育种是春小麦生态育种的补充与发展。在小麦杂种后代处理依据和选择方法上，前者除继续沿用后者的生态系谱法和生态派生系谱法，进行不同生态类型小麦杂种后代选择外，还要以小麦生态遗传变异规律等为依据，在小麦不同生长发育阶段，分段与集成选择各种育种目标性状。与春小麦生态育种相比，春小麦光温生态育种的小麦杂种后代选择精准度和效率，均可获得明显提升。

第一节　春小麦光温生态育种的小麦杂种后代选择

小麦杂种后代选择，是春小麦光温生态育种的重要育种环节之一。在小麦杂种后代选择过程中，处理条件和选择方法是否得当，特别是小麦育种试验地选择与管理和杂种后代选择方法的先进性与实用性，常可直接关系到选择效率。

一、小麦育种试验地的选择与管理

（一）育种试验地的选择

众所周知，小麦育种试验地相当于育种者的田间试验室。育种试验地的正确选择与精心管理是顺利开展小麦杂种后代选择的前提。它不但可影响到各种处理方法的应用效果，而且可直接关系到小麦杂种后代选择的成效。从春小麦狭义光温生态育种角度看，要求小麦育种试验地所处的光、温和降水等主要气候条件，与当地小麦主产区越接近越好。只有这样，才能使选择出的某一生态类型杂种后代或品种较为适宜当地的生态条件。如“克字号”小麦品种，之所以在黑龙江省北部麦产区生态适应性较好，与其育种点位于该麦产区之内不无关系。

从春小麦广义光温生态育种角度看，小麦育种试验地所处的气候生态环境，需在各种生态类型杂种后代主要育种目标性状的基因反应规范之内。它是利用“以肥调水和以水降温”等手段创造相似生态环境，为它地选育合适不同生态类型小麦新品种的主要依据。如在黑龙江省南部哈尔滨地区小麦育种点利用“生态条件创造相近”原则，为黑龙江省北部和内蒙古东部大兴安岭沿麓等麦产区进行的不同生态类型小麦新品种选育，就是其中范例之一。

除气候因素外，小麦育种试验地的田间肥力选择也非常重要。其中包括：一是应尽量选择与大面积小麦生产田肥力相近的地块。二是要求土壤肥力较为均匀。三是要求地势较为平坦，地力均匀且排水条件良好。春小麦光温生态育种实践表明，若小麦育种试验地土壤肥力偏高，选择出的杂种后代虽然产量潜力较高、抗倒能力较强，但生态适应范围较窄；若育种试验地土壤肥力偏低，选择出的小麦后代材料虽然适应性较广，但产量潜力常难以充分表达，并存在秆强度偏弱等问题。

（二）育种试验地的培养与管理

小麦育种试验地的经常培养是试验地土壤肥力保持并稳定在一定水平上的关键所在。小麦育种试验地培养途径较多，其中，最经济也是最有效的途径就是建立合理的轮作体系，并以科不同的农作物轮作为佳。例如，目前东北春麦区各家小麦育种机构的选种圃，多采用玉米→大豆→小麦和马铃薯→小麦等轮作体系。另外，通过压绿肥和增施有机肥等途径，也可不断培肥小麦育种试验地的地力和改善其土壤生态环境。在小麦育种试验地培养过程中，前茬作物茬口一致非常重要，并应以当地"肥茬"作物为前茬，这样效果会较好。如在东北春麦区，大豆和马铃薯即为小麦育种试验地的"肥茬"前茬作物。这里需要注意的是，在小麦育种试验地轮作体系建立时，要尽量避免采用玉米→小麦和高粱→小麦等同为禾本科农作物的轮作方式。"龙麦号"小麦育种实践表明，这种轮作方式，不但可使小麦育种试验地土壤肥力大幅降低，而且还经常出现试验地土壤养分不平衡等问题。

为降低环境条件对小麦杂种后代正常生长发育的不良影响和干扰，田间各项管理措施必须到位、及时与细致。从宏观上要求，小麦育种试验地杂种后代的长势应该优于当地生产田块。原因是，小麦杂种后代选择，主要是在田间通过表现型来间接选择基因型。如果小麦育种试验地肥力不足或不均，或缺苗断条乃至杂草丛生，那么环境误差必然要大于遗传方差，杂种后代选择效率也会大幅降低。从微观上要求，将育种试验地整平耙细，实施播种，保证播深，可使杂种后代苗齐且苗龄一致。如果发现小麦育种试验地存在地力不足或肥力不均等问题，应及时补施化肥或农家肥等来调整地力，以满足小麦杂种后代的正常生长发育需求，使其长势尽量一致。有研究结果认为，在小麦育种试验地肥力调整时，氮素调整最重要。一般情况下，每亩田间补施氮素总量，应高于当地小麦大面积生产田 0.5 kg 左右为宜。

另外，及时进行化学除草，防止药害，避免黏虫和金针虫等地上、地下部虫害和鼠害的发生，也是小麦育种试验地管理的主要内容。同时，小麦育种试验地还要尽量创造一个人工诱发条件，使当地各种主要病害，如东北春麦区的秆锈病、赤霉病和根腐病等，能够充分发生，以提升各种生态类型杂种后代田间病害抗性选择的准确性和可靠性。

二、小麦常规育种的杂种后代处理

（一）系谱法

目前，在小麦常规育种杂种后代处理方法上，国内外小麦育种者采用的选择方法主要有系谱法、集团法及由两种方法改良而来的派生法。其中，系谱法是小麦杂交育种中最常用的选择方法。选择从杂种的第一次分离世代开始，其后代以入选单株为单位分系种植，经过连续多代单株选择直至株系的性状稳定一致为止。系谱法的主要优点包括：一是杂种后代按组合、系统、单株种植，可做到详细观察记载，便于定向选择，选择效果较好。二是对由某些少数基因控制的性状，如早熟性、株高和一些病害抗性等，早期选择有特效。三是与集团选择法相比，育种历程相对较短。

（二）集团选择法（混合选择法）

集团选择法，是在小麦杂种后代选择过程中，根据育种目标在原始群体中选择各种类型的优良个体，然后将属于同一类型的优良个体混合脱粒，组成几个集团与原始群体和对照品种进行比较鉴定的方法。与系谱法相比，集团选择法的优点主要有：一是早期世代对多基因控制的某些数量性状选择压力较小，可防止优良基因丢失，保存较多的遗传变异。二是用地较少，省工省时。三是方法灵活多样，时间可长可短，并能较好地将统计遗传学与小麦杂种后代的数量性状选择紧密结合。这也是集团选择法能够被各国小麦育种者广泛采用的主要原因。

（三）派生选择法

派生选择法是在系谱法和集团选择法的基础上进行改良形成的。其中，单株选择与集团选择结合法，是目前各国小麦育种者在杂种后代选择时经常采用的方法。例如墨西哥国际玉米小麦改良中心在 F_2 代和 F_5 代进行单株选择，F_3 代和 F_4 代进行条播混合选择就属于该类方法。另外，集团分组法、隔代选择法和一穗一粒法等各种派生选择法也经常被一些育种者用于小麦杂种后代选择工作之中。

上述各种处理方法，虽然对小麦杂种后代选择具有较好的效果，但不足之处是，对基因型受环境条件变化的影响程度常常考虑不够。特别是在一种生态条件下进行不同生态类型杂种后代选择时，经常存在着因生态环境不适，导致一些育种目标性状表现不充分，从而使一些优异杂交组合或单株的“误淘率”较高。

三、春小麦光温生态育种的杂种后代处理

（一）生态系谱法

为尽量消除环境条件变化对基因型表达程度的影响，在春小麦光温生态育种杂种后代的处理中，主要以生态系谱法和生态派生系谱法为主。其中，生态系谱法是我国著名小麦育种家肖步阳先生创造的一种新的小麦杂种后代处理方法。所谓生态系谱法，是指在杂种后代处理过程中，首先按照各种生态性状，将各组合和株系划分为不同生态类型群，然后以划分的各生态类型组合和株系为单位，同一类型相邻种植，设置相应生态类型品种为对照，并按照生态类型进行系谱法处理和选择。这种选择方法有两大优点：一是可系统掌握杂种后代材料的来龙去脉，对所要求的主要育种目标性状定向选择强度大，选择效果好。二是根据同一生态类型的各种主要生态性状遗传基础大致相似，并对环境条件变化反应基本趋同等春小麦生态育种理论，在不同生态类型小麦杂种后代选择时，参照相应生态类型对照品种的对应变化，确定其适宜选择压力，可明显降低环境条件变化对小麦杂种后代选择的干扰作用。

春小麦广义光温生态育种实践表明，在一种生态条件下为在一定生态适应范围内的不同生态区进行小麦育种时，生态类型划分越细，杂种后代选择效果受地点（地块）和年度间生态条件变化影响越小，可遗传变异选择效率越高。为此，利用生态系谱法处理不同生态类型小麦杂种后代，既可保持系谱法特点，又可相对减少环境条件变化对不同生态类型杂种后代基因型表达的影响，进而可降低一些优良组合、株系和单株的误淘率。现将该方法简述如下：

1. F_1 代

首先，根据双亲属哪种生态类型材料，各杂交组合可能出现哪一种生态类型材料，或以哪一种生态类型材料为主，进行 F_1 代各杂交组合生态类型的初步分类。其次，依据 F_1 代各组合群体植株和相应对照品种的各类生态适应调控性状田间表现，进一步进行生态类型划分，并以田间划分结果为主。再次，将田间划分为同一生态类型的各个组合进行归并，并按

照生态类型与相应对照品种进行对比选择。这种分类型选择方式，同一生态类型组合可比性强，选择效果受生态条件变化影响相对较小。

为使 F_1 代各杂交组合植株获得较为充分的生长和发育条件，在种植方式上，应保证其杂种个体占有较大的营养面积。F_1 代杂种个体单株占有空间大小，可因时因地而异。如黑龙江省农业科学院小麦育种者为保证 F_1 代植株的各种育种目标性状尽可能得到充分表达，多采用区长 1.5 m、株距 5～10 cm、区间距 40 cm、双行区、行间距 30 cm 的人工单粒点播种植方式。在种植行数上，单交组合通常为 1～2 行；三交或复交组合为 3～4 行，甚至更多。在相应生态类型对照品种和田间感染行种植方面，要求每隔 40 区种植一组不同生态类型对照品种；每四区之间的行尾端需种植当地病害自然感病品种，以便在孕穗期人工接种病原菌（如小麦秆锈病），诱发病害的发生。另外，在小麦生育期间，如果发现 F_1 代组合或单株是伪杂种时，应立即拔除。

春小麦光温生态育种与小麦常规育种一样，F_1 代即可在田间淘汰组合。淘汰依据主要有以下几点：

一是要根据当时、当地具体生态条件变化和各种生态类型组合的表现情况定取舍，尤其是气候条件的变化。如东北春麦区“十年九春旱”是当地气候的典型特点，但也有个别年份在小麦生育前期降水量较多。因此，在小麦苗期干旱年份，对抗旱或旱肥类型的 F_1 代组合要严加淘汰；而在小麦苗期多雨年份，则应侧重各种生态类型 F_1 代组合的丰产性选择。

二是要根据各种生态类型品种必备的抗病（逆）性和相关遗传基础淘汰 F_1 代组合。如秆锈病、根腐病和赤霉病等病害抗性，以及田间抗倒伏和熟相好等特性，是东北春麦区各种生态类型小麦品种必备的抗病（逆）特性，F_1 代需对上述抗病（逆）性不强的组合严加淘汰。另外，春小麦生态和光温生态育种实践还表明，由于秆强对秆弱、熟相好对熟相差均表现为显性遗传关系，因此 F_1 代对不抗倒或熟相差的组合，也需严加淘汰。

三是双亲生态类型和纯合性不同，F_1 代处理方式也有所不同。对以同一生态类型材料为双亲的组合，F_1 代一般多与双亲生态类型相同，可参照相应生态类型对照品种，在田间进行组合淘汰。对以不同生态类型材料为双亲的组合，田间淘汰时应当慎重些。因细胞质效应影响，F_1 代表现多倾向于母本。对这类组合的取舍，应与母本生态类型为主，同时也要兼顾父本生态类型育种目标性状的表达程度。对双亲既为不同生态类型，又为非稳定材料的 F_1 代组合，在田间淘汰时要倍加小心。因为这类组合在 F_1 代分离较大，取舍标准主要为符合育种目标的单株出现的多少。

对田间入选的 F_1 代各类组合，如果双亲均为稳定材料，可不进行单株选择。如双亲之一或双亲均为不稳定品系，且属不同生态类型间杂交时，在田间收获时必须进行单株选择和生态类型分类。室内考种的决选标准主要包括：一是对田间入选组合与单株，根据株高等生态性状进行旱肥型和水肥型等生态类型的精准划分。二是按照不同生态类型和熟期进行单株脱粒，并参照田间表现、室内籽粒考种结果及相应对照品种的籽粒表现综合取舍。三是对入选单株进行分类和编号保存，以用于下一年 F_2 代种植。一般情况下，F_1 代经过田间和室内两次选择，组合入选率为 30%左右，每一组合入选单株一般为 10～20 株。

2. F_2 代

将 F_1 代选留的各类型材料，以生态类型排列，按组合单株种植。每株 150 粒，行长 6 m，株距 4～5 cm。区间距 40 cm，双行区，行间距 30 cm，机械或人工点播。对照品种的设置及

感染行种植与 F_1 代相同。F_2 代各组合定植株数取决于 F_1 代选留株数多少。通常一般组合种植株数为 900～1 200 株；重点组合为 1 800～2 400 株，甚至更多。

F_2 代是性状分离最强烈的世代。亲本为同一生态类型的杂交组合，株系间和株系内表现为性状不一。亲本为不同生态类型的杂交组合，性状分离更为剧烈，表现出性状分离的多样性。各种生态类型的优良个体均可能出现。因此，F_2 代是选择生态类型的最佳世代。在各种生态类型选择上，首先确定各种生态类型的重点组合和一般组合，然后在入选组合中确定优良株行，最后在入选株行中选择优良单株。

F_2 代的单株选择效果，在很大程度上决定了以后各世代材料的表现。考虑到年度间气候条件变化和选种圃场地块间肥力差异等因素影响，F_2 代单株田间选择时，既要以各杂交组合杂种后代材料的当代表现为主，又要参照其 F_1 代的最终考种结果。不同生态类型的 F_2 代材料田间选择压力大小，主要以组合配置目的，同一生态类型入选组合的单株和相应生态类型对照品种的田间表现等为依据。同时，对一些病害发生早而重、植株早衰、茎秆较弱及丰产性较差的 F_2 代组合，无论属于哪一生态类型范畴，均应在田间淘汰。

在 F_2 代田间选择标准上，首先要求对当地主要病（逆）害田间抗性较好；其次要求丰产性状突出，特别要求分蘖穗与主穗应整齐一致，成穗率较高，田间抗倒伏能力强；最后要求熟相好且灌浆速度快。一般情况下，入选组合的优良株行可选 5～10 株；特别优异株行还可适当多选。若入选组合的株行内存在生态类型差异，需对田间的入选单株进行生态类型分类后，再进行籽粒考种。室内考种时，考虑到各株行内的高株与矮株相比，高株受环境条件变化影响相对较小，先考植株偏矮的水肥型单株，后考植株较高的旱肥型单株，并以矮株籽粒表现作为高株籽粒选择的对照，往往选择效果较好。另外，与同一生态类型对照品种相比后，室内还需再淘汰一批田间综合性状较差、籽粒较小、粒形不好、饱满度和整齐度较差及角质率偏低的一些杂交组合、株行或单株。这里需要注意的是，入选单株的籽粒角质率高低，常与它们的籽粒蛋白质（湿面筋）含量具有紧密的关联。

将所有入选单株按照组合→株行→生态类型顺序归类，并保持原组合、株行代号，单株编号保存。通过田间与室内两次选择，F_2 代组合的最终入选率一般为 40%左右，每一组合选留株数按组合优劣而定。一般组合可留 10～20 株，优异组合 30～40 株。与 F_1 代相同，F_2 代仍以选择组合为主。

3. F_3 代

将 F_2 代选留单株按组合和组合内不同生态类型分组单株种植。行长 3 m，株距 4 cm，每株种植 75 粒，行距、对照品种的设置及感染行种植方式等与 F_2 代相同。F_3 代属于小麦杂种后代选择的中间世代，田间种植的各个株系已具有明显的群体效应。不同杂交组合或同一杂交组合株行间，各种生态类型的主要生态性状表现十分明显，较 F_2 代更易划分为不同的生态类型。因此，在 F_3 代，既要验证 F_2 代生态类型划分和其他性状的选择效果，又要在田间对 F_3 代材料进一步进行生态类型分类。

与 F_1 代和 F_2 代不同的是，F_3 代田间选择要遵循“组合与单株选择并重”原则。在田间选择时，首先要根据各生态类型的育种目标，对比同一生态类型对照品种的综合表现，淘汰不符合育种目标的组合。其次在入选组合内，挑选成穗率高、抗病（逆）性强、丰产性状近似或超过相应对照品种的优良株行。需要注意的是，由于秆强对秆弱、光钝对光敏及熟相好对熟相差均存在着显、隐性关系，所以对 F_3 代入选组合的各株行一定要进行上述各种性状的选择。最后在入选株行内，按照生态类型分别选择成穗率较高，主穗与分蘖穗整齐一致，秆强抗倒，熟相突出及多抗性水平较高的单株。各组合选择单株数量依据组合内优良株系多少而定。一般组合通常为20～40株；重点组合为50～100株。

室内考种时，F_3代仍需根据株高等生态性状和田间调查结果，对田间的入选单株再次进行生态类型划分和熟期分类，并按单株调查、单株脱粒，同时根据单株成穗数、主穗小穗数、主穗粒数、籽粒大小、粒形、籽粒饱满度与整齐度、角质率等性状与相应生态类型对照品种对比结果，再淘汰一些不良组合、株行和单株。通过田间与室内两次选择，F_3代组合的最终入选率一般为50%左右。与F_2代一样，对于强筋小麦组合的F_3代单株，在室内籽粒考种时，需要密切关注籽粒角质率的高低。最后，将入选单株在株行内按照生态类型归类，把同类型的单株以组合、株行、生态类型和单株顺序编号保存，以用于下一年种植。

4. F_4代

F_4代种植方法和单株种植粒数均与F_3代相同。对照品种的设置和感染行种植等也均同F_3代。F_4代株行已自成系统。每一组合内种植的各个F_4代株行互为姊妹系，并构成了系统群。为验证F_3代小麦生态适应性选择结果，对F_4代入选组合的各株行进行秆强度、光周期反应和熟相等各类生态适应调控性状的进一步选择，至关重要。另外，从田间长势看，虽然F_4代姊妹系之间在主要生态性状上表现非常相似，但每个系统内不同个体间的一些农艺性状上仍有分离。因此，对F_4代田间入选组合中的入选株行，还需进行单株选择与生态类型的进一步分类。

F_4代田间选择原则、标准、内容以及入选组合比例和单株数等与F_3代基本相同。室内仍要进行单株考种，并对相关产量性状要严加选择。室内的考种标准及处理内容等与F_3代基本相同。

5. F_5代

F_5代田间设计、种植方法和单株种植粒数等与F_3代和F_4代基本相同。在春小麦光温生态育种中，F_5代属高世代杂种材料。同时，该世代材料的田间选择，将遵循“少组合，多单株”原则。换言之，F_5代田间入选组合要相对集中，每一重点组合的单株入选数量要明显多于F_3代和F_4代。虽然F_5代同一组合的各姊妹系的生态类型已经定型，但在株行内还常存在着植株整齐度、株高和籽粒颜色等性状的分离。特别是对秆强、光钝、无芒和红叶耳等显性杂合性状及远缘杂交组合后代的选择，要高度重视它们的分离与稳定程度。

F_5代田间选择内容与F_3代和F_4代基本相同。从田间长势看，尽管F_5代组合间效应已充分显现，可是组合内株系间的细微差异尚未十分明晰。因此，在田间选择压力上，F_5代组合的田间淘汰率要大于F_3代和F_4代，而对入选组合的株系或单株的田间选择压力要小于F_3代和F_4代。在F_5代组合田间选择时，对同一生态类型乃至同一重点亲本的组合先归类、后选择，一般选择效果较好。其中，明确这些田间入选组合的最终用途是属于创造新材料组合还是选育新品种组合，至关重要。一般情况下，选育新品种的重点组合田间入选株数要明显多于一般组合。一般组合田间入选株数多为30～40株，而重点组合田间入选株数则要求至少为100株。

另外，在F_5代田间选择时，若发现某些株行的各种性状已经完全整齐一致，可进行株系决选，并在不缺株的地方连续收获10株，以用于室内考种。对于一些田间综合性状表现十分优良，且属强筋小麦遗传改良组合的株行，可将单株选择后的剩余单株全部收获，并脱粒进行蛋白质、湿面筋及面筋指数的微量测定，以便为下一年田间选择时提供品质依据。

F_5 代的室内考种内容和选择标准与 F_3 代和 F_4 代基本相同。需要注意的是，同一组合或株行内仍需先考种水肥型（矮株）材料，后考种旱肥型（高株）材料。考虑到面包/面条兼用型强筋小麦育种的品质遗传基础需求，对最终入选的所有 F_5 代单株，都必须进行高分子量麦谷蛋白亚基和 Wx 基因缺失等生化或分子标记检测，以便为 F_6 代或 F_7 代株系品质选择提供依据。最后要将入选单株，按组合、株行、生态类型和单株编号保存。对田间决选的稳定株系，要根据考种点的单株考种情况而定。如果确认该株系已经稳定，可将该株系田间收获的各单株混合脱粒，并根据田间综合表现和品质分析等结果，确定下一年是否参加产量鉴定试验；若籽粒性状还存在分离，应从田间收获群体或考种点中选择优异单株，下一年进入 F_6 代试验。

6. F_6 代及 F_6 代以上各世代

这些世代，既是决选参加产量鉴定试验供试品系的世代，也是稀植选种条件下小麦杂种后代选择的最高世代。为获得足量的产量鉴定试验用种，株行种植面积需要增大。一般为行长 4 m、株距 4 cm、区间距 40 cm。每一单株种双行，行间距 30 cm。种植方法按组合、生态类型、熟期等顺序单株种植，每行 100 粒。每 40 区设置一组相应对照品种。对照品种种植方式与 F_6 代等参试材料相同。该试验仍需种植感染行材料，种植方式与其他世代相同。

在 F_6 代及 F_6 代以上各世代材料田间选择时，根据春小麦光温生态育种目标要求，并参照相应生态类型的对照品种田间表现，先选组合，后选株行。与相应生态类型对照品种相比，凡综合性状不符合育种目标要求的组合或株系，田间一般均要淘汰。在入选组合各株系的选择过程中，要高度重视株系间的产量性状、主要抗病（逆）性，特别是苗期抗旱性和秆强度等性状的差异，以及是否存在芒型和叶耳等显性性状杂合等问题。收获时，首先需在能代表入选株系整体表现的地方连续收获 10 株用于室内考种。然后，再将采点后的株行，以群体形式全部收获。同时，对入选株系的临近相应对照品种，也要采取相同的收获方式进行点、群的收获，以作为室内籽粒考种和品质分析的标尺使用。

室内考种时，要采取先点、后群的考种方式。考种点的单株主要调查株穗数、主穗小穗数、主穗粒数、籽粒大小、粒形、粒质、饱满度、整齐度、角质率及单株产量等。收获的群体主要调查群体产量和千粒重等。根据考种点的单株考种结果，若确认入株系为各种育种目标性状无分离者，可将该株系混合脱粒。若有分离，可从考种点或群体内选择部分优异单株用于下一年 F_7 代的种植。有时为防止入选株系中存在着潜在分离现象或因保留其原种的种源需求，也可从入选株行的考种点中选留 2～3 个单株，用于下一年 F_7 代的种植。在 F_6 代或 F_6 代以上世代株系室内决选时，除将入选株系的田间综合表现、考种点单株产量和籽粒表现，以及群体产量和千粒重等结果作为室内考种的决选依据外，也要考虑它们的品质分析结果。特别是对强筋小麦的 F_6 代及 F_6 代以上世代株系的选择，品质分析是不可或缺的检测环节。受种子量所限，一般情况下，这些世代入选株系需要分析的品质指标主要有：高分子量麦谷蛋白亚基种类、Wx 基因缺失种类、蛋白质（湿面筋）含量、面筋指数、沉淀值及面团揉混参数等。

最后，根据 F_6 代及 F_6 代以上世代田间入选株系的田间综合表现、室内考种和品质分析结果及相应对照品种表现，综合研判后定取舍。至于入选株系多少，既取决于田间入选株系的整体表现，也要考虑下一年产量鉴定试验区的容纳度。最终，将入选株系分生态类型保存，以待下一年产量鉴定之用。

（二）生态派生系谱法

生态派生系谱法是生态系谱法的改进与发展。二者在小麦各杂种世代的种植方式，田间选择内容和室内考种项目与标准等方面基本相同。不同之处为：生态系谱法在各杂种世代处理过程为组合→株行→生态类型→单株方式；生态派生系谱法在各杂种世代处理过程则为组合→生态类型→单株方式。与生态系谱法相比，生态派生系谱法既有省工和后代处理量相对较大的特点，又考虑到环境条件变化对不同生态类型杂种后代的影响，早期世代选择压力相对较低，可保存较多的遗传变异，选择效果较好。如龙麦 26、龙麦 33 和龙麦 35 等优质高产多抗强筋小麦新品种都是采用该选择方法选育而成的。

为提高杂种后代田间选择效果，有时可采用生态系谱法和生态派生系谱法并用的方式。即对田间入选组合的优异株行可采用生态系谱法处理；对其他入选株行可采用生态派生系谱法处理。在室内考种时，同一组合内先考种利用生态系谱法选择的优异单株，后考种利用生态派生系谱法选择的混选单株。同时，以生态系谱法选择的优异单株田间综合表现和室内考种结果为依据，确定同一组合田间混选单株的室内选择压力。这种做法，相当于设置了对照品种和同一组合内不同生态类型单株选择标准的双重对照，选择效果较好。

另外，在春小麦光温生态育种杂种后代的处理与选择过程中，无论是采用生态系谱法还是生态派生系谱法，均需要遵循“两头大，中间小”原则。所谓“两头大，中间小”原则，是指在 F_1 代和 F_2 代（低世代）田间和室内选择时，要多留组合，少留单株，以保存组合间的更多遗传变异。F_3 代和 F_4 代（中间世代）要组合与单株选留并重。F_5 代和 F_6 代等高世代材料要入选组合少，入选组合选留单株多。这种做法，既有利于在小麦杂种高世代对重点组合进行重点选择，又可避免在小麦杂种低世代对杂交组合的“误淘”比例过高。

第二节　春小麦光温生态育种杂种后代选择的依据

小麦杂种后代选择依据可靠与否，直接关系到小麦杂种后代选择的效率。春小麦光温生态育种以小麦育种目标、生态遗传变异规律和对照品种的性态反应等为依据，进行不同生态类型小麦杂种后代选择，依据可靠。利用这些依据，既可提高可遗传变异选择的效率，又能使小麦杂种后代选择的复杂问题简单化。

一、育种目标是小麦杂种后代选择的指南

（一）杂种后代选择是小麦育种目标的具体落实

小麦杂种后代选择过程，也是小麦育种目标的具体落实过程。在这方面，我国著名小麦育种家赵洪璋先生曾认为：“育种工作是运筹帷幄之中，辛劳于田室之内，决胜于十年之后的系统工程。小麦育种成败不仅取决于亲本组合选配正确与否，而且也与杂种后代选择是否符合育种目标等关系密切。育种目标就是要选择什么样的品种、品种具备什么样的特征和特性等。”就育种目标的重要性而言，赵洪璋先生认为这是小麦育种的“首要问题”；中国农业科学院王恒利先生称它为小麦育种的“龙头”；国外有些小麦育种家把它比喻为小麦新品种选育的“活动靶”。春小麦光温生态育种的育种目标是按照不同生态类型小麦品种分别制定的。因此，在春小麦光温生态育种的杂种后代选择过程中，只有按照不同生态类型品种的育

种目标进行选择，才能使培育的小麦新品种，满足东北春麦区不同时期小麦生产发展的需求。如旱肥型和水肥型小麦新品种选育，是东北春麦区当前和近期主要育种目标；密肥型小麦新品种选育，是东北春麦区的中期和长期育种目标等。

在小麦杂种后代选择过程中，优先进行生态适应性选择，现已成为小麦育种家的共识。如赵洪璋先生认为，小麦品种是在一定的自然、农业、经济等综合生态条件下形成的优良栽培群体。育种家只有以生态适应性为链条，才能将育种目标、亲本选配、后代选择、品种利用等环节贯穿起来，使育成的小麦品种的综合性状能够在性状→个体→群体→农田生态系统的各个层次显示其协调性。春小麦生态和光温生态育种成功经验也表明，在不同生态类型小麦杂种后代选择时，只有将生态适应性选择放在首位，才能将小麦育种目标落在实处。原因是，小麦品种与一般植物不同，它不仅要求能够在某一生态环境生存，而且要求必须对某一生态环境具有较好的生态适应性，才能使其产量和品质潜力得到充分表达，抗病（逆）性水平能够保持相对稳定等。不然，小麦杂种后代选择将难以满足小麦新品种选育的需求，只能选择一些为他人所用的小麦种质资源。

无一例外，小麦产量和品质两大核心性状遗传改良，是各地小麦育种的重要目标，也是小麦杂种后代选择的主要内容。因此，尽管围绕育种目标优先进行小麦生态适应性选择，亦不能忽视产量和品质性状及当地主要病害抗性的重要性。春小麦光温生态育种认为，只有将各种生态适应调控性状与产量和品质等育种核心性状实现有机结合，进行不同生态类型小麦杂种后代选择，才能使选育的不同生态类型小麦新品种，能够满足东北春麦区不同育种阶段的育种目标要求。

（二）组合配置目的是小麦杂种后代选择的具体育种目标

所谓“组合配置目的”，是指各小麦杂交组合的预期选择结果。它是小麦育种目标在杂种后代选择工作中的分解与落实。了解组合配置目的，不但可使杂种后代选择结果符合育种目标要求，而且可为杂交组合取舍和杂种后代田间选择压力确定等提供理论依据。在小麦杂交育种工作中，杂交组合配置目的不同，杂种各世代选择压力和重点选择性状也有所不同。如对抗赤霉病组合，只有将赤霉病抗性选择放在首位，才能达到组合配置目的和预期育种目标；对强筋小麦品质遗传改良组合，只有将蛋白质（湿面筋）质量选择放在首位，才有可能迂回解决强筋小麦育种中优质与高产的矛盾。根据组合配置目的，小麦杂交组合一般可分为种质创新和新品种选育两大类。在春小麦光温生态育种中，组合配置是亲本选配工作的核心，后代选择是亲本选配结果的验证。常常是双亲不同，组合配置目的也有所不同。

了解与熟悉双亲，是明确杂交组合配置目的的重要前提。将双亲互补育种目标性状聚集于后代单株之中，是小麦杂交组合配置的最主要目的。如果双亲互补育种目标性状种类不清或相关遗传基础不明，杂种后代选择工作将难以实施。即便实施，也会面临选择路径不清、重点性状选择不明的混沌局面，选择效果也常会表现不佳。如在强筋小麦育种中，若不注重优异蛋白质（湿面筋）质量与高产性状的有机结合，则很难选育出优质高产强筋小麦新品种。在 F_3 至 F_5 代的麦芒性状选择时，若不重视小麦无芒对有芒的显性作用，可能在 F_6 代和 F_7 代材料中仍会出现芒型的分离现象。

对于小麦种质创新组合，根据“偏生全，全无用”的亲本创新理念，在其杂种后代选择时，要根据组合配置目的，牢牢抓住“目标性状”不放，而对其他性状选择压力不宜过大。如对抗赤霉病种质创新组合，只要其后代具有较好的赤霉病抗性，尽管其他性状与育种目标具有一定距离，仍有较高的选择价值。同时，根据赤霉病的侵染途径和危害程度，还需注意抗侵染和抗扩展两种抗病机制的有机结合，并需重点进行抗侵染能力的选择。对大穗和多花亲本材料创新组合，在成穗率较高基础上，重点进行小穗数和每小穗粒数的选择，基本可达到组合配置的目的。对多价亲本创新组合，应以非对立育种目标性状集成选择为先，对立育种目标性状集成选择为后，采取先易后难的选择路径，来达到组合配置的目的。如优异面筋质量与高产性状集成选择效率较高，而高面筋含量与高产性状集成选择难度较大等。

对于选育新品种组合，在杂种后代选择过程中，除要求必须具备不同生态类型杂种后代必备的各种育种目标性状外，还要求不能存在明显的“短板性状”。为提升该类组合选择效果，可对其进行分类和归类选择。所谓“分类选择”，首先，将所有选育新品种组合，按照生态类型、品质或当地主要抗病（逆）性改良等育种目标，进行大的类群划分，如旱肥型和水肥型组合划分、强筋小麦和抗赤霉病遗传改良组合划分等。其次，在大类群内按照各小群的育种目标和各杂交组合的配置目的，对其杂种后代进行初步田间选择。“归类选择”是指在初步分类选择基础上，对组合配置目的相同的杂交组合进行合并后，再按照同一标准对其杂种后代进行选择。这种“归类选择”方法既可清晰了解各个杂交组合的利用价值，又可明显提升育种目标性状田间选择的精准程度。如在 F_5 代或 F_6 代等高世代材料中进行赤霉病抗性选择时，只要在田间发现赤霉病抗性较好的组合，即可以此为对照，加大赤霉病抗性表现一般的同类组合田间淘汰力度。在小麦产量遗传改良组合中，只要发现丰产性突出组合，对其他组合即可严加淘汰。

（三）分段与集成选择可将育种目标落到实处

在春小麦光温生态育种中，分段与集成选择效果，直接关系到育种目标能否在小麦杂种后代选择过程中得到落实。其中，分段选择是根据各个育种目标性状的主要建成期，将它们分别落实在小麦不同物候期或相应生长发育阶段进行重点选择。集成选择是指将分段选择的育种目标性状，有机地整合在某一生态类型的入选单株之中。因此，在不同生态类型小麦杂种后代选择过程中，如果在某一生长发育阶段或某一物候期对主要育种目标性状选择不当，入选的后代植株都难以满足当地小麦育种目标的要求。因此，分段选择可使育种目标性状选择更精准。集成选择，可使入选单株在各生长发育阶段或物候期所建成的育种目标性状，均能符合育种目标需求，从而将小麦育种目标落在实处。

在春小麦光温生态育种杂种后代选择过程中，将小麦物候期与小麦发育阶段二者结合，分段选择不同生态类型小麦品种相应生态适应调控性状和主要农艺性状，常可取得事半功倍的选择效果。如在东北春麦区的小麦出苗→拔节期（小麦春化和光照阶段），选择春化阶段低温效应较弱，苗期发育较慢的光周期敏感类型材料，有助于提升旱肥型和水肥型杂种后代的躲旱能力。在拔节至抽穗期（光照阶段后期→感温阶段），选择拔节期抗旱性突出和成穗率较高的旱肥型杂种后代材料，不但可对苗期抗旱能力进行精准选择，而且可相对减少稀植选种与密植生产（产量鉴定）两种条件下各种性状的对应变化幅度。抽穗至成熟阶段（感温阶段）重点选择花期秆强度、小穗数、每小穗粒数及赤霉病与根腐病等主要病害的抗性和熟相等性状，则是决定集成选择效果好坏的关键。

另外，在集成选择过程中，育种者还需注意性状之间的协调性及性状自身生长发育的时空变化。如在抗旱性选择上，只有将光周期敏感与苗期抗旱性进行整合选择，才能提高旱肥型杂种后代的综合抗旱能力。在株高与秆强度选择上，除了解杂种后代材料的光温特性和相关遗传基础外，还要关注在不同生长发育阶段受光、温、肥、水等生态条件变化的影响程度。在产量和品质性状选择上，既要关注株穗数、每穗粒数、千粒重等产量要素的有机整合，也要了解产量与品质同步遗传改良的结合点。同时，在杂种后代选择时，选育品种和创造材料组合的分类亦不能忽视。

二、小麦各类育种目标性状的遗传基础和内在联系

（一）小麦各类育种目标性状的遗传基础

从基因与性状关系看，小麦性状是由基因决定的。同时，基因与性状的关系并不是简单的一一对应关系。基因的表达受到很多因素的影响，体现了基因与性状之间关系的复杂性。几乎没有例外，任何一个成功的小麦育种家和育种研究机构都是从各杂种世代的大量分离材料中，通过不同选择方法获得一批目标性状优异的小麦株系，用于参加下一步产量鉴定试验。所以说，小麦育种目标性状（目的基因）在杂种世代中的选择过程，也就是小麦育种目标的具体落实过程。

另外，小麦杂种后代选择过程较长。要使众多杂合的基因位点，经过自交分离和选择获得大多数有利基因位点达到纯合或基本纯合的株系，通常需要 6～7 代。因此，围绕小麦育种目标，明确各类育种目标性状的遗传基础和分离规律，可为确立不同杂种世代材料选择策略和谋划各类育种目标性状选择整体化布局等提供重要的理论依据。

从各类育种目标性状遗传基础看，有些性状属于数量性状，如分蘖力、成穗数、每穗粒数、千粒重和籽粒蛋白质含量等性状，受环境影响较大，稳定较慢；有些性状属于质量性状，如小麦秆锈病抗性和光周期反应等；还有些性状彼此之间存在着显、隐性关系。如春性对冬性、秆强对秆弱，以及熟相好对熟相差等。上述各类育种目标性状的遗传基础差异和分离规律，既是小麦杂种世代各类育种目标性状选择的主要依据，也是小麦育种者见微知著、纵观全局，根据上代选择结果预测下代表现，通过个体选择综合判断群体利用价值的主要依据。如 F_1 代，若入选组合的熟相较差和秆强度偏弱，F_2 代、F_3 代等以后各世代中将难以分离出熟相好和秆强的单株。F_2 代若不注意矮秆材料的选择，F_3 代等以后各世代中矮秆材料的分离比例将会大幅降低等。同样，对于每穗粒数、千粒重和籽粒蛋白质含量等一些育种目标数量性状，若早期世代选择压力过大，势必会影响这类性状在高世代出现超亲单株的比例等。正因如此，了解各类育种目标性状遗传基础和分离规律，不但可为分段和集成选择提供理论依据，而且对于小麦目标性状选择整体化谋篇布局也具有重要的指导意义。

（二）各类育种目标性状之间的内在联系

在春小麦光温生态育种中，各类育种目标性状之间的内在联系是利用“相关选种法”进行小麦杂种后代选择的重要理论依据。所谓“相关选种法”，是在小麦各杂种世代材料选择过程中，选择一个主要性状的同时，与它相关的性状也同时得到了选择。若要清晰了解这种内在联系，明确小麦各类育种目标性状彼此之间是否存在着相互制约和相关关系至关重要。如杨学举等（2001）研究结果表明，产量与蛋白质和湿面筋含量相关系数分别为－0.532 4和－0.500 6，表现为显著负相关。荆奇等（2005）研究结果认为，当小麦品种间蛋白质含量相近时，它们的面粉品质特性好坏，主要取决于蛋白质质量，即各种蛋白组分含量及其相对比例。还有一些研究结果发现，角质率与籽粒蛋白质含量存在着高度正相关；熟相与小麦生育后期的耐湿性、耐高温性及根系活力等关联度较高；种皮颜色与抗穗发芽能力

联系密切，以及各类生态适应调控性状为小麦产量和品质性状表达的“保驾”性状等。诸多小麦育种目标性状间的内在联系，为利用“相关选种法”进行不同生态类型小麦杂种后代选择提供了可能。如在强筋小麦杂种后代的品质性状选择时，根据籽粒角质率与蛋白质（湿面筋）含量间存在高度正相关关系，以籽粒角质率选择替代籽粒蛋白质（湿面筋）含量的选择，已被证明选择结果比较可靠。

相关选种法在小麦杂种后代选择中的意义，主要在于田间进行全部育种目标性状选择实际上是不可能的。利用相关选种法则给予一种预见的可能性，即当选择到一个性状时，有可能改变另一个或若干个相关的性状。大量育种实践表明，其实相关选种法早就被育种者自觉或不自觉地用在了小麦杂种后代选择工作之中。如程顺和院士提出的“后期看熟相”，相当于间接进行了耐湿和耐高温等特性的选择。“龙麦号”小麦育种团队提出的“以改进面筋质量为突破口，进行强筋小麦品质与产量同步改良，可迂回解决强筋小麦二次加工品质与高产矛盾问题”等育种理论与方法，也均属相关选种法的应用范畴。

综上所述，在小麦各杂种世代材料选择过程中，明确各类育种目标性状的遗传基础和分离规律，以及彼此之间的内在联系，不仅能把看得见的性状与看不见的性状联系起来，把稀植选种条件下的小麦单株表现与密植生产条件下群体表现联系起来，而且能把小麦单株环境下的表现与整个目标环境下的表现联系起来。决定小麦产量和品质的因素最为复杂，相关联的基因数量众多，而且几乎可以肯定并不是所有影响产量和品质的相关基因都已得到确认。因此，在小麦杂种后代材料选择过程中，以高产、优质、多抗、广适为育种目标，以育种目标性状的遗传基础与内在联系为依据，利用相关选种法，分段与集成选择各类育种目标性状，可使小麦杂种后代选择复杂问题简单化并显著提升小麦杂种后代的选择效率。

三、小麦生态遗传变异规律

（一）从不同角度为小麦杂种后代选择提供了理论依据

遗传和变异是小麦杂种后代的基本特征之一。各地小麦育种实践表明：小麦杂种后代选择所处生态环境不可能一成不变。即便在同一育种点，年度之间也会存在光、温、水和土壤肥力条件的差异，加之杂种后代世代间基因型也在改变，这样势必加大了选择难度。如何在上述诸多变化条件下，进行各种生态类型杂种后代的正确选择，是小麦育种者经常面临的难题之一。本书提出的光、温、肥、水四因素对不同光温型主要农艺性状表达互相补偿等四条小麦生态遗传变异规律，揭示了不同生态条件下，基因型、表现型、光温型和生态类型四者之间的内在联系，并从不同角度为各种生态类型小麦杂种后代选择提供了理论依据。

其中，稀植选种条件与密植生产条件下各种性状对应变化规律，可为稀植选种条件下，确定不同生态类型杂种后代的株高、秆强度及千粒重等性状选择标准提供重要参考。不同光温型主要光温性状地点和年度间变化规律可提示育种者，当同苗龄小麦光温条件出现变化时，小麦杂种后代光温特性不同，其光温性状变异程度也不同。它们是不同生态类型杂种后代光温性状选择和光温类型划分的重要依据。光、温、肥、水四因素对不同光温型主要农艺性状表达互相补偿规律，可对创造它地相似生态环境，明确不同时空的主导生态因素差异和光、温、肥、水四因素对不同光温型主要农艺性状补偿效应大小，以及在不同生态条件下，确定各种生态类型杂种后代的田间选择压力等具有重要的指导价值。强筋小麦品质类型相互转换规律提出的面筋含量和质量与环境变化的关系，以及面筋含量与质量对强筋小麦二次加工品质的贡献率差异等理论，可为在强筋小麦杂种后代选择时，牢牢抓住优异面筋质量不放，以及在不同杂种世代进行产量和品质等育种目标性状集成选择等提供可靠依据。

概而论之，上述各条小麦生态遗传变异规律，从不同侧面揭示了小麦育种目标性状变异幅度与生态条件变化的关系。它们是不同生态类型小麦杂种后代选择的重要理论依据之一。以上述规律为指导，不但可减少环境条件造成的各种性状选择误差，而且可明显提升不同生态类型小麦杂种后代选择效率。它们是春小麦生态育种杂种后代选择理论的进一步发展，也是现有小麦育种理论的补充与完善。否则，即便在当地生态条件下，也很难选择出适宜当地种植的小麦新品种。

（二）为小麦育种目标性状定向选择等提供了重要依据

以上各条生态遗传变异规律，不仅可为不同生态条件下如何正确进行小麦不同生态类型杂种后代选择提供理论依据，而且对一些小麦育种目标性状的精确和定向选择，也具有重要的指导意义。如在哈尔滨地区对旱肥型杂种后代选择时，依据小麦植株从稀植→密植，株高一般均增高 5 cm 以上，千粒重降低 3 g 左右，秆强度弱化 1 级左右等稀植选种与密植生产条件下各种性状对应变化规律，在稀植选种条件下，以该规律为指导，可使选出的旱肥型小麦杂种后代的各种育种目标性状，能较好地满足密植生产（产量鉴定）条件下的需求。以不同光温型主要光温性状地点和年度间变化规律为依据，对旱肥型小麦杂种后代优先进行光周期敏感特性选择，可使其抗旱与躲旱机制得到有机整合；对水肥型小麦杂种后代重点进行温钝特性选择，可使其株高和田间抗倒伏能力保持相对稳定。在“小麦它地育种”时，以光、温、肥、水四因素对不同光温型主要农艺性状表达互相补偿规律为依据，可利用生态条件创建相近原则，采取“以肥调水”和“以水降温”等措施，来创造相似的生态环境；也可清晰了解光、温、肥、水任一因素在小麦不同生长发育阶段出现变化时，对不同生态类型小麦杂种后代产量和品质等主要育种目标性状表达的影响程度。在强筋小麦杂种后代品质性状选择时，以强筋小麦品质类型相互转换规律为依据，将小麦蛋白质（湿面筋）品质性状分为变与不变两大类，并以相对不变的蛋白质（湿面筋）质量来应对相对多变的蛋白质（湿面筋）含量，可使入选材料的二次加工品质保持相对稳定等。

另外，在小麦主要育种目标性状选择时，除需重视各条生态遗传变异规律的指导作用外，还要关注相应对照品种的田间表现。原因是，相应对照品种，是以基因型的“不变”来应对生态条件的“多变”。它们的表型变化，可准确和真实反映出生态条件变化，对不同生态类型小麦品种个体和群体主要育种目标性状表达的影响程度，是确定不同生态类型小麦杂种后代主要育种目标性状田间选择压力的可靠标尺。我国著名小麦育种家赵洪璋先生也认为，“任何一个小麦品种都是从个体开始选择，但决定品种生产价值的是群体。两者之间存在着动态的相互联系和相互制约的复杂关系。”因此，在小麦主要育种目标性状田间选择时，只有将各条生态遗传变异规律与相应对照品种的标尺作用有机结合，才有可能实现不同生态类型杂种后代主要育种目标性状的精准选择。

众所周知，小麦杂种后代选择时间较长。一般情况下为 6～7 年，远缘杂交后代选择时间更长。多年春小麦光温生态育种实践表明，若要较好地解决杂种世代间基因型变化、年度间气候条件变化以及土壤肥力变化等对小麦杂种后代选择效率的影响问题，仅靠上述任何一条小麦生态遗传变异规律都是很难做到的。只有将各条生态遗传变异规律综合运用来指导不同生态类型小麦杂种后代选择，才能取得较好的育种效果。如将“小麦不同光温型主要光温性状变化规律”与“光、温、肥、水四因素对不同光温型小麦主要农艺性状表达互相补偿规律”结合起来指导小麦杂种后代选择，既可准确划分和选择不同生态类型小麦杂种后代的光温反应特性，又可利用“以肥调水”和“以水降温”等措施创造利于产量和品质等性状表达的生态环境。同时，通过连续世代选择，可将产量和品质等主要育种目标性状逐步整合在生态适应性这一链条之中。将“光、温、肥、水四因素对不同光温型主要农艺性状表达互相补偿规律”与“强筋小麦品质类型相互转换规律”结合指导各类育种目标性状选择，在小麦杂种低、中世代，重点进行生态适应性、产量和其他主要农艺性状选择；在小麦杂种高世代，除继续进行上述各类育种目标性状选择外，加大强筋小麦品质性状，特别是蛋白质（湿面筋）质量和淀粉特性的选择压力，可使强筋小麦杂种后代的选择效率获得显著提升。

四、对照品种是小麦杂种后代选择的标尺

（一）对照品种的设置标准

对照品种是小麦杂种后代选择的标尺。科学论证对照品种的设置标准，合理并与时俱进地筛选、设置和更换对照品种，可不断地提高小麦杂种后代的选择标准，并能有效地促进和引领小麦育种发展趋势。生态系谱法和生态派生系谱法是春小麦光温生态育种小麦杂种后代选择的主要处理方法。与系谱法和派生系谱法等小麦常规育种选择方法相比，二者在对照品种的设置标准上，既有共同之处，也有不同之点。

共同之处是：第一，二者都要根据当地法定小麦育种目标，设置法定对照品种。其中，法定育种目标，是指各麦产区小麦品种审定办法中，对当地小麦新品种的产量、品质和主要抗病（逆）性等方面的具体要求。法定对照品种，是指国家大区和省等各级区（生）试验中，按照法定育种目标要求设置的相应对照品种。它们是衡量小麦区（生）试品系能否作为小麦新品种的法定标尺。第二，两者以当地主导品种作为对照品种，可为小麦育种者指明当地小麦育种改良的重点方向。第三，根据中、长期育种目标，站在动态、长远的角度，设置相应的对照品种，是小麦育种发展的需要。这方面，我国著名小麦育种家赵洪璋先生曾提出“隐形对照品种”的概念与设置标准。其中，将育种者的最有希望小麦苗头品系设为对照品种，就属于该类对照品种的设置标准范畴。这种对照品种的设置标准，是小麦育种者未来的希望，也是在杂种世代中选择具有突破性潜力材料的主要标准。

不同之点是，为满足小麦杂种后代生态类型分类和分段选择需求，春小麦光温生态育种的对照品种设置标准还要求：一是对照品种生态类型种类要齐全。二是设置的对照品种群，能够满足分段选择育种目标性状需求。也就是说，不同生态类型小麦杂种后代分段选择的主要育种目标性状，均可在对照品种群中找到参照标准。这些标准，有些可能存在于某一个对照品种之中，也有些可能存在于对照品种群之内。如在东北春麦区小麦杂种后代选择时，龙麦 33 可作为低温春化累积效应较小的对照品种；克旱 19 和龙麦 35 可分别作为光钝和温敏型对照品种；新克旱 9 号可作为花期秆强度和后期熟相选择对照品种等。三是要求“一照多能”。所谓“一照多能”，就是要求设置的对照品种尽量具有较多的对照功能。这种对照品种的设置方法，可利用相对最少的对照品种组装出较多的对照功能。它既便于育种者充分了解和熟练运用这些对照品种，也可留出更多的空间用于小麦杂种后代种植。如龙麦 26 就属于苗期抗旱性突出，优质强筋和秆强度偏弱等“一照多能”的对照品种。

（二）对照品种的性态反应

所谓“性态”，是指不同生态类型小麦品种为适应某一生态区域的特定自然与生产条件，必须具备的生态性状或特征特性。它们多属气候或土壤生态适应调控性状范畴。如在东北春麦区雨养农业条件下，光周期反应敏感、苗期发育较慢、前期抗旱、后期耐湿等特性就属于小麦旱肥型对照品种的必备性态。小麦对照品种的性态反应主要反映的是，各种生态类型小麦对照品种在不同生态条件下的生态适应性能力，以及它们的产量和品质等育种目标性状表达受生态条件变化的影响程度。因此，了解各种生态类型对照品种的性态及其性态反应，对于田间小麦杂种后代生态类型划分和选择均非常重要。

将对照品种的性态反应，作为不同生态类型杂种后代选择的理论依据，已在春小麦光温生态育种中实践多年，并取得了较好的育种效果。如在东北春麦区的小麦苗期干旱年份，以苗期抗旱性突出的龙麦 26 作为抗旱能力选择标准，以光周期敏感、苗期发育较慢的龙麦 35 作为躲旱能力选择标准，可使旱肥型杂种后代苗期抗旱性选择压力明显加大；而在同一年份，对于水肥型材料的各种育种目标性状选择压力则要适当降低。再如，根据不同生态类型对照品种的性态变化，还可将一些育种目标性状从定性选择转化为定量选择。如 20 世纪 90 年代以来，黑龙江省农业科学院小麦育种者将各种生态类型杂种后代的光周期反应、苗期抗旱性和花期秆强度等性状，从强、弱定性选择转化为 1～4 级定量选择，不仅实现了各杂种世代选择的标准化，而且使上述性状田间选择的精准程度获得较大提升。

此外，在运用相应对照品种的性态反应进行各种生态类型杂种后代选择时，还要考虑不同对照品种的综合利用问题。原因是，任何一个对照品种，都不可能涵盖所有的育种目标性态。只有将对照品种群中表现最优异的育种目标性态作为选择标准，才是真正挖掘了对照品种群中的全部对照功能。如在东北春麦区各生态类型小麦杂种后代的苗期抗旱性选择时，可用苗期抗旱性相对最强的对照品种龙麦 26，作为田间选择标准；在小麦花期秆强度选择时，可用秆强度和茎秆弹性结合相对最好的对照品种新克旱 9 号，作为田间选择标准；在后期耐湿性和熟相选择时，可用耐湿性和熟相表现突出的对照品种克春 4 号，作为田间选择标准。

春小麦光温生态育种实践还表明，往往在一种生态条件下或同一选种圃场内培育几种生态类型材料，此环境对这类材料是适宜的，对其他生态类型材料常是不适宜的。按照育种目标要求，对适宜者，田间选择压力要大；对不适宜者，要按照相应对照品种的对应变化进行选择，不要和非同一生态类型对照品种比产量高低。只要性态适宜，即便单株产量稍低些，也要选留。如此可获得较好的选择效果。总之，在一定生态适应范围内，按照相应生态类型对照品种的性态变化对不同生态类型杂种后代进行田间和室内选择，是可以在一种生态环境中选择出不同生态类型的小麦新品种的。

第三节　不同生态类型小麦杂种后代的选择

在小麦杂种后代选择时，不同生态类型小麦杂种后代在适宜生态环境中选择效果较好，在不适宜生态环境中选择效果较差是一种普遍现象。春小麦光温生态育种按照生态类型进行小麦杂种后代分类选择，并考虑不同生态类型小麦杂种后代的主要育种目标性状共性需求和个性化差异，可相对降低环境条件变化的影响程度，选择效果较好。

一、不同生态类型小麦杂种后代共同重点选择的性状

（一）产量性状的选择

小麦产量性状，是各种生态类型杂种后代均需重点选择的育种目标核心性状。在小麦杂种后代选择时，株穗数、每穗小穗数、每小穗结实粒数和籽粒大小是小麦产量性状选择的主要对象。其中，株穗数既是丰产性状，也是稳产性状。如黑龙江省农业科学院小麦育种者通过多年坚持对株穗数的选择结果发现，株穗数多者，不仅对提高产量有利，而且还有助于保证苗期抗旱、结实期耐雨和后期耐高温等抗性的稳定。通常是杂种早期世代株穗数多者，以后各世代株穗数也较多。

穗粒数是构成产量的重要因素。每穗粒数的多少，与每穗小穗数和每小穗结实粒数（多花性）存在显著正相关。增加小穗数、提高多花性或两者同时改善，均可增加每穗粒数。一般情况下，环境变化对多花性影响程度要大于对小穗数的影响。因此，在对杂种后代穗粒数进行选择时，应小穗数选择在先，多花性选择在后。

千粒重也是小麦产量构成的重要因素之一。一个小麦品种的千粒重大小，既取决于籽粒大小，也取决于籽粒的饱满程度。千粒重虽然遗传力较高，一般都在70%以上，但与其他产量因素相比，受环境变化影响也最大。在千粒重选择上，并非籽粒越大越好，一定要考虑不同生态类型杂种后代与当地生态环境的关系。如东北春麦区旱肥型小麦品种千粒重一般都大于水肥类型小麦品种。这是因为在产量因素构成上，旱肥型多以穗重型为主；水肥型则以穗数型为主。在千粒重选择时，除关注籽粒大小选择外，还要注意籽粒饱满度、粒形和容重的选择。这些性状在一定程度上也与小麦品种的产量潜力存在着关联。

总之，小麦丰产性是一个极其复杂的综合性状，受环境条件变化影响较大。根据产量与环境的关系，在小麦杂种后代产量性状选择时，最好遵循“1”原则。也就是说，哪一产量因素相对受当地环境变化影响最小，就将哪一产量性状尽量选择到位，然后再逐步进行其他产量性状的集成选择。据东北春麦区小麦各产量性状与环境条件变化的关系，小麦杂种后代各产量性状的先后选择顺序应为：株穗数→小穗数→每小穗粒数→千粒重。

（二）强筋小麦主要品质性状的选择

与小麦产量性状一样，强筋小麦品质性状也是各种生态类型小麦杂种后代均需重点选择的育种目标核心性状。从强筋小麦二次加工品质角度看，它们主要涉及蛋白质（湿面筋）含量、蛋白质（湿面筋）质量和淀粉特性三方面的选择内容。其中，蛋白质（湿面筋）含量属于强筋小麦二次加工品质表现的基础性状，受生态环境变化影响较大。蛋白质（湿面筋）质量和淀粉特性是决定强筋小麦二次加工品质表现和用途的主导性状，受生态环境变化影响相对较小。从三类小麦品质性状与强筋小麦品种的产量关系看，蛋白质（湿面筋）含量与产量存在着高度负相关，而蛋白质（湿面筋）质量和淀粉特性与小麦产量负相关较小。因此，在不同生态类型小麦杂种后代小麦品质性状选择时，以蛋白质（湿面筋）含量选择为基础，重点选择蛋白质（湿面筋）质量和淀粉特性，可加速强筋小麦，特别是面包/面条兼用型强筋小麦二次加工品质改良进程，也可实现强筋小麦品质与产量性状的同步选择。

在春小麦光温生态育种中，小麦蛋白质（湿面筋）含量选择主要通过以下两种途径来进行：一是依据小麦籽粒角质率与蛋白质（湿面筋）含量存在高度正相关，在各杂种世代材料室内考种时，通过角质率选择来间接进行蛋白质（湿面筋）含量的选择。二是在决选世代，

利用近红外仪和面筋仪等仪器，对田间入选株系进行小麦籽粒（面粉）蛋白质和湿面筋含量的选择。东北春麦区强筋小麦育种实践表明，利用单株籽粒的角质率高低，来间接选择各杂种世代材料的蛋白质（湿面筋）含量，选择结果比较可靠。一般情况下，籽粒角质率高者，蛋白质（湿面筋）含量也高。特别是对于多花性小麦杂种后代材料，如果偏小籽粒的角质率也高，不仅说明该材料蛋白质（湿面筋）含量较高，而且还说明该材料对环境变化反应比较迟钝，属于蛋白质（湿面筋）含量相对稳定者。这里需要注意的是，小麦籽粒角质率选择效果对强筋小麦二次加工品质选择的作用大小，主要取决于小麦杂种后代是否属于强筋小麦品质类型。在强筋小麦杂种后代中，选择籽粒角质率高者，相当进行了较高蛋白质（湿面筋）含量与优异蛋白质（湿面筋）质量的集成选择，可使它们的二次加工品质获得大幅提升。而对于蛋白质（湿面筋）质量相对较差的中筋小麦杂种后代，即便选择角质率100%者，二次加工品质也难获得较大改进。如20世纪90年代，中筋小麦品种龙麦19在黑龙江省北部大面积种植时，尽管在土壤肥力较高条件下，籽粒角质率近乎100%，湿面筋含量达到42%，可面团稳定时间（衡量小麦二次加工品质的关键指标）也仅为3 min左右。

受种子量所限，各种生态类型小麦杂种后代的蛋白质（湿面筋）质量和淀粉特性选择，一般是在决选前一世代（F_5代或F_6代）和决选世代（F_6代或F_7代）进行的。其中，对决选前一世代的最终入选单株，主要进行蛋白质（湿面筋）质量和淀粉特性遗传基础的分析与选择。如麦谷蛋白高、低分子亚基和*Wx*基因缺失等生化或分子标记检测与选择等。决选世代，除对田间所有入选株系继续进行小麦蛋白质（湿面筋）质量和淀粉特性品质遗传基础分析外，还需对决定蛋白质（湿面筋）质量和淀粉特性的一些品质指标进行检测，如面筋指数、揉混参数和淀粉糊化温度等。然后，依据上述各种分析结果，进行田间入选株系的蛋白质（湿面筋）质量和淀粉特性选择，一般效果较好。这里需要注意的是，在面包/面条兼用型强筋小麦杂种后代品质性状选择时，*Glu-D1d*等决定小麦蛋白质（湿面筋）质量的主效基因与决定淀粉特性的*Wx-B1*缺失遗传效应集成选择，以及优异蛋白质（湿面筋）质量和微糯淀粉特性的定向集聚非常重要。

强筋小麦品质性状选择与小麦产量性状选择一样，均受生态条件变化影响较大。因此，为提高各种生态类型杂种后代品质性状选择的准确性，设置相应品质对照品种非常必要。只有以相应品质对照品种的相关品质指标表现为标准，进行强筋小麦品质性状的选择，才能保证选择结果的可靠性。同时，在各种生态类型杂种后代选择时，还要特别注意强筋小麦品质性状与产量等其他育种目标性状的集成选择。否则，将难以做到品质、产量和多抗性等各种育种目标性状的同步集聚。另外，为提高强筋小麦的磨粉品质，对籽粒容重、粒形、籽粒硬度和种皮厚度等小麦一次加工品质性状的选择，也应给予一定的关注。

（三）熟相和秆强度等性状的选择

熟相，作为小麦杂种后代生育后期的田间重点选择性状，现已得到普遍共识。如我国著名小麦育种家程顺和院士曾将“后期看熟相”，作为小麦杂种后代选择的三大关键技术环节之一。各地小麦育种实践也表明，小麦植株熟相好坏不仅与其生育后期的综合抗病（逆）性高度相关，而且与籽粒的饱满度和品质潜力表达等存在密切联系。春小麦生态育种认为，在东北春麦区小麦生育后期高温多雨条件下，小麦生育后期熟相的选择，实质上是对小麦杂种后代地上植株和地下根系的双重选择。后期熟相好的单株，既说明其耐高温和高湿性较强、抗叶枯和根腐水平较高，也说明其根系活力较好。另外，肖志敏等通过多年春小麦光温生态育种实践还发现，熟相好对熟相差属于偏显性遗传。若 F_1 代熟期较差，以后各世代一般很难分离出熟相较好的单株后代。因此，在小麦生育后期进行熟相选择至关重要。这里需要注意的是，有时熟相选择与小麦籽粒饱度选择结果并非完全一致。只有在籽粒饱满前提下，小麦杂种后代的熟相选择才被视为有效。

秆强度是小麦品种产量和品质潜力能否得到充分表达的支撑与保证。“麦子倒伏一把糠”，在东北春麦区小麦大面积生产中早已得到证明。东北春小麦育种实践表明，在该区小麦抽穗后经常面临暴风骤雨等不利生态条件，小麦杂种后代秆强度的选择时间，应以小麦开花期为宜。在秆强度相关性状选择上，要高度重视茎秆强度与茎秆弹性的同步选择。原因在于小麦抽穗后若遇暴风骤雨等不利生态条件，往往茎秆弹性好的材料雨后恢复性较好；而茎秆过强、弹性差的材料，经常会出现大面积根倒，且恢复性较差。在秆强度选择时，要根据育种目标的最低需求、当地生态条件变化和相应对照品种的表现等，综合确定不同生态类型杂种后代秆强度的选择标准。如对于东北春麦区旱肥型杂种后代而言，只有综合秆强度（强度与弹性）达到 2 级，才具有支撑亩产 400 kg 以上产量潜力的能力。它是目前东北春麦区旱肥型小麦品种秆强度的最低选择标准；水肥型材料只有综合秆强度达到 1 级后，才能使亩产 500 kg 以上产量潜力能够得到充分表达。它们在当地大面积生产条件下，已经多次得到了验证。

（四）主要抗病（逆）性状的选择

1. 小麦秆锈病抗性选择

小麦秆锈病在 20 世纪 50 年代曾是东北春麦区的一种毁灭性病害，现虽通过推广抗锈品种已基本得到控制，但随着秆锈病生理小种的菌量变化和新生理小种的不断出现，抗锈品种抗性减弱或丧失现象已经出现。因此，无论对哪一生态类型杂种后代，均不能忽视小麦秆锈病抗性的选择。根据相关研究结果，目前在东北春麦区的秆锈病主要危害小种群，仍为 21C 系群和 34C 系群。其中 21C3 或 34C2 现为当地主要致病小种。对于上述秆锈病主要致病小种，田间需加强专化性（垂直抗性）和非专化性（水平抗性）两种抗病机制的选择。另外，为保证田间充分发病，提升抗锈性选择的可靠性，在小麦杂种后代选种圃还应种植一定数量的感染行，并在小麦孕穗期进行人工接种。在不同抗秆锈病机制选择时，对专化抗锈性选择，要坚持早选和严选原则；对水平抗锈性选择，则不要一味追求“全免”或“高抗”。

2. 小麦赤霉病抗性选择

随着全球逐年变暖，在东北春麦区常年小麦生育后期多雨条件下，目前赤霉病已上升为该区的第一病害，需高度重视赤霉病抗性的选择。在赤霉病抗性选择上，首先，应坚持杂种低世代以田间自然发病为主，高世代采用田间自然发病与人工喷雾接种相结合的方式，进行赤霉病抗性的选择。其次，针对小麦赤霉病抗性遗传基础十分复杂及抗病育种难度极大等特点，在小麦杂种后代抗赤霉病相关性状选择上，要高度关注抽穗期整齐迅速、扬花后花粉囊脱落或花粉囊残留时间短、穗长码稀和茎秆弹性好等性状的选择。在抗病机制选择上，要争取实现赤霉病抗侵染和抗扩展两种抗病机制的有机结合，并将抗侵染（普遍率）能力选择放在首位。在抗性水平选择上，针对东北春麦区的抗赤霉病育种现状，要考虑将小麦品种赤霉病抗性与大面积生产防病相结合。也就是说，赤霉病抗性选择标准制定不宜过高，只要抗性达到中感水平，就具有田间选择价值。同时，在赤霉病抗性选择时，还要高度关注脱氧雪腐镰刀菌烯醇（DON）等赤霉病毒素的积累水平。

3. 小麦根腐病抗性选择

多年来，根腐病一直是东北春麦区小麦生产中的主要病害之一，并从幼苗到成株期均存在不同程度的危害。由于该区小麦生育后期多雨潮湿，所以成株期叶片感病，对当地小麦产量和品质影响最大。目前，国内外在小麦根腐病抗源研究方面尚未发现免疫材料，东北春小麦新品种的根腐病抗性也只有抗性好坏之分。根据黑龙江省小麦育种者的相关研究结果，在小麦根腐病抗性选择时，除关注叶片病斑有无、病斑扩展快慢、叶片枯死早晚，以及黑胚粒多少外，重点选择株穗数较多及后期熟相较好等性状，常可提升小麦杂种后代的根腐病抗性水平。另外，对一些以选择根腐病抗性为主的杂种后代群体，采用田间人工喷雾接种，常可收到较好的选择效果。

4. 穗发芽抗性选择

在东北春麦区小麦生育后期常年多雨不利生态条件下，高抗穗发芽是各种生态类型小麦品种的共同需求。小麦穗发芽抗性田间选择，可按照组合→株行→单株选择顺序在蜡熟至完熟期进行。其中，要特别注意小麦蜡熟期遇到多雨条件时，籽粒在小麦穗上是否存在萌发现象。由于穗发芽抗性与种皮颜色关联度较高，所以室内考种时注意深红粒色的选择，一般可使入选材料具有较强的穗发芽抗性。另外，东北春麦区小麦育种和生产实践还表明，往往耐雨淋性较强的小麦品种，穗发芽抗性大都表现较好。如龙麦 26 和龙麦 33 等高抗穗发芽小麦新品种，在小麦成熟期雨前和雨后收获，籽粒颜色变化不大，而垦大 12 等穗发芽抗性较弱的小麦品种，籽粒颜色变化非常大。分析其中原因，可能是籽粒耐雨淋性与 a-淀粉酶活性有关。

二、不同生态类型小麦杂种后代的选择

（一）旱肥型小麦杂种后代的选择

根据东北春麦区小麦育种目标要求，旱肥型小麦品种产量潜力需达到亩产 400 kg 以上，品质类型为强筋或超强筋，二次加工品质用途为面包/面条兼用型。在主要抗病（逆）性上，要求苗期抗旱、后期耐湿，秆强抗倒、秆锈病高抗或免疫、赤霉病与根腐病抗性中感以上、熟相较好，且需高抗穗发芽。根据上述育种目标要求，在利用生态系谱法或生态派生系谱法进行旱肥型小麦杂种后代材料选择时，首先，要对杂种后代材料进行生态类型归类。其次，在各物候期或生长发育阶段，分段选择不同育种目标性状，并以生态适应调控性状选择为先、其他育种目标性状选择为后。再次，以相应对照品种为标尺，根据分段选择结果，田间和室内要对组合、株行、单株或株系的主要育种目标性状，分别进行两次集成选择。

其中，在分段选择不同育种目标性状时，出苗→拔节期，即春化→光照阶段，以光周期反应和苗期抗旱性等生态适应调控性状选择为主。同期选择的其他育种目标性状还有分蘖特性、苗姿、叶片形状及苗期抗根腐能力等。在拔节→开花期，即感温阶段初中期，重点选择的生态适应调控性状有：前期抗旱性、感温特性和成穗率等；同期选择的其他育种目标性状是花期秆强度、穗形和小穗数等。在开花→成熟期，即感温阶段中期→后期，重点选择的育种目标性状或特性是每小穗粒数、秆强度、后期耐湿性、熟相及赤霉和穗发芽抗性等。

在旱肥型杂种后代选择过程中，除明确分段重点选择的性状外，还需了解各世代重点选择的育种目标性状及其选择标准。如 F_1～F_4 代，主要以各类生态适应调控性状和产量性状选择为主；F_5 以上世代，要关注产量和品质性状与各类生态适应调控性状的集成选择。各

世代主要育种目标性状的选择标准为：低温春化效应为弱→中；光周期反应敏感、感温特性为温钝或温敏；苗期抗旱性突出；株穗数 4 个以上；穗形以纺锤形为主；株高为 90 cm 左右；秆强度≤2 级；千粒重≥38 g；小穗数 20 个以上；主穗中部每小穗粒数≥3 粒；秆锈病高抗以上；赤霉病和根腐病抗性中感以上及高抗穗发芽等。田间各世代集成选择，也就是田间决选，主要根据分段选择结果和主要育种目标性状田间选择标准，最终确定入选组合、株系和单株等。

在旱肥型强筋小麦的田间各世代入选材料室内考种时，除重点进行粒大小、粒形和籽粒饱满度等性状选择外，还需进行室内集成选择。如 F_1～F_4 代材料，在籽粒性状选择基础上，还要注意籽粒角质率的选择和田间表现。F_5 代材料在田间综合表现和籽粒性状选择基础上，对最终入选单株，还要进行 *Glu-D1d* 和 *Wx-B1* 缺失等决定优异蛋白质（湿面筋）质量和面包/面条兼用型淀粉特性的生化标记或分子标记检测。F_6 代以上田间入选株系，则要根据其田间综合表现、籽粒性状、产量潜力、品质分析及 *Glu-D1d* 和 *Wx-B1* 缺失等生化标记或分子标记跟踪检测等结果，综合研判后定取舍。另外，对即将出圃高世代材料的容重表现，亦不可忽视。理由是，容重既是小麦品种产量潜力的补偿因素，还可间接反映出入选材料的粒形和粒质的好坏。

（二）水肥型和密肥型杂种后代的选择

为满足东北春麦区水肥型小麦育种目标要求，水肥型小麦杂种后代选择的重点内容为：产量潜力为亩产 500 kg 以上，各项品质指标、田间抗病种类及其抗性水平等选择内容与旱肥型小麦杂种后代选择基本相同。因旱肥和水肥型小麦品种所适宜的生态条件不同，所以水肥型小麦杂种后代分段选择的育种目标性状种类及其选择标准，与旱肥型小麦杂种后代选择相比有些不同。其中，出苗→拔节期，即春化→光照阶段，水肥型小麦杂种后代选择的性状及其标准为：光周期反应中等→敏感、苗期发育速率中→慢，苗期具有一定的躲旱能力；苗姿好、分蘖多、苗期抗根腐等；拔节→开花期，即感温阶段初中期，温钝特性和高成穗率是水肥型小麦杂种后代重点选择的生态适应调控性状。同期选择的其他育种目标性状还有：拔节期抗旱性、花期秆强度和小穗数等性状。另外，通过年度间苗穗期、株高和无效小穗数等性状的变异幅度，进行杂种世代间苗期抗旱性和光温特性等选择效果评价，也是水肥型小麦杂种后代在该阶段选择的内容之一。开花→成熟期，即感温阶段中后期，通过气温和雨量分布变化等对秆强度和熟期等方面的影响程度，需进一步验证拔节→开花期的感温特性选择结果。同期选择的其他主要性状有每小穗粒数、秆强度、耐湿性、熟相和当地主要病（逆）害抗性等。其中，生育后期的耐湿性、赤霉病和穗发芽抗性等是该阶段重点选择的生态适应调控性状。田间和室内其他一些主要育种目标性状的选择标准为：株高≤85 cm；秆强度 1 级；千粒重≥35 g；株穗数 5 个以上；主要病害和品质性状选择标准，以及田间和室内两次集成选择依据等，与旱肥型小麦杂种后代选择基本相同。

从小麦生态类型与环境关系看，密肥型小麦品种的适宜生态环境为高肥足水。根据光、温、肥、水对不同光温型主要农艺性状互相补偿规律，密肥型杂种后代的主要育种目标性状的选择标准，与水肥型相比，既有相同之处，也有不同之处。其中相同之处为二者入选材料均需具备温钝特性。不同之处是密肥型小麦杂种后代，选择低温春化和光周期反应迟钝类型，通常在高肥足水条件下生态适应性较好；而水肥型小麦杂种后代，选择具有一定的低温春化效应和光周期反应中度→敏感特性，常表现为稳产性较好。在东北春麦区高肥足水小麦生产条件下，密肥型小麦品种要求在当地生育日数有限（90 d左右）条件下，以高密获高产，产量潜力需达亩产600 kg以上。为满足上述育种目标要求，密肥型小麦杂种后代的秆强度选择标准要高于水肥型，株高要矮于水肥型。其中，株高、茎秆结构和产量性状等田间选择标准分别为：稀植选种条件下株高为80 cm左右；茎秆基部节间短、髓腔径较小、厚壁组织较厚、维管束较多；穗形以方形穗为主；千粒重以35 g左右为宜。为适应每平方米800～1 000株高密度种植，茎叶夹角选择，特别是旗叶基角以<30°较为理想。其他育种目标性状选择与水肥型杂种后代要求基本相同。另外，由于密肥型杂种后代对肥水条件变化较为敏感，因此，当田间肥水条件能够基本满足其他生态类型杂种后代生长发育需求时，往往密肥型材料的各种育种目标性状常难以得到充分表达。因此，为提升密肥型杂种后代的选择效果，创造适宜的生长环境，并根据相应对照品种的表现进行对应选择至关重要。当然，为提升密肥型小麦杂种后代的选择效果，分段和集成选择过程不可或缺，并要注意一些育种目标性状的选择标准，与旱肥和水肥小麦杂种后代有所不同。

三、相关注意事项

（一）优先选择生态适应调控性状

毫无疑问，一个合格的小麦育种家总是将高产优质与稳产稳质捆绑在一起考虑，不会片面地追求高产优质。一个好的小麦新品种不仅要高产优质，而且要能够抵御不良环境条件和主要病害的侵袭，实现稳产稳质。对于小麦生产乃至国家口粮安全而言，后者比前者更重要。小麦生态适应调控性状的主要功能，就是为高产和优质两大育种核心性状的表达“保驾护航”。因此，在不同生态类型杂种后代选择时，只有优先选择一些必备的生态适应调控性状，才能较好地解决入选材料的“稳产与稳质”问题。这点必须引起小麦育种者的注意。

另外，在各类生态适应调控性状选择时，还要注意它们在不同生态条件下调控作用的变化。例如，在东北春麦区大部分小麦品种出苗前就已基本通过春化阶段的特定生态条件下，利用光周期累积效应调控小麦苗期发育速率，不仅调控作用的稳定性要优于低温春化效应，而且还利于成穗率和小穗数等产量性状的表达。再如，苗期抗旱性只有在小麦苗期干旱条件下，才能显示它的调控功能，而在小麦苗期多雨条件下则会隐身消失。由此认为，在不同生态类型小麦杂种后代选择过程中，各种生态适应调控性状的调控条件、调控时间与空间等均与它们的调控效果具有紧密联系。

（二）要高度关注分段选择与集成选择效果的可靠性

“分段选择”的准确性，直接关系到集成选择的效果。为保证分段选择结果的可靠性，以下几点应给予注意：一是要保证选择性状的形成期与分段选择期基本对应。二是要注意某一选择期内的各种生态条件变化，对不同生态类型（光温型）小麦杂种后代性状表达的影响程度不同。三是在不同物候期或生长发育阶段的分段选择结果，应与该性状的最终选择结果基本一致。

同样，为保证各类育种目标性状集成选择效果，也要关注以下几点：一是对亲本创新材料的集成选择，应以创新目标性状为主。如对抗赤霉病材料集成选择时，只要入选材料抗赤水平达到中抗以上，其他育种目标性状的集成标准可适当放宽。二是对一些育种目标性状，采取“渐进式”集成选择往往效果更佳。所谓“渐进式”集成选择，就是指小麦育种者要根据亲本遗传基础、组合配置目的和育种目标最低要求，对某些育种目标性状的集成标准，采取逐步提高的原则，不要指望所有育种目标性状一次集成选择到位。原因是，育种目标性状选择压力越大，入选单株数量越少，尤其是对一些由数量遗传机制控制的育种目标性状更要注意此点。如“龙麦号”强筋小麦育种团队在优异面筋质量与高产性状集成选择时，就是采取了中强筋高产→强筋高产→超强筋高产的渐进集聚和选择过程。三是对选育新品种组合的杂种后代进行集成选择时，决不允许在分段选择中存有明显的“短板”性状。否则，它将严重影响入选材料的下一步应用价值。

总之，在不同生态类型杂种后代选择过程中，优先选择各类生态适应调控性状，可较好地解决入选材料的“稳产与稳质”问题。将各条小麦生态遗传变异规律与相应对照品种的标尺作用有机结合，可为不同生态类型杂种后代选择提供可靠的理论依据。分段选择与集成选择小麦不同育种目标性状，可明显提升各种生态类型杂种后代的选择效率，并可将小麦育种目标落在实处。

参考文献

鲍思敬，许有温，1990. 小麦杂种世代选育方法改革刍议 [J]. 作物杂志（3）：16-17.

鲍思敬，杨兆生，许红霞，等，1994. “改良系谱法”在小麦育种上的应用 [J]. 麦类作物学（4）：34-36.

陈凤生，牟建梅，黄昌，等，2003. 小麦纯系谱法选择与混合法选择的比较 [J]. 金陵科技学院学报（4）：16-18，22.

陈欢，张文英，樊龙江，2011. 作物育种方法研究进展与展望 [J]. 科技通报，27（1）：61-65.

郭天财，1985. 小麦杂种后代的选择方法 [J]. 河南科技（8）：34-36，43.

荆奇，戴廷波，姜东，等，2005. 小麦籽粒蛋白质组分的变异及其与面粉品质的关系 [J]. 麦类作物学报（2）：90-93.

李占林，杨文龙，1985. 冬小麦耐干旱品种数量性状遗传力和遗传相关的研究 [J]. 山西农业科学（2）：11-13.

祁适雨，肖志敏，李仁杰，2007. 中国东北强筋春小麦 [M]. 北京：中国农业出版社.

王昆鹏，2009. 春小麦杂种后代农艺性状和高分子量谷蛋白亚基组成分析 [D]. 内蒙古：内蒙古农业大学.

王昆鹏，刘爽，郭世华，2009. 春小麦杂种后代农艺性状和高分子量谷蛋白亚基组成分析 [J]. 内蒙古农业大学学报（自然科学版），30（2）：94-99.

王瑞，宁锟，1995. 一些优质小麦及其杂种后代高分子量谷蛋白亚基组成与面包品质之关系 [J]. 西北农业学报（4）：25-30.

王淑俭，郭天财，任迎谛，等，1982. 小麦若干植株性状与产量性状相关性的初步研究 [J]. 河南农学院学报（4）：39-47.

吴兆苏，1990. 小麦育种学 [M]. 北京：农业出版社.

肖步阳，1982. 春小麦生态育种三十年 [J]. 黑龙江农业科学（3）：1-7.

肖步阳，1985. 黑龙江省春小麦生态类型分布及演变 [J]. 北大荒农业：1.

肖步阳，1990. 春小麦生态育种 [M]. 北京：农业出版社.

肖步阳，王继忠，金汉平，等，1987. 黑龙江省春小麦抗旱品种主要性状特点的研究 [J]. 中国农业科学（6）：28-33.

肖步阳，王进先，陶湛，等，1981. 东北春麦区小麦品种系谱及其主要育种经验Ⅰ：品种演变及主要品种系谱 [J]. 黑龙江农业科学（5）：7-13.

肖步阳，王进先，陶湛，等，1982. 东北春麦区小麦品种系谱及其主要育种经验Ⅰ：主要育种经验 [J]. 黑龙江农业科学（2）：1-6.

肖步阳，姚俊生，王世恩，1979. 春小麦多抗性育种的研究 [J]. 黑龙江农业科学（1）：7 - 12.
肖志敏，1998. 春小麦生态遗传变异规律与杂种后代及稳定品系处理关系的研究 [J]. 麦类作物学报（6）：7 - 11.
肖志敏，祁适雨，章文利，等，1993. 春小麦杂种后代及稳定品系处理方法的改进 [J]. 麦类作物学报（6）：33 - 36.
肖志敏，王世恩，1989. 生态派生系统法在小麦育种中应用的商榷 [J]. 黑龙江农业科学（6）：35 - 37.
杨崇力，丁厚栋，1991. 不同栽培条件对小麦杂种后代性状表现的影响 [J]. 种子（5）：7 - 9.
杨学举，卢少源，张荣芝，等，1999. 小麦高分子量麦谷蛋白亚基在杂种后代的品质差异 [J]. 河北农业大学学报（2）：1 - 4.
杨学举，荣广哲，卢桂芬，2001. 优质小麦重要性状的相关分析 [J]. 麦类作物学报（2）：35 - 37.
云南大学生物系，1980. 植物生态学 [M]. 北京：人民教育出版社.
张立，1984. 关于春小麦杂种一代优势的初步研究 [J]. 黑龙江农业科学（4）：10 - 13.
张树榛，1962. 小麦杂种后代性状选择与培育的研究 [J]. 作物学报（3）：1 - 10.
张作仿，1987. 小麦杂种后代若干性状的选择研究 [J]. 中国农业科学（4）：38 - 45.

第七章　强筋小麦育种

强筋小麦育种属于专用小麦育种范畴。这方面，一些强筋小麦育种先进国家已经取得显著成效。如加拿大以盛产“面包小麦”而闻名世界；澳大利亚以生产“面条小麦”而享誉全球；美国硬红春小麦（DNS）已成为全球强筋小麦的重要品质标准等。

强筋小麦育种，是春小麦光温生态育种研究的重要内容。为充分发挥东北春麦区强筋小麦生产各种比较优势和弥补我国强筋小麦产需缺口，春小麦光温生态育种以小麦品质类型用途分类和主要品质性状遗传基础等国内外研究结果为依据，以生态适应性为链条，以改进面筋质量为突破口，并结合品质标记辅助选择等技术，制定了东北春麦区强筋小麦育种策略与途径，发展与完善了强筋小麦育种理论与方法，并在该区强筋小麦育种和生产等方面发挥了重要的指导作用。

第一节　小麦品质类型分类及用途

小麦品质有多种涵义。通常是小麦品质内涵不同，品质类型不同，小麦的二次加工用途也不同。因此，明确小麦主要品质内涵，对于小麦品质类型划分和强筋小麦育种及产业化等具有重要的指导意义。

一、小麦品质主要内涵

小麦品质是一个相当复杂的概念。通常认为，小麦品质主要由营养品质和加工品质两大部分组成。

（一）营养品质

小麦籽粒营养品质，主要包括淀粉、蛋白质、脂肪、矿物质和纤维素等。在小麦籽粒中，虽然蛋白质含量远低于淀粉含量，但是蛋白质产生的热量却明显大于淀粉，同时蛋白质还是建造人类和动物原生质的重要组成部分。小麦籽粒各部分的蛋白质含量分别占籽粒总蛋白质含量的比例为：胚部占3.5%，胚乳占72%，子叶盘占4.5%，糊粉层占16%；其余占4%。

小麦籽粒蛋白质根据其溶解度和化学结构，可分为简单蛋白质和复合蛋白质两大类。小麦籽粒中的简单蛋白质多分布在小麦胚乳之中，水解时可产生氨基酸。根据蛋白质在不同溶液中的溶解度不同，又可分为清蛋白、球蛋白、醇溶蛋白和麦谷蛋白四种。其中，醇溶蛋白溶于70%的乙醇溶液，占小麦总蛋白质的40%～50%；麦谷蛋白溶于稀碱或稀酸溶液，占小麦总蛋白质的35%～45%。醇溶蛋白赋予面筋以延展性，相当于面筋的“肉”；麦谷蛋白赋予面筋以弹性和拉伸阻力，相当于面筋的“骨头”。二者主要决定了一个强筋小麦品种的面筋含量与质量及其二次加工品质。

大量研究结果指出，复合蛋白水解后除产生氨基酸外，还产生糖、磷酸、金属、核酸等化合物。溶解醇溶蛋白和麦谷蛋白时发现，二者均含有大量的谷氨酸。小麦籽粒蛋白质质量好坏与各种氨基酸比例关系密切。如醇溶蛋白富含谷氨酸和脯氨酸，而赖氨酸和色氨酸含量偏低；麦谷蛋白则含谷氨酸和脯氨酸量相对较少，而精氨酸、赖氨酸和色氨酸含量相对较多。因此，在强筋小麦育种过程中，适当减少醇溶蛋白含量，增加麦谷蛋白含量，使二者之间保持相对平衡，可调节强筋小麦品种营养品质和加工品质之间的关系，进而达到提升强筋小麦品种的二次加工品质潜力的效果。

（二）加工品质

小麦加工品质包括一次加工品质和二次加工品质。小麦一次加工是指从小麦籽粒状态，经过润麦、碾磨和筛理等处理制成面粉的过程。小麦二次加工是指将面粉制成各种面食制品的过程。两次加工品质表现均与小麦品种总体品质表现关系密切。其中，不断提升强筋小麦品种的二次加工品质潜力，是强筋小麦品质遗传改良的重点。

小麦一次加工品质也称“磨粉品质”。磨粉品质与小麦籽粒大小和整齐度、籽粒形状和颜色、皮层厚度、籽粒硬度及容重等性状存在高度相关。出粉率、碾磨次数、动力消耗、面粉色泽和灰分含量等是衡量小麦品种磨粉品质的主要指标。对强筋小麦品种而言，籽粒硬度较高者，在磨粉过程中蛋白质损失相对较少，容易筛理，出粉率较高；籽粒近圆形且饱满，比籽粒卵形和不饱满者出粉率要高；皮薄和容重高者，籽粒出粉率要高于皮厚和容重低的小麦品种。

小麦二次加工品质是指将各类专用小麦品种籽粒加工成面粉后，再将其加工成各种面食制品时的品质表现。它主要包括烘烤品质和蒸煮品质。对以面包为主食的国家，如美国、加拿大和俄罗斯等欧美国家，面包烘烤品质较好的优质强筋小麦品种要求烘焙出的面包体积大、面包纹理好、孔隙小而均匀、皮无裂纹、颜色发红且好看、味美适口、营养丰富和易于消化等。对我国以蒸煮食品为主的国家而言，要求蒸出的馒头体积大而松软、外观较好且不易变形、口感需有“咬劲”，制作与煮熟的面条不断条、光滑且有“筋性”及口感要好等。

（三）改进小麦品质的意义

众所周知，小麦是谷物中蛋白质含量最高，营养成分较为丰富，产量较高、价格较低的农作物，也是人类粮食和畜禽饲料的主要来源。20 世纪 80 年代前，为解决中国人民的吃饱问题，不断提高小麦产量潜力，一直是我国小麦育种者面临的主要任务。如今，保证我国人民吃上好面和食用安全，重点进行各类优质专用小麦育种，则是目前我国小麦育种新的科研方向。

我国各地优质专用小麦生产证明，优质专用小麦品种不等于优质专用小麦原粮。优质专用小麦品种只有通过配套栽培技术整合生态资源优势等途径，才能生产出符合市场需求的各类优质专用小麦原粮。例如 21 世纪初以来，黑龙江省农业科学院小麦育种者以龙麦 26 等优质强筋小麦新品种为核心技术，以氮素后移、增施硫（钾）肥和建立土壤水库等为配套措施，不但实现了品种科技优势与大兴安岭沿麓地区适宜生产优质强筋小麦生态资源优势的有机结合，而且生产出的强筋小麦原粮完全符合市场需求。在此期间，江苏省农业科学院小麦育种者利用宁麦 9 号等优质弱筋小麦新品种为核心技术，在我国长江中下游地区开展弱筋小麦产业化研究取得了显著成效，再次证明了优质专用小麦新品种的源头作用。反之，若没有相应的优质专用小麦品种作为科技支撑，各类优质专用小麦生产的生态资源优势也将无法得到发挥。如从20世纪80年代至今，东北春麦区小麦种植面积经历从大→小→恢复性增长三大阶段的变化，排除国家相关政策影响外，无一不与各阶段当地大面积种植的主导（栽）品种的专用化程度有关。

从各类专用小麦产业化组成链条看，可以认为，优质专用小麦品种是源头，面粉加工和深加工企业是龙头。只有源头保证，龙头拉动，并通过配套栽培技术整合适宜生产某类专用小麦的特定生态资源优势，才能形成一条完整的专用小麦产业链条。它是提升各类优质专用小麦，特别是优质强筋小麦商品价值的重要途径。

二、小麦品质类型划分

小麦品质类型划分是小麦专用化育种、区域化种植和产业化加工等方面的重要依据。从我国小麦品质类型划分历程看，大体经历了一个从加工用途→面筋含量→面筋质量为主的分类过程。

（一）根据加工用途进行分类

小麦用途广泛，加工食品种类众多，是世界重要谷物作物之一。从加工食品用途看，小麦食品类型主要可分为面包类食品、蒸煮类食品和饼干类食品三大类。每一类别食品加工对小麦原粮的品质要求均有所不同。其中，适宜加工面包类食品的小麦品种，要求蛋白质（湿面筋）含量较高和蛋白质（湿面筋）质量较好，这类小麦品种通常被称为“面包小麦”品种。蒸煮类面食制品为中国传统食品，主要有饺子、面条和馒头等。这类食品加工对小麦籽粒蛋白质（湿面筋）含量与质量的要求既不能过高，也不能偏低，适宜加工该类食品的小麦品种常被称为“家庭用粉小麦”品种。被称为“饼干小麦”品种的主要用途是生产饼干和糕点类食品。与“面包小麦”品种和“家庭用粉小麦”品种相比，虽然“饼干小麦”品种的籽粒（面粉）蛋白质（湿面筋）含量与质量要求标准相对最低，但近期为提升饼干类食品加工品质标准，国内一些相关食品加工企业对饼干小麦品种的面团延伸性，又提出了一定要求。

另外，在同类面食制品加工过程中，由于种类、标准和制作工艺不同，对不同品质类型小麦品种的品质指标要求还有一些小的差别。例如法式面包制作对面包小麦品种的蛋白质和湿面筋含量与质量要求均高于普通面包制作的小麦。机械制作的饺子和面条对家庭用粉小麦品种的蛋白质和湿面筋质量要求明显高于手工制作的同类产品。我国南方制作的馒头类蒸煮食品对蛋白质含量和质量的要求，一般要低于黄河流域的馒头品质标准等。

上述专用小麦类型品质划分标准，主要是依据小麦原粮在各类面食制品加工中的用途。从小麦籽粒（面粉）蛋白质（湿面筋）含量和质量与二次加工品质关系看，这种小麦品质类型分类标准，经常难以揭示出不同专用小麦品种，特别是强筋小麦品种真实的品质潜力和二次加工品质利用价值。剖析其中原因，一是该标准忽略了强筋小麦籽粒（面粉）蛋白质（湿面筋）含量和质量对各类面食制品加工品质的互作效应。二是难以确定强筋小麦，特别是超强筋小麦在利用配麦和配粉工艺加工面条粉和饺子粉等各种专用粉时的利用价值。三是年度和地点间环境条件变化，常影响强筋小麦品种的二次加品质表现。例如，同一强筋小麦品种因环境条件变化，其原粮二次加工品质可从面包小麦品质标准降为面条小麦品质标准，甚至只能作为配麦，用于加工面条粉和饺子粉等。

（二）根据湿面筋含量分类

20 世纪 90 年代前后，我国曾采用过以湿面筋含量为主进行小麦品质类型分类的方法，并根据湿面筋含量将小麦品种划分为高筋麦、中筋麦和低筋麦三个品质类型。其中，高筋麦品种湿面筋含量要求＞30%，低筋麦品种湿面筋含量要求＜24%，中筋麦品种湿面筋含量要求介于二者之间。从蛋白质（湿面筋）含量和质量与小麦二次加工品质关系看，这种分类方法仅考虑了蛋白质和湿面筋含量与小麦二次加工品质的关系，但忽略了蛋白质和湿面筋质量对小麦二次加工品质的作用。对于强筋小麦，特别是超强筋小麦品种而言，因其面筋质量对二次品质的贡献率明显大于面筋含量，以及其优异面筋质量对偏低面筋含量在强筋小麦二次加工品质表现上具有补偿效应等，所以这种分类结果经常难以体现强筋小麦，特别是超强筋小麦品种在二次加工中的利用价值。

从强筋小麦品种湿面筋含量与其二次加工品质关系看，湿面筋含量仅代表了该类品种的营养品质，并不能真实反映它们的二次加工品质好坏。如超强筋小麦新品种龙麦 35，即便其湿面筋含量仅为 28%左右，面团稳定时间仍可达 15 min 以上。而克丰 6 号和龙辐麦 13 等中强筋小麦品种，在其适宜生态环境且土壤肥力较高条件下种植时，尽管湿面筋含量可达 40%以上，可是面团稳定时间也仅为 7～8 min，最大阻力为 400 EU 左右，仅能达到制作面包粉品质标准的下限。若栽培条件不适，导致它们的湿面筋含量降至 30%左右时，其面团稳定时间仅为 4～5 min，最大阻力可降至 300～350 EU，甚至更低，只能达到手工制作的面条和饺子粉品质标准。再如，中筋小麦品种龙麦 19 在黑龙江省北部适宜生态条件下，湿面筋含量为 41%时，面团稳定时间为 3 min 左右；而不适生态条件下导致其湿面筋含量降至 30%以下时，面团稳定时间则不足 3 min，品质类型则转变为中弱筋小麦，因此难以在小麦二次加工中直接加以利用。

由此可见，以湿面筋含量为主要依据进行小麦品质类型分类，分类结果的可靠性有待进一步商榷，特别是难以进行超强筋、强筋和中强筋三种小麦品质类型的准确划分。分析其中原因，一是湿面筋含量属于数量性状，受生态环境变化影响较大。二是湿面筋含量对强筋小麦二次加工品质表现的贡献率要小于湿面筋质量。三是强筋小麦品种的湿面筋含量与产量存在着显著负相关。

（三）以蛋白质（湿面筋）质量为主进行分类

以蛋白质（湿面筋）质量为主、蛋白质（湿面筋）含量为辅，进行小麦品质类型分类，是目前国际上划分各类专用小麦品种类型的主要方法。该方法将小麦营养品质与加工品质，尤其是与二次加工品质实现了有机结合。它既考虑了小麦品种蛋白质（湿面筋）含量对各类面食制品品质表现的基础作用，又兼顾了蛋白质（湿面筋）质量对各类面食制品品质表现的主导效应，可为小麦品种品质类型的准确划分提供可靠的理论依据。例如，超强筋小麦新品种龙麦 35 在哈尔滨不同年份种植时，湿面筋含量变化范围为 26%～35%。若仅以湿面筋含量为依据，当龙麦 35 湿面筋含量低于 28%时，只能被划为中筋甚至中弱筋小麦品种。若以面筋质量为主、面筋含量为辅进行品质类型划分，则可归类为强筋小麦新品种（表 7－1）。表 7－1 结果表明，即便超强筋小麦品种龙麦 35 的湿面筋含量降至 26.7%时，它的二次加工品质表现仍属强筋小麦品质类型，并且仍然可利用配粉工艺制作出质量优异的面包与面条制品。

表 7-1　龙麦 35 及其配粉后主要品质指标及面包和面条制品表现（哈尔滨，2014 年）

供试样品及配粉比例	湿面筋（%）	稳定时间（min）	拉伸参数			面包体积（mL）	面包总评分	面条总评分
			最大拉伸阻力（EU）	延伸性（mm）	能量（cm^2）			
龙麦 35	26.7	22.6	510	193	126	925	92.5	88.5
垦九 10	26.1	3.1	240	170	56	780	62.0	77.0
龙麦 35：垦九 10 配粉比例 3：1	26.7	14.3	400	225	109	930	91.0	86.5
龙麦 35：垦九 10 配粉比例 1：1	26.0	8.9	320	191	75	875	84.0	82.0
龙麦 35：垦九 10 配粉比例 1：3	26.6	7.3	280	194	71	775	67.0	78.5

注：农业部谷物制品中心检测结果。

大量研究发现，以蛋白质（湿面筋）质量为主、蛋白质（湿面筋）含量为辅进行小麦品质分类，可真实反映不同小麦品质类型的品质潜力，分类结果与小麦二次加工品质表现基本趋同。如张延滨等通过小麦不同品质类型的近等基因系研究结果发现，利用该方法进行小麦品质类型分类，不但可实现超强筋、强筋和中强筋三种品质类型的准确划分，而且可为东北春麦区强筋小麦育种和配套栽培技术研制等提供可靠的理论依据。肖志敏等总结分析多年"龙麦号"强筋小麦育种相关研究结果也认为，这种小麦品质类型分类方法，之所以在强筋小麦育种、生产和产业发展等方面实用性较强、可信度较高，与其采用的分类依据顺乎小麦品质发生与变化规律不无关系。其中主要包括：一是以蛋白质（湿面筋）质量受生态环境变化影响相对较小为依据。二是将蛋白质（湿面筋）质量确定为小麦二次加工品质表现的主导因子，并需关注蛋白质（湿面筋）质量与含量在小麦二次加工表现上的互作效应。三是根据小麦品种的蛋白质（湿面筋）质量与产量负相关较小，在小麦品质类型分类时，可使育种者意识到蛋白质（湿面筋）含量与产量存在着显著负相关和土壤氮素供应不足等问题，对小麦品种二次加工品质表现和品质类型分类结果的影响。

小麦品质类型划分是小麦专用化育种的工作内容之一。东北春麦区强筋小麦育种和实践表明，以"蛋白质（湿面筋）质量为主、蛋白质（湿面筋）含量为辅"为依据，进行强筋小麦品质类型划分，既可明确强筋小麦品种的蛋白质（湿面筋）含量、蛋白质（湿面筋）质量和二次加工品质三者之间的相互关系，又能抓住强筋小麦的主要品质内涵。利用这种分类方法，不但可深入评价小麦品种的品质潜力，而且可进行小麦品质类型的准确划分。

三、品质类型分类与小麦产业发展的关系

在专用小麦产业发展过程中，小麦品质类型分类源于小麦面粉二次加工各种食品的需求。各种专用面粉的二次加工品质保障，来源于专用化小麦育种与原粮生产。因此，明确小麦品质类型分类与专用化小麦育种与生产的关系，对于推进各地小麦产业化进程非常重要。

（一）品质类型分类与专用化小麦育种关系

优质专用小麦品种是小麦专用化产业发展的源头，无论是强筋小麦还是弱筋小麦产业均无例外。在各地小麦育种与生产过程中，只有优质专用小麦品种与适宜生态环境和配套栽培技术三者有机结合，才能生产出符合市场需求的各类优质专用小麦原粮。各地小麦育种实践表明，虽然育种者可以在一种生态条件下选育出强筋、中筋和弱筋三种品质类型的品种，但

是在一种生态条件下却很难生产出强筋、中筋、弱筋三种品质类型的优质专用小麦原粮。例如21世纪初，黑龙江省农业科学院小麦育种者虽然在黑龙江省哈尔滨和克山两地先后推广了弱筋小麦品种克丰9号和龙麦21，但将它们种植在当地土地较为肥沃的生产条件下时，生产的小麦原粮湿面筋含量却升至28%以上，变成了中弱筋小麦，很难满足饼干粉的生产需求。

在专用化小麦育种过程中，品质类型定位准确与否，将直接影响到各类优质专用小麦新品种的选育效率。小麦品质类型划分是亲本选配、杂种后代选择和稳定品系处理的重要手段，也是各类型优质专用小麦新品种开发和利用的主要依据。例如在东北春麦区，特别是在大兴安岭沿麓地区强筋小麦育种中，"以超强筋小麦育种为主、强筋小麦育种为辅"为育种目标，通过品质类型划分，不但可使杂交组合配置做到有的放矢，而且可明显提升不同强筋小麦类型杂种后代和稳定品系主要品质目标性状的定向跟踪与选择效率。

各地小麦专用化育种实践表明，小麦品质类型划分是小麦品质生态区划的重要组成部分，也是某一生态区域专用化小麦育种方向和育种目标制定的主要依据。在专用化小麦育种中，只有根据当地生态条件，准确定位小麦品质类型，才能制定出正确的育种方向和育种目标。否则，将难以实现专用小麦品种＋适宜生境＋配套措施＝专用小麦原粮的三者合一，专用化小麦育种效率也会大幅降低。

（二）品质类型划分与专用小麦生产的关系

小麦品质类型划分与专用化小麦生产关系非常密切，如美国、加拿大和澳大利亚等专用化小麦生产大国，早已根据不同生态区的生态资源比较优势，对各类专用小麦实现了区域化种植和标准化生产。其中，美国根据各类专用小麦品种品质潜力表达与其相适生态条件关系，将该国小麦生产区域分别划分为"硬红春""硬红冬"和"软红冬"等不同品质类型小麦生产区域。加拿大为不断提升和保持优质强筋小麦的国际市场竞争力，对国内推广的优质强筋小麦新品种的主要品质指标要求是，上限不能超过对照品种Roblin，下限不能低于对照品种Nipowa。同时，该国相关机构还对强筋小麦品种的粒形和粒质等提出具体要求，以满足优质强筋小麦原粮销售的配麦需求。世界各国优质专用化小麦生产实践均已证明，小麦品种品质类型划分和品质类型区划，是各类优质专用小麦原粮生产的重要依据。

我国专用化小麦生产起步较晚，即便在已划分为各类优质专用小麦生产的优势产业带中，至今也未实现小麦专用品种种植的区域化。如据黑龙江省农业科学院小麦育种者2019年调查结果，龙麦33和龙麦35等优质强筋小麦新品种在大兴安岭沿麓地区强筋小麦优势产业带中的种植面积，仅为60%左右。类似现象同样存在于我国黄淮麦区强筋小麦优势产业带和长江流域弱筋小麦优势产业带之中。分析其中原因，主要是优质不优价及产业化拉动不够等因素影响了我国各类优质专用小麦品种的合理布局和专用小麦生产发展进程。

各地专用化小麦生产实践表明，小麦品种品质类型不同，主要品质内涵不同，要求的配套栽培技术也不相同。例如在强筋小麦生产中，保证氮素供应和氮素后移及增施钾肥是决定强筋小麦品种产量和品质潜力同步表达程度的关键配套技术。对于弱筋小麦生产，适当的氮素前移，减少籽粒中的蛋白质和湿面筋含量，相对增加淀粉含量，则可保证弱筋小麦品种的品质稳定性并提升其商品价值。这进一步说明，各类优质专用小麦原粮生产与质量保证，都离不开专用小麦品种与其相应配套栽培技术的紧密结合。

（三）品质类型划分与小麦产业化的关系

从市场经济角度看，小麦的产业化过程就是将小麦从产品转化为商品的过程。作为商品而言，各种专用小麦必须有规格、有标准。可以说没有小麦品质类型划分，就无法区分各种专用小麦。没有专用小麦也就不存在各种专用面粉。没有各种专用面粉，加工各种面食制品的质量也将难以得到保证。因此，小麦品质类型划分及其相关主要品质指标制定，既是小麦产业化的重要组成部分，也是推进各类优质专用小麦生产和提升其市场竞争力的主要依据。

近些年来，加拿大等专用小麦生产大国为提升本国生产的优质强筋小麦商品价值，均先后制定了不同级别的优质强筋小麦品质和超强筋小麦品质标准（表 7－2）。

表 7－2　加拿大西部硬红春（CWRS）和超强筋（CWES）小麦主要品质标准

主要品质参数	1992—2001 年西部硬红春（CWRS）小麦平均值			1999—2002 年西部超强筋（CWES）小麦平均值
	1 号	2 号	3 号	
面粉蛋白质（%）	13.1	13.1	12.5	11.9
湿面筋（%）	37.3	36.1	34.7	28.1
100 g 吸水量（mL）	65.5	65.3	64.9	62.9
面团形成时间（min）	5.3	5.0	4.3	6.1
稳定时间（min）	9.5	8.5	8.0	＞20
最大拉伸阻力（EU）	525	495	470	653
延伸性（mm）	220	220	220	240
能量（cm^2）	155	150	140	215

资料来源：*Quality of western Canadian wheat 2002*（面粉含水量为 14%）。

20 世纪 90 年代以来，我国为推进小麦产业化进程，也先后出台了系列小麦品质类型分类标准。同时，根据中国传统蒸煮食品特点，还提出了中强筋小麦品质类型和相应品质标准，使其品质类型分类和相应品质标准可以进一步适应中国国情需求。

表 7－3　我国不同品质类型小麦品种主要品质指标（GB/T 17320—2013）

项目		指标			
		强筋	中强筋	中筋	弱筋
籽粒	硬度指数	≥60	≥60	≥50	＜50
	粗蛋白质（干基，%）	≥14.0	≥13.0	≥12.5	＜12.5
小麦粉	湿面筋含量（14%水分基，%）	≥30	≥28	≥26	＜26
	沉淀值（Zeleny 法，mL）	≥40	≥35	≥30	＜30
	100 g 吸水量（mL）	≥60	≥58	≥56	＜56
	稳定时间（min）	≥8.0	≥6.0	≥3.0	＜3.0
	最大拉伸阻力（EU）	≥350	≥300	≥200	—
	能量（cm^2）	≥90	≥65	50	—

从表 7－3 看，虽然我国小麦品质类型划分标准与国际标准相比还有一定差距，如强筋小麦品种主要品质指标与加拿大同类品种相比有些偏低等，但是对于我国小麦品种品质类型分类、专用小麦新品种选育与合理化布局、各类优质专用小麦生产优势区域确定，以及配套措施研制与集成等仍发挥了重要的指导作用。随着我国优质专用小麦产业化的不断发展，现有小麦品质类型分类标准仍需不断完善，特别是对超强筋小麦品质类型的分类及其相应品质

标准还待进一步研究。同时，小麦品质类型分类标准还将为建立小麦品种大面积品质监控体系和配麦销售体系等提供重要的理论依据。

第二节　强筋小麦主要品质性状与鉴定方法

小麦品质性状表达受基因型与环境的共同影响。在强筋小麦育种中，小麦品质性状分析与鉴定是强筋小麦亲本选配、后代选择及稳定品系处理中不可或缺的技术环节，也是在丰产基础上，改善营养品质和加工品质的重要依据。它是强筋小麦育种的主要研究内容之一。

一、一次加工主要品质性状与鉴定方法

（一）容重、千粒重和籽粒水分

容重是鉴定小麦磨粉品质的一个重要指标。容重与小麦出粉率之间相关性很高。一般情况下，容重越高，出粉率越高。小麦籽粒的容重通常用“克/升、公斤/百升或磅/英斗”等表示。我国和世界许多国家在小麦收购或加工时，均将容重作为衡量小麦品质的一个重要指标。小麦容重受小麦籽粒形状、大小、密度、整齐度、含水量及其杂质含量等影响较大。其中，籽粒形状和籽粒内含物质种类对容重影响最大。如对同一小麦品种而言，往往是籽粒角质率越高，容重越高。

千粒重是衡量籽粒大小的一个重要品质指标，通常用“克/千粒”来表示。在检测过程中，一般要将一个样品籽粒大小拌匀，从中随机抽样 2～3 次，然后将其测得值进行平均，若测得数值间误差大于 1 g 以上，应重新进行检测。千粒重大的小麦品种皮层比例相对变小，一般出粉率较高，但籽粒过大，常会降低角质率和籽粒硬度。

籽粒水分是指小麦籽粒磨粉时的水分含量。小麦籽粒含水量常会对面粉制粉工艺和小麦二次加工品质产生一定的影响。通常情况下，小麦籽粒磨粉时，水分含量一般在 13%左右。陈年小麦籽粒含量一般在 11%左右，磨粉前需进行润麦和水分调节。若小麦籽粒含水量偏低，会使粉色差、颗粒变粗、含麸量升高；若小麦籽粒含水量过高，会使麸皮难以剥脱，影响出粉率和面粉存放时间。同时，它还会影响面包和饼干等食品收得率。在测定方法上，小麦籽粒含水量可由全籽粒水分测定仪直接测得或烘箱法进行检测。

（二）籽粒硬度和面粉淀粉损伤度

籽粒硬度是指小麦磨粉过程中，粉碎籽粒所需的力度，小麦籽粒硬度与角质率、蛋白质质量、制粉和烘焙品质均有一定关系。硬质小麦的皮层与胚乳容易分离，出粉率高、易筛理。软质小麦的皮层与胚乳结合紧密，在一般加工条件下出粉率不如硬质小麦，筛理难度较大。从能源角度利用看，若籽粒硬度过大，磨粉次数将有所增加，并消耗较多动力。因此在小麦新品种选育过程中，特别是优质强筋小麦新品种选育中，对籽粒硬度的选择以适中为好。

小麦籽粒硬度测定有很多方法，通常采用的主要有硬度指数（Pearling size index）和碾磨时间（Grinding time）两种测定方法。硬度指数测定过程是先将已称重的小麦试样粉碎，再测量通过筛孔的重量，用 PSL 值表示。PSL 值较低的即为硬质小麦，PSL 值高的则为软质小麦。碾磨时间法则是采用德国布拉班德公司的 SMI 微型小麦硬度计来测试，以碾磨时间“秒”来表示。两种方法在小麦籽粒硬度测试结果相关程度较高。我国目前多采用碾磨时

间法进行小麦籽粒硬度的测定。

面粉淀粉损伤度是指小麦磨粉过程中对小麦淀粉的破坏程度。含有一定量的损伤淀粉颗粒可提高面粉吸水率，增加面包等制品的收益率。然而，如果面粉损伤率过高，将会降低面粉在发酵过程中对气体的保持能力，进而影响面包和馒头等发酵食品的体积大小。一般情况下，小麦磨粉对硬质小麦的损伤度要大于软质小麦。降低面粉淀粉的损伤程度，可根据加工小麦的籽粒硬度，适当调节制粉工艺来得到一定程度的解决。目前我国还未将面粉淀粉损伤度列入小麦主要品质指标，而美国和加拿大等国家早已将其列入强筋小麦品质分析指标之中。

（三）出粉率、灰分与色泽

出粉率是小麦一次加工（磨粉加工）品质中最重要的品质性状之一。小麦出粉率通常可用毛麦出粉率、净麦出粉率和粉麸比等来表示。一般情况下，小麦的出粉率为70%～75%。影响小麦出粉率的因素较多，如品种间皮层薄厚差异、同一品种因环境影响导致的容重、千粒重、籽粒饱满度等品质性状的变化以及采取的制粉工艺等。根据小麦制粉工艺研究结果，小麦籽粒取样量为1～3 kg，利用粉麸比出粉率测定方法进行不同小麦品种出粉率测试时，测定结果相对较为准确，容易检测出小麦品种间的出粉率差异。

灰分含量高低是衡量小麦磨粉品质的另一重要品质指标。面粉灰分含量与麸皮含量高度相关。原因是，小麦中的大部分矿物质都存在于糊粉层，在小麦制粉过程中既要单独取下糊粉层，又要防止麸皮进入面粉，加工难度较大。一般来说，出粉率为70%～75%、76%～85%和86%～100%时，灰分含量分别对应为0.4%～0.6%、0.7%～0.9%和1.0%。我国在灰分含量测定上通常采用醋酸镁850 ℃快速测定法，美国和加拿大等国家多采用AACC61－4－31灰分基准法。

小麦面粉色泽与食品加工品质具有一定关系。较好的小麦面粉的粉色应为乳白色并具有光泽。面粉粉色与出粉率和加工工艺有关，也取决于多酚氧化酶（PPO）活性和黄色素含量。我国小麦面粉的天然白度一般为75左右，小麦品种间粉色存在一定差异，并受环境条件变化所影响。小麦面粉的色泽是由白度计来加以测定的。

二、二次加工主要品质性状与鉴定方法

（一）蛋白质和湿面筋含量

小麦蛋白质含量主要指小麦籽粒和面粉的蛋白质含量。由于小麦麸皮中含有一定数量的蛋白质，所以对同一小麦品种而言，通常小麦籽粒蛋白质含量要高于面粉蛋白质含量。小麦蛋白质含量属于小麦营养品质范畴，并与小麦二次加工品质表现关系密切。小麦蛋白质含量在小麦籽粒中的特点主要表现为：越接近籽粒中心蛋白质含量越低，并呈向外渐增趋势。小麦糊粉层和外皮的蛋白质含量虽然很高，但面筋质量相对较差。小麦蛋白质可分为面筋蛋白和非面筋蛋白两种。其中，醇溶蛋白和麦谷蛋白等面筋蛋白质与小麦二次加工品质关系密切，而清蛋白和球蛋白等非面筋蛋白质与小麦二次加工品质联系相对较小（图7－1）。

面筋蛋白质 { 醇溶蛋白、麦谷蛋白　　非面筋蛋白质 { 清蛋白、球蛋白

图7－1　面筋蛋白质和非面筋蛋白质的组成

面筋是面粉加水调制成面团的过程中，面筋蛋白质迅速吸水胀润，在面团中形成的坚实的蛋白质网络。在网络中还包括胀润性较差的淀粉粒及其他非溶解性物质。面团中形成的这种蛋白质网络结构，即被称作“面筋”。面筋和一切胶体物质一样，具有特殊的黏性和延伸性等特点。小麦面筋可分为湿面筋和干面筋两种。其中，湿面筋是指将面团在水中揉洗时，使淀粉和麸皮颗粒等物质脱离后，剩下的一块像橡皮一样的物质。湿面筋含有一定水分，将其烘干后即被称为“干面筋”。张延滨等（2003）研究发现，当强筋小麦品种间湿面筋含量相近时，通常是干面筋含量高者，面筋质量较好。面筋含量与质量共同决定了面团的形成特点，并与强筋小麦品种二次加工品质表现关系密切。

目前，蛋白质含量测定，主要采用凯氏定氮和近红外仪器直接测定两种方法。湿面筋含量测定，有手洗和机洗两种方法。机洗通常采用瑞典 Falling Number 公司面筋系统测得。大量研究证明，小麦品种湿面筋含量与蛋白质含量高度正相关。黑龙江省农业科学院小麦育种者在多年强筋小麦育种与生产实践中发现，湿面筋含量还与强筋小麦品种的角质率存在着一定的正相关。

（二）面筋指数

面筋指数由面筋仪测得。它是指小麦粉湿面筋在离心力作用下，穿过一定孔径筛板，保留在筛板上的面筋重量与全部面筋重量的比值。面筋指数是评价小麦二次加工品质的重要品质指标。面筋指数与面团强度有关，面筋指数增加，面团筋力增强，所烘焙的面包体积加大。与之相反，面筋指数过低，面团筋力弱则会导致内部结构差，不能保持醒发产生的气体，面包体积小，所以不适合制作面包。

面筋指数是评价小麦面筋质量的关键品质指标，其主要受小麦蛋白质量的影响。如冯海涛等（2012）研究发现，面筋指数与稳定时间、能量呈显著正相关关系。还有一些研究结果认为，*Glu-A3d* 和 *Glu-B3b* 等低分子量麦谷蛋白及醇溶蛋白，对面团延伸性具有正向作用，而对面筋指数却具有显著的负向效应。

面筋指数测试方法简单、操作方便、样品量少、检测效率高，可为预测强筋小麦二次加工品质、专用小麦育种和面食制品加工等提供科学依据。在面食制品加工过程中，可利用面筋指数指导不同品质特性面粉作为原料，从而生产各类优质面食食品。一般来说，馒头粉面筋指数为50%～60%；面条粉和饺子粉等面筋指数为70%～80%；面包粉的面筋指数为90%左右。

（三）沉降值

沉降值试验1947年由 Zeleny 率先提出、Pinckney 等人修改，可作为评价小麦品质的一种有效方法。由于沉降值与面包体积、湿面筋含量与质量等加工品质指标关系密切，且简单、方便，现已作为国际上鉴定小麦品质的重要指标。

沉降值是指小麦面粉悬浮在乳酸溶液中，在规定条件下所获得的沉降物数值，用“mL”表示。沉降值常用的方法主要有 Zeleny 和 SDS 两种。沉降值测定较其他面团试验要求时间短，样品量小。其中，微量沉淀值测定在小麦早期世代中进行品质检测意义较大。有些国家还将沉降值高低，作为小麦（面粉）品质类型分类的主要依据之一。一般情况下，强筋小麦 Zeleny 沉降值＞40 mL；弱筋小麦沉降值＜30 mL。

国内外一些实验结果发现，Zeleny 沉降值数值变化与醇溶蛋白关系较为密切；SDS 沉降值数值变化常与麦谷蛋白存在紧密关联。大量“龙麦号”强筋小麦品种（系）品质分析结果还表明，Zeleny沉降值高低，与小麦品种的湿面筋含量与质量均具有一定联系。一般情况下，当两小麦品种面筋质量相近时，常常是Zeleny沉降值越高，湿面筋含量越高；当两小麦品种湿面筋含量相近时，往往是Zeleny沉淀值越高，面筋质量越好。对强筋小麦品种而言，因面筋质量受环境影响相对较小，通常是Zeleny沉降值越高，湿面筋含量越高。Zeleny沉降值与SDS沉降值相比，后者与面筋质量关系更为密切。

（四）面团流变学特性

小麦面团是小麦粉和水混合后，经过适当揉混而形成的具有黏弹性的物质。面粉在揉混过程中，贮藏蛋白吸水膨胀，分子间相互连接，形成一个连续的三维网状结构，从而赋予面团黏弹性，同时具有一定的流动性，总称为“面团流变学特性”。面团流变学特性对小麦育种和食品加工来说都非常重要。它是小麦品质的重要指标之一，并与小麦二次加工品质和品质类型分类等均具有紧密联系。目前，国内外测定的面团流变学特性的主要品质指标为面团稳定时间、最大拉伸阻力、延伸性、能量和中线峰值高度（MPH）等。

国内外相关研究结果认为：面团的结构和性质主要由小麦品种的品质状况决定。不同品质类型小麦品种的蛋白质含量和质量、淀粉特性及脂肪结构多少等都会影响到面团的粉质、拉伸、揉混等特性的表现。同时，面团的性质又直接影响到面包等制成品的品质，如分割、揉圆和制模等。面团的流变学特性决定了面团的行为。利用面团流变学特性可通过选择配方和加工过程，生产出能满足特殊要求的面包、面条和馒头等面食制品。在强筋小麦新品种选育、原粮收购及小麦食品加工的面粉选择过程中，面团的粉质、拉伸、揉混和吹泡等指标，均可作为衡量某一强筋小麦品种品质潜力和原粮品质的主要品质指标。如国际上AACC标准、ICC标准和我国标准都将面团稳定时间和能量等，作为小麦品种品质类型划分和判断面粉类别的具体品质指标。同时，在强筋小麦育种中，它们也是衡量供试材料面筋质量的重要品质指标。

（五）面团流变学特性指标测定方法

目前，国内外广泛用于测定小麦面团流变学特性的仪器主要有德国Brabender公司生产的粉质仪、拉伸仪、美国National公司生产的面粉揉混仪和法国肖邦公司生产的吹泡示功仪等。

1. 粉质仪

粉质仪是面团和面粉特性分析所采用的重要仪器之一。它测定的面团指标主要有：小麦粉吸水量、面团形成时间、稳定时间和弱化度等小麦主要粉质参数。粉质仪测定的各项面团流变学指标在强筋小麦二次加工品质评价中均具有重要的参考价值。

其中，小麦粉吸水量是指在《粮油检验　小麦粉面团流变学特性测试　粉质仪法》（GB/T 14614—2019）规定的操作条件下，面团的最大稠度达500FU时，所需添加水的体积。它受小麦粉的蛋白质含量、淀粉破损率等影响，蛋白质含量和淀粉破损率越高，吸水量就越高。从加水点至粉质曲线到达最大稠度后开始下降所用时间，用分钟（min）来表示。通常是面团形成时间越长，表示面筋含量越高和面筋质量越好。小麦专用粉种类不同，面团形成时间要求也不同。如面包粉的面团形成时间要求较长，而糕点粉和饼干粉则相反。稳定性（稳定时间）是指粉质曲线的上边缘首次与500FU标线相交至下降离开500FU标线两点之间的时间差值，用“分钟（min）”来表示。一般优质面包粉的稳定时间为7～15 min，糕点和饼干面粉的稳定时间为2～3 min。欧美一些国家常根据粉质仪图谱检测结果，将小麦面

粉划分为强力粉、中力粉和弱力粉，并按测试面粉的不同特性分别或搭配加工成相应食品。弱化度是指面团到达形成时间点时曲线带宽的中间值和此点后 12 min 处曲线带宽的中间值之间高度的差值，单位为 FU。弱化度越大，表示面团在过渡搅拌后面筋变弱的速度越快，且二次加工品质表现为面团变软发黏、不易加工且面粉烘焙质量不佳等。粉质质量指数是指沿着时间轴，从加水点至粉质曲线比最大稠度中心线衰减 30FU 处的长度，单位为 mm。一般硬麦面粉评价值大于 60，软麦面粉评价值小于 60。评价值对利用配粉工艺进行面粉搭配十分有用。

面团稳定时间等粉质仪参数变化，既被面筋质量所左右，也受面筋含量等因素变化所影响。例如在强筋小麦品质分析中，若某一强筋小麦品种在适宜生态条件下，面团稳定时间最高可达 30 min 以上，说明该小麦品种面筋质量非常优异；若该品种在不适生态条件下，面团稳定时间仅为 3 min 左右，说明这种变化可能与面筋含量大幅下降有关。同时，也不能排除穗发芽和后期高温等不利气候条件对面筋质量表达程度的影响（图 7－2）。

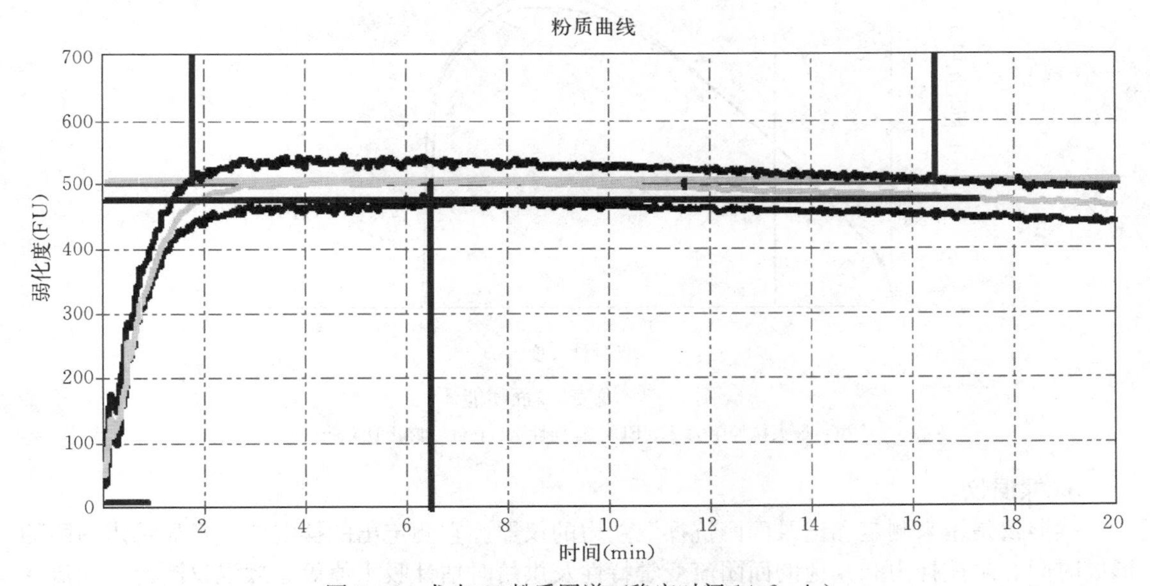

图 7－2　龙麦 33 粉质图谱（稳定时间 14.2 min）

2. 拉伸仪

拉伸仪是测定醒发面团流变学特性的仪器。它主要测定的指标有面团拉伸阻力、延伸性、能量和拉伸比例等参数。拉伸仪被广泛应用于小麦品质和面团改良剂的研究，并能够通过不同醒发时间的拉伸曲线所表示的面团拉伸性能等指标，来指导专用小麦育种与生产及各类面食制品，尤其是面包类食品的制作。

其中，延伸性是指拉伸曲线从开始上升至面团被拉断时的最长变形量，单位为 mm。面团的延伸性表示面团的可塑性。它与面团成型、发酵过程中气泡的长大、烤炉面包体积增大有关。一般延伸性长，表示面团易于流变；面团延伸性短，表示面团不易流变。恒定变形拉伸阻力是指拉伸曲线开始上升后 5 cm 处拉伸曲线的高度，单位为 EU。最大拉伸阻力是指拉伸曲线最高点到曲线横坐标的高度，即面团试样断裂时的拉伸阻力，单位为 EU。它们均表示面团的强度和筋力。阻力越大，表示面团筋力越强；阻力越小，表示面团筋力越弱。面团拉伸阻力大小与面团中 CO_2 气体保留程度密切相关。只有面团对拉伸具有一定阻力时，才能保留住 CO_2。如果面团拉伸阻力太低，则面团中的 CO_2 气体易于冲出气泡壁，并形成大气泡或由面团的表面逸出。面团拉伸阻力是分析评价各类专用小麦和面粉品质的重要参数之一，并与面团机械特性关系较大。其中，面包粉要求面团拉伸比数相对较大，而饼干粉要求面团拉伸比数相对较小。面团拉伸比数过大，表明该面团的筋力和在发酵过程中保气能力过强。对面包粉而言，一般要求面团拉伸比数不能超过 5，若拉伸比数过大通常会影响面团发酵效果。能量是指拉伸曲线所包含的面积。表征拉伸测试面块时所做的功。一般能量越大，面团筋力越强；反之，能量越小，则面团筋力越弱（图 7－3）。

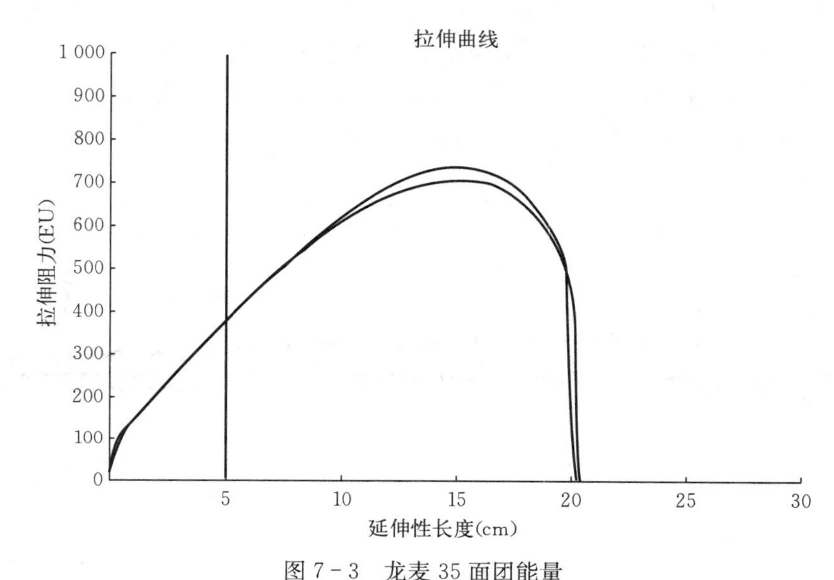

图 7－3　龙麦 35 面团能量

注：最大拉伸阻力 723 EU，延伸性 203 mm，能量 186 cm^2。

3. 揉混仪

揉混仪是用来测定和记录面团抗揉混能力的仪器。它测定出的揉混曲线可显示出面团的形成时间、耐搅拌力和其他的面团流变学特性及烘焙时估计吸水值等。揉混仪测定面团流变学的指标主要有中线峰值时间（MPT）、中线峰值高度（MPH）、8 min 带宽和衰落角等。

其中，中线峰值时间（MPT），即为和面时间。它是曲线峰值所对应的时间，代表面团形成所需要的搅拌时间。此时，面团的流动性最小而可塑性最大。面团的和面时间越长，耐揉性就越好，但是和面时间大于 4 min 的品种，其耐揉性受和面时间影响不大。中线峰值高度（MPH）是指从最低点到中线最高点的距离，它提供了面粉强度及吸水率的信息。其值越高，表示面粉对搅拌的耐受力越强。8 min 带宽，是指揉混曲线在 8 min 时谱带的宽度。谱带越宽，表明面粉对搅拌的耐受力越强，面团的弹性越大。衰落角是指峰值后曲线下降所呈现的直线与由峰值中心引发的水平线所呈现的角度，可表示面团的耐揉性，其值取决于面筋蛋白质受机械剪切力的程度，角度越小，面筋强度越大（图 7－4、图 7－5）。

面团流变学，主要研究面团流变学特性的规律性和寻求不同条件与面团流变学特性之间的关系。目前，虽然面团流变学特性对强筋小麦二次加工品质评价具有举足轻重的作用，但

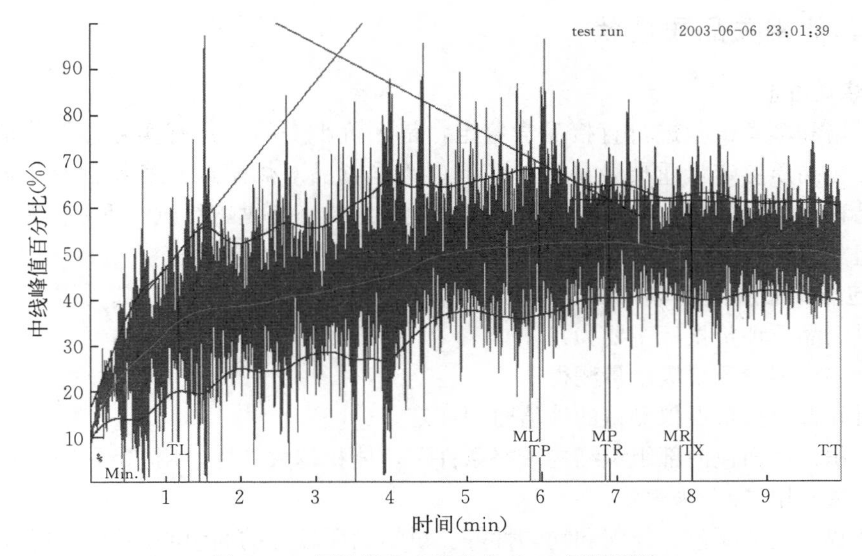

图 7-4　超强筋小麦品种龙麦 31 揉混图谱

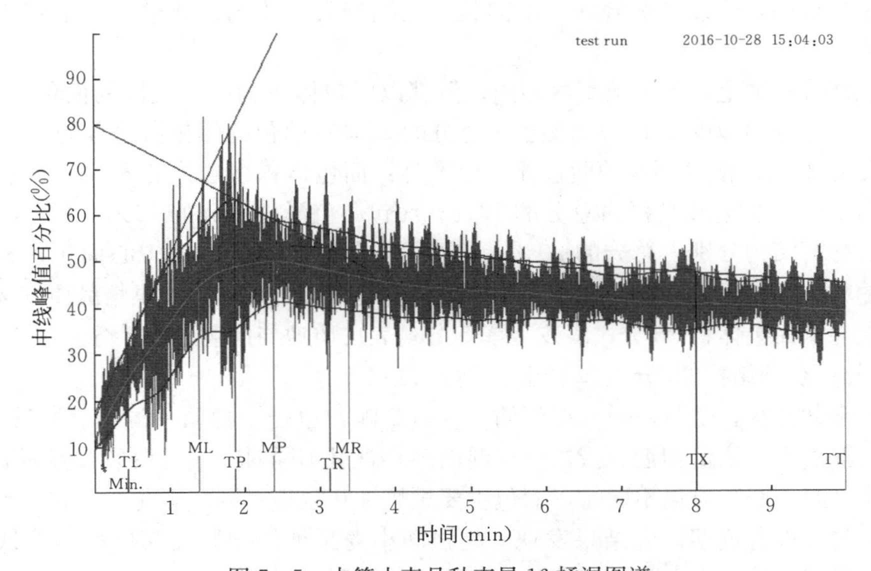

图 7-5　中筋小麦品种克旱 16 揉混图谱

注：中线峰值百分比，表示揉面过程中产生的阻力大小，%是仪器参数的表示方法，总数是 100。

是在国内外仍有不少专家和学者认为，要检验某一专用小麦品种及其所制专用粉质量的好坏，最根本、可靠的方法还是要依据烘焙或蒸煮试验的结果。此外，国内外一些研究结果还表明，面团稳定时间、面筋指数、能量、最大拉伸阻力、最大拉伸比、和面时间、8 min 尾高等品质指标之间呈显著或极显著正相关。分析其中原因，可能是上述面团流变学特性指标主要与面筋质量关系较为密切。为此，在小麦品质测定中，除特殊研究需要外，可以根据一种仪器分析的结果，粗略地预测其他仪器所测指标的变化。特别是在强筋小麦新品种选育过程中，因揉混仪测定使用面粉量较少、用时较短，所以可考虑在高世代材料或稳定品系早期处理中，利用揉混仪替代粉质仪进行一些小麦品质指标的初步检测。

三、其他相关品质性状

（一）烘焙品质

通过烘焙和蒸煮试验进行直接品尝鉴定，是评价小麦品质具有实际经济价值的重要方法，也是小麦品质鉴定最重要及最后的工作。不同食品对烘焙或蒸煮特性有不同要求。其中，小麦品种籽粒（面粉）的蛋白质质量与含量是影响小麦烘焙品质的重要因素，同时其不同蛋白质组分对小麦烘焙品质的贡献也有明显差异。

1. 面包烘焙品质指标与标准

面包烘焙品质评价指标主要为：

吸水量：根据粉质仪吸水量测得。

和面时间：根据揉混仪测得的峰值时间而定。

面包体积：在面包内部组织结构较好条件下，体积越大越好，用“mL”来表示。

面包重量：用“g”来表示。

面包外观：包括颜色、外观和均匀性等。烘焙品质较好的面包心部呈乳白色，从内向外逐渐加深，表皮为褐色。

面包纹理结构：纹理层次清晰，呈网状、孔洞细长、均匀、孔壁薄、手感柔软、有弹性、不掉渣。

在面包评价标准上，各国虽不尽相同，但都以面包体积为主。美国的面包评分标准为：面包的外形占总分的10%；面包的颜色占总分的15%；面包的体积占总分的55%；面包的结构占总分的20%。澳大利亚的面包评分标准为：面包体积占总分的30%；面包皮纹裂情况占总分的10%；面包皮色泽占总分的10%；面包心色泽占总分的10%；面包心的平滑程度和面包心蜂窝结构分别占总分的20%。墨西哥国际玉米小麦改良中心面包评分标准，则以面包重量、体积、面包心色泽和纹理结构等结合起来综合评价面包烘焙品质好坏。我国面包评分标准为：面包体积35分；表皮色泽5分；表皮质地与面包形状5分；包心色泽5分；平滑度10分；纹理结构25分；弹柔性10分；口感5分。

面包的全部性状，受蛋白质（湿面筋）含量影响，也受蛋白质（湿面筋）质量所左右。在蛋白质（湿面筋）质量相近、蛋白质（湿面筋）含量不同时，或蛋白质（湿面筋）含量相近、蛋白质（湿面筋）质量不同时，面包主要烘焙性状表现不同。黑龙江省农业科学院原作物育种所小麦育种者近期研究结果发现，超强筋小麦品种的优异面筋质量对偏低湿面筋含量，在面包烘焙品质表现上具有一定的补偿效应，特别是在面包体积上。同时，面包烘焙品质表现还与面粉的淀粉损伤度、揉制方向、制作工艺、酶反应及烘焙面包设备等诸多因素具有一定关系。

2. 饼干烘焙品质指标与标准

饼干的烘焙试验首先由Alexander提出，其评价标准以饼干直径与饼干厚度的比值或直接以饼干直径为准。饼干粉的品质与饼干的直径成正比，饼干直径越大，越薄，口感越好。

一般说来，饼干粉蛋白质含量多为8%～9%，面团稳定时间为2 min左右，拉伸阻力偏低。现已发现，延伸性较好的弱筋小麦品种较为适宜制作高档饼干粉。为了规范我国弱筋小麦品种的选育与生产，我国有关部门已经颁布了作为生产饼干、糕点等低面筋食品的低筋小麦粉国家标准（表7-4）。

表 7-4　低筋小麦粉标准（GB 8608—1988）

等级	一级	二级
面筋质（以湿基计）（%）	<24.0	
蛋白质（以干基计）（%）	≤10.0	
灰分（以干基计）（%）	≤0.60	≤0.80
粉色、麸星	按照实物标准样品对照检验	
粗细度	全部通过 CB36 号筛，留存在 CB42 号筛的不超过 10.0%	全部通过 CB30 号筛，留存在 CB36 号筛的不超过 10.0%
含砂量（%）	≤0.02	
磁性金属物（g/kg）	≤0.003	
水分（%）	≤14.0	
脂肪酸值（以湿基计）	≤80	
气味、口味	正常	

（二）蒸煮品质

我国是蒸煮面食制品消费大国。据相关资料统计，每年用于面条、水饺、馒头等蒸煮面制食品加工约占我国年面粉消费总量的 80%以上，而面包、饼干、蛋糕等烘焙面食制品，在我国则处于次要地位，面粉消费总量为 10%左右。因此，加强我国蒸煮面制食品的食用品质要求以及与之相适应的小麦品质研究，是一项非常重要的工作。

小麦粉的蒸煮品质是指小麦粉在制作面条、水饺、馒头等蒸煮类食品过程中体现出来的、影响最终面制食品质量的品质性状。在某种程度上，蒸煮品质也是小麦品种各种加工品质的综合体现。通过蒸煮试验进行直接品尝鉴定，是评价小麦品质具有实际经济价值的重要方法，也是小麦品质鉴定最重要和最后的工作。

1. 面条蒸煮品质指标与标准

与面条品质有关的小麦粉品质性状主要有蛋白质和湿面筋含量与质量、淀粉特性、色素含量、酶活性及脂类组成等。不同面条对小麦粉品质指标的要求不同，一般是面团延伸性好而强度中等或稍小的中强筋小麦面粉适宜做面条。优质面条要求小麦粉色白，麸星和灰分少，面筋含量较高，强度较大。淀粉的吸水膨胀和糊化特性可使面条具有可塑性，煮熟后有黏弹性，其中支链淀粉含量多一些，比较柔软适口。小麦粉中的色素（类胡萝卜素和黄酮类化合物）和酶类（α-淀粉酶、蛋白水解酶、多酚氧化酶类）含量应尽量低，以保持面条色白，不流变，不黏。非极性脂类对增加煮面表面强度和色泽有利，极性脂类可显著增加挂面的断裂强度。我国面条专用小麦粉的一些理化指标可参照表 7-5。

表 7-5　面条专用小麦粉理化指标（SB/T 10137—1993）

项目		面条小麦粉	
		精制级	普通级
水分（%）	≤	14.5	
灰分（以干基计，%）	≤	0.55	0.70

（续）

项目		面条小麦粉	
		精制级	普通级
粗细度	CB36 号筛	全部通过	
	CB42 号筛	留存量不超过 10.0%	
湿面筋（%）	⩾	28.0	26.0
粉质曲线稳定时间（min）	⩾	4.0	3.0
降落数值（s）	⩾	200	
含砂量（%）	⩽	0.02	
磁性金属物（g/kg）	⩽	0.000 3	
气味		无异味	

面条是在常温下压切或拉制的，面条种类很多，对面团的适应性较广。各国对面条种类及质量要求不同，如日本面条要求柔软而洁白，稍有黏性无妨。面条评分标准包括柔软度、黏弹性、塑性、表面光滑度、煮后光泽、煮后黄色度、生面颜色等。东南亚各国要求面条以鲜亮、淡黄色、不发暗、不变色者为佳，此外吃起来筋道、爽口、有弹性。中华面条，外观必须具有吸引力，不仅刚刚做成如此，就是经过 24 h 或更长时间也是这样。优质面条煮熟后应色泽白亮，结构细密，光滑，爽口，硬度适中，有韧性，有咬劲，富有弹性，不粘牙，具麦清香味。我国饺子粉要求各项蒸煮品质指标与面条粉基本相近（表 7－6）。

表 7－6　饺子专用小麦粉理化指标（SB/T 10138—1993）

项目		精制级	普通级
水分（%）	⩽	14.5	
灰分（以干基计，%）	⩽	0.55	0.70
粗细度	CB36 号筛	全部通过	
	CB42 号筛	留存量不超过 10.0%	
湿面筋（%）		28～32	
粉质曲线稳定时间（min）	⩾	3.5	
降落数值（s）	⩾	200	
含砂量（%）	⩽	0.02	
磁性金属物（g/kg）	⩽	0.000 3	
气味		无异味	

2. 馒头蒸煮品质指标与标准

对于馒头蒸煮品质指标与标准，近年来已有不少研究。影响馒头质量的小麦品质性状有角质率、容重、蛋白质含量、湿面筋含量、支链淀粉含量、支链淀粉/直链淀粉、沉降值、降落数值、面粉的吸水量、发酵成熟时间、发酵成熟体积等。1993 年，张春庆等研究结果表明，面粉的物理性状、籽粒化学组分和籽粒表型品质性状对馒头加工品质性状都有显著影响，其作用顺序：面粉物理性状大于籽粒化学组分，籽粒化学组分大于籽粒表型品质性状。淀粉是小麦粉的主要成分，在淀粉中，粗淀粉与馒头品质呈负相关，直链淀粉含量高，馒头体积小，支链淀粉含量应为中等，以及 1 g 面粉体积最低限度必须超过 1.7 mL 等。馒头专用小麦粉的一些理化指标可参照表 7－7。

表 7－7　馒头专用小麦粉理化指标（SB/T 10139—1993）

项目		精制级	普通级
水分（%）	≤	14	
灰分（以干基计,%）	≤	0.55	0.7
粗细度	CB36 号筛	全部通过	
湿面筋（%）		25.0～30.0	
粉质曲线稳定时间（min）	≥	3.0	
降落数值（s）	≥	250	
含砂量（%）	≤	0.02	
磁性金属物（g/kg）	≤	0.000 3	
气味		无异味	

我国不同地区对馒头蒸煮标准的要求有所不同。其中，优质北方馒头要求小麦粉的蛋白质和面筋含量中上等，弹性和延伸性较好，筋力过强、过弱的小麦粉制作的馒头质量均不理想。优质南方馒头要求小麦粉的蛋白质和面筋含量偏低，灰分低，白度高，吸水率强，其面筋具有良好的弹性。优质馒头应体积较大，比容适中，表皮光滑，色白，形状对称，挺而不坍；内部气孔小而均匀，弹韧性好，色泽细腻，有咬劲，咀嚼爽口不粘牙，清香，无异味。

（三）淀粉特性

淀粉是小麦籽粒的主要成分之一。在小麦籽粒中，直链淀粉占总淀粉的 22%～35%，支链淀粉占 65%～78%。目前，在小麦淀粉理化特性、遗传规律及其与小麦品质关系等方面，国内外众多学者已经进行了广泛的研究。相关研究结果发现，小麦淀粉特性与面条食用品质关系非常密切。其中，淀粉糊化特性是反映淀粉品质的重要指标，并对面条等食品的食用品质有重要影响。

大量研究表明，小麦淀粉糊化特性与小麦品种籽粒中的支链/直链淀粉比例关系密切，并主要受 *Wx－A1*、*Wx－B1* 和 *Wx－D1* 基因所控制。它们的缺失、突变等可导致小麦胚乳中直链淀粉含量减少和支链淀粉含量增加，进而影响到小麦淀粉特性。一般情况下，支链淀粉/直链比例高，淀粉糊化特性好、膨胀势大、面条品质柔滑性好，低直链淀粉含量是优质面条小麦共有的特性。如澳大利亚以盛产“面条小麦”而闻名世界的主要原因，就是因为该国大部分面条小麦品种均缺失 *Wx－B1* 基因，致使支链淀粉比例偏高，面条加工品质较好。2000 年以来，“龙麦号”小麦育种团队在龙麦 26、龙麦 33、龙麦 35 和龙麦 36 等系列面包/面条兼用型小麦新品种的面包和面条等面食制品加工试验过程中，进一步证明了 *Wx－B1* 基因缺失遗传效应可明显拓宽强筋小麦品种的二次加工用途。

淀粉损伤程度与烘焙品质关系密切。在小麦加工过程中，含有一定量的破损淀粉颗粒利于改进面粉烘焙品质，而含量过大则对烘焙品质产生负向影响。如淀粉破碎量较大，虽然制作面包时加水量增大，但是由于面粉在发酵过程中保持气体能力降低，将使面包体积变小。硬质小麦磨粉时，淀粉破碎量较大，软质麦相对较小。目前，美国和加拿大等国已将其列入小麦品质分析项目之中。

（四）酶活性和毒素含量等

国内外相关研究发现，与小麦品质关系较为密切的酶种类主要有谷氨酰胺合成酶（GS）、硝酸还原酶（NR）、内肽酶（EP）、羧肽酶（CP）、氨肽酶（AP）和α-淀粉酶等。其中，除α-淀粉酶与小麦籽粒中淀粉特性关系密切外，其余酶类均与小麦籽粒中的蛋白质质量或含量高度相关。如石玉等（2011）研究结果认为，花后12 d和20 d，旗叶谷氨酰胺合成酶（GS）活性与籽粒麦谷蛋白含量和高/低麦谷蛋白比值（HMW/LMW）呈极显著或显著正相关；花后20 d该酶活性与醇溶蛋白/谷蛋白呈显著负相关；花后20 d和28 d，内肽酶活性与谷蛋白含量、HMW/LMW比值呈极显著正相关，与醇溶蛋白含量呈显著正相关。王小燕等（2005）研究发现，硝酸还原酶（NR）、羧肽酶（CP）和氨肽酶（AP）等对小麦蛋白质含量与质量均有一定影响。

α-淀粉酶活性主要影响小麦籽粒中的淀粉特性，进而影响面粉加工品质。小麦降落值是表示小麦籽粒中α-淀粉酶含量高低的重要指标。正常年份小麦籽粒降落值一般为300～400 s。若小麦因收获期遇到降雨或因储藏不当导致小麦籽粒发芽或萌动，降落值将会明显下降。若降落值小于150 s时，表明α-淀粉酶活性过强，发芽小麦比例偏高，从而使面粉变黏，小麦容重、吸水率与和面时间降低，进而使各类专用小麦二次加工品质大幅下降。

全球真菌毒素种类繁多，目前已知其化学结构的有400余种。据FAO估计，全世界每年约有25%的粮食作物受到毒素污染。其中，对小麦籽粒污染最大的毒素主要有脱氧雪腐镰刀烯醇（Deoxynivalenol，DON）和玉米赤霉烯酮（Zearalenone，ZEN）。李娜等（2014）研究结果认为，以上两种毒素都与小麦籽粒感染赤霉病关系密切。DON又称“呕吐毒素”，是一种单端孢酶烯族类化合物。主要由禾谷镰刀菌和粉红镰刀菌产生。玉米赤霉烯酮又称F2-毒素，主要由禾谷镰刀菌产生。DON具有致呕性、致畸性和致癌性。ZEN可以导致肿瘤发生和生殖系统病变，还具有遗传毒性、细胞毒性和免疫毒性。我国粮食标准《食品安全国家标准 食品中真菌毒素限量》（GB 2761—2017）规定，小麦籽粒中DON毒素不能超过1 000 μg/kg；ZEN毒素在食用小麦中不能超过60 μg/kg。两种毒素含量均与小麦赤霉病发病程度呈现高度正相关。由此可见，加强抗赤霉病育种与药剂防治，对于保证我国小麦食用安全非常重要。

第三节　小麦品质遗传

小麦品质性状属遗传性状。在强筋小麦育种和生产中，进行强筋小麦品质遗传研究，对于掌握强筋小麦主要品质性状遗传基础及其变异规律至关重要。它可为强筋小麦品质和产量等育种目标性状遗传改良，以及强筋小麦生产配套栽培技术研制与组装等提供可靠的理论依据。

一、蛋白质遗传

（一）蛋白质含量遗传与变异

国内外大量研究结果表明，蛋白质含量属于数量遗传性状，并由复杂的多基因系统所控制。控制蛋白质含量的基因分布在普通小麦的所有染色体上，基因数量可达360～420个。

吕德彬等（1993）研究结果表明，醇溶蛋白、麦谷蛋白、球蛋白含量主要受加性基因的控制。籽粒蛋白质含量的遗传受加性和非加性基因共同控制，但以加性基因效应为主。

刘强等（2016）研究结果认为，小麦籽粒在 F_1 及 F_2 代中控制蛋白质含量的基因作用以加性效应为主，同时存在非加性效应。F_1 代籽粒蛋白质含量与双亲平均值高度相关，F_2 代中籽粒蛋白质含量分离呈正态分布，且正态分布的峰值蛋白质含量也接近双亲平均值。蛋白质含量的一般配合力大于特殊配合力。蛋白质含量的广义和狭义遗传力分别为 79.88%和 49.07%。Barriga（1979）研究发现，绝大多数 F_1 代蛋白质含量低于高亲或低于双亲，但在以后世代中会出现蛋白质超亲个体。Ward（1978）等报道，不同世代间蛋白质含量遗传存在着相互联系。F_2 代和 F_3 代间相关系数为 0.26～0.52；F_3 代和 F_4 代间相关系数为 0.59～0.62。

一些研究结果表明，小麦蛋白质含量在较为原始的农家种和野生种中一般表现较高，并在小麦种间和小麦品种间变异幅度较大。如 1966—1973 年，美国内布拉斯加农业试验站通过对 12 613 份普通小麦材料进行品质分析后发现，材料间蛋白质含量变幅为 6.9%～22.0%，平均为 12.97%；春小麦平均蛋白质含量高于冬小麦；四倍体平均蛋白质含量高于六倍体含量。1983 年，中国农业科学院品种资源研究所对 572 个小麦品种的品质分析结果为，品种间蛋白质含量变幅为 8.07%～20.42%；同年，河北省农业科学院对本省 114 个农家种品质分析结果为，蛋白质含量变幅为 13.66%～22.5%。1984 年，黑龙江省农业科学院作物育种研究所对该省新中国成立以来大面积推广的 62 个小麦品种的蛋白质含量分析结果为，蛋白质含量变幅为 14.12%～20.99%。以上结果说明，虽然小麦蛋白质含量在品种间和不同生态条件下变异幅度较大，但是各类材料间存在蛋白质含量高低的差异，也是客观存在的。

（二）蛋白质含量与生态环境和栽培技术措施的关系

国内外大量研究表明，小麦蛋白质含量不仅与品种基因型有关，受环境和栽培措施变化影响也较大。Johnson 等（1972）研究发现，地区间气候条件差异越大，蛋白质含量的差异也越大，但不同品种的反应程度不同。小麦籽粒灌浆前期，蛋白质含量与温度升高呈弱正相关关系，而灌浆期较高的平均温度对蛋白质含量没有影响。Rao 等（1993）研究结果表明，调节蛋白质含量的基本环境因素，因地点不同而不同。代晓华等（2005）研究结果认为，生态条件和栽培技术措施都能引起春小麦产量和籽粒蛋白质含量的变化。生态条件相同时，栽培技术措施对小麦产量和蛋白质含量有显著影响。地力偏低时增施基肥、小麦孕穗至开花期追施氮肥等措施，均可提高籽粒蛋白质含量。

李会珍等（2001）研究结果也表明，小麦蛋白质含量的变异受自然生态条件、栽培条件以及品种品质遗传的共同作用。在我国，随着地理环境变化，小麦籽粒蛋白质含量变化呈现北高南低和东高西低的趋势。分析其中原因，可能与籽粒蛋白质形成时期的光照、降雨、温度及土壤肥力条件变化等均有联系。其中，抽穗后降雨多、日照少不利于蛋白质的形成；土壤肥力较高，有利于籽粒蛋白质含量的积累。

在土壤营养环境中，尤以氮肥对小麦籽粒蛋白质含量的影响较大。在小麦品种一定单产范围内，小麦籽粒蛋白质含量与氮肥施用量呈正相关。如 2015 年，宋庆杰等在黑龙江省哈尔滨市和嫩江市进行强筋小麦品种龙麦 39 的优质栽培试验时发现，由于位于嫩江市的九三农业科学研究所试验区小麦生育后期供氮不足，不但使该品种蛋白质和湿面筋含量大幅下降，而且还导致面团稳定时间和能量等指标出现了同步下降。不同的是，由于优异蛋白质

（湿面筋）质量的作用，最大拉伸阻力和能量变化相对较小（表 7－8）。2018 年，赵广才利用 AMMI 模型对豫麦 34 和济麦 20 等小麦品种的主要品质性状进行分析，也得出了相似结论。如从环境、基因型及其交互作用的平方和占总平方和的百分比分析结果发现，湿面筋含量变化为环境＞基因型＞基因型×环境，其中，环境效应占 64.10%、基因型效应占 19.04%、基因型×环境型效应占 16.86%。面团稳定时间变化为：基因型＞基因型×环境＞环境，三者分别占 45.52%、27.80%和 26.68%。能量变化为：基因型＞基因型×环境＞环境，三者分别占 67.14%、17.55%和 15.31%。上述研究结果进一步说明，环境条件变化对蛋白质和湿面筋含量的影响程度，远远大于品种的作用力，而对小麦品种的蛋白质和湿面筋质量影响相对较小。

表 7－8　不同地点、不同肥密条件下龙麦 39 品质及产量表现（2015 年）

地点	处理	籽粒蛋白含量（%）	湿面筋（%）	稳定时间（min）	最大拉伸阻力（EU）	延伸性（mm）	能量（cm^2）	亩产量（kg）
哈尔滨	A1B2C2	13.51	29.0	11.1	645	183	153	534
	A2B1C1	14.28	30.3	10.3	633	189	167	532
九三所	A1B2C2	11.36	21.4	2.5	615	146	122	438
	A2B1C1	11.61	20.7	1.9	625	172	138	441

注：A1 为亩施纯 N 5.0 kg，A2 为亩施纯 N 6.0 kg；B1 为亩保苗数 47 万株，B2 为亩保苗数 53 万株；C1 为不喷矮壮素，C2 为喷施 1 遍矮壮素。

（三）蛋白质含量与产量的关系

国内外大量研究表明，小麦籽粒蛋白质含量与产量关系总趋势表现为负相关，但这种负相关关系并非完全绝对。有研究认为，打破小麦产量和蛋白质含量之间负相关关系的关键点是，土壤有效氮素总量能否满足某一小麦品种在一定范围内的目标产量和籽粒蛋白质含量的总需求。如王月福等（2003）和代晓华等（2005）研究发现，适当提高氮素水平既能增加小麦籽粒产量又能提高蛋白质含量，使籽粒产量和蛋白质含量同步增加。张志立等（1994）研究发现，氮肥追施时期对冬小麦籽粒蛋白质产量的影响，是由产量和蛋白质含量共同决定的，但与产量的相关程度（$r^2=0.98$）略大于蛋白质含量（$r^2=0.93$）。张美微（2012）研究结果认为，增加施氮量可显著提高强筋小麦品种郑麦 366 的籽粒产量和蛋白质含量，最优施氮量为 225 kg/hm^2。

赵广才等（2007）在河北和山东等六省试验结果也表明，在 0～300 kg/hm^2 施氮范围内，不同品种在各试验点均表现为随施氮量增加产量逐渐提高，处理间达到显著差异水平。有些供试品种在施氮 150 kg/hm^2 以下时，蛋白质含量不能达到强筋小麦品质标准，如烟农 19、济麦 20 和皖麦 38 等。在施氮量超过 225 kg/hm^2 时，它们的籽粒蛋白质含量均可达到国家强筋小麦品质标准。该项研究还发现，试验中各种影响蛋白质含量变异的因素效应表现为栽培措施＞基因型＞生态环境。据此建议，在该区域强筋小麦生产中，若从产量和品质两方面考虑，施氮水平应控制在 225～300 kg/hm^2 为宜。

综上所述，小麦产量与蛋白质含量的矛盾，可以通过田间适当增施氮肥等途径而使小麦品种在某一单产水平上获得产量与蛋白质含量的相对平衡。另外，协调小麦高产与优质的矛盾关系，还可从新品种选育途径得到一定程度的解决。其中包括：一是进行高产和高蛋白品种的同步选育。如美国的Lancota、中国的克丰6号和龙辐麦10号等高产和高蛋白品种的选育成功已经证明此点。二是通过选择优异蛋白质质量来协调产量与蛋白质含量的矛盾。如程果旺等（2008）研究结果认为，高产与蛋白质含量为一对矛盾体，但高产与蛋白质质量几乎无负相关。2000年以来，黑龙江省农业科学院“龙麦号”小麦育种团队等以改进蛋白质（湿面筋）质量为突破口，实现了强筋小麦品种产量与二次品质的同步改良，并选育推广了龙麦33和龙麦35等系列优质强筋高产小麦新品种，也证明了这一论点。

（四）蛋白质含量与其他性状的关系

小麦品种蛋白质含量不仅与产量存在负相关，而且与湿面筋含量、角质率、沉淀值和面团稳定时间等主要品质性状（指标）均存在一定联系。其中，蛋白质含量与湿面筋含量呈显著正相关。如杨路加等（2014）选择10个批次不同品质的小麦作为试验对象，进行粗蛋白质含量和湿面筋含量测定，二者相关系数为$r=0.970$。1984年，马兆祉也报道，小麦籽粒蛋白质含量与湿面筋含量相关系数为0.880。在小麦籽粒蛋白含量、湿面筋含量和角质率三者关系上，林城锵等（1996）通过对克丰3号等品种的研究结果证明，籽粒蛋白质含量与角质率和湿面筋含量均呈高度正相关，相关系数分别为0.666 9～0.730 9和0.681 9～－0.730 2。黑龙江省农业科学院肖志敏等根据多年强筋小麦品种（系）品质分析结果也发现，在强筋小麦品种品质类型内，常常是小麦籽粒角质率越高，蛋白质含量也越高。

在小麦品种籽粒（面粉）蛋白质含量与沉降值关系上，国内外许多研究结果表明，二者之间存在着明显的正相关（$r=0.52\sim0.75$）。黑龙江省农业科学院小麦育种者通过多年品质分析结果还发现，在强筋小麦品种选育过程中，若两材料间蛋白质含量相近，沉降值，特别是Zeleny沉淀值高者往往蛋白质质量较好；在蛋白质质量相近时，Zeleny沉降值高者则蛋白质含量较高。

在蛋白质含量与面团稳定时间关系上，由于小麦籽粒的蛋白质含量和质量对面团稳定时间的影响程度不同，导致不同的蛋白质含量对不同品质类型小麦品种的面团稳定时间影响程度也不尽相同。如2016年，黑龙江省农业科学院小麦育种者通过大兴安岭沿麓地区小麦大面积种植品种的品质监测结果（表7-9）发现，垦九10号和拉97-99等中筋小麦品种往往是蛋白质含量越高，面团稳定时间越长，但其面团稳定时间上升空间有限。而龙麦33、龙麦35和拉97-145等强筋或超强筋小麦新品种则表现为，当籽粒蛋白质低于12%时，蛋白质含量越低，面团稳定时间越短；当蛋白质含量为12%～15%时，则表现为蛋白质含量越高，稳定时间越长；当籽粒蛋白质含量高于15%时，随着籽粒蛋白质含量的增高，蛋白质含量对面团稳定时间变化的影响逐渐变小。分析上述现象出现的原因，可能与小麦蛋白质质量对面团稳定时间的影响作用大于蛋白质含量有关。

表7-9　大兴安岭沿麓地区部分小麦品种大面积生产品质监测结果（2016年）

品种	原粮生产地点	蛋白质（%）	湿面筋（%）	面筋指数（%）	沉降值（mL）	稳定时间（min）
龙麦35（超强筋）	拉布大林农场	16.7	38.5	98	43.6	17.1
	牙克石农场	12.7	28.7	97	42.0	26.1
	中储粮公司	11.9	25.2	98	39.7	9.2
	中储粮有机种植	10.0	18.4	99	25.2	2.2

（续）

品种	原粮生产地点	蛋白质（%）	湿面筋（%）	面筋指数（%）	沉降值（mL）	稳定时间（min）
拉 97－145（超强筋）	拉布大林农场	17.2	33.8	99	61.4	13.1
	上库力农场	15.8	31.0	99	65.0	16.3
龙麦 33（强筋）	牙克石农场	13.6	30.1	96	49.0	18.5
垦九 10 号（中筋）	三河农场	17.5	44.3	82	49.2	2.2
拉 97－99（中筋）	拉布大林农场	15.6	38.1	47	26.0	1.1

二、面筋含量与质量遗传

（一）面筋含量遗传

面筋含量包括湿面筋和干面筋含量。面筋含量与蛋白质含量一样，也属于数量遗传。如唐建卫等（2011）利用 7 个不同小麦面筋含量不同品种（系）配置的 21 个杂交组合研究结果表明，杂种后代的小麦湿面筋含量受多基因控制，存在加性和显性效应及非等位基因间的互作效应。其中，湿面筋含量高值受显性基因控制，但狭义遗传力较低。杨雪（2008）研究结果认为，不同小麦品种干面筋含量狭义遗传力较高，在低世代选择的把握性相对较大，而湿面筋含量的狭义遗传力相对较低。王岳光等（1994）在小麦籽粒品质性状亲子相关研究中发现：在 F_1 代和 F_2 代，籽粒干、湿面筋含量与中亲值和低亲值均呈显著或极显著正相关。籽粒干、湿面筋含量以偏低亲和近中亲分布为主。

Schmidt（1966）利用低面筋含量的中国春（Chinese spring）和高面筋含量的钱尼（Chyenne）杂交，获得 21 个代换系。通过对代换系分析后发现，高面筋含量和部分显性作用与位于 4B、7B 和 5D 染色体上的基因有关。Morris 报道，面筋含量受小麦染色体 1D 和 5D 染色体上的基因所控制。

（二）面筋质量的遗传

面筋含量和面筋质量是决定强筋小麦品种二次加工品质最重要的两大品质性状。有研究认为，优质强筋小麦品种可分为质量型（优质性状主要取决于蛋白质质量）和数量型（优质性状决定于蛋白质含量）两种。实际上，湿面筋含量与质量在评价优质强筋小麦品种品质潜力时都非常重要，且二者对强筋小麦品种的二次加工品质表现具有互作效应。大量研究表明，强筋小麦品种面筋质量与小麦籽粒中高、低麦谷蛋白亚基种类与数量、醇溶蛋白种类与数量及麦谷蛋白和醇溶蛋白比例等均密切相关。关于面筋质量的遗传基础与机制，研究结果不尽相同。多数学者认为面筋质量属于数量遗传，也有的学者认为属于中间遗传或偏向于质量遗传。

一些研究结果表明，与面筋质量高度相关的品质性状（指标）主要有面筋指数、面团稳定时间和能量等。其中，面筋指数受隐性基因控制。面筋指数不但与面筋质量关系最为密切，而且与专用粉分类和各类食品加工品质高度相关。如面筋指数为 45%～65%的面粉最适合制作馒头等。还有研究表明，面筋含量和面筋质量是不同的概念，面筋指数与蛋白质含量和湿面筋含量无明显相关关系。面筋指数与湿面筋含量的表型、遗传和环境相关系数分别为 0.079、0.098 和－0.223。面筋指数狭义遗传力为 73.44%，湿面筋含量狭义遗传力为

44.26%，且都受多基因控制。

目前，一些优异高、低分子量麦谷蛋白亚基基因，是强筋小麦面筋质量的主要遗传基础，小麦育种界基本已达成共识。如王美芳等（2010）对黄淮冬麦区小麦品种（系）的品质遗传组成分析结果表明，5+10等高分子量麦谷蛋白亚基（HMW-GS）对小麦大多数品种加工品质指标起正向作用。张留臣等（2007）采用SDS-PAGE方法，鉴定了黄淮麦区42个小麦品种的*Glu-A3*位点和*Glu-B3*位点低分子量谷蛋白亚基组成。结果表明，在*Glu-A3*位点对面筋强度具有正向效应的有*d*和*b*等位基因；在*Glu-B3*位点，对面筋强度正效应大小为*h*、*d*>*f*>*g*、*b*、*j*。就低分子量谷蛋白亚基单个变异位点对品质综合效应而言，*Glu-B3*位点对品质作用比较大，与*Glu-B1*位点作用相近。同时，高、低分子量麦谷蛋白亚基之间对面筋质量表现还存在着互作效应，并以*Glu-B1*/*Glu-A3*和*Glu-D1*/*Glu-B3*位点的互作效应对面筋质量的影响比较显著。另外，国内外强筋小麦品种几乎普遍携有*Glu-D1d*等优质亚基基因，也证明了此论点。

（三）湿面筋含量与质量的关系

湿面筋含量与质量是强筋小麦最重要的两大品质性状。在强筋小麦品种二次加工品质分析过程中，大部分品质指标都是围绕湿面筋含量和质量而制定的。如湿面筋含量是指“面筋量”的多少，面筋指数是指“面筋质”的好坏。在不同小麦品质类型间，湿面筋含量与质量均与二次加工品质表现存在着紧密关联。东北春麦区强筋小麦生产实践证明，湿面筋含量易受环境因素影响，水肥充足的土地上种植的小麦湿面筋含量明显高于贫瘠土地上种植的小麦。面筋质量主要取决于小麦品种的遗传特性，如美麦和加麦的强筋小麦品种的湿面筋指数都明显高于我国，即已说明此点。目前，国内外小麦各种专用粉的分类标准的主要依据，就是面粉中湿面筋质量和含量的不同。

湿面筋含量可因其数量变化直接影响到湿面筋质量，也可因其组分不同，导致湿面筋质量表现不同。面筋组分对湿面筋质量的影响因素较为复杂，除通常利用谷蛋白/醇溶蛋白比值作为依据外，也决定于各种高、低分子量麦谷蛋白亚基种类的组成。有报道认为，一些面筋指数相当高（85～90，甚至更高）的品种，并未能做出好的面包，可能与面团拉伸阻力与延伸性不平衡等有关。也有研究结果认为，虽然面筋指数与延伸性相关甚弱（$r=0.11$，不显著），可面筋指数却与面包体积和评分呈显著或极显著正相关。如美国年报中，硬质麦面筋指数多在90以上，而软白麦为50左右。孙霞等（2001）研究结果表明，春小麦开花后10～15 d形成可溶性谷蛋白，最先出现的是低分子量麦谷蛋白，然后再出现高分子量麦谷蛋白。不同形态氮肥对各品种（品系）的高分子量麦谷蛋白的积累强度和最终水平的作用，主要受品种（系）自身的遗传特性影响。

以上研究结果说明，小麦湿面筋质量与含量性状既相对独立，又彼此关联，二者之间可能存在着一种动态平衡。在不打破这一平衡状态的前提下，小麦品种湿面筋质量的提高，可能会导致其湿面筋含量的降低。这恐怕是大多数超强筋小麦品种为什么湿面筋含量偏低的原因之一。

（四）湿面筋含量和质量与产量的关系

大量研究结果证明，小麦品种的湿面筋含量与蛋白质含量一样，总趋势上与产量之间存在着负相关关系。如宋佳静等（2016）研究结果认为：小麦品种产量与湿面筋含量呈显著负相关。其中，籽粒产量和湿面筋含量的表型相关系数为−0.50，而遗传相关系数可高达

—0.90。程果旺等（2003）利用国内外40个面包小麦品种（系）进行的品质和产量若干性状相关性分析结果也证明，湿面筋含量与株粒重、收获指数、穗粒数呈显著或极显著负相关。李玉发等（2007）和韩启秀等（2008）研究结果证明：小麦品种籽粒产量与蛋白质、湿面筋含量呈极显著负相关，而与稳定时间等面团流变学特性相关不显著。高建明（2000）研究发现，小麦品种产量性状与品质性状间存在的主要矛盾，主要是与面筋数量性状之间的矛盾，而与面筋质量性状无明显矛盾。

明确此点，对于如何实现强筋小麦育种中的二次加工品质与产量同步遗传改良非常重要。如赵振东院士2001年曾提出："我国高产优质小麦生产追求的主要目标应为多抗性较强，源库流三者关系协调，并以改良蛋白质（湿面筋）质量为重点，可以较好地协调优质强筋小麦育种中优质与高产的矛盾问题。"黑龙江省农业科学院肖志敏等通过龙麦33、龙麦35、龙麦36和龙麦39等系列优质高产多抗强筋小麦新品种的育种成功实践也证明，以"产量是基础，多抗是保证，质量是效益"为育种目标，以改进面筋质量为突破口，利用春小麦光温生态育种理论与方法进行优质强筋小麦育种，基本可实现产量与品质的同步改良（表7-10）。

表7-10　不同肥密条件下龙麦35品质及产量表现（哈尔滨，2014年）

处理	籽粒蛋白（%）	湿面筋（%）	稳定时间（min）	最大拉伸阻力（EU）	延伸性（mm）	能量（cm^2）	容重（g/L）	千粒重（g）	亩产量（kg）
A1B1C1	14.4	28.0	20.6	860	163	170	828	36.1	441.7
A1B1C2	14.2	29.0	21.6	827	148	145	823	35.7	452.0
A1B3C1	14.2	29.1	20.0	990	160	191	826	34.0	427.1
A1B3C2	13.9	27.7	25.2	1 063	132	170	819	33.5	430.8

注：A1为亩施纯N 5.0 kg，A2为亩施纯N 6.0 kg；B1为亩保苗数43万株，B3为亩保苗数57万株；C1为不喷矮壮素，C2为喷施1遍矮壮素。

综上所述分析认为，小麦品种湿面筋含量与产量存在明显负相关的主要原因，可能与湿面筋形成和淀粉积累时，二者对光能和土壤养分供应存在竞争有关。相对于湿面筋含量而言，湿面筋质量属小麦品种遗传特性，它的表现主要取决于小麦籽粒中的各种蛋白质组分及其是否平衡，而与淀粉积累争夺光能和土壤养分问题的关系相对较小。因此，在强筋小麦遗传改良时，只有抓住面筋质量不放，才能迂回解决强筋小麦新品种的二次加工品质与产量的矛盾问题。

三、小麦品质与生态环境关系

（一）小麦蛋白质组分与生态环境的关系

大量研究表明，小麦蛋白质组分变化与生态环境关系非常密切。如Ciaffi等（1995）研究结果认为，籽粒灌浆期时热胁迫可引起谷蛋白/醇溶蛋白的比例降低。主要表现为醇溶蛋白属热激蛋白，在热胁迫下醇溶蛋白的合成不受影响，而麦谷蛋白合成受热胁迫影响较大，并表现为合成速率大幅降低，谷蛋白聚合体变小和面团拉伸阻力明显降低等。Grayhosch等（1995）和Jia等（1996）研究认为，SDS可溶性和SDS不可溶性谷蛋白（SDS-insoluble gluten）聚合体受环境因素影响较大。Zhu等（2001）研究结果认为，在不同环境下，随着面粉蛋白质含量的增加，单体蛋白质增加，SDS可溶性谷蛋白聚合体比例降低，而SDS不可溶性谷蛋白聚合体比例增加。谷蛋白大聚合体（Glutenin macropolymer，简称GMP）决定面团的强度，与蛋白质含量相比，其对面团稳定时间、拉伸特性和面包体积影响更大。

还有一些研究认为，我国小麦材料GMP含量小于4%的占92.33%；大于4%的仅为7.67%。与国外材料相比，高值材料较少。品种之间的GMP含量主要是由遗传决定的。GMP含量与大多数农艺性状，如株高、单株产量、每穗粒数和千粒重等相关不显著。2011年，王广昌等研究结果认为，在0～240 kg/hm² 范围内，增施氮肥能显著提高小麦籽粒中GMP的含量，施氮量继续增加则不利于小麦籽粒GMP积累。2013年，周晓燕等以藁城8901和济麦20两个优质强筋小麦品种为供试材料，在田间条件下研究了不同灌水处理对强筋小麦谷蛋白大聚合体含量与粒度分布、品质和产量的影响。结果表明，灌溉水平可通过改变谷蛋白大聚合体粒度分布影响小麦籽粒品质。还有研究结果认为，适量施氮能够显著提高GMP大、中颗粒比例。过量氮素不利于小麦籽粒谷蛋白大聚合体的形成。在一定范围内，增施氮肥可提高籽粒GMP含量、高分子量谷蛋白亚基（HMW-GS）含量和低分子量谷蛋白亚基（LMW-GS）含量。增施硫肥对籽粒GMP含量无显著影响，但降低了HMW-GS含量和D区LMW-GS含量，提高了B区和C区LMW-GS含量。增施氮肥和硫肥均降低小粒径（$<12\ \mu m$）GMP颗粒体积和表面积百分比，提高大粒径（$\geqslant 12\ \mu m$）GMP颗粒体积百分比和表面积百分比，但对GMP颗粒数目百分比无显著影响。相关性分析显示，C区LMW-GS含量与小粒径GMP颗粒体积百分比和表面积百分比均呈显著负相关。说明增施氮肥能改变籽粒GMP的绝对含量，增施硫肥可改变籽粒GMP的相对含量。增施氮肥和硫肥对大粒径GMP颗粒的体积及表面积分布均有正向效应；对LMW-GS，特别是C区LMW-GS在大粒径GMP颗粒形成过程中起重要作用。

以上相关研究结果表明，关于环境对小麦蛋白质各组分含量和比例的影响，目前只能解释小麦品质的部分变异。小麦籽粒品质是由品种遗传特性和环境因素共同作用的结果。尽管品种的遗传特性决定了小麦品种的品质性状，但是环境因素对小麦品质的影响也是比较重要的。一些基因型与环境互作对小麦品质影响的研究结果认为，小麦不同基因型的品质性状在不同环境下的稳定性，以及不同品质性状在不同环境中的反应程度差异，均与环境因素对蛋白质的合成量、蛋白质的含量、谷蛋白大聚合体（GMP）的含量、GMP颗粒的形状及高分子量谷蛋白/低分子量谷蛋白（HMW/LMW）等方面的影响程度有关。随着生物分子技术的发展，可从基因水平研究影响小麦品质稳定性的因素，也可以利用蛋白质组学等技术揭示出同一基因型在不同环境条件下品质表现差异的原因，以最终在分子水平上调控小麦品质稳定性表达的问题。

（二）小麦品质与气候条件变化的关系

1. 小麦品质与光照条件变化的关系

在小麦品质与光照条件关系研究方面，大多数研究结果认为，光照条件变化对小麦品种品质的影响在整个生育期都存在，但不同时期影响不同。其中，播种至拔节期，长日照有利于小麦蛋白质含量的提高。抽穗至成熟期，太阳的总辐射量与小麦籽粒湿面筋含量呈极显著负相关，总日照时数与蛋白质含量呈极显著正相关等。

光照通过影响光合产物（碳水化合物）的合成而影响小麦蛋白质含量。如我国北方麦区小麦全生育期平均日照总时数高于南方麦区，小麦蛋白质含量比南方麦区高2.05个百分点，这说明长日照对小麦籽粒蛋白质形成和积累是有利的。有研究指出，年日照除了与吸水率呈负相关外，与蛋白质含量、沉淀值、面团形成时间、稳定时间、出粉率、延伸性、拉伸阻力、能量均呈正相关；与稳定时间、延伸性呈显著正相关。出苗至抽穗期，高辐射强度能提高蛋白质含量。到小麦生育后期，光辐射强度一般与籽粒蛋白质含量呈负相关。光照条件好，则籽粒产量高，而蛋白质含量随光照度增大而下降，原因是小麦籽粒产量的提高稀释了蛋白质的含量。

2. 温度对小麦品质的影响

小麦开花至成熟期，是籽粒产量和品质形成的关键时期，也是温度影响小麦籽粒品质的重要阶段。温度对小麦品质的影响是多方面的。有些研究结果认为，在小麦灌浆期间，空气湿度、水分和温度变化都会影响蛋白质含量。还有些研究结果认为，在小麦成熟前的15～20 d，最高气温对蛋白质含量影响最大，当最高温度达到32 ℃以上时，蛋白质含量呈降低趋势。小麦品种成熟前2～3周，若最高气温超过32 ℃，对于小麦籽粒蛋白质质量的形成，非常不利。

另有一些研究结果表明，在一定温度范围内，较高的温度有利于籽粒蛋白质的形成和积累。抽穗至成熟期间日均气温每升高1 ℃，蛋白质含量提高0.435个百分点，面团强度随温度的升高而增强。然而，超过临界温度时，蛋白质含量随温度升高而下降，面团强度也下降，但具有5+10亚基的小麦品种，通常都有较好的耐高温特性。高温胁迫不仅对小麦籽粒的烘烤品质不利，也影响小麦的磨粉和淀粉的品质。如在开花后持续高温胁迫将会降低出粉率，倒伏使容重、出粉率下降、灰分含量增加。抽穗至成熟期的日平均气温与峰值黏度和稀懈值呈极显著正相关，而这个时期较高的日平均气温，可在一定程度上提高面粉的黏度。

3. 土壤水分对小麦品质的影响

土壤水分对小麦品质的影响比较复杂，主要表现在土壤水分变化和雨量分布上。许多研究表明，年降水量与小麦蛋白质含量、湿面筋含量等多数品质指标呈显著负相关。在开花至蜡熟期，水分胁迫可明显提高小麦籽粒蛋白质含量。过多的降水会降低面筋的弹性，以至于降低面包的烘烤品质。降水量不仅影响蛋白质的积累，也影响淀粉性状。土壤水分亏缺可以显著影响到支链淀粉和直链淀粉的积累，并可提高支链淀粉/直链淀粉比例，有利于面条品质的提高。淀粉糊化特性的所有参数也均受抽穗至成熟期降水量的显著影响，其中低谷黏度和峰值时间还受播种至抽穗期降水量影响。峰值黏度和稀懈值与抽穗至成熟期的降水量呈极显著负相关，说明抽穗至成熟期的多雨对黏度性状不利。

一般情况下，灌水可增加籽粒产量和蛋白质产量。由于籽粒产量增加会对蛋白质产生稀释作用，因此在灌水条件下，小麦籽粒的蛋白质含量通常都会略有下降。干旱在多数情况下会使蛋白质含量有所提高。在肥料充足的条件下或在干旱年份，适当灌水可使产量和蛋白质含量同步提高。在较干旱时，肥料充足可使蛋白质含量提高；肥料不足时，干旱或湿润都会使蛋白质含量降低。据研究，在干旱年份不同时期不同灌水量的处理均比未灌水的处理明显提高了籽粒产量和蛋白质、赖氨酸含量以及蛋白质产量，且有随着灌水次数和灌水总量的增加而增长的趋势。王旭清等提出，随着抽穗至成熟期间的总降水量减少，蛋白质、赖氨酸和面筋含量相应增加。灌水对品质的影响与降水量有关，欠水年份灌水可提高品质，丰水年份灌水过多则对品质不利。水分只有在施肥量比较高时，才能明显影响到小麦籽粒的蛋白质含量。

还有一些研究结果表明，在小麦灌浆至成熟期，土壤水分含量越高，籽粒中蛋白质含量越低，但若土壤肥力较高或施肥量高，特别是施氮量较大，在土壤水分较高条件下也能获得较好的品质。小麦生育后期雨量分布对小麦品种品质潜力表达影响较大。其中，小麦成熟前40～55 d，蛋白质含量与降水量的相关系数为−0.70；抽穗后15 d内，每降雨12.5 mm，籽粒蛋白质降低0.75%。然而，小麦生育后期轻度干旱则有利于提高小麦籽粒容重、湿面筋含量、沉降值及面团稳定时间。

（三）土壤养分和质地及海拔高度和纬度对小麦品质的影响

1. 土壤养分和质地对小麦品质的影响

土壤养分变化对小麦品质影响较大。其中，土壤氮素是影响小麦籽粒品质最活跃的因素，特别是施氮时期对小麦籽粒蛋白含量的影响更大。有研究认为，增加氮肥能明显提高小麦籽粒产量和品质，籽粒蛋白质含量随追氮时期的后延而呈增加趋势。如赵广才等研究结果表明，在施氮0～300 kg/hm^{2}范围内，小麦湿面筋、沉降值、吸水量、面团形成时间、稳定时间、延伸性、面包体积均随施氮量增加而逐渐提高，其中，面团形成时间、稳定时间、湿面筋、沉降值的变异系数较大，表明这些品质指标对氮肥反应敏感；吸水量对氮肥反应迟钝，变异系数最小，稳定性较好。稳定时间在不同试验点的变异系数最大。稳定时间、面团形成时间、能量在不同品种间变异系数差别较大，而其他品质指标的变异系数较小。对于全生育期总施氮量相同，而在不同时期施氮量不同情况下，将氮肥后移至拔节期追施，有利于蛋白质含量、面筋含量和沉降值的提高。另外，小麦花期喷施叶面肥也可使蛋白质含量、湿面筋含量和面团稳定时间获得大幅提升（表7-11）。

表7-11　不同施肥方式处理下龙麦35主要品质指标表现（牙克石农场，2016年）

处理	籽粒蛋白（%）	湿面筋（%）	面筋指数（%）	沉降值（mL）	稳定时间（min）
友邦氯基复合肥（亩用量20 kg）	14.3	31.7	98.0	53.8	19.5
友邦硫基复合肥（亩用量20 kg）	14.1	32.0	97.0	52.0	13.6
底肥CK	14.8	28.7	99.0	52.5	13.3
底肥+叶面肥（尿素500 g）	15.8	32.4	98.0	53.0	25.2
底肥+叶面肥（尿素750 g）	16.9	35.1	99.0	53.5	26.0
底肥+叶面肥（尿素1 000 g）	17.1	35.6	97.0	55.0	35.6
底肥+叶面肥（尿素500 g+磷酸二氢钾100 g）	16.2	30.7	100.0	52.8	27.8
底肥+叶面肥（尿素750 g+磷酸二氢钾100 g）	16.5	32.8	99.0	52.0	21.9

磷肥对小麦品质产生的影响，常因施肥量、施肥时期的不同而不同。有研究结果认为，在含磷量较低的沙土地上，在施磷量（P_2O_5）0～108 kg/hm^{2}范围内，增加施磷量，可以提高弱筋小麦籽粒蛋白质含量、干湿面筋含量和籽粒容重，淀粉含量呈下降趋势。还有研究结果发现，施磷量（P_2O_5）超过108 kg/hm^{2}时，若增加施磷量，籽粒蛋白质含量及干、湿面筋含量和籽粒容重下降，淀粉含量上升。在总施磷量相同条件下，拔节期追施磷肥比例在50%以下时，随着追肥比例的增加，籽粒产量、籽粒蛋白质含量及干、湿面筋含量和籽粒容重提高，而淀粉含量呈下降趋势；当追肥比例超过50%后，进一步提高拔节期追施磷肥比例，籽粒产量、籽粒蛋白质含量及干、湿面筋含量和籽粒容重下降，淀粉含量则上升。适当施磷不但可提高籽粒产量，而且也能提高籽粒蛋白质含量、湿面筋含量、沉降值和面团稳

定时间。黑龙江省农业科学院“龙麦号”小麦育种者（2007）研究还发现，若施用磷肥过多，对龙麦30和克丰10号强筋小麦品种的沉降值和湿面筋含量等品质指标表现则会产生负向效应（表7-12）。

表7-12 不同磷素处理对强筋小麦品种龙麦30和克丰10号产量及品质的影响（哈尔滨，2007年）

品种	处理	施纯磷量（kg）	亩产量（kg）	千粒重（g）	蛋白质（%）	沉降值（mL）	湿面筋（%）	干面筋（%）
龙麦30	P0	0.0（黄土）	92.4dD	29.2aA	14.5	35.5	37.1	14.1
	P1	2.0（黄土）	166.9cC	30.1aA	14.9	40.3	40.2	15.2
	P2	4.0（黄土）	222.8bB	30.6aA	15.3	45.3	45.5	15.6
	P3	6.0（黄土）	233.2abAB	30.4aA	15.9	44.8	47.2	15.3
	P4	6.0（黑土）	244.7aA	29.9aA	14.9	41.6	46.4	14.9
克丰10	P0	0.0（黄土）	115.7dD	25.8bB	14.4	32.9	34.7	10.9
	P1	2.0（黄土）	212.0cC	30.3aA	14.7	37.6	37.2	12.8
	P2	4.0（黄土）	253.6bB	30.5aA	16	37.9	38.6	13.2
	P3	6.0（黄土）	273.6bAB	30.4aA	15.3	41.6	40.1	13.1
	P4	6.0（黑土）	300.6aA	30.9aA	15.3	40.2	37.6	13.5

注：农业跨越计划盆栽试验。

钾肥可促进氨基酸向籽粒中运转的速率，同时也可增大氨基酸转化为籽粒蛋白质的速度，从而使籽粒蛋白质含量提高。籽粒蛋白质含量随施钾时期的推迟而逐渐提高，扬花期施钾蛋白质含量最高，这可能是由于扬花期吸收的钾促进和参与植株体内氮的代谢活动，促进了小麦对氮素的吸收和利用，并很快转化为籽粒蛋白质，从而提高了籽粒蛋白质含量。有研究表明，维持土壤速效钾含量为100～350 mg/kg，对保证小麦高产和优质是必要的，低于下限会减产，高于上限蛋白质含量会降低。一些研究证明，氮、磷、钾合理配施对小麦品质的作用比单一肥料的作用要突出。各因素对蛋白质含量的影响依次为氮（田间施氮）>叶面喷氮>磷>钾，说明钾肥对品质的独立效应不大。在氮、磷、钾三因素试验中，高氮+高磷+高钾处理的蛋白质含量最高，并与低氮+低磷+低钾处理的蛋白质含量相比差异极显著。可见，肥料三要素综合作用对提高小麦品质至关重要，充足施氮、配合适当的磷钾肥和叶面喷氮可以有效地提高小麦籽粒蛋白质含量。另外，东北春麦区强筋小麦生产实践表明，施用适量钾肥，可使强筋小麦品种的湿面筋含量、沉淀值和稳定时间等品质指标均获得较大改善。

在土壤质地对小麦品质影响研究方面，一般认为小麦蛋白质含量随土质的黏重程度增加而增加，一般质地黏重时蛋白质含量较高。王绍中等采用控制试验，对河南省几种主要土壤类型、不同质地、不同有机质含量与小麦蛋白质的关系进行了系统研究。研究结果认为，砂姜黑土和立黄土的几项烘烤品质最好。王晨阳等通过不同冬小麦品种在不同地点和土壤质地上的品质性状系统分析结果发现，面团形成时间、稳定时间及能量的环境变异达极显著水平，且其基因型与环境互作效应亦达极显著水平；评价值、最大拉伸阻力、延伸性的环境效应达显著水平，但与基因型的互作效应不显著。

2. 地理纬度和海拔高度对小麦品质的影响

不同地理纬度和海拔高度条件下，由于光照、温度和降水条件的不同，小麦的品质有很大的差异。在地理纬度和海拔高度对小麦品质影响方面，吴东兵等（2003）研究结果认为，生态高度［纬度和海拔的乘积，量度单位用“d·m（度·米）”表示］与生育期呈正相关，生育期分别与籽粒蛋白质含量、湿面筋含量、沉淀值、降落值呈负相关；生态高度分别与籽粒蛋白质含量、湿面筋含量、沉淀值、降落值呈负相关。蒋礼玲等（2005）研究报道，在我国北纬 31°51′—45°41′范围内，纬度每升高 1°，小麦蛋白质含量增加 0.442 个百分点。进一步研究发现，随地理纬度的升高，湿面筋含量、面团形成时间、评价值和延伸性等总体呈递增趋势；吸水量呈降低趋势。低纬度地区，如西藏小麦的蛋白质含量减少的原因主要是谷蛋白减少，其次为醇溶蛋白和谷蛋白/醇溶蛋白比例降低所影响；而高分子量麦谷蛋白亚基评分较高的品种受生态环境条件影响较小。小麦的黏度性状，表现出随地区纬度增高而增加的趋势。

据小麦生态学家测定，各品种的籽粒蛋白质、面筋含量和赖氨酸含量均随生态高度（纬度×海拔）的增加而呈降低的趋势。在西藏麦区、黄淮冬麦区和北部冬麦区范围内，生态高度与籽粒蛋白质含量、湿面筋含量、沉降值、降落值呈负相关。然而，也有研究表明，在云南不同环境下，蛋白质含量、湿面筋含量、沉降值、面团形成时间、评价值、耐揉指数等随海拔高度的升高而升高，出粉率、吸水量呈降低趋势。稳定时间、弱化度、和面时间、断裂时间等表现为中海拔高于低海拔和高海拔。

第四节 强筋小麦育种策略与途径

在春小麦光温生态育种中，强筋小麦育种的策略与途径，主要是指对强筋小麦遗传改良作出的总体安排和采用的主要对策。它涉及强筋小麦育种方向和育种目标的确定，以及不同生态类型强筋小麦新品种选育方法等多方面内容。它们正确与否，将直接关系到春小麦光温生态育种的强筋小麦育种效率。

一、强筋小麦品质遗传改良的主要理论依据

（一）主要品质内涵

大量研究表明，小麦籽粒（面粉）蛋白质含量和质量与面筋含量和质量，均分别存在着高度正相关。因此，尽管小麦品质组成复杂，并存在诸多品质性状，就强筋小麦主要品质内涵而言，可划分为蛋白质（湿面筋）含量、蛋白质（湿面筋）质量和淀粉特性三大类。根据我国现行小麦品质类型分类标准，我国商品小麦可划分为强筋、中筋和弱筋三种品质类型。其中，强筋小麦主要品质内涵为胚乳硬质、蛋白质（湿面筋）含量高和蛋白质（湿面筋）质量好。强筋小麦品质内涵不同，加工用途不同。根据品质内涵，强筋小麦可进一步划分为超强筋、强筋和中强筋 3 种品质类型。根据加工用途，强筋小麦又可分为面包小麦、面包/面条兼用型小麦和面条小麦三种加工用途类型。从强筋小麦品质类型划分依据看，三种小麦品质类型之间主要是蛋白质（湿面筋）质量表现不同，超强筋小麦最佳，强筋小麦次之，中强筋小麦居末。从强筋小麦加工用途需求角度看，面包小麦和面包/面条兼用型小麦，属于强筋或超强筋小麦品质类型。二者均需具备优异蛋白质（湿面筋）质量和较高蛋白质（湿面筋）含量品质特性，以满足制作面包类食品需求。同时，面包/面条兼用型小麦，还要求具备支链淀粉与直链淀粉比值较高的淀粉特性，以利用配麦和配粉工艺来生产优质面条粉和方

便面粉等各种专用粉。面条小麦则属中强筋小麦品质类型。微糯淀粉特性是该类小麦加工优质面条不可或缺的品质内涵。

有研究认为，在小麦贮藏蛋白中，麦谷蛋白和醇溶蛋白占80%左右，为面筋的主要成分，是决定面团黏弹性的主要因素。其中，醇溶蛋白是单体蛋白，决定面团的延展性；麦谷蛋白为多聚体蛋白，决定面团的弹性。麦谷蛋白根据分子量大小，又可分为高分子量麦谷蛋白亚基（HMW-GS）和低分子量麦谷蛋白亚基（LMW-GS）两大类。它们都是麦谷蛋白大聚合体（GMP）的主要组成成分。其中，一些优异高、低分子量麦谷蛋白亚基，如5+10和*Glu-A3d*等，还是决定强筋小麦蛋白质（湿面筋）质量的生化基础。还有一些研究发现，不同小麦品种胚乳的麦谷蛋白亚基组成和数目受遗传控制，具有品种的稳定性，但含量又受环境条件的影响。此外，Gupta等研究还发现，在SDS不溶性谷蛋白聚合体中，5+10亚基类型比2+12类型的x/y亚基比例大，且其谷蛋白大聚合体积累快。

小麦籽粒淀粉特性是强筋小麦的主要品质内涵之一。小麦胚乳淀粉由直链淀粉和支链淀粉组成。在直链和支链淀粉与强筋小麦品质关系研究方面，有学者认为，直链淀粉利于面团成型和形成较强的抗拉伸力；支链淀粉可在面团内形成网状结构，有助于增大膨化面团体积和增强面食制品的松脆性。还有研究认为，支链淀粉与直链淀粉比值高低，与强筋小麦品种的二次加工品质用途关系非常密切。如澳大利亚小麦制作面条口感较好，与该国大多数强筋小麦品种属于*Wx-B1*基因缺失类型，支链淀粉与直链淀粉比值较高不无关系。近些年来，黑龙江省农业科学院作物育种所选育推广的*Wx-B1*基因缺失，支链淀粉与直链淀粉比值较高的龙麦26、龙麦33、龙麦35和龙麦36等系列面包/面条兼用型强筋小麦新品种，表现为面包烘焙品质突出，制作面条口感要明显好于*Wx-B1*基因不缺失的龙麦30和龙麦60等强筋小麦品种，再次证明了这一论点（表7-13）。

表7-13　面包/面条兼用型强筋小麦新品种龙麦26的淀粉特性

品种名称	总淀粉含量（%）	直链淀粉含量（%）	支链淀粉含量（%）	支链淀粉/直链淀粉
龙麦26	75.58	19.14	56.44	2.95
新克旱9	77.43	22.79	54.64	2.39
Eradu（澳，面条小麦）	76.49	19.16	57.33	2.99

（二）面筋含量和质量与产量和生态环境的关系

大量研究表明，小麦籽粒产量和品质不仅受基因型控制，同时也受生态环境的影响。小麦产量与品质之间存在明显的相关性，是强筋小麦育种中普遍存在的现象。面筋含量和质量是强筋小麦品种的主要品质内涵。它们的表现，既取决于自身遗传基础，也与强筋小麦品种的产量和种植生态环境变化关系较大。优质高产是强筋小麦育种的重要育种目标。强筋小麦品种品质和产量潜力表达程度与生态条件变化的关系，是强筋小麦育种和栽培研究的主要内容。因此，明确强筋小麦品种的面筋含量和质量与产量和生态环境的关系，对于强筋小麦育种、生产及产业化发展等均具有重要意义。

在面筋含量和质量与产量关系研究方面，有研究认为，强筋小麦品种的面筋含量与产量之间存在显著负相关的主要原因，是二者在形成过程中，存在着光能和土壤养分利用等方面的竞争关系，并与小麦淀粉合成竞争力，要明显大于蛋白质合成竞争力有关。与之不同的

是，面筋质量与产量负相关较小的理论依据，可被归结为：一是强筋小麦品种的面筋质量，主要由高、低分子量麦谷蛋白亚基种类和面筋蛋白质组分所决定，属于品种遗传特性。二是在面筋质量和产量形成过程中，二者在光能和土壤养分利用等方面竞争不强。三是小麦籽粒淀粉对蛋白质（湿面筋）含量的稀释作用，可间接影响强筋小麦品种的二次加工品质表现，而对其蛋白质（湿面筋）质量表现影响较小。

在面筋含量和质量与生态环境关系研究方面，何中虎和刘建军等近期研究结果认为，小麦面筋含量属于数量遗传，受生态环境变化影响较大，表现为环境变异＞品种作用；小麦面筋质量倾向于质量遗传，在不同生态环境下变异相对较小，表现为品种作用＞环境影响。在强筋小麦面筋质量、相关品质指标和环境变化三者关系研究方面，“龙麦号”小麦育种者（2015）研究结果认为，面团最大拉伸阻力和能量等主要衡量面筋质量的品质指标（性状），均受环境因素影响相对较小，并具有质量性状遗传特点（表7－14）。从表7－14看出，优质强筋小麦新品种龙麦35和龙麦39在黑龙江省不同生态环境中进行栽培试验时，尽管它们的湿面筋含量可从30％以上降至24％以下；面团稳定时间可从10 min以上降至不足3 min，可主要决定面筋质量的面团最大拉伸阻力和能量等指标变化却相对较小。

表7－14　不同地点龙麦35和龙麦39的品质表现（2015年）

品种	地点	籽粒蛋白（％）	湿面筋（％）	沉降值（mL）	稳定时间（min）	最大拉伸阻力（EU）	延伸性（mm）	能量（cm^2）
龙麦35	哈尔滨	14.5	31.8	51.8	10.3	570	195	136
	嫩江	12.0	23.7	42.5	2.2	630	167	137
龙麦39	哈尔滨	14.3	30.3	60.5	10.3	633	189	167
	嫩江	11.1	19.4	47.0	1.5	453	159	95

还有一些研究结果发现，当籽粒（面粉）蛋白质（湿面筋）含量降低时，会导致麦谷蛋白大聚合体（GMP）含量和麦谷蛋白亚基数量出现下降趋势，进而间接影响到强筋小麦的面筋质量。上述研究结果说明，尽管在小麦不同品质类型间，面筋含量与面筋质量是属于两类相对独立的品质性状，可是在同一强筋小麦品种内，前者是后者的物质基础，后者寓于前者之中，并在二次加工品质（面团稳定时间）表现中得以体现（表7－14）。这点对于确立强筋小麦品质与产量遗传改良途径，乃至制定强筋小麦品种的配套栽培技术等均非常重要。

（三）湿面筋含量和质量与强筋小麦二次加工品质的关系

一些研究发现，在忽略籽粒淀粉特性对强筋小麦二次加工品质影响前提下，尽管湿面筋含量与质量相比，后者对强筋小麦二次加工品质的贡献率较高，可是在不同湿面筋含量背景下，湿面筋质量对强筋小麦二次加工品质的贡献率表现不同。如2010年以来，“龙麦号”小麦育种团队通过龙麦33、龙麦35和龙麦39等强筋小麦新品种在黑龙江省哈尔滨市、嫩江市及内蒙古自治区呼伦贝尔市等地，进行强筋小麦高效生产技术体系集成组装与示范时发现，在湿面筋含量为23％～26％时，它们的面团稳定时间仅为2.5～4.5 min，能量为100 cm^2左右。在湿面筋含量为27％～34％时，它们的优异面筋质量可对偏低湿面筋含量，在二次加工品质表现上具有较大的补偿效应。需要关注的是，在湿面筋含量低于26％时，尽管上述品种的面筋质量仍属强筋小麦范畴，可是湿面筋含量过低，则成为影响它们二次加工品质表现的主导因子。在湿面筋含量为27%～34%，甚至在26.7%时，它们不但仍可制作出质量优异的面包，而且可利用配麦配粉工艺与中筋麦混合生产质量优异的面包粉（表7－15）。在湿面筋含量>35%时，除中强筋小麦品种外，强筋和超强筋小麦品种的二次加工品质表现主要取决于它们的面筋质量好坏，而与湿面筋含量高低关系不大。

表7－15　强筋小麦龙麦39不同配粉比例面包烘焙品质结果（哈尔滨，2016年）

品种	湿面筋（%）	面团形成时间（min）	稳定时间（min）	最大拉伸阻力（BU）	延伸性（mm）	能量（cm²）	体积（mL）	面包评分
龙麦39（主粉）	30.5	3.7	9.3	555	180	121	950	94.0
克旱16（辅粉）	31.6	3.5	3.2	235	178	53	450	33.5
垦九10号（辅粉）	32.7	3.5	4.7	320	182	79	650	60.2
龙麦39+克旱16（60：40）		3.4	5.2	380			790	79.3
龙麦39+克旱16（75：25）		3.5	7.9	420			850	87.3
龙麦39+垦九10号（60：40）		2.4	7.8	420			860	86.7
龙麦39+垦九10号（75：25）		3.3	8.8	510			890	91.5

注：哈尔滨谷物检测中心检测结果。

另外，在东北春麦区强筋小麦产业发展实践中还发现，当强筋小麦与中筋小麦品种二者的湿面筋含量均为24%～26%时，前者面团稳定时间可保持在3～5 min甚至更高，并可利用面筋质量优异特性与高面筋含量的中筋麦进行配麦和配粉生产普通面包粉和面条粉等。而后者，则很难满足制作面条和饺子等面食制品的工艺需求。如20世纪90年代黑龙江省农业科学院选育的高产多抗小麦新品种龙麦19，湿面筋含量最高达41%时，面团稳定时间也仅为3 min左右。当湿面筋含量降至30%以下时，面团稳定时间则不足2 min。

由此可见，尽管湿面筋质量对强筋小麦的二次加工品质表现具有主导作用，可是强筋小麦品种的优异面筋质量只有在一定面筋含量基础上，才能在二次加工品质表现中发挥更大作用。因此，根据小麦湿面筋含量、湿面筋质量、二次加工品质、产量，以及生态环境等各方之间的内在联系，在强筋小麦育种过程中，遵循"面筋质为先、量为后"原则进行强筋小麦品质遗传改良，不但可迂回解决优质与高产的矛盾问题，而且可为创建强筋小麦高效育种技术体系提供理论依据。同时，在强筋小麦育种和生产实践中，亦不能忽视湿面筋（蛋白质）含量和淀粉特性对二次加工品质的作用。尤其要注意小麦生育后期脱氮和落黄水对湿面筋（蛋白质）含量，以及小麦灌浆期干热风和35 ℃以上高温天气对面筋（蛋白质）质量的影响。

二、优质强筋小麦育种策略

（一）依据生态环境，确立小麦育种方向

优质专用小麦原粮，是专用小麦品种与特定生态环境和配套栽培技术等共同作用而生产的一种农产品。国内外专用小麦生产实践证明，优质专用小麦品种不等于优质专用小麦原粮，特别是对于强筋和弱筋小麦生产。各种优质专用小麦生产，不仅需要种植相应专用小麦品种，更离不开相适的生态环境，同时还需利用配套栽培技术，将品种科技优势与生态资源

优势有机整合，才能生产出符合市场需求的各种优质专用小麦原粮。有研究认为，在专用小麦生产中，小麦品种对各类小麦专用原粮品质贡献率一般在40%～50%；生态环境与配套栽培技术等为50%左右。如赵春等（2008）研究发现，在各影响因子（基因型、环境、年份）及其互作对小麦品种品质的影响程度上，基因型可占总作用的46.24%。不同专用小麦生产与不同生态环境相适应，在国内外优质专用小麦生产中已经得到证明。如美国为充分发挥小麦专用品种与环境的互作效应，将小麦种植区划分为硬红春、硬红冬和软红冬等不同小麦品质类型种植区。我国根据不同优质专用小麦生产所需生态环境，将黄淮麦区和东北大兴安岭沿麓地区划分为强筋小麦优势产业带；将长江中下游地区划分为弱筋小麦优势产业带等。目前，各种优质专用小麦生产所需的特定适宜生态环境条件，已成为世界一些专用小麦生产国家，划分不同优质专用小麦生产区域的重要依据。

有研究表明，在同一或相近生态区域内的气候和土壤两个生态因子中，气候条件对小麦品质影响最大。如刘爱峰等（2002）和赵春等（2008）根据基因型和环境对小麦品种品质潜力表达影响等研究结果认为，气候因素与土壤条件相比，前者对小麦品质的影响程度明显要大于后者。在土壤条件中，对小麦品质影响较大的因素是土壤氮素含量。其中，施氮时期，对小麦籽粒蛋白质含量的影响比籽粒产量的影响更大。氮素后移及适当施用磷和钾肥有利于改进品质。蛋白质（湿面筋）质量属于强筋小麦品种遗传特性。它们形成的生理机制及其与环境关系，目前国内外研究尚少。美国、加拿大及我国东北春麦区强筋小麦育种和生产实践初步证明，小麦同苗龄时，特别是小麦灌浆期较长的光照时间和一定的光照度有利于强筋小麦蛋白质（湿面筋）质量潜力的表达。赵广才等人研究结果认为，随着纬度的升高，面团形成时间、延伸性和最大拉伸阻力呈总体增加趋势，而在一些低纬度地区却经常出现麦谷蛋白减少和谷蛋白/醇溶蛋白比例偏低现象。

从专用小麦育种和生产角度看，小麦种植生态区划与小麦品质生态区划有所不同。小麦种植生态区划是指小麦品种生态类型与生态环境的总体关系。小麦品种在某一生态区域适应性好坏，主要取决于它的各种生态适应调控性状与该生态环境匹配的合理程度。如小麦各生长发育阶段的温-光-温反应特性、苗期抗旱性及各种区域性病害抗性等。在小麦种植生态区划范畴内，各类专用小麦品质性状的形成与表达，受制于各种生态适应调控性状和生态环境的双重调控。小麦品质生态区划，主要是指在小麦品质形成的同苗龄期，特别是在小麦品质形成关键期（如小麦灌浆期），是否具有适宜某类优质专用小麦品种主要品质性状形成与表达的气候和土壤等生态条件，如光长、光强、温度、雨量分布和土壤肥力等。大量专用小麦生产实践表明，在小麦不同品质类型生态区，能否生产出符合市场需求的各类优质专用小麦原粮，主要取决于各类专用小麦品种合理布局和相应配套栽培技术的到位程度。

各类专用小麦原粮品质标准没有产地要求，更没有冬、春小麦之分，只有加工需求。不同品质类型专用小麦品种只有在适宜的生态条件下，才能生产出各类优质专用小麦原粮，这已被国内外大量专用小麦生产实践所证实。换言之，小麦育种者能够在一种生态条件下选出强、中、弱三种品质类型专用小麦新品种，而小麦生产者却难以在一种生态条件下生产出三种品质类型的优质专用小麦原粮。如加拿大强筋小麦品种 Glealen 和 Wild Cat 在黑龙江省种植时，品质表现甚至优于加拿大。而弱筋小麦品种龙麦 21 在该省种植时，却因湿面筋含量过高，无法满足弱筋小麦产业需求。再如新麦 26 和藁城 8901 等强筋小麦新品种在河南和河北适宜区域种植时，品质均可达到加拿大的超强筋小麦品质标准，而在不适宜生态条件下种植时，品质潜力表达常大幅受限。由此可见，在各类优质专用小麦生产中，适宜生态环境是前提，专用小麦品种是支撑，配套栽培技术是保障。因此，依据生态环境确定小麦品质育种方向，是强筋小麦育种的重要策略之一。

（二）根据小麦生产和市场发展需求等，制定育种目标

育种目标是小麦育种工作的依据和指南，也是强筋小麦育种策略的重要组成部分。众所周知，小麦育种具有明显地域性。我国幅员辽阔，小麦分布广，各地的自然环境条件和耕作制度差别很大。各地小麦生产发展也极不平衡，对品种的要求也不尽相同。小麦品种属于一种特殊的生产资料，每一个小麦品种都是在一定的生态和经济条件下，经过人工选择和自然选择共同培育而成的，并具有一定的区域性、时间性和市场需求等变化。小麦育种周期性较长，育种目标制定一般要先于新品种育成时间 10 年以上甚至更长。为此，强筋小麦育种目标制订时，必须以小麦生态区划和品质区划为依据，充分考虑生态条件和生产及市场发展要求，研究当地品种生态类型的优缺点，因地制宜，遵循“动态与相对平稳相结合”原则，制定超强筋、强筋和中强筋小麦等具体育种目标。

小麦育种目标性状很多，凡是通过育种改良的性状都可列为育种的目标性状。强筋小麦育种属于专用化小麦育种范畴。如何在众多目标性状中选择主要目标性状，这主要取决于当地近期和未来一段时间小麦生产和市场对目标性状的需求，以及育种目标性状与当地生态条件的协调性。如我国在 20 世纪 50—90 年代由于粮食不足，“高产”为各粮食作物的最主要育种目标。现随着我国食品加工业的快速发展和人民生活水平的不断提高，强筋小麦在我国已属刚性需求。因此，加强品质改良和保持品质稳定性，无疑是我国目前强筋小麦育种的最重要育种目标。可是我国耕地较少，人口众多，小麦又是我国主要口粮作物之一，为保证我国口粮安全，强筋小麦育种目标制定虽以改进品质为主，但又必须以产量为基础和兼顾多抗性的遗传改良。

综合性状协调，是制定强筋小麦育种目标的基本观点。强筋小麦育种目标性状彼此之间存在着相互制约、相互促进和相互包含的关系，且受环境条件变化影响程度不同，是客观存在的现象。因此，为应对生态条件及小麦生产与市场需求变化，平衡协调品质、产量、抗病（逆）和适应性等主要目标性状之间的关系，不断进行小麦新品种设计蓝图调整，也是强筋小麦育种目标制定时需要考虑的重点内容之一。育种实践表明，该项工作是否到位，常与强筋小麦育种效率存在紧密关联。如 20 世纪 90 年代以来，“龙麦号”小麦育种者在强筋小麦育种中，始终将生态适应性遗传改良放在首位，不仅将产量和品质两大核心性状有机结为一体，而且较好地解决了“它地育种”的生态适应性问题。在强筋小麦育种目标调整方面，首先，以东北春麦区强筋小麦生产各种比较优势突出及我国强筋小麦产需缺口较大等为依据，将强筋小麦品质育种目标从“强筋小麦为主、中强筋小麦为辅”，调整为“超强筋小麦为主、强筋小麦为辅”，掌握了强筋小麦育种的主动权。其次，针对全球气候变暖，赤霉病对东北春麦区小麦生产危害逐年加重，及时将提高小麦新品种赤霉病抗性纳入当前强筋小麦育种目标，提升了强筋小麦的抗赤霉病育种水平等。

（三）“质、量兼用”，选育不同生态类型强筋小麦新品种

这里的“质”，是指强筋小麦新品种的品质，特别指强筋小麦新品种的二次加工品质。“量”是指强筋小麦品种的产量，主要指强筋小麦的产量潜力和产量稳定性。东北春麦区强筋小麦育种和生产实践表明，在小麦生态适应性和主要抗病（逆）性满足当地小麦生产条件前提下，强筋小麦新品种只有品质潜力达到强筋小麦品质标准，产量潜力和稳定性不能低于当地的高产品种，才能具有较大推广价值和较强的生命力。如20世纪90年代至今，东北春麦区从高产育种向优质强筋小麦育种过渡中，曾经出现了高产→优质→高产→优质高产小麦新品种选育推广的三次轮回过程。其中，2000年前后选育推广的克丰6号和龙麦26等系列优质强筋小麦新品种，取代了新克旱9号等东北春麦区高产小麦品种，解决了当地主导（栽）小麦品种品质较差和不能满足市场需求等问题，形成了高产→优质强筋小麦品种的第一次轮回。随着时间的推移，由于优质不优价，加之上述优质强筋小麦新品种的产量潜力难以满足当地小麦单产不断提高的需求，因此又被高产质差品种克旱16等所取代，形成了高产→优质→高产质差小麦品种的第二次轮回。2008年后，当推广的龙麦33和龙麦35等优质强筋小麦新品种的产量潜力，不低于甚至略高于当地高产品种后，才逐步将克旱16等高产质差小麦品种替换掉，并形成了高产→优质→高产→优质高产小麦新品种的第三次轮回。目前，龙麦33和龙麦35等优质高产强筋小麦新品种已成为东北春麦区的小麦主导品种，种植面积已占该区小麦种植面积比例的60%以上。

以上事例说明，尽管在强筋小麦育种中品质改良非常重要，可决不能忽视小麦新品种产量潜力的不断提升。纵观世界强筋小麦育种发展史，美国和加拿大等强筋小麦育种先进国家与东北春麦区一样，也经历了小麦育种工作重心，从对产量的要求到质量的追求，最后再到质量与产量兼得的一段时期。另外，我国人口众多，小麦又是我国重要口粮作物之一。在保证我国口粮安全前提下，让中国人民既吃上“面”，又吃上“好面”，是我国强筋小麦育种的主要任务，也是当前和近期强筋小麦育种的重要策略之一。

东北春麦区强筋小麦育种实践表明，运用“质、量兼用”育种策略进行强筋小麦新品种选育时，需要解决的最大问题就是优质与高产的矛盾问题。一些研究结果认为，尽管在田间施氮量较高条件下，强筋小麦品种的蛋白质（湿面筋）含量与产量之间，可能在某一点上存在着动态平衡，但在总体上二者之间却存在显著负相关。分析其中原因，主要是二者在光能和土壤养分等能量供应上存在较大的竞争关系。蛋白质（湿面筋）质量属于强筋小麦品种的遗传特性，与产量负相关较小。它们的质量好坏主要取决于蛋白质组分和比例是否合理，并表现为品种作用＞环境影响，对二次加工品质贡献率较高。所以说，小麦蛋白质（湿面筋）质量的遗传特性与功能，为强筋小麦品质和产量同步改良提供了重要依据，也为“质、量兼用型”强筋小麦新品种选育开辟了一条捷径。如我国“篙优”“济麦”“郑麦”“西农”“新麦”和“龙麦”等系列强筋小麦品种育种者，无一不是牢牢抓住优异蛋白质（湿面筋）质量不放，进行品质与产量同步改良，才使“质、量兼用型”强筋小麦新品种选育获得了成功。

（四）大力开展面包/面条兼用型强筋小麦新品种选育

我国为面粉蒸煮食品消费大国，80%以上的国产小麦主要是用于制作面条、馒头、水饺，而用于制作面包的小麦不足总量的5%。其中，面条是我国城乡居民的主食，也是生产规模最大的工业食品。随着我国食品加工业的不断发展和人民生活水平的不断提高，强筋小麦目前在我国各类专用粉生产中的最大用途，就是利用配麦和配粉工艺生产面条粉、饺子粉和方便面粉等各种专用粉。我国强筋小麦现产需缺口较大。由于面包/面条兼用型强筋小麦既可生产面包粉，也可利用配麦和配粉工艺生产优质面条粉、方便面粉等各种专用粉，因此，大力开展面包/面条兼用型新品种选育，是提高和拓宽强筋小麦二次加工品质利用价值和用途的重要途径。当然，这里不排除中筋和中强筋小麦品种蛋白质（湿面筋）质量相对较差，蛋白质（湿面筋）含量受环境影响较大，以及二次加工品质常难以满足面条粉和方便面粉等生产需求，也是需要开展面包/面条兼用型强筋小麦新品种选育的重要原因之一。因此，为提高我国强筋小麦供给侧能力，特别是满足利用配麦和配粉工艺生产面条粉和方便面粉等各种专用粉需求，大力开展面包/面条兼用型强筋小麦新品种选育，现已被纳入春小麦光温生态育种的强筋小麦遗传改良进程，并成为当前和近期东北春麦区强筋小麦育种重要策略之一。

另外，从面包/面条兼用型强筋小麦主要品质内涵看，它不仅需要面包小麦的优异蛋白质（湿面筋）质量和一定的蛋白质（湿面筋）含量，也需要面条小麦的微糯淀粉特性。也就是说，强筋小麦品种只有在蛋白质（湿面筋）质量和含量达到面包小麦品质标准，淀粉特性上达到面条小麦品质标准，才能称之为面包/面条兼用型小麦品种。因此，在我国强筋小麦特定市场需求背景下，只有重点开展面包/面条兼用型强筋小麦新品种选育，才能拓宽强筋小麦二次加工中用途和较好地满足国内强筋小麦产业发展需求。近些年来，我国强筋小麦品质改良的重点，主要是培育适合制作优质面包的优质强筋小麦品种，而对于面条品质改良重视程度不够，进而导致面包/面条兼用型品种较为缺乏。必须注意，为抢占我国小麦市场，以面包为主食的澳大利亚、美国和加拿大等国自 20 世纪 80 年代以来就已开始致力于面条小麦品质研究，并重点进行了面包/面条兼用型强筋小麦新品种选育研究。因此，为满足强筋小麦国内市场需求和提升国际市场竞争力，我国大力开展面包/面条兼用型强筋小麦新品种选育，已势在必行。

同时，东北春麦区强筋小麦产业发展实践也证明，淀粉特性优异的强筋小麦新品种二次加工用途较宽，商品价值较高。如龙麦 33 和龙麦 35 等面包/面条兼用型强筋小麦新品种，之所以受到当地小麦种植者的欢迎和国内面粉加工企业的青睐，分析其中原因：一是龙麦 33 和龙麦 35 等小麦新品种的二次加工品质稳定性优于克丰 6 号等中强筋小麦品种，且产量不低于克旱 16 等当地高产品种。二是当生态条件适宜时，它们生产优质强筋小麦原粮，可用于制作各类高档面包粉，也可作为配麦和配粉原料，生产普通面包粉、面条粉和饺子粉等各种专用粉。三是当生态条件不利时，尽管它们生产的小麦原粮出现了蛋白质和湿面筋含量的大幅下降，可作为中筋小麦的配麦和配粉原料生产面条粉和饺子粉等各种专用粉时，仍可在改进面筋质量和降低直链淀粉含量等方面具有较大利用价值。这进一步说明，开展面包/面条兼用型强筋或超强筋小麦新品种选育，对于提高和拓宽我国强筋小麦二次加工品质利用价值和用途非常重要（图 7－6）。

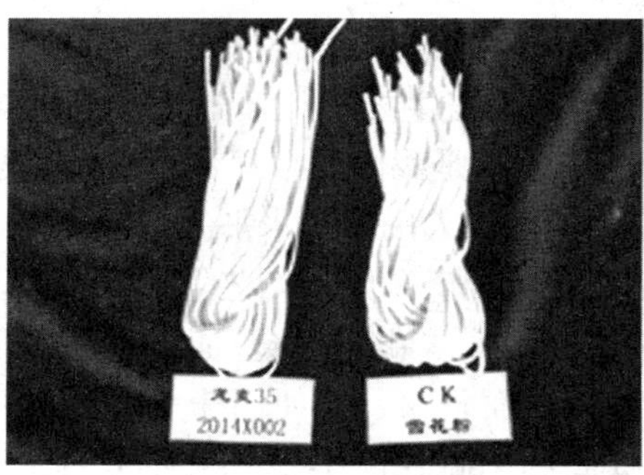

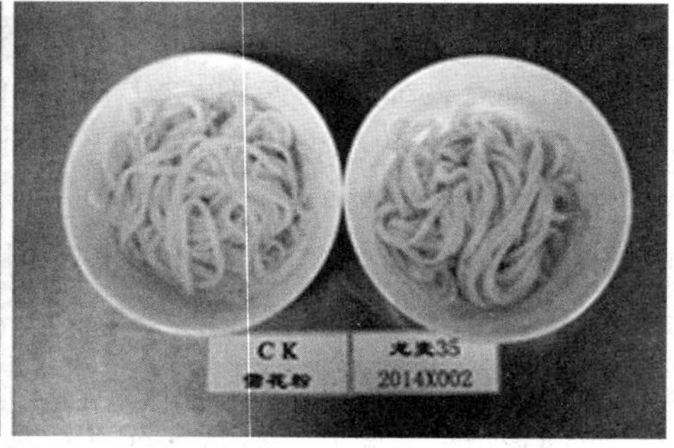

龙麦35与对照雪花粉制作的面条

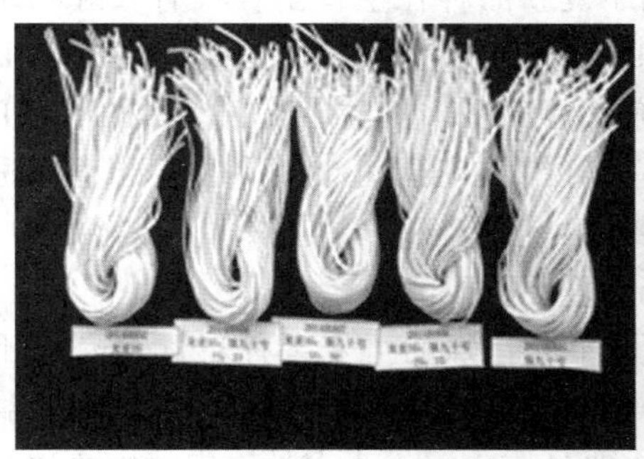

龙麦35及其与垦九10号配粉后制作的面条

图 7-6　龙麦 35、雪花粉及龙麦 35 与垦九 10 号配粉制作的面条

三、优质强筋小麦育种途径

（一）以生态适应性为链条，进行各类育种目标性状集聚

我国著名小麦育种家赵洪璋先生曾把小麦育种过程概括为三大环节：育种目标、亲本选配和后代选择。其中，育种目标是育种工作的方向。育种目标是否正确，取决于育种家对目标环境、生产实际、市场走向的认知程度。亲本选配是育种成败的基础。亲本选配效果，取决于育种家对现有品种优缺点的认识和对种质资源的掌握及了解程度。后代选择，要求育种家不仅需要把看得见的性状与看不见的性状联系起来，更需要以生态适应性为链条，将各类育种目标性状集聚在一起。过去高产育种是如此，现在强筋小麦育种也不例外。

在小麦育种过程中，常常是育种目标不同，主要育种目标性状也不同。小麦高产育种，产量性状是主要育种目标性状，而“质、量兼用”型强筋小麦育种，品质性状和产量性状，均可被认为是主要育种目标性状。各地小麦育种实践表明，无论是高产育种，还是“质、量兼用”型强筋小麦育种，不外乎是各种育种目标性状的集聚过程。春小麦光温生态育种认为，各种育种目标性状集聚速率快慢和集聚效果好坏，均与生态适应性紧密关联。在不同生态类型小麦品种选育时，只有在优异生态适应性基础上，才能将优质和高产两大育种目标核心性状实现有机整合和得到充分表达。否则，必然会遇到育种目标性状导入不清和选择方向不明等问题。如在东北春麦区旱肥型“质、量兼用”强筋小麦新品种选育过程中，以光温反应特性、苗期抗旱和后期耐湿等各种生态适应调控性状作为生态适应性基础，以抗根腐与赤霉及高抗穗发芽主要病（逆）害抗性作为产量和品质潜力表达及稳定性保证，可显著提升亲本选配和后代选择效率。再如，与高产育种相比，尽管“质、量兼用”强筋小麦育种目标性状相对较多，可是若以生态适应性为链条，以改进面筋质量为突破口，进行品质和产量同步改良，不但可使各个育种目标性状实现有序链接，而且可将“被动适应性”育种转化为“主动适应性”育种。

春小麦光温生态育种实践表明，能否将生态适应性与其他育种目标性状进行有机整合，决定了不同生态类型强筋小麦新品种在当地小麦生产中的利用价值。如黑龙江省农业科学院小麦育种者在强筋小麦育种的生态适应性遗传改良过程中，根据东北春麦区雨养农业特点，以旱肥型为适应性遗传基础，并在春化、光照和感温三大光温反应阶段，分段选择苗期抗旱、光周期反应、株穗数、后期耐湿性及抗赤霉病与根腐病等各类生态适应调控性状和其他主要农艺性状，既实现了龙麦 35 等旱肥型强筋小麦新品种在生育全程具有较好的生态适应性，又使它们的品质和产量潜力能够在当地苗期干旱、后期多雨不利生态条件下得到较为充分的表达。目前，龙麦 33 和龙麦 35 均已成为东北春麦区小麦主导或主栽品种。它们的选育成功、推广速度之快，乃至种植面积之大，进一步说明在强筋小麦育种中，以生态适应性为链条进行其他主要育种目标性状集成组装的必要性。

（二）围绕蛋白质（湿面筋）质量进行强筋小麦品质改良

在我国各地强筋小麦育种中，常因生态区域不同，强筋小麦育种目标会有所不同。然而，无论是冬麦、春麦或是不同生态类型乃至同一生态类型内不同熟期品种，只要属于强筋小麦品质类型，就必须具备相似，甚至相同的主要品质内涵。小麦品质内涵由小麦品质性状所组成。尽管强筋小麦品质性状很多，可就各品质性状与二次加工品质关系而言，尤以蛋白质（湿面筋）质量对强筋小麦二次加工品质贡献为最大，并受环境条件变化影响相对较小。正因如此，围绕蛋白质（湿面筋）质量进行强筋小麦品质改良，现已逐步得到小麦育种者的认可。如 2000 年以来，“龙麦号”小麦育种者以改进蛋白质（湿面筋）质量为突破口，同步进行淀粉特性和蛋白质（湿面筋）含量遗传改良，不但将强筋小麦品质育种目标落在实处，而且使面包/面条兼用型强筋小麦品质改良效率获得显著提升。这一论点，其实早在 20 世纪 90 年代，从我国一些高面筋含量小麦品种难以满足国内强筋小麦生产和市场需求中，就已得到证明。

国内外大量研究结果认为，决定小麦品种蛋白质（湿面筋）质量的基因主要位于 1A、1B、1D 和 3A 等小麦染色体上，并且不同基因决定的高分子量麦谷蛋白亚基种类与组合对蛋白质（湿面筋）质量贡献不同。其中，*Glu-D1d* 和 *Glu-B1al* 等优质亚基基因对强筋小麦面筋质量遗传贡献相对较大。如 20 世纪 90 年代以来，黑龙江省农业科学院张延滨等利用自主创制的小冰 33 和克丰 3 号等 *Glu-D1* 近等基因系群，对小麦加工品质遗传贡献率的一些研究结果表明，*Glu-D1d* 基因对小麦加工品质的遗传贡献率明显大于 *Glu-D1a* 基因。其中，克丰 3 号 *Glu-D1d*（5+10）近等基因系与对照品种克丰 3 号 *Glu-D1a*（2+12）相比，面团拉伸阻力可提高 200 EU 左右，面团稳定时间可提高 5 min 以上。宋维富等近期一些研究结果还表明，在小麦 1A 和 1B 染色体上的等位基因在面筋质量贡献率上，常表现为 *Glu-A1b*（2*）>*Glu-A1a*（1）>*Glu-A1c*（null）；*Glu-B1al*（7^{OE}+8）>*Glu-B1b*（7+8）>*Glu-B1i*（17+18）>*Glu-B1c*（7+9）等（表 7-16）。另外，*Glu-A3d* 等一些决定低分子量麦谷蛋白和醇溶蛋白合成的基因也与面筋质量关系密切。

表 7-16　龙麦 26 和龙麦 35 转 *Glu-A3d* 和 *Glu-B1al*（7^{OE}+8）基因的品质遗传效应

基因型	籽粒蛋白（%）	湿面筋（%）	面筋指数（%）	稳定时间（min）	断裂时间（min）	能量（cm^2）	延伸性（mm）	最大拉伸阻力（EU）
龙麦 26（*Glu-A3c*）	17.27	43.6	89.0	12.8	12.8			
龙麦 26（*Glu-A3d*）	17.02	37.9	96.8	13.4	13.4			
龙麦 35（*Glu-A3c*）	16.97	41.5	94.0	28.9	28.9			
龙麦 35（*Glu-A3d*）	16.80	42.1	94.3	36.1	36.1			
龙麦 26（7+9）	17.46	41.5	87.5	11.8	11.8	162	211	589

（续）

基因型	籽粒蛋白（%）	湿面筋（%）	面筋指数（%）	稳定时间（min）	断裂时间（min）	能量（cm^2）	延伸性（mm）	最大拉伸阻力（EU）
龙麦 26（7^{OE}+8）	16.99	41.4	90.3	18.0	18.0	185	218	648
龙麦 35（7+9）	17.03	40.9	94.1	10.9	10.9	144	227	480
龙麦 35（7^{OE}+8）	17.34	37.9	96.8	16.7	16.7	168	229	559

优异蛋白质（湿面筋）质量是保障强筋小麦二次品质的重要物质基础。在优异蛋白质（湿面筋）质量遗传改良时，根据相关目的基因的贡献率大小，可遵循“先主后辅”原则，进行定向导入与集聚，效果较好。如表 7－16 结果表明，先导入 *Glu－D1d*（5＋10）和 *Glu－B1al*（7^{OE}＋8）等对蛋白质（湿面筋）质量贡献率较大的优质亚基基因，然后再与其他位点的优异蛋白质（湿面筋）目的基因进行集成组装，可使强筋小麦蛋白质（湿面筋）质量遗传改良效率获得大幅提升。同时，在强筋小麦品质改良过程中，亦不能忽视其他品质性状对强筋小麦品种蛋白质（湿面筋）质量和二次加工品质表现的影响。如蛋白质（湿面筋）含量，是决定优异蛋白质（湿面筋）质量目的基因能否得到充分表达的物质基础。微糯淀粉特性是面包/面条兼用型强筋小麦新品种不可或缺的品质内涵。出粉率、粒形和容重等是决定强筋小麦原粮商品价值的一次加工品质重点性状。因此，在强筋小麦品质改良过程中，只有围绕蛋白质（湿面筋）质量进行其他小麦品质育种目标性状定向集聚，才能取得较好的品质改良效果。如 2018 年，赵广才通过豫麦 34 和济麦 20 等优质强筋小麦品种栽培试验结果发现，在生态环境和施肥处理相同时，强筋小麦品种间加工品质性状的差异主要受遗传基因所制约，进一步证明了这一论点。

（三）蛋白质（湿面筋）质量与产量改良同步进行

在强筋小麦育种中，优质与高产的矛盾问题，一直是育种者面临的最大难题之一。如何进行优质与高产育种目标性状集聚，不仅关系到强筋小麦育种技术路线的可行性，也常影响到质、量兼用型强筋小麦育种效率。小麦品质包括一次加工和二次加工品质两部分。其中，强筋小麦二次加工品质，由蛋白质（湿面筋）含量、蛋白质（湿面筋）质量和淀粉特性的诸多品质性状所组成。各地强筋小麦产业化发展过程表明，一个强筋小麦新品种的利用价值大小，关键在于它的二次加工品质和产量表现。因此，在强筋小麦二次品质和产量遗传改良时，明确彼此之间哪些性状是矛盾性状，哪些是非矛盾性状，可为解决优质与高产矛盾问题提供重要依据。

春小麦光温生态育种研究发现，以蛋白质（湿面筋）质量对强筋小麦二次加工品质贡献较大，并与产量几乎无负相关，且受环境条件变化影响相对较小等为依据，将小麦蛋白质（湿面筋）质量和产量视为“非矛盾性状”，依据可靠。在强筋小麦育种中，采用蛋白质（湿面筋）质量和产量同步改良技术路线，先进可行。它既可显著提升质、量兼用强筋小麦育种效率，也可迂回解决强筋小麦育种中的优质与高产矛盾问题。如 2010 年以来，“龙麦号”小麦育种团队通过龙麦 33、龙麦 35 和龙麦 39 等优质强筋小麦新品种的优质高效生产技术体系集成组装试验结果发现，各供试品种在不同地点、不同肥力和不同产量水平条件下，面团稳定时间变化较大，而面筋指数和能量变化较小。分析其中原因，主要是与这些品种的籽粒蛋白质（湿面筋）含量变化较大有关。再如表 7－17 所示，当超强筋小麦新品种龙麦 35 湿面筋含量降至20%左右时，尽管面团各项拉伸仪参数还处于强筋小麦范畴，可是面团稳定时间已跌至饼干小麦品质标准之内。这进一步说明，强筋小麦品种二次加工品质变化的原因，主要受制于蛋白质（湿面筋）含量的变化，而与蛋白质（湿面筋）质量关系相对较小。

表7-17　内蒙古呼伦贝尔牙克石农场龙麦35主要品质指标表现（2015年）

样品名称	面筋		粉质仪参数		拉伸仪参数		
	湿（%）	干（%）	面团形成时间（min）	稳定时间（min）	延伸性（mm）	最大拉伸阻力（EU）	能量（cm^2）
牙克石农场六队龙麦35	18.1	6.5	1.7	2.2	173	436	99
牙克石农场七队龙麦35	20.1	7.1	1.7	1.7	159	434	92
饼干小麦品质标准（GB/T 17893—1999）	≤22.0			≤2.5			

目前，蛋白质（湿面筋）质量与产量同步改良途径，已被成功用于东北春麦区强筋小麦育种之中。这种改良途径，不仅可使强筋小麦品种二次加工品质保持相对稳定，而且显著提升了该区“质、量兼用”型强筋小麦育种效率。如2000年以来，“龙麦号”小麦育种者以改进面筋质量为突破口，将优异蛋白质（湿面筋）质量与高产性状视为“非矛盾性状”，进行同步集聚与选择，不仅迂回解决了强筋小麦育种的优质与高产矛盾问题，而且选育推广了龙麦33、龙麦35、龙麦60和龙麦67等多个优质高产强筋小麦新品种。总结该育种经验认为，为保障强筋小麦品质和产量同步遗传改良效果，亲本选配“源头有水”至关重要。也就是说，无论是采用哪种亲本组合配置方式，必须保证双亲含有优质强筋源和高产源，不然就谈不上蛋白质（湿面筋）质量与产量同步改良和“质、量兼用”型强筋小麦育种。在小麦后代选择和处理时，重点进行蛋白质（湿面筋）质量遗传基础和主要品质指标的跟踪检测，关注各种产量性状表现，同步进行优异蛋白质（湿面筋）质量与高产性状集聚与选择，是“质、量兼用”型强筋小麦育种的关键举措。

这里需要注意的是，在强筋小麦蛋白质（湿面筋）质量和产量同步改良过程中，无论是亲本选配还是后代选择，只有从始至终抓住优异蛋白质（湿面筋）质量和高产性状不放，才能保证蛋白质（湿面筋）质量和产量同步改良效果。同时，为使集为一体的品质和产量性状能够得到充分表达，应各类生态适应调控性状集成组装为先，优异蛋白质（湿面筋）质量和产量潜力同步改良为后，前后顺序不可颠倒。否则，只会停留在种质创新层面，也难以为继进行“质、量兼用”型强筋小麦新品种的选育。

（四）蛋白质（湿面筋）质量和淀粉特性改良同步进行

蛋白质（湿面筋）质量和淀粉特性是小麦品质的主要内涵，也是面包/面条兼用强筋小麦品质改良的重点。东北春麦区强筋小麦生产各种比较优势突出。大力开展面包/面条兼用强筋小麦育种，是该区当前和近期的强筋小麦育种策略之一。为提高面包/面条兼用强筋小麦育种效率，在“质、量兼用”型强筋小麦育种基础上，进行蛋白质（湿面筋）质量和淀粉特性同步改良，是春小麦光温生态育种采用的重要育种途径。面包/面条兼用小麦新品种选育属于强筋小麦育种范畴。与面包小麦品种相比，面包/面条兼用强筋小麦品种，除要求具有优异蛋白质（湿面筋）质量和较高蛋白质（湿面筋）含量外，还要求淀粉特性必须满足各种面条制作需求。面包/面条兼用型小麦育种涉及品质性状较多，品质改良难度较大。优异蛋白质（湿面筋）质量和微糯淀粉特性，是面包/面条兼用型小麦的主要品质内涵。了解二者及其相关遗传基础与面包/面条兼用型强筋小麦的二次加工品质关系，可为蛋白质（湿面筋）质量和淀粉特性同步改良提供重要依据。

有研究结果表明，面筋质量（面筋强度和延伸性）和淀粉糊化特性对面包和面条品质影响较大。其中，面条的弹性主要受面筋含量和质量影响；软化度、光滑度和口感主要与淀粉特性关系密切，直链淀粉含量低，面粉膨胀势高。面筋强度较高、淀粉特性好的小麦粉适宜制作优质面条。宋健民等（2008）研究结果认为，支链淀粉是影响淀粉化学特性和面条品质的重要物质基础。李立特等通过研究发现，是否适合加工面条和饺子等中国传统食品，面粉的淀粉特性的作用程度甚至大于蛋白质（湿面筋）含量和质量。还有一些研究结果认为，淀粉糊化特性是反映淀粉特性质量的一个重要指标。糊化特性无论是对日本式面条还是中国式面条均有重要作用。刘建军等研究表明，峰值黏度与稀懈值对中国干面条的作用较大，二者不仅影响面团外观品质，而且影响面条质地和口感。

在面包/面条兼用强筋小麦品质遗传基础研究方面，*Glu-D1d* 和 *Glu-B1al* 等作为优异面筋质量的主效基因，已被小麦育种者所认同。小麦直链淀粉含量主要受 *Wx* 基因所控制，3 个 *Wx* 基因直链淀粉合成能力为 *Wx-B1*＞*Wx-D1*＞*Wx-A1*，以及 *Wx-B1* 基因缺失会导致小麦品质产生显著变化等，也被大量试验结果所证实。如刘建军等（2003）认为，*Wx-B1* 基因的缺失有利于淀粉糊化黏度、面粉膨胀体积和面条品质的提高；宋健民等（2007）通过对 6 类 *Wx* 基因组成的 14 个品种分析，*Wx-B1* 基因缺失品种直链淀粉含量最低，膨胀势和峰值黏度最高，面条评分最高。还有研究发现，*Wx-B1* 基因位点缺失对小麦淀粉特性的改良作用，几乎与 *Glu-D1d* 基因对面筋质量改良作用相当。在上述遗传基础聚合效应研究方面，方正武等（2019）将 *Wx* 基因缺失和优质高分子量麦谷蛋白亚基（HMW-GS）聚合，显著提高了淀粉、蛋白质品质、面条蒸煮品质和感官评分。宋归华（2018）认为，优质 5+10 亚基显著提高了面条质构参数中的硬度和咀嚼性，而 *Wx* 基因缺失显著提高了面条软硬度、光滑性。集聚 *Wx* 基因缺失和优质 HMW-GS 亚基组合，可显著改良面条制作品质。我国育成推广的郑麦 366、龙麦 26 和龙麦 35 等著名面包/面条兼用型强筋小麦品种均属 *Glu-D1d* 等优质亚基基因与 *Wx-B1* 基因缺失集一体类型，进一步证明了二者聚合遗传效应在面包/面条兼用型强筋小麦二次加工品质改良中的利用价值。

目前，优异蛋白质（湿面筋）质量和微糯淀粉特性是面包/面条兼用型小麦主要品质内涵，已被大量相关研究结果和强筋小麦育种实践所证实。利用各种育种手段，进行小麦蛋白质（湿面筋）质量和淀粉特性同步改良，已成为东北春麦区面包/面条兼用型强筋小麦育种的重要途径之一。如“龙麦号”小麦育种者以面筋质量与淀粉特性二者之间相对独立为依据，以 *Glu-D1d* 等优质亚基基因和 *Wx* 基因缺失遗传效应等为主要遗传基础，采取“抓两头，带中间”育种策略，不仅成功实现了蛋白质（湿面筋）质量和淀粉特性的同步改良，而且选育推广了龙麦 35 等多个面包/面条兼用型强筋小麦新品种和创造了一批面包/面条兼用型强筋小麦新种质。具体做法是，小麦亲本选配时，在面筋质量和淀粉特性品质分析结果基础上，重点进行 *Glu-D1d* 等优质亚基基因和 *Wx* 基因缺失遗传效应等相关遗传基础同步集聚，可为面包/面条兼用型强筋小麦后代选择提供品质保障。后代处理时，考虑到小麦杂种分离世代期间对面筋质量和淀粉特性同步选择难度较大，移至高世代（F_5 代）和决选世代

(F_6 代和 F_7 代）及稳定品系处理期间，进行面筋质量和淀粉特性相关品质遗传基础检测和选择，可实现优异面筋质量和微糯淀粉特性的同步集聚。它是“龙麦号”面包/面条兼用型强筋小麦育种的成功经验之一，也是能否实现蛋白质（湿面筋）质量和淀粉特性同步改良的关键所在。

另外，还需关注的是：第一，*Wx* 基因缺失，特别是 *Wx-B1* 基因缺失遗传效应，只有在优异蛋白质（湿面筋）质量和较高蛋白质（湿面筋）含量遗传背景下，才能具有较高的利用价值。第二，只有以生态适应性为链条，产量为基础，多抗为保证，优异面筋质量和微糯淀粉特性同步集聚，才能在面包/面条兼用型强筋小麦育种中具有实用意义。第三，对最终入选优异材料，除进行主要品质指标和相关遗传基础分析外，面包和面条等面食制品烘焙和蒸煮品质评价不可或缺。第四，关注 1BL/1R 遗传基础和多酚氧化酶（PPO）活性等，对了解面包/面条兼用型强筋小麦二次加工品质的负面效应非常必要。

第五节　强筋小麦新品种选育

强筋小麦新品种，属于专用小麦生产资料。它是育种者在一定生态和经济条件下，根据小麦生产发展和市场需求而创造的一种小麦品质类型。因此，利用春小麦光温生态育种指导强筋小麦新品种选育时，只有按照东北春麦区强筋小麦育种策略和目标，并采取相应育种理论与方法，才能不断提升该区的强筋小麦育种效率。

一、亲本选配

（一）亲本选配原则

小麦亲本选配原则是小麦亲本选配的重要理论依据。这里提出的小麦亲本选配原则，主要是在春小麦光温生态育种亲本选配原则基础上，针对强筋小麦育种特点，重点在品质遗传改良方面进行了细化与补充。

1. 以二次加工品质遗传改良为主

强筋小麦育种属于专用小麦育种范畴。它与高产育种相比，在小麦亲本选配原则方面，既有共同之处，也各有侧重。共同之处是，二者均需高度重视高产、多抗、生态适应等育种目标性状的遗传改良。各自侧重点是，高产育种是以提高产量潜力和产量稳定性等作为亲本选配的主要依据。强筋小麦育种则是在高产育种亲本选配原则基础上，还需高度重视小麦品质，特别是二次加工品质的遗传改良。原因是，强筋小麦新品种的二次加工品质表现是决定其能否在强筋小麦生产与产业化进程中得到广泛利用的关键。因此，在强筋小麦育种中，只有将二次加工品质遗传改良为主作为小麦亲本选配的主要原则之一，才能抓住强筋小麦品质改良的重点。

该项小麦亲本选配原则落实程度，常直接关系到强筋小麦育种效率。春小麦光温生态育种认为，能否将该项原则落实到位，主要取决于以下各项工作的实施力度。其中包括：一是充分了解双亲品质遗传基础，是开展强筋小麦育种亲本选配工作的前提。二是采用适宜亲本组配方式，进行 *Glu-D1d*、*Glu-B1al* 和 *Glu-A3d* 等高、低麦谷蛋白优质亚基基因的快速集聚，是强筋小麦二次加工品质改良的重中之重。三是在小麦亲本选配时，协调好双亲蛋白质（湿面筋）含量、蛋白质（湿面筋）质量和籽粒淀粉特性三者之间的关系，是强筋小麦，特别是面包/面条兼用型小麦二次加工品质遗传改良能否获得成功的关键。

另外，在强筋小麦育种亲本选配时，亦不可忽视一次加工品质（磨粉品质）重点性状的遗传改良，如粒形、千粒重、容重和籽粒硬度等。从小麦加工角度看，如果这些性状不能满足一次加工品质要求，通常也会对强筋小麦原粮的商品价值产生一定的影响。

2. 以当地主导（栽）面包/面条兼用型小麦品种作为基础亲本

我国是面食蒸煮食品消费大国。针对强筋小麦在我国的最大市场需求，就是利用配麦和配粉工艺生产面条粉和饺子粉等特定国情，大力开展面包/面条兼用型强筋小麦新品种选育，现已成为我国当前和近期强筋小麦育种的主要任务之一。与强筋小麦育种一样，为实现面包/面条兼用型强筋小麦育种目标，在配置该类强筋小麦杂交组合时，以当地主导（栽）面包/面条兼用型小麦品种作为基础亲本非常重要。

追本究源，一是这类亲本往往是在当地生态环境下种植多年，产量潜力较高，除对当地自然条件和栽培条件具有良好生态适应性外，还对当地的主要病（逆）害等具有较高的抗性水平。二是以当地主栽面包/面条兼用型小麦品种为基础亲本，可为其后代提供优异面筋质量、较高面筋含量和优异淀粉特性等主要品质遗传基础保证。三是以这类材料为基础亲本，可为面包/面条兼用强筋小麦新品种选育提供多重基本保障，杂交组合配置成功率较高。

面包/面条兼用型小麦新品种选育属于强筋小麦育种范畴。从亲本选配所需主要遗传基础看，除要求双亲之一必须具备 *Glu*-*D1d* 等优质亚基基因和 *Wx*-*B1* 基因位点缺失等品质遗传基础外，了解双亲携有的其他主要育种目标性状，特别是产量性状和主要生态适应调控性状遗传基础，以及确定适宜亲本组配方式等亦不可忽视。总之，无论采取哪种亲本组配方式，能将面包/面条兼用型新品种所需各类目的基因，以最大程度和最快速率集为一体，就是制定强筋小麦育种亲本选配原则的主要依据。

3. 品质与产量遗传改良同步进行

我国耕地面积有限，小麦是我国主要口粮作物之一。为满足全国人民“既要吃上面，又要吃上好面”的双重需求，我国强筋小麦育种必须在以品质改良作为首要育种目标前提下，高度重视产量、抗性及适应性等目标性状的遗传改良。因此，在东北春麦区强筋小麦育种工作中，品质与产量遗传改良同步进行，也是强筋小麦育种亲本选配时需要遵循的重要原则之一。

根据该项原则，在强筋小麦育种亲本选配时，以蛋白质（湿面筋）质量对强筋小麦品种二次加工品质表现贡献较大，且与产量几乎无负相关为主要理论依据，可将蛋白质（湿面筋）质量和产量性状归为“非矛盾性状”进行亲本选择与组合配置。其中，亲本选择的品质和产量潜力标准主要包括：至少双亲之一，在蛋白质（湿面筋）质量上表现十分优异，并以超强筋为主、强筋为辅；至少双亲之一，产量潜力不能低于当地高产品种。组合配置的主要目的是：双亲能够实现优异蛋白质（湿面筋）质量与高产性状的同步集聚，并在必备生态适应调控性状种类和调控力度上，能够实现最大程度的互补，以使其后代能够较好地适应当地的生态环境。

实现以上亲本选配目标，亲本分类是关键。只有将小麦育种者手中掌握的各种目的基因源，按照生态类型、蛋白质（湿面筋）质量、蛋白质（湿面筋）含量、产量潜力、抗病（逆）特性和熟期等进行亲本详细分类后，才能有序地进行各种育种目标性状的定向导入与集聚。

4. 尽量消除 1B/1R 等对品质的负效应

目前，关于 1B/1R 产生的黑麦碱对强筋小麦品种的二次加工品质具有明显的负效应，在国内外强筋小麦育种和生产实践中已经得到证实。因此，在强筋小麦育种亲本选配时，除需高度关注二次加工品质潜力和品质稳定性遗传改良及品质与产量关系外，还要密切注意双亲是否具有 1B/1R 遗传基础，及其穗发芽抗性和抗干热风能力等对强筋小麦品质的负向影响。

其中，双亲是否携有 1B/1R 遗传基础，可通过分子检测等手段来获知。利用蛋白质组分分析和生化标记跟踪检测等途径，可有助于分析与了解双亲 GMP 含量多少及高、低麦谷蛋白亚基组合等相关品质遗传基础。根据穗发芽和后期抗干热风抗性鉴定等鉴定结果，可明晰双亲的品质稳定性等。总之，双亲上述性状的相关遗传基础及其抗逆能力，都与其后代的二次加工品质表现紧密相连，切不可忽视。

（二）主要亲本组配方式

在东北春麦区强筋小麦育种中，尽管采用的亲本组配方式与高产育种方式基本相同，可二者的重点改良方向却明显不同。其中，强筋小麦育种的亲本组配方式，是以改进品质和提高产量为主，并需遵循“质为先，量为后”原则；而小麦高产育种的亲本组配方式，则以“提高产量潜力”为主要目的。因此，在强筋小麦育种中，无论采用单交、三交或滚动式回交等任何一种亲本组配方式，都必须将强筋小麦品质遗传改良放在重要位置。

与高产育种一样，单交也是东北春麦区强筋小麦育种中最常用和最有效的一种亲本组配方式。为快速实现优异蛋白质（湿面筋）质量目的基因与产量及其他目标性状的定向集聚，利用单交方式进行强筋小麦新品种选育时，首先，要求双亲间品质互补目标性状明确，遗传基础清晰，特别是进行面包/面条兼用型强筋小麦品种选育时，还要特别关注 *Glu-D1d* 基因与 *Wx-B1* 基因缺失等主效基因的定向集聚。其次，要求双亲间能在产量及其他主要育种目标性状方面，实现最大程度的互补。再次，为保障后代材料具有可靠品质遗传基础和较好生态适应能力，应选育什么生态类型小麦新品种，就以相同生态类型强筋小麦材料为母本。最后，根据品质遗传改良需求，以采用不同生态类型间的超强筋×强筋、超强筋×中强筋或强筋×强筋等亲本组配方式为佳，而不宜采用强筋×弱筋或中筋×中筋品质类型的亲本组配方式。原因是，强筋×弱筋亲本组配方式，其后代蛋白质和面筋含量的基因总剂量通常偏低；中筋×中筋亲本组配方式，尽管其后代蛋白质和面筋含量较高，可面筋质量却难以达到强筋小麦品质标准。

三交方式在东北春麦区强筋小麦育种中的利用价值，主要是用于解决地理或生态远缘杂交后代的生态适应，以及利用单交方式难以满足强筋小麦，特别是质、量兼用型强筋小麦育种目标需求等问题。在选用三交方式进行强筋小麦遗传改良时，由于最后一个亲本的遗传物质可占其后代的 50%，因此在考虑 3 个亲本间育种目标性状互补时，更要高度关注最后一个亲本的选择与利用。在 A/B//C 三交组合配置中，虽然 A/B 的配置原则与单交组合基本相同，但第三个亲本必须为优质强筋、丰产、多抗、广适，并以近期推广主导（栽）品种或苗头品系，作为第三个亲本较为适宜。同时要求，3 个亲本在品质和产量等主要育种目标互补性状原则上不能超过 3 个；对当地生态条件适应性和强筋小麦品质遗传基础应占 2/3 以上，并需具备当地主要病害和生态抗性等遗传基础。在利用三交方式进行各种目标性状集聚过程中，要求禁忌利用中筋或弱筋高产多抗材料作为第三个亲本进行最后一次杂交。否则，在杂种后代的品质性状选择中，难度会明显加大，甚至会出现三交组合的无效配置。

为提高地理远缘和生态远缘等杂交组合在强筋小麦育种中的利用价值，滚动式回交

[(A/B) F_1//A_1、A_2……或 B_1、B_2……)]，也是春小麦光温生态育种经常采用的亲本组配方式之一。如2004年以来，肖志敏等利用“1冬2春”和“1冬3春”等滚动式回交方式，在冬春杂交育种中，不但降低了春性与光钝显性基因对其杂种世代主要农艺性状表达的影响，而且在一定程度上解决了后代材料与轮回亲本趋于同质等问题。同时，春小麦光温生态育种认为，为充分发挥滚动式回交方式在东北春麦区强筋小麦遗传改良中的利用价值，以下几点还需引起注意：一是要根据强筋小麦育种目标，高度关注所用亲本间主要目标性状的互补程度。二是要根据回交后代主要性状表现，特别是针对重点改造的育种目标性状，如品质、产量或抗病性等，确定各轮滚动式回交适宜亲本。三是最好选用近期推广，且只有个别缺点需要改造的主导（栽）强筋小麦新品种或苗头品系作为各轮滚动式回交亲本。四是滚动式回交次数以2～3次为宜，同时要重点选择最后一轮滚动式回交亲本。因它可占其后代遗传基础的50%，并直接关系到最终育种效果。特别强调，各轮滚动式回交亲本的主要育种目标性状选择标准，与三交方式选用第三亲本的选择标准基本相同。

二、杂种后代选择

（一）F_1 代和 F_2 代选择

与高产育种一样，春小麦光温生态育种的强筋小麦杂种后代选择，也是利用生态系谱法和生态派生系谱法两种方法进行处理。由于小麦蛋白质（湿面筋）含量属于数量性状遗传，且决定蛋白质（湿面筋）质量的各等位基因又为共显性关系，因此强筋小麦组合的 F_1 代的田间和室内选择内容，与高产组合的 F_1 代选择内容基本相同。它们都是以选择苗期抗旱性、花期秆强度、株穗数、小穗数、穗粒数和熟相等农艺性状为主，只是在品质性状上，要重视籽粒角质率的选择。

为提升强筋小麦组合的 F_1 代选择效率，对利用不同杂交方式获得的 F_1 代组合，处理方式会有所不同。其中，对单交 F_1 代组合主要处理方式和内容为：首先，需根据相应的对照品种，进行生态类型、光温反应特性和熟期组合分类。其次，根据光钝对光敏和无芒对有芒等显性性状遗传特点，对伪杂种组合进行淘汰。再次，在主要农艺性状选择压力确定方面，鉴于中筋亲本多为农艺性状突出者，对强筋×中筋或中筋×强筋类组合，田间选择压力一般要大于超强筋×强筋和强筋×强筋类组合。对田间各类入选组合，除淘汰少量农艺性状表现不良单株外，其余单株可进行单株脱粒或混合脱粒，并经室内考种后，入选组合可用于下一年 F_2 代种植。在三交和滚动式回交等 F_1 代组合选择上，以农艺性状优异单株分离比例高低作为杂交组合入选的主要依据。根据强筋小麦育种品质与产量同步改良需求，对强筋×中筋或中筋×强筋组合 F_1 代入选单株数量，一般应多于超强筋×强筋或强筋×强筋类组合，以增加 F_2 代群体量及优质、高产与多抗等集目标性状为一体的单株分离比例。由于该类组合 F_1 代的孢子体上即处于分离状态，因此需对入选组合的 F_1 代单株进行田间选择，并经室内考种后，入选单株可用于下一年 F_2 代种植。

F_2 代的田间选择内容与 F_1 代基本相同。在田间选择时，对入选组合的入选单株，要按照株高和相应对照品种进行生态类型分类。在室内考种时，应先脱矮株，后脱高株。考种内容除包括单株产量、粒大小和粒形等性状选择外，还要关注组合间或组合内入选单株的角质率变化，以间接进行籽粒蛋白质和湿面筋含量的相关选择。如从图7-7看出，龙麦35角质率下降，湿面筋含量也下降。湿面筋含量下降，不但导致龙麦35面团延伸性变短，而且还致使其面团稳定时间也出现大幅下降。这点，在强筋小麦杂种后代选择时至关重要，因它将涉及最终入选品系的二次加工品质问题（图 7-7）。

龙麦35(大繁)		
角质率 (%)		90.0
湿面筋 (%)		31.8
稳定时间(min)		10.3
拉伸参数	最大拉伸阻力(EU)	570
	延伸性(mm)	195
	能量(cm^2)	146

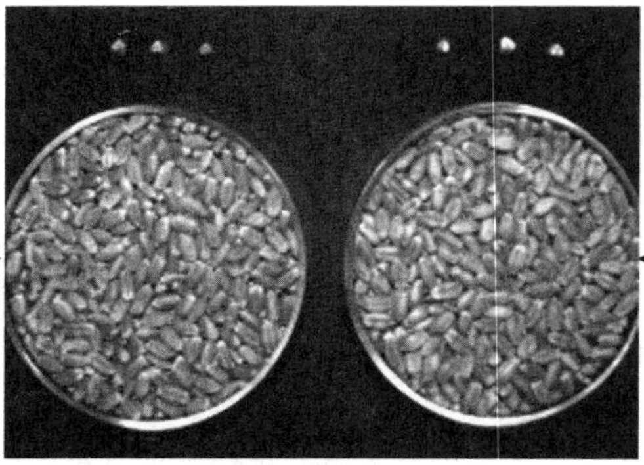

龙麦35(小繁)		
角质率 (%)		65.0
湿面筋 (%)		23.7
稳定时间(min)		2.2
拉伸参数	最大拉伸阻力(EU)	630
	延伸性(mm)	167
	能量(cm^2)	137

图 7-7　不同角质率的龙麦 35 主要品质指标表现（哈尔滨，2015 年）

注：图中数据为 2015 年农业部谷物制品中心（哈尔滨）检测结果。

另外，在同一强筋小麦杂交组合内高、矮单株淘汰时，可将入选矮株的籽粒表现作为高株的参考对照。原因是，同一杂交组合的高株田间所处生态条件一般都优于矮株，以矮株的籽粒为对照，有助于高株材料的生态适应性选择。

（二）F_3 代和 F_4 代选择

在春小麦光温生态育种中，强筋小麦的 F_3 代和 F_4 代处理，也需遵照“组合与单株选择并重”原则，田间以选择主要农艺性状为主。田间选择顺序同样为先选组合，后选株行。另外，为提升田间选择效果，还可利用 F_3 代和 F_4 代出现的株行群体效应，将当地一些主要抗病（逆）和农艺性状，从定性选择转化为定量选择。如 2000 年以来，黑龙江省农业科学院“龙麦号”小麦育种者等将苗期抗旱性、光周期反应、花期秆强度和赤霉病抗性等从强、中、弱定性选择转化为 1～4 级定量选择，不仅实现了上述性状的田间标准化选择，而且显著推进了强筋小麦的多抗性遗传改良进程。

在田间生态类型分类选择时，鉴于 F_3 代和 F_4 代株行内分离幅度明显变小，对入选组合，应以株行间生态类型分类选择为主，以株行内单株生态类型分类选择为辅。室内考种内容，F_3 代和 F_4 代与 F_2 代基本相同。另外，为尽快了解 F_3 代和 F_4 代入选组合的品质潜力，也可采用一些简洁快速的品质跟踪监测方式。如对一些优异株行，除入选单株外，余下田间种植单株可混收磨粉后，进行微量沉淀值测试；或将入选优异株行室内淘汰的单株籽粒混合磨粉后，进行微量沉淀值检测等。受品质分析工作量所限，这类株行的数量不宜过多。

（三）F_5 代以上选择

在春小麦光温生态育种中，F_5 代属于高世代杂种材料范畴。根据强筋小麦育种目标要求，F_5 代材料，除田间选择标准和室内产量性状考种内容与 F_3 代和 F_4 代选择基本相似外，还需遵循生态系谱法和生态派生系谱法的“两头大、中间小”原则，进行组合、株行和单株选择。即田间入选组合数要少于 F_3 代和 F_4 代，而入选组合的株行和单株入选率要明显多于 F_3 代和 F_4 代。特别是从世代交替角度看，F_5 单株的籽粒已为 F_6 代，对最终入选单株进行优异麦谷蛋白亚基种类和 *Wx* 基因缺失等遗传基础检测，可为 F_6 代株系品质选择提供可靠依据。若有可能，将 F_5 代重点组合中的重点株行单株选择剩余群体，进行微量沉淀值、面筋指数及湿面筋含量测定，还可为 F_6 代田间品质选择提供更多参考依据。

F_6 代作为株系选择的主要世代，选择内容由田间选择和室内选择两部分组成。其中，田间选择内容主要为：首先根据供试材料和相应生态类型对照品种田间各种农艺性状表现，产量因素构成及各种生态适应调控性状集成与表现程度等，确定入选组合及重点组合。然后，再依据 F_6 代田间综合表现和 F_5 代室内考种结果及测试的一些相关品质指标等，在重点组合中确定重点株行。入选株行田间收获，分为考种点与群体两部分进行。考种点取样应为株行中具有代表性区域。考种点田间收获单株一般为 10 株左右。

室内选择主要为产量和品质性状两方面内容。其中，产量性状主要包括：株行产量（不含考种点）、千粒重、主穗粒数、单株粒重和粒形等。品质性状（指标）主要为籽粒角质率、蛋白质含量、湿面筋含量、面筋指数、沉淀值、面团稳定时间或揉混参数等。品质及抗性遗传基础选择内容主要为高低麦谷蛋白亚基种类、*Wx* 基因缺失与否，以及是否携有抗赤霉病 *Fhb1* 主效基因等。在蛋白质（湿面筋）质量选择上，考虑 F_6 代群体籽粒产量有限，面团拉伸品质难以测定，一般是根据面筋指数、揉混参数、Zeleny 沉淀值或微量面团稳定时间等指标表现进行初步选择。最终，根据入选组合及株行的田间整体表现，室内籽粒考种及品质分析结果和相关遗传基础，决选出一批 F_6 代株系材料进入下一年产量鉴定试验。另外，为给下一年产量鉴定试验提供一些抗病（逆）性依据，黑龙江省农业科学院作物资源研究所小麦育种者还常利用冬季温室二季环境，对入选的 F_6 材料进行抗赤霉病和穗发芽抗性鉴定。

在春小麦光温生态育种中，F_7 代通常是指对一些血缘关系相对较远或在 F_6 代有些性状在田间仍出现分离的一些株系的处理。有时，对一些 F_6 代重点组合的重点株行考种点的单株也可纳入到 F_7 代进行处理，以进一步观察 F_6 代入选材料在稀植选种与密植产量鉴定条件下的差异，并对其各种目标性状进行进一步选择。F_7 代田间及室内选择程序、内容与标准与 F_6 代选择基本相同。该世代也是为产量鉴定试验提供稳定品系的主要来源。

三、稳定品系处理

稳定品系处理是强筋小麦育种的重要组成部分。稳定品系处理就是将选种圃选出的不同生态类型强筋小麦新株系，在接近当地生产条件下进一步进行选择，从中选择出符合强筋小麦育种目标的新品系，提供不同生态区的区域试验所用。关于小麦稳定品系处理的依据及具体内容，将在本书第十章进行详细论述。这里仅就强筋小麦稳定品系的处理过程及手段进行简要论述。

（一）不同生态类型强筋小麦品系鉴定试验

在春小麦光温生态育种中，由于杂种后代选择与稳定品系处理环境不同，所以不同生态类型品系鉴定试验，可认为是在密植生产条件下对参试材料的第二次选择过程。为提高不同生态类型强筋小麦品系鉴定试验的准确性，首先，应根据选种圃的生态类型分类结果，将参试材料分成不同类型组，如旱肥型和水肥型鉴定试验组等，并设置相应生态类型的品质和高产对照品种，分别进行鉴定试验。其次，如果参试材料在选种圃的生态类型划分不准确，应以品系鉴定试验的田间划分结果为准。最后，当同一生态类型鉴定组中具有不同熟期品系时，应采用同类型和同熟期的小麦品种作为对照品种。

根据生态类型与环境关系，该试验的各参试材料最好应在所需生态环境下进行鉴定试验，如水肥型材料应在高肥足水条件下进行试验；旱肥型材料应放置在苗期较为干旱条件下进行试验等。若鉴定试验条件不具备，可人工创造相似生态环境。如果人工创造环境也办不到，可按照不同生态类型组，并参照相应对照品种的表现分别进行统计分析与选择。另外，针对该类试验往往参试品系数目较多而每个品系种子量又较少的特点，试验设计通常采用随机区组设计，区长 3～4 m，行距 15 cm，3 次重复。

因该试验需要在密植生产条件下，重点考察参试品系各类育种目标性状在田间的表现，所以对产量性状、生态适应调控性状、主要抗病（逆）性和生育期等性状，在田间需进行详细调查与记载。同时，对田间入选品系在室内还需进一步进行品质分析和产量鉴定。受参试品系的籽粒产量所限，品质分析主要进行籽粒蛋白质和湿（干）面筋含量测定；面筋指数和面团稳定时间等重要面筋质量和二次加工品质指标检测，以及高、低分子量麦谷蛋白亚基种类和 *Wx* 基因缺失相关遗传基础分析等。产量鉴定主要内容：小区产量、千粒重和容重等。同时，对粒形、籽粒饱满度和角质率等性状应给予一定关注。最终，将品质综合指标达到中强筋以上，产量潜力不低于当地高产对照品种，并结合主要病害人工接种鉴定结果和田间表现等，决选出一批符合强筋小麦育种目标需求的不同生态类型品系，用于参加下一年品种比较试验。该试验所需时间一般为 1～2 年。

（二）不同生态类型品系比较试验

不同生态类型品系比较试验是品系鉴定试验的继续。它的主要任务是将不同生态类型品系鉴定试验中选择出的优良品种（系），在较大面积上进行更为精确的试验，以进一步鉴定其强筋小麦品质潜能、丰产性和抗病（逆）性等。根据试验结果，从中选出一些在不同生态区有试验价值的品种（系），供下一步异地鉴定试验和小量繁殖试验（小繁试验）所用。该试验所需时间一般为 1～2 年。

与品系鉴定试验一样，该试验仍需按照参试材料的生态类型继续进行分组试验，并同时设置相应生态类型的品质和高产品种作为对照。试验多采用随机区组试验方法进行，小区面积一般为 12～15 m^2，重复 3～4 次。若有灌溉条件，小区间距可适当扩大，以 40 cm 左右为宜；若无灌溉条件，小区间距一般在 30 cm 左右。该试验的田间调查记载项目虽与不同生态类型品系鉴定试验基本相同，但需要更详细的调查记载，以便与相应对照品种作比较，进而为供试品系决选提供可靠依据。

该试验田间入选品系同样需要在室内进行品质分析和产量鉴定。产量鉴定内容和产量潜力要求与不同生态类型品系鉴定试验基本相同。不同的是，由于该试验小区种植面积相对较大，籽粒产量基本可满足强筋小麦的全方位品质潜力检测和二次加工品质评价需求，所以品质分析内容，除包括不同生态类型品系鉴定试验的蛋白质（湿面筋）含量，面团稳定时间、优异高、低分子量麦谷蛋白亚基及 *Wx* 基因缺失种类检测外，还需进行面团拉伸参数测试和面包与面条等面食制品的二次加工品质评价等方面研究，以便尽早明确该试验入选品系的二次加工品质潜力。另外，为缩短育种年限，该试验也可与异地鉴定试验同步进行。

（三）异地鉴定与小繁试验及区域试验参试品系选择

在春小麦光温生态育种中，异地鉴定试验可认为是区域试验的前奏。该试验参试材料主要是来自不同生态类型品系比较试验中决选出的各种生态类型苗头品系。根据东北春麦区强筋小麦育种实践结果，异地鉴定试验供试品系的数量，一般以拟参加省级区域试验品系的 3～4 倍为宜。如下一年计划新参加区域试验材料为 10 份左右，异地鉴定试验参试品系应在 30 份以上。为加快育种进程，异地鉴定试验与不同生态类型品系比较试验可同步进行。一般情况下，当地小麦种植生态区划及生态条件的复杂程度常与异地鉴定点的分布及其点数多少等关系密切。如在东北春麦区小麦同苗龄时生态环境差异较大条件下，为明确各种生态类型供试品系的生态适应能力，异地鉴定试验点数应在 15 个以上。

为保证异地鉴定试验的准确性，异地鉴定试验点的选择应以当地小麦种植生态区划为依据。异地鉴定试验需根据参试材料的生态类型分为不同生态区进行，并根据相应生态类型对照品种的表现进行处理与选择。各异地鉴定试验点的每一参试品系试验面积为 10 m^2 以上，试验重复次数两次以上为宜。在异地鉴定试验的参试品系田间选择上，要以异地鉴定试验点的田间综合表现为主，室内考种和品质分析结果为辅。田间选择标准与不同生态类型品系比较试验基本相同。一般情况下，田间淘汰率为 10％～20％。对该试验田间入选品系，首先，要求品质类型必须为强筋类。具体做法为：选择 3～4 个具有代表性的异地鉴定试验点，对田间入选材料蛋白质（湿面筋）含量与质量、淀粉特性及二次加工品质表现等进行全方位的分析与评价。其次，要求产量潜力应与当地高产品种持平或略高。再次，对入选品系的主要病（逆）害抗性、生态适应性及其他相关育种目标性状，还需进行综合评价与选择。最后，根据各异地鉴定试验点的综合试验结果，决选出一批优异的异地鉴定品系参加下一步小繁试验。

小繁试验是异地鉴定试验的补充与发展。二者的区别是，前者在育种点一地进行，后者在多地进行。因为小繁试验与异地鉴定试验通常同步进行，所以小繁试验的任务与功能主要为：一方面，它相当于在一个试验点上进行较大面积的生产试验。另一方面，它必须为下一年拟参加省级区域试验品系繁殖出足够的种子数量。根据小繁试验的任务与功能，设置相应生态类型的品质和产量对照品种非常重要。小繁参试品系的田间取舍，主要根据它们在异地鉴定试验中的表现。原则上在异地鉴定试验中田间保留的品系，在小繁试验中都要保留。小繁试验参试品系的决选依据可归结为：一是参试品系在异地鉴定试验中的田间表现；二是参试品系在异地鉴定试验的产量结果；三是参试品系的病害鉴定和在各地的品质分析结果；四是参试品系在小繁试验中与相应对照品种相比，其产量和品质表现等。

异地鉴定和小繁试验的最终目的，是选择出一批新的区域试验参试品系。为此，在区域试验新参试品系选择时，首先，应将当年异地鉴定和小繁试验的各种试验结果作为主要依据。同时，还要将不同生态类型品系鉴定试验和比较试验的试验结果考虑在内。其次，在分析各种试验数据时，要将生态适应能力和主要病（逆）抗性放在首位，并要求品质潜力达到中强筋以上，产量潜力不能低于当地高产品种。再次，要根据当地小麦品种生态区划，选择适宜的生态类型品系参加相适生态区域的区域试验，并对区域试验参试品系拟将取代生产上的哪一种小麦品种要尽量做到心中有数。最后，因区域试验参试品系常受数额限制，所以依据拟参试品系的综合表现，通过排序参加区域试验，有助于明确重点参试品系和提高小麦新品种的选育效率。

参考文献

曹宏鑫，王世敬，戴晓华，2003. 土壤基础肥力和肥水运筹对春小麦产量和品质及植株氮素状况的影响 [J]. 麦类作物学报 (2)：52-56.

程国旺，王浩波，黄群策，等，2003. 面包小麦品质和产量若干性状的相关性 [J]. 中国粮油学报 (4)：14-17.

程国旺，徐风，马传喜，等，2002. 小麦高分子量麦谷蛋白亚基组成与面包烘烤品质关系的研究 [J]. 安徽农业大学学报 (4)：369－372.
董哲生，2006. 小麦品质遗传与育种展望 [J]. 现代农业科技 (2)：63－65.
方正武，宋归华，张迎新，等，2019. *Wx*－*1* 基因变异和优质 HMW－GS 组合对中筋小麦品质的影响 [J]. 麦类作物学报，39 (3)：253－261.
冯海涛，郝令军，张涛，等，2012. 快速预测粉质拉伸指标方法的探究 [J]. 粮食与饲料工业 (11)：8－12.
高庆荣，于金凤，柳坤，2003. 小麦籽粒品质、高分子量谷蛋白亚基组成类型与面筋质量相关性的研究 [J]. 麦类作物学报 (2)：30－33.
蒋礼玲，张怀刚，2005. 自然环境因素对小麦品质的影响 [J]. 安徽农业科学 (3)：488－490.
金艳，郭慧娟，崔党群，2009. 环境因素对小麦蛋白质含量和品质的影响研究进展 [J]. 中国农学通报，25 (17)：250－254.
荆奇，姜东，戴廷波，等，2003. 基因型与生态环境对小麦籽粒品质与蛋白质组分的影响 [J]. 应用生态学报 (10)：1649－1653.
孔令聪，曹承富，汪建来，等，2005. 土壤基础肥力和氮肥运筹对强筋小麦产量和品质的影响 [J]. 中国农学通报 (7)：248－251.
李昆仑，孔治有，沙云，等，2017. 氮素和 *Wx* 基因缺失对小麦淀粉生物合成的影响 [J]. 云南农业大学学报 (自然科学版)，32 (4)：577－581.
李世平，王随保，靖金莲，等，2003. 小麦蛋白质含量和优质亚基遗传 [J]. 华北农学报 (3)：57－61.
李文阳，闫素辉，时侠清，等，2013. 小麦籽粒谷蛋白大聚合体粒度分布特征及对氮素的响应 [J]. 麦类作物学报，33 (4)：825－830.
李玉发，何中国，刘洪欣，等，2007. 东北早熟区春小麦品质与产量性状间的关系研究 [J]. 山东农业科学 (1)：5－7，11.
林成锵，钱家崇，1996. 小麦角度率和主要品质性状的相关性 [J]. 作物杂志 (6)：26.
刘爱峰，张臣良，王运智，等，2002. 基因型与环境对小麦品质性状的影响 [J]. 山东农业科学 (3)：3－5.
刘建军，何中虎，杨金，等，2003. 小麦品种淀粉特性变异及其与面条品质关系的研究 [J]. 中国农业科学 (1)：7－12.
刘丽，阎俊，张艳，等，2005. 冬播麦区 *Glu*－*1* 和 *Glu*－*3* 位点变异及 1B/1R 易位与小麦加工品质性状的关系 [J]. 中国农业科学 (10)：1944－1950.
刘丽，周阳，刘建军，等，2004. *Glu*－*1* 和 *Glu*－*3* 等位变异及 1BL/1RS 易位与面包和面条品质关系的研究 [J]. 中国农业科学 (9)：1265－1273.
刘强，田建珍，李佳佳，2012. 小麦粉粒度对其糊化特性影响的研究 [J]. 现代面粉工业，26 (6)：16－20.
石玉，谷淑波，于振文，等，2011. 不同品质类型小麦籽粒贮藏蛋白组分含量及相关酶活性 [J]. 作物学报，37 (11)：2030－2038.
宋归华，2018. 利用优质 HMW－GS 与 *Wx* 基因变异改良中筋小麦品质 [D]. 荆州：长江大学.
宋健民，刘爱峰，李豪圣，等，2008. 小麦籽粒淀粉理化特性与面条品质关系研究 [J]. 中国农业科学 (1)：272－279.
孙霞，2001. 不同 HMW－GS 类型春小麦高分子量谷蛋白形成和积累与品质的关系 [D]. 哈尔滨：东北农业大学.
孙致良，吴兆苏，1988. 小麦籽粒品质研究的进展 [J]. 莱阳农学院学报 (1)：38－44.
谭彩霞，封超年，郭文善，等，2010. 缺失不同 Wx 蛋白对小麦籽粒直链淀粉合成及淀粉特性的影响 [J]. 麦类作物学报，30 (5)：920－925.
唐建卫，殷贵鸿，王丽娜，等，2011. 小麦湿面筋含量和面筋指数遗传分析 [J]. 作物学报，37 (9)：1701－1706.
王广昌，王振林，崔志青，等，2011. 施氮水平对小麦籽粒谷蛋白大聚合体粒径分布的调控效应 [J]. 生态学报，31（7）：1827－1834.

王建设，刘广田，王岳光，1994. 小麦籽粒品质性状的遗传及早代选择效应Ⅰ：籽粒品质性状间及其与产量性状间的相关性［J］. 北京农业大学学报（3）：239－245.

王美芳，雷振生，吴政卿，等，2012. 面包面条兼用型强筋小麦品种郑麦366品质评价［J］. 中国粮油学报，27（8）：1－4，10.

王美芳，雷振生，吴政卿，等，2014. 环境变异及施肥措施对强筋小麦品质性状的影响［J］. 中国农学通报，30（21）：164－168.

王瑞，张永科，郭勇，等，2018. 小麦不同阶段产品品质性状的变异及其关系［J］. 麦类作物学报，38（8）：900－905.

王小燕，于振文，2005. 不同小麦品种主要品质性状及相关酶活性研究［J］. 中国农业科学（10）：1980－1988.

王月福，姜东，于振文，等，2003. 氮素水平对小麦籽粒产量和蛋白质含量的影响及其生理基础［J］. 中国农业科学（5）：513－520.

吴东兵，曹广才，强小林，等，2003. 生态高度与小麦品质的关系［J］. 麦类作物学报（2）：47－51.

杨雪，2008. 小麦籽粒蛋白质和淀粉性状数量遗传规律的研究［D］. 石河子：石河子大学.

于亚雄，刘丽，胡银星，等，2004. 1BL/1RS易位对小麦面筋品质的影响［J］. 西南农业学报（6）：685－689.

张莉丽，张延滨，宋庆杰，等，2007. 龙辐麦3号小麦品种HMW－GS Null和1近等基因系间品质差异的研究［J］. 中国农业科学（9）：1864－1870.

张留臣，胡琳，余大杰，等，2007. 低分子量谷蛋白亚基 *Glu－A3* 和 *Glu－B3* 位点对小麦面筋强度和烘焙特性影响［J］. 华北农学报（4）：162－167.

张美微，2012. 施氮量对小麦籽粒产量和品质形成的调控效应［D］. 郑州：河南农业大学.

张延滨，1999. 小麦高分子量麦谷蛋白亚基近等基因系及其应用研究进展［J］. 麦类作物学报（5）：13－16.

张延滨，孙连发，辛文利，等，2003. 主栽小麦品种中5＋10亚基对品质改良的影响［J］. 中国农业科学（3）：242－247.

张勇，何中虎，2002. 我国春播小麦淀粉糊化特性研究［J］. 中国农业科学（5）：471－475.

赵春，李增嘉，2008. 小麦品种面筋指数的遗传变异及其与其他品质性状的关系［J］. 安徽农业科学（16）：6711－6713.

赵广才，2018. 小麦优质高产栽培理论与技术［M］. 北京：中国农业科学技术出版社.

赵广才，万富世，常旭虹，等，2007. 强筋小麦产量和蛋白质含量的稳定性及其调控研究［J］. 中国农业科学（5）：895－901.

赵海滨，肖志敏，张春利，1999. 不同HMW麦谷蛋白亚基类型小麦品种（系的沉降值及其与面筋质和量的关系［J］. 麦类作物学报（1）：17－20.

赵振东，宋建民，刘建军，等，2001. 高产优质小麦新品种选育［C］//21世纪小麦遗传育种展望：小麦遗传育种国际学术讨论会文集：112－116.

周晓燕，贾殿勇，代兴龙，等，2013. 不同灌水处理对强筋小麦谷蛋白大聚合体粒度分布和品质的影响［J］. 应用生态学报，24（9）：2557－2563.

Briney A，Wilson R，Potter R H，et al.，1998. A PCR－based marker for selection of starch and potential noodle quality in wheat［J］. Molecular Breeding，4（5）：427－433.

Habernicht D K，Berg J E，Carlson G R，et al.，2002. Pan Bread and Raw Chinese Noodle Qualities in Hard Winter Wheat Genotypes Grown in Water － Limited Environments［J］. Crop Science，42（5）：1396－1403.

Lang C E，Lanning S P，Carlson G R，et al.，1998. Relationship between Baking and Noodle Quality in Hard White Spring Wheat［J］. Crop Science，38（3）：823－827.

第八章　春小麦诱变育种

小麦诱变育种，是指将诱变技术与小麦常规育种相结合的一种育种方法。在过去几十年里，世界各国利用小麦诱变育种方法创制出大量高产、优质、抗病和抗逆等小麦突变体材料，并选育推广了300多个小麦新品种，为全球小麦育种事业作出了巨大贡献。

第一节　物理诱变

物理诱变主要指利用X、γ、α、β射线和中子、紫外光等辐射处理生物体，使其遗传物质发生变异，从而进行选择的一种育种方法。目前，物理诱变技术已在水稻、玉米、小麦、蔬菜和花卉育种中得到广泛应用，并取得了良好效果。

一、物理诱变分类及其作用机制

（一）物理诱变分类

根据辐射源的种类，物理诱变主要可分为电磁辐射和粒子辐射两大类。其中，电磁辐射以电场和磁场交变震荡的方式穿过物质和空间传递能量，其本质是电磁波，主要包括γ射线、X射线，紫外线、激光、微波等，最为常用的是 $^{60}Co-\gamma$ 射线。粒子辐射是一些组成物质的基本粒子，或由这些基本粒子构成的原子核，其本质是运动粒子将自己的动能传递给物质，从而改变生物遗传物质的一种方法。其中主要包括α、β粒子，中子、质子、电子和离子束等，诱变育种中较为常用的是离子束和β粒子（图8-1）。

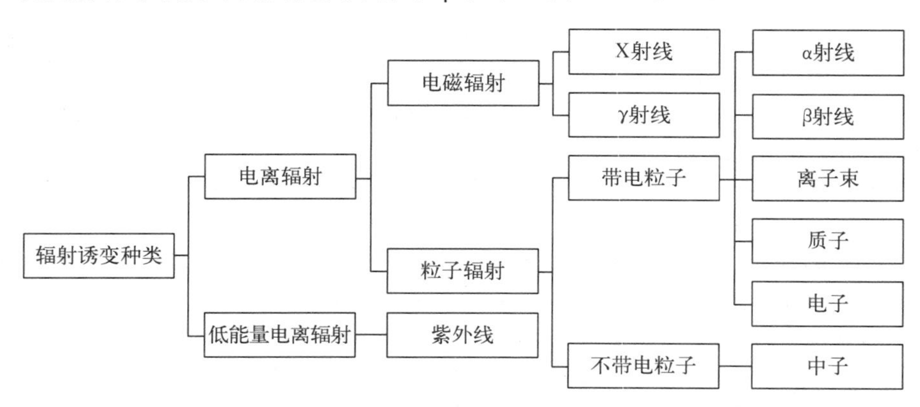

图8-1　物理诱变的分类

（二）诱变作用机制

辐射源通过辐射将能量传递到生物体内时，生物体内各种分子便产生电离和激发，产生许多化学性质十分活跃的自由原子或自由基团。它们之间相互发生反应，并与其周围物质特别是大分子核酸和蛋白质反应，引起分子结构的改变，进而影响了细胞内的一些生理生化反应过程，如 DNA 合成的中止、各种酶活性的改变等，使各部分结构进一步变化，从而使遗传物质发生变化，导致生物体产生变异。遗传物质变异主要包括染色体变异、DNA 突变和 DNA 甲基化等（表 8 - 1）。

表 8 - 1　不同辐射源的特性

辐射	源	性质	能量	危险性	深度
紫外线	水银灯	低能电磁	低	小	很浅
X 射线	X 射线机	电磁	50～300KeV	危险	数厘米
γ 射线	同位素及核反应	高能电磁	百万 eV	很危险	深
中子	同位素或加速器	不带电粒子	1 eV～百万 eV	很危险	深
β 粒子	同位素或加速器	电子	百万 eV	可能有危险	数毫米
α 粒子	同位素	氢核，电离密度大	百万 eV	内照射有危险	小于 1 mm
质子	核反应或加速器	氢核	十亿 eV	很危险	深

二、物理诱变效应

小麦物理诱变育种所用材料一般为休眠种子、活体植株、单细胞材料、外植体和离体培养的组织和器官。最常用的是休眠种子和活体植株。

（一）种子辐射效应

射线辐照对小麦种子具有致死效应。一种是种子不能正常萌发，这种情况一般是辐照剂量较大，种子分生组织细胞在结构和功能上受到了严重损伤，分裂能力完全受到抑制，细胞生命活动难以维持而凋谢。另外一种是种子能萌发，甚至发芽、幼苗期存活一段时间后死亡，分生组织细胞的分裂能力没有完全丧失，但是细胞结构和功能受到严重损害，细胞代谢紊乱，导致植株死亡。

低剂量射线辐照对小麦种子具有抑制效应，主要表现为小麦出芽率低和生长初期生长势较弱等。随着时间的延续，这种抑制现象会逐渐减轻。随着剂量的增长，植株生长的抑制现象加剧，甚至可以延续到植株成熟。当剂量增加到一定程度时，可使萌动的幼芽完全停止生长，植株致死。

射线辐照对种子生长发育的植株具有致畸效应。种子除生长被抑制外，植株在形态上也会发生异常变化，可能是基因突变或者染色体变异引起的。主要表现在：一是株型变异或色泽变异，色泽变异可能与叶绿体基因发生变异有关。二是植株器官变异，种子经过辐照后，植株的根、茎、叶、花、果出现了不同程度的畸形，也有研究认为这些形态变化多数是非遗传性的，是生理代谢紊乱的结果。刘录祥等研究认为，辐射诱变处理能使生物体染色体、DNA 产生损伤，在 DNA 的复制过程中导致基因突变，但部分形态变异在生物体自身修复机制作用下，不能遗传至后代。

此外，经过射线辐照后，小麦的一些生理生化指标还经常出现一些变化，如小麦种子经 ^{60}Co - γ 辐照后，对小麦幼苗细胞质膜造成了一定的损害，幼苗体内丙二醛含量显著增加，产生了活性氧和自由基；同时，可溶性蛋白和脯氨酸含量显著上升，过氧化物酶（POD）、超氧化物歧化酶（SOD）、过氧化氢酶（CAT）活性都显著高于对照，而且随着辐照剂量的提高呈现出先增强后降低的趋势。

（二）植株辐射效应

当植株受到辐照后，一般低剂量辐照后植株的生长会受到抑制，主要原因在于植物顶端和根端分生组织细胞对辐射较为敏感，易受到辐射的影响，使有丝分裂延迟或停止，植株生长减慢或停滞。植株受到高剂量辐射后，分生组织细胞损伤较大，严重时可以导致植株死亡。

在植株开花期进行辐照处理，由于花粉和胚胎为单倍体，对射线比较敏感，剂量较大时可以导致花粉粒不能正常受精，最终导致小花败育。

三、物理诱变在小麦育种中的应用

近几十年，物理诱变育种在小麦中得到了广泛应用，在小麦中应用较广的是 $^{60}Co-\gamma$ 射线、离子束和 β 粒子，并在我国小麦育种中取得了较好效果。

（一）γ 射线在育种中的应用

直接辐照处理小麦纯系种子是小麦物理诱变育种中最常采用的一种方法。辐照处理纯系种子适用于仅有 1～2 个明显缺点，其他综合性状优异的种质材料改良。如 20 世纪 80 年代初，黑龙江省农业科学院利用 $^{60}Co-\gamma$ 辐照农艺性状优异的春小麦品系克鉴 23 干种子，从后代群体中选育出了高产、优质、抗病的面包小麦新品种龙辐麦 9 号。20 世纪 90 年代中期，从国外引进的加麦 5 小麦新种质农艺性状和品质性状都表现优异，但是其秆高易倒伏，不适合在东北春麦区推广种植。于是，利用 $^{60}Co-\gamma$ 射线对加麦 5 纯系种子进行了辐射诱变处理，定向改良该材料的秆强度，从诱变后代中选育出了早熟、优质、抗倒、强筋小麦新品种龙辐麦 12。

辐照不同世代种子，有利于扩大后代变异谱。为提高直接辐射小麦种子的诱变育种效果，黑龙江省农业科学院孙光祖等对辐射亲本（P_1、P_2）、F_0、F_1 和 F_3 等多代种子诱变效果进行了对比研究，结果发现，照射不同世代小麦种子其诱变效果也不相同。其中，辐照 F_0 代种子诱变效果明显优于辐照亲本、F_1 代和 F_3 代。如 1980 年以来，黑龙江省农业科学院利用 $^{60}Co-\gamma$ 射线照射 F_0 代干种子，先后选育推广了龙辐麦 6 号、龙辐麦 7 号、龙辐麦 20 和龙辐麦 21 号等多个优质、高产、多抗、强筋小麦新品种。辐射诱变 F_0 代种子的缺点是需要配置大量杂交组合，同时其 F_2 代主要目标性状的变异率与组合遗传背景密切相关。辐照 F_1 代种子，效果上虽不如 F_0 代，但是不需要配置大量杂交组合。黑龙江省农业科学院通过该方法选育推广了龙辐麦 1 号、龙辐麦 2 号等小麦新品种。

辐射小麦不同组织也是小麦辐射育种中经常采用的一种方法。如黑龙江省农业科学院用 $^{60}Co-\gamma$ 射线处理两个小麦品种后，发现辐射小麦不同组织诱变效果明显不同。在株高的变化上，照射雌配子的变异系数最大，其次是合子，照射雄配子的变化最小。在抽穗期变化上，合子经 $^{60}Co-\gamma$ 射线辐照后产生的变异最大，有效变异较多，诱变效果较好。M_2 代抽穗期出现明显分离，抽穗期均比对照提前 2 d 以上。在熟期变化上，照射雌雄配子可获得更多的早熟突变，并且可在 M_2 代进行选择。

（二）离子辐射在育种中的应用

离子是指原子由于自身或外界的作用而失去或得到一个或几个电子使其达到最外层电子数为 8 的稳定结构。以相同或相近速度沿同一方向运动的离子就是离子束。离子辐射属于粒子辐射的一种，具有生理损伤小，突变频率高，突变谱广等特点。经过离子辐照的小麦幼苗生长受到明显抑制，并产生了双生苗，叶脉失绿，叶片开裂、卷曲、畸形，株高、穗形和芒型等形态变异，对 M_2 代小麦植株的株高、穗形、熟期、育性、千粒重等性状产生诱变效应，可用于小麦形态、产量、品质、抗逆等主要育种目标性状的改良。

离子辐照对小麦农艺性状的诱变效应主要集中在株高、熟期、分蘖、穗粒数和单株粒重等农艺性状方面。李兰真等利用离子注入诱导小麦品种豫麦 39，M_2 代中筛选到了株高变矮、叶片上举、株型好、小穗排列紧密等突变体，克服了豫麦 39 植株偏高的缺点。刘志芳等用离子束辐照小麦诱变后代中也发现了早熟和矮秆突变体。雍志华等用超低能混合离子束辐照小麦种子，筛选到了分蘖数增多的植株。许瑛等发现离子束诱变小麦后代植株，可使单株粒重和株粒数得到显著增加，且能稳定遗传。李强等用离子注入处理的小麦 M_2 代筛选出矮秆多蘖、早熟及大穗等超亲变异植株。由此可见，离子束可以对小麦重要农艺性状和产量性状进行改良。

离子束对小麦品质的诱变效应主要表现在蛋白质含量，蛋白亚基组成及氨基酸含量等方面。廖平安等用低能离子束处理小麦，M_1 代种子的蛋白质含量发生改变，其含量高于对照 0.93%～16.44%，M_2 代群体蛋白质含量变异幅度较大，筛选到了蛋白质含量比对照增加 19.4%的植株，并可遗传到后代。张鲁军等用离子束诱变小麦的研究发现：诱变后代高分子量麦谷蛋白亚基出现缺失（1Ax1、1Bx14＋1By15 和 1Dx2＋1Dy12 缺失）、亚基分子量及表达量变化等 3 种变异；醇溶蛋白出现 5 种变异类型。其中，ω 区变异类型最多，其次是 α 和 γ 区，β 区没有发现变异类型。姬磊等利用低能氮离子束注入法处理遗 4212 建立突变群体，发现 7 个 ω-醇溶蛋白的迁移率变异，并伴随着蛋白的缺失和增加，及在 25 个 SSR 位点出现扩增产物的缺失、延长和缩短。N^+ 离子束注入能有效地诱导小麦种子高分子量谷蛋白亚基和醇溶蛋白的变异，并能够在后代中稳定遗传。焦浈等利用离子束辐照豫麦 52 的 M_4 代中突变材料的谷氨酸含量显著提高，最高增幅可达 96.1%；苯丙氨酸的含量最高升幅可达 83%。在 2 个高蛋白小麦株系中，17 种氨基酸的含量都有大幅增长。

一般来讲，随着离子束剂量率和剂量的增加，小麦幼苗损伤程度逐渐加剧，剂量率间差异显著，品种间有辐射敏感性差异。不同剂量离子束对小麦诱变效果具有偏向性，如 ^{12}C 辐照冬小麦原冬 6 号产生的早熟突变率在辐照能量为 8 MeV/u、离子通量为 $80\times10^7/cm^2$ 时可高达 10.7%；矮秆突变率在辐照能量为 8 MeV/u、离子通量为 $120\times10^7/cm^2$ 时达到 7.59%。目前，离子辐照小麦诱变育种在我国已经取得了重大进展。如 1987 年，安徽省农业科学院以扬麦 158 为试验材料，经离子注入诱变选育出世界上第一个离子注入诱变品种皖麦 32；2003 年，甘肃省张掖市农业科学研究所通过离子束辐照育成优质硬粒小麦新品种陇辐 2 号，成为河西地区连续 11 年实现高产稳产的主栽品种。2007 年，河南省新乡市农业科学院和郑州大学河南省离子束生物工程重点实验室合作，对偃展 1 号×温麦 6 号的 F_1 种子进行离子束照射处理选育出小麦新品种新麦 20。

（三）β 粒子辐射在育种中的应用

β 粒子辐射属于粒子辐射的一种，但是由于在组织中射程较短，使其应用受限，经常采用的诱变途径主要是溶液注射和浸渍处理两种方法。同位素 ^{32}P 是诱变育种中经常采用的浸渍诱变剂之一。用 ^{32}P 浸渍处理小麦植株不同器官时，以 ^{32}P 浸渍处理活体植株的雌雄配子和合子获得诱变效果最为明显；诱变效果和 ^{32}P 的放射性活度表现不同，^{32}P 的放射性活度在不同器官也表现出明显不同（图 8-2）。

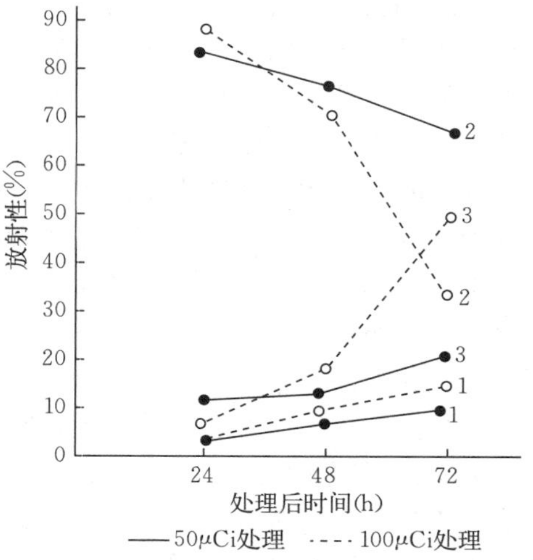

图 8-2 麦穗吸收 ^{32}P 的分布动态

1. 旗叶 2. 叶鞘 3. 穗

从 ^{32}P 浸渍处理诱变效果看，一般在 M_2 代表现为抽穗期、株高、穗长、穗粒数、千粒重和熟期等性状变异较大。其中，抽穗期变异幅度最大，并呈现出向早晚两个方向偏移的趋势。因 ^{32}P 浸渍诱变处理稳定时间快，所以利用其浸渍处理单核期和合子期的小麦纯系材料常可取得较好的育种效果。如陈义纯等 1992 年利用该方法处理九三 B29-4 白粒小麦品系的幼穗，不但选育出龙辐 10026 和龙辐 60008 等品系，而且推广了优质、高产、多抗小麦新品种龙辐麦 5 号。

四、诱变处理材料与剂量选择和诱变效果影响因素

（一）处理材料

在处理材料选择上，一般选择适应性好、综合性状优良、仅有个别明显缺陷的品种、品系或杂种等作为小麦诱变材料，通常可获得较好的诱变效果。由于不同材料的遗传背景不同，对诱变因素的敏感性不同，诱变后代出现有益突变的概率也不同。因此，诱变处理的材料要适当多样化。

（二）剂量选择

选择适宜诱变剂量是诱变育种取得成效的关键。适宜剂量是指能够最有效地诱发作物产生有益突变的剂量，一般用半致死剂量（LD50）表示。不同诱变因素采用不同的剂量单位。X 射线、γ 射线吸收剂量以拉德（rad）或戈瑞（Gy）为单位，照射剂量以伦琴（R）为单位。

（三）诱变效果影响因素

影响诱变效果的因素很多，如小麦遗传背景、辐射敏感性、种子大小、不同组织与器官以及单位时间的照射剂量（剂量率、注量率）和处理时间与条件等，都是影响诱变效果的重要因素。

一般来讲，大粒种子、幼龄植株、萌动种子、性细胞辐射敏感度大于小粒种子、老龄植株、休眠种子和体细胞等。胚细胞对辐照敏感度明显大于植株和种子。

另外，温度、湿度、储存条件和氧效率等环境因素变化，也常影响辐射诱变效果。如温度越高，材料对诱变因素越敏感；当种子含水量$<13\%$或$>19\%$时，含水量对辐照敏感性影响较为显著；有氧条件下，射线辐照能显著增加辐射敏感性。

第二节　化学诱变

化学诱变育种是指用化学诱变剂处理植物种子、组织、器官或者植株等，诱发其遗传物

质产生突变后，再根据育种目标，对这些变异后代进行鉴定和选择，最终育成新品种的一种育种方法。我国化学诱变育种起步于20世纪50年代，现已在作物新种质创制和品种遗传改良中扮演了重要的角色。

一、常用化学诱变剂种类

化学诱变剂是能引起生物体遗传物质改变、基因突变或染色体畸变的频率较自然变异高的物质。常用的化学诱变剂种类主要有烷化剂、碱基类似物、抗生素和其他诱变剂等。

（一）烷化剂

烷化剂是化学诱变中最重要的一类诱变剂，其带有一个或多个活泼的烷基。通过烷化作用，烷化剂可将其他分子的氢原子置换为烷基，从而导致DNA断裂、缺失。代表药剂主要有：甲基磺酸乙酯（EMS）、硫酸二乙酯（DES）。

EMS是最常用的烷化剂，其分子式为$CH_3SO_2OC_2H_5$，无色液体，能与乙醇混溶，微溶于水，具有强烈的挥发性，有潜在致癌作用。EMS诱变作用具有突变范围广、染色体畸变较少、诱变显性突变较多等特点，有利于突变体的鉴定、发现以及突变基因的探索。

（二）核酸碱基类似物

核酸碱基类似物的结构与DNA碱基相似，在DNA合成过程中，核酸碱基类似物被作为碱基而渗入到DNA分子中去，在DNA复制过程中会发生配对错误，从而引起生物体变异。代表药剂主要有：5-溴尿嘧啶（BU）为胸腺嘧啶（T）的类似物，2-氨基嘌呤（AP）为腺嘌呤（A）的类似物。

（三）叠氮化物

叠氮化物是一种呼吸抑制剂，代表药物有叠氮化钠（NaN_3）。NaN_3在酸性环境下，易产生HN_3分子，能够抑制细胞内的呼吸作用，使细胞内的生命活动受到抑制，从而造成正在进行复制的DNA分子产生碱基替换，从而发生点突变。许多研究证明NaN_3是一种高效诱变剂，尤其在诱发叶绿体突变和形态突变方面，如Kleinhofs等用NaN_3预渍处理大麦种子4 h，发现后代植株叶绿体突变频率达到70%。

（四）抗生素

多种抗生素具有破坏DNA的能力，并能造成染色体断裂，如重氮丝氨酸，丝裂霉素C等。其中，平阳霉素属于博来霉素中的一种抗生素，能强烈抑制细胞DNA的合成。平阳霉素诱发的染色体畸变类型比烷化剂更为丰富，已经成为小麦化学诱变育种中的高效化学诱变剂之一。

（五）其他诱变剂

吖啶和秋水仙素等可以改变核酸结构和性质，诱发染色体结构变异等用途。亚硝酸能使嘌呤或嘧啶脱氨，造成DNA复制紊乱等，这些也常被用作化学诱变剂（表8-2）。

表8-2　不同诱变剂的诱变机制

诱变剂	对DNA效应	遗传效应
烷化剂	烷化碱基（G），烷化磷酸基团，脱烷化嘌呤，糖-磷酸骨架的断裂	A-T/G-C的转换，A-T/T-A、G-C/C-G的颠换

（续）

诱变剂	对 DNA 效应	遗传效应
叠氮化物	烷化磷酸基团、碱基	影响 DNA 复制
碱基类似物	渗入 DNA、取代原来碱基	A－T/G－C 的转换
羟胺	与胞嘧啶转化反应	G－C/A－T 的转换
亚硝酸	交换 A、G、C 脱氨基作用	缺失 A－T/G－C
吖啶类	碱基之间插入	移码突变

二、化学诱变特点

与物理诱变相比，化学诱变在作用方式和生物学效应方面都有所不同，它具有不需要特殊设备、诱变成本低廉、使用方便等优点，成为应用最为广泛的诱变方法。

（一）特异性、专一性明显，对生物不利作用小

化学诱变是化学诱变剂各自特有的活性基团直接与生物分子进行各种生化反应，引起生物分子化学性质的改变，导致遗传物质发生变异。不同诱变剂对特定的基因或核酸有选择性作用，因而化学诱变剂有特异性和专一性。化学诱变多是分子水平上的变化，影响是个别的、局部的，不利作用小。

（二）后效作用大，诱变频率较高

化学诱变的后效作用是指诱变剂导致潜在损伤并不能立即表现出来，尤其是利用化学诱变剂浸泡种子或其他材料后，残留诱变剂会继续作用于受体材料，它是导致诱变效果出现后效作用的主要原因。化学诱变突变频率较高，尤其对叶绿体突变频率较高。如 Sander（1978）用 NaN_3 预浸 8 h 和 16 h 的大麦种子，其叶绿素突变频率达到了 70%。

三、化学诱变在小麦育种中的应用

化学诱变由于操作简单、成本较低，现已被国内外小麦育种者广泛应用于各种育种目标性状的遗传改良之中，并取得了较大进展。

（一）农艺性状遗传改良

EMS 对小麦诱变效应非常广泛，可以引起幼苗、叶、茎、穗、籽粒、株高、熟期等方面的变异。株高是小麦的重要性状之一，降低株高可以提高小麦抗倒伏能力。如张秋英等用平阳霉素处理小麦品种晋麦 2148、福繁 17 和绵阳 35，在 M_2 代筛选到了矮秆变异植株。高润红等利用 EMS 诱变苏麦 3 号筛选到一个矮秆、密穗突变体 H164。许云峰等用 EMS 对小麦品种烟农 15 进行诱变处理，得到 11 个大粒、高秆、半矮秆、多蘖突变系。中国科学院石家庄农业现代化研究所利用 EMS 处理冬小麦品种，获得 9 个矮秆突变系，且比原品种增产 2.8%～20.5%。

熟期是影响小麦适应性的重要性状之一，化学诱变剂 EMS 可以诱导小麦熟期产生变异，可以有目的地从后代变异植株中筛选到早熟或者晚熟的株系。如袁秀芳等用 EMS 诱变山农 666－2 和山农 861 种子，后代中发现突变株系的抽穗期较亲本提前 3 d，最晚的株系抽穗期延迟了 14 d。孙玉龙和赵天祥等利用 EMS 在盛农 1 号突变体库中筛选到了早熟突变体 3 个，晚熟突变体 2 个；在偃展 4110 突变体库中共发现 101 株晚熟突变株和 5 株晚熟突变

株系。张秋英等在平阳霉素诱变后代中筛选到了不同熟期变异植株。

（二）产量遗传改良

在小麦产量性状遗传改良方面，孙德全等利用平阳霉素穗茎注入法处理龙辐麦3号，获得的优异突变体96K986，产量比亲本提高8.5%。Kuraparthy等利用EMS化学诱变剂建立了小麦突变体库，并从该突变体库中筛选到了控制分蘖的*tin3*基因。许云峰等用EMS对小麦品种烟农15进行诱变处理，得到11个大粒、高秆、半矮秆、多蘖突变系。任立凯等利用EMS处理冬小麦品种烟农19和淮麦20的后代，诱变植株的千粒重变幅为32.7～58.1 g。筛选出的突变系M201-7千粒重54 g，增加6.8 g，且综合性状较好。突变体M301-07-4千粒质量达58 g，较原亲本增加12.8 g，主穗粒重增加0.64 g，是珍贵的大粒种质资源。李卫华等研究发现，化学诱变对小麦的分蘖数、穗长、主穗粒数和主穗粒重等产量性状都有明显的诱变效应。目前，利用化学诱变对小麦主要产量性状因子，如分蘖数和籽粒大小等进行定向改良，已成为小麦化学诱变育种的主要研究内容。

（三）品质性状遗传改良

在小麦品质遗传改良方面，杜连恩等用EMS处理小麦合子，进行小麦高蛋白突变体的诱发、筛选和鉴定，获得了比原品种蛋白质含量高3%～40%的突变体。张纪元等用0.4% EMS处理软质小麦品种宁麦9号，创制遗传背景一致的Ax1、Dx2、Bx7、By8和Dy12缺失及Ax1+By8双缺失等突变体。闫炯等利用EMS诱变小麦品种河农822，获得小麦高分子量麦谷蛋白基因*Glu-B1*和*Glu-D1*位点缺失和新增亚基2种变异类型。李晓等利用EMS构建小麦突变群体，获得了小麦突变体的直链淀粉含量降低了2.8%～7.4%。薛芳等用EMS诱变小麦新春11发现EMS处理的M_2代籽粒平均抗性淀粉含量高于对照，并筛选到了淀粉含量较高和较低的突变体。Yasui等利用化学诱变育种技术，培育了世界第一个糯质普通小麦新品系。由此看出，化学诱变在小麦品质改良中利用范围较广，可用于小麦蛋白质含量、蛋白质亚基类型、淀粉类型与含量，以及氨基酸含量等方面的改进与提升。

（四）抗病（逆）遗传改良

国内近期一些研究结果表明，化学诱变与其他辐射诱变方法相结合，或结合病害、逆境胁迫条件筛选，还可作为小麦抗病（逆）遗传改良的一条新途径。如施巾帼等利用0.3% EMS与γ射线复合处理原东3号小麦品种，选育出了抗逆性和适应性强、落黄性好、对条锈与白粉病具有持久抗性、株高85 cm的矮原东3号小麦新品种；胡小元等用EMS、NaN_3诱变处理3个小麦品种，在温室小麦白粉病高发条件下进行抗白粉病突变体苗期筛选时发现，利用EMS诱变获得白粉病抗性突变体频率为0.3%；利用NaN_3诱变获得白粉病突变体频率为0.56%。沈银柱等以盐胁迫为选择压力，利用EMS诱发小麦花药愈伤组织获得耐盐再生植株，后代中有52.9%的品系达到一级耐盐，表现了一定的遗传稳定性。魏松红等用NaN_3对小麦种子进行诱变，从后代变异群体中用草甘膦筛选出4株抗草甘膦的小麦植株等。

四、诱变处理方法和影响因素

（一）诱变处理方法

目前，小麦化学诱变育种经常采用的方法主要有浸渍法、滴液法、注入法和熏蒸法等。

其中，应用较广的依次为浸渍法、滴液法和注入法。

浸渍法主要指用吸收化学诱变剂的饱和脱脂棉包裹组织、器官或植株等进行浸渍诱变的一种方法。滴液法则指将植物组织或者器官上切一浅口，将诱变剂直接滴到伤口处，将诱变剂溶液渗入植物体进行诱变。注入法则是利用注射器向植物材料中注入诱变剂，使诱变剂对植物组织、器官进行诱变的一种方法。

（二）诱变效应影响因素

影响化学诱变效应的因素较多。其中，小麦受体材料遗传背景是影响诱变效果的最重要因素。常常是遗传背景不同，诱变频率也不同。此外，诱变剂的种类、浓度和处理时间也常会影响化学诱变效果。如张彦波等研究发现平阳霉素对小麦形态的变异率高于 NaN_3，且变异类型丰富，可遗传变异较多。在处理浓度和处理时间上，一般来讲，高浓度处理，M_1 代存活率低，生理损伤大；低浓度处理，延长处理时间，M_1 存活率高，突变率也高。

小麦化学诱变育种实践表明，温度和 pH 等环境因素对诱变效应的影响程度亦不能忽视。如温度会影响诱变剂的水解速度，从而影响受体材料的诱变效果。低温有利于保持化学物质的稳定性；高温可促进诱变剂在材料内的反应速度和作用能力等。低温、长时间处理使诱变剂进入胚细胞，然后，提高温度加快反应速度，可以提高诱变剂的诱变效果。诱变剂溶液的 pH 也是影响诱变效果的因素之一。一些诱变剂在不同的 pH 下分解产物不同，从而产生不同的诱变效应。在特定 pH 磷酸缓冲液（<0.1 mol/L）中进行诱变处理可提高诱变剂的稳定性。

第三节　离体诱变

离体诱变是指对植物组织培养中的外植体，如花药、游离小孢子、幼穗、幼胚等或离体培养物等进行物理、化学、空间或生物等因素诱变处理，诱发其后代植株产生遗传变异的诱变方式。小麦离体诱变通常是指在体细胞无性系变异基础上叠加了其他的诱变因素。离体诱变比体细胞无性系变异丰富，且大多变异为可遗传变异。它为小麦遗传改良提供了一条新的育种途径。

一、离体诱变变异来源及途径

（一）离体诱变变异来源

离体诱变变异主要来源于 3 个方面，其一是外植体中细胞预先存在变异的表达，包括内复制造成的细胞间染色体倍性差异、体细胞突变和 DNA 甲基化状态的变化。其二是在组织培养过程中由物理、化学等因素诱导产生的，如培养时间，培养基中的生长素、2,4 -滴等化学试剂。其三是外在诱变因素导致的变异，主要包括物理、化学、空间和生物等因素，如辐照小麦籽粒幼胚后进行离体培养；或在培养中加入化学诱变剂；或附加了物理和化学等诱变因素。

（二）离体诱变的途径

离体诱变途径之一，是体细胞无性系变异。小麦体细胞无性系变异后代植株的农艺性状发生了广泛变异。经过深入研究发现：体细胞无性系变异植株的遗传物质 DNA、染色体和生理生化等方面均发生了改变。

离体诱变途径之二，是在体细胞无性系变异基础上引入一种或多种外在的物理、化学、空间或生物等诱变因素。如：将经过辐照的小麦合子进行离体培养或将离体培养的组织在零磁空间条件下培养等，都能提高后代再生植株的变异率。

二、离体诱变的依据

目前，从离体诱变后代植株的形态学、生理生化指标、染色体水平和DNA水平上均发现了变异依据。其中，形态学变异主要表现在后代植株的叶色、叶形、抽穗期、株高、株型、穗型、穗长、颖色、芒性、小穗数、籽粒形态、千粒重、蜡质和熟期等农艺性状的改变。通过生理生化指标进一步研究发现，诱变后代植株同工酶活性及其酶带的增减或酶带强度等均发生了变异，而且这些变异可遗传给后代。如孙光祖等利用 $^{60}Co-\gamma$ 射线处理春小麦的幼穗、幼胚、花药和成熟胚等组织后进行组织培养，发现形态变异植株的过氧化物同工酶（IPO）、超氧化物歧化酶（SOD）和苯丙氨酸解氨酶（PAL）等防御酶的活性、谱带和强度等均发生了改变。

离体诱变过程中染色体变异比较普遍，染色体变异包括染色体数目变异和染色体结构变异。染色体数目变异主要是由于外植体脱分化的第一次细胞分裂的不规则无丝分裂，导致染色体不分离、移向多极、滞后或不聚集等原因造成的。染色体数目变异可分为整倍性变异和非整倍性变异，其中以整倍体变异较为常见。如胡含等在对离体培养小麦植株体细胞的观察中发现染色体大多是混倍体。根据染色体倍性情况，植株可分为3X、6X、8X、6X－2（缺体）等，非整倍体的染色体数量变异最常见的为 $2n-1$ 类型，其次为 $2n-2$ 类型，也有 $2n+1$ 和 $2n-3$ 等的出现。染色体结构变异主要发生在愈伤组织继代培养过程中的细胞分裂和分化时，染色体出现大量断裂、易位、倒位、缺失或重复等所致。钟国庆等在离体诱变再生植株细胞中观察到大量断裂、易位和重接，断裂和重组使相关基因及其功能丢失，还可以使邻近部分基因功能发生变化，这也是染色体结构导致小麦产生变异的重要原因。

也有研究认为，发生性状变异的大多数物种并没有真正发生染色体水平的变异，更多可能是DNA水平上的变异。大量研究通过遗传分析，RAPD、SSR分子标记，mRNA差异显示及基因测序等技术证实了离体诱变后代植株在DNA水平上发生了改变。

目前，对于植物离体培养过程中出现的变异机理提出了不少观点，如基因突变、基因重排、转座子学说和DNA甲基化等。因为生物体DNA水平的变异、修饰，蛋白水平的结构变异和强度变化，染色体数量和结构变异以及生物体内各种调控途径之间相互关联极其复杂，所以现有学说还不能解释离体诱变出现的全部现象，尚需进行深入研究。

三、离体诱变在小麦育种中的应用

（一）产量性状遗传改良

许多研究发现，小麦离体诱变后代植株在产量性状上变异范围较广。主要表现在穗长增加、穗数增多，并在离体诱变后代中发现了大粒突变体，且遗传力很高。如叶兴国等利用离体培养获得了2个穗长增加了0.6～1.0 cm的变异株系。余毓君等在小麦不同基因型离体诱变后代中发现，平均穗长增加1 cm左右，平均每穗小穗数增加1.5～2.0个，平均单株穗数增加0.5～1.0个，并出现了大量超亲优株。

目前，我国小麦育种者已将离体诱变技术作为小麦育种途径之一，并在小麦产量遗传改良中取得了较大进展。如1993年，浙江农业大学培育了世界上第一个体细胞无性系变异小麦品种核组8号，平均增产10%以上。2001年，黑龙江农业科学院孙光组等利用 $^{60}Co-\gamma$ 射线辐射东北春小麦幼穗、幼胚、花药和成熟胚等组织，筛选到抗根腐病突变体RB500，比原亲本K202增产4.2%。胡尚连等发现离体培养后代植株穗部产量性状变异范围较广，有益性状能够稳定遗传，R_2 代的穗长、单株穗数、千粒重等农艺性状发生了不同程度的变异。王培等发现离体培养后代 R_2 和 R_3 代单株穗数变异范围大，穗数明显增多，并且有超亲现象。

（二）品质性状遗传改良

籽粒蛋白质含量与质量是衡量小麦二次加工品质好坏的重要指标。离体诱变可使小麦变异材料在籽粒蛋白含量和质量上均出现较大范围的可遗传变异。如朱至清和刘锦红等研究发现，离体诱变后代植株的籽粒蛋白质含量具有超亲现象，且高蛋白质含量变异植株具有一定的遗传稳定性，并从中筛选到了多个高蛋白质含量小麦新品系；Ryan等也发现小麦体细胞无性系后代的蛋白质含量增加。蛋白质含量改变可能是由于麦谷蛋白和醇溶蛋白发生了变异。胡尚连等、张怀刚等和朱至清等均发现小麦幼胚、幼穗、花粉等离体诱变后代中籽粒的HMW-GS发生了变异，主要突变类型为等位变异、亚基缺失及表达量的变化。韩晓峰等和王炜等发现离体诱变后代高分子量麦谷蛋白亚基变异频繁，编码HMW-GS的3个位点均可发生变异。郑企成和丁虹发现了离体诱变后代变异植株籽粒的小麦醇溶蛋白发生了变异，且绝大部分变异能稳定地遗传到后代。桑建利等发现了体细胞无性系变异种子的醇溶蛋白和谷蛋白电泳谱带均发生了变异。

以上研究表明：离体诱变可以作为小麦品质改良手段之一。如20世纪90年代，孙光祖等利用离体诱变技术成功选育推广了优质强筋小麦新品种龙辐麦10号，其蛋白质含量达17.1%，湿面筋含量达43.1%，沉降值66.0 mL，稳定时间平均10 min以上，被评为全国优质面包小麦并荣获全国第二届农博会优质农产品银奖。

（三）抗病性状遗传改良

根腐病和秆/条锈病是我国小麦生产的主要病害。利用离体诱变结合生物胁迫筛选技术现已在根腐病和秆/条锈病抗性育种方面取得了较大进展。如20世纪90年代，孙光祖等利用离体诱变结合根腐病病毒定向筛选，获得了2个抗根腐病的小麦突变体。经过两年抗病性鉴定，抗根腐病能力提高了1级，选出了92K809、92K807等优异抗病品系。同期，阎文义等以春小麦纯系K202的幼穗为外植体，用γ射线进行离体诱变，经过根腐病菌粗毒素筛选，选出抗根腐病的优良品系龙辐83199。抗性、产量和品质鉴定结果均表现优异，被命名为龙辐麦8号。

在抗秆锈病新种质创新方面，黑龙江省农业科学院小麦育种者通过小麦幼胚体细胞无性系变异方法获得后代植株，筛选到了秆锈病突变体龙辐03D51。利用RAPD分子标记技术研究发现，龙辐03D51和亲本龙6239之间在DNA水平上存在着一定差异。

通过配置龙辐03D51×龙6239杂交组合（图8-3），并对其后代植株进行抗病遗传分析，结果发现龙辐03D51秆锈病抗性受1对显性基因控制。对 F_2 群体单株抗病性鉴定及分子标记研究发现，该突变体秆锈病抗性基因在5D染色体短臂上，位于分子标记 *gwm190* 和 *wmc150* 之间，与二者的遗传距离分别为18.6cM和21.3cM（图8-4）。

图 8-3　抗病突变体龙辐 03D51 和龙 6239 接种后感病情况

甘肃农业科学院小麦育种者在永良 4 号小麦幼胚离体诱变的再生植株中也获得了抗条锈病小麦新种质 WS4-8。经过遗传群体的抗病性鉴定结果发现，WS4-8 抗性由 1 对显性基因控制。利用 BSA 法对构建的 F_2 代遗传作图群体进行了 SSR 标记分析，WS4-8 携带的条锈病抗性基因定位于小麦 3DS 染色体上，与标记 *Xgpw5281*、*Xcfd35*、*Xgwm341* 具有连锁关系，遗传距离分别为 6.8cM、7.2cM 和 21.8cM（图 8-5）。

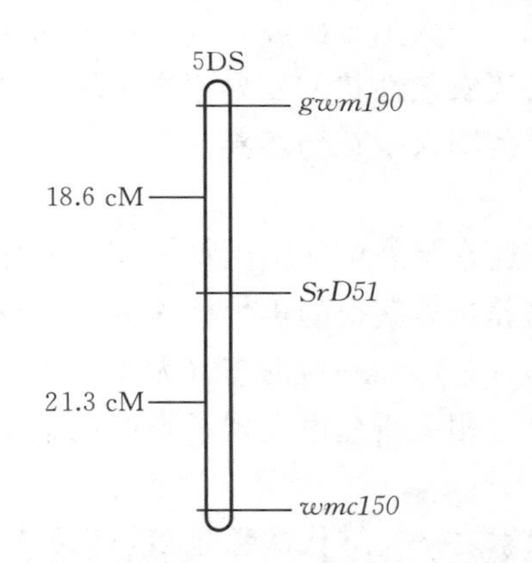

图 8-4　抗秆锈基因 *SrD51* 的连锁图

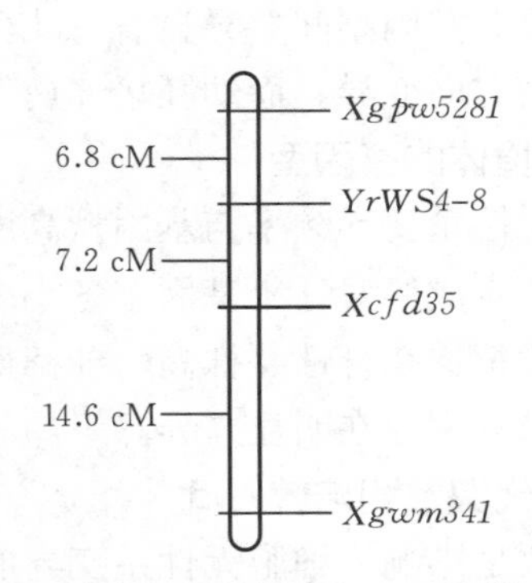

图 8-5　抗条锈病基因 *YrWS4-8* 的连锁图

从以上研究结果表明，利用离体诱变进行抗根腐病和秆/条锈病育种行之有效、切实可行。目前，它已经成为小麦育种一种新的高效抗病育种手段。

（四）对抗逆性状的改良

作物在生长发育过程中，常常受到不良气候、土壤因素的影响，使其产量和品质受到影响。离体诱变结合逆境筛选，可使育成的品种在相应的环境胁迫下保持相对稳定的产量和品质。该方法简便、快捷，现已成为我国小麦抗逆育种的一种新方法。

近年来，我国小麦育种者利用离体诱变与逆境筛选相结合，已在小麦抗逆育种方面取得了较大进展。如肖海林等和赵瑞堂等用离体诱变结合逆境筛选的方法获得了耐盐性株系，经有性世代鉴定表明，变异株的耐盐特性可以稳定遗传给后代。沈银柱等利用体细胞离体诱变产生变异，筛选获得的耐盐变异株，鉴定发现后代植株中达到一级耐盐占 52.9%。裴翠娟等以冬小麦幼穗为外植体、莠去津为诱变剂，在细胞水平上进行筛选，获得了耐莠去津的小麦突变体。20 世纪 90 年代，孙光祖等创制的组织培养与逆境细胞筛选技术相结合的小麦抗病（逆）育种技术体系，于 1999 年获黑龙江省科技进步二等奖。

四、离体诱变的影响因素

离体诱变的变异频率高低受到许多因素的影响，如培养过程中的理化因素、外植体的类型、再生植株的方式和培养物的年龄等。

（一）培养基成分

培养基成分会诱导组织培养材料的细胞发生不同程度的变异。在对含不同附加物成分的培养基上的小麦愈伤组织染色体进行跟踪研究发现，高浓度 2,4 -滴可增加愈伤组织中的染色体变异率；$AgNO_3$ 可降低染色体变异率；6 - BA 对培养初期愈伤组织染色体变异率没有显著影响，高浓度 6 - BA 可加大长期培养愈伤组织中的超倍体细胞频率；蔗糖浓度对最初 9 代愈伤组织染色体变异率无显著影响。也有研究者认为，植物激素直接作为反式作用因子或间接激活其他激素和蛋白质等作用，对离体培养材料的基因表达等具有一定影响。

（二）外植体类型

通过对多种植物的研究发现：茎尖、腋芽等具有分生组织的外植体，其变异率低于叶片、根段和茎段等未分化形成分生组织的外植体。叶兴国等研究发现，小麦幼胚培养的效率最高；花药培养基因型间差异显著；花药培养后代农艺性状的变异率高于幼胚培养，且其性状值向更小的方向变异，而幼胚培养诱发的变异范围大于花药培养。

（三）外植体的基因型

体细胞无性系变异频率与基因型高度相关。通常是外植体基因型不同，变异频率和程度也不同。如郑企成等对 9 个基因型冬小麦离体培养诱导获得的再生植株进行研究，发现不同基因型的后代植株在育性、株高、抽穗期、穗形、芒形和籽粒形态（大小、形状和颜色）等性状上的变异频率存在明显差异。王炜和余毓君等相关研究也发现了类似现象。

（四）继代次数和培养时间

继代次数是影响体细胞无性系变异的重要因素之一，继代次数越多，变异概率越大。这主要与组织培养的再生植株后代花粉母细胞减数分裂染色体行为发生异常关系密切。如 McCoy 发现，随着继代培养时间增加，变异植株出现频率增高。陈秀玲等通过对继代培养 1.5～8.6 年与 12.5 年的愈伤组织染色体的观察，发现长期继代培养不仅能引起染色体数目和结构变异，同时能导致基因消失或表达的改变。

（五）外在诱变因素

物理、化学、空间或胁迫等外在诱变因素均会引起离体组织发生变异。这些因素和离体培养其他因素叠加会诱导再生植株出现更大范围的变异。如唐凤兰等和高明尉等用软 X 射线和 γ 射线照射小麦后，取适龄幼胚离体培养，发现其后代都存在广泛的农艺性状变异，且离体诱变的变异范围高于无性系变异。目前，利用物理辐照、化学诱变剂、空间因素或生物诱变处理植物材料一定时间，使材料发生基因突变，然后进行离体培养，已经成为常用的离体诱变方法。

第四节　空间诱变育种

空间诱变育种又称“航天诱变育种”，是指利用返回式卫星等所能到达的空间环境或人工地面模拟太空环境对植物（种子）的诱变产生有益变异，在地面选育植物新种质和新品种的育种方法。自1987年以来，我国将第一批水稻和青椒等农作物种子进行空间诱变育种后，空间诱变育种技术方法现已被广泛应用于作物遗传育种与改良，并取得了重大进展。

一、空间环境及其诱变特点

（一）空间环境特点

与地面环境相比，空间环境具有强辐射、微重力、弱地磁、超真空和超洁净等显著特点。强辐射主要来源于地球磁场捕获高能粒子产生的地磁俘获带辐射、太阳外突发性事件产生的银河宇宙辐射及太阳爆发产生的太阳粒子辐射。在强辐射所包括的多种高能带电粒子中，质子比例最大，其次是电子、氦核及更重的离子等。

微重力是在重力的作用下，系统的表观重量远小于其实际重量的环境。重力随距地面高度增加而变小，返回式卫星空间环境微重力约为地面环境的1/10。

弱地磁是空间环境的一个显著特征。地磁是指地球或近地空间存在的磁场。地磁场强弱受高度、经纬度、地磁脉动、太阳日变化、磁暴干扰等多种因素影响。太空远离地球，空间环境地磁较弱，是引发生物变异的重要物理环境因素。

（二）空间诱变特点

由于空间环境复杂，航天诱变具有以下优势：一是变异频率高，变异幅度大，有益变异较多，且具有超亲现象，复杂的空间诱变环境为小麦产量、品质和抗性等性状改良带来了新的机遇。

二是诱变效果当中出现了多效性，变异后代中会出现一个或多个性状的变异。如：航麦2号与亲本的株高、穗型、千粒重等多个性状发生了变异，并在株高和株穗数等多个性状上表现为独立遗传。因此，利用空间诱变可对小麦多个性状同时进行改良。

三是利用空间环境中复杂的诱变因素，诱导出现新变异。如：赵洪兵等在小麦空间诱变后代中发现了叶绿素缺失突变体，与重粒子处理小麦获得的叶绿素缺失突变体不同，空间诱变的叶绿体突变体可以遗传到后代。

二、航天诱变育种的途径及作用机制

（一）太空诱变育种

空间诱变育种的主要途径有高空气球、返回式卫星、飞船以及人工地面模拟太空环境搭载农作物种子。不同空间诱变方式决定了空间诱变环境，返回式卫星的运行轨道高度为180～400 km，真空度为10^{-6}～10^{-3} Pa，微重力为10^{-6}～10^{-3} g。返回式卫星回收舱内宇宙射线的平均剂量为0.1～0.3Gy/d。

为了解空间诱变不同诱变因素的作用机制，郭会君等以实践八号育种卫星1×g离心机、铅屏蔽室和卫星舱内同时搭载处理3个小麦品种，比较同一飞行环境下空间辐射、空间微重力和空间综合环境作用对小麦的诱变效应。结果发现，被宇宙射线击中的植物种子出现了更多的染色体畸变，说明空间辐射是空间诱变的主要因素；经空间飞行后的种子即使没有被宇宙粒子击中，发芽后也可以观察到染色体畸变现象，而且飞行时间愈长，畸变率愈高，说明微重力对作物种子具有一定的诱变作用。还有一些研究结果认为，微重力对植物的诱变机制可能是通过改变细胞结构、影响细胞分裂导致染色体畸变，使植株生理代谢紊乱，从而使其表型产生变异所致。磁场是地球生物有机体的重要物理环境因素，一定周期的零磁空间处理的小麦种子可明显抑制种子萌发和幼苗生长，但抑制作用不存在剂量效应，也不随着处理时间的增长而增强。弱磁场诱变机制可能是通过影响植物的生理生化活动，如呼吸强度加大、酶含量提高和细胞有丝分裂指数增加等，从而使植物后代产生变异。综上所述，空间辐射、微重力和弱磁场等单一因素均可诱发小麦产生变异，空间辐射和微重力的协同作用具有累加效应，是小麦空间突变的重要机制和主要模式。

（二）模拟太空诱变育种

1. 模拟空间辐射环境

近些年，国内外众多学者在高能单粒子地面模拟空间辐射环境方面进行了大量研究。研究发现，高能粒子的诱变效应部分与空间诱变效应相似，粒子辐射能真实地反映空间辐射的实际效应。如 1999 年，中国农业科学院刘录祥等率先开展了高能混合粒子场辐照冬小麦的生物效应研究，并发现混合粒子场辐照可抑制根尖细胞有丝分裂，诱发染色体出现单微核、双微核、多微核、环状染色体、落后染色体、游离染色体、染色体断片等多种畸变类型。经进一步研究发现，高能混合粒子处理可使小麦基因产生变异，变异主要形式是碱基的置换和插入。其中，碱基 T 为易发生突变的碱基。小麦 B 基因组的多态性位点频率在 3 个基因组中最高，可占总多态性频率的 46%。

2. 模拟空间弱地磁环境

弱地磁是空间诱变环境一大特点。刘录祥等模拟零磁空间处理小麦种子和愈伤组织 180 d，发现零磁空间诱变表现出与传统 γ 射线截然不同的生物效应。一定周期的零磁空间处理，虽然可抑制小麦种子的萌发和幼苗生长，但却有利于小麦花培组织雄核发育和最终形成愈伤细胞团，促进高质量愈伤组织及其绿苗的获得率，提高花培后代的变异类型和频率。

三、空间诱变的依据

空间环境的高能粒子强辐射、微重力、弱磁场、高真空和超洁环境等都能引起植物遗传物质的变异。

（一）形态学变异

国内相关研究结果表明，经空间处理的小麦种子在地面种植，其后代在形态学上大都发生了较为明显的变异。如利用实践八号卫星搭载小麦品种川农 19 种子进行空间诱变处理，筛选获得稳定遗传的矮秆突变株系，株高 59.02 cm，比对照亲本降低了 23.73%。空间诱变小麦品种兰天 17 号的 SP_1 代也出现了株高突变株，这些突变株在 SP_2 或 SP_3 代还出现了早熟、株高、穗形、穗长和籽粒形态等性状的分离。王伟等以卫星搭载小麦 SP_5 代植株后发现了多个早熟突变体，这些均为小麦空间诱变育种提供了可靠的形态学变异依据。

（二）染色体变异

空间辐射是造成生物遗传物质发生损伤的重要原因之一。王彩莲也发现经过空间环境的小麦根尖细胞产生的染色体畸变类型多样化，如染色体连桥、断片、微核、双核、多核、核出芽、落后、粘连等畸变类型。Gu等在小麦卫星搭载试验中，于飞行前分别用辐射保护剂半胱氨酸和辐射敏化剂乙二胺四乙酸处理干种子，研究结果也证明空间辐射是诱发染色体畸变的主要因素。

（三）基因变异

航天诱变后代在DNA分子水平上发生变异，现已得到了初步证实。如利用“实践八号”空间诱变的矮秆突变株系DMR88－1，经过SSR分子标记分析发现：与亲本相比较，在DNA水平上发生了变异。蒋云和李鹏等通过ISSR和SSR分子标记技术发现航天诱变后代品系与亲本之间存在多态性，说明突变系在DNA水平上发生了改变，证实了空间环境诱变对小麦遗传物质DNA产生的诱变效应。

此外，空间诱变对变异后代植株的DNA甲基化也产生了影响。通过对经过空间诱变种子萌发幼苗的基因组甲基化修饰的研究发现，空间诱变幼苗的甲基化修饰程度与对照相比发生了明显改变，说明卫星搭载改变了基因组DNA的甲基化修饰模式。

（四）蛋白质变异

目前，多个研究已经证实空间诱变可以导致小麦籽粒蛋白发生变异。如王伟等研究发现航天诱变小麦品种陕253突变株系SP_5代的籽粒高分子量麦谷蛋白亚基变异类型丰富，主要发生在*Glu*－*B1*位点与*Glu*－*D1*位点，且部分株系低分子量麦谷蛋白亚基同时发生了变异。李鹏等发现航天诱变小麦的SP_3代种子的醇溶蛋白发生了变异，醇溶蛋白4个分区对航天诱变的敏感程度不同，其中以ω区最为敏感，产生的变异最多。

四、空间诱变在小麦育种中的应用

我国自“十五”以来，小麦空间诱变育种已经取得了重大进展。在此期间，中国农业科学院作物科学所航天育种中心等单位利用高空气球、返地卫星、飞船搭载等空间诱变以及模拟空间环境等途径，诱导植物种子、无性系材料、植物细胞及愈伤组织，从中获得了大量的变异类型，获得了一批小麦突变体，如：极早熟、抗病、强筋小麦新种质“SP8581”和“SP801”等，并培育出一系列具有优良性状的新品种（系）。其中代表性品种主要有：

1998年，烟台市农业科学研究院利用航天诱变技术选育出了烟航选1号和烟航选2号；山东省农业科学院原子能所选育出了航天1号。2002年，河南农业科学院经航天诱变育成太空5号。2004—2011年，黑龙江省农业科学院利用辐射诱变和空间诱变结合的方法先后选育出龙辐麦15、龙辐麦17、龙辐麦18、龙辐麦19、龙辐麦20优质强筋小麦新品种5个。2007年，山东省农业科学院用航天诱变育种选育出了高产、大穗、大粒的鲁原301。辽宁省朝阳市农业高新技术研究所和中国农业科学院作物科学研究所将辽春10号干种子搭载我国“961020”返回式卫星选育出高产、优质小麦新品种航麦96。2011年，山东省农业科学院原子能农业应用研究所和中国农业科学院作物科学研究所，采用航天突变系优选材料“9940168”为亲本选育的小麦新品种鲁原502，平均亩产524～558.7 kg，区域试验中比对照平均增产9.2%～10.6%。2013年，中国农业科学院作物科学研究所利用航天诱变结合花培离体诱变技术选育出了航麦 901。河南省农业科学院利用我国返回式卫星搭载育种材料郑麦 366，经空间诱变后选育成的优质强筋矮秆抗倒小麦新品种郑麦 3596。2016 年，中国农业科学院国家农作物航天诱变技术改良中心利用航天诱变与细胞工程技术相结合的方法育成的高产多抗小麦新品种航麦 247 等。上述小麦育种成就进一步证明了航天诱变育种的有效性和可靠性。

目前，空间诱变已成为我国小麦诱变育种的重要途径之一，并在小麦农艺性状、产量和品质等各类育种目标性状遗传改良方面具有较大的利用价值。针对航天诱变育种常受时间性等因素所限制的现状，中国农业科学院航天育种中心建立了地面模拟诱变育种技术创新体系，从不同角度研究了航天环境各因素的诱变特性，初步建立了空间诱变育种技术体系。目前，我国航天育种已经优化了高能粒子辐照、物理场处理等地面模拟航天诱变靶室设计与样品处理程序，比较分析了高能混合粒子场与空间诱变环境的差异，完善了地面模拟航天育种技术方法，开创了地面模拟航天环境诱变作物进行遗传改良的新途径。下一步工作重点是通过模拟太空的微重力、重离子等环境为航天育种提供便利条件，使航天育种在我国小麦育种中发挥更大作用。

参考文献

曹丽，钱鹏，张紫晋，等，2015. 航天搭载小麦矮秆突变体 DMR88－1 矮化效应分析 [J]. 核农学报，29（11）：2049－2057.

陈秀玲，赵同金，徐春晖，等，2002. 长期继代小麦培养细胞的染色体结构变异特征 [J]. 山东大学学报（理学版）（6）：548－551.

杜丽芬，李明飞，刘录祥，等，2014. 一个化学诱变的小麦斑点叶突变体的生理和遗传分析 [J]. 作物学报，40（6）：1020－1026.

杜连恩，于秀普，魏玉昌，1990. EMS 处理小麦合子诱变筛选高蛋白突变体 [J]. 河北农业大学学报（4）：94－96.

范光年，方仁，王培，1991. 小麦成熟胚无性系后代株高性状的变异 [J]. 华北农学报（S1）：59－63.

房欢，焦浈，2012. 离子束诱变小麦的数量性状研究 [J]. Agricultural Science & Technology，13（9）：1817－1821.

丰先红，李健，罗孝，2010. 植物组织培养中体细胞无性系变异研究 [J]. 中国农学通报，26（14）：70－73.

高明尉，成雄鹰，胡天赐，等，1992. 小麦体细胞无性系变异新品种核组 8 号的选育与表现 [J]. 浙江农业科学（6）：261－263.

高明尉，梁竹青，成雄鹰，1987. 诱变处理对小麦体细胞组织离体培养的效应 [J]. 中国农业科学（1）：25－30.

郭会君，靳文奎，赵林姝，等，2010. 实践八号卫星飞行环境中不同因素对小麦的诱变效应 [J]. 作物学报，36（5）：764－770.

韩微波，刘录祥，郭会君，等，2006. 高能混合粒子场辐照小麦 M_1 代变异的 SSR 分析 [J]. 核农学报（3）：165－168.

韩晓峰，叶兴国，刘晓蕾，等，2010. 小麦花药培养后代和杂交后代中高分子量麦谷蛋白亚基变异分析 [J]. 植物遗传资源学报，11（6）：671－677.

何盛莲，崔党群，陈军营，等，2006. 体细胞无性系变异及其在小麦新种质创造中的应用 [J]. 河南农业科学（2）：20－25.

胡尚连，李文雄，曾寒冰，2007. 小麦单细胞再生植株后代染色体与DNA变异的初步研究［J］. 麦类作物学报（5）：781-786.
胡尚连，李文雄，曾寒冰，等，2002. 小麦单细胞培养的研究：再生植株后代籽粒高分子量谷蛋白亚基组成及强度［J］. 东北农业大学学报（3）：209-212.
姬磊，李义文，王成社，等，2005. 氮离子束注入诱变小麦的研究（英文）［J］. 遗传学报（11）：64-71.
蒋云，张洁，郭元林，等，2017. 空间环境诱导小麦变异及ISSR多态性研究［J］. 核农学报，31（9）：1665-1671.
李慧敏，赵明辉，赵凤梧，等，2010. 小麦航天诱变矮秆突变系SP3株穗数性状观察及分析［J］. 种子，29（5）：8-11.
李兰真，秦广雍，霍裕平，等，2001. 离子注入在小麦诱变育种上的应用研究初报［J］. 河南农业大学学报（1）：9-12.
李鹏，孙明柱，张凤云，等，2011. 小麦空间诱变抗寒性突变体的初步研究［J］. 中国农学通报，27（27）：70-74.
李韬，骆孟，钱丹，等，2016. 抗赤霉病小麦地方品种黄方柱和海盐种EMS突变体的变异分析［J］. 植物遗传资源学报，17（6）：1092-1098.
李卫华，胡志伟，褚洪雷，等，2011. EMS对小麦产量性状和农艺性状诱变效应的研究［J］. 种子，30（2）：41-44.
李晓，郭会君，闫智慧，等，2016. EMS诱发小麦京411突变群体构建及 *Wx-A1* 基因突变体鉴定［J］. 核农学报，30（11）：2081-2087.
廖平安，郭春强，靳文奎，2005. 小麦离子束诱变后代蛋白质含量的变化［J］. 安徽农业科学（4）：569.
廖平安，靳文奎，郭春强，2004. 离子束注入对小麦生理效应的影响［J］. 安徽农业科学（3）：405-406，418.
刘福平，2010. 植物体细胞无性系变异的遗传基础及主要影响因素［J］. 基因组学与应用生物学，29（6）：1142-1151.
刘锦红，胡尚连，曾寒冰，1997. 体细胞无性系变异改良小麦品质的研究：第7代和第8代籽粒蛋白质和面筋含量分析［J］. 东北农业大学学报（4）：23-28.
刘录祥，郭会君，赵林姝，等，2009. 植物诱发突变技术育种研究现状与展望［J］. 核农学报，23（6）：1001-1007.
刘录祥，王晶，金海强，等，2002. 零磁空间诱变小麦的生物效应研究［J］. 核农学报（1）：2-7.
刘录祥，赵林姝，郭会君，等，2005. 高能混合粒子场辐照冬小麦生物效应研究［J］. 科学技术与工程（21）：1642-1645.
刘志芳，邵俊明，唐掌雄，等，2006. 不同能量重离子注入农作物的诱变效应［J］. 核农学报（1）：1-5.
吕兴娜，杜久元，苏萍萍，等，2016. 小麦航天诱变抗条锈病突变体的筛选与鉴定［J］. 麦类作物学报，36（12）：1599-1604.
毛建，杜林方，王成俊，等，2010. 低能离子束注入对冬春性小麦杂交组合同工酶的影响［J］. 湖北农业科学，49（2）：287-289.
裴翠娟，李洪杰，郭北海，等，1995. 多小穗小麦幼胚培养及其无性系变异［J］. 河北农业技术师范学院学报（2）：55-59.
裴翠娟，王培，方仁，1991. 阿特拉津对冬小麦幼穗离体培养的反应［J］. 河北农业科学（3）：21-23.
任立凯，王龙，李强，等，2014. 小麦EMS诱变育种研究进展及其在连云港的应用［J］. 江苏农业科学，42（9）：80-82.
桑建利，王玉秀，朱至清，1992. 小麦体细胞无性系种子醇溶蛋白和谷蛋白的变异［J］. Journal of Integrative Plant Biology（11）：845-849，900.

沈晓蓉，陆维忠，许仁林，等，1996. 小麦体细胞无性系 895004 与供体亲本的抗赤性、农艺性比较和 RAPD 分析 [J]. 江苏农业学报（1）：7-10.

沈银柱，刘植义，何聪芬，等，1997. 诱发小麦花药愈伤组织及其再生植株抗盐性变异的研究 [J]. 遗传（6）：7-11.

石立旗，焦浈，张鲁军，等，2010. 离子束诱导小偃 81 突变系麦谷蛋白和醇溶蛋白遗传变异分析 [J]. 麦类作物学报，30（6）：1029-1033.

孙光祖，陈义纯，刘新春，等，1981. 应用辐射与杂交相结合的方法选育春小麦新品种的体会 [J]. 核农学报（4）：15-21.

孙光祖，王广金，唐凤兰，等，1992. 小麦抗根腐病突变体抗病机理的探讨 [J]. 核农学报（4）：193-198.

孙岩，尹静，王广金，等，2007. 小麦抗秆锈突变系龙辐 03D51 的筛选及其抗病性的遗传分析与 RAPD 标记 [J]. 核农学报（2）：120-123.

王广金，孙光祖，张景春，等，1994. 抗小麦根腐病突变体 RB500 的选育 [J]. 黑龙江农业科学（4）：40-41.

王琳清，陈秀兰，柳学余，2004. 小麦突变育种学 [M]. 北京：中国农业科学技术出版社.

王卫东，闻捷，苏明杰，等，2005. 低能离子注入后小麦苗期损伤效应研究 [J]. 华北农学报（2）：80-83.

王伟，吕金印，张微，等，2012. 小麦航天诱变株系 SP5 代麦谷蛋白亚基与各种蛋白组分含量分析 [J]. 西北农业学报，21（1）：48-52.

王炜，杨随庄，谢志军，等，2014. 小麦体细胞无性系变异及 4-8 抗条锈遗传分析 [J]. 核农学报，28（10）：1751-1759.

王炜，杨随庄，叶春雷，等，2016. 小麦体细胞无性系 HMW-GS 组成、蛋白质和赖氨酸含量及 SSR 位点变异分析 [J]. 麦类作物学报，36（2）：157-164.

魏松红，纪明山，王英姿，等，2006. 应用诱变法筛选抗草甘膦小麦植株初步研究 [J]. 现代农药（3）：42-43，46.

谢德庆，2012. 冬小麦品种兰天 17 号航天诱变后代农艺性状变异分析 [J]. 种子，31（8）：31-35.

辛庆国，刘录祥，郭会君，等，2007. 7Li 离子束注入小麦干种子诱发 M_1 代变异的 SSR 分析 [J]. 麦类作物学报（4）：560-564.

徐艳花，陈锋，董中东，等，2010. EMS 诱变的普通小麦豫农 201 突变体库的构建与初步分析 [J]. 麦类作物学报，30（4）：625-629.

许瑛，任超，任杰成，等，2016. 冬小麦品种长 6878 氮离子诱变效应及新种质创制 [J]. 中国种业（3）：34-36.

许云峰，蒋方山，郭营，等，2008. EMS 诱导小麦品种烟农 15 突变体的鉴定和 EST-SSR 分析 [J]. 核农学报（4）：410-414.

薛芳，褚洪雷，胡志伟，等，2010. EMS 对新春 11 小麦抗性淀粉和农艺性状的诱变效果 [J]. 麦类作物学报，30（3）：431-434.

薛霏雯，董中东，崔党群，等，2014. 小麦品种偃展 4110 低能离子束突变体库的初步建立及籽粒硬度突变体筛选 [J]. 麦类作物学报，34（7）：904-911.

闫炯，付晶，刘桂茹，等，2008. EMS 诱变小麦河农 822 的 SSR 及 SDS-PAGE 鉴定 [J]. 河北农业大学学报（1）：1-5，11.

杨俊诚，潘伟，于伟翔，等，2004. 加速器 7Li+3 注入小麦种胚内靶核反应的生物学效应 [J]. 核农学报（2）：89-92，147.

杨随庄，代芳，刘光辉，等，2015. 小麦种质 WS4-8 苗期抗条锈性遗传分析及分子作图 [J]. 麦类作物学报，35（5）：591-595.

杨震，郭会君，赵林姝，等，2015. $^{60}Co-\gamma$ 射线诱导的小麦基因组 DNA 的甲基化变异 [J]. 核农学报，29

（1）：1－9.

叶兴国，徐惠君，赵乐莲，等，1998. 组织培养途径改良定型小麦品种的研究［J］. 作物学报（3）：310－314.

尹静，王广金，张宏纪，等，2007. 小麦突变体D51抗秆锈性遗传分析及其抗性基因SSR标记［J］. 作物学报（8）：1262－1266.

雍志华，林锡刚，汪仕元，等，2002. 超低能离子束处理小麦种子生物学效应的初步分析［J］. 西南农业学报（4）：119－121.

余毓君，1997. 小麦体细胞多个性状变异特点的研究［J］. 华中农业大学学报（3）：30－34.

张怀刚，陈集贤，胡含，1997. 小麦体细胞无性系 *Glu－1* 基因突变体的遗传分析［J］. 遗传（1）：23－29.

张怀刚，陈集贤，胡含，1998. 小麦体细胞无性系SDS沉淀值的变异与遗传［J］. 西北农业学报（2）：4－8.

张怀刚，陈集贤，赵绪兰，等，1995. 小麦体细胞无性系HMW－GS变异及其变异体的研究［J］. 科学通报（21）：1990－1993.

张怀渝，宋云，任正隆，2005. 低能 N^+ 离子束诱导小麦农艺性状变异的细胞学基础［J］. 四川农业大学学报（2）：147－151.

张纪元，张平平，姚金保，等，2014. 以EMS诱变创制软质小麦宁麦9号高分子量谷蛋白亚基突变体［J］. 作物学报，40（9）：1579－1584.

张秋英，叶定生，金美玉，2002. 平阳霉素诱导小麦农艺性状变异的研究［J］. 麦类作物学报（4）：66－69.

张彦波，肖磊，董策，等，2015. 平阳霉素和 NaN_3 对小麦诱变效应的比较研究［J］. 河南科技学院学报（自然科学版），43（5）：6－9.

张志清，郑有良，魏育明，等，2006. 小麦组织培养后代的醇溶蛋白和SSR位点的遗传变异［J］. 植物生理学通讯（3）：489－492.

赵洪兵，郭会君，赵林姝，等，2011. 空间环境诱变小麦叶绿素缺失突变体的主要农艺性状和光合特性［J］. 作物学报，37（1）：119－126.

赵瑞堂，高书国，乔亚科，等，1994. 用花药培养筛选耐盐变异体培育小麦耐盐品种的新途径［J］. 华北农学报（1）：34－38.

赵天祥，孔秀英，周荣华，等，2009. EMS诱变六倍体小麦偃展4110的形态突变体鉴定与分析［J］. 中国农业科学，42（3）：755－764.

郑企成，朱耀兰，陈文华，等，1991. 小麦醇溶蛋白的体细胞无性系变异［J］. 植物学通报（S1）：15－18.

朱至清，桑建利，王玉秀，等，1992. 体细胞无性系变异培育高蛋白小麦种质［J］. Journal of Integrative Plant Biology（12）：912－918.

Devaux P，Hou L，Ullrich S E，et al.，1993. Factors affecting anther culturability of recalcitrant barley genotypes.［J］. Plant Cell Reports，13（1）：32－36.

Francesco D A，Bayliss M W，1985. Cytogenetics of plant cell and tissue cultures and their regenerates［J］. Critical Reviews in Plant Sciences，3（1）：73－112.

Hartmann C，Henry Y，De Buyser J，et al.，1989. Identification of new mitochondrial genome organizations in wheat plants regenerated from somatic tissue cultures.［J］. Theoretical and applied genetics，77（2）：169－175.

Kuraparthy V，Sood S，Dhaliwal H S，et al.，2007. Identification and mapping of a tiller inhibition gene（tin3）in wheat［J］. Theoretical and applied genetics，114（2）：285－294.

Larkin P J，Ryan S A，Brettell R I，et al.，1984. Heritable somaclonal variation in wheat.［J］. Theoretical and applied genetics，67（5）：443.

McCoy T J，Phillips R L，Rines H W，1982. Cytogenetic analysis of plants regenerated from OAT（*Avena sativa*）tissue cultures：high frequency of partial chromosome loss［J］. Canadian Journal of Genetics and Cytology，24（1）：37－50.

Ryan S A, Larkin P J, Ellison F W, 1987. Somaclonal variation in some agronomic and quality characters in wheat [J]. Theoretical and Applied Genetics, 74 (1): 77 - 82.

Takeshi Y, Kanae A, Tomoko S, 2009. Chain - length Distribution Profiles of Amylopectin Isolated from Endosperm Starch of Waxy and Low - amylose Bread Wheat (*Triticum aestivum* L.) Lines with Common Genetic Background [J]. Starch - Stärke, 61 (12): 677 - 686.

Yin J, Wang G J, Xiao J L, et al., 2010. Identification of genes involved in stem rust resistance from wheat mutant D51 with the cDNA - AFLP technique [J]. Molecular Biology Reports, 37 (2): 1111 - 1117.

第九章 东北春小麦生物技术育种

随着生物技术的发展，一些现代生物育种技术已被引入春小麦光温生态育种之中，并取得了较好的育种效果。为拓宽东北春麦区小麦育种途径和提高量、质兼用及面包/面条兼用等强筋小麦育种效率，本章仅就小麦花药培养和强筋小麦品质标记辅助育种生物技术，对春小麦光温生态育种中的利用价值和应用范围等进行论述，以期为东北春麦区强筋小麦育种及相关研究提供参考。

第一节 小麦花药培养育种

小麦花药培养育种（Breeding by anther culture）是小麦单倍体育种（Haploid breeding）的重要途径之一。利用该方法进行小麦品种改良和种质创新，不但可缩短育种年限，而且可避免环境条件变化对杂种分离世代田间选择的影响。因此，将小麦花药培养技术与春小麦光温生态育种理论和方法有机结合，对拓宽东北春麦区小麦育种途径和提高小麦育种效率等均具有重要意义。

一、小麦花药培养育种的基本概念与应用范围

（一）基本概念

小麦花药培养育种，是指利用小麦花药离体培养技术诱导产生单倍体苗，再通过秋水仙素或低温处理使单倍体苗加倍结实，产生纯合品系的过程。小麦花药培养育种属于单倍体育种范畴，是生物技术育种手段之一，也是快速培育小麦新品种的有效途径。如在小麦育种中利用小麦花药培养技术，只需1～2代，即可获得遗传上百分之百纯合的品系（图9-1）。

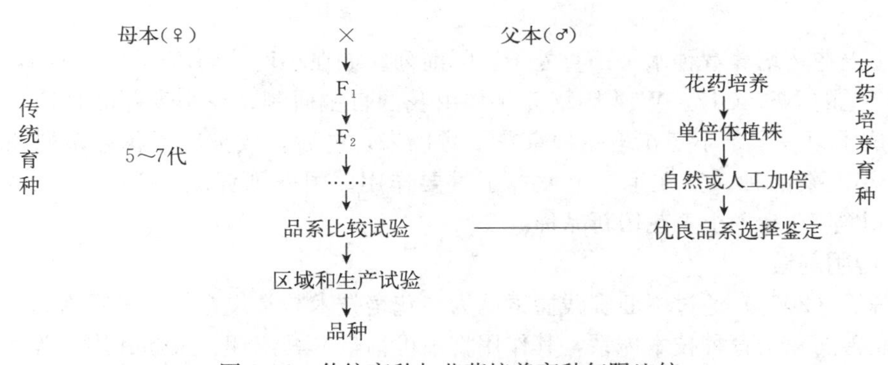

图9-1 传统育种与花药培养育种年限比较

而利用传统育种方法，至少需要连续的一代杂交（F_0）和六代自交（F_1～F_6）才能获得稳定品系，且难以获得绝对纯合。

目前，小麦花药培养技术虽已成为小麦常规育种的重要育种手段之一，但常因供试材料的基因特异性、诱导率低、白化苗率高及加倍率低等问题，对小麦花培育种效率产生较大影响。因此，选择易于花药培养的小麦材料为亲本，根据杂交组合配置目的和双亲遗传基础，准确选择供体材料和培养基等，是利用该项技术的关键。

（二）应用范围

小麦花培育种，可节约选育时间和成本、加速育种进程，是小麦常规育种的补充与发展。许多研究认为，将小麦花药培养技术与其他小麦育种手段相结合，可简化育种程序和快速进行小麦新品种选育与种质创新，并可结合分子标记、转基因育种、遗传工程等开展各项小麦育种研究。如李大玮（2000）研究结果表明，利用花药培养育种技术，不但能快速创造种质，而且会使双亲有益的隐性性状得到显现和稳定。但与传统的定向育种创造种质不同的是，花药培养育种技术需要创造大量的DH（Double haploid）群体，并且易出现许多非目标性状的株系。

小麦花药培养育种技术还可用于遗传分析与基因组研究。利用该技术创造的DH群体高度纯合、遗传背景一致、能够稳定遗传，是进行遗传分析及基因组学研究理想的材料。陈海强等（2020）研究认为，利用分子标记辅助选择技术与单倍体技术结合，可为提高遗传增益和缩短育种时间提供新的策略。王中秋等（2019）以构建的DH群体为材料，开展小麦主要农艺、产量与品质等性状遗传分析研究，明确了DH群体中具有丰富的表型变异和遗传多样性等。

二、小麦花培育种的国内外发展状况与展望

（一）国内外发展状况

有资料报道，花药培养育种现已在小麦、水稻、烟草、辣椒等300多种植物中获得了成功。张献龙（2004）研究认为，与传统常规育种相比，花培育种可缩短育种年限，节约育种成本，快速获得稳定品系，是同期常规育种的3.22倍。Lantos等（2013）利用欧洲冬麦材料Svilena和Berengar，以及93个F_1代冬小麦杂交组合测试了花药培养方案的效率。结果表明，花培育种是一种有效的低成本育种方法。在花培育种取材方面，康明辉等（2009）研究认为，接种F_1代或分离世代都可取得较好的育种效果，关键是供体基因型的优良程度。

我国小麦花药培养育种水平一直处于国际前列。如在小麦花药培养研究方面，目前在全球应用最广泛的N6、C17、W14等培养基均由我国自主研制；在小麦新品种选育方面，自1982年育成了第一个冬小麦花培品种京花1号以来，先后育成推广了花培系列和京花系列等40多个小麦新品种，并在生产上发挥了重要作用。国外则育成了Florin、SW Agaton、Robijs、Bill等10余个小麦花培新品种。

（二）应用前景

康明辉等（2009）通过不断实践探索认为，花培技术与常规育种技术紧密结合，形成了一个比较完善的花培育种技术体系，其作用将不可估量。马鸿翔、王炜和周迪等学者研究认为，花培技术亦可与常规抗病育种、品质育种、远缘杂交育种、矮败育种和转基因技术等有

机结合，建立可靠的育种技术体系，应用前景非常广阔。

2000年以来，黑龙江省农业科学院“龙麦号”小麦育种团队将花培技术融于春小麦光温生态育种体系之中，育种成效显著。该团队利用小麦花药培养技术，不仅选育推广了优质高产强筋小麦新品种龙麦37，而且还选育出龙H2305和龙H4062等一批花培品系参加了黑龙江省小麦区域试验、“龙麦号”小麦异地鉴定和品系比较等试验，并同步创造了许多小麦花培新种质。目前，小麦花药培养技术已作为常规小麦育种技术，被用于“龙麦号”强筋小麦新品种选育工作之中。

三、小麦花药培养技术的方法与程序

（一）小麦花药培养基的选择与配制

小麦花药培养基是供给小麦花药诱导愈伤组织，并分化成单倍体苗不可或缺的基础物质。小麦花药培养基主要由无机营养物质、有机营养成分、碳水化合物、生长调节物质、琼脂、水等组成。其中，无机营养物质主要由大量元素（氮、磷、钾、钙、镁和硫等）和微量元素（碘、锰、锌、钼、铜、钴和铁等）组成。有机营养成分主要包括维生素和氨基酸等。碳水化合物主要以蔗糖或D-葡萄糖为主。生长调节物质则以植物生长素类的2,4-滴（2,4-二氯苯氧乙酸）和细胞分裂素类的KT（激动素，6-呋喃腺嘌呤）为主。

目前，常用的小麦花药培养基共有4种，分别为W14、MS、N6、C17等。其中，以W14培养基应用最为广泛，其演变而成的W14-F在匈牙利被高效使用。本节主要以W14培养基为主介绍花药培养基的配置。

1. 诱导培养基的组成成分

诱导培养基是诱导小麦花药产生愈伤组织（胚状体）最重要的环节。各种营养元素及生长调节物质的浓度及配比都会对愈伤组织的形成和生长产生影响。W14诱导培养基主要是在MS培养基的基础上演变而来的，主要成分见表9-1。

表9-1　W14培养基组成成分及含量

类　别	试剂名称	分子式	1L培养基用量
大量元素	硝酸钾	KNO_3	2000 mg
	硫酸钾	K_2SO_4	700 mg
	磷酸二氢铵	$NH_4H_2PO_4$	380 mg
	硫酸镁	$MgSO_4 \cdot 7H_2O$	200 mg
	无水氯化钙	$CaCl_2$	106 mg
微量元素	硫酸锰	$MnSO_4$	8 mg
	硫酸锌	$ZnSO_4$	3 mg
	硼酸	H_3PO_3	3 mg
	碘化钾	KI	0.5 mg
	钼酸钠	$Na_2MoO_4 \cdot 2H_2O$	0.005 mg
	硫酸铜	$CuSO_4 \cdot 5H_2O$	0.025 mg
	氯化钴	$CoCl_2 \cdot 6H_2O$	0.025 mg

（续）

类　　别	试剂名称	分子式	1 L 培养基用量
有机元素	维生素 B_1	$C_{12}H_{17}ClN_4OS$	1.0 mg
	维生素 B_6	$C_{10}H_{16}N_2O_3S$	0.5 mg
	烟酸	$C_6H_5NO_2$	0.5 mg
	甘氨酸	$C_2H_5NO_2$	2.0 mg
	肌醇	$C_6H_{12}O_6$	50 mg
生长调节物质	KT	$C_{10}H_9N_5O$	0.5 mg
	2,4-滴	$C_8H_6Cl_2O_3$	1.5 mg
铁盐	硫酸亚铁	$FeSO_4 \cdot 7H_2O$	27.8 mg
	乙二胺四乙酸二钠	$Na_2 \cdot EDTA \cdot 2H_2O$	37.3 mg
其他	菲可 400	$C_{15}H_{27}ClO_{12}$	100 g
	麦芽糖	$C_{12}H_{22}O_{11}$	80 g

注：此配方来源于黑龙江省农业科学院作物资源研究所“龙麦号”小麦育种研究室。

2. 分化培养基的组成成分

分化培养基能促使愈伤组织细胞恢复全能性，可以进行正常根茎叶的形成，并含有愈伤组织细胞分化成单倍体苗所需的各种养分，主要成分见表 9-2。

表 9-2　分化培养基组成成分及含量

类　　别	试剂名称	分子式	1 L 培养基用量
大量元素	硝酸钾	KNO_3	1 900 mg
	硝酸铵	NH_4NO_3	1 650 mg
	磷酸二氢钾	KH_2PO_4	170 mg
	硫酸镁	$MgSO_4 \cdot 7H_2O$	370 mg
	无水氯化钙	$CaCl_2$	332 mg
微量元素	硫酸锰	$MnSO_4$	8 mg
	硫酸锌	$ZnSO_4$	3 mg
	硼酸	H_3PO_3	3 mg
	碘化钾	KI	0.5 mg
	钼酸钠	$Na_2MoO_4 \cdot 2H_2O$	0.005 mg
	硫酸铜	$CuSO_4 \cdot 5H_2O$	0.025 mg
	氯化钴	$CoCl_2 \cdot 6H_2O$	0.025 mg
有机元素	维生素 B_1	$C_{12}H_{17}ClN_4OS$	1.0 mg
	维生素 B_6	$C_{10}H_{16}N_2O_3S$	0.5 mg
	烟酸	$C_6H_5NO_2$	0.5 mg
	甘氨酸	$C_2H_5NO_2$	2.0 mg
	肌醇	$C_6H_{12}O_6$	50 mg

（续）

类　别	试剂名称	分子式	1 L 培养基用量
生长调节物质	KT	$C_{10}H_9N_5O$	1 mg
铁盐	硫酸亚铁	$FeSO_4 \cdot 7H_2O$	27.8 mg
	乙二胺四乙酸二钠	$Na_2 \cdot EDTA \cdot 2H_2O$	37.3 mg
其他	蔗糖（3%）	$C_{12}H_{22}O_{11}$	30 g
	琼脂（0.6%）	$(C_{12}H_{18}O_9)_n$	6 g

注：此配方来源于黑龙江省农业科学院作物资源研究所小麦室。

3. 培养基配制注意事项

（1）诱导培养基和分化培养基在配制过程中，有些化学营养成分在配制母液过程中需要避光保存，如碘化钾、铁盐等，配好的母液在棕色瓶中 4 ℃冰箱保存。

（2）大量元素及微量元素的母液配制过程中，药品要充分溶解后，依次加入混合，否则极易出现化学反应，导致沉淀现象出现。也可采用分别充分溶解再混合的方法。

（3）生长调节物质 KT 需要先用盐酸（0.1 mol/L）溶解，然后再定容。

（4）有机元素配制好后需要在－20 ℃冰箱内保存。

（5）配置好的培养基溶液一般呈酸性，需要加 NaOH 调 pH 为 5.8～6.0。

（6）高压灭菌锅灭菌时间不宜过长，一般控制在 121 ℃灭菌 20 min 左右。灭菌时间过长易造成培养基变质、变色，失去提供营养的作用。

（二）小麦供试材料选择与注意事项

1. 供试材料选择

小麦花药培养供试材料选择主要分为以下两方面，一方面是杂交组合的选择，另一方面是入选组合的田间选材。二者均与小麦花培育种效率存在紧密联系。为满足“优质强筋是前提、产量潜力是基础、多种抗性是保障、生态适应是链条”等春小麦光温生态育种目标要求，入选组合的主要依据为：一是双亲优点多、缺点少，育种目标性状齐全，遗传基础丰富、配合力好、农艺性状优良、诱导分化能力强，并以生态类型间杂交为主。二是对选育品种组合要求育种目标性状齐全，互补性较强，并以单交组合为主、三交及其他杂交方式为辅。三是对创造材料组合，要求双亲亲缘关系较远、生态习性差别较大，并需具备新种质所需目标性状。四是花培供试材料田间表现要突出，具体所指为，出苗—拔节期，应苗期耐低温性强、苗姿好、分蘖多、苗齐苗壮；拔节—取材期，应苗期抗旱性强、株穗数多及株型结构较好等。也就是说，为提高小麦花药培养供试材料杂交组合选择的准确性，田间选材至少应进行一次室内组合选择和两次田间长势选择。

田间选材主要来源于小麦杂交分离后代，优良组合各分离世代均可进行花药培养。杂交组合确定后，田间选材正确与否将直接关系到小麦花培育种效率。为提高田间选材的准确性，首先需对花培入选组合进行杂交方式分类，其次要对其进行杂种世代划分，最后要明确各类杂交组合和不同杂种世代的田间选材标准。如对单交组合的 F_1 代，虽然从理论上讲，各孢子体遗传基础基本相同，可常因其长势不同，各种配子体的分离比例也有所不同，所以选择健壮、株型结构较好及株穗数较多的植株，一般来说花培育种效果会较好。对于三交和其他复交组合的 F_1 代，以及 F_2 代和 F_3 代等孢子体出现分离的杂种世代，通常是按照新品种选择标准，在单株选择基础上进行田间选材，才能达到预期效果。

田间取材是小麦花药培养育种田间选材的工作内容之一。取材时间与外部条件常与花药培养育种效率有关。田间取材应选取花粉细胞处于单核靠边期的幼穗，形态学上表现为幼穗顶部位于旗叶叶耳与旗下叶的叶耳 1/3～2/3 处的小麦幼穗。为避免花粉活力下降和花药污染率增加等不利因素影响，取材时应尽量避开高温和降雨等极端天气。另外，若幼穗试材选取量较大，不能及时送回实验室，可利用清水放置冰袋的方式增加幼穗的保存时间。取样后将幼穗按组合标记捆牢后竖立在冰水中保存，送回实验室应立即剪断旗叶和茎基部，并用塑料袋密封放入 4 ℃冰箱里低温处理 3～7 d 后备用。

2. 注意事项

（1）受双亲目的基因重组次数偏少及诱导分化率和加倍率有待提高等因素影响，小麦花药培养技术现只能作为辅助育种手段之一，不可能完全代替春小麦光温生态育种。只有二者结合，才能提高小麦育种效率。

（2）育种者只有细致全面熟识杂交亲本材料的优劣，才能提高优良供体基因型的选择效率。考虑到 F_1 代雄配子的分离幅度，三交等复交组合应尽量慎用。如确因育种需要，最后一个亲本的遗传基础必须高度关注。另外，供体基因型选择还应与当地生态条件相适应。如在东北春麦区选择冬春杂交组合，DH 群体极易出现冬麦类型，使其利用价值大幅降低。

（3）要重视小麦基因型对愈伤组织诱导分化影响及花药培养力与亲本一般配合力的关系。如孙志玲等（2019）研究结果认为，以龙麦 35、龙 13－3550、龙春 15－428 等一般配合力较高的材料为父、母本配置的杂交组合，通常花药培养力也较高。

（三）单倍体苗诱导与加倍技术

1. 诱导技术及注意事项

目前，花药培养技术仍存在诱导率低、白化苗、效率较低等问题。一般可通过改变培养基成分、种类或浓度来提高愈伤组织诱导率和绿苗分化率。

花药培养技术一般需要超净工作台、智能培养箱、高压灭菌锅、光照培养架等常用设备。超净工作台使用前应至少灭菌 20 min，通风 10 min。智能培养箱温度设置在 29 ℃、湿度 70%、暗培养。高压灭菌锅一般控制在 121 ℃灭菌 20 min 左右。

暗培养过程中，应注意定期查看培养基污染情况，对出现污染的培养基应尽早取出进行高压灭菌处理，以防止扩大污染面影响到整个培养箱。愈伤组织分化过程出现污染现象，可将污染的培养基中未被波及的小苗移植至灭过菌的培养基内继续培养。

愈伤组织分化成单倍体苗需要经过 12 h 光照和 12 h 黑暗交替培养分化的过程，一般室温保持在（24±1）℃为宜。待单倍体苗长至足够大小、根系发达的时候便可进行加倍处理并移栽。

2. 加倍技术及注意事项

单倍体苗加倍是小麦花培育种的关键步骤之一。加倍率越高，获得的双单倍体苗就越多，选育优良品系的概率就越大。常用的加倍手段有以下几种：①自然加倍法；②秋水仙素浸根法；③秋水仙素浸根法与自然加倍法相结合。

（1）自然加倍法。自然加倍法，就是将健壮的根系发达的单倍体苗直接移栽至土壤中，通过低温促使单倍体苗加倍结实的方法。赵爱菊等（2013）研究结果认为，该方法加倍率很低，一般在20%～30%。韩玉琴（2004）研究发现，低温处理时间的长短对自然加倍率影响较大，温室外自然低温处理时间越长，加倍率和平均粒数越高（表 9-3）。

表 9-3　低温处理时间对染色体加倍率的影响（哈尔滨，2004 年）

进温室时间	处理时间（d）	供试株数	结实株数	平均粒数	加倍率（%）
10 月 15 日	15	500	83	16.1	16.6
10 月 25 日	25	296	80	25.1	27.0
11 月 4 日	35	119	54	39.5	45.4

（2）秋水仙素浸根法。秋水仙素浸根法，就是将健壮多根的单倍体植株的根系洗净后浸泡到一定浓度的秋水仙素溶液中，经过一段时间浸泡处理后进行小麦单倍体苗加倍的一种方法。惠学娟等（2014）研究结果认为，不同浓度的秋水仙素和不同的浸泡时间均对加倍效果有影响。浓度过小或浸泡时间过短，会导致加倍率低或加倍失败；而浓度过大或浸泡时间过长则易影响幼苗的成活率，导致死苗增多。原则是高浓度时处理时间短，低浓度时处理时间长。赵爱菊（2013）研究认为，采用 0.2%的秋水仙素溶液浸根 5 h 并用流水冲洗 3 h 为最佳，成活率和加倍率都可得到保障。浸泡过程中辅助避光和加氧两项措施，有助于成活率和加倍率的提高。

（3）秋水仙素浸根法与自然加倍相结合。该方法是上述两种加倍方法的结合。技术要点为：秋水仙素浸根处理的小麦单倍体苗移栽至试验花盆后，要求盆内土壤疏松透气，并施用足量的化肥保证生长。在东北春麦区小麦盆栽场最低气温不低于－4 ℃的情况下，可通过盖苫布等措施，尽量延长自然低温处理时间，促进分蘖生长。这样可产生化学加倍与自然加倍叠加效应，提高了单倍体苗的加倍率和结实率。如"龙麦号"小麦育种团队利用这种加倍方法进行小麦单倍体苗处理，加倍效果明显优于秋水仙素浸根法和自然加倍法。

（四）小麦双单倍体株系的处理与选择

1. H_1 代的处理与选择

受限于花培育种获得的 H_0 代籽粒数量较少，为提高小麦双单倍体材料选择效率，春小麦光温生态育种通常采用 H_1 和 H_2 代两年田间试验方法，对小麦双单倍体株系进行处理与选择。其中，H_1 代的田间试验目的主要是对双单倍体材料进行初步选择，并为 H_2 代田间试验繁殖出足量的供试种子。另外，对 H_0 代种子量较多的单株，也可直接进入 H_2 代进行田间处理与选择。

为满足春小麦光温生态育种目标需求，H_1 代试验设计和处理内容与常规育种的决选前一世代（F_5 代或 F_6 代）基本相当，只是因种子量不足，小区试验面积一般较小。如"龙麦号"小麦育种团队对 H_1 代采用的试验设计与实施方案为：平播种植，每区组 200 行，小行距 30 cm，大行距 40 cm，人工点播，株距 5 cm，行长 1.5 m。按组合顺序排列，根据株系粒数多少确定行数，一般每行粒数为 8～30 粒。为扩大种子量及更直观地鉴定，一个株系可种植多行。同时，设置不同生态类型及品质对照品种作为各类育种目标性状的选择标准。对方间种植感染行，孕穗期接种秆锈病。田间管理与杂种世代选择圃场相同。

田间选择及室内考种内容主要为：首先，需对供试株系进行抗旱、旱肥和水肥等各种生态类型分类。其次，在小麦春化、光照和感温阶段或不同物候期进行各类生态适应调控性状和产量潜力选择。再次，针对亲本资源选择时，一定要关注其是否具备所需育种目标性状。考虑到 H_1 代各株系间种植株数不一，且仅一年田间表现，有些性状表达不充分，田间选择压力不宜过大。田间入选株系一般收获 5～7 株。对于表现突出的株系，可重点选拔更多的单株，以扩大 H_2 代的种植面积。室内考种主要调查株高、株穗数、有（无）效小穗数、主穗粒数、单株粒重、粒饱度、整齐度、粒形、角质率、千粒重和单株产量等性状。同时，对田间入选株系还需进行高分子量麦谷蛋白亚基和 *Wx* 基因检测分析，并在品质遗传基础层面进行二次选择。最后，根据田间表现和室内考种结果，每一入选株系选择 2～5 株，翌年进入 H_2 代试验。

2. H_2 代的处理与选择

在春小麦光温生态育种中，H_2 代被视为小麦双单倍体株系的决选世代，所以它的试验设计和实施方案等，与小麦常规育种的 F_6 代和 F_7 代等决选世代基本相同。同时，为准确评价花培 H_2 代试验材料的利用价值，最好与春小麦光温生态育种的决选世代圃场相邻种植，以便为田间选择等提供参考依据。

H_2 代田间试验设计为：平播种植，每区组 200 行，小行距 30 cm，大行距 40 cm，行长 4 m，株距 4 cm，双行区种植，机械点播。按组合顺序排列，每逢 41 区和 81 区设一组不同生态类型及品质对照品种。其他试验设计和田间管理与 H_1 代相同。田间选择及室内考种主要内容为：一是根据相应对照品种，对供试材料进行抗旱型、旱肥型、水肥型等生态类型的精准划分。二是根据不同生态类型小麦育种目标，对比同生态类型的对照品种的综合表现，在小麦春化、光照和感温阶段或不同物候期进行各类生态适应调控性状和产量潜力选择。选留性状整齐一致、抗病性好、秆强、前期抗旱、后期耐湿，以及产量突出的株系。三是对入选株系，既要与同一生态类型对照品种进行比较和分析，也要与相邻的同一生态类型 F_6 代等决选世代材料作比较，以明确其利用价值。

H_2 代室内考种项目与 H_1 代基本相同。田间入选品系需再次进行高分子量麦谷蛋白亚基种类和 *Wx* 基因缺失等品质遗传基础检测，并与 H_1 代检测结果作比较，以防止品系混杂或者错误。另外，为满足量、质兼用强筋小麦育种需求，对田间入选株系还需进行品质分析。品质检测指标主要包括：蛋白质和湿面筋含量、面筋指数、Zeleny 沉降值、面团揉混特性及面团稳定时间等。最后，对上述所有试验结果进行综合研判，选择出一些优异株系进入下一年产量鉴定试验或用于亲本材料。

第二节　强筋小麦品质标记辅助育种

强筋小麦品质标记辅助育种，是标记辅助选择技术与强筋小麦育种理论与方法的有机结合。它可从基因型水平上实现一些主要品质性状的定向集聚和直接选择，是强筋小麦育种途径的进一步拓宽。因此，强筋小麦品质标记辅助育种技术应用与研究，对于加快强筋小麦育种进程和提升春小麦光温生态育种效率等具有重要意义。

一、强筋小麦品质标记辅助育种的概念与研究进展

（一）强筋小麦品质标记辅助育种的概念

强筋小麦品质标记辅助育种，是指在小麦亲本选配、后代选择和稳定品系处理等各育种

环节中，利用分子（生化）标记辅助选择技术与强筋小麦育种理论与方法相结合，从基因水平上进行品质目标性状定向集聚和直接选择的一种育种方法。该方法具有快速、准确、不受环境条件干扰的优点。它通过目标基因的分子和生化等标记检测，可达到直接选择目标性状的目的。

强筋小麦品质标记辅助育种的含义主要包括：一是要有辅助选择强筋小麦品质目标性状的分子或生化标记。二是这些标记可同时用于目标性状和遗传背景的评价与筛选。三是分子（生化）标记辅助选择技术必须与强筋小麦育种理论与方法等紧密结合。

小麦育种理论和实践表明，传统育种主要通过表现型选择（Phenotypieal selection）来培育小麦新品种。在传统育种过程中，环境条件、基因间互作、基因型与环境互作等多种因素均会影响表型选择效果。而利用强筋小麦标记辅助育种技术，不但可将现代分子生物学技术与小麦常规育种方法有机结合，而且可利用其技术优势加快育种进程。由于一些与强筋小麦面筋质量和淀粉特性有关的生化或分子标记具有共显性、不易受环境条件影响、鉴别简便等优点，因此利用强筋小麦品质标记辅助育种技术，对提高小麦品质基因型选择效率和发掘关键品质遗传资源等方面，均具有重要意义。

（二）强筋小麦品质标记辅助育种研究进展

分子标记辅助选择技术，最早由 Sax 于 1923 年提出。在国外，小麦分子标记辅助育种主要集中在澳大利亚、美国、加拿大、墨西哥、乌克兰、法国、俄罗斯和印度等国家。强筋小麦标记辅助育种，无论是在国家的科研单位和高校，还是在私营公司都已经产生了积极效果。如加拿大是全球公认的强筋小麦生产国，强筋小麦育种水平处于世界领先地位。从 20 世纪 90 年代后期开始，加拿大就把分子标记辅助选择技术作为重要育种手段应用到小麦品质改良之中，并通过利用提高籽粒蛋白质含量和增强面筋强度的相关基因及标记，创造和选育了一批强筋和超强筋小麦新种质和新品种。

我国分子标记辅助育种研究工作与西方发达国家相比，虽然起步较晚，但是近些年来发展迅速。特别在“九五”期间，国家“863”计划将 DNA 标记辅助育种作为一个专题组织攻关，并在水稻、小麦、玉米、大豆和油菜等主要农作物相关研究方面取得了重大进展。“十五”以来，在国家多个重大科技计划和攻关项目大力支持下，利用分子和生化等标记辅助育种技术在作物产量、抗病（逆）性、品质等方面开展了大量研究，并鉴定和筛选了一批与重要性状紧密相关的实用性标记，为我国作物标记辅助育种奠定了良好的基础。近年来，利用标记辅助选择技术已创造了大量有价值的作物新种质，并开展了基因聚合研究，获得了一些重大研究成果。

进入 21 世纪，随着功能基因组学的发展，服务于标记辅助选择育种的分子标记技术逐渐由随机性标记向功能性标记过渡。高密度遗传图谱的构建以及 QTL 的精细定位研究，使分子标记辅助育种技术进入了实用性阶段。目前，标记辅助选择育种技术在小麦育种中的应用范围主要包括：性状改良（数量、质量）、基因聚合、回交育种（目标基因跟踪、前景选择、背景选择）等几个方面。涉及的产量性状有穗粒数、粒重、大粒和穗长等；品质性状有黄色素、蛋白质和面筋质量、籽粒硬度、多酚氧化酶和淀粉特性等；生理性状有春化和光周期反应特性、矮秆和抗穗发芽等；抗病（逆）性状有抗锈病、抗赤霉病、抗白粉病、抗纹枯病、抗旱和耐盐等。

近年来，随着对小麦品质育种的逐步重视，以及小麦基因组测序和生物信息学在小麦基因组结构和功能研究的快速发展，越来越多与小麦品质相关的功能基因得到鉴定、克隆和分离。许多实用性标记，如高分子量麦谷蛋白亚基5+10等生化标记已被广泛应用于强筋小麦育种之中。目前，有关小麦品质性状分子标记的应用范围，主要是用于提高面筋强度和改善淀粉品质，以及籽粒硬度和面粉色泽等方面。相对于产量性状，小麦品质性状的标记辅助育种应用效果较好。

二、强筋小麦品质标记辅助育种采用的各类标记

（一）确立强筋小麦品质标记的原则

一是标记的可靠性原则。在强筋小麦品质标记辅助育种中，第一个要确定的就是标记的可靠性，它是开展强筋小麦品质标记辅助育种的前提和基础，是寻找分子（生化）标记的最重要依据。如高分子量麦谷蛋白亚基（High molecular weight - glutenin subunit，HMW - GS）之所以能在强筋小麦品质改良中最早得到应用，主要原因在于利用十二烷基硫酸钠聚丙烯酰胺凝胶电泳（Sodium dodecyl sulfate - polyacrylamide gel electrophoresis，SDS - PAGE）可准确分辨出各位点亚基的等位变异。另外，Payne等（1987）建立了HMW - GS对烘烤品质的*Glu - 1*评分系统，还证明了5+10亚基等一些评分较高的生化标记与小麦蛋白质（湿面筋）质量关系非常密切，并可以解释英国小麦品质变异的47%～60%。而低分子量麦谷蛋白亚基（Low molecular weight - glutenin subunit，LMW - GS）在小麦育种中的应用相对较少，主要原因在于编码LMW - GS基因数目较多、分子量与醇溶蛋白相近且在遗传上与醇溶蛋白紧密连锁、在SDS - PAGE电泳图谱上与大量的醇溶蛋白相互重叠，区分难度较大，很难准确分辨LMW - GS等位基因的变化，导致很难应用到小麦育种之中。

二是标记检测手段高通量原则。在满足可靠性基础上，高通量的检测方式也是选择标记的一个重要依据。原因是，根据强筋小麦育种目标需求，目标基因标记检测常涉及亲本鉴定、后代选择和稳定品系处理等多个育种环节及几个甚至多个性状相关基因的检测。在这种情况下，检测样本数量少则几千份，多则数万份。若要为小麦育种提供及时可靠的检测结果，选择的标记能够进行高通量操作是非常必要的。另外，在选择性回交育种工作中，需根据检测结果继续进行回交，对时间的要求更高，更需要选择高通量标记来进行快速检测。

三是标记检测低成本原则。虽然标记辅助选择技术会显著提高强筋小麦主要品质性状选择的准确性和选择效率，但同时也会增加育种成本。若每年以万份计算进行育种材料筛选与鉴定，多年累积也是一笔很可观的费用。因此，选择的标记类型应尽量做到以最低的成本解决强筋小麦育种中的最大问题。

四是实验操作简单原则。在实验实施过程中，实验条件和技术要求低，操作步骤简单，易于获得结果，因此这样的鉴定方式更容易在小麦育种中利用。如高效液相色谱技术（High performance liquid chromatography，HPLC）和双向电泳（Two - dimensional gel electrophoresis，2 - DE）等技术虽均能准确鉴定LMW - GS，但是因这些设备昂贵、实验条件要求较高、技术操作复杂，且鉴定速度较慢，导致这些技术手段很难应用到小麦育种之中。

（二）强筋小麦品质辅助标记的分类与应用

目前，在强筋小麦品质标记辅助育种中采用的实用性标记，主要有生化标记和分子标记

两大类。从小麦品质改良功能看，它们又可分为直接标记和间接标记两大类。其中，直接标记种类主要有：黄色素分子标记、谷蛋白亚基分子（生化）标记、籽粒蛋白含量分子标记、籽粒硬度分子标记及淀粉特性分子（生化）标记等。间接标记种类主要有：抗穗发芽分子标记、抗赤霉病分子标记和1BL/1RS易位系分子标记等。上述各类强筋小麦品质分子（生化）标记中，高分子量麦谷蛋白亚基（HMW-GS）和淀粉特性的分子（生化）标记（图9-2）在强筋小麦育种中应用最广泛，育种成效也最显著。

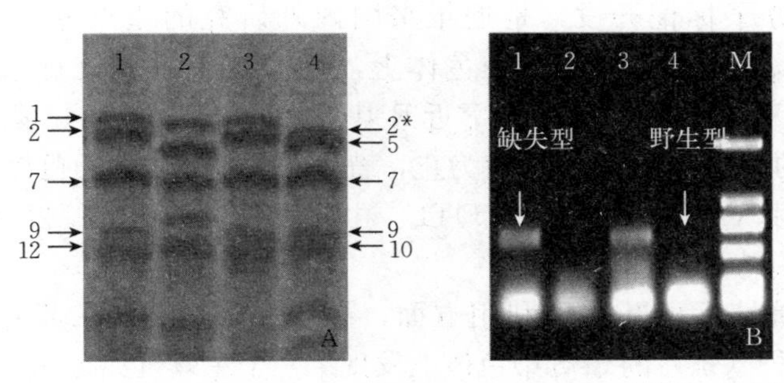

图9-2　龙麦35和垦九10号的HWM-GS和*Wx*基因的分子与生化标记

注：A图为HWM-GS图谱，其中1，CK1；2，CK2；3，垦九10号；4，龙麦35。

B图为*Wax-B1*基因分子标记图谱，其中1，CK（+）；2，CK（-）；3，龙麦35；4，垦九10号。

大量研究结果证明，在*Glu-1*位点上的HMW-GS亚基生化标记应用上，以5+10和7^{OE}+8等亚基相对可靠，实用性较强。各个位点HMW-GS亚基对面团强度和烘烤品质的贡献表现为：*Glu-A1*位点1>2*>N；*Glu-B1*位点7^{OE}+8>7+8≥13+16>17+18=7+9；*Glu-D1*位点5+10>2+12>4+12。目前，HMW-GS组成已成为世界各国小麦品质育种亲本选配、后代选择和稳定品系处理的重要依据。其中，优质亚基5+10，作为蛋白质（湿面筋）质量的重要选择标记，已被广泛用在各地强筋小麦品质遗传改良之中；超量表达的7^{OE}+8亚基，现已成为加拿大超强筋小麦种质资源的主要品质标记。还有研究认为，尽管*Glu-1*各位点上高分子量麦谷蛋白亚基对面团稳定时间、最大拉伸阻力和能量等面团流变学特性时间的贡献大小现已较为明确，亦不能忽视低分子量麦谷蛋白亚基（LMW-GS）在*Glu-3*位点内等位变异及位点间互作对其二次加工品质的影响。如何中虎等（2013）研究认为*Glu-B3d*、*Glu-B3b*和*Glu-A3d*为面包和面条制品优质LMW-GS基因，并把*Glu-A3d*、*Glu-B3b*、*Glu-B3g*和*Glu-B3i*确定为优质低分子量麦谷蛋白亚基。

在淀粉特性实用分子标记利用上，检测小麦淀粉特性的*Wx-A1*、*Wx-B1*和*Wx-D1*三个位点共显性标记已被成功开发，并能够准确鉴定各位点基因显性纯合或杂合状态。现已明确，不同位点*Wx*基因缺失型对小麦淀粉特性影响程度不同。3个*Wx*基因直链淀粉合成能力为*Wx-B1*>*Wx-D1*>*Wx-A1*。*Wx-B1*基因缺失会导致小麦品质产生显著变化，可为面包/面条兼用型和面条小麦新品种培育提供技术保障。

在黄色素分子标记应用方面，一些研究结果认为，基因型是影响黄色素含量的主要因素，品种间黄色素含量可相差10倍，改良潜力很大。面粉色泽的遗传符合“主效基因+微效多基因”模型，遗传力为0.67，在3A和7A染色体上存在两个主效QTL，可分别解释13%和60%的遗传变异。黄色素的分子标记及应用重复性好、准确率高，可应用于小麦品质改良的分子标记辅助选择。

在强筋小麦籽粒硬度分子标记应用方面，有研究发现，嘌呤吲哚蛋白 PinA 和 PinB 决定着小麦籽粒硬度的差异，分别由位于小麦染色体 5DS 上的 Ha 基因位点紧密连锁的 *Pina - D1* 和 *Pinb - D1* 两个基因编码，任一基因的突变都会导致小麦籽粒硬度的变化。Igrejas 等对 *PinA* 和 *PinB* 进行了 QTL 定位。研究发现，有两个主效 QTL 分别在染色体 5DS 和 5DL 上。其中，5DS 上的 QTL 效应值最大，分别解释了籽粒硬度的 63%～77%、*PinA* 的 72%～77%、*PinB* 的 25%～45%的表型变异，为小麦籽粒硬度选择提供了有利工具。

小麦抗穗发芽分子标记开发，是近年来国内外研究的重点领域之一。如 Zanetti 等（2000）在 2A、3B、5A、6A 和 7B 染色体上，均发现了小麦抗穗发芽 QTL。Groos 等（2002）在 3A、3B 和 3D 染色体长臂上靠近 *R* 基因和 *taVp1*（胎萌）基因的位置，定位到了 3 个穗发芽和粒色的共同 QTL。到目前为止，普通小麦中除 1D 染色体外的其他 20 条染色体均发现了与穗发芽（或休眠）有关的 QTL。由此可见，小麦抗穗发芽的主效基因定位及可靠标记应用，还有待进一步研究。

在小麦赤霉病抗性标记开发和利用方面，吴磊等（2018）在苏麦 3 号、望水白和宁 7840 等抗病小麦品种（系）的 3BS 染色体上发现了一个主效抗赤霉病位点 *Fhb1*，可解释表型变异率超过 20%。山东农业大学孔令让团队（2020）发现的来源于长穗偃麦草的抗赤霉病主效基因 *Fhb7*，源于内生真菌 Epichloë 属和长穗偃麦草之间的水平基因转移（HGT）。研究证实，*Fhb7* 基因导入不同小麦栽培品种中均能显著提高其对赤霉病和茎基腐病的抗性，并可产生解毒效应但不会造成产量损失，为小麦抗赤霉病育种提供了一种新的解决方案。

1BL/1RS 易位也是影响小麦加工品质的一个非常重要的遗传因素。国内外研究表明，1RS 所编码的蛋白质使面团的黏性显著增加，并且由于相应位点的谷蛋白亚基的缺失，造成面筋的强度变弱，面团形成时间显著缩短，最大拉伸阻力降低，延伸性增加，面包体积减小。

三、品质标记辅助选择技术在春小麦光温生态育种中的应用

（一）亲本选配

种质资源是小麦育种的物质基础，对其进行合理分类与准确评价是强筋小麦育种亲本选配的前提。近些年来，强筋小麦品质标记辅助选择技术为强筋小麦育种亲本分类与评价，提供了更加准确的信息，并成为春小麦光温生态育种亲本选择和组合配置不可或缺的工具。

在小麦亲本选择方面，标记辅助选择技术主要用于：一是以对小麦蛋白质（湿面筋）质量和淀粉特性作用较大的 5＋10 和 7^{OE} 等优质亚基及 *Wx - B1* 缺失等生化或分子标记为依据，结合生态适应性、品质分析和产量鉴定等试验结果，对亲本进行生态类型、优质强筋和高产材料的初步分类。二是在此基础上，根据亲本材料的赤霉病抗性、苗期抗旱性、田间抗倒能力及是否具备 1B/1R 遗传基础等间接影响强筋小麦品质和产量潜力表达的一些性状表现，明确各类亲本利用价值，并对供试亲本进行超强筋、强筋、面包/面条兼用、高产、抗赤等各种用途的详细分类。三是遵循分子（生化）标记水平选择与表型水平选择相结合原则，根据各类标记检测、品质分析、表型精准鉴定等试验结果，最终将供试亲本进行核心亲本、骨干亲本和专用亲本的进一步划分，以便为组合配置提供可靠的理论依据（表 9 - 4）。

表 9-4　"龙麦号"部分核心和专用亲本的标记检测、品质分析和赤霉病鉴定结果

亲本名称	实用性标记检测				品质分析结果			赤霉病抗性（级）	亲本用途
	Glu-1 位点亚基构成			*Wx*-*B1* 缺失型	籽粒蛋白（%）	湿面筋（%）	稳定时间（min）		
	Glu-*A1*	*Glu*-*B1*	*Glu*-*D1*						
龙麦 26	2*	7+9	5+10	Null	15.8	36.9	10.3	3	优质、抗赤
龙麦 35	2*	7+9	5+10	Null	16.0	35.2	11.8	3	优质、高产
龙麦 36	2*	7+9	5+10	Null	16.6	45.4	23.9	2	优质、抗赤
龙麦 67	2*	7+9	5+10	Null	15.2	37.1	17.6	4	优质、高产
龙 04-4230	2*	7+8	5+10	Wild	15.9	35.7	4.8	3	优质、抗赤
龙 10-0854	1	7+8	5+10	Wild	16.7	38.1	8.8	2	优质、抗赤
龙 17-7547	1	7+9	5+10	Null	14.6	34.4	4.6	2	抗赤

在小麦杂交组合配置方面，标记辅助选择技术主要用于：一是根据强筋小麦育种目标和组合配置目的，在明确目标基因遗传基础和遗传效应前提下，组合配置时至少保证一个亲本携带目标基因。如配置强筋小麦组合，双亲之一需具备 *Glu*-*D1d* 基因；配置超强筋组合双亲应具备 *Glu*-*D1d* 和 *Glu*-*B1al* 基因等遗传基础。二是用于多个育种目标性状的定向集聚与跟踪。如配置面包/面条兼用型小麦组合时，*Glu*-*D1d* 基因和 *Wx*-*B1* 缺失等遗传基础不可或缺；配置优质强筋抗赤组合时，*Glu*-*D1d* 和 *Glu*-*B1al* 及 *Fhb1* 和 *Fhb7* 等目标基因需进行定向集聚和检测。三是可用于杂交亲本的应用前景和遗传背景分析。组合配置过程也是亲本选择的过程，通过目的基因定向导入与集聚，可为亲本评价与利用提供可靠的理论依据。如张延滨等（2003）研究发现，克丰 3 号小麦品种导入 5+10 亚基后，可使其二次加工品质获得大幅提升，而新克旱 9 号小麦品种导入 5+10 亚基后，几乎没有任何效果。分析其中原因，主要与新克旱 9 号的谷蛋白和醇溶蛋白比例不合理有关。另外，育种者还要清晰认识到，标记选择技术只能作为一种辅助手段，它必须与春小麦光温生态育种理论与方法等紧密结合，才能充分发挥强筋小麦标记辅助技术在小麦亲本选配中的作用。

（二）小麦种质创新

小麦种质创新，也是标记辅助育种技术在春小麦光温生态育种中的应用领域之一。其中，一是利用标记辅助回交育种技术，进行目的基因的发掘利用和定向导入。如 1994 年以来，张延滨等利用生化标记和选择性回交相结合等方法向新克旱 9 号、克丰 3 号、克丰 6 号和小冰麦 33 等东北春麦区 14 个主栽小麦品种（系）中转移了 5+10 等 HMW-GS，创制了大量 HMW-GS 近等基因系（NILs）和强筋小麦新种质。利用创制的 NILs 精准评价了 5+10 亚基在小麦品质改良中的效应（表 9-5），明确了 5+10 等亚基在各类小麦品种中（各种遗传背景下）对各类品质指标的量化作用，并将 *Glu*-*D1d* 基因确定为强筋小麦蛋白质（湿面筋）质量改良的主效基因。

表 9-5　高分子量麦谷蛋白亚基 5+10 对 4 个小麦品种品质参数的影响

品质参数	克旱 9 号（2+12）	克旱 9 号（5+10）	克丰 3 号（3+12）	克丰 3 号（5+10）	龙麦 20（2+12）	龙麦 20（5+10）	垦大 4 号（2+12）	垦大 4 号（5+10）	*P* 值
干面筋/湿面筋	3.15	3.06	3.39	3.22	3.16	3.02	3.15	3.06	<0.01
Zeleny 沉降值（mL）	33.7	38.7	32.1	35.2	37.3	39.8	28.6	34.1	<0.05
沉降值/干面筋	3.27	3.58	3.12	3.26	3.97	4.37	2.92	3.31	<0.05

（续）

品质参数	克旱 9 号（2+12）	克旱 9 号（5+10）	克丰 3 号（3+12）	克丰 3 号（5+10）	龙麦 20（2+12）	龙麦 20（5+10）	垦大 4 号（2+12）	垦大 4 号（5+10）	*P* 值
100 g 吸水量（mL）	63.0	64.2	63.8	61.8	63.4	63.2	66.2	66.0	>0.1
形成时间（min）	1.1	1.5	2.5	2.5	8.0	2.2	1.5	1.5	>0.1
稳定时间（min）	1.0	1.4	4.6	11.0	23.5	31.0	1.0	1.0	>0.1
弱化度（FU）	135	110	45	30	15	0	100	75	<0.01
评价值	34	40	54	58	80	93	42	47	<0.05
恒定变形拉伸阻力（EU）	290	355	255	400	400	485	208	335	<0.05
最大拉伸阻力（EU）	320	402	302	495	618	708	210	385	<0.05
延伸性（mm）	114	112	149	131	168	165	117	133	>0.1
能量（cm^2）	50	58	65	89	137	158	36	68	<0.05

二是利用标记辅助选择技术进行了强筋小麦品质主要目的基因的聚合研究。如近年来，黑龙江省农业科学院“龙麦号”小麦育种者利用杂交、品质标记辅助选择和品质分析等方法进行 5+10 等优质亚基与 *Wx-B1* 缺失遗传效应定向集聚，创造出龙麦 33、龙麦 35 和龙麦 36 等多份面包/面条兼用型小麦新种质。2016 年以来，宋维富等在含有 *Glu-D1d* 等基因强筋小麦品质遗传背景下，进行了 *Glu-B1al* 和 *Glu-A3d* 基因的定向转移与聚合，创造出了一批强筋小麦新种质（表 9-6）。刘东军等利用标记辅助回交、品质分析和赤霉病表型精准鉴定等手段，进行了 *Glu-D1d* 与 *Fhb1* 抗赤霉病主效基因的定向集聚研究等。

表 9-6　龙麦 26（7^{OE}）和龙麦 35（7^{OE}）超强筋小麦新种质的品质表现（哈尔滨池栽，2020 年）

品　种	籽粒蛋白（%）	面筋指数（%）	沉降值（mL）	稳定时间（min）	能量（cm^2）	延伸性（mm）	最大拉伸阻力（EU）
龙麦 26	16.8	72.8	46.9	8.6	119	218	416
龙麦 26（*Glu-B1al*）	17.1	84.3	50.9	13.2	182	232	598
龙麦 35	16.6	84.8	44.7	10.4	126	201	478
龙麦 35（*Glu-B1al*）	16.5	93.1	49.0	14.7	154	209	568

三是对一些遗传基础复杂的育种目标性状可采用分子标记辅助轮回选择（Marker assisted recurrent selection，MARS）的育种策略进行目的基因集聚与选择。如“龙麦号”项目组在小麦抗赤霉病种质创新时，利用矮败小麦平台和分子标记手段，跟踪与聚合 *FHb1* 和 *FHb7* 等目的基因，优良后代自由授粉，基因充分重组形成新一轮群体。其目的在于为小麦育种提供改良了的种质，提高育种群体中的有利基因频率。同时，还可以改良外来种质的适应性，拓展和创造新的种质来源。

（三）后代选择与稳定品系处理

小麦品质性状遗传基础复杂，同时受自然环境条件和栽培因素的影响很大。强筋小麦育种实践表明，小麦各种品质性状的选择都无法在田间完成，只有籽粒收获后才能进行品质评价。因大多数小麦品质指标检测均需大量籽粒，所以小麦杂种后代的绝大多数品质性状选择

只能在决选世代进行。小麦育种归根到底是对小麦染色体及染色体外结构的改良。现阶段利用常规育种手段进行强筋小麦品质改良，会遇到一些难以克服的困难和无奈情况。比如，等位基因的外在表现不明显、等位基因与其他基因或环境之间存在互作的条件下，基因型的鉴定不便；不能进行早期选择；不能进行更广泛和更大强度的选择，以及回交育种效率较低等。而利用标记辅助育种技术将会很好地解决以上问题，大大提高小麦杂种后代和稳定品系处理效率。

由于强筋小麦标记辅助育种可在分子水平上判定目标基因是否存在，所以一些品质性状虽然不能通过表型直接选择得以实现，但通过标记检测与跟踪，可实现它们的定向集聚与选择。春小麦光温生态育种实践表明，利用强筋标记辅助选择技术进行不同生态类型小麦杂种后代选择时，既要考虑小麦品质目标性状的遗传基础，也要考虑采用的育种方法。无论是基因转移还是基因聚合，常因目标性状或育种方法不同，小麦杂交后代选择采取的策略和方法也会有所不同。如对蛋白质含量和赤霉病抗性等复杂数量性状的选择，可先将其进行分解，然后像研究质量性状基因一样对控制数量性状的多个基因进行研究，可取得较好的育种效果。对目标基因效应明显，且标记辅助选择技术基本成熟的一些品质性状，如蛋白质（湿面筋）质量和淀粉特性等，可将 5+10 和 7^{OE}亚基及 *Wx-B1* 等生化和分子标记检测与跟踪作为常规技术，用于强筋小麦杂种后代的蛋白质（湿面筋）质量和淀粉特性等品质性状的直接选择等。

对利用标记辅助回交育种获得的小麦杂种后代，由于多是改良单一育种目标性状为主，一般在回交第一代（BC_1F_1）开始进行前景选择，即目标基因的选择。在随后的回交世代过程中，还需继续对目标基因进行选择。这里需要强调的是，无论是基因转移还是基因聚合，均需进行背景选择。至于从哪个世代开始背景选择既经济又高效，这是育种者需要考虑的问题。从低世代开始背景选择，无疑能够减少后续回交的工作量，但是增加了回交一代的工作量。在 BC_3F_1 代进行背景选择，与更低世代（BC_1F_1）进行背景选择相比，分子标记辅助选择的次数减少、工作量减少，提高了分子标记辅助选择的效率。在实施分子标记辅助选择时，还需要考虑回交次数、群体大小、标记的数目和距离、基因型数据量（Marker data point，MDP）。如张延滨等（2010）曾利用该方法向中强筋小麦品种龙麦 20（HMW-GS 组成为 1，7+8，2+12）定向导入 *Glu-D1d*（5+10）基因，成功选育推广了超强筋小麦新品种龙麦 31（HMW-GS 组成为 1，7+8，5+10）。

在春小麦光温生态育种的小麦杂种后代选择过程中，由于从 F_1～F_7 代单株总量可达百万株以上，因此对所有供试单株进行强筋小麦品质标记辅助选择，基本不可能实现。为解决这一育种难题，“龙麦号”强筋小麦育种者根据强筋小麦品质标记大部分具备共显性特点，对低世代材料，利用春小麦光温生态育种理论和方法，主要进行生态适应性、产量和多抗性等各种育种目标性状选择。对高世代材料，采用品质标记辅助育种技术、主要品质指标分析与春小麦光温生态育种理论和方法相结合的方式，进行生态适应性、产量、多抗性及强筋小麦品质遗传基础和主要品质性状选择，强筋小麦杂种后代选择效率较高。具体做法是：在具备强筋小麦品质目标基因遗传基础上，F_1～F_4 代在田间和室内主要进行生态适应性、产量性状和多抗性等育种目标性状的选择。F_5 代田间和室内选择内容与 F_1～F_4 代材料基本相同，但需对所有最终入选单株进行 HMW-GS 组合和 *Wx-B1* 基因缺失等品质标记检测。从表 9-7 研究结果看出：5+10 优异亚基，在 F_1～F_4 代没有选择压力条件下，入选比例变化范围在27.2%～76.0%。它说明：只要在亲本选配环节抓住了*Glu*-*D1d*（5+10）等目的基因，对F_5代入选单株进行目的基因跟踪检测和选择就是可行的。这种方法不但可为F_6代田间品质性状直接选择提供理论依据，而且可实现春小麦光温生态育种与强筋小麦品质标记辅助育种技术的高效整合。

表9-7 “龙麦号”部分组合F_5代入选单株的5+10和2+12亚基分布（哈尔滨）

杂交方式	亲本组合	5+10亚基单株数	2+12亚基单株数	5+10亚基单株比例（%）
单交	10135光头（2+12）/拉07-145（5+10）	31	29	51.6
单交	师大-1-4-13（2+12）/龙麦35（5+10）	43	115	27.2
三交	龙06-7767（5+10）/新克旱9（2+12）//龙08-4487-1（5+10）	19	6	76.0
三交	克02-850-1（2+12）/AMAZON（5+10）//龙麦33（5+10）	23	11	67.6

F_6代以上入选株系田间选择内容与F_5代基本相同。不同之处是，室内除进行各种产量性状的进一步选择外，还需进行HMW-GS和*Wx*-*B1*等品质标记再次检测，以及蛋白质与湿面筋含量、面筋指数、Zeleny沉降值和面团揉混特性等一些小麦品质指标的微量测试。其目的，一是要继续进行F_6代入选单株（株系）的品质目的基因的定向跟踪，并与其他育种目标性状进行集聚与选择。二是防止F_5代强筋小麦品质标记检测结果的假阳性和检测F_6代品质目的基因的纯合性。三是根据品质分析结果，明确主要品质目的基因的表达程度和集聚效果，以期为株系决选提供可靠的理论依据。

在稳定品系处理过程中，要继续利用强筋小麦品质标记技术进行品质目标基因的定向检测与跟踪。检测范围以首次参加产量鉴定试验的稳定品系为主。检测目的与F_6代以上株系选择基本相同。这样，经过杂种高世代到稳定品系连续3～4年的强筋小麦品质标记的定向检测与跟踪，可保证入选品系的主要品质遗传基础绝对可靠。同时，结合品质分析和其他试验结果，可使强筋小麦稳定品系处理路径清晰、方向明确，进而显著提升了强筋小麦育种效率。近些年来，“龙麦号”小麦育种团队正是利用上述育种方法，先后成功选育推广了龙麦33、龙麦35、龙麦36、龙麦60和龙麦67等多个东北春麦区主导（栽）优质高产多抗强筋小麦新品种。

（四）强筋小麦高效育种体系构建

在春小麦光温生态育种中，强筋小麦品质标记辅助育种技术不仅在亲本选配、种质创新、杂种后代选择和稳定品系处理中作用突出，而且还是强筋小麦高效育种体系的重要组成部分。主要表现在：一是利用强筋小麦品质标记辅助选择技术可快速寻找和确定目标基因和相关联的分子（生化）标记，这是关键的一步，也是强筋小麦高效育种体系构建的前提与基础。二是利用强筋小麦品质标记辅助选择技术能高效而准确地进行品质目标基因的定位、转移和集聚，可为强筋小麦品质改良提供可靠的品质遗传基础。三是将春小麦光温生态育种与强筋小麦品质标记辅助育种技术二者结合，构建的强筋小麦育种技术体系理论先进、方法高效。它在强筋小麦育种中，既可用于优质、高产、多抗和广适等育种目标性状的定向集聚与选择，又可为东北春麦区强筋小麦生产配套栽培技术研制与实施等提供理论依据。

该体系的主要技术要点包括：①利用生化（分子）标记定向跟踪与品质分析相结合，明确5+10等优质亚基与面筋指数、面团稳定时间及能量等强筋小麦主要品质指标间关系。②进行5+10等优质亚基与*Wx*-*B1*缺失遗传效应定向集聚，开展面筋质量与淀粉特性同步改良。③以面筋（蛋白质）质量属品种遗传特性，且对强筋小麦二次加工品质贡献率较大，并与强筋小麦品种产量潜力表达负相关较小等为理论依据，以改进面筋质量为突破口，进行不同生态类型间亲本选配和后代选择，实现优质与高产性状同步遗传改良，迂回解决强筋小麦育种中“优质”与“高产”的矛盾问题。④以生态适应为链条，以光温反应特性等生态适应调控性状调控不同生态类型小麦品种在不同生态条件下的生长发育进程，有效地将高产、优质和多抗等育种目标性状集为一体，使产量和品质两大核心性状能够得到充分表达。

近年来，“龙麦号”小麦育种团队利用该体系不仅成功选育推广了龙麦 26、龙麦 30、龙麦 33、龙麦 35、龙麦 36、龙麦 60 和龙麦 67 等 20 余个优质高产多抗强筋小麦新品种，而且还引领了东北春麦区强筋小麦品种更新换代两次。它的创建与应用，实现了春小麦光温生态育种与标记辅助育种两大先进小麦育种技术体系的有机整合，显著提升了强筋小麦育种效率，并丰富了世界强筋小麦育种理论与方法。

四、需要注意的问题

（一）强筋小麦标记辅助育种的局限性

目前，虽然强筋小麦标记辅助育种技术极大地提高了目标基因选择的准确性，并为强筋小麦突破性新品种选育提供了新的技术支撑，但是实用性、可靠性小麦品质标记数量不多，以及标记检测技术不完善等，也在一定程度上限制了该技术在强筋小麦育种中的利用范围。因此，加强已发掘的与小麦优良性状紧密连锁分子标记的应用，开发一些不同遗传背景下实用性强的稳定分子标记非常重要。

另外，就标记辅助选择技术而言，这个世界没有完美的技术，强筋小麦标记辅助育种技术也是一样，不可能是百分之百准确的。如果选用了错误的分子标记，或分子标记检测出现错误，或分子标记与目标基因之间发生了遗传重组（即未遵循遗传连锁），都会导致出现错误的检测结果，进而影响到该技术在强筋小麦育种中的利用价值。

（二）强筋小麦品质标记辅助育种技术只是育种者的工具之一

分子标记辅助选择育种现已成为植物育种领域的热点。然而，小麦育种者应清醒地认识到，在强筋小麦育种中，分子（生化）标记技术只起辅助作用。一些实用性标记，如 5＋10、7^{OE}和 *Wx - B1* 缺失等，只能代表一些强筋小麦品质性状的遗传基础，并不能完全说明品质性状的真实表现。如 2010 年，张延滨等利用生化标记辅助选择回交育种手段，将携有 *Glu - D1a*（2＋12）基因的新克旱 9 号（东北春麦区 20 世纪 80—90 年代主导品种）转换为 *Glu - D1d*（5＋10）近等基因系后，其面团稳定时间、延伸性和拉伸面积等指标变化较小（表 9 - 5），已经证明此点。因此，只有将强筋小麦品质标记辅助选择技术与品质分析等手段有机结合，才能将强筋小麦品质改良落在实处。

一些研究认为，尽管强筋小麦品质标记辅助育种有别于传统育种方法且在强筋小麦品质改良中行之有效，可它仍然是育种家工具箱中的工具之一。春小麦光温生态育种等强筋小麦新品种选育过程表明，辅助选择离不开常规育种。任何小麦分子育种方案都必须在田间实施；任何品种的成功选育都离不开常规育种的田间选育经验。强筋小麦品质标记辅助育种技术，提升了春小麦光温生态育种的强筋小麦新品种选育效率，而春小麦光温生态育种则是强筋小麦品质标记辅助育种技术赖以实现的坚实基础。只有二者紧密结合，才能实现表型选择与分子（生化）水平选择的有机结合，并将现代分子生物学研究成果转化为强筋小麦育种效率。

参考文献

蔡琳，2011. 小麦组织培养体系优化及抗冻基因 *KN2* 转化小麦的研究［D］. 武汉：华中农业大学 .

陈海强，刘会云，王轲，等，2020. 植物单倍体诱导技术发展与创新［J］. 遗传，42（5）：466－482.

陈新民，陈孝，1998. 小麦×玉米产生单倍体及双单倍体研究进展［J］. 麦类作物，18（3）：1－4.

陈新民，何中虎，刘春来，等，2011. 利用小麦×玉米诱导单倍体技术育成小麦新品种中麦 533［J］. 麦类作物学报，31（3）：427－429.

崔婷，李亚莉，乔麟轶，等，2016. 小麦单倍体育种方法及其研究进展［J］. 山西农业科学，44（1）：106－109.

达龙珠，刘毓侠，薛国典，1995. Tal 小麦花药培养出愈和分化的研究［J］. 华北农学报（3）：1－5.

董艳辉，于宇凤，赵兴华，等，2014. 小麦单倍体诱导技术及其应用［J］. 山西农业科学，42（7）：764－767.

海燕，康明辉，赵永英，等，2009. 河南省农业科学院小麦花药培养技术及其应用研究概况［J］. 河南农业科学（9）：31－33.

韩玉琴，2004. 春小麦花粉植株的壮苗及染色体加倍技术研究［J］. 中国农学通报，20（3）：4－5.

胡道芬，1996. 植物花培育种进展［M］. 北京：中国农业科学技术出版社 .

胡道芬，汤云莲，哀镇东，等，1983. 冬小麦花粉孢子体的诱导及“京花 1 号”的育成［J］. 中国农业科学，16（1）：29－35.

惠学娟，高亦珂，2014. 植物单倍体加倍技术研究与应用进展［J］. 中国农学通报，30（15）：251－255.

金慧，何中虎，李根英，等，2013. 利用 Aroona 近等基因系研究高分子量麦谷蛋白亚基对面包加工品质的影响［J］. 中国农业科学，46（6）：1095－1103.

康明辉，海燕，张丹，等，2009. 根据花培育种特点谈小麦花培育种的亲本选配［J］. 中国农学通报，25（8）：174－176.

李大玮，欧阳平，邱纪文，等，2000. 染色体消失法在小麦育种中应用的研究［J］. 农业生物技术学报，8（1）：17－21.

李玉营，李声春，李晓方，2016. 分子标记辅助选择聚合水稻抗虫抗病基因育种研究进展［J］. 广东农业科学，43（6）：119－126.

李志武，徐惠君，叶兴国，1996. 小麦花药培养中染色体加倍技术［J］. 作物杂志（4）：24－26.

刘莹，赵翠荣，王立峰，等，2011. 矮败小麦高效育种技术平台的研究［J］. 安徽农业科学，39（23）：13986－13990.

马鸿翔，陆维忠，2010. 小麦赤霉病抗性改良研究进展［J］. 江苏农业学报，26（1）：197－203.

欧阳俊闻，胡含，庄家俊，1973. 小麦花粉植株的诱导及其后代的观察［J］. 中国科学（1）：72－82.

裴庆利，王春连，刘丕庆，等，2011. 分子标记辅助选择在水稻抗病虫基因聚合上的应用［J］. 中国水稻科学，25（2）：119－129.

史勇，2010. 影响矮败小麦花培的因素及 *D32* 基因转化小麦花药愈伤组织的研究［D］. 咸阳：西北农林科技大学 .

孙志玲，杨雪峰，宋维富，等，2019. 基因型对春小麦花药培养力的影响［J］. 黑龙江农业科学（12）：1－5.

田纪春，等，2015. 小麦主要性状的遗传解析及分子标记辅助育种［M］. 北京：科学出版社 .

王成社，李景琦，邹淑芳，等，2002. 小麦新品种陕农 28 的选育与花培育种技术的改良［J］. 西北农林科技大学学报（自然科学版）（4）：21－36.

王敬东，任贤，张曦燕，等，2005. 春小麦花药单倍体植株染色体加倍技术初探［J］. 麦类作物学报，25（2）：13－17.

王万奇，李文龙，王媛媛，等，2015. 植物花药组织培养技术的研究［J］. 黑龙江农业科学（10）：177－179.

王炜，陈琛，欧巧明，等，2016. 小麦花药培养的研究和应用［J］. 核农学报，30（12）：2343－2354.

王炜，陈琛，叶春雷，等，2019. 花药培养与麦谷蛋白亚基分子标记结合选育小麦新品种的研究［J］. 麦类作物学报，39（3）：277－282.

王炜，叶春雷，杨随庄，等，2018. 花药培养技术在小麦种质资源创制及育种中的应用［J］. 中国种业（11）：25－29.

王中秋，戎均康，2019. 基于单倍体技术选育带有野生二粒小麦优异基因的育种中间材料［C］. //中国作物学会学术年会 . 中国作物学会学术年会论文集：241.

薛梅，2016. 小麦单倍体诱导技术的应用研究［J］. 北京农业（2）：64.

颜昌敬，1990. 植物组织培养手册［M］. 上海：上海科学技术出版社 .

殷丽琴，付绍红，杨进，等，2016. 植物单倍体的产生、鉴定、形成机理及应用［J］. 遗传，38（11）：979－991.

张伟，尹米琦，赵佩，等，2018. 我国部分主推小麦品种组织培养再生能力评价［J］. 作物学报，44（2）：208－217.

张献龙，2004. 植物生物技术［M］. 北京：科学出版社 .

张延滨，辛文利，孙连发，等，2003. 小麦 2＋12 和 5＋10 亚基近等基因系间面粉品质差异的研究［J］. 作物学报（1）：93－96.

张延滨，赵海滨，宋庆杰，等，2008. 龙麦 20 小麦品种中 7＋8* 亚基和 17＋18 亚基近等基因系间的品质差异［J］. 中国农业科学（5）：1536－1541.

赵爱菊，尤帅，李亚军，等，2013. 小麦花药诱导产生单倍体植株的染色体加倍技术研究［J］. 河北农业科学，17（2）：57－60.

周迪，孙连发，陈立君，2012. 不同诱导培养基对小麦花药培养胚状体诱导率的影响［J］. 黑龙江农业科学（6）：9－12.

周立训，2013. 分子标记辅助选择技术在水稻育种中应用的研究进展［J］. 农业与技术，33（12）：11－12.

Csaba L，Jens W，José M，et al.，2013. Efficient application of in vitro anther culture for different European winter wheat（*Triticum aestivum* L.）breeding programmes［J］. Plant Breeding，132（2）：149－154.

Depauw R M，Knox R E，Humphreys D G，2011. New breeding tools impact Canadian commercial farmer fields［J］. Czech J Genet Plant Breed，47：28－34.

Dwivedi S L，Britt A B，Tripathi L，et al.，2015. Haploids：constraints and opportunities in plant breeding［J］. Biotechnol Adv，33（6）：812－829.

Forster B P，Heberle－bors E，Kasha K J，et al.，2007. The resurgence of haploids in higher plants［J］. Trends Plant Sci，12（8）：368－375.

Groos C，Gay G，Perretant M－R，et al.，2002. Study of the relationship between pre－harvest sprouting and grain color by quantitative trait loci analysis in a whitexred grain bread－wheat cross.［J］. Theoretical and applied genetics，104（1）：39－47.

Payne P I，Nightingale M A，Krattiger A F，et al.，1987. The relationship between HMW glutenin subunit composition and the breat－making quality of British－grown wheat varieties.［J］. Journal of Food Agricultural（40）：51－65.

Wessels E，Botes W C，2014. Accelerating resistance breeding in wheat by integrating marker－assisted selection and doubled haploid technology［J］. South Afr J Plant Soil，31（1）：35－43.

Zanetti S，Winzeler M，Keller M，et al.，2000. Genetic Analysis of Pre－Harvest Sprouting Resistance in a Wheat×Spelt Cross［J］. Crop Science，40（5）：1406－1417.

第十章　不同生态类型小麦品系处理与良种繁育

不同生态类型小麦品系处理与良种繁育，是春小麦光温生态育种的重要组成部分。虽然二者试验任务各不相同，但是彼此之间却存在密切联系。其中，前者是小麦新品种选育的重要平台，后者是小麦新品种生产能力挖掘和延长生产服务期限的保障。

从二者试验任务分工看，小麦品系处理的主要任务是将选种圃选出的小麦新株系，按照生态类型做接近生产实际的系列试验，从中选出抗病（逆）、优质专用和丰产等综合性状优异的小麦品系，供不同生态区的区域试验所用。良种繁育的主要任务，则是准确、快速、优质、足量地进行不同生态类型小麦新品种的原（良）种繁育，以满足当地小麦生产和市场发展的种子需求。

第一节　不同生态类型小麦品系的处理依据与选择内容

小麦品系处理是春小麦光温生态育种的重要环节之一。在不同生态类型小麦品系处理过程中，处理依据是小麦品系处理工作的方向和指南；选择内容是小麦品系处理工作的具体落实。小麦品系处理依据可靠，选择内容得当，二者可相得益彰。否则，必然会影响到春小麦光温生态育种效率。

一、小麦品系的处理依据

（一）当地小麦育种目标

当地小麦育种目标，是指在一定的生态和生产条件下，对所育小麦新品种要求具备的一些特征特性与指标。它们能比较全面而深刻地反映小麦新品种对自然生态条件，特别是气候条件和各种自然病虫灾害的适应能力。从小麦育种目标的作用看，当地小麦育种目标是新品种选育的设计蓝图，需要贯穿于小麦育种工作全过程，也是决定当地小麦育种成败与效率的关键。小麦品系处理是小麦育种的重要组成部分。以当地小麦育种目标为依据，进行小麦品系处理与选择，既可使亲本选配、杂种后代选择与小麦稳定品系处理三者融为一体，又可使入选品系能够充分利用当地有利生态条件，在争取高产、优质的同时，又对当地不利条件、病虫害具有较强的抗性和耐性，进而使小麦品系的产量和品质保持相对稳定。这是国内外小麦育种成功者共同的经验。

当地小麦育种目标明确而具体，可使小麦品系处理简单化和高效化。因此，依据当地小麦育种目标进行小麦品系处理，决不能忽高忽低，时左时右。否则，必然会影响到小麦品系处理效率。如2000年以来，“龙麦号”小麦育种团队在小麦品系处理时，针对东北春麦区特定生态条件及生产和市场发展需求，以“优质强筋是前提、产量潜力是基础、多种抗性是保证、生态适应是链条”等当地小麦育种目标为依据，进行不同生态类型小麦品系选择，不仅成功率较高，而且先后选育推广了龙麦26、龙麦33、龙麦35、龙麦39和龙麦60等多个优质、高产、多抗、广适不同生态类型强筋小麦新品种。从表10-1看出，以生态适应性选择为先，以改进蛋白质（湿面筋）质量为突破口，将品质达到强筋小麦品质标准、产量不低于当地高产品种、主要病（逆）抗性水平能够满足当地小麦生产需求等为下限，进行小麦品系处理，可将小麦品系选择复杂问题简单化，也可将不同生态类型强筋小麦新品种的一些优异特征、特性，快速地集为一体。

表10-1 “龙麦号”优质强筋小麦新品种的主要特征特性

品种名称	生态类型	光周期反应	苗期抗旱性（级）	扬花期秆强度（级）	根腐病抗性（级）	赤霉病抗性（级）	品质类型	二次加工用途	亩产量（kg）
龙麦26	旱肥	中等	1	3	3	3	强筋	面包/面条	>350
龙麦33	旱肥	敏感	2	2	3	3+	强筋	面包/面条	>400
龙麦35	旱肥	敏感	1	2	2	3	超强筋	面包/面条	>400
龙麦39	水肥	中等	2	1	3	3	超强筋	面包	>500
龙麦60	旱肥	中等	2	2	3	3	强筋	面包	>400
龙麦67	旱肥	敏感	1	2	2	3+	强筋	面包/面条	>400

当地小麦育种目标是小麦品系处理工作的主要依据，也是小麦品系选择内容的具体要求。如20世纪90年代前，为解决我国人民“吃饱”问题和满足小麦高产育种目标要求，提高小麦品种产量潜力是各地小麦品系处理和选择的主要内容。近年来，随着我国经济的发展和人民生活水平的提高，为满足优质专用小麦育种目标需求，在高产、稳产、多抗基础上，加大专用品质的选择压力，已成为我国各麦产区小麦品系处理工作的主要内容。由此可见，小麦品系处理方向和选择内容，只有随着小麦育种目标的变化而改变，才能将当地小麦育种目标落在实处。

（二）东北春小麦生态遗传变异规律

小麦品系处理试验结果是参试小麦品系取舍和能否作为当地区域试验候选品系的重要依据。然而，在小麦品系处理过程中却常常出现这样的情况，即在品系比较试验中表现一般的品系，在以后的异地鉴定试验和区域试验过程中却表现较好而成为推广品种；而在品系比较试验中表现突出的一些品系，有的甚至未能通过异地鉴定试验。这种实例很多。因此，如何准确评价小麦品系处理结果，现已成为小麦育种中需要解决的重要问题之一。

春小麦光温生态育种实践表明，在年度和地点间的小麦品系处理过程中，某一生态类型小麦品系出现产量和品质等主要育种目标性状的变化是正常的。这种现象是基因型与环境互作的结果，也是不同生态类型小麦品系的产量和品质两大核心性状与其相应生态适应调控性状结合程度的规律性表现。从小麦生态适应性角度看，小麦生态适应调控性状，尤其是气候和土壤生态适应调控性状，属于不同生态类型小麦品系应对外部生态环境变化的内部调控机制。存在与发生的相应东北春小麦生态遗传变异规律是小麦生态适应调控性状对各种生态条件变化调控能力的反应。它们是东北春麦区不同生态类型小麦品系，在不同生态条件下选择压力的重要依据。

其中，以稀植选种与密植生产条件下各种性状对应变化规律为指导，可为确定供试品系各类育种目标性状的选择标准、选择压力及其生态适应范围等，提供可靠依据。特别是对于初次参加产量鉴定试验的新品系，参照上一年稀植选种条件下的对应表现进行选择，可明显降低误淘率。以小麦不同光温型主要光温性状变化规律为依据，有助于确认供试品系苗期发育速率的主要调控机制和建立与当地生态条件高度吻合的小麦温-光-温特性组合，并对小麦品系光温性状分段与集成选择等具有重要指导意义。利用光、温、肥、水四因素对小麦不同光温型主要农艺性状表达互相补偿规律指导小麦品系处理，可降低环境影响和提高可遗传变异选择效率，也可利用肥水可控因素，来调控光、温不可控因素，创造育种点和主产区相似的生态环境，并将小麦品系基因型与生态类型同步选择变成了可能。二次加工品质类型转换规律则揭示出，在强筋小麦品系处理过程中，只有紧紧抓住蛋白质（湿面筋）质量不放，兼顾蛋白质（湿面筋）含量的选择，才能保证强筋小麦入选品系二次加工品质的相对稳定。在对强筋小麦品系进行二次加工品质和产量潜力同步选择时，只有以改进蛋白质（湿面筋）质量为突破口，才能迂回解决二次加工品质与高产的矛盾等问题。

（三）对照品种的性态反应

将对照品种性态反应作为小麦品系处理的依据，已在东北春小麦光温生态育种中实践多年，并被证明行之有效。所谓“对照品种的性态反应”，是指不同生态类型对照品种在不同生态条件下的生态变式规律。因为同一生态类型小麦品种对变化的生态条件反应相似，各种生态适应调控性状的调控力度又与小麦品系的产量和品质潜力等主要育种目标性状的表达程度存在紧密关联，所以将不同生态类型对照品种的性态反应，作为不同生态类型小麦品系取舍的标尺，依据可靠。如在东北春麦区小麦苗期干旱条件下，以龙麦 35 等旱肥型对照品种所表现出的苗期发育较慢、抗旱性突出及产量稳定性较好等性态反应为依据，进行旱肥型小麦品系选择，既可明确其各类育种目标性状的选择压力，又可提高旱肥型小麦品系的处理效率。

在小麦品系处理时，除将对照品种的性态反应作为选择标尺外，还需按照“一照多能和多照一体”理念，进行对照品种的设置与应用。也就是说，对照品种的用途划分越细、设置越合理，它们的参照作用就越大。如“龙麦号”小麦育种团队在强筋小麦品系处理时，就采用了将龙麦 33 作为产量主对照，兼顾为春化作用较小和感温阶段对温度反应迟钝等参考对照；龙麦 35 作为超强筋品质标准主对照，兼顾为后期熟相较好和温敏特性等参考对照；龙麦 26 为 1 级苗期抗旱性主对照，兼顾为二次加工品质稳定性等参考对照；克旱 16 作为 1 级秆强度主对照，兼顾为高产和生态适应范围选择参考对照等。这种对照品种功能划分与设置方式，既发挥了对照品种的“一照多能和多照一体”作用，又为不同熟期和光温型小麦品系处理提供了可靠的对照标准。

从表 10－2 看出，“一照多能”是某一对照品种作为小麦品系选择标尺应用范围的拓宽。“多照一体”是各对照品种的主对照功能的集成与应用。在小麦品系处理过程中，只有将二者有机结合，才能利用相对较少的对照品种进行组合，进而发挥出更多的对照功能；才能在不同时间与空间范围内，明晰小麦品系的处理内容与选择压力，进而为小麦品系处理提供更为可靠的理论依据。

表 10-2 “龙麦号”产量鉴定试验对照品种设置及其部分功能

品种名称	熟期	苗期抗旱性（级）	光周期反应	扬花期秆强度（级）	后期感温特性	熟相
龙麦 30	早熟	3	迟钝	2	迟钝	中
克旱 19	中熟	4	迟钝	3	敏感	好
龙麦 26	中晚熟	1	中等	3	敏感	中
龙麦 33	晚熟	2	敏感	2	迟钝	中
龙麦 35	晚熟	2	敏感	2	敏感	好
克旱 16	晚熟	3	中等	1	迟钝	中

（四）参试品系的综合表现

小麦品系处理的主要目的是选择出适宜参加当地区域试验的优异品系。在当地小麦区域试验候选品系选择时，入选品系的综合表现是参试小麦品系是否具备区域试验候选品系资格的最重要依据。此处小麦品系的综合表现，主要指各种生态适应调控性状配置的合理程度、对当地主要病（逆）害的抗性水平，以及产量和品质两大核心性状的表现等。小麦品系综合表现的评价依据和标准主要包括当地小麦育种目标、区域试验参试标准及相应生态类型对照品种的综合表现等。

小麦参试品系的产量和品质检测，以室内测产和品质分析结果为主。在产量表现评价时，除以室内测产结果为主外，还要注意各产量要素在田间的结合程度和容重大小。如在东北春麦区密植生产（每平方米 700 株）条件下，尽管小麦品系田间成穗率高低与其单位面积穗数多少关系不大，可它却是一个重要的稳产性状。容重大小既与磨粉品质关系密切，也与产量潜力存在一定联系。在品质表现评价，尤其是对强筋小麦品系品质表现评价时，除依据蛋白质（湿面筋）含量、蛋白质（湿面筋）质量、淀粉特性和二次加工品质四者之间的内在联系，重点关注蛋白质（湿面筋）质量和淀粉特性的表现外，还要注意蛋白质（湿面筋）含量的变异幅度。在小麦品系生态适应性评价时，应以气候和土壤生态适应性表现为主，并要求入选品系生育全程适应性较好。当地主要病（逆）害（如东北春麦区的秆锈、赤霉病、根腐病和穗发芽等）的抗性水平分析，要采取田间自然鉴定与人工鉴定相结合，并以人工鉴定结果为主要依据（表 10-3）。

从表 10-3 看出，在小麦品系处理过程中，除将参试品系的综合表现作为选择的主要依据外，一些育种目标性状的遗传基础分析结果，同样不可忽视。如参试品系是否携有 *Glu-D1d* 和 *Glu-B1al* 等目的基因，常与强筋小麦品系的蛋白质（湿面筋）质量存在紧密关联；*Wx-B1* 基因缺失与否，常与强筋小麦品系的二次加工品质及用途高度相关；是否具有 1B/1R 遗传基础，常决定了强筋小麦品系的二次加工品质表现等。上述相关遗传基础分析，应最好持续 2 年以上，以保证品质分析结果的可靠性。

二、小麦品系的主要选择内容

（一）生态适应性选择

春小麦光温生态育种实践表明，没有小麦生态适应性的链条作用，就没有小麦产量和品质等主要育种目标性状的集成与表达。因此，在不同生态类型小麦品系处理和选择过程中，

表 10-3 "龙麦号"产量比较试验部分入选品系的综合表现（哈尔滨，2020 年）

品系名称	HMW-GS	*Wx-B1* 基因	湿面筋含量（%）	面筋指数（%）	稳定时间（min）	光周期反应	花期秆强度（级）	根腐病抗性（级）	赤霉病抗性（级）	穗发芽抗性（级）	熟相	千粒重（g）	容重（g/L）	与对照增产（%）	综合评价
16-6325	2*，7+9，5+10	野生型	32.3	88.6	9.7	敏感	1	3	2	2	好	39.2	833	-2.2	良
18-9151	2*，7+8，5+10	缺失型	30.4	93.2	11.8	中等	2	2	2	2	好	34.4	847	1.3	良
17-7740	2*，7+8，5+10	缺失型	29.1	94.3	11.5	中等	2	3	3	2	好	33.2	845	10.3	优
18-8661	2*，7+9，5+10	野生型	29.8	83.4	6.2	中等	2	3	3	—	好	37.3	824	7.5	优
18-8834	2*，7+9，5+10	野生型	33.5	74.9	6.7	敏感	1	3+	2	1	好	34.4	858	2.0	优
18H2050	2*，7+9，5+10	野生型	31.8	86.6	11.4	敏感	2	3+	3	2	好	37.1	832	14.1	优
18H2135	2*，7+8，5+10	缺失型	32.2	69.6	4.6	敏感	2	3	3	1	好	36.1	815	6.0	良
19H2109	2*，7+9，5+10	野生型	35.0	78.9	5.6	敏感	1	3+	3	1	好	37.4	843	0.9	良
19H1128	2*，7+9，5+10	野生型	32.3	86.4	8.9	迟钝	2	3	3	2	好	36.7	838	-2.5	优
19-10168	2*，7+9，5+10	野生型	35.2	88.8	9.2	中等	2	3	3+	1	好	38.5	829	3.4	良
19-9194	2*，7+8，5+10	野生型	36.4	65.4	7.0	中等	2	3+	3	1	好	37.3	832	-1.2	良
19-9719	1，7+9，5+10	野生型	31.5	94.0	6.4	中等	2	3+	3	1	好	34.2	796	-6.9	良
19-9859	2*，7+8，5+10	野生型	28.8	99.1	25.5	敏感	1	3+	3	2	好	35.0	822	15.3	优
19-9876	2*，7+9，5+10	野生型	30.5	92.5	10.6	敏感	1	3+	3+	1	好	36.3	834	12.9	优
19-9878	2*，7+9，5+10	野生型	31.1	85.9	10.5	敏感	1	3+	3+	1	好	37.0	831	19.8	优

只有将小麦生态适应性选择放在首位，才能实现小麦产量和品质等主要育种目标性状的高效集成选择。从小麦生态适应性选择角度看，尽管各参试品系已在小麦杂种世代期间连续多年进行了生态适应性选择，可在小麦品系处理过程中还需进行小麦生态适应性的进一步选择。理由是，小麦品系处理环境更接近于生产条件，在此环境条件下获得的小麦生态适应性选择结果，相对比较可靠。如张春利等通过多年研究发现，小麦品系的生态适应性表现，既与生态条件变化有关，也取决于小麦品系的生态类型及其各种生态适应调控性状的调控力度。协调好上述三者之间关系，通常可较好地解决不同生态类型小麦品系的生态适应性选择问题。

小麦品系的生态适应性选择，应以田间选择为主。在小麦参试品系生态适应性田间选择时，生态类型划分是前提，确定各种生态适应调控性状的调控力度是关键。为实现小麦品系生态适应性的精准选择，根据各类生态适应性状的调控力度，需将光温特性等气候生态适应调控性状选择放在首位，然后进行苗期抗旱性和秆强度等土壤生态适应调控性状选择。在生物生态适应调控性状选择时，为明确参试品系对当地各种主要病（逆）害的抗性水平，宜采用田间选择与人工接种鉴定相结合的方式，并以人工鉴定结果为主要依据。若在同一生态条件下，对不同生态类型小麦品系进行生态适应性田间选择，要以同一生态类型对照品种的生态适应性表现为主要依据，确定适宜选择压力，不要和不同生态类型对照品种进行对比。

春小麦光温生态育种认为，小麦生态适应性属小麦品系生育全程的生态适应性。也就是说，在小麦品系的整个生长周期内，如果在任何一个物候期或生长发育阶段内对小麦生态适应性选择不当，都会影响它的整体生态适应性。如黑龙江省2004年审定推广的旱肥型小麦新品种克旱19，尽管具有优质强筋、高产和生育后期耐湿性突出等各种优异特性，但是因在小麦出苗→拔节期（春化→光照阶段）存在光周期反应迟钝，苗期发育较快，以及苗期抗旱能力较差等问题，就使其难以在东北春麦区进行大面积推广种植。为此，在春小麦光温生态育种中，只有针对当地特定生态条件，在小麦各个生长发育阶段分段选择不同生态类型小麦品系的各类生态适应调控性状，才能将生态适应性选择落在实处。如在东北春麦区旱肥型小麦品系处理时，出苗→拔节期，重点选择光周期反应和苗期抗旱性；拔节→开花期，重点选择株穗数和秆强度；开花→成熟期，重点选择赤霉和根腐等主要病害抗性及熟相等性状，基本可保证旱肥型小麦品系对当地生态条件具有较好的全程生态适应性。

（二）产量选择

产量选择是小麦品系处理的重要内容之一。产量选择包括产量潜力和产量稳定性两个方面。其中，产量潜力是指不同生态类型小麦品系在最适宜生态条件下的产量表现。产量稳定性则指不同生态类型小麦品系在不同生态条件下产量潜力的表达程度。产量潜力与单位面积穗数、小穗数、每小穗粒数、千粒重乃至容重等产量因素紧密关联。产量稳定性，则主要决定于各种生态适应调控性状对小麦品系生态适应性的调控力度。

在小麦品系产量潜力选择上，与不同生态类型小麦杂种后代选择一样，也应遵循“1”原则。即哪一产量因素相对受当地环境变化影响最小，就要先将哪一产量性状尽量选择到位，然后再逐步进行其他产量性状的集成选择。如在东北春麦区小麦苗期干旱和后期多雨特定生态条件下，采取株穗数→小穗数→每小穗粒数→千粒重→容重小麦产量性状选择顺序，可使小麦产量潜力选择遗传进展较大。为保证不同生态类型小麦品系产量潜力选择的可靠性，小麦品系产量潜力选择最好在表现型与生态类型二者表型相近的生态条件下进行。若不具备此条件，也可根据相应对照品种的产量表现和多年多点试验产量结果，进行小麦品系的产量潜力选择。同时，确立产量潜力下限，也是不同生态类型小麦品系产量潜力选择的主要内容之一。据目前东北春麦区小麦生产需求，旱肥型小麦品系亩产量潜力不能低于400 kg、水肥型小麦品系亩产量潜力不能低于500 kg，是两种生态类型小麦品系产量潜力选择的最低标准。

小麦稳产性一直是育种家追求的重要育种目标，而生态条件变化又常使小麦品种的稳产性变得越来越难以实现。春小麦光温生态育种等研究发现，小麦生长发育的稳定性与小麦品种的稳产性关联度较高。所谓小麦生长发育稳定性，是指不同生态类型小麦品系在自然生长条件下，其生长发育进程与主要环境因子（光周期、温度、降水及土壤肥力等）变化规律的契合程度。小麦生长发育稳定性好，可在一定程度上抵御环境因子变化对其发育进程的干扰和恶劣气候条件的影响。小麦生长发育稳定性，既受制于气候和土壤两类生态适应调控性状的调控力度，也与小麦不同生长发育阶段的生态条件变化有关。如东北春麦区小麦生产实践表明，龙麦33和龙麦35等旱肥型小麦品种在当地雨养小麦生产条件下表现为生长发育和产量稳定性较好，主要就是因为它们的光周期反应、苗期抗旱性、后期耐湿性、株穗数，以及秆强度等生态适应调控性状的调控力度比较适宜。另外，明确各产量性状与小麦稳产性的关系，确立合理的产量因素构成，也是不同生态类型小麦品系产量稳定性选择的主要内容。如有些研究结果认为，在东北春麦区特定生态条件下，株穗数性状对不同生态类型小麦品系的稳产性贡献较大。在株穗数性状选择基础上，旱肥型小麦品系千粒重要求40 g以上；水肥型小麦品系千粒重要求35 g以上，也能在一定程度上实现小麦产量稳定性的有效选择。

总之，小麦稳产性是一个复杂的综合性状。只有实现产量性状、内部调控机制与外部环境三者之间的动态平衡，才能确保小麦品系具有较好的稳产性能。

（三）品质选择

在小麦品系处理时，没有品质选择，就没有专用小麦新品种的选育，更谈不上专用化小麦产业发展。针对东北春麦区具有强筋小麦产业化发展各种比较优势，这里仅就强筋小麦品质选择进行重点论述。强筋小麦品系的品质选择与其他类型专用小麦品系一样，品质选择内容主要包括一次加工品质和二次加工品质两个方面。

在一次加工品质选择上，主要是进行种皮厚度、粒形、籽粒硬度和容重等性状的选择。因上述性状常与小麦出粉率等高度相关，所以选择种皮较薄、粒形筒状或近圆形、籽粒较硬和容重较高的小麦品系，通常一次加工品质较好。在二次加工品质选择上，因蛋白质（湿面筋）质量和淀粉特性对强筋小麦品系的二次加工品质的贡献率较高，所以要对优异蛋白质（湿面筋）质量和淀粉特性进行优先选择，并以面筋指数、面团能量和面粉糊化温度等品质参数为依据进行选择，可靠性较好。“龙麦号”面包/面条兼用强筋小麦育种实践表明，在优异蛋白质（湿面筋）质量和淀粉特性基础上，进行蛋白质（湿面筋）含量，特别是进行蛋白质（湿面筋）含量变异幅度与面团延伸性变化范围二者关系的选择，基本相当于强筋小麦品系的二次加工品质稳定性选择。因此，小麦蛋白质（湿面筋）含量选择，也是强筋小麦品系二次加工品质选择的主要内容之一。在小麦蛋白质（湿面筋）含量选择时，因为籽粒角质率与蛋白质（湿面筋）含量存在高度正相关，所以采用近红外仪器检测和角质率分析两种途径相结合进行蛋白质（湿面筋）含量检测，可为蛋白质（湿面筋）含量变异幅度精准选择提供多重依据。同时，为保证二次加工品质选择结果真实、可靠，对入选品系进行*Glu-D1d*、*Glu-B1al*和*Wx*基因缺失等跟踪检测及是否携有1B/1R不利遗传基础等相关分析不可或缺。

另外，强筋小麦品质类型划分和二次加工用途分类，也是强筋小麦品系品质选择的主要内容之一。其中，强筋小麦品质类型划分主要指超强筋、强筋和中强筋品质类型的划分。强筋和中强筋小麦品质类型划分标准，可依据现有国家标准进行。超强筋小麦品质类型划分标准，可参照加拿大及国内一些强筋小麦育种单位提出的湿面筋＞30%、面团稳定时间＞20 min、能量＞160 cm^2 三项主要品质指标作为主要依据。同时，小麦品质类型转换规律也可作为强筋小麦品质类型划分的参考依据。此处强筋小麦品系的二次加工用途分类主要是指对入选品系在制作面包、面条、面包/面条兼用，以及利用配麦和配粉工艺生产各种专用粉等用途方面的分类。因这种小麦品质分类方式耗时费工，所以选材范围应定位在区域试验候选品系范畴之内，并需在强筋小麦主要品质指标分析基础上进行。

这里需要注意的是，小麦灌浆期一些不利生态条件，如 32 ℃以上干热风天气对蛋白质（湿面筋）质量形成的负向效应，以及后期高温多雨导致的穗发芽和小麦赤霉病毒素含量等问题，常会影响强筋小麦品系的品质选择结果。另外，明确试验区田间土壤有效总氮量与强筋小麦品系的蛋白质（湿面筋）含量、产量和二次加工品质四者之间的平衡点，对提高强筋小麦品系产量和品质性状同步选择效率，也非常重要。

（四）多抗性选择

多抗性选择属生态适应调控性状选择范畴。通常是小麦生育期间生态条件不同，小麦品种的多抗性种类和抗性水平表现也不同。如在我国北方冬麦区，小麦品种多表现为条锈病抗性和抗寒性较好；在长江中下游冬麦区，小麦品种大都具备较好的赤霉病抗性和耐湿性等。在春小麦光温生态育种中，小麦品种的多抗性主要可分为生态抗性和病害抗性两大类。生态抗性主要指小麦品系对当地不利气候和土壤生态条件的抗性。如在东北春麦区雨养农业条件下，旱肥型小麦品系具备的苗期抗旱、后期耐湿和高抗穗发芽等抗性，均属生态抗性范畴。病害抗性主要指小麦品系对当地主要病害的抗性。如在东北春麦区小麦苗期干旱、后期多雨和气候变暖生态条件下，各种生态类型小麦品系均需具备较好的赤霉病和根腐病抗性等。

生态抗性是不同生态类型小麦品种生态适应性的主要生态学基础。生态抗性选择只有在气候生态适应性选择基础上，再进行土壤生态适应性和不同生态抗性种类与水平选择，才能达到预期效果。如在东北春麦区特定生态条件下，旱肥型小麦品系的苗期抗旱性选择，只有在光周期敏感基础上，才能实现抗旱与躲旱机制的紧密结合。水肥型小麦品系只有在拔节后对温度反应迟钝，才能在高肥足水条件下保持田间抗倒能力相对稳定等。小麦品系的生态抗性选择，除考虑不同生态类型小麦品系的个性特点外，还需兼顾它们的共性需求。如在东北春麦区小麦生育后期多雨条件下，耐湿性和高抗穗发芽是旱肥和水肥两种生态类型小麦品系均需具备的生态抗性。另外，确定不同生态类型小麦品系主要生态抗性的选择标准及最佳选择时期也是生态抗性选择的主要内容。如在东北春麦区小麦秆强度选择时，因该区在小麦开花期前后经常面临暴风骤雨不利生态条件，所以只有在小麦开花期对不同生态类型小麦品系进行茎秆强度与弹性的同步选择，才能较好地实现小麦秆强度与恢复能力的有机结合。

病害抗性选择是小麦品系多抗性选择的主要内容之一。在病害抗性选择时，各种病害对当地小麦生产的危害程度及其抗性遗传基础，是确定小麦品系抗病种类及其抗性水平的主要依据。如小麦秆锈病、赤霉病和根腐病现为东北春麦区小麦生产的三大主要病害。其中，小麦秆锈病抗性以垂直抗性为主，选择抗性水平达到高抗以上，结合抗性基因合理布局，即可降低该病害在东北春麦区再次流行的风险。赤霉病抗性遗传基础复杂、抗病育种难度大，并存在赤霉病毒素危害人畜健康等问题。因此，在小麦品系赤霉病抗性水平选择时，首先要进行抗侵染和抗扩展能力两种抗病机制的选择，并将抗侵染（普遍率）能力选择放在首位。其次要在赤霉病毒素积累水平不超标前提下，结合大面积生产防病技术，将中感抗性作为小麦品系赤霉病抗性水平选择的最低标准。在小麦品系根腐病抗性选择时，除要求达到中感抗性水平以上外，还要注意后期熟相和黑胚粒率等相关性状的选择，并应以人工接种鉴定结果作为小麦根腐病抗性选择的主要依据。

三、相关注意事项

（一）入选品系不能具有明显“短板”性状

所谓“短板”性状，主要指严重限制小麦新品种产量和品质潜力发挥或稳定性表达的一些性状。这些性状可能属于产量和品质性状范畴，也可能属于生态适应调控性状范畴。如果在小麦品系处理中，未能及时发现入选品系存在的明显短板性状，那么它作为小麦新品种推广后，在当地小麦生产中的利用价值必然会受到严重影响。如黑龙江省农业科学院作物育种研究所 2006 年推广的龙麦 29 优质强筋小麦新品种，尽管它在产量潜力、二次品质和主要病害抗性等方面均能满足大兴安岭沿麓地区的小麦生产和市场需求，可是在该区小麦生育后期多雨不利生态条件下，仅因抗穗发芽能力较弱，就严重制约了该品种在当地生产中的应用。

小麦短板性状属于动态变化性状。是否为短板性状，既取决于生态条件变化，也决定于当地小麦生产和市场发展需求。如在目前东北春麦区小麦生产水平下，旱肥型小麦品系亩产量 400 kg 产量潜力不是短板性状，可是随着当地小麦生产水平的不断提高，该产量潜力必然会成为短板性状，其他性状也是如此。因此，在小麦品系处理过程中，依据当地生态环境变化及小麦生产和市场发展需求，及时发现并确定不同生态类型小麦品系的短板性状与标准，协调好品质、产量、抗性和适应性四者之间的关系，一定要引起小麦育种者的高度重视。

（二）要注意亲本材料的选择

在小麦品系处理过程中，参试品系存在这样或那样的不足是必然的。一般情况下，在一个小麦品系处理周期中，所有参试品系最终能作为区域试验候选品系的比例通常为 10%左右，能够作为小麦新品种审定推广的比例则更低。因此，在小麦品系处理过程中，及时发现参试品系的优、缺点，特别是将那些优点突出、仅存在 1～2 个短板性状的小麦品系作为亲本，继续进行定向改造，也是小麦品系处理的主要内容之一。

在小麦亲本田间选择和利用时，对于苗头和拟淘汰小麦品系不能一概而论。其中，对于苗头品系，一定要在田间进行仔细调查，明确其真正的短板性状再进行定向改造，育种效果常常会较好。如龙麦 35 优质强筋小麦新品种的选育成功，就是来自对龙 94 - 4083 小麦品系秆强度的定向改造。对于拟淘汰品系，在田间最好也不要轻易弃掉，一定要明确其是否具有丰产、优质及抗病（逆）等方面的特殊利用价值后再定取舍。毕竟这些品系是经过多年杂种世代选择和小麦品系处理过程，是丰富小麦亲本遗传基础的重要来源。天生“此材”必有用，关键是小麦育种者是否具备了一双慧眼。

（三）要对 DUS 测试给予重视

植物新品种测试，是指对申请品种权保护的植物新品种的特异性（Distinctness）、一致性（Uniformity）和稳定性（Stability）的测试，简称DUS测试，可为小麦新品种保护提供可靠的判定依据。在我国，DUS测试内容主要包括以下两方面：一是对申请品种权的小麦新品种的特异性、一致性和稳定性进行测试。二是要完成申请小麦品种的性状描述。目前，小麦区域（生产）试验品系需要通过DUS测试，已成为我国一些省份小麦新品种审定与推广的刚性要求。

为保证区域（生产）试参试品系能够通过DUS测试，在小麦品系处理过程中，尤其是对初次参加品系鉴定试验中的小麦新品系，要特别关注它们的特异性、一致性与稳定性选择。如果入选品系存在性状显性杂合现象，如叶耳颜色、穗色及芒型等，也不要轻易淘汰。可根据上述性状的显、隐性关系，从供试小区中选择出少量典型单株，返回选种圃再进行株行种植，并从中选择出一致性与稳定性达标的株系，下一年继续参加品系鉴定试验。这种做法，既可避免丢失材料，又可防止区域（生产）试验工作的无功而返。

第二节　小麦品系处理与区域试验候选品系选择

在春小麦光温生态育种中，小麦品系处理主要包括品系鉴定、品系比较、异地鉴定和小繁试验（种子繁殖与生产试验相结合）等4个紧密联系的工作环节。这4个工作环节既是不同生态类型小麦品系取舍的试验平台，也是区域试验参试品系推荐的重要窗口。每一环节小麦品系处理结果，都与春小麦光温生态育种效率存在着紧密关联。

一、不同生态类型小麦品系的处理内容

（一）品系鉴定试验

品系鉴定试验，就是将选种圃选出的不同生态类型品系，按照类型做较为接近生产实际的试验。品系鉴定试验的主要任务，是对选种圃选出的不同生态类型品系和引入的不同生态类型品种进行生产条件下的综合鉴定评价。在鉴定中调查与分析它们在密植生产条件下的生态适应性、产量、品质和主要病（逆）抗性等性状的表现，以便从中选出有进一步试验价值的品系或品种，供下一步品系比较试验所用。根据生态类型发生和基因反应规范原理，对不同生态类型小麦品系在各自适宜的生态条件下进行鉴定，为最佳选择。若不具备此条件，在一种生态条件下通过设置相应对照品种和创造相似的生态环境等途径，也可取得较好的试验效果。

品系鉴定试验内容与方法主要包括：生态类型分类、试验设计、技术要求、记载项目、产量鉴定、品质分析、主要病（逆）害鉴定、田间初选和室内决选等。为降低环境条件变化的影响，对参试品系需分成不同生态类型组，如旱肥组和水肥组等，分别进行鉴定。每个类型鉴定试验组，要设置同一生态类型小麦品种为对照品种。如果同一鉴定组中有不同熟期鉴定品系，则要求用同类型同熟期小麦品种作为对照品种。鉴于小麦品系鉴定试验供试品系较多，且供试品系种子量又较少，通常采用随机区组设计，3次重复，小区面积5 m^2 以上。这里需要注意的是，无论在哪一生态环境中进行品系鉴定试验，都要按不同生态类型组分别进行统计分析，并以相应生态类型对照品种的综合表现作为田间选择的主要依据。上述小麦品系处理方式，已由黑龙江省农业科学院的“龙麦号”和“克字号”小麦育种团队实施多年，均取得了较好的育种效果。

田间调查与试验结果分析：田间调查内容主要包括三个方面，一是在春化、光照、感温三大生长发育阶段，需分段调查与记载参试小麦品系的温-光-温反应特性；二是要在小麦出苗至拔节、拔节至开花、开花至成熟三大小麦生育阶段，分别调查与记载苗姿、分蘖数、抽穗期、花期秆强度、株穗数、小穗数、每小穗粒数、当地主要病（逆）害田间抗性水平及生育后期熟相等性状的田间表现；三是对一些 DUS 检测性状，如叶耳和穗部颜色等性状，在小麦抽穗期前后必须进行仔细调查与记载。试验结果分析，主要包括产量鉴定、品质分析和当地主要病（逆）害抗性鉴定三方面内容。其中，产量鉴定是在各产量性状田间调查和选择基础上，以室内测产为主；品质分析是将主要品质指标检测、相关遗传基础分析及品质对照品种的品质表现等综合试验结果作为分析依据；当地主要病（逆）害抗性鉴定，是在田间自然鉴定基础上，结合人工鉴定结果，并参考相应抗性遗传基础，综合加以判定。

品系选择：以试验各项试验结果和相应对照品种的综合表现为依据，通过综合判定与分析，从中选出一批生态适应性较好、多抗性水平较高、丰产优质的不同生态类型小麦品系，供下一步品系比较试验所用。一般情况下，品系鉴定试验参试品系田间淘汰率为 30%左右；结合室内测产和品质分析等结果，最终淘汰率为 50%左右。这里需要注意的是，对初次参加品系鉴定试验的小麦新品系进行取舍时，一定要参照其上一年在稀植选种条件下的对应表现，以免误淘。另外，若上一年选种圃提供参试品系数量较多时，也可采用预备试验→品系鉴定试验方式进行小麦品系处理。预备试验各项处理内容和方法与品系鉴定试验基本相同，多采用一次重复种植方式。品系鉴定试验时间一般为 1～2 年。

（二）品系比较试验

品系比较试验，是将从品系鉴定试验中决选出的一些不同生态类型小麦品系继续在较大面积上，进行更为精确的试验。通过该试验，可对参试品系的生态适应能力、抗病（灾）水平及丰产和优质等主要育种目标性状，在较大面积上进行详细观察和进一步选择，以便从中决选出一批综合性状优异的品系，供下一步异地鉴定和小繁试验所用。品系比较试验时间，通常为 1～2 年。另外，采用品系比较、异地鉴定和小繁试验同步进行的方式，对上一年品系鉴定试验中表现突出的一些小麦品系进行处理与选择，可明显缩短育种年限，并能尽早明确它们的产量和品质潜力、生态适应范围及其利用价值（表 10 - 4）。如 2010 年以来，“龙麦号”小麦育种团队利用这种品系处理方式，已先后选育推广了龙麦 63 和龙麦 67 等多个优质强筋小麦新品种。

表 10 - 4 “龙麦号”区试候选品系的产量及其主要品质指标表现（2020 年）

品系名称	小繁试验（哈尔滨）					品系比较试验（哈尔滨）					异地鉴定试验（内蒙古特泥河农牧场）				
	亩产量（kg）	±CK（%）	湿面筋（%）	稳定时间（min）	能量（cm^2）	亩产量（kg）	±CK（%）	湿面筋（%）	稳定时间（min）	能量（cm^2）	亩产量（kg）	±CK（%）	湿面筋（%）	稳定时间（min）	能量（cm^2）
18 - 8267	335.7	−3.4	35.8	4.2	84	370.5	1.5	33.6	5.0	—	426.1	5.8	32.5	16.8	145
18 - 8511	312.4	−10.1	29.5	7.8	100	354.4	−2.9	31.1	8.0	—	413.0	2.5	28.8	23.7	169
18 - 9030	348.0	0.2	33.1	5.9	85	378.0	3.6	35.1	8.1	—	427.4	6.1	32.8	20.2	155

（续）

品系名称	小繁试验（哈尔滨）					品系比较试验（哈尔滨）					异地鉴定试验（内蒙古特泥河农牧场）				
	亩产量（kg）	±CK（%）	湿面筋（%）	稳定时间（min）	能量（cm²）	亩产量（kg）	±CK（%）	湿面筋（%）	稳定时间（min）	能量（cm²）	亩产量（kg）	±CK（%）	湿面筋（%）	稳定时间（min）	能量（cm²）
17-8156	324.6	−6.6	33.6	8.0	124	364.9	0.0	30.4	9.1	—	410.1	1.8	29.4	25.5	164
18H2305	356.9	2.7	30.5	6.2	92	420.1	15.1	31.9	7.8	—	398.9	−1.0	29.8	30.6	105
18-8159	381.3	9.8	31.3	2.7	51	357.9	−1.9	30.8	4.8	—	397.0	−1.4	29.8	9.1	113
龙麦35（CK）	347.4	0.0	31.2	8.4	90	365.0	0.0	31.7	7.1	—	402.8	0.0	30.5	16.8	148

注：对照（CK）品种龙麦35在品系比较试验（哈尔滨）的亩产量为在各区组中的平均产量。

小麦品系比较试验的材料来源，以上一年品系鉴定试验中决选出的优良品种（系）为主。在试验方法方面，与品系鉴定试验一样，品系比较试验还需按照生态类型进行分组试验和设置相应生态类型对照品种。小区面积为12～15 m^2，通常采用随机区组设计，3次重复，8行区。区间距离，不灌溉区为30～40 cm，灌溉区为40～50 cm。田间调查记载项目与品系鉴定试验基本相同。这里需要注意的是，因小麦品质分析、主要病害抗性鉴定及DUS性状检测等试验结果，仅靠一年品系鉴定试验往往并不十分可靠，所以在品系比较试验中，上述相关研究还需继续进行。对田间入选品系，尤其是强筋小麦品系，除要求进行全项品质指标检测外，还要特别关注面筋指数和能量等蛋白质（湿面筋）质量性状的选择。若条件具备，还需对入选品系的面包、面条和饺子等面食制品的二次加工品质进行深入评价。

小麦品系比较试验的品系处理与选择，是在田间综合选择基础上，根据产量、品质、抗病（逆）性及相关遗传基础等鉴定和分析结果，参照相应选择标准及对照品种表现，从中选出一批优质、高产、多抗的不同生态类型专用小麦品系，继续参加异地鉴定和小繁试验。若采用品系比较、异地鉴定和小繁试验同步进行方式，品系选择要根据上述各种试验的综合研究结果定取舍。对在年度和地点间综合性状表现差异较大的小麦品系，如在上一年品系鉴定试验中表现突出而在当年品系比较试验表现一般者，可考虑再参加一年品系比较试验或降级至品系鉴定试验。因该试验大多供试品系都经过品系鉴定试验筛选过程，所以淘汰率明显低于品系鉴定试验。一般情况下，品系比较试验的供试品系田间淘汰率为10%左右；室内决选淘汰率为20%左右。

（三）异地鉴定试验

异地鉴定试验，既是小麦品系处理的重要组成部分，也是区域试验候选品系选择的必备环节。它的主要试验目的，是将从小麦品系比较等试验中决选出的部分优异品系，按照生态类型放置在适宜生态环境中进行多点试验后，再从中选择出一些综合性状表现更为优异的小麦品系，作为区域试验候选品系。为满足该试验要求，异地鉴定试验点的位置选择和管理至关重要。其中，异地鉴定点必须位于当地小麦主产区内，并要求各种生态条件应与区域试验点尽量相近。为真实明确参试品系是否达到区域试验参试标准，各项田间管理，如施肥量、施肥方式和种植密度等，要求与当地区域试验条件保持一致。

为提高异地鉴定试验的准确性，每一生态区域内的异地鉴定点次，原则上不能少于10

个。若异地鉴定点数过少，受各种因素影响，常难以获得准确的试验结果。在参试品系的试验点次和重复次数设计时，如果受种子量所限，根据异地鉴定点间试验结果的参考价值，常大于异地鉴定点内重复之间试验结果的规律，应以保证异地鉴定点数为主。各参试品系小区种植面积 10～15 m^2，1～2 次重复。为降低环境误差和明确参试品系的下一步利用价值，必须设置相应对照品种。对照品种的设置原则是，既要考虑与参试品系的生态类型和熟期相匹配，又要尽可能地将当地主要法定对照和生产主栽品种设为对照品种。异地鉴定试验的田间调查项目和室内考种内容等与品系比较试验基本相同。

考虑到异地鉴定试验工作量较大，根据区域试验候选品系的数量要求，异地鉴定试验参试品系数量应控制在合理范围之内。如据“龙麦号”小麦育种团队多年异地鉴定试验结果，参试品系数量通常控制在下一年拟参加各级区域试验品系数量的 3～4 倍较为适宜。也就是说，下一年若有 10 份新品系拟参加区域试验，可从上环节试验中选出 30～40 份品系参加异地鉴定试验，基本可达到试验目的。为深入了解小麦异地鉴定品系在不同地区的综合表现，育种者在小麦生育期间至少应到各异地鉴定点上调研 1～2 次，特别是小麦生育后期的调研必不可少。

另外“龙麦号”强筋小麦育种实践还表明，为降低田间收获压力和品质分析的工作量，育种者在异地鉴定试验调研时，可根据供试品系在各异地鉴定点的综合表现，田间即可淘汰一些表现不良的小麦品系，淘汰比例一般为 10％～20％。同时，要选择 2～3 个供试品系长势良好的异地鉴定点，对田间入选品系重点进行产量潜力评价、全项小麦品质指标测试和二次加工品质分析。最后，根据异地鉴定试验和品系比较试验等多年多点综合试验结果，从异地鉴定试验材料中决选出一些综合性状表现优异的品系，作为区域试验候选品系。

（四）小繁试验

小繁试验，是近年来由“龙麦号”小麦育种团队创建的一种新的小麦品系处理方法。它的试验内容与目的主要包括：一是将所有参加异地鉴定试验的小麦品系，在育种点进行一年一点的小面积生产试验，以便在更大面积上详细观察它们的综合表现。二是可实现异地鉴定试验与小繁试验同步进行，是异地鉴定试验的完善与补充。三是可发挥生产试验和良种繁育的双重功能，在为异地鉴定试验参试品系提供大面积下一些试验结果的同时，又可为区域试验候选品系繁育出足量的参试种源。

在小繁试验设计上，各参试品系的种植面积，以区域试验参试品系所需种子量为主要依据。考虑各种不可预见因素影响，小繁试验区面积，以生产出区域试验参试品系所需种子量150％以上为宜，并需设置相应对照品种。对照品种的设置依据与异地鉴定试验基本相同。田间管理与调查项目与异地鉴定点要求相一致。如在“龙麦号”小麦育种团队的多年小繁试验中，试验区面积通常为 100～120 m^2，并将黑龙江省法定对照品种龙麦 35 和东北春麦区主导小麦品种龙麦 33 作为对照品种，进行参试品系处理和区域试验候选品系种子繁育，均达到了预期的试验目的。

在小繁试验供试品系处理时，除根据各异地鉴定表现在田间进行少量品系淘汰外，对田间入选品系要继续进行产量测试和品质分析。品质分析内容包括：既要对田间入选品系进行全项品质指标检测，也要求对区域试验候选品系进行二次加工品质评价。最后，根据小繁试验、异地鉴定试验及其他相关试验的综合评价结果，进行区域试验候选品系的选择。

二、区试品系选择及其种子繁殖

（一）参试品系选择

区域试验是小麦品系能否通过新品种审定的重要试验环节。目前，我国各地小麦区域试验年限一般为 2～3 年。为了能从区域试验中得到正确结论和推进小麦新品种选育进程，育种者除需了解区域试验全过程外，更要了解当地区域试验的各项相关标准。它们是区域参试品系选择的重要依据。

我国各地小麦生育期间生态条件不同，田间调查项目和参试品系通过区域试验的标准也不尽相同。各地小麦区域试验标准表明，育种者实质上只有对初次参加区域试验的小麦品系具有选择权，而能否继续参加区域试验，则取决于它们当年在各区试点的综合表现。区域试验的主要任务，就是从参试品系中选择更为优异的小麦品系，继续参加生产试验，进而为我国不同小麦产区决选出主栽和搭配的优良品种。为此，初次参加区域试验品系选择正确与否，将直接关系到小麦育种效率。

另外，在区域试验初次参试品系选择时，随着年度和地点间各种生态条件的变化，参试品系无论是产量还是品质表现，乃至对当地主要抗病（逆）害的抗性水平等，都要随之而发生改变。因此，育种者除将当地小麦品种审定标准作为主要依据外，还需将小麦品系处理的各个试验环节，如品系鉴定、品系比较和异地鉴定试验等多年多点的相关试验结果考虑在内。只有这样，才能准确评价某一小麦品系是否可达到区域试验参试标准。

（二）参试区域确定

春小麦光温生态育种认为，对任何一个生态区域而言，都不可能具备同一生态环境。同样，任何一种生态类型小麦品种也不可能适应于所有生态环境。为此，按照小麦生态适应性态与生态环境统一原则，确定不同生态类型小麦品系区域试验的适宜参试区域，是小麦主动适应性育种的重要举措之一。如 20 世纪 70 年代，在黑龙江省东部平原湿润易夏涝生态区推广的克涝 3 号耐湿类型小麦品种，就未按照它的适宜生态区进行区域试验，而是全省布点，并以抗旱类型品种为对照品种。结果在黑龙江省中部黑土带温凉易春旱生态区的绝大多数区域试验点上，均比抗旱类型对照品种克红减产，而在东部平原湿润易夏涝生态区的区域试验中，两年区域试验结果则比对照品种克群增产 27%。这一试验结果说明，不同生态类型小麦品系只有在适宜生态区参加区域试验，才能使它的产量潜力得到充分发挥。

春小麦光温生态育种的区域试验，就是不同生态类型小麦品系的区域试验。在确定小麦品系区域试验的参试区域时，以生态类型作为主要遗传背景，是确定小麦品系参试生态区域的主要依据。同时，气候条件，土壤环境及主要病害种类变化，小麦同苗龄时主要生态因素差异，以及参试品系的生态适应调控机制等因素，也是确定不同生态类型小麦品系适宜参试区域的重要参考依据。如在黑龙江省北部和内蒙古呼伦贝尔地区，虽都以旱肥生态类型品种作为主栽品种，但由于小麦同苗龄时光温条件的不同，前者利用光周期敏感特性可使躲旱与抗旱机制实现较好结合；后者由于小麦光照阶段光照时间过长，且温度较低，常常是感温特性决定了小麦品系的生育期长短等。

在小麦区域试验中，不同生态类型小麦品系的适宜参试区域及其确定标准是一个动态变化的过程。当某一生态区域主要生态条件出现重大变化，或小麦生态适应性遗传改良取得重大进展时，小麦品系的适宜参试生态区域及确定标准也要随之改变，不能一成不变。尽管如此，小麦育种者必须清楚，小麦品系是具有生态区域性的生物。只有小麦品系的生态适应性与当地生态环境高度吻合；抗病（灾）能力满足当地小麦生产发展需求，才能使小麦品系的产量和品质潜力得到较大程度的发挥，并通过区（生）试验平台获得推广和转化为生产力。

（三）小麦区域（生产）试验参试品系的种子繁殖

根据我国现行小麦区（生）试验相关规定，对区（生）试品系采取一年一供种方式已成常态。我国各小麦育种单位每年进行区（生）试品系种子繁殖，已成为小麦育种工作的重要组成部分。它主要包括种子数量繁殖和质量保证两方面内容。

在种子质量要求上，要求最好能达到原种标准。为保证参试小麦品系的种子质量，要选择好田块，因土施肥。根据种源和需种量多少，采用半精量或精量机播法。及时去杂去劣，重在彻底。去杂结束后，要按照原种标准，逐个品系进行田间检查。对不达标的品系，要重新返工促其达标。收获时要防止机械混杂。收获后，要求进行专门晾晒，并防止晒场混杂，并保证纯度、净度和发芽率达到小麦原种水平。

在种子繁殖数量要求上，首先要满足参加区（生）试验小麦品系的供种需求。其次要留够参试品系下一年种子繁殖所需的种子数量。参试小麦品系的种子田繁殖面积，可根据以下公式初步确定。

$$\text{种子田面积（亩）}=\frac{\text{计划亩播量}\times\text{小区面积（亩）}\times\text{重复次数}\times\text{试验点次}+\text{下一年繁殖需种量}}{\text{种子田亩产量（预计）}}$$

在小麦区（生）试品系种子繁殖时，除对初次参加区试的小麦品系可利用小繁试验进行种子繁殖外，对于继续参加区域试验和参加生产试验的品系必须设置专门种子田进行种子繁殖。为准确获取区（生）试验结果，育种者需对供试品系的发芽率与千粒重进行精准检测，特别是对千粒重检测要给予高度重视。否则，将会对参试品系的单位面积苗数产生较大影响。另外，对一些苗头型品系，特别是已参加生产试验的小麦品系，可适当进行少量原种繁殖，以期为该品系推广时提供种源保证。

第三节　不同生态类型小麦新品种的原（良）种繁育

推广种植小麦优良品种，是小麦生产中一项经济有效的增产措施。在小麦育种工作中，育种者只有将自家育成的小麦新品种，特别是主导（主栽）及苗头主导（主栽）小麦新品种，繁殖出量足质优的原（良）种，才能不断满足服务地区的小麦生产和市场发展需求。它是春小麦光温生态育种的重要组成部分，也是不同生态类型小麦新品种推广的物质基础。

一、小麦原（良）种繁育的意义与任务

（一）小麦原（良）种繁育的意义

小麦品种原（良）种繁育，是小麦育种工作的重要内容之一。小麦品种选育与原（良）种繁育是优良品种服务生产的基础，二者紧密联系、缺一不可。在一个相对一致的生态区域内，当生态条件、生产模式、产业需求没有很大改变时，一个优良的主栽品种常常具有很长的服务期。在各地小麦育种和生产中，正确进行小麦品种原（良）种繁育，既可保持小麦新品种的生产性能（种性），又可延长它们的使用寿命。如1981年，经宁夏农作物品种审定委员会审定推广高产优质强筋小麦品种永良4号，虽然已推广种植近40年，但因其符合当地

小麦生产发展和市场需求，且种性保持较好，至今仍是内蒙古和宁夏河套地区的小麦主栽品种，并为该区域强筋小麦产业发展作出了重要贡献。因此，在我国小麦原（良）种繁育工作中，为适应农业供给侧结构性改革要求，小麦原（良）种繁育围绕“质量第一、效益优先、绿色导向”这一需求变化，及时调整小麦原（良）种繁育方向，合理安排品种结构，并需重点进行高产、优质、高效、多抗、广适小麦新品种的原（良）种繁育，将直接关系到小麦原（良）种繁育工作效果。

春小麦光温生态育种的小麦原（良）种繁育，属于定向为不同生态区繁育相适生态类型小麦新品种工作范畴。这种小麦种子繁育方式具有以下优点：一是不同生态类型小麦品种具有各自的推广范围，品种布局相对集中，定向进行小麦原（良）种繁育，既可发挥大面积生产示范作用，又利于小麦生态类型的区域化种植。二是建立的育、繁、推一体化小麦原（良）种生产基地，可使各类型小麦品种均能在其适宜环境中试验、繁殖和推广，小麦原（良）种产量较高，并可起到一定的生态隔离作用。三是可实现小麦种子就地供销，既能足量满足不同生态区小麦生产用种，又容易做到各生态类型小麦品种的计划供应。

我国是一个农业大国，小麦是我国主要口粮作物之一。小麦种子是小麦生产的重要生产资料。小麦种子生产状况如何，直接关系到我国的国计民生和社会稳定，这点必须引起小麦育、繁、推等相关人员的高度重视。在小麦新品种原（良）种繁育时，要妥善处理好品种数量和质量的关系。要在保持小麦新品种数量的基础上，更加重视品种质量的提升。要提高具有自主知识产权、区域化、专业化、多样化、特色化和品牌化小麦品种所占的比例。在强调优质高效的同时，任何时候都不要忘了高产这个基本前提。

（二）小麦原（良）种繁育的任务

小麦原（良）种繁育任务主要有以下几点：一是聚合各方力量，快速进行小麦新品种的原（良）种繁育；二是小麦育种、种子生产、行业组织和行政管理等单位都要增强服务意识，完善服务方式，拓展服务链条，强化服务能力；三是采用先进的技术措施，繁育出数量足，质量符合国家规定标准的推广品种的种子供大田生产所用；四是做好小麦品种的更新改造，对当地小麦生产中已经混杂退化的小麦品种，必须采取一定的技术措施，保持和提高种性，用质量优的种子代替质量差的种子。

在春小麦光温生态育种的（良）种繁育工作中，除需完成上述任务外，还要关注小麦新品种生态类型与生态环境的关系。这是因为每一个生态类型小麦新品种都有自己的遗传基础和相适环境条件，都有自己的生长发育规律。只有满足了该生态类型品种所需的条件，它的有利性状才能较好地发挥出来，品种的特性才能最大限度地表现出来，进而获得较高的繁育倍数。

小麦原（良）种繁育，是小麦育种工作通往大田生产的桥梁和渠道，是将育种成果转变为生产力的重要一环。无论是现在还是将来，在小麦生产上不可能也不需要年年更换品种，但却需要年年使用优良种子。这就要求小麦育种者，既要不断选育推广符合当地小麦生产和市场发展需求的小麦新品种，又要高度重视小麦新品种的原（良）种繁育工作。

二、小麦育、繁、推一体化种子基地建设和原（良）种繁育

（一）小麦育、繁、推一体化种子基地建设

建立小麦良种繁育体系，是小麦种子工作的一项重要基本建设。我国小麦生产发展不同

时期，都有一套与之相适应的小麦良种繁育体系。如20世纪50—60年代提出的“四字一辅”良种繁育体系；80—90年代推广的“四化一供”良种繁育体系等。目前，随着我国小麦良种繁育体系的重大变化，建立的育、繁、推一体化小麦新品种繁育体系，已成为保障我国小麦生产用种有效供给的主要途径。如2000年以来，黑龙江省农业科学院“龙麦号”育种团队先后以龙麦26、龙麦30、龙麦33和龙麦35等优质强筋小麦新品种为核心技术，通过与黑龙江省九三农管局、嫩江中储粮分公司及内蒙古牙克石农场等单位合作，建立的多个“龙麦号”小麦新品种育、繁、推一体化种子生产基地，不仅创建了“九三多赢产业化模式”，而且满足了大兴安岭沿麓地区强筋小麦生产的种子需求，并使“龙麦号”小麦品种变成当地优质强筋小麦原粮的一张“名片”。

为实现小麦“育、繁、推一体化”种子繁育基地科学布局，确保我国小麦生产用种安全，在育、繁、推一体化小麦新品种繁育体系建设时，首先，应倡导当地小麦主要育种机构与大型种子企业联合共建，并需建立一套科研分工合理、产学研相结合、资源集中、运行高效的育种新机制。其次，要求参与该体系建设的小麦育种机构，必须要不断培育推广具有重大应用前景和自主知识产权的突破性小麦优良品种，以保证新品种源头供应不断。再次，要切实提高小麦新品种的种子生产能力，引导种子生产企业向小麦主产区集中，加强基础设施建设，确保小麦种子生产水平达到标准化、规模化、集约化和机械化。最后，在小麦育种水平、生产加工技术、市场营销网络和技术服务等方面，要不断满足小麦育、繁、推一体化种子生产基地建设与发展需求，并需加强种子生产和收购监管，以确保当地小麦供种数量和质量安全。

另外，在小麦新品种育、繁、推一体化种子生产基地规划与建设时，还需遵循生态类型与生产环境统一的原则，按照小麦新品种生态类型建立相应育、繁、推一体化种子生产基地。这样，既可使同一生态类型小麦新品种繁育相对集中，容易实现当地计划供种，又能使该基地发挥小麦新品种良种繁育，配套栽培技术组装，大面积生产示范和良种供应的综合作用（表10-5）。

表10-5 “龙麦号”示范展示品种产量及品质表现（嫩江市，2018年）

品种名称	亩产量（kg）	沉降值（mL）	籽粒蛋白（%）	100 g吸水量（mL）	稳定时间（min）	湿面筋（%）	面筋指数（%）	最大拉伸阻力（EU）	延伸性（mm）	能量（cm^2）
龙麦35	350.0	31	13.39	57.6	14.4	29.2	91	642	173	141
龙麦36	323.0	33	12.95	57.2	12.5	27.3	92	671	185	159
龙麦59	317.0	28	12.93	57.4	10.4	27.1	94	600	170	130
龙麦60	335.5	32	13.32	57.6	10.4	27.8	83	583	185	159

（二）小麦新品种的原（良）种繁育

春小麦光温生态育种的良种繁育与常规育种一样，均包括原原种、原种和良种繁育。各级良种用途不同，对其技术要求和检验标准也不尽相同。其中，原原种又叫超级原种，是小麦种子繁育的根本来源，也是实现种子标准化的先决条件。在小麦原原种生产上，通常采用以下两种方法：一是“株系提纯法”，即育种者从上一年具有本品种典型特性和纯度高的品种繁殖区中，选择一定数量的单株或单穗，下一年每株（穗）单粒点播，进行株行（穗行）

种植。生育期淘汰可疑株行（穗行）。成熟时按照株行（穗行）进行收获。考种后将入选株行（穗行）的种子混合后，即为原原种。同时，为保证原原种的质量和原种一代需求，每年可从入选株行中选出一定典型数量单株，作为下一年生产该品种原原种的种源。如黑龙江省农业科学院“龙麦号”小麦育种团队在龙麦35小麦新品种原原种生产时，每年都要从株行整理圃中选择出2 000个左右单株作为该品种的原原种种源。二是在品种推广前（通常是F_{10}代前）一次繁殖足量种子，放置长期种子库或相适器皿中进行保存，并作为长期的原原种来源。如美国NK种子公司及黑龙江省农业科学院作物育种所在20世纪80—90年代，就采用这种方法进行原原种保存和良种繁育。

小麦原种包括原种一代和原种二代。原种一代由原原种繁育而来；原种二代的种源来自原种一代。在小麦原种繁育过程中，原种一代主要为育种者所提供，原种二代繁育多半由种子繁育基地来完成。在原种一代繁育上，目前国内一些育种单位多采用“三圃法”，即单株选择圃、株行圃、原种圃进行原种一代繁育。单株选择圃可用原种圃代替。如果没有原种圃时，必须建立单株选择圃。单株选择分为田间和室内两步进行。田间选择标准主要依据为本品种的典型性状。室内选择，要将该品种的典型性状和病虫害抗性等作为选择依据。最终，要将入选单株进行分别脱粒装袋、编号，以用于下一年株行圃种植。株行圃的设计与处理内容为，将上一年入选单株，按单株分行种植，单粒点播。小麦生育期间，对入选株行与可疑株行要分别进行记载与标记，并在收获前将可疑株行全部淘汰。收获后，可将入选株行混合脱粒装袋，用于原种二代繁育。原种二代田间鉴评和拔杂去劣等田间管理内容与原种一代基本相同。另外，若采用稀植高倍繁殖和异地一年多代繁殖方法（如云南冬繁）进行原种二代繁育时，要特别关注肥水条件管理和病、虫、草害的控制。

良种生产是育、繁、推一体化种子基地的主要工作。良种生产必须建立种子田。种子田生产面积要根据原种二代种子数量多少和繁育方法所定。通常是，一级种子田的种子来源于原种二代，二代种子田的种子来源于一级种子田，三级种子田的种子来源于二级种子田。在确立各级种子田面积时，可参照下面公式进行计算，一般要留有10%左右余地。

$$\text{种子田面积（亩）}=\frac{\text{生产田保证面积（下一年预计）}\times\text{计划亩产量}}{\text{种子田亩产量（预计）}}$$

在小麦良种繁殖中，种子田是基础。要选择土地肥沃、排灌方便、地势平整和管理方便的地块作为种子田。播种前需做好种子精选和发芽试验。种子田间管理不同于小麦生产田，除正常田间管理外，特别要及时施肥，灌水和防虫防病。收获前至少要进行一次拔杂去劣。收获要及时，做到单收和单贮，严防混杂。为提高繁殖倍数，可采用稀植高倍繁殖和异地一年多代繁殖方法（如云南元谋冬繁）进行小麦新品种的种子扩繁。如2000年前后，黑龙江省一些小麦种子生产基地采用上述途径，对克丰6号和龙麦26等优质强筋小麦新品种进行种子扩繁，成效非常显著。

为保持种性稳定，在小麦新品种原（良）种繁育时，一定要防止混杂退化。小麦品种混杂退化的原因有多种。其中，机械混杂是小麦种子混杂的主要原因。小麦品种退化主要是由新品种遗传性不够稳定，或一些其他原因引起的突变等所造成的。小麦品种的混杂与退化会改变群体基因频率和基因型频率，可使品种群体结构发生变化，并在田间表现为株高、穗型、生育期不一致等。因此，在小麦原（良）种繁育时，及时拔除混杂与退化单株是不可或缺的技术环节。

三、小麦种子检验

（一）品种纯度与净度

小麦种子检验是保证种子质量的主要手段。其中，品种纯度与净度检验是小麦种子检验的主要内容之一，它们是确定小麦种子利用价值的重要指标。品种纯度检验包括田间和室内检验两个方面。田间检验主要是检验种子是否与其固有品种的各种特性相符。室内检验主要采用性态鉴定法，即根据对照品种的种子形状和种皮颜色等进行检验，有时也可利用醇溶蛋白亚基鉴定等生物技术手段进行种子纯度检测。种子检测粒数应为500～1 000粒。小麦品种纯度检验结果可参照以下公式进行计算：

$$品种纯度=\frac{共检验总粒数-杂粒数}{供检总粒数}\times 100\%$$

品种净度是小麦种子质量的重要指标之一。净度高，表示可利用的种子数量多。小麦品种的种子净度，是指小麦种子清洁干净的程度，即小麦种子样品除去杂质后，剩余种子重量占供检样品总重量的百分比。

$$品种净度=\frac{种子检测样品重量-杂质重量}{种子检测样品重量}\times 100\%$$

（二）小麦发芽力和种子水分

小麦品种发芽力是指其种子在适宜的条件下，发芽并长出正常植株的能力，通常用种子的发芽势和发芽率两个指标来表示。发芽势，是指进行发芽试验的种子在发芽初期（规定日期），正常发芽的种子占供试种子的百分率。发芽率，是指发芽种子在发芽末期，全部正常发芽的总籽粒数占供试种籽粒数的百分率。发芽力是小麦品种种子质量的一个重要指标。高的发芽力可以减少单位面积的播种量，有利于苗全苗壮和降低小麦生产成本。

种子水分是小麦种子安全贮藏的主要因素之一。为保证小麦种子的安全贮存，小麦种子入库时，应严格控制水分。目前，小麦种子贮藏水分国家标准为12.5%。为确保种子贮藏安全，需要定期测定种子水分，小麦种子水分，一般用种子含水量来表示，即种子样品中所含水分重量占样品重量的百分比。有时，小麦种子大小也被作为种子检验的内容。种子大小，通常用种子的千粒重和容重两个指标来表示。它们主要是作为小麦种子的饱满度和籽粒大小的综合指标。

（三）小麦种子健康状况

因小麦种子携带的病虫害将直接影响小麦品种生产能力的发挥，所以要高度重视小麦种子健康状况的检验。特别是在国际种子贸易和国内地区间小麦种子调运时，要特别注意一些检疫性的危险病（虫）害检验，以防止其蔓延与传播。小麦种子病害危害程度，一般用种植染病百分率或病原体籽粒的百分率来表示。虫害危害程度，一般用每千克种子中害虫头数或受害种子的百分率来表示。小麦种子的病（虫）害的检验，通常在田间和室内分两步进行。

另外，为保证小麦用种安全，对于计划调运的小麦种子，要严格按照国家检疫制度做好检疫工作，要严防矮腥黑穗病等检疫性病虫害带入小麦种植区。同时要根据检验结果，评定小麦种子级别，作为经营、推广的依据。对于那些检验不合格的小麦种子，根据情况分别提出停止使用或改变用途等处理意见。

参考文献

陈生斗，2002. 中国小麦育种与产业化进展［M］. 北京：中国农业出版社.

程顺和，郭文善，王龙俊，2012 年. 中国南方小麦［M］. 南京：江苏科学技术出版社.

崔金梅，郭天财，2008. 小麦的穗［M］. 北京：中国农业出版社.

樊明，张双喜，李红霞，等，2017. 不同春小麦在宁夏引黄灌区生长发育特性研究［J］. 宁夏农林科技，58（8）：1-3.

韩宗梁，张黛静，邵云，等，2015. 不同土壤质地对小麦生长发育及其生理特性的影响［J］. 河南农业科学，44（8）：23-26，41.

何中虎，林作楫，王龙俊，等，2002. 中国小麦品质区划的研究［J］. 中国农业科学（4）：359-364.

季书勤，吕印谱，宋保谦，2000. 不同生态型小麦品种生长发育特性的研究［J］. 华北农学报（3）：24-28.

简俊涛，2015. 小麦农艺性状及发育稳定性相关基因研究［D］. 咸阳：西北农林科技大学.

李法计，2013. 小麦发育稳定性和冬春性的遗传分析和基因定位［D］. 咸阳：西北农林科技大学.

李文雄，曾寒冰，2006. 小麦研究［M］. 哈尔滨：黑龙江科学技术出版社.

李玉发，何中国，杨伟光，等，2008. 小麦品系籽粒蛋白产量与其他性状间的遗传参数及相关性研究［J］. 山东农业科学（3）：4-6，18.

梁中喜，李峰，2004. 高代小麦品系产量性状选择模式的探讨［J］. 河南农业科学（10）：11.

刘仲齐，雷激，2004. 小麦品系干白面条品质特性的遗传差异研究［J］. 麦类作物学报（1）：18-21.

马啸，任正隆，晏本菊，等，2004. 小麦高分子量麦谷蛋白亚基及籽粒蛋白质组分与烘烤品质性状关系的研究［J］. 四川农业大学学报（1）：10-14.

农业部小麦专家指导组，2012. 中国小麦品质区划与高产优质栽培［M］. 北京：中国农业出版社.

潘艳敏，2014. 科学选择小麦良种［J］. 河南农业（3）：40-41.

祁适雨，肖志敏，李仁杰，2007. 中国东北强筋春小麦［M］. 北京：中国农业出版社.

尚勋武，魏湜，侯立白，2005. 中国北方春小麦［M］. 北京：中国农业出版社.

宋维富，肖志敏，2013. 小麦阶段发育理论研究与应用［J］. 黑龙江农业科学（2）：1-5.

孙岩，张宏纪，王广金，等，2013. 小麦转优质 *HMW-GS* 基因品系品质性状的年度间差异及其稳定性研究［J］. 中国农学通报，29（6）：24-29.

唐昊，2015. 1RS. 1BL 易位对小麦品质特性及地域稳定性的影响及其 QTL 定位［D］. 雅安：四川农业大学.

王志和，张维城，2003. 小麦优质高产栽培理论与实践［M］. 北京：中国科学技术出版社.

吴兆苏，1990. 小麦育种学［M］. 北京：农业出版社.

肖步阳，1982. 春小麦生态育种三十年［J］. 黑龙江农业科学（3）：1-7.

肖步阳，1985. 黑龙江省春小麦生态类型分布及演变［J］. 北大荒农业：1.

肖步阳，1990. 春小麦生态育种［M］. 北京：农业出版社.

肖步阳，王继忠，金汉平，等，1987. 黑龙江省春小麦抗旱品种主要性状特点的研究［J］. 中国农业科学（6）：28-33.

肖步阳，王进先，陶湛，等，1981. 东北春麦区小麦品种系谱及其主要育种经验Ⅰ：品种演变及主要品种系谱［J］. 黑龙江农业科学（5）：7-13.

肖步阳，王进先，陶湛，等，1982. 东北春麦区小麦品种系谱及其主要育种经验Ⅰ：主要育种经验［J］. 黑龙江农业科学（2）：1-6.

肖步阳，姚俊生，王世恩，1979. 春小麦多抗性育种的研究［J］. 黑龙江农业科学（1）：7-12.

肖世和，2004. 小麦穗发芽研究［M］. 北京：中国农业科学技术出版社.

肖志敏，1998. 春小麦生态遗传变异规律与杂种后代及稳定品系处理关系的研究［J］. 麦类作物学报（6）：

7－11.
肖志敏，祁适雨，章文利，等，1993. 春小麦杂种后代及稳定品系处理方法的改进［J］. 麦类作物学报（6）：33－36.
辛文利，肖志敏，祁适雨，1992. 如何提高小麦高代品系鉴定和决选的准确性［J］. 黑龙江农业科学（1）：35－37.
辛文利，肖志敏，孙连发，等，2002. 黑龙江省小麦品质改良［J］. 黑龙江农业科学（5）：36－38.
杨春玲，关立，侯军红，等，2007. 黄淮麦区小麦产量构成因素效用研究［J］. 山东农业科学（4）：19－23.
杨丽娟，盛坤，董昀，等，2015. 小麦新品系抗穗发芽特性研究［J］. 华北农学报，30（4）：145－149.
袁秀云，李永春，尹钧，2010. 低温积累与光周期对小麦发育特性调控的分子机理研究进展［J］. 中国农学通报，26（3）：55－58.
郑建敏，杨梅，饶世达，等，2011. 四川省小麦区试品系丰产性及稳定性比较分析［J］. 安徽农业科学，39（1）：86－87，89.
郑茂波，丁海燕，谢玉锋，等，2014. 黑龙江春小麦品种对温度反应特性的研究［J］. 黑龙江农业科学（7）：1－5.
庄巧生，2003. 中国小麦品种改良及系谱分析［M］. 北京：中国农业出版社.
庄巧生，杜振华，1996. 中国小麦育种研究进展［M］. 北京：中国农业出版社.

第十一章　东北主要强筋小麦品种及其配套栽培技术

强筋小麦品种只有种植在适宜生态环境中，并辅以配套栽培技术，才能生产出符合市场需求的优质强筋小麦原粮，这点已被国内外强筋小麦生产实践所证实。因此，为将东北春麦区强筋小麦生产的生态资源优势转化为经济优势，围绕强筋小麦新品种进行相应配套栽培技术研制与应用，是推动该区强筋小麦生产发展的关键举措，也是促进当地农民增收和企业增效的重要科技支撑。

第一节　东北春麦区小麦品种演变及主要强筋小麦品种特征特性

小麦品种是小麦产业化发展的重要物质基础。研究东北春麦区不同时期小麦品种演变规律，探讨不同生态类型强筋小麦新品种主要特征特性，可为东北春麦区强筋小麦育种、配套栽培技术研制、良种良法配套，以及强筋小麦产业化开发等提供重要的理论依据。

一、东北春麦区小麦品种的演变过程

（一）抗（耐）秆锈病小麦品种的选育与推广

东北春麦区，包括黑龙江、吉林两省全部、辽宁省除旅大地区外的绝大部分，以及内蒙古自治区的赤峰市、通辽市、兴安盟及呼伦贝尔市等地，曾是我国春小麦主产区。据统计，1981年全区小麦种植面积达到历史最高，为263万 hm^2，占当年全国春播小麦面积的1/2。1996年以来，随着小麦保护价在东北的退出，以及大豆、玉米、水稻等比较效益较高作物种植面积的迅速扩大，东北春小麦种植面积急剧下降，至2018年，全区小麦面积已不足60万 hm^2。尽管如此，东北春麦区长期小麦生产实践表明，良种在当地小麦生产中占增产部分的35%～47%。每推广一批小麦良种都对该区小麦生产发展起到了至关重要的作用。

据《宁古塔志》记载，东北春麦区种植小麦已有千余年历史。新中国成立前，该区各地小麦生产多以兰寿和克华等地方品种为主。这些小麦品种虽然适应性较强，但是植株偏高、易倒伏、高感秆锈病、产量低。有资料记载，1923年、1934年、1937年、1948年和1949年，东北春麦区曾发生5次小麦秆锈病大流行。轻者减产30%～50%，重者甚至颗粒无收。在此期间，小麦秆锈病流行已成为东北春麦区小麦单位面积产量不高、总产量不稳和抑制小麦生产发展的主要限制因子。新中国成立后，党和各级政府十分重视小麦品种改良工作。1949—1958年，东北农业科学研究所组织全区有关科研单位、高等院校、技术推广及生产

部门协作开展了小麦抗秆锈病育种工作。先后引进、选育推广了甘肃96、麦粒多、松花江1～9号及合作1～7号等耐、抗秆锈病小麦品种。到1956年，抗耐秆锈病“松花江”号、“合作”号等小麦品种很快更换了不抗秆锈病的地方品种和改良品种，实现了全区性小麦抗锈品种的第一次大面积更换。

上述抗（耐）锈病品种的推广，虽对控制秆锈病的危害和扩大小麦种植面积起了决定性作用，但这些品种的耐湿性、稳产性、耐肥性仍不能适应东北春麦区小麦生产发展的需要。为此，20世纪60年代前后，东北春麦区各地小麦育种单位又相继育成并推广了“克”字号、“东农”号、“龙麦”号和“辽春”号等27个小麦新品种。这批品种具有高抗秆锈病、叶枯性病轻、抗旱、耐湿性较好，一般比“松花江”号、“合作”号品种增产15%～30%，受到各地生产部门的欢迎。其中，推广面积较大的有克强、克壮、东农101、克钢、丰强2号、辽春1号、辽春2号等十几个品种。与“松花江”号和“合作”号系列小麦品种相比，虽然这些品种在耐湿性、耐肥性、产量潜力和稳产性等方面均有一定提高，但受秆锈菌生理小种变异、根腐病和苗期干旱等病（逆）害逐年加重、苗期耐低温性不强，以及秆强度偏弱等因素影响，它们的产量潜力表达也受到了严重限制。

为解决上述问题，东北春麦区各育种单位随后又相继选育推广了克群、克全、克坚、克珍、龙麦2号和北新1号等一批多抗性水平和产量潜力较高的小麦新品种。其中，克群最大推广面积达16万 hm^2；克全最大推广面积达13.33万 hm^2。克群、克全两品种是继克强、克壮之后，成为东北春麦区20世纪60年代第二次大面积更换的主体品种。同时，通过该区小麦育种者20余年持续不断的小麦秆锈病抗性遗传改良，已使东北春小麦从“危险作物”变成了“稳产庄稼”。

（二）小麦品种生态类型与熟期配套，产量潜力进一步提升

20世纪70—80年代，为进一步提升东北春小麦品种生态适应能力和产量水平，该区小麦育种者运用春小麦生态育种理论与方法及辐射诱变和远缘杂交等途径，重点进行了小麦品种生态类型与熟期配套和产量潜力等方面的遗传改良，并先后选育推广了抗旱类型品种克旱6号、克旱7号、克旱8号；耐湿类型品种克69-701；水肥型品种克丰1号和旱肥型品种克丰2号等一批不同生态类型和不同熟期小麦新品种。其中，在小麦生态类型演变方面，已从过去的以抗旱型为主，发展到抗旱和耐湿两种生态类型并存，并开始向旱肥型和水肥型演变。据1979年统计，上述各种生态类型小麦新品种年推广面积已达120万 hm^2 左右，一般亩产量为250 kg左右，较克强和克壮等上一代主导（栽）品种可以增产10%以上。特别是水肥型小麦品种克丰1号，在高肥足水条件下亩产量最高可达300 kg以上。在此期间，辽宁省农业科学院育成了早熟、抗锈、丰产的辽春5号、辽春6号及特早熟的辽春8号，可适应东北南部地区，河北省及内蒙古昭盟（现赤峰市）等地耕作制的需要，也是东北春麦区北部麦产区的搭配品种。黑龙江省农业科学院作物育种研究所育成了早熟、丰产品种新曙光1号，在黑龙江省南部、吉林省和内蒙古哲盟（现通辽市）等地广泛种植，年最大推广面积达6.67余万 hm^2，东北农学院选育的东农111具有抗旱、耐瘠薄、抗丛矮病等优良特性，在内蒙古呼盟（现呼伦贝尔市）农牧场推广，种植面积达3.33余万 hm^2。这批新品种的推广与应用，促成了东北春麦区小麦品种的第三次更新换代。

至20世纪80—90年代中期，随着东北春麦区大豆种植面积急剧增加和小麦生产水平的进一步提高，传统的麦→麦→豆轮作制度变为豆→豆→麦；北部地区要求晚熟高产类型，南部地区要求适应麦菜复种的早熟丰产品种；小麦生态类型从抗旱型向旱肥型演变，耐湿型向水肥型乃至密肥型演变，已成为该区小麦生产的迫切需求。20 世纪 80 年代初中期，1979 年审定推广的高产多抗广适旱肥型品种克丰 2 号在东北春麦区种植面积进一步扩大，一般亩产量可达 300 kg 以上。1983 年底统计，该品种在黑龙江省年推广面积达 44.0 万 hm^2，为当时东北春麦区年推广面积最大的小麦新品种，并于 1984 年获得国家发明二等奖。1982 年，由黑龙江省农业科学院克山农业科学研究所育成推广的中晚熟水肥型小麦新品种克丰 3 号，多抗性突出、品质好，产量稳定，一般亩产量达 250 kg 以上，并在黑龙江省北部、东部以及内蒙古呼盟等地区推广迅速。1987 年，该品种年种植面积超过 66.67 万 hm^2。1983 年和 1987 年，同样由克山农业科学研究所小麦育种者选育推广的晚熟旱肥型小麦新品种克旱 9 号和新克旱 9 号，是克丰 2 号的衍生品种，比克丰 2 号丰产性更好，多抗性更强，适宜密植，每公顷穗数可到 750 万～825 万穗，一般亩产量可达 300～350 kg。在肥水条件好的地块，亩产量最高可达 500 kg 以上。其中，克旱 9 号 1995 年种植面积达到了 49 万 hm^2，至 1998 年累计种植 233.3 万 hm^2。新克旱 9 号 1991—1993 年连续 3 年种植面积达 66.6 万 hm^2 以上，至 1998 年累计种植 466.6 万 hm^2。1994 年，由原黑龙江省农业科学院作物育种研究所育成推广的旱肥型晚熟中筋小麦新品种龙麦 19，在黑龙江省东部及北部地区产量分别比克丰 3 号、新克旱 9 号增产 9.3%及 12.9%，1998 年种植面积为 33.33 万 hm^2，累计推广面积超过 133.33 万 hm^2。

在此期间，东北春麦区各育种单位先后育成推广的密肥型中熟小麦新品种克丰 4 号、克丰 5 号；水肥型早熟高产小麦新品种铁春 1 号、丰强 5 号及旱肥型中早熟小麦新品种垦红 6 号等，也为东北春麦区耕作改制、小麦品种生态类型与熟期配套，以及促进当地小麦生产发展发挥了重要作用。同时，以克丰 2 号、克丰 3 号、克旱 9 号、新克旱 9 号和龙麦 19 等旱肥型和水肥型中筋小麦新品种为主导（栽）品种，完成了东北春麦区小麦品种的第四次更新换代。

（三）品质改良取得重大进展，强筋小麦品种占据主导地位

20 世纪 90 年代以来，为解决东北春小麦品质较差等小麦育种难题，东北春麦区小麦育种者遵循“生态适应是链条、产量潜力是基础、多种抗性是保障、优质专用是效益”等育种理念，利用春小麦光温生态育种理论与方法、品质分析及分子标记辅助选择等手段，先后选育推广了“龙麦”“克字”“龙辐麦”“辽春”“垦红”及“小冰”系列等多个优质强筋小麦新品种。在小麦品质遗传改良方面，经历了中筋→中强筋→强筋→超强筋的品质递进改良过程，强筋小麦品质改良取得了重大突破。在产量遗传改良方面，从过去的“以产量为主”，过渡到现在的“量、质兼用”，并要求强筋小麦新品种在优质专用前提下，产量不能低于甚至要略高于当地高产品种。在优质专用小麦新品种选育方面，从家庭用粉品种→面包小麦品种→面包/面条兼用型品种，显著拓宽了强筋小麦二次加工用途。与此同时，以克丰 6 号、龙麦 26、龙麦 33 和龙麦 35 等强筋小麦品种为主体，还对东北春麦区小麦品种进行了两次更新换代。每次小麦品种更新换代，都对当地强筋小麦产业发展起到了巨大的推动作用。

其中，1995 年由黑龙江省农业科学院小麦育种研究所选育推广的旱肥型中强筋小麦新品种克丰 6 号，一般亩产量为 300 kg，品质优良，同年获第二届农业博览会优质面包小麦银奖。1998 年，该品种在黑龙江省和内蒙古呼盟等地种植面积为 20 万 hm^2 以上，并在 2002 年获得国家科技进步二等奖。2000—2004 年，由黑龙江省农业科学院作物育种研究所选育

推广了龙麦 26、龙麦 29 和龙麦 30 等旱肥型强筋小麦新品种，2001—2008 年累计推广面积超过 200 万 hm^2。其中，龙麦 26 强筋小麦新品种 2001 年在黑龙江省、内蒙古和新疆等地种植面积达 33.33 万 hm^2 以上，并在 2002 年被农业部确定为全国优质麦开发、专用 7 个品种之一。该品种于 2002 年获得黑龙江省科技进步一等奖、2004 年获得国家科技进步二等奖、2005 年获黑龙江省省长特别奖。龙麦 29 和龙麦 30 分别于 2006 年和 2007 年获黑龙江省政府三等奖和二等奖。在此期间，东北春麦区小麦育种者先后选育推广的龙辐麦 10 号、龙辐麦 12 号、辽春 10 号、小冰 32、小冰 33、垦红 14 和克丰 10 号等多个强筋小麦新品种，也为东北春麦区强筋小麦生产发展作出了较大贡献。基于东北春麦区小麦生产和国内市场需求，1995—2008 年，历经十余年，以克丰 6 号、龙麦 26 和龙麦 30 等强筋小麦新品种为主导（栽）品种，基本实现了东北春麦区小麦品种的第五次更新换代。

克丰 6 号和龙麦 26 等优质强筋小麦新品种的推广和产业化，开拓了东北春麦区优质强筋小麦原粮和优质专用粉两大市场。其优质麦原粮 2000 年就率先打败香港南顺、台湾大成、河北鹏泰及辽宁香雪等许多大型面粉企业，2002 年以每吨高于河南省同类小麦 30 美元（每吨 165 美元）的价格，首次挺进东南亚国际小麦市场。然而，尽管这批品种均属强筋小麦品质类型，熟期类型多，综合性状较好，可是在产量潜力等方面与上一代主导高产品种新克旱 9 号等还有一定差距。因此，受优质不优价等因素影响，21 世纪初东北春麦区曾出现了克旱 16 等高产质差小麦品种的种植面积扩大趋势。

20 世纪末以来，为尽快提升东北春麦区强筋小麦品种的产量潜力，黑龙江省农业科学院“龙麦号”和“克字号”等小麦育种团队，以提高产量潜力和改进面筋质量几乎无负相关为主要理论依据，以改进面筋质量为突破口，利用春小麦光温生态育种与品质分析及分子标记辅助选择相结合等育种手段，于 2010 年前后分别选育推广了龙麦 33、龙麦 35、龙麦 39、龙麦 60、龙麦 67、克春 1 和克春 4 等 13 个不同生态类型优质、高产和多抗强筋小麦新品种。其中，龙麦 39 等水肥型品种产量潜力亩产可达 500 kg 以上；龙麦 33 等旱肥型小麦品种产量潜力亩产可达 400 kg 以上，产量潜力与克旱 16 等高产品种相当甚至略高。上述强筋小麦新品种的推广及其产业化，在东北春麦区小麦生产中既取代了龙麦 26 等产量潜力相对较低的强筋小麦品种，也更换了克旱 16 等高产质差品种，进而实现了东北春麦区小麦品种的第六次更新换代，并取得了可观的经济与社会效益。

其中，优质高产强筋小麦新品种龙麦 33 在 2012—2017 年连续 6 年被农业部确定为东北春麦区小麦生产主导品种，累计推广面积 70 万 hm^2 以上；龙麦 35 集高产、优质和多抗为一体，2016 年以来，已经成为东北春麦区第一主栽小麦品种，年种植面积超过 10 万 hm^2 以上。2014 年，龙麦 35 和龙麦 33 在全国强筋小麦品种面包品质鉴评中，还分别获得国内参评品种第 1 名和第 2 名。2015 年，龙麦 39 在全国强筋小麦品种面包品质鉴评中获得第 2 名，且龙麦 35 和龙麦 39 面包品质鉴评总分均超过美麦 DNS 和金像粉。目前，“龙麦号”已成为当地优质强筋小麦的一张“名片”。如黑龙江省嫩江市生产的龙麦 35 优质强筋小麦原粮，被东莞穗丰等企业喻称为建筑中的“钢筋”；内蒙古自治区呼伦贝尔市牙克石等农场生产的“龙麦号”强筋小麦原粮每吨可比普通小麦增值 300 多元人民币。2015 年以来，中粮集团和河南新良等国内大型面粉加工企业已先后在该区落实强筋小麦订单生产、原粮收购及生产基地建设等事宜。黑龙江省鸿兴面业（嫩江）和绿丰面业（富裕）等面粉加工企业利用地产强筋小麦加工生产各类优质专用粉，产品附加值明显提高，并畅销东北各地。

二、东北春麦区主要强筋小麦品种特征特性

（一）“龙麦号”强筋小麦主要品种的特征特性

1. 龙麦 26

黑龙江省农业科学院作物育种研究所选育，亲本组合为龙 87－7129/克 88$F_2$2060。2000 年和 2001 年分别通过黑龙江省和国家农作物品种审定委员会审定命名。该品种春性中晚熟，生育期 85～87 d，前期抗旱，分蘖成穗能力强。株高 85～90 cm，幼苗半直立，旗叶上举，株型结构合理。穗纺锤形，长芒，白壳，红粒，穗粒数 30 粒左右，千粒重 37～40 g。秆、叶锈免疫，中感赤霉病和根腐病，高抗穗发芽。品质分析结果为：高分子量麦谷蛋白亚基组成为 2*、7＋9、5＋10，蛋白质含量 17.2%，湿面筋 42.03%，沉淀值 60 mL，每 100 g 吸水量 65.8 mL，稳定时间 20.3 min，延伸性 198 mm，最大拉伸阻力 610 EU，面包体积 850 mL，面包评分 86.8 分。1997—1998 年参加黑龙江省区域试验，两年平均亩产 231.4 kg，比对照品种垦红 8 号增产 8.9%。1999 年参加生产试验，平均亩产 213.6 kg，较对照品种垦红 8 号增产 6.9%。适宜在黑龙江省和内蒙古东四盟春麦区种植。

2. 龙麦 29

黑龙江省农业科学院作物育种研究所选育，亲本组合为克 85－779/龙辐麦 3 号。2003 年经黑龙江省农作物品种审定委员会审定命名。该品种春性中熟，生育期 85 d 左右。幼苗直立，苗期具有较强的分蘖能力和抗旱性。株高 80～85 cm，茎秆粗壮，抗倒伏。成穗率高、穗层整齐。穗纺锤形，穗码较密，有芒，白壳，红粒，角质，千粒重 38～40 g。后期耐湿性突出，熟相好。高抗秆、叶锈和白粉病，中感赤霉病和根腐病。品质分析结果为：高分子量麦谷蛋白亚基组成为 1、7＋8、5＋10，蛋白质含量 18.1%，湿面筋含量 40.5%，沉淀值 66.6 mL，稳定时间 27.0 min，面包体积 840 mL，面包总评分 91 分。2001—2002 年参加黑龙江省区域试验和生产试验，区域试验两年平均亩产 266.0 kg，比对照品种垦红 14 增产 10.3%。生产试验平均亩产为 306.4 kg，比对照垦红 14 增产 11.2%。适宜黑龙江省东、北部麦区和内蒙古东四盟旱作麦区种植。

3. 龙麦 30

黑龙江省农业科学院作物育种研究所选育，亲本组合为龙 90－05098/龙 90－06351。2004 年经黑龙江省农作物品种审定委员会审定命名。该品种为春性中早熟，生育期 80～82 d。幼苗直立，前期发育较快。分蘖及成穗能力强，秆强抗倒，株高 85～90 cm。穗层整齐，灌浆速度快，后期熟相好，籽粒饱满。穗纺锤形，有芒，红粒，角质，千粒重在 35～38 g。秆、叶锈病免疫或高抗，中感赤霉和根腐病。品质分析结果为：高分子量麦谷蛋白亚基组成为 2*、7＋8、5＋10，蛋白质含量 16.0%，湿面筋含量 35.0%，沉淀值 47.3 mL，每 100 g 吸水量 62 mL，稳定时间 12.5 min，最大拉伸阻力 477.3 EU，延伸性 196 mm，面包体积 810 mL。2001—2002 年参加黑龙江省区域试验，平均亩产为 280.1 kg，较对照品种垦大 3 号增产 11.7%。2013 年参加生产试验，平均亩产为 209.9 kg，比对照品种垦大 3 号增产 18.1%。适宜黑龙江省东部低湿区、北部高寒区及内蒙古呼盟等地种植。

4. 龙麦 33

黑龙江省农业科学院作物育种研究所选育，亲本组合为龙麦 26/九三 3u92。2009 年和 2010 年由黑龙江省品种审定委员会和国家品种审定委员会审定命名。2012—2017 连续 6 年

被农业部定为黑龙江省主导品种。该品种春性晚熟，生育期 95 d。幼苗匍匐，前期发育较慢，抗旱性突出。分蘖及成穗能力强，株高 95～100 cm，秆强抗倒伏。灌浆速度快，后期熟相好，籽粒饱满。穗纺锤形，有芒，红粒，角质，千粒重 40～42 g，容重 816 g/L。秆、叶锈免疫，中感赤霉和根腐病。品质分析结果为：高分子量麦谷蛋白亚基组成为 2*、7+9、5+10，蛋白质含量 18.2%，湿面筋含量 38.6%，稳定时间 21.2 min，最大拉伸阻力 874 EU，延伸性 196 mm，能量 172 cm^2。2006—2008 年参加黑龙江省区域试验和生产试验，区域试验平均亩产 294.3 kg，比对照品种新克旱 9 号增产 6.9%。2009 年参加生产试验，平均亩产 260.5 kg，比对照品种新克旱 9 号增产 8.5%。2020 年获黑龙江省科技进步三等奖，适宜黑龙江省北部高寒区及内蒙古呼盟等地种植。

5. 龙麦 35

黑龙江省农业科学院作物育种研究所选育，亲本组合为克 90-513/龙麦 26。2012 年和 2013 年由黑龙江省品种审定委员会和国家品种审定委员会审定命名。该品种为春性晚熟，生育期 95 d。幼苗半直立，分蘖力强，株型收敛，成穗率高。秆强且弹性好，株高 95～100 cm。前期抗旱，后期耐湿，熟相好。穗纺锤形，有芒，白壳，籽粒深红色，角质，千粒重 34.5～39.5 g，容重 798～840 g/L。秆锈病免疫，中感赤霉和根腐病。该品种属面包/面条兼用型。品质分析结果为：高分子量麦谷蛋白亚基组成为 2*、7+9、5+10，蛋白质含量 17.9%，湿面筋含量 41.1%，稳定时间 10.9 min，最大拉伸阻力 560 EU，延伸性 218 mm，面包体积 900 mL。2014 年在农业部面包评比中获得第一名，面条评比获得 88 分。2009—2010 年参加黑龙江省区域试验，平均亩产 273.3 kg，比对照品种克旱 16 增产 5.7%。2011 年参加生产试验平均亩产 280.5 kg，比对照品种克旱 16 增产 3.8%。2017 年在内蒙古牙克石农场生产示范，平均亩产量为 461.5 kg。适宜在黑龙江省北部和内蒙古东四盟种植。

6. 龙麦 36

黑龙江省农业科学院作物育种研究所选育，亲本组合为克 92-387/龙 $99F_3$6725-1。2013 年由黑龙江省农作物品种审定委员会审定命名。该品种春性晚熟，生育期 88～90 d。幼苗半直立，前期发育适中，苗期抗旱性突出。分蘖成穗率较高，穗层整齐。株高 90 cm 左右，秆弹性好，抗倒伏。后期耐湿，熟相较好。穗纺锤形，有芒，红粒，角质，千粒重35～38 g，容重 834 g/L。高抗秆锈病，中抗赤霉病和中感根腐病。品质分析结果为：高分子量麦谷蛋白亚基构成为 2*、7+9、5+10，蛋白质含量 16.3%，湿面筋含量 34.6%，沉降值 63.4 mL，稳定时间 12.7 min，最大拉伸阻力 488.8 EU，延伸性 187 mm。2010—2012 年参加黑龙江省东部晚熟组区域试验，平均亩产 266.0 kg，较对照品种龙麦 26 增产 2.4%。2012 年参加生产试验平均亩产 314.7 kg，较对照品种龙麦 26 增产 6.5%。适宜黑龙江省东部和北部生态区种植。

7. 龙麦 37

黑龙江省农业科学院作物育种研究所利用花药培养技术选育而成。亲本组合为：龙 2003M8059-3/龙 01D1572-2。2014 年由黑龙江省农作物品种审定委员会审定命名。该品种春性中熟，生育期 82 d 左右，幼苗匍匐，前期发育适中，苗期抗旱性突出。分蘖成穗率较高，穗层整齐，株高 85 cm 左右，秆弹性好，抗倒伏。后期耐湿，熟相好。穗纺锤形，有芒，红粒，角质，千粒重 34～36 g，容重 837 g/L。高抗秆锈病，中感赤霉和根腐病。品质分析结果为：高分子量麦谷蛋白亚基构成为 2*、7+8、5+10，蛋白质含量 15.4%，湿面筋含量 31.4%，稳定时间 21.8 min，最大拉伸阻力 444.3 EU，延伸性 202 mm。2011—2012 年参加黑龙江省东部中熟组区域试验，平均亩产 323.5 kg，较对照品种龙麦 26 增产 8.3%。2013 年参加生产试验，平均亩产 234.0 kg，较对照品种龙麦 26 增产 6.8%。适宜黑龙江省东部和北部生态区种植。

8. 龙麦 39

黑龙江省农业科学院作物育种研究所选育，亲本组合为龙 03F_3-6519/龙辐 20-378。2015 年由黑龙江省品种审定委员会审定命名。该品种为春性晚熟，水肥类型，生育期 90 d 左右。幼苗半匍匐，前期发育较慢，苗期抗旱性突出。分蘖成穗率较高，穗层整齐。株高 90 cm 左右，茎秆弹性好，抗倒伏。根系发达，后期耐湿，落黄好。穗纺锤形，有芒，红粒，角质，千粒重 42 g 左右，容重 819 g/L。秆锈病高抗或免疫，中感赤霉和根腐病。品质分析结果为：高分子量麦谷蛋白亚基构成为 2^*、7+9、5+10，蛋白质含量 16.3%，湿面筋含量 34.2%，稳定时间 39.1 min，最大拉伸阻力 882 EU，延伸性 184 mm。2012—2013 年参加黑龙江省东部区域试验，平均亩产 282.1 kg，较对照品种龙麦 26 增产 5.6%。2014 年参加生产试验，平均亩产 273 kg，较对照品种龙麦 26 增产 12.4%。适宜黑龙江省东部生态区种植。

9. 龙麦 40

黑龙江省农业科学院作物育种研究所选育，亲本组合为龙 04-4370/龙 02-2309。2016 年由黑龙江省农作物品种审定委员会审定命名。该品种为春性中熟，生育期 85 d 左右。幼苗直立，前期发育较慢，苗期抗旱性突出。分蘖成穗率较高，穗层整齐。株高 90 cm 左右，茎秆弹性好，抗倒伏。后期耐湿，落黄好。穗纺锤形，有芒，红粒，小穗数一般为18～20 个，千粒重 40 g 左右，容重 807 g/L。对小麦秆锈病高抗或免疫，中感赤霉和根腐病，高抗穗发芽。品种分析结果为：高分子量麦谷蛋白亚基构成为 2^*、7+9、5+10，蛋白质含量 14.6%，湿面筋含量 32.1%，稳定时间 18.9 min，最大拉伸阻力 660 EU，延伸性 172 mm。2013—2015 年参加黑龙江省东部区域试验，平均亩产 250.8 kg，较对照品种垦大 12 增产 1.2%。2015 年参加生产试验，平均亩产 288.1 kg，较对照品种垦大 12 增产 5.5%。适宜黑龙江省东部和北部生态区种植。

10. 龙麦 60

黑龙江省农业科学院作物育种研究所选育，亲本组合为龙麦 26/克涝 6 号。2019 年由国家品种审定委员会审定命名。该品种春性晚熟，生育期 94 d，幼苗半直立，分蘖力较强。株高 94 cm，抗倒性强，整齐度好，穗层整齐，熟相好。长芒，红粒，角质，饱满度好，千粒重 41.3 g。叶锈病免疫，中抗秆锈病，中感赤霉和根腐病。品质分析结果为：高分子量麦谷蛋白亚基构成为 2^*、7+9、5+10，蛋白质含量 15.54%，湿面筋含量 33.5%，稳定时间 10.4 min，吸水率 62.5%。最大拉伸阻力 583 EU，能量 138 cm^2。2015—2016 年参加东北春麦晚熟组区域试验，平均亩产 380.2 kg，比对照垦九 10 号增产 11.7%。2017 年参加生产试验，平均亩产 299.9 kg，比对照垦九 10 号增产 6.4%。适宜内蒙古东四盟及黑龙江省麦产区种植。

11. 龙麦 63

黑龙江省农业科学院作物育种研究所选育，亲本组合为龙 06F_6-6530/龙 2001 花培 D1572-2//07F_3-3509-1。2019 年由黑龙江省农作物品种审定委员会审定命名。该品种春性晚熟，生育期 90 d 左右。幼苗直立，株型收敛，前期发育较慢，苗期抗旱性突出。分蘖成穗率较高，穗层整齐。株高 90 cm。有芒，红粒，角质，千粒重 40 g 左右。高抗秆锈病，中感赤霉和根腐病，高抗穗发芽。品质分析结果为：高分子量麦谷蛋白亚基构成为 2^* 、7＋9、5＋10，蛋白质含量 16.1％，湿面筋含量 33.8％，稳定时间 19.3 min，每 100 g 吸水量 63.1 mL，最大拉伸阻力 550 EU，延伸性 185 mm，能量 131 cm^2。2016—2017 年参加黑龙江省区域试验平均亩产 293.2 kg，较对照品种龙麦 26 和克旱 16 平均增产 5.8％。2018 年参加生产试验，平均亩产 257.4 kg，较对照品种克旱 16 增产 1.2％。适宜内蒙古自治区呼伦贝尔市及黑龙江省麦产区种植。

12. 龙麦 67

黑龙江省农业科学院作物育种研究所选育，亲本组合为龙麦 35/龙祁 10135 为父本。2019 年由黑龙江省农作物品种审定委员会审定命名。该品种春性晚熟，生育期 92 d 左右。幼苗半直立，株型收敛，前期发育较慢，苗期抗旱性突出。分蘖成穗率较高，穗层整齐，后期熟相好。有芒，红粒，角质，千粒重 42 g 左右，容重 849 g/L。秆锈病免疫，中感赤霉和根腐病，高抗穗发芽。品质分析结果为：高分子量麦谷蛋白亚基构成为 2^* 、7＋9、5＋10，蛋白质含量 15.4％，湿面筋含量 30.6％，每 100 g 吸水量 60.8 mL，稳定时间 15.6 min，最大拉伸阻力 570 EU，延伸性 186 mm，能量 137 cm^2。2016—2017 年参加黑龙江省区域试验，平均亩产 358.4 kg，较对照品种克旱 16 增产 7.8 ％。2018 年参加生产试验，平均亩产 278.0 kg，较对照品种克旱 16 增产 7.4％。适宜内蒙古自治区呼伦贝尔市及黑龙江省麦产区种植。

（二）“克字号”和“龙辐麦号”强筋小麦主要品种

1. 克丰 6 号

黑龙江省农业科学院克山分院选育，亲本组合为克 85－869/克 85－784。1995 年由黑龙江省农作物品种审定委员会审定，1997 年通过内蒙古自治区农作物品种审定委员会认定。该品种为春性晚熟，生育期 95 d 左右。幼苗直立，分蘖力较强。株高 93 cm 左右，茎秆韧性好，抗倒伏能力强，有芒、白稃、赤粒，千粒重在 35 g 左右，容重 792 g/L。苗期抗旱性中等，结实期耐湿性强，落黄好，活秆成熟。秆、叶锈病免疫，中抗赤霉病和根腐病。品质分析结果为：高分子量麦谷蛋白亚基 1、7＋8、2＋12，蛋白质含量为 18.7％，湿面筋含量 44.2％，沉降值 54.9 mL，稳定时间 10.5 min，最大拉伸阻力 445 EU，延伸性 218 mm，面包体积 725 cm^3，面包评分 84 分。该品种 1995 年获得第二届农业博览会优质面包麦银奖，1993—1994 年参加黑龙江省西北部麦产区区域试验，平均亩产为 235.2 kg，比对照品种新克旱 9 号平均增产 0.6％。适宜在黑龙江省中部、北部和内蒙古东四盟春麦区种植。

2. 克丰 10 号

黑龙江省农业科学院克山分院选育，亲本组合为克 82R－75/克 89$RF_6$287。2003 年经黑龙江省农作物品种审定委员会审定命名。该品种为春性中晚熟，生育期 90 d 左右，分蘖力强，叶色灰绿，叶片宽厚。株型收敛，旗叶上举，繁茂性好，成穗率高，株高 95～100 cm。穗纺锤形，短芒，黄稃，赤粒，角质，千粒重为 35.5 g，容重 793 g/L。多抗性表现为：前期抗旱，后期耐湿，秆强不倒，活秆成熟，落黄好，高抗秆、叶锈病，中感根腐和赤霉病。品质分析结果为：高分子量麦谷蛋白亚基 1、7＋9、5＋10，蛋白质含量 15.4％，湿面筋 34.0％，沉降值 62.5 mL，稳定时间为 15.2 min，最大拉伸阻力为 530.0 EU，延伸性 180 mm，能量 125 cm^2。2000—2011 年参加黑龙江省区域试验平均亩产 229.8 kg，较对照品种新克旱 9 号平均增产 9.8%。2002 年参加生产试验，平均亩产 304.9 kg，较对照品种新克旱 9 号平均增产 11.4%。适宜在黑龙江及内蒙古东四盟部分地区种植。

3. 克旱 19 号

黑龙江省农业科学院克山分院选育，亲本组合为克 90－99/MY4490。2004 年通过黑龙江省品种审定委员会审定。该品种为中熟类型，生育期 83 d 左右，分蘖力强，叶色深灰，蜡质厚。株型收敛，旗叶上举，秆强弹性好。株高 95～100 cm，穗纺锤形，长芒、白稃、赤粒，角质率高，千粒重为 39.2 g，容重 782 g/L。多抗性表现为：后期耐湿性强，熟相较好，高抗秆锈病 $21C_3$、$34C_2$ 等多个生理小种，抗自然流行叶锈病，根腐、赤霉病轻。品质分析结果为：高分子量麦谷蛋白亚基 1、7＋9、5＋10，蛋白质含量 19.4%，湿面筋 40.3%，沉降值 65.5 mL。稳定时间 21.7 min，最大拉伸阻力 605.0 EU，延伸性 181 mm，能量 147 cm^2，面包体积 790 cm^3，面包评分 80 分，达到强筋小麦品质标准。2002 年参加全省区域试验，平均亩产 333.0 kg，较对照品种龙辐麦 9 号平均增产 8.2%。

4. 克丰 12 号

黑龙江省农业科学院克山分院选育，亲本组合为克 $94F_4$－555－1/克丰 6 号。2007 年通过黑龙江省品种审定委员会审定。该品种为中晚熟类型，出苗至成熟 92 d 左右，长芒、白稃、赤粒，千粒重 33.5 g，株高 96 cm 左右。多抗性表现为：前期抗旱，后期耐湿，秆强不倒，熟相较好，高抗秆、叶锈病，中感赤霉和根腐病。品质分析结果为：高分子量麦谷蛋白亚基 1、7＋8、5＋10，蛋白质含量 16.4%，湿面筋含量 34.3%，沉降值 68.1 mL，每 100 g 吸水量 56.7 mL，稳定时间 33.1 min，最大拉伸阻力 785.0 EU，延伸性 216 mm，能量 224 cm^2，面包体积 870.0 cm^3，面包评分 88.5 分。2004—2005 年参加黑龙江北部区域试验，两年平均亩产 295.5 kg，较对照品种新克旱 9 号增产 8.3%。2006 年参加生产试验，平均亩产量 266.4 kg，较对照品种新克旱 9 号增产 8.0%。

5. 克春 1 号

黑龙江省农业科学院克山分院选育，亲本组合为克 95－731/克 95R－498。2010 年分别通过黑龙江省农作物品种审定委员会和国家农作物品种审定委员会审定。该品种晚熟旱肥类型，从出苗至成熟生育期为 94 d 左右，株高 95 cm 左右，长芒，白稃，赤粒，千粒重 36.3 g。苗期抗旱，结实期耐湿，秆强不倒，高抗秆、叶锈病，赤霉、根腐病轻。品质分析结果为：高分子量麦谷蛋白亚基 1、7＋8、5＋10，容重 796 g/L，蛋白质含量 16.8%，湿面筋含量 38.3%，每 100 g 吸水量 61.3 mL，稳定时间 9.2 min，最大拉伸阻力 375.0 EU，延伸性 168 mm。2006—2008 年参加黑龙江省北部区域试验，平均亩产 300.4 kg，较对照品种新克旱 9 号平均增产 8.2%。2009 年参加省生产试验，平均亩产 287.8 kg，较对照品种克旱 16 号平均增产 6.4%。

6. 克春 4 号

黑龙江省农业科学院克山分院选育，亲本组合为克 $95RF_6$－627－4//克丰 6/克 87－266。2011 年通过国家农作物品种审定委员会审定。该品种中晚熟，从出苗至成熟生育日数为 88 d 左右，株高 100.9 cm，无芒，白稃，赤粒，千粒重 37.3 g，容重 807 g/L。苗期抗旱，结实期耐湿，成熟期落黄好。中抗秆锈病，高抗叶锈病，中感赤霉和根腐病。品质分析结果为：高分子量麦谷蛋白亚基 1、7＋8、2＋12，蛋白质含量 14.0%，湿面筋含量为

31.5%，沉降值为 38.5 mL，稳定时间 14.0 min。2008—2009 年参加国家春小麦东北晚熟组区域试验，平均亩产 326.8 kg，比对照品种克旱 20 号平均增产 6.6%。2010 年参加生产试验，平均亩产 289.2 kg，比对照品种垦九 10 号平均增产 3.4%。

7. 克春 11 号

黑龙江省农业科学院克山分院选育，亲本组合为克 $00F_5$－1817/新世纪 9 号。2016 年通过国家农作物品种审定委员会审定。春性，中熟，幼苗直立，分蘖力强。株高 94 cm，秆强抗倒伏。穗纺锤形，长芒，白壳，红粒，硬质，千粒重 38.5 g。秆锈病免疫，慢叶锈病，中感根腐病，中抗赤霉病。品质分析结果为：蛋白质含量 15.6%，湿面筋含量 32.5%，沉降值 67.0 mL，每 100 g 吸水量 61.2 mL，稳定时间 8.8 min，最大拉伸阻力 595.0 EU，延伸性 242 mm，能量 152 cm^2。2012—2013 年参加东北春麦晚熟组区域试验，平均亩产 275.8 kg，比对照垦九 10 号增产 7.5%；2014 年参加生产试验，平均亩产 288.5 kg，比对照垦九 10 号增产 4.7%。

8. 克春 111362

黑龙江省农业科学院克山分院选育，亲本组合为龙 10135/北麦 4 号//克丰 12 号/龙 558。2018 年通过黑龙江省农作物品种审定委员会审定。晚熟品种，出苗至成熟生育期 91 d。幼苗匍匐，株型收敛，株高 93 cm。穗纺锤形，有芒，千粒重 34.6 g 左右，容重 814 g/L。秆锈病免疫，中感赤霉和根腐病。品质分析结果为：蛋白含量 15.8%，湿面筋含量 38.0%，稳定时间 10.1 min。2015—2016 年参加黑龙江省北部晚熟组区域试验，平均亩产 373.6 kg，较对照品种克旱 16 号增产 8.3%。2017 年参加生产试验，平均亩产 309.1 kg，较对照品种克旱 16 号平均增产 4.1%。适宜在黑龙江省及相似生态区域种植。

9. 克春 17 号

黑龙江省农业科学院克山分院选育，亲本组合为克 00－1153/龙 02－2523。2019 年通过国家农作物品种审定委员会审定。中晚熟，成熟期 90 d 左右。幼苗直立，分蘖力强，株高 81.0 cm。穗纺锤形，长芒，白壳，红粒，硬质，千粒重 37.5 g，容重 823 g/L。抗倒性好，高抗秆锈病，叶锈病免疫，中感赤霉和根腐病。品质分析结果为：蛋白质含量 16.2%，湿面筋含量 33.6%，每 100 g 吸水量 61.2 mL，稳定时间 9.3 min。2015—2016 年参加东北春麦晚熟组区域试验，平均亩产 368.3 kg，比对照品种垦九 10 号增产 8.3%；2017 年参加生产试验，平均亩产 287.7 kg，比对照品种垦九 10 号增产 2.1%。适宜在黑龙江省及内蒙古自治区呼伦贝尔市地区种植。

10. 龙辐麦 10 号

黑龙江省农业科学院作物育种研究所选育，品种来源为克 87－183 的幼胚外植体经组织培养和细胞筛选育成。2000 年和 2001 年分别经黑龙江省农作物品种审定委员和国家品种审定委员会审定命名。该品种春性晚熟，生育期 92～95 d。幼苗直立，分蘖力较强，成穗率高。叶色浓绿，叶片中宽，株高 95 cm 左右。长芒，黄白壳，红粒，穗纺锤形，千粒重 38 g 左右。耐旱性中等，耐湿性较好，较抗倒伏，熟相较好。秆、叶锈病免疫，中抗根腐病，中感赤霉。品质分析结果为：高分子量麦谷蛋白亚基 1、7+8、2+12，容重 791 g/L，蛋白质含量 16.5%，湿面筋含量 35.9%，沉降值 66.6 mL，每 100 g 吸水量 67.6 mL，稳定时间 5.4 min。1998—1999 两年参加国家春小麦东北春麦中晚熟组区域试验，1998 年平均亩产 249.0 kg，比对照品种增产 9.9%；1999 年平均亩产 215.3 kg，比对照品种增产 4.2%。

2000 年参加生产试验，平均亩产 209.6 kg，比对照品种增产 8.5%。适宜在黑龙江省中部、北部和内蒙古东四盟春麦区种植。

11. 龙辐麦 12 号

黑龙江省农业科学院作物育种研究所选育，品种来源为用 $^{60}Co-\gamma$ 射线 1.5 万 Rad 处理纯系“加 5”种子，后代按系谱法选育而成。2003 年经黑龙江省农作物品种审定委员会审定命名。该品种为春性早熟品种，生育期 84 d 左右。株高 85 cm 左右，株型较紧凑，繁茂性中等，分蘖力强。秆弹性好，抗倒伏，无芒，穗纺锤形，黄壳，红粒，角质，千粒重 34 g 左右。前期抗旱性强，后期耐湿性好，抗穗发芽，熟相好。秆锈病免疫，中抗根腐，中感赤霉。品质分析结果：高分子量麦谷蛋白亚基组成为 2*、7+9、5+10，蛋白质含量 17.3%，湿面筋含量 39.0%，沉降值 62.3 mL，每 100 g 吸水量 64.4 mL，稳定时间 12.4 min，最大拉伸阻力 430.5 EU，延伸性 199 mm，面包体积 870 cm^3，面包评分 92.0。2001—2002 年参加黑龙江省区域试验，两年平均亩产 271.2 kg，较对照品种龙麦 15 增产 7.5%；2003 年参加生产试验较对照品种龙麦 15 增产 8.6%。该品种适宜在黑龙江省北部、东部及内蒙古呼伦贝尔市等地种植。

12. 龙辐麦 18

黑龙江省农业科学院作物育种所小麦辐射与生物技术研究室以小麦纯系龙 94－4083 经航天诱变后通过系谱选择方法选育而成。2008 年由黑龙江省品种审定委员会审定命名。该品种春性中晚熟，生育期 85 d 左右。幼苗匍匐，叶色深绿，蜡质厚，株型收敛，株高 90 cm。苗期抗旱，后期耐湿，熟相好。穗纺锤形，有芒，红粒，角质。千粒重 37～40 g，容重 810 g/L。高抗秆、叶锈，中感赤霉病，中抗根腐病，高抗穗发芽。品质分析结果为：高分子量麦谷蛋白亚基 2*、7+9、5+10，蛋白质含量 17.09%，湿面筋 38.2%，稳定时间 12.5 min，最大拉伸阻力 517 EU，延伸性 181 mm，能量 125 cm^2，面包体积 795 cm^3，面包评分 85.5。2005—2006 年参加黑龙江省区域试验，平均亩产 238.6 kg，较对照品种增产 10.0%；2017 年参加生产试验，平均亩产 275.9 kg，较对照品种增产 8.0%。适宜黑龙江省和内蒙古东部地区种植。

13. 龙辐麦 22

黑龙江省农业科学院作物育种研究所选育，亲本组合为克丰 10/克 96RF_6－976//航天诱变处理克丰 10 号的 SP_4。2017 年由黑龙江省品种审定委员会审定命名。该品种为春性中晚熟，生育期 89 d 左右。幼苗半直立，叶略窄，色灰绿，分蘖力强，繁茂性好，株型收敛。株高 95 cm 左右，秆较强，抗倒伏，后期落黄好。穗纺锤形，有芒，红粒，角质，千粒重 38 g 左右，容重 812 g/L。秆锈病免疫，中感赤霉和根腐病。品种分析结果为：蛋白质含量 17.1%，湿面筋 34.7%，每 100 g 吸水量 58.7 mL，稳定时间 22.8 min，最大拉伸阻力 762.0 EU，延伸性 188 mm，能量 165 cm^2。2014—2015 年参加黑龙江省区域试验，平均亩产 298.0 kg，较对照品种克旱 19 增产 7.2%；2016 年参加生产试验，平均亩产 353.6 kg，较对照品种克旱 19 增产 11.6%。适宜黑龙江北部和内蒙古自治区呼伦贝尔市种植。

第二节　东北春麦区强筋小麦高效生产技术

东北春麦区强筋小麦生产实践表明，强筋小麦品质优劣和产量高低，既取决于小麦品种本身的遗传特性，也受气候、土壤、耕作制度和栽培措施等影响较大。因此，在该区强筋小麦生产中，合理运用保优、高产、高效栽培技术，不但能实现品种科技优势与生态资源优势的有机整合，而且可充分发挥强筋小麦品种的品质与产量潜力。

（一）地块选择及耕翻整地

在合理轮作的基础上，最好选择肥力中等以上的适宜地块种植。前茬以豆茬为佳，应尽量避免重、迎茬。前茬收获后，需利用“松、耙、耢、压”相结合的耕作方式及时整地，建立土壤水库，确保秋雨春用，以解决苗期干旱，为一次播种保全苗奠定基础。秋整地一般先深翻，然后重耙 2 遍、轻耙 2～3 遍，再镇压封墒；早春整地以涝、压为主，以减少水分散失，保墒抗旱。

（二）测土施肥和秋施肥

以降低成本为前提，兼顾产量和品质，必须进行测土施肥，以明确土壤中速效 N、有效 P、速效 K 及其他微量元素含量和做到平衡施肥。各麦产区要根据不同地块的测土施肥结果，对 N、P、K 的施入量进行微调。一般每公顷施肥量为：磷酸氢二铵 150 kg，尿素 100 kg，硫酸钾 50～75 kg（折合亩施纯 N 5～6 kg，纯 P_2O_5 4～5 kg，纯 K_2O 3～4 kg），有条件的地区每公顷施用农家肥 15 m^3 以上。化肥深施的施量占总量的 2/3，另 1/3 做种肥，可根据苗情适当追肥或叶面施肥。

（三）种子处理

生产上所用良种必须经过机械精选，同时还要进行种子包衣。每 100 kg 麦种用 2%戊唑醇悬浮种衣剂 150～200 g，加水 1.5 L 包衣，或用种子量 0.3%的 50%福美双可湿性粉剂拌种，可有效防治小麦腥黑穗病、散黑穗病和根腐病。拌种需均匀，拌后闷种 24 h 后播种。

（四）播种及合理密植

小麦适宜播期要根据当地的地理位置、地势、品种特性、光热资源、土、肥、水等条件综合考虑。一般以气温稳定通过 5 ℃和土壤化冻 5 cm 为基本指标。

播种前需准确测定种子的发芽率及千粒重，并根据各麦产区具体生态条件及不同品种的生育特性，确定适宜的种植密度。小麦种植的合理密度应根据品种生态类型、播期早晚、水肥条件、地势高低以及栽培技术等综合考虑。密肥型小麦品种应以肥保密、以密保产，每平方米保苗株数在 800 株以上为宜。水肥型小麦品种在肥水较好条件下，种植的合理密度每平方米为 700～750 株；旱肥型小麦品种种植的合理密度每平方米为 650～700 株。

计算播种量的方法：根据品种的千粒重、发芽率以及田间保苗率，计算出播种量。

$$\text{播种量（kg/hm}^2\text{）}=\frac{\text{每公顷计划基本苗数}\times\text{千粒重（g）}}{1\,000\times\text{发芽率（\%）}\times\text{田间出苗率（\%）}\times 1\,000}$$

例如：按每公顷计划基本苗数为 650 万株，品种千粒重 38 g，发芽率为 90%，田间出苗率为 85%计算：

$$\text{公顷播种量（kg）}=\frac{6\,500\,000\times 38\text{（g）}}{1\,000\times 90\%\times 85\%\times 1\,000}=322.8\text{ kg}$$

小麦适宜播种深度 4～5 cm，播种过浅常出现芽干现象，过深则使苗势变弱。播种时做到播深一致，行距一致，下种均匀，覆盖严密。播后视土壤墒情重压 1～2 遍，严禁湿压。

（五）田间管理

1. 压青苗

根据各品种自身生育特性及各麦产区小麦生态条件和土壤墒情，在小麦 3～5 叶期应采用压1～2次青苗措施，干旱年尤为必要，先横压，隔3～5 d再顺压，要求压严、压实。压青苗可以抑制地上部生长，促进地下根系发育，起到抗旱保墒作用。同时，还能调整品种光反应周期，降秆防倒伏，增加分蘖和幼穗分化时间，从而提高产量。

2. 化学除草

以4～5叶前为最佳时机，过早杂草没有出齐，晚于5叶已拔节，拖拉机压地伤苗减产且易出现药害。防阔叶草用10%苯磺隆150 g/hm^2＋20% 2甲4氯1 500 mL/hm^2。防单子叶杂草可用6.9%精噁唑禾草灵600～750 mL或10%精噁唑禾草灵450～600 mL，野燕麦多的地块，加入64%野燕枯正常量（1 800～2 200 mL/hm^2）的30%。

3. 叶面追肥

氮肥后移，为优质强筋小麦生产的关键施肥技术。按照优质强筋小麦对氮素的需求，全生育期吸收氮素总量的60%，是通过分蘖初期以后完成的，保持该种比例吸收氮素，可明显提高小麦蛋白质的氮素转化率和提高小麦蛋白质及湿面筋含量。现实小麦生产中，种肥施入土壤的氮素，在小麦分蘖中期以后呈逐渐减少趋势，很难满足优质强筋小麦品种生育后期对氮素的需求，并常影响品质潜力表达。采取氮素后移技术，可在一定程度上克服这种不利影响。在小麦三叶期结合化学除草，每公顷喷施尿素5～10 kg，加磷酸二氢钾3 kg，加喷施宝100 mL。对茎秆不强的品种或高产田可加入20%噻虫·高氯氟450 mL/hm^2，或用50%矮壮素750 g/hm^2，进行喷雾。在扬花、灌浆期结合防病每公顷喷施尿素3～5 kg，加磷酸二氢钾2～3 kg，加喷施宝100 mL。

4. 健身防病

（1）防治小麦根腐病。可以选用12.5%烯唑醇乳油，或50%代森锰锌可湿性粉剂，或15%三唑酮可湿性粉剂拌种。也可在小麦扬花期每公顷喷施25%三唑酮可湿性粉剂750～1 000 g或25%丙环唑乳油500 mL。

（2）防治小麦散黑穗病。每100 kg小麦种子用2%戊唑醇悬浮种衣剂150～200 g，加水1.5 L拌种。

（3）防治小麦赤霉病。要在小麦齐穗扬花初期（扬花株率5%～10%）用药，药剂防治应选择渗透性、耐雨水冲刷性和持效性较好的农药，可选用25%氰烯菌酯悬浮剂每公顷1 500～3 000 mL，或40%戊唑·咪鲜胺水乳剂300～375 mL，或28%烯肟·多菌灵可湿性粉剂750～1 500 g，加水450～675 kg细雾喷施。视天气情况、品种特性和生育期早晚再隔7 d左右喷第二次药，注意交替轮换用药。

（4）防治黏虫。防治指标为1～2龄若虫10头以上或3～4龄若虫30头以上或田间每平方米有卵块0.5个以上。每公顷用10%氯氰菊酯乳油150～225 mL或90%晶体敌百虫1 000倍液或50%马拉硫磷乳油1 000～1 500倍液喷雾。

（5）喷施农药、叶面肥方法及机械技术要求。拖拉机作业要求喷液量100～150 L/hm^2，车速6～8 km/h，要求3～5个大气压，使用扇形喷头、配100目筛的过滤器，喷嘴距地面高度40～60 cm，扇面重叠30%以上。气温高于28 ℃，相对湿度低于65%及风超过3级（4～5 m/s）不宜喷药，一般上午10时至下午4时及雨前4～6 h内不宜作业。严重干旱条件下药液中加入喷液量0.5%～1%的植物油型喷雾助剂等能显著增加除草剂药效。

（六）收获

收获期早晚直接关系到小麦产量及品质。在东北春麦区小麦收获期常遇多雨，在大规模生产条件下，正确掌握收获时期和收获方法对提高小麦产量，并确保小麦产品籽粒质量具有重要的作用。

坚持小麦割晒与联合收割机收获相结合，严防“一刀切”或过分偏重一种方式。在蜡熟中期至末期进行割晒，在蜡熟末期至完熟中期进行联合收割机收获。依天气情况和机械力量确定好割晒与收割机收获的比例，确保小麦收获质量和进度。多雨年份割晒只能占 20%～30%。割晒宜在蜡熟初期试割，蜡熟中期至末期为适期，严禁 100%放倒。割晒要求割茬 15～20 cm 高，麦铺放成鱼鳞状，角度为 45°～75°，厚度为 8～12 cm，铺子宽为 1.2～1.4 m，弯曲度每千米不超过 20 cm，割晒损失率不得超过 1%。在田间晾晒 3～4 d 后，当籽粒水分降到 18%以下时进行拾禾脱粒，拾禾脱粒损失率不超过 2%。联合收割机收获适期在小麦蜡熟末期至完熟中期，茎秆变黄，有弹性，籽粒颜色接近本品种固有颜色，有光泽、籽粒较为坚硬，含水量 22%左右，联合收割机收获综合损失率不超过 3%。

无论哪种方法都要做到单品种收获、单拉运、单堆放，进场后出一次风，晾晒，水分基本达到 13.5%以下方可灌袋或进仓，最好先用麻袋，有利通风，以确保小麦优质丰收。

参考文献

韩方普，张延滨，祁适雨，等，1994. 春小麦育种方法、现状及展望 [J]. 麦类作物学报（2）：35 - 36.

祁适雨，1984. 春小麦育种与其品种演变 [J]. 中国农业科学（2）：34 - 40.

祁适雨，1992. 八十年代小麦育种的回顾与展望 [J]. 黑龙江农业科学（6）：1 - 5.

祁适雨，陈薇薇，王立新，1990. 关于黑龙江省小麦品质育种的商榷 [J]. 黑龙江农业科学（3）：5 - 11.

祁适雨，任国芳，1995. 关于黑龙江省开发优质麦生产的建议 [J]. 黑龙江农业科学（3）：29 - 32.

祁适雨，王世恩，肖志敏，等，1996. 高产优质小麦新品种龙麦 19 选育与推广 [J]. 黑龙江农业科学（4）：1 - 6.

祁适雨，肖步阳，王进先，等，2003. 东北春麦区小麦育种 50 年Ⅰ：小麦育种工作情况及主要成果 [J]. 黑龙江农业科学（2）：26 - 29.

祁适雨，肖步阳，王进先，等，2003. 东北春麦区小麦育种 50 年Ⅱ：小麦品种的演变及其系谱 [J]. 黑龙江农业科学（3）：19 - 22.

祁适雨，肖志敏，李仁杰，2007. 中国东北强筋春小麦 [M]. 北京：中国农业出版社.

祁适雨，肖志敏，王乐凯，1993. 我省小麦品种品质现状及其优质高产栽培技术研究 [J]. 黑龙江农业科学（5）：33 - 38.

祁适雨，辛文利，1999. 小麦高产优质栽培技术 [J]. 黑龙江农业科学（1）：24 - 25.

邵立刚，王岩，李长辉，等，2005. 十五期间克字号小麦品种选育特点的研究 [J]. 小麦研究（3）：24 - 30.

宋庆杰，肖志敏，辛文利，等，2009. 黑龙江省小麦品质区划及优质高效生产技术 [J]. 黑龙江农业科学（1）：21 - 24.

宋庆杰，肖志敏，辛文利，等，2010. 强筋小麦龙麦 26 优质高效栽培技术 [J]. 中国农技推广，26（5）：18 - 19.

宋庆杰，肖志敏，辛文利，等，2011. 高产优质强筋小麦新品种龙麦 33 的选育及栽培技术 [J]. 黑龙江农业科学（3）：140 - 141.

宋维富，杨雪峰，赵丽娟，等，2019. 高产优质强筋小麦品种龙麦 35 的选育及栽培技术 [J]. 黑龙江农业科学（9）：154 - 155.

宋维富，杨雪峰，赵丽娟，等，2019. 强筋小麦新品种龙麦 60 [J]. 中国种业（10）：93 - 94.

宋维富，赵丽娟，杨雪峰，等，2020. 面包/面条兼用型强筋小麦新品种龙麦 67 [J]. 中国种业（4）：86 - 87.

孙连发，肖志敏，辛文利，等，2002. 生育期间喷施氮肥对优质强筋小麦品种龙麦 26 品质性状的影响 [J]. 麦类作物学报（4）：50-53.

孙岩，张宏纪，辛文利，等，2012. 优质春小麦龙辐麦 18 的选育及高产综合栽培技术 [J]. 黑龙江农业科学（9）：149-150.

王世恩，祁适雨，1995. 龙麦 17～21 选育及其基本策略 [J]. 黑龙江农业科学（4）：25-28.

王岩，2017. 黑龙江省克字号小麦品种选育特点概述 [J]. 小麦研究，38（1）：26-27.

肖步阳，王进先，陶湛，等，1982. 东北春麦区小麦品种系谱及其主要育种经验Ⅰ：主要育种经验 [J]. 黑龙江农业科学（2）：1-6.

肖志敏，1994. 如何加速我省优质麦育种进程 [J]. 黑龙江农业科学（2）：50.

肖志敏，祁适雨，辛文利，等，1993. "龙麦号"小麦育种亲本选配方面的几点改进 [J]. 黑龙江农业科学（2）：32-34.

辛文利，祁适雨，1998. 关于我国小麦品种品质存在问题及其建议 [J]. 黑龙江农业科学（4）：45-47.

辛文利，肖步阳，王进先，等，2003. 东北春麦区小麦育种 50 年Ⅲ：小麦育种与品种改良 [J]. 黑龙江农业科学（4）：39-42.

杨雪峰，宋维富，赵丽娟，等，2019. 优质强筋抗病小麦新品种龙麦 63 [J]. 中国种业（11）：81-83.

杨雪峰，宋维富，赵丽娟，等，2020. 优质超强筋高抗穗发芽小麦品种龙麦 39 及栽培技术 [J]. 中国种业（4）：74-75.

张延滨，辛文利，张春利，等，2005. 黑龙江省超强面筋小麦的育种策略和方法 [J]. 黑龙江农业科学（1）：1-4.

赵丽娟，宋维富，车京玉，等，2019. 2008—2018 年东北春麦区小麦生产与育种概况 [J]. 黑龙江农业科学（5）：146-151.

赵丽娟，宋维富，杨雪峰，等，2019. 优质强筋小麦新品种龙麦 59 及配套栽培技术 [J]. 中国种业（6）：92-93.

第十二章　东北春麦区小麦主要病（逆）害抗性鉴定方法

小麦病（逆）害是影响小麦产量和质量的主要因素。抗病（逆）性鉴定是小麦抗病（逆）育种的重要基础。东北春麦区生态环境复杂，病（逆）害种类较多，常是“旧病未去，新病又添”，小麦生产胁迫压力不断加大。如20世纪40—50年代在黑龙江省麦产区流行的毁灭性病害——小麦秆锈病，虽通过抗锈病品种的选育与推广，得到了有效控制，但随着全球气候变暖，赤霉病现已上升为当地主要病害。同时，小麦根腐病危害逐年加重，“十年九春旱”，以及小麦生育后期多雨导致穗发芽经常发生等，也一直影响着东北春麦区小麦品种产量和品质潜力的发挥。因此，重视小麦抗病（逆）性遗传改良，研究和掌握鉴定方法，对实现该区小麦高产、优质、绿色、高效、安全等具有重要意义。

在春小麦光温生态育种中，为提高小麦品种的多抗性水平，小麦抗病（逆）性鉴定需贯穿于抗源筛选、后代选择和品种推广全过程。鉴定内容包括东北春麦区主要病害和生态抗性两个方面。鉴定方法主要采用田间鉴定与室内鉴定相结合，自然发病与人工接种鉴定相结合等途径。

第一节　东北春麦区小麦主要病害抗性鉴定方法

目前，东北春麦区小麦生产上常见的主要病害有小麦赤霉病、根腐病、秆锈病、叶锈病、散黑穗病和白粉病等。根据上述病害流行规律和危害情况，本节仅对该区小麦品种必备的几种病害抗性鉴定方法进行了分述，以期为东北春麦区小麦抗病育种提供有效手段。

一、小麦赤霉病抗性鉴定方法

（一）流行及危害

据相关研究结果，目前有20种以上镰刀菌可引起小麦赤霉病［*Gibberella zeae*（Schw.）Petch］。在我国，小麦赤霉病的病原菌主要以禾谷镰刀菌（*Fusarium graminearum*）和亚洲镰刀菌（*Fusarium asiaticum*）为优势种。

镰刀菌侵染小麦可以引起苗枯、茎基腐、秆腐和穗腐。其中，影响最严重的是穗腐。小麦抽穗扬花时，病菌侵染小穗和颖片，首先产生水渍状浅褐色斑点，进而病菌扩展至整个小穗，致使小穗枯黄。小穗发病后扩展至穗轴，病部枯褐，使被害部以上小穗形成枯白穗。湿度大时，病斑处产生粉红色胶状霉层，后期病穗上产生密集的黑色小颗粒

（子囊壳）。赤霉病菌以菌丝、分生孢子和（或）子囊壳等形式腐生在小麦、水稻、玉米等作物的秸秆上越夏和越冬。翌年子囊壳发育成熟时，子囊孢子从子囊壳中喷射出来，借气流、风雨传播，溅落在麦穗上萌发，侵染小穗。病残体上产生的分子孢子也可以侵染麦穗。

大量研究表明，小麦品种对赤霉病的抗性具有抗侵染和抗扩展两种类型。如龙麦 26 抗侵染性较好，而不抗扩展，龙麦 36 抗扩展性较好，抗侵染性略差；有的品种（系）兼具两种抗性，如苏麦 3 号、望水白和龙 04－4230 等。从 20 世纪 80 年代末开始，受全球气候变暖等因素影响，小麦赤霉病在东北春麦区频繁发生，近年来已经成为该区常发性重大病害。一般流行年份可以引起 10%～20%的产量损失，大流行年份可导致 50%以上的产量损失。同时，赤霉病菌产生呕吐毒素、玉米赤霉烯酮等多种真菌毒素污染麦粒，导致小麦质量下降，甚至失去食用或饲用价值。因此，鉴别小麦种质资源的两种抗病性，并加以利用，对于东北春麦区小麦赤霉病抗病育种及开展相关研究等具有重要意义。

（二）接种鉴定方法

小麦赤霉病抗性鉴定采用人工接种鉴定方法。具体操作按照《小麦新品种 DUS 测试指南》(GB/T 19557.2—2017) 进行。在田间或棚室区种植抗病鉴定圃，按一定顺序种植，行长 2 m，行距 30 cm，每隔 30～50 行设置 1 组对照品种，抗病对照品种可用苏麦 3 号，中抗对照品种可用龙 00－0870；中感对照品种可用龙麦 35；高感对照品种可用龙麦 15。

1. 田间喷雾接种法

病菌以麦粒或高粱粒为培养基扩繁，28 ℃下培养 7～10 d，然后平铺开并保湿 48 h 促其产孢。将培养好的分生孢子或子囊孢子配成孢子悬浮液，孢子浓度调至 1×10^5 个/mL 孢子。在小麦扬花期，于雨后或傍晚无风时用喷雾器向穗部均匀喷洒孢子液，使麦穗上形成雾珠，喷雾接种后连续人工保湿 4 d 以上。

2. 病麦粒土表接种法

将分离培养出的病菌分生孢子接种到经高压灭菌的麦粒培养基上，放置到 26～28 ℃条件下扩大培养 7 d 左右，使麦粒表面呈现出深玫瑰红色，然后搅拌均匀并晾干备用。待到小麦抽穗前 15 d，将带菌麦粒均匀撒在鉴定圃小麦行间土壤之上，隔 7～10 d 再撒 1 次。当带菌麦粒从土壤中吸水湿润后，麦粒上的菌丝发育形成子囊壳和子囊孢子。在小麦抽穗扬花期对病麦粒进行人工喷雾保湿（如有自然降雨可不进行人工保湿），吸足水分的子囊壳破裂，子囊孢子会随风和雨水飞溅到麦穗的小花上，完成对小麦的侵染。在小麦开花期需每日早晚各喷水 1 次，进行人工保湿。

3. 单花滴注法

菌种培养方法与喷雾接种相同。在小麦齐穗始花期，用注射器向小麦中部小穗的小花中滴注约 10 μL 孢子悬浮液（孢子浓度为 5×10^3 个/mL），接种时勿使菌液溢出颖壳。每个小麦鉴定材料接种 20 穗，接种后连续喷水保湿 4～6 d，接种 20 d 后调查记载病害的发生程度。该项技术受环境条件影响相对较小，品种在年度间、地点间的抗病性鉴定结果相对稳定。

（三）抗性鉴定及调查标准

1. 病麦粒土表接种法和花期喷雾接种法

利用病麦粒土表接种法和花期喷雾接种法鉴定赤霉病抗性，既可在接近自然条件的状态下了解病原菌对小麦品种的侵染能力，也能反映出小麦品种对病原菌的抗侵染与抗扩展能力。这类鉴定方法一般以蜡熟期调查病穗率、严重度和病情指数与对照品种作比较，作为小麦品种抗赤霉病评价标准。

（1）病穗率。随机取样，调查 50～100 穗，计算发病百分率。

$$病穗率=\frac{病穗数}{总调查穗数}\times 100\%$$

（2）严重度。目测，与调查病穗率同时进行，划分为以下 5 个级别：

0 级　无发病小穗；

1 级　发病小穗占麦穗的 1/4 以下；

2 级　发病小穗占麦穗的 1/4～1/2；

3 级　发病小穗占麦穗的 1/2～3/4；

4 级　发病小穗占麦穗的 3/4 以上。

（3）病情指数。根据病穗数和严重度计算，病情指数公式为：

$$DI=\frac{\sum(s_i n_i)}{4N}\times 100$$

式中，DI——病情指数；

s_i——发病级别；

n_i——相应发病级别的穗数；

i——病情分级的各个级别；

N——调查总穗数。

（4）抗性评价。小麦品种对赤霉病的抗性，根据病情指数及下列标准确定：

1　高抗（HR），$DI<20.0$；

3　抗病（R），$20.0\leqslant DI<40.0$；

5　中抗（MR），$40.0\leqslant DI<60.0$；

7　感病（S），$60.0\leqslant DI<80.0$；

9　高感（HS），$DI\geqslant 80.0$。

2. 单花滴注法

采用单花滴注法接种的主要目的是鉴定小麦品种的抗扩展能力。这种方法是以病菌侵入小花后沿小穗轴和主穗轴向其他小花和小穗扩展的速度和数量作为衡量抗性的标准，是按照病害的反应级别记载，并通过计算平均反应级进行抗性评价。

（1）反应级。通过目测调查病害扩展情况：

1 级　侵染仅局限接种小穗，不扩展到穗轴；

2 级　侵染扩展到穗轴，但不扩展到相邻小穗；

3 级　侵染经穗轴扩展到相邻小穗，但病小穗不凋枯；

4 级　侵染经穗轴扩展到相邻小穗，且病小穗凋枯；

5 级　全穗迅速发病，并形成急性凋枯。

（2）抗性评价。根据计算平均反应级确定抗性水平。

1　抗（R）平均反应级 1.0～2.0；

3　中抗（MR）平均反应级 2.1～3.0；

5　感（S）平均反应级 3.1～4.0；

7　高感（HS）平均反应级 4.1～5.0。

二、小麦根腐病抗性鉴定方法

（一）流行及危害

小麦根腐病分布在世界各主要麦产区，在我国的东北、西北、华北等地均有发生。尤其近几年，在东北春麦区发病日益严重，每年因该病造成的损失都在10%以上，不仅使产量下降，而且由于形成大量黑胚粒从而危害小麦的籽粒品质和加工品质。

小麦根腐病菌从苗期到成株期均能发病，危害幼苗、根、茎、叶和穗，可引起苗枯、茎基腐、叶斑、穗腐和黑胚。严重带病的种子不能发芽，带病轻的种子虽能发芽，但幼苗因病生长衰弱。麦苗茎基部、叶鞘及种根变褐，有时病苗出土即腐烂或逐渐死亡。成株期叶部出现病斑，病斑深褐色、浅褐色或中央灰白色，病斑周围有的有褪绿晕圈，病斑多呈椭圆形或梭形，随着病害的发展，病斑相互结合成大块枯死斑。叶鞘上的病斑较大，长形，边缘不明显，黄褐色，其中掺有褐色斑点。穗部发病重者形成白穗无籽粒，或很少结实，小穗梗及颖片上呈褐色不规则病斑，种子的胚全部或胚尖变黑。

（二）抗性鉴定及调查标准

1. 接种方法

小麦根腐病抗性鉴定采用人工接种鉴定方法。具体操作按照《植物品种特异性、一致性和稳定性测试指南　普通小麦》（GB/T 19557.2—2017）进行。在田间或棚室区种植抗病鉴定圃，按一定顺序种植，行长 2 m，行距 30 cm，每隔 30～50 行设置 1 组对照品种。

接种前将根腐病原菌进行分离培养，再用高粱粒培养基扩繁，26 ℃下培养 7～10 d，然后铺开并保湿 48 h 促其产孢。接种悬浮液分生孢子浓度调至 1×10^5 个/mL。在小麦抽穗前喷雾法接种于叶片。接种后喷雾保湿，待乳熟期调查植株旗叶、第二片叶和叶鞘发病程度。

2. 调查标准

根据旗叶、第二片叶和叶鞘发病程度确定种质根腐病抗性级别。

1　高抗（HR）叶部无病斑；

3　抗病（R）旗叶及第二片叶病斑面积<25%，叶鞘不发病；

5　中抗（MR）旗叶及第二片叶病斑面积 25%～<50%，叶鞘不发病；

7　感病（S）旗叶及第二片叶病斑面积 50%～<80%，叶鞘发病；

9　高感（HS）旗叶病斑面积≥80%，第二片叶枯死，叶鞘严重发病。

三、小麦秆锈病抗性鉴定方法

（一）流行及危害

小麦秆锈病（Stem rust）是由秆锈菌（*Puccicinia graminis* Pers. f. sp. *tritici*）侵染小麦的茎叶部，而引起的一种真菌性病害。它可借助夏孢子，随高空气流进行大范围传播。该病害在世界范围内分布十分广泛，在我国由南部地区向北部地区传播，常发区和易发区包括东北和西北春麦区，其次为江淮和东南沿海各省的秋播麦区。小麦秆锈病曾在 1948 年、1951 年和 1952 年三次在黑龙江省麦产区大流行，有的地方甚至颗粒不收。自 1958 年以后，经黑龙江省各科研单位的不懈努力，通过有性杂交等手段，选育出了一批高抗或免疫秆锈病的小麦品种，基本解决了秆锈病在该区的危害。小麦秆锈病主要发生在小麦的茎和叶鞘上，在叶片和颖片上也经常出现。一般在小麦成熟前 3 周左右秆锈菌侵染到小麦上，在感染后 1～2 d，能在感染部位看到褪绿的斑点。在 8～10 d 后，在叶部其孢子穿透叶片，能看到一些穿破寄主表皮的砖红色夏孢子。夏孢子堆呈深褐色，长椭圆形，散生，排列无规则，常会连成大斑，且成熟后寄主表皮会大片开裂，向外反卷成唇状，散出锈褐色铁锈状粉末。小麦茎叶部的组织因秆锈病菌的破坏，其光合作用面积减少，向上营养运输受阻，从而影响了小麦的产量，发病严重的会导致死亡。

（二）抗性鉴定及调查标准

1. 幼苗鉴定

幼苗鉴定多在温室中进行。这种方法的好处：①可以在较短时间内测定大量的品种（系）对秆锈病的抗性。②便于测定各小麦品种对不同生理小种的抗性。③易于防止当地尚未发现而外地已经存在的毒力强的小种向外传播。

接种方法一般采用涂抹法，将准备接种鉴定的品种（系）材料，播种于口径为 10 cm 左右的小花盆中，每盆播 2～4 个品种（系），用玻片插入中间，使其彼此隔开，以免相互混杂。当麦苗第一叶片完全伸展开时，用洗净的手指蘸清水抹去叶面蜡质，将菌种倒在洁净的玻璃皿中，加少许清水稀释后，用解剖刀涂抹麦叶背面，接种后放入保湿箱内，用喷雾器喷雾，使麦苗和保湿箱内都沾满雾滴，然后盖上塑料薄膜保湿 24 h 左右，再取出放入温室中，为了保证充分发病，麦苗接种后，要求最适温度为 18～22 ℃，光照时间每天应不少于 12 h，冬季光照不足时，每天用电灯辅助 4～6 h 的光照。

2. 成株期鉴定

成株期鉴定在田间进行，一般采用对诱发行接种的办法。诱发行材料常用对 3 种锈病都高度感病的品种。诱发行材料通常种植在鉴定的品种（系）种植区的尾端，并与试验行材料行向垂直。为保证田间诱发接种鉴定效果，在孕穗至抽穗期需对诱发行材料进行注射接种。注射接种时，要先将准备接种的锈菌孢子粉用蒸馏水或纯净水配成孢子悬浮液，并加入少量吐温 20 或硅制剂，然后于傍晚用装有孢子悬浮液的注射器在每个诱发行中注射 2～4 株。注射时，将针头斜刺入穗苞中，挤压出少量孢子悬浮液，接种后最好喷水保湿。待鉴定品种（系）充分发病后调查发病情况。

3. 调查标准

根据发病情况及下列说明，确定鉴定品种（系）的秆锈病抗性级别。

1　高抗（HR）无可见侵染；

3　抗病（R）仅产生枯死斑点或失绿反应，无夏孢子堆；

5　中抗（MR）夏孢子堆较小，周围有枯死或失绿反应；

7　感病（S）夏孢子堆中等，周围无枯死或失绿反应；

9　高感（HS）夏孢子堆大且相互愈合，周围无枯死反应。

第二节　东北春麦区小麦主要抗逆性鉴定方法

在春小麦光温生态育种中，小麦抗逆性鉴定属于生态抗性选择范畴。在东北春麦区“十年九春旱”及 60%以上雨量分布在小麦生育后期特定不利生态条件下，进行小麦苗期抗旱、后期耐湿及高抗穗发芽等生态抗性鉴定尤为重要。它是小麦生态抗性精准选择的主要依据，也是降低不利生态条件对小麦产量和品质胁迫压力的重要育种手段。

一、小麦抗旱性及其鉴定方法

干旱是影响农作物产量的一种世界性灾害，也是我国各麦区的重要灾害。干旱的发生主要是由环境因素引起的，会造成作物内部的水分胁迫，从而影响作物的生产能力及产品的品质。小麦品种的抗旱性是指小麦植株在干旱时，依靠某些性状和特性来提供经济上有价值收成的能力，这一能力是小麦品种在干旱条件下长期通过自然选择和人工选择得到的。

抗旱性鉴定可采取苗期抗性鉴定和全生育期抗旱性鉴定。

（一）苗期抗旱性鉴定方法

苗期抗旱性鉴定参照《小麦抗旱性鉴定评价技术规范》的标准方法，采用两次干旱胁迫-复水法。

（1）试验设计。三次重复，每个重复 50 株，塑料箱栽培。在（20±5）℃的条件下进行。在长×宽×高＝60 cm×40 cm×15 cm 的塑料箱中装入 10 cm 厚的中等肥力（即单产在 3 000 kg/hm^2 左右）耕层土（壤土），灌水至田间持水量的 85%±5%，播种，覆土 2 cm。

（2）第一次干旱胁迫-复水处理。幼苗长至三叶时停止供水，开始进行干旱胁迫。当土壤含水量降至田间持水量的 20%甚至 15%时复水，使土壤水分达到田间持水量的 80%±5%。复水 120 h 后调查存活苗数，以叶片转呈鲜绿色者为存活。

（3）第二次干旱胁迫-复水处理。第一次复水后即停止供水，进行第二次干旱胁迫。当土壤含水量降至田间持水量的 15%～20%时，第二次复水，使土壤水分达到田间持水量的 80%±5%。120 h 后调查存活苗数，以叶片转呈鲜绿色者为存活。

（4）幼苗干旱存活率的实测值的计算公式。

$$DS=(DS1+DS2)\cdot 2^{-1}=(X_{DS1}\cdot X_{TT}{}^{-1}\cdot 100+X_{DS2}\cdot X_{TT}{}^{-1}\cdot 100)\cdot 2^{-1}$$

式中，DS——干旱存活率的实测值；

$DS1$——第一次干旱存活率；

$DS2$——第二次干旱存活率；

X_{TT}——第一次干旱前三次重复总苗数的平均值；

X_{DS1}——第一次复水后三次重复存活苗数的平均值；

X_{DS2}——第二次复水后三次重复存活苗数的平均值。

（5）幼苗干旱存活率的校正值。按公式（1）计算校正品种幼苗干旱存活率实测值的偏差。依公式（2）求出待测材料幼苗干旱存活率的校正值。即：

$$ADS_E=(ADS-ADS_A)\cdot ADS_A{}^{-1} \quad (1)$$

$$DS_A=DS-ADS_A\cdot ADS_E \quad (2)$$

式中，ADS_E——校正品种干旱存活率实测值的偏差，即校正品种本次实测值与校正值偏差的百分率；

ADS——校正品种干旱存活率的实测值；

ADS_A——校正品种干旱存活率的校正值，即多次幼苗干旱存活率实验结果的平均值；

DS_A——待测材料干旱存活率的校正值；

DS——待测材料干旱存活率的实测值。

（6）苗期抗性评价标准。根据反复干旱存活率及下列标准，确定种质苗期抗旱性的级别。

1 极强（HR）$DS \geqslant 70.0\%$；

2 强（R）$60.0\% \leqslant DS < 70.0\%$；

3 中（MR）$50.0\% \leqslant DS < 60.0\%$；

4 弱（S）$40.0\% \leqslant DS < 50.0\%$；

5 极弱（HS）$DS < 40.0\%$。

（二）全生育期抗旱性鉴定方法

全生育期抗旱性鉴定可在抗旱棚或田间条件下进行。田间鉴定需由两点试验结果。适期播种，保苗数按400株/m^2。

1. 旱棚鉴定

试验设计：随机排列，三次重复，小区面积2 m^2。

胁迫处理：麦收后至下次小麦播种前，通过移动旱棚控制试验地接纳自然降水量，使0～150 cm土壤的储水量控制在150 mm左右；如果自然降水不足，要进行灌溉补水。播种前表土墒情应保证出苗，表墒不足时，要适量灌水。播种后试验地不再接纳自然降水。

对照处理：在旱棚外邻近的试验地设置对照试验。试验地的土壤养分含量、土壤质地和土层厚度等应与旱棚的基本一致。田间水分管理要保证小麦全生育期处于水分适宜状态，播种前表土墒情应保证出苗，表墒不足时要适量灌水。另外，分别在拔节期、抽穗期、灌浆期灌水，使0～50 cm土层水分达到田间持水量的80%±5%。

2. 田间鉴定

在常年自然降水量小于500 mm的地区或小麦生育期内自然降水量小于150 mm的地区进行田间抗旱性鉴定。

试验设计：随机排列，三次重复，小区面积6.7 m^2。

胁迫处理：播种前表土墒情应保证出苗，表墒不足时，要适量灌水。

对照处理：在邻近胁迫处理的试验地设置对照试验。对照试验地的土壤养分含量、土壤质地和土层厚度等应与胁迫处理的基本一致。田间水分管理要保证小麦全生育期处于水分适宜状况，播种前表土墒情应保证出苗，表墒不足时要适量灌水。另外，分别在拔节期、抽穗期、灌浆期灌水，使0～50 cm土层水分达到田间持水量的80%±5%。

注意事项：在进行抗旱性鉴定期间，其他管理同大田生产。要及时防治病、虫、草害，防止倒伏。

3. 全生育期抗旱评价

（1）计算抗旱指数。首先测定小区籽粒产量，然后以小区籽粒产量计算抗旱指数，计算公式如下：

$$DI = GY_{s.T}^{2} \cdot GY_{s.w}^{-1} \cdot GY_{CK.w} \cdot (GY_{CK.T}^{2})^{-1}$$

式中，DI——抗旱指数；

$GY_{s.T}$——待测材料胁迫处理籽粒产量；

$GY_{s.w}$——待测材料对照处理籽粒产量；

$GY_{CK.w}$——对照品种对照处理籽粒产量；

$GY_{CK.T}$——对照品种胁迫处理籽粒产量。

（2）全生育期抗旱评价标准。根据抗旱指数确定品种（系）全生育期的抗旱级别。

1　极强（HR）$DI \geqslant 1.30$；

2　强（R）$1.10 \leqslant DI < 1.30$；

3　中（MR）$0.90 \leqslant DI < 1.10$；

4　弱（S）$0.70 \leqslant DI < 0.90$；

5　极弱（HS）$DI < 0.70$。

另外，在东北春麦区小麦田间抗旱性鉴定时，以小麦拔节期为临界敏感期，在小麦生育前期干旱年份，根据相应对照品种和供试材料的田间表现和光周期反应类型，进行小麦抗旱性和躲旱性选择，也可取得较好的育种效果。如“龙麦号”小麦育种者在春小麦光温生态育种中，将对照品种和供试材料的抗旱性和光周期反应划分为1～4级，并在小麦拔节至开花期间，根据黄脚叶片和无效小穗数多少及光周期反应类型等进行小麦苗期抗旱性鉴定和选择，先后选育推广了龙麦26、龙麦33、龙麦35和龙麦67等一批苗期抗旱性较强的旱肥型小麦新品种。

二、小麦耐湿性及其鉴定方法

（一）小麦湿害的种类及危害

湿害是多雨低洼地区小麦高产稳产的主要限制因素之一。小麦湿害，尤其是小麦生育后期的降雨，常导致赤霉病和穗发芽等病（逆）害的发生。小麦湿害可在出苗至拔节、拔节至开花和灌浆至成熟等生长发育时期发生。其中，小麦苗期湿害主要由于播种时多雨，引起种子霉烂或苗锈不长，分蘖与根系发育受到限制。拔节至开花期的小麦湿害病状更为明显。主要表现为根系发育不良，下部黄叶多，秆矮而细，无效分蘖和退化小花增加，穗小粒少，结实率低，严重影响产量。灌浆至成熟期若发生湿害，往往表现为根系早衰，严重时甚至发黑腐烂。结果使绿色叶片减少，植株早枯，灌浆期缩短，粒重与饱满度下降等。由于东北春麦区60%的降水量常年分布在小麦生育后期，所以该区小麦湿害的发生时间主要在小麦灌浆至成熟期。

小麦的耐湿性比黑麦和燕麦弱，但不同品种对湿害的反应有明显差异。吉田美夫（1977）研究认为，小麦耐湿品种一般具有以下特性：①耕层土壤水分过多，氧气不足时，对氧气需求量较少，或对缺氧具有一定的忍耐能力。②通气系统发达，茎叶可能供给部分氧气；在不良环境条件下，根系逐渐衰亡时容易产生新根。③根的细胞膜是木质化的或在不良环境下容易木质化的。④根系对土壤处于还原状态生成的有害物质具有一定的忍耐力。我国有些地方品种，如水涝麦、水里站等就是因耐湿性强而得名的。

有研究结果表明，一般情况下，当地下水位升至离地表50 cm以下，或土壤含水量超过田间最大持水量的85%时，即可引起湿害。小麦湿害是由于土壤水分过大，使土壤通气状况恶化，根系长期处于缺氧环境，有氧呼吸受到抑制造成的。其结果必然影响根系对水分与养分的吸收，最终使小麦植株发育不良，产量下降。因此，在处于湿害条件下，测定不同小麦品种根系吸收水分和养分能力，并以熟相好坏作为主要依据，可以有效鉴别小麦品种间的抗湿性差异。如黑龙江省农业科学院“克字号”小麦育种者曾利用1957年的小麦生育后期特涝自然条件，选择出克56原147、C. I. 12268和C. I. 12356等一批耐湿性较强的小麦新种质，并用其做亲本选育出耐湿性强，适于低洼地区种植的克刚和克涝系列等小麦新品种，应用于东北春麦区小麦生产之中。

（二）小麦耐湿性鉴定方法与调查标准

目前，国内外在小麦耐湿性鉴定方法方面可分为以下两大类。一类是场圃鉴定法：主要包括倾斜畦栽培法、水畦高畦法、地下水位法和盆栽法等。另一类为幼苗鉴定法：主要包括组织性状鉴定法、生理性状鉴定法和生态性状鉴定法等。这些方法主要通过小麦通气系统鉴定、根部木质化组织观察、根部吸氧量和发根力等性状鉴定，来测定小麦品种耐湿性的好坏。

在小麦耐湿性鉴定试验中，湖北省农业科学院和上海市农业科学院曾采取不同品种在不同时期田间灌水，进行小麦耐湿性鉴定取得了较好育种效果。江苏省农业科学院采取田间鉴定双重对照法和盆钵水栽两种方法进行小麦耐湿性测定，揭示出品种间耐湿性存在着明显差异。其中，双重对照法是指将所有供试材料分为旱地和湿地两组进行试验，各设两个重复。湿地组选水稻茬低洼地，在小麦生长期定期灌水，使土壤最大持水量达85%以上，并在人为造成湿害条件下，以公认的耐湿品种白玉花为对照，观察各品种在不同发育时期对湿害的反应。旱地组选排水状况良好的稻茬田，使土壤保持合适的水分，作为湿地组的对照。盆栽法是一组水栽，另一组保持土壤适宜水分为对照。水栽组从分蘖、拔节、抽穗和乳熟期开始分期灌水，使盆土保持3～4 cm深的水层，人为造成极端的湿害条件，了解不同品种在不同生育时期对湿害的反应。黑龙江省农业科学院克山农科所在1981—1982年也利用此方法，对不同生态类型小麦品种的耐湿性进行了鉴定，并发现克丰2号旱肥型小麦品种之所以在东北春麦区小麦生育后期多雨条件下，熟相和稳产性较好，与其新根增生能力较强高度相关。

在小麦品种耐湿性指标确定和选择方面，日本中川元奥曾以在淹水情况下，能否抽穗结实作为小麦耐湿性鉴定的指标。江苏省农业科学院（1976）通过系列小麦耐湿性鉴定结果发现，湿害不仅可引起小麦叶片发黄和株高下降，而且对单株有效穗数、每穗粒数和千粒重等产量性状均有明显的不利影响。同时认为：用淹水情况下上述性状数值和对照处理（不淹水）相比较时的百分率作为耐湿指数，可比较准确地鉴定出小麦品种间的耐湿性差异；结实总粒数、籽粒饱满度，参考千粒重与绿叶数，可作为鉴定小麦品种耐湿性的主要依据。春小麦生态和光温生态育种长期实践发现，在东北春麦区小麦灌浆至成熟期多雨条件下，到田间直接观察植株长相，凡是植株不早枯、落黄成熟好、穗茎部呈金黄色时间较长、绿色叶面积下降缓慢、籽粒饱满的都属耐湿性好的表现。在小麦根系耐湿性选择时，可挑选地上部耐湿性表现好的单株进行拔收。若拔收单株比较费力，且地下部根系发达，活性强，根不腐烂或腐烂较慢，往往根系耐湿性较强。这样，将地上部植株与地下部根系耐湿性选择相结合，可显著提升小麦耐湿性育种效率。如20世纪80年代以来，黑龙江省农业科学院“克字号”和“龙麦号”小麦育种团队正是利用上述育种方法，先后创造并选育与推广了克丰2号、新克旱9号、克89-446、龙麦35、龙麦40和龙麦86等一批小麦后期耐湿性突出的小麦新品种和新种质。

三、小麦穗发芽性及其鉴定方法

（一）小麦穗发芽的危害

小麦在收获前的发芽即在穗上的发芽，称为穗发芽（Pre-harvest sprouting，简称PHS)。小麦穗发芽是一种世界性的气候性灾害，主要发生在收获期长时间降雨和相对湿度较高的地区。在我国长江中下游麦区和黄淮麦区的陕西关中地区，曾多次因小麦成熟期遭逢降雨而发生大面积穗发芽的灾情。北方麦区和西南麦区也是穗发芽发生频率较高的地区。东北春麦区因小麦在收获期正好赶上雨季，基本每年都有穗发芽情况发生。另外，小麦收获后如未能及时干燥，放置在场院时由于阴雨水分过高未能及时晾晒，以及储藏时的管理不当，都有可能导致小麦发芽。小麦发芽时，随着α-淀粉酶的活化和其他降解酶的活性增加，籽粒中储藏物质不断水解、消耗，导致容重和千粒重下降，严重影响小麦产量。发芽过程中蛋白质等储藏物质的降解可使小麦籽粒蛋白质含量递减，由发芽籽粒加工的小麦粉 SDS 沉降值和干、湿面筋含量降低，面筋质量明显劣化。

此外，用发芽小麦粉加工成的馒头、面包等食物，外形和口感均较差，从而影响小麦的营养品质和加工品质。因此，穗发芽能给小麦生产造成巨大的经济损失。在国际上，商品小麦的穗萌率超过 5%时就会被定为饲料麦。目前，鉴定、筛选、发掘优良抗穗发芽的种质资源，研究其抗性遗传机制及分子机理，已成为小麦种质资源研究和培育抗穗发芽品种的关键问题之一。

小麦穗发芽受多种因素影响，除环境条件外，穗的大小、疏密、弯曲程度、蜡质层厚度、芒的长短、颖壳的形态、质地，以及籽粒硬度、种皮颜色、种皮厚度、籽粒大小、吸水速率、休眠性和内源生长调节物质、α-淀粉酶含量等都与穗发芽有关。因此，穗发芽抗性存在显著的基因型与环境互作效应。

（二）小麦抗穗发芽鉴定方法

小麦穗发芽抗性鉴定有许多种方法，常用的有以下几种：

1. 整穗发芽法

在小麦开花 35 d 后，于生理成熟期收获麦穗。从田间每份材料随机取样带 10 cm 左右穗茎的麦穗 10 穗，将麦穗消毒后在室温环境下采取人工模拟降雨，保持穗潮湿，7 d 后统计穗发芽率，以%表示，精确至 0.1%。

$$SP = n/N \times 100\%$$

式中，SP——穗发芽率；

n——发芽种子数；

N——种子总数。

根据发芽率及下列标准确定种质穗发芽级别。

1　高抗（HR）$SP < 20.0\%$；

3　抗（R）$20.0\% \leqslant SP < 40.0\%$；

5　中抗（MR）$40.0\% \leqslant SP < 60.0\%$；

7　敏感（S）$60.0\% \leqslant SP < 80.0\%$；

9　高感（HS）$SP \geqslant 80.0\%$。

2. 培养皿发芽法

取完全成熟麦穗，人工脱粒，每个品种随机取出400粒左右健康饱满的籽粒，三次重复，每100粒为一个重复。先用75%酒精浸泡2 min，再用0.025%五氯硝基苯溶液浸泡3 min，经消毒处理后，用无菌水冲洗干净，将其腹沟向下整齐地摆放在垫有2～4层已灭菌滤纸的培养皿中，最后在培养皿中加入4 mL的无菌水。放在室温25 ℃左右条件下发芽，要保持滤纸湿润。籽粒种皮破裂即为发芽，每天统计发芽籽粒数，并移除，计数到第7天为止。最后分别计算籽粒发芽率和发芽指数。计算公式如下：

（1）公式1：$SGR=n/N\times100\%$。

式中，SGR——籽粒发芽率；

n——7 d发芽总粒数；

N——检测的籽粒总数。

（2）公式2：$GI=(7\times n_1+6\times n_2+5\times n_3+4\times n_4+3\times n_5+2\times n_6+1\times n_7)/(7\times N)$。

式中，GI——发芽指数；

$n_1\sim n_7$——第1天至第7天每天发芽的籽粒数；

N——检测的籽粒总数。

（3）根据发芽率及下列标准确定种质穗发芽级别。

1　高抗（HR）$SGR<10.0\%$；

3　抗（R）$10.0\%\leqslant SGR<30.0\%$；

5　中抗（MR）$30.0\%\leqslant SGR<60.0\%$；

7　敏感（S）$60.0\%\leqslant SGR<80.0\%$；

9　高感（HS）$SGR\geqslant80.0\%$。

3. 赤霉素筛选法

小麦开花后25～30 d，取各供试材料麦穗的中部小穗，脱粒。取其中50粒放入培养皿中并用0.1% $HgCl_2$ 消毒5 min，三次重复，培养皿中加入20～40 mg/kg赤霉素，以蒸馏水为对照，放置在室温20 ℃条件下24 h，然后清水冲洗两遍。2～3 d后计算各品种（系）的发芽率及胚芽长短。调查标准同培养皿发芽法。

4. 其他穗发芽抗性鉴定方法

目前，在各地小麦育种工作中，除采用上述几种穗发芽抗性鉴定方法外，直接目测和α-淀粉酶活性测定等也是育种者检测小麦穗发芽抗性的常用方法。其中，利用直接目测小麦穗发芽方法，尽管可以鉴定出材料对穗发芽的抗性，但也只能反映小麦籽粒的休眠情况，不能反映小麦穗发芽总体抗性。原因是有些籽粒虽然外观看不出有发芽的迹象，但其内部物质已经发生变化。这些变化可致使小麦容重降低，加工品质变差。因此，从生理生化机制上看，该方法只是一种直接评估小麦穗发芽抗性的快速鉴定方法。

依据α-淀粉酶活性检测小麦穗发芽抗性的原理：小麦穗发芽首先要分解籽粒内部的储藏物质提供能量，而在这一过程中起关键作用的是α-淀粉酶，并且小麦穗发芽率与α-淀粉酶活性呈正相关关系。迄今，利用α-淀粉酶活性测定间接检测小麦穗发芽抗性的方法主要包括：浊度测定法、二硝基水杨酸法、底物染色法、酶联免疫吸附测定法、降落值法（FN）和黏度参数法（RVA）等。浊度测定法是利用比浊法原理进行α-淀粉酶测定，其优点是操作简便快速，缺点是测定结果易受β-淀粉酶的干扰。二硝基水杨酸法是利用3,5-二硝基水杨酸与还原糖如葡萄糖、麦芽糖等反应后其产物的浓度和吸光度呈线性关系的特点来测定α-淀粉酶的活性。底物染色法是利用α-淀粉酶催化底物降解，从而释放出带有蓝色反应产物的特性，可直接通过目视或比色计检测颜色的深浅。酶联免疫吸附测定法是免疫技术的一种，对收获前发生穗发芽的籽粒和含有迟熟α-淀粉酶（LMA）基因的籽粒中所合成的高等电点的α-淀粉酶同工酶的检测具有专一性，是目前大批量鉴定 LMA 最为理想的方法。FN 法是目前国际上测定小麦α-淀粉酶的常用方法，以内源淀粉作为底物，反映淀粉受到淀粉酶降解后其黏度下降的程度，是多种降解酶的综合反映，FN 法能够全面反映小麦穗发芽后的损害程度。

由于受穗发芽损害的小麦籽粒中α-淀粉酶活性的急剧增加，导致黏度改变，因此黏度参数变化可以反映穗发芽的损害程度。用 RVA 进行测试所需的样品用量小，通常仅为 3～4 g，且速度较快。另外，穗发芽抗性不同的品种其籽粒对外源脱落酸（ABA）的敏感性亦不同，因而也可用籽粒对 ABA 的反应来鉴定穗发芽的抗性。

参考文献

鲍晓鸣，1997. 小麦耐湿性的鉴定时期及鉴定指标 [J]. 上海农业学报（2）：32-38.

程顺和，张勇，别同德，等，2012. 中国小麦赤霉病的危害及抗性遗传改良 [J]. 江苏农业学报，28（5）：938-942.

樊学广，田华星，李前进，等，2020. 小麦根腐病的发生特点及综合防控措施 [J]. 农业与技术，40（16）：85-87.

李立会，李秀全，2006. 小麦种质资源描述规范和数据标准 [M]. 北京：中国农业出版社.

李玉营，马东方，王晓玲，等，2016. 小麦穗发芽鉴定方法的比较与分析 [J]. 广西植物，36（3）：261-266.

刘莉，王海庆，陈志国，2013. 小麦抗穗发芽研究进展 [J]. 作物杂志（4）：6-11.

陆维忠，程顺和，王裕中，2001. 小麦赤霉病研究 [M]. 北京：科学出版社.

沈正兴，俞世蓉，吴兆苏，1991. 小麦品种抗穗发芽性的研究 [J]. 中国农业科学（5）：44-50.

宋凤英，2006. 小麦种质资源根腐病抗性鉴定 [J]. 黑龙江农业科学（3）：20-21.

宋庆杰，肖志敏，辛文利，等，2002. 黑龙江省小麦抗赤霉病育种研究进展 [J]. 黑龙江农业科学（5）：21-23，29.

宋维富，辛文利，李集临，等，2010. 中国小麦秆锈病研究进展 [J]. 黑龙江农业科学（3）：112-115.

苏东民，魏雪芹，2005. 发芽对小麦及面粉品质的影响 [J]. 粮食科技与经济（6）：39-41.

王丽娜，卞科，2011. 发芽对小麦品质的影响 [J]. 粮食与饲料工业（8）：3-6.

王志龙，于亚雄，王志伟，等，2016. 小麦穗发芽抗性鉴定及机制分析 [J]. 西南农业学报，29（11）：2513-2519.

温明星，陈爱大，杨红福，等，2012. 小麦抗赤霉病研究进展 [J]. 江苏农业科学，40（8）：113-115.

肖步阳，1990. 春小麦生态育种 [M]. 北京：农业出版社.

肖世和，闫长生，张海萍，等，2004. 小麦穗发芽研究 [M]. 北京：中国农业科学技术出版社.

杨建明，沈秋泉，汪军妹，等，2003. 大麦苗期耐湿性的鉴定筛选 [J]. 浙江农业学报（5）：10-14.

杨燕，张春利，何中虎，等，2007. 小麦抗穗发芽研究进展 [J]. 植物遗传资源学报（4）：503-509.

杨玉靖，2016. 小麦赤霉病及其影响因子关系的探究 [D]. 合肥：安徽农业大学.

姚金保，陆维忠，2000. 中国小麦抗赤霉病育种研究进展 [J]. 江苏农业学报（4）：242-248.

张海峰，Zemetra R S，Liu C T，1989. 冬小麦穗发芽抗性及其鉴定方法的研究 [J]. 作物学报（2）：116-122.

赵英明，2018. 黑龙江省春小麦常见病害的症状及综合防治措施 [J]. 现代农业科技（12）：120，127.

周广生，梅方竹，周竹青，等，2000. 小麦孕穗期湿害对产量性状的影响 [J]. 华中农业大学学报（2）：95-98.
周广生，朱旭彤，2002. 湿害后小麦生理变化与品种耐湿性的关系 [J]. 中国农业科学（7）：777-783.
Masojc P，Martha L R，1991. Genetic variation of α-amylase levels among rye kernel tested by gel diffusion technique [J]. Swedish J. Agric. Res.，21：141-145.
Masojc P，Martha L R，1991. Variations of the levels of α-amylase and endogenous α-amylase inhibitor in rye and tritical grain [J]. Swedish J. Agric. Res.，21：3-9.

附录 1　东北春麦区主要优质强筋小麦品种系谱图

1. 碧玉、Minn2761、墨巴 66 及其衍生品种系谱

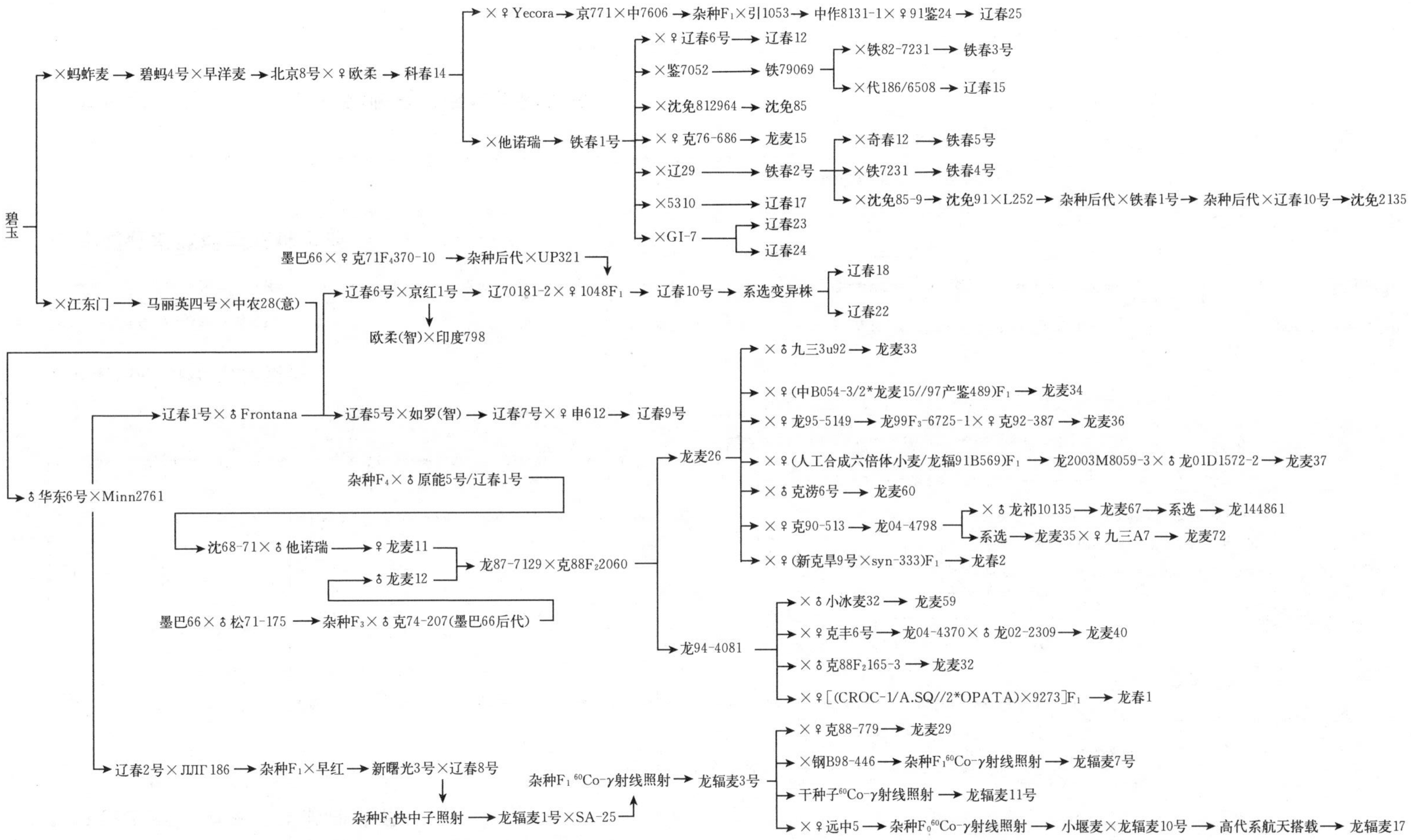

碧玉

→×蚂蚱麦 → 碧蚂4号×早洋麦 → 北京8号×♀欧柔 → 科春14

→×♀Yecora → 京771×中7606 → 杂种F_1×引1053 → 中作8131-1×♀91鉴24 → 辽春25

→×他诺瑞 → 铁春1号

→×♀辽春6号 → 辽春12

→×鉴7052 → 铁79069 → ×铁82-7231 → 铁春3号；→×代186/6508 → 辽春15

→×沈免812964 → 沈免85

→×♀克76-686 → 龙麦15

→×辽29 → 铁春2号 → ×奇春12 → 铁春5号；→×铁7231 → 铁春4号；→×沈免85-9 → 沈免91×L252 → 杂种后代×铁春1号 → 杂种后代×辽春10号 → 沈免2135

→×5310 → 辽春17

→×GI-7 → 辽春23；辽春24

→×江东门 → 马丽英四号×中农28(意)

墨巴66×♀克71$F_4$370-10 → 杂种后代×UP321

辽春6号×京红1号 → 辽70181-2×♀1048F_1 → 辽春10号 → 系选变异株 → 辽春18；辽春22

欧柔(智)×印度798

♂华东6号×Minn2761

→辽春1号×♂Frontana → 辽春5号×如罗(智) → 辽春7号×♀申612 → 辽春9号

杂种F_4×♂原能5号/辽春1号

→沈68-71×♂他诺瑞 → ♀龙麦11

♂龙麦12

墨巴66×♂松71-175 → 杂种F_3×♂克74-207(墨巴66后代)

龙87-7129×克88$F_2$2060

→龙麦26

→×♂九三3u92 → 龙麦33

→×♀(中B054-3/2*龙麦15//97产鉴489)F_1 → 龙麦34

→×♀龙95-5149 → 龙99F_3-6725-1×♀克92-387 → 龙麦36

→×♀(人工合成六倍体小麦/龙辐91B569)F_1 → 龙2003M8059-3×♂龙01D1572-2 → 龙麦37

→×♂克涝6号 → 龙麦60

→×♀克90-513 → 龙04-4798 → ×♂龙祁10135 → 龙麦67 → 系选 → 龙144861；→系选 → 龙麦35×♀九三A7 → 龙麦72

→×♀(新克旱9号×syn-333)F_1 → 龙春2

→龙94-4081

→×♂小冰麦32 → 龙麦59

→×♀克丰6号 → 龙04-4370×♂龙02-2309 → 龙麦40

→×♂克88$F_2$165-3 → 龙麦32

→×♀[(CROC-1/A.SQ//2*OPATA)×9273]F_1 → 龙春1

→辽春2号×ЛЛГ186 → 杂种F_1×早红 → 新曙光3号×辽春8号

杂种F_1快中子照射 → 龙辐麦1号×SA-25

杂种F_1 ^{60}Co-γ射线照射 → 龙辐麦3号

→×♀克88-779 → 龙麦29

→×钢B98-446 → 杂种F_1 ^{60}Co-γ射线照射 → 龙辐麦7号

→干种子^{60}Co-γ射线照射 → 龙辐麦11号

→×♀远中5 → 杂种F_0 ^{60}Co-γ射线照射 → 小堰麦×龙辐麦10号 → 高代系航天搭载 → 龙辐麦17

2. Minn2759、阿夫衍生品种系谱

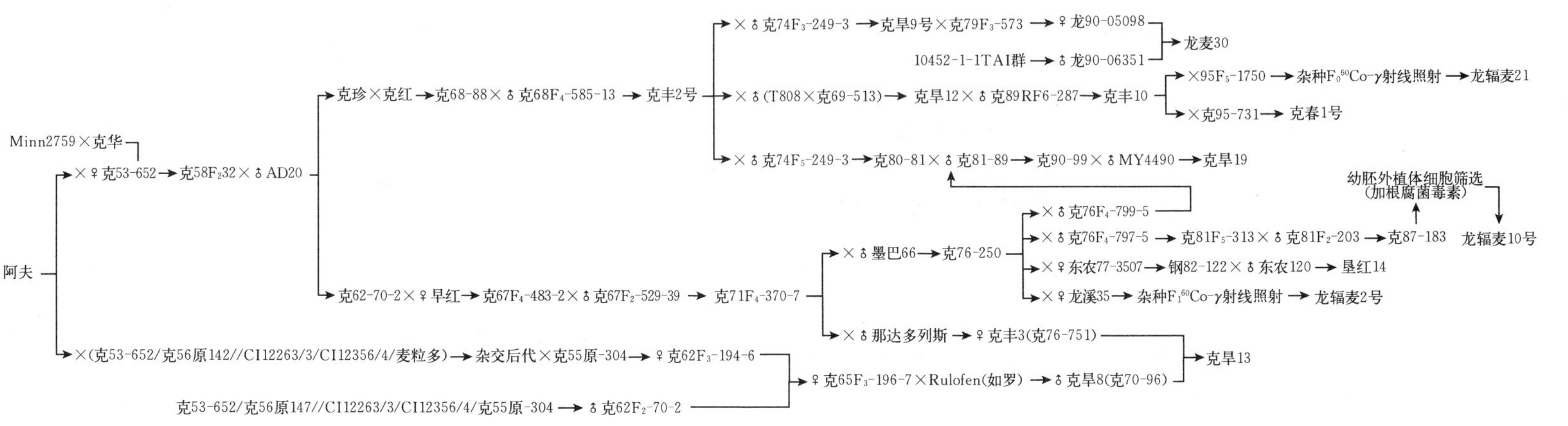

3. Reliance 衍生品种系谱

4. 中间偃麦草衍生品种系谱

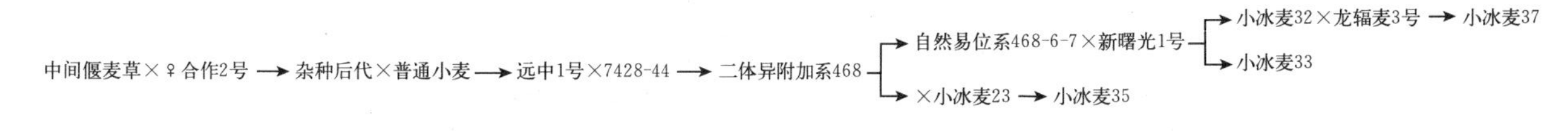

5. 齐头红（南大 2419）、长穗偃麦草衍生品种系谱

6. 其他衍生品种系谱

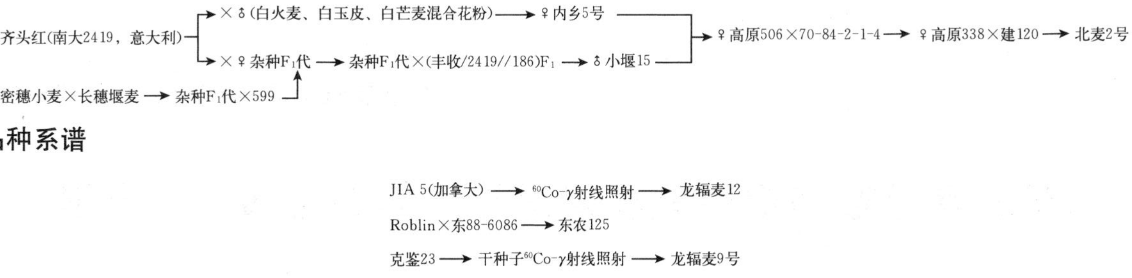

参考文献

安颖蔚，付祥胜，闫春风，等，2003. 优质抗旱春小麦新品种：辽春15号［J］. 麦类作物学报，23（4）：142.
柏青，金永珍，张素萍，2003. 高产优质小麦新品种：铁春5号［J］. 麦类作物学报，24（1）：99.
车京玉，邵立刚，王岩，等，2012. 优质强筋春小麦克丰12号的遗传基础及高产栽培技术［J］. 小麦研究，33（2）：7-10.
陈明波，乔新，2014. 优质强筋麦龙麦36特征特性及栽培技术［J］. 农民致富之友（9）：45.
高凤梅，孙连发，李铁，等，2020. 抗穗发芽、优质强筋春小麦龙春2及栽培技术［J］. 中国种业（9）：93-94.
葛维德，2014. 小麦新品种辽春24号、辽春25号［J］. 新农业（1）：40-41.
耿巍，赵柏青，张万志，等，2002. 优质高产抗旱小麦新品种铁春4号选育报告［J］. 辽宁农业科学（5）：45.
郭士廉，金永珍，张万志，等，2000. 高产优质春小麦新品种铁春3号［J］. 中国种业（2）：15.
郭希坚，李嘉祥，2000. 小冰麦33及水浇条件下高产栽培技术［J］. 农村科学实验（1）：11-12.
贾志安，胡广彪，周庆珍，等，2007. 强筋兼用型小麦北麦2号及其栽培技术［J］. 现代化农业（5）：18-19.
贾志安，张景云，林成锵，2000. 优质小麦垦红14主要特征及高产栽培技术［J］. 黑龙江农业科学（2）：42-43.
姜海涛，左淑珍，李军，等，2006. 强筋抗穗发芽高产小麦新品种：北麦1号［J］. 麦类作物学报（3）：173.
李玉明，潘微，杨帆，2018. 春小麦品种龙麦37高产栽培技术［J］. 农业科技通讯（8）：292-293.
李兆波，吴禹，孙连庆，2010. 辽春22号小麦新品种丰产稳产性分析［J］. 农业科技与装备（4）：13-15.
林素兰，翟德绪，张淑琴，等，1996. 优质面包专用小麦品种“辽春10号”的选育［J］. 吉林农业科学（3）：30-33.
刘翠霞，2015. 优质强筋麦龙麦35高产栽培技术［J］. 农村实用科技信息（3）：9.
刘东军，宋维富，杨雪峰，等，2020. 优质强筋小麦品种龙麦40的选育及栽培措施［J］. 黑龙江农业科学（4）：141-142.
刘宏，1993. 优质多抗春小麦新品种克旱13号［J］. 作物杂志（2）：29.
庞劲松，刘宝，2020. 小冰麦研究回顾与展望：纪念郝水院士逝世10周年［J］. 东北师大学报（自然科学版），52（3）：1-13.
祁适雨，肖志敏，李仁杰，2007. 中国东北强筋春小麦［M］. 北京：中国农业出版社.
邱永春，王钰卓，赵宁，2010. 优质抗病春小麦新品种：沈免2135［J］. 麦类作物学报，30（5）：989.
宋凤英，1991. 多抗优质小麦新品种龙麦15［J］. 作物品种资源（4）：50.
宋庆杰，2010. 小麦新品种龙麦32、龙麦33［J］. 新农业（7）：32.
宋庆杰，肖志敏，辛文利，等，2010. 强筋小麦龙麦26优质高效栽培技术［J］. 中国农技推广，26（5）：18-19.
宋庆杰，肖志敏，辛文利，等，2011. 高产优质强筋小麦新品种龙麦33的选育及栽培技术［J］. 黑龙江农业科学（3）：140-141.
宋维富，杨雪峰，赵丽娟，等，2019. 高产优质强筋小麦品种龙麦35的选育及栽培技术［J］. 黑龙江农业科学（9）：154-155.
宋维富，杨雪峰，赵丽娟，等，2019. 强筋小麦新品种龙麦60［J］. 中国种业（10）：93-94.
宋维富，赵丽娟，杨雪峰，等，2020. 面包/面条兼用型强筋小麦新品种龙麦67［J］. 中国种业（4）：86-87.
孙光祖，陈义纯，王子文，等，1986. 超早熟小麦新品种“龙辐麦1号”的选育［J］. 黑龙江农业科学

（1）：14－15.
孙光祖，陈义纯，王子文，等，1988. 辐射选育小麦新品种“龙辐麦 2 号”[J]. 核农学报（1）：61－64.
孙光祖，陈义纯，张月学，等，1988. 辐射与杂交相结合选育高产优质小麦新品种龙辐麦 3 号 [J]. 核农学通报（4）：162－163.
孙光祖，陈义纯，张月学，等，1996. 高产优质抗病小麦新品种龙辐麦 7 号的选育 [J]. 核农学通报（6）：251－252.
孙岩，张宏纪，刘东军，等，2018. 辐射诱变与杂交相结合选育小麦新品种龙辐麦 21 [J]. 黑龙江农业科学（5）：162－163.
唐凤兰，孙光祖，张月学，等，2001. 早熟、优质、高产、多抗小麦新品种龙辐麦 11 [J]. 作物杂志（4）：28.
王德生，1997. 小麦辽春 9 号 [J]. 作物杂志（3）：37.
王德生，1999. 春小麦新品种：辽春 12 号 [J]. 中国农村科技（2）：19.
王德生，2005. 优质高产强筋小麦新品种：辽春 17 号 [J]. 农业科技通讯（9）：55.
王德生，2011. 优质强筋春小麦新品种辽春 18 号 [J]. 中国种业（S1）：83.
王广金，孙光祖，张月学，等，2001. 优质高产小麦新品种龙辐麦 10 号的选育 [J]. 作物杂志（1）：41－42.
王岩，2010. 优质强筋春小麦品种克丰 10 号选育特点及推广应用 [J]. 小麦研究，31（1）：14－16.
王振宇，吴国军，叶英杰，等，2013. 小麦品种哲麦 10 号选育及栽培技术要点 [J]. 园艺与种苗（2）：40－41.
吴禹，李兆波，沈军，等，2012. 小麦新品种辽春 23 号选育及推广前景分析 [J]. 辽宁农业科学（1）：82－84.
杨雪峰，宋维富，赵丽娟，等，2019. 优质强筋抗病小麦新品种龙麦 63 [J]. 中国种业（11）：81－83.
杨雪峰，宋维富，赵丽娟，等，2020. 优质超强筋高抗穗发芽小麦品种龙麦 39 及栽培技术 [J]. 中国种业（4）：74－75.
于光华，1984. 改造墨麦育成早熟高产龙麦 11 新品种 [J]. 黑龙江农业科学（4）：1－5.
于熙宏，张屹厚，隋洋，2005. 强筋小麦龙麦 30 号特征特性及栽培技术 [J]. 现代化农业（5）：15.
张宏纪，王广金，刘录祥，等，2008. 优质强筋春小麦新品种：龙辐麦 17 [J]. 麦类作物学报（1）：176.
张明爽，车京玉，2011. 优质高产春小麦克丰 6 号的遗传基础及其利用 [J]. 大麦与谷类科学（1）：12－14.
张书绅，章钰文，1992. 耐旱春小麦新品种沈免 85 [J]. 新农业（1）：12.
张淑艳，2007. 优质高产面包麦：龙辐麦 12 号 [J]. 农业科技通讯（6）：60.
张淑艳，姚卫华，2006. 优质高产面包小麦：龙麦 29 号 [J]. 农业科技通讯（7）：60－61.
张万志，尹洪杰，2003. 铁春 1 号在辽宁省春小麦育种中的作用 [J]. 中国种业（1）：20－21.
张月学，孙光祖，闫文义，等，2000. 高产优质面包小麦新品种龙辐麦 9 号的选育 [J]. 核农学报（3）：174－176.
赵丽娟，宋维富，杨雪峰，等，2019. 优质强筋小麦新品种龙麦 59 及配套栽培技术 [J]. 中国种业（6）：92－93.
赵英明，2018. 强筋小麦品种龙麦 34 的特征特性及在青冈县的高产栽培技术 [J]. 现代农业科技（16）：24.
赵远玲，孙连发，高凤梅，等，2020. 人工合成小麦衍生春小麦新品种龙春 1 号 [J]. 黑龙江农业科学（11）：128－131.

附录 2 “龙麦号”主要强筋小麦品种田间表现及其制品照片

龙麦 26 面包

龙麦 26 群体

龙麦 30 面包

龙麦 30 群体

龙麦 33 面包

龙麦 33 群体

龙麦 35 面包

龙麦 35 群体

龙麦 60 群体

龙麦 67 群体

图书在版编目（CIP）数据

春小麦光温生态育种 / 肖志敏等编著．—北京：中国农业出版社，2024.1

ISBN 978-7-109-30036-1

Ⅰ．①春…　Ⅱ．①肖…　Ⅲ．①春小麦—生态育种
Ⅳ．①S512.135.3

中国版本图书馆CIP数据核字（2022）第175080号

中国农业出版社出版

地址：北京市朝阳区麦子店街18号楼

邮编：100125

责任编辑：魏兆猛　　文字编辑：常　静

责任校对：周丽芳

印刷：北京通州皇家印刷厂

版次：2024年1月第1版

印次：2024年1月北京第1次印刷

发行：新华书店北京发行所

开本：787mm×1092mm　1/16

印张：20.75

字数：517千字

定价：180.00元
